AF561772

Erfassen, Verarbeiten und Zuordnen multivariater Messgrößen

Gerhard Sartorius

Erfassen, Verarbeiten und Zuordnen multivariater Messgrößen

Neue Rahmenbedingungen für das Nächste-Nachbarn-Verfahren

2. Auflage

Gerhard Sartorius
Hagen, Deutschland

ISBN 978-3-658-41450-4 ISBN 978-3-658-41451-1 (eBook)
https://doi.org/10.1007/978-3-658-41451-1

Die Deutsche Nationalbibliothek verzeichnet diese Publikation in der Deutschen Nationalbibliografie; detaillierte bibliografische Daten sind im Internet über http://dnb.d-nb.de abrufbar.

Planung/Lektorat: Reinhard Dapper
Springer Vieweg ist ein Imprint der eingetragenen Gesellschaft Springer Fachmedien Wiesbaden GmbH und ist ein Teil von Springer Nature.
Die Anschrift der Gesellschaft ist: Abraham-Lincoln-Str. 46, 65189 Wiesbaden, Germany

Geleitwort

Das Interesse am Konnektionismus ist in den letzten Jahren stark angestiegen. Ein wesentlicher Grund dafür ist, dass mit diesem Problemlösungsansatz viele Anwendungen erfolgreich realisiert werden können, die teilweise auch im Alltag weit verbreitet sind. Es werden dabei künstliche Informationsträger so zu vernetzten Systemen zusammengeschaltet, dass deren Anordnung nach einer Lern- oder Trainingsphase neue untrainierte Informationen sinnvoll einordnen kann. Diese konnektionistischen Systeme werden wegen der strukturellen Verwandtschaft zur neurobiologischen Organisation des menschlichen Gehirns auch als künstliche neuronale Netze bezeichnet. Sie sind in der Lage, nichtlineare multivariate Daten effektiv und schnell zu verarbeiten, weil sich die einzelnen Verarbeitungseinheiten ständig gegenseitig beeinflussen und somit Änderungen im Gesamtsystem an jeder Stelle des Netzes berücksichtigt werden. Diese besondere Eigenschaft basiert auf bestimmten Optimierungsverfahren im Verarbeitungsprozess, die es ermöglichen, aus der Vielzahl von Eingangsinformationen Redundanzen zu eliminieren und somit Ausgabeinformationen in der Arbeitsphase des konnektionistischen Systems aus den Kerninformationen des Lernprozesses und den neu zu verarbeitenden Informationen zu generieren.

August 2018 Gerhard Sartorius

Vorwort

Im Rahmen meiner Lehrtätigkeit als Betreuer und Prüfer an der FernUniversität Hagen sind wesentliche Aspekte bezüglich des maschinellen Lernens untersucht worden. Diese Thematik umfasst einen interdisziplinären Wissensbereich, bei dem die klassischen Disziplinen der Mathematik, Statistik, Physik und rein technische Gebiete wie Messtechnik, Signalverarbeitung, Informatik und elektronische Schaltkreise von Bedeutung sind sowie eine Vielfalt von Verfahren zur Gestaltung adaptiver Systeme, die zur Verarbeitung und Zuordnung multivariater Messgrößen infrage kommen.

Durch Gegenüberstellung und Diskussion verschiedener Methoden im Kontext des maschinellen Lernens ergaben sich wichtige Zusammenhänge und Erkenntnisse im Hinblick auf die Eignung der Verfahren als Klassifikator. Dieser soll der Anforderung, ohne spezielle Einstellungen verschiedene Messsignale zu verarbeiten und einer Klasse zuzuordnen, gerecht werden. Die zur Gestaltung eines solchen adaptiven Systems erforderlichen Wissensgebiete erstrecken sich über die gesamte Verarbeitungskette von der Erfassung der Messwerte bis zur Darstellung der Ergebnisse und beinhalten die notwendige Messtechnik, Überführung der Messsignale in eine geeignete Darstellung zur Weiterverarbeitung der Datenmengen bezüglich der Konservierung der Charakteristika mit geeigneten Modellen, die erforderliche Statistik zur Charakterisierung der Datenmengen der Messereignisse, Methoden zur Einstellung der Modellkomplexität, Methoden zur Beseitigung von Redundanzen in den Datenmengen, geeignete Metriken zur Speicherung der Charakteristika, ein geeignetes Verfahren zur zuverlässigen und genauen Darstellung der Ergebnisse und eine praxisgerechte Struktur, um applikationsspezifisch die optimalen Module zur Verarbeitung auswählen und unterbringen zu können, sodass eine schnelle, effiziente und zuverlässige Klassifikation erreicht werden kann. Zentrale Bedeutung kommt dabei dem Nächste-Nachbarn-Verfahren zu, das für das maschinelle Lernen entwickelt und zuerst nur zur Klassifikation genutzt wurde.

Ziel des vorliegenden Buches ist, das Nächste-Nachbarn-Verfahren zu verbessern. Einzelne Elemente des ursprünglich entwickelten Verfahrens *Multivariate Adaptive Einbettung* (MAE) dienten dabei als Basis für die Weiterentwicklungen in den Jahren 2010 bis 2017. Um den Verarbeitungsprozess und die Modellbildung flexibel und effizient auf verschiedenen Rechnersystemen zu gestalten, wurde das Verfahren in diesem Zeitraum an der FernUniversität Hagen in zahlreichen Diplom- und Masterarbeiten für verschiedene Anwendungen realisiert. Es konnte ermittelt werden, welche Randbedingungen erforderlich sind, damit eine hohe Präzision bei der Bestimmung charakteristischer Merkmale der Trainingsobjekte aus den Messdaten, deren Weiterverarbeitung und bei der Darstellung der Ergebnisse erreicht wird. Weitere wichtige Forschungsergebnisse bezüglich der Zuverlässigkeit und Einsetzbarkeit des Verfahrens sind veröffentlicht worden. Dabei wurden optimale Speicherungs- und Zugriffsbedingungen, Modelle und besondere Rahmenbedingungen geschaffen, damit der Verarbeitungsprozess hochpräzise und ohne Eingabe von Parametern durchführbar ist. Als Grundlage dafür werden erforderliche Einstellungen aus statistischen Kennwerten der Messdatenmengen abgeleitet und bei der Verarbeitung auch dazu verwendet, Messdatenmengen für den Lernprozess des konnektionistischen Systems bereitzustellen, die numerisch stabil und mit hoher Genauigkeit verarbeitbar sind.

Zur Erfüllung der Anforderungen für die Verarbeitung multidimensionaler Daten war es notwendig, die Grundregeln der klassischen Messtechnik zur Fehlerabschätzung um die Anforderungen bei multidimensionalen Datensätzen zu erweitern, damit als Gesamtheit Aussagen zur Zuverlässigkeit und Genauigkeit der Ergebnisse beziehungsweise der Ausgabeinformationen angegeben werden können. Besonderes Augenmerk wurde dabei auf die Erkennung von Ausreißern und Vermeidung von Doppel- oder zumindest sehr ähnlichen Werten gelegt, damit die Datensätze in der Trainingsphase mit großer Wahrscheinlichkeit korrekt sind, redundante Werte nicht in die Trainingsmenge aufgenommen werden und somit Daten in geeigneter Form vorliegen, um deren Eignung als Referenzdaten für die Trainingsphase des Netzes zu gewährleisten, und es auch möglich ist, durch Diversität bei den Messsystemen hybride Strukturen zu schaffen, durch deren methodische Unterstützung schnellere und genauere Ergebnisse erzielbar sind. Rechenaufwand und Laufzeiten bei den verschiedenen Verarbeitungsprozessen wurden untersucht und angegeben.

Mit den gewonnenen Erkenntnissen und der Ergänzung wichtiger Verfahrensschritte bezüglich Parameterfreiheit, stabilem Ablauf der Berechnungen, der damit verbundenen Stetigkeit der Mannigfaltigkeit im multidimensionalen Raum und einer guten Interpretierbarkeit der Ergebnisse wurde eine Basis für den Einsatz verschiedener Darstellungsarten der Daten, dazu passender Verarbeitungsmethoden und Einrichtungen zur Bildung von Modellen zur Repräsentation der Charakteristika geschaffen, die als verschiedenartige Module zur Verfügung stehen. Eine für sie ausgerichtete Struktur ermöglicht es, die gewonnenen Erkenntnisse und darauf aufbauende Methoden und Prozessschritte umfassend anzuordnen und für die applikationsspezifische Gestaltung des funktionalen Umfangs notwendige Elemente auszuwählen und zu aktivieren. Dies betrifft auch vom Nutzer ausgehende Interaktionen sowie diejenigen Vorgänge, die für die übergeordneten Ziele des adaptiven Systems erforderlich sind.

Für sachkundigen Rat danke ich Herrn Dr.-Ing. Bernd Däne (Universität Ilmenau) und Herrn Professor Hanno Lefmann (TU Chemnitz), die mich bei der Suche nach geeigneten Methoden auf verschiedenen Rechnersystemen unterstützt haben, um die

Verarbeitungsmethoden bezüglich Genauigkeit und Rechenzeit optimal zu gestalten. Bei der Auswahl geeigneter Hard- und Software zur Realisierung möglichst schneller Verarbeitungszyklen hat mich mein alter Freund Rudolf Bender (Fa. Areva) beraten, wofür ich ihm an dieser Stelle meinen Dank ausspreche.

Bedanken möchte ich mich auch bei allen Studenten, die mit ihren Ideen zur Entwicklung verschiedener Algorithmen und Verfahren beitrugen und mit großer Sorgfalt umfangreiche experimentelle Untersuchungen bei verschiedenen Anwendungen durchführten und in ihren Abschlussarbeiten dokumentierten.

Mein ganz besonderer Dank gilt Herrn Professor Dr. Dr. Wolfgang Halang, der es mir ermöglichte, dass diese Untersuchungen an der FernUniversität Hagen im Rahmen meiner Lehrtätigkeit durchgeführt werden konnten.

Weiterhin möchte ich Herrn Professor Dr.-Ing. habil. Herwig Unger und Herrn Professor Zhong Li von der FernUniversität Hagen dafür danken, dass sie das Buchprojekt begleiteten.

Ebenso danke ich Dr. Steven Talbot, dem Wehrwissenschaftlichen Institut in Munster und Herrn Jörn-U. Heinrich, die Tests mit dem MAE-Verfahren durchgeführt haben.

Für die Unterstützung bei der Buchgestaltung danke ich dem Springer Verlag, insbesondere Herrn Dappert und Frau Brossler.

Hagen, Munster (Örtze), Gießen
Januar 2018

Gerhard Sartorius

Inhaltsverzeichnis

Abkürzungen, Symbole und Zeichen

Abkürzungen

AF	Abstandsfaktor zur Festlegung von Toleranzgrenzen
ADU	Analog-Digital-Umsetzer
AP(s)	Arbeitspunkt(e)
ART	Adaptive Resonance Theory
CDA	Curvilinear Distance Analysis
CPN	Counterpropagation-Netzwerk
D	Dimension
DAV	Bereich Datenvorverarbeitung im adaptiven System
DB	Datenbaustein
DCS	Dynamic Cell Structures
DESP	Digitaler Signalprozessor
Dist2NN	Distanz zum nächsten Nachbarn (Nachbardatenpunkt)
DistXa2Zd	Distanz zwischen Anfragepunkt X_a und dem Zentroiden der nächsten Nachbardatenpunkte
DP(s)	Datenpunkt(e)
DR	Dimensionsreduktion
DS	Datensatz
DV	Datenvorverarbeitung
EA	Evolutionäre Algorithmen
ED	Euklidische Distanz
EMV	Elektromagnetische Verträglichkeit
FWHM	Full With Half Maximum, Halbwertsbreite
FB	Funktionsbaustein
FC, SFC	Funktion (Function), Systemfunktion (System Function)
FK	Fourier-Koeffizient
FT	Fourier-Transformation
FN	Falsch-Negativ
FP	Falsch-Positiv
FPGA	Field Programmable Gate Array

FW(s)	Füllwert(e) beim Glätten einer MF
GCS	Growing Cell Structures
GFT	Gefensterte Fourier-Transformation
GL	Glättung (einer Mannigfaltigkeit mit der Füllwertmethode)
GNA	Geodesic Nullspace Analysis
GNG	Growing Neural Gas
GRZW	Grenzwert der Zugehörigkeit (fest, variabel)
GUI	Eingabeoberfläche des Mathematikprogramms *MATLAB* (Graphical User Interface)
HD	Hamming-Distanz
HLLE	Hessian-based Locally Linear Embedding
IN	Invarianznebenbedingung
ISOMAP	Isometric Mapping
Kn	Kanal Nr. n, Messkanal Nr. n
KLT	Karhunen-Loevenberg-Transformation
KNN	Künstliches Neuronales Netz
K-NN	Anzahl K nächste Nachbarn
k-means	Klassifizierungsmethode, k-means Algorithmus
LDA	Lineare Diskriminanzanalyse (Linear Discriminant Analysis)
LLE	Locally Linear Embedding
LMVU	Landmark Maximum Variance Unfolding
LSVM	Lineare Stützvektormethode (Linear Support Vector Machine)
LTSA	Local Tangent Space Alignment
M	Modell, enthält die Charakteristika des Trainingsdatensatzes
MAE	Multivariate Adaption und Einbettung
MATLAB	Matrix Laboratory, mathematisches Softwarepaket
MaxDist2NN	Maximale Distanz zum nächsten Nachbar
MaxDistXa2NN	Maximalabstand von X_a zu den nächsten Nachbarn
MD	Manhattan-Distanz
MDS	Multidimensional Scaling
MF	Mannigfaltigkeit
MIMD	Multiple Instruction – Multiple Data
MinDistXa2NN	Mindestabstand von Xa zu den nächsten Nachbarn
MISD	Multiple Instruction – Single Data
MRA	Mehrfachauflösungsanalyse (Multiresolution Analysis)
MVU	Maximum Variance Unfolding
MWDistXa2NN	Mittelwert der Distanzen von Xa zu den nächsten Nachbarn
NB	Nebenbedingung
NLSVM	Nichtlineare Stützvektormethode (Non Linear Support Vector Machine)
NN	Nächster Nachbar, Nächste Nachbarn
NN1	Erster nächster Nachbar relativ zum Anfragepunkt X_a

NNB	Nächste Nachbarbeziehungen bilden
NOP	Neighborhood Orthogonal Projection
NPP	Neighborhood Preserving Projection
OB	Organisationsbaustein
OGR	Oberer Grenzwert der Messwerte
ONPP	Orthogonal Neighborhood Preserving Projections
PC	Principal Component, Hauptkomponente
PC_1	First Principal Component, erste Hauptkomponente
PCA	Principal Component Analysis, Hauptkomponentenanalyse
QD	Quadratische Distanz
RBF	Radial Basis Function
RKNNB	Rekonstruktion mit den Nächste-Nachbarn-Wichtungen
ROC	Receiver-Operating-Characteristic
SA	Skalierung und Anpassung
NOP	Nachbarschaftserhaltende Orthogonale Projektion
SD	Spektrale Daten
SDE	Semidefinite Einbettung
SDLM	Sorted Distances Left of Median
SISD	Single Instruction – Single Data
SIMD	Single Instruction – Multiple Data
Skala-i	Skala der TPs im X-, Y-, Z-Raum (Abszisse)
SN	Spärlichkeitsnebenbedingung
SOM	Self Organising Map, Kohonens selbstorganisierende Merkmalskarte
SPS	Speicherprogrammierbare Steuerung
SV(s)	Stützvektor(en), Support Vector(s)
SVM	Stützvektormethode (Support Vector Machine)
SW	Schwellenwert bei: Koeffizientenauswahl, ROC-Analyse
TDS	Trainingsdatensatz
TP(s)	Trainingspunkt(e)
TP	True Positive
TN	True Negative
UGR	Unterer Grenzwert der Messwerte
VKE	Verknüpfungsergebnis von Interpreteranweisungen
VNN	Vektorbasierte(s) Neuronale(s) Netz(e)
WDV	Wahrscheinlichkeitsdichteverteilung
WK	Wavelet-Koeffizient
WT	Wavelet-Transformation
WV	Wahrscheinlichkeitsverteilung
z-Wert	Fehlerschranke der Verteilung (Signifikanzwert), legt den unteren Grenzwert und den oberen Grenzwert fest
ZC	Zero Coefficient, Nullkomponente (Gleichwert)
ZG	Zugehörigkeitsgrad, Maß für die Zugehörigkeit zum Trainingsdatensatz

Symbole und Zeichen

μ	Erwartungswert
p	Wahrscheinlichkeit
σ	Standardabweichung bei Normalverteilung
s	Standardabweichung bei Stichproben
σ	Standardabweichung
σ^2	Varianz bei Stichproben
s^2	Varianz bei Normalverteilung
$\varphi(x)$	Wavelet, Haar-Wavelet
$S\,(t)$	Parametrische Spline-Interpolation
t	Parameter der parametrischen Spline-Interpolation
X-Raum	Eingangsraum, Merkmalsraum, Raum der Eingangsvektoren
i	Lauf-Index für N-Trainingsvektoren $\mathbf{x}_i$ innerhalb $\underline{\mathrm{X}}$
P_i	Datenpunkt bei der parametrischen Spline-Interpolation
T_i	Tangente bei der parametrischen Spline-Interpolation
m	Index der Dimensionen im X-, Y-, Z-Raum
μ	Erwartungswert
N	Anzahl der Trainingsvektoren
D	Dimension des Eingangsraumes, Dimension der Eingangsvektoren
$\underline{X}$	NxD-Matrix der Trainingspunkte im Eingangsraum (X-Raum)
X_i	Trainingsdatenpunkt in $\underline{X}$, im Eingangsraum
$\mathbf{x_i}$	Trainingsvektor der Matrix $\underline{X}$
$\mathbf{x_a}$	Anfragevektor im Eingangsraum
i	Vektorindex i im D-dimensionalen Raum zur Bearbeitung dimensionsbezogener Größen $X_i^m, Y_1^m, Z_i^m, F_i^m \ldots$
$\mathbf{x_{iD}}$	Vektorkomponente allgemein
m	Vektorkomponente im D-dimensionalen Raum zur Bearbeitung dimensionsbezogener Größen $X_i^m, Y_1^m, Z_i^m, F_i^m \ldots$
$\mathbf{X_i^m}$	Vektorkomponente Trainingsvektor der Matrix $\underline{X}$
$\mathbf{x_a}^m$	Anfragevektor im Eingangsraum

X_a	Anfragedatenpunkt im Eingangsraum
η_j	Nächster-Nachbar-Vektor von $\mathbf{x}_i$ im Eingangsraum
K	Anzahl der nächsten Nachbarn
$\underline{K}$	Kernmatrix
K_{ij}	Kern K_{ij}
j	Laufindex der nächsten Nachbarn X_j
η	Matrix der nächsten Nachbar-Vektoren η_j
$\underline{G}_{jk}$	Lokale Gram-Matrix
$\underline{W}$	Matrix der nächsten Nachbar-Gewichte bezüglich $\mathbf{x_i}$
W_{aj}	Gewicht j des Anfragepunktes X_a
$\tilde{W}_{aj}$	Gewicht j des Anfragepunktes im Merkmalsraum X
W_{ij}	Gewicht j des Datenpunktes X_i
W_j	Gewicht j des berechneten Datenpunktes im D-dimensionalen Raum
$\underline{W}_i$	Gewichtsmatrix aller nächsten Nachbardatenpunkte des Trainingsvektors $\mathbf{x_i}$
$\underline{G}$	Lokale Gram-Matrix der nächsten Nachbardatenpunkte
$\underline{R}$	Inverse von $\underline{G}$, $\underline{R} = \underline{G}^{-1}$, Rotationsmatrix
ξ	Gewichtsmatrix, Matrix der Schlupfvariablen
ξ	Gewichtsvariable, Schlupfvariable
$\underline{M}$	Verbindungsmatrix $\underline{M} = (I - W)^T(I - W)$
δ_{ij}	Kronecker-Symbol bei der Bildung vom $\underline{M}$, Abweichung, Offset
$\underline{\mathrm{WW}}$	Gewichtsmatrix aller nächsten Nachbardatenpunkte zu allen $\mathbf{x}_i$
jj	Reihen-Lauf-Index innerhalb $\underline{\mathrm{WW}}$
kk	Spalten-Lauf-Index innerhalb $\underline{\mathrm{WW}}$
λ_i	Eigenwerte
$\underline{\mathrm{RR}}$	Rekonstruktionsmatrix $\underline{\mathrm{RR}} = \mathrm{inv}(\underline{\mathrm{WW}})$
$\Phi\,(X, X_i)$	Transformation eines Punktepaares
ε	Rekonstruktionsfehler
Y-Raum	Assoziationsraum, Einbettungsraum
$\underline{Y}$	Einbettungsmatrix, Nxd-Matrix der TP im Einbettungsraum (Y-Raum)
Y_i	Datenpunkt in $\underline{Y}$
$\mathbf{y}_i$	Vektor in $\underline{Y}$
V	Transformationsmatrix
Z-Raum	Darstellungsraum, Raum der zugeordneten Objekte
$\underline{Z}$	Nxd-Matrix der Trainingspunkte im Darstellungsraum (Z-Raum)
d	Dimension des Einbettungsraums
Z_i	Datenpunkt im $\underline{z}$ -Raum
$\mathbf{z}_i$	Vektor im $\underline{z}$ -Raum
$\underline{F}$	Faktorenmatrix
$\underline{I}$	Einheitsmatrix
f_g	Grenzfrequenz

O	O-Notation, Vergleich von Algorithmen ohne Implementierungsdetails von Programmiersprache und Hardware
X_w	Wahrer Wert

Abbildungsverzeichnis

Tabellenverzeichnis

1 Einleitung

Methoden zur Auswertung multivariater Messgrößen behandeln mehrere Eingangsvariablen in deren Zusammenhang gleichzeitig und repräsentieren ihre Attribute als Gesamtmerkmal. Diese Methoden sind nicht nur für die Effizienz der Verarbeitung der Messgrößen wichtig, sondern es kann zu falschen Schlussfolgerungen kommen, wenn der Einfluss der Messgrößen jeweils einzeln, d. h. univariat ausgewertet wird. Letztere Art der Auswertung gelingt nur dann genau und zuverlässig, wenn die Messgröße aus der Änderung des Zustandes eines Messobjektes eindeutig abgeleitet werden kann. Kommt bei der letztgenannten Art der Messwerterfassung eine zweite Variable hinzu, muss deren Einfluss bei der Messwertbestimmung beispielsweise mit einem Kennlinienfeld oder einer Kompensationsrechnung berücksichtigt werden. Bei mehreren Einflüssen und damit multivariaten Messgrößen erhöht sich der Aufwand bei dieser Vorgehensweise beträchtlich. Bei nichtlinearen Verhältnissen wird die Realisierung noch aufwendiger und damit meist praktisch nicht mehr durchführbar. Künstliche neuronale oder auch konnektionistische Netze sind dagegen gut geeignet, multivariate Messgrößen effizient zu verarbeiten.

1.1 Konnektionistische Systeme

Solche Systeme aus miteinander verbundenen künstlichen Neuronen adaptieren den sie umgebenden Bereich, mit dem sie über Messdaten in Verbindung stehen. Die Messdaten kommen in Multisensorsystemen aus unterschiedlichen Quellen, die aufgrund ihrer Diversität mehrere Informationen liefern und mit der multivariaten Auswertung Aufgaben erfüllen, die mit einer univariaten Auswertung von Einzelsignalen nicht zu bewältigen wären. Ein unbekannter innerer Zusammenhang, dessen Ausprägung beispielsweise eine aufgabenbezogene spezielle Messgröße ist, kann durch multi-

G. Sartorius, *Erfassen, Verarbeiten und Zuordnen multivariater Messgrößen*,
https://doi.org/10.1007/978-3-658-41451-1_1

variate Auswertung isoliert und skaliert dargestellt werden. So erzeugte Messwerte sind genauer, stabiler und damit sicherer als ein Ensemble von getrennt ausgewerteten Signalen.

1.2 Verarbeitung hochdimensionaler Datensätze

Eine große Anzahl von Verfahren für hochdimensionale Regressions- und Klassifikationsaufgaben wird den künstlichen neuronalen Netzen (KNN) zugeordnet. Motiviert durch neue Erkenntnisse auf dem Gebiet des Maschinenlernens werden in diesem Buch existierende Verfahren analysiert und eine Anordnung herausgearbeitet, die es ermöglicht, den Gesamtaufwand bei Lernmaschinen zu minimieren und bei der Realisierung Standardkomponenten einzusetzen. Dazu wird ein neuer Ansatz verfolgt, bei dem Eingangsdaten grundsätzlich nicht verändert, mit einer Wavelet-Transformation auf wesentliche Inhalte reduziert und mit einem speziellen Glättungsverfahren so aufbereitet werden, dass bestimmte Dimensionsreduktionsverfahren auch für nicht zusammenhängende Datensätze, wie sie z. B. bei Klassifikationsaufgaben auftreten, numerisch stabil einsetzbar sind. Das vorgestellte Verfahren agiert in der Adaptionsphase als universeller Approximator weitestgehend ohne Iterationen und Parametereinstellungen und deduziert ein redundanzfreies Modell, mit dem in der Anwendungsphase untrainierte Eingangsinformationen bei ausgezeichneten Generalisierungseigenschaften im Sinne einer Anwendung störunempfindlich verarbeitet werden können. Unter Ausnutzung von Nachbarschaftsbeziehungen der Datenpunkte wird die Gesamtinformation mittels eines unüberwachten Lernvorgangs in ein niedrigdimensionales Koordinatensystem abgebildet und mit einem überwachten Lernvorgang anwendungsorientiert skaliert und angepasst. Im Speziellen sind Lern- und Arbeitsphase strikt getrennt und die rechenintensive Modellermittlung in eine separate Lerneinheit ausgelagert, von der aus das ermittelte Datenmodell an die ständig mit den Eingangssignalen verbundenen Arbeitseinheiten übertragen wird, die dann eigenständig in der Lage sind, multivariate Informationen effizient, präzise und sicher in aussagekräftige Messwerte und Signale umzusetzen. Das Verfahren ist zur Fusion diversitärer Sensordaten und zur Klassifizierung charakteristischer Eigenschaften durch multivariate Auswertung geeignet. Letztere Ausführung wurde zur Klassifizierung von Raman-Spektren eingesetzt und mit anderen Verfahren verglichen. Dazu spielten folgende Fragestellungen eine Rolle:

- Welche Methoden sind geeignet, um multivariat vorliegende Eingangsdaten kompakt und redundanzfrei darzustellen?

Es wurden verschiedene Methoden untersucht und gezeigt, dass die Überführung der Eingangsdaten in eine distanzerhaltende Koeffizientendarstellung und eine anschließend auf diese Daten angewendete Dimensionsreduktion in vorteilhafter Weise zu einer redundanzfreien Darstellung führen. Die Kombination einer neuen Methode zur

Dimensionsreduktion (NOP-Methode) mit einer Wavelet-Transformation gestattet die Entfernung unwesentlicher und störender Komponenten, hat mittelnde Eigenschaften und führt zu einer kompakten Darstellung der Trainingsdaten.

- Wie können als Häufungen vorliegende Eingangsdaten als stetige Mannigfaltigkeit (MF) dargestellt werden, ohne die inneren Eigenschaften der Originaldaten zu verfälschen?

Die aus Koeffizienten und/oder diskreten Sensordaten gebildete MF wurde mit einem neu entwickelten Interpolationsverfahren *(Füllwertmethode)* so vorbereitet, dass eine vordefinierte maximale Krümmung eingeprägt wird, Lücken und Sprünge in der MF beseitigt werden und Stetigkeit in allen Bereichen der MF vorliegt, ohne die Lage der Trainingspunkte zu verändern. Dies ist die Voraussetzung für die Anwendung spektraler Methoden zur Dimensionsreduktion einer MF, um eine numerisch stabile und präzise Abbildung in einem niedrigdimensionalen Raum zu erreichen.

- Wie kann ein redundanzfreies Modell der Trainingsdaten deduziert werden, das global optimale Eigenschaften aufweist und die inneren Eigenschaften der zugehörigen MF repräsentiert?

Diese Fragestellung wurde mit einem zweistufigen Adaptionsvorgang untersucht, der aus einem unüberwachten und einem überwachten Anteil besteht. Es konnte gezeigt werden, dass der sonst bei künstlichen neuronalen Netzen übliche Abgleich *(Hebb-Regel)* durch die Lösung eines Eigenwertproblems bei einer Dimensionsreduktion (unüberwachter Trainingsvorgang) und anschließende Skalierung und Anpassung (überwachter Trainingsvorgang) an die vordefinierte Ausgangsfunktion im Darstellungsraum ersetzt werden kann.

1.3 Multivariate Datenverarbeitung

Multivariate Informationen, die beispielsweise als Messdaten vorliegen, beinhalten bezüglich einer gemeinsamen inneren Kerninformation redundante Informationsanteile. Das vorgestellte Verfahren dekorreliert diese Informationen, bildet die interessierende Wissensbasis in Form eines künstlichen neuronalen Netzes (KNN) ab, dessen Ausgänge als Mess-, Steuer- und Binärsignale oder als Daten für verschiedenste Anwendungen genutzt werden können. Es stellt einen universellen Approximator dar, der die Nachteile klassischer KNN-Verfahren vermeidet, mit Standardkomponenten und minimalem Aufwand realisiert werden kann und ohne spezielle Parameter für Mess-, Kalibrations- und Klassifizierungszwecke einsetzbar ist. Mit Simulationen und Untersuchungen wird die Leistungsfähigkeit des neuen Verfahrens im Vergleich zu anderen mit realen Testdaten in Relation gesetzt. Zunächst werden im ersten Kapitel die wichtigsten Eigenschaften von KNN mit dem aktuellen Stand von Technologie und Forschung bezüglich des maschinellen Lernens in Zusammenhang gebracht. Im Weiteren werden verschiedene strukturelle Aspekte lernfähiger Systeme und tendenzielle Anforderungen an moderne Verfahren erörtert und der Komplexitätsgrad sowie der Leistungsbereich des vorgestellten Verfahrens und Systems in das Umfeld existierender Lösungen eingeordnet. Darüber hinaus werden Entwicklungstendenzen bezüglich konnektionistischer Systeme und wesentliche Aspekte zur Hard- und Softwarestruktur genannt. Abschließend sind in Kurzform die weiteren Inhalte des Buches zusammenfassend aufgeführt.

1.4 Maschinelles Lernen

Die in zahlreichen Büchern und Fachartikeln erschienenen Darstellungen zum Thema neuronale Netzwerke und die daran angrenzenden Gebiete, wie z. B. der Bereich des maschinellen Lernens, weisen eine nahezu unüberschaubare Vielfalt verschiedenster Strukturen und Methoden zur Realisierung künstlicher neuronaler[1] Netzwerke (KNN) auf. Nach heutigem Kenntnisstand gelten die KNN als größtenteils theoretisch erforscht. Bei der Durchsicht realisierter KNN zeigen sich immer wiederkehrende grundsätzliche Überlegungen, die im Laufe der Neunzigerjahre und Anfang nach der Jahrtausendwende als Gemeinsamkeiten von statistischen Methoden, mathematischen Methoden und KNN herausgearbeitet und auf eine gemeinsame Basis gestellt wurden. Die in verschiedenen Disziplinen erstellten KNN ähneln sich und neu erfundene Begriffe im Umfeld der KNN haben ein Äquivalent in der Statistik.[2] Viele auf den ersten Blick kompliziert erscheinende Netzwerke beruhen auf einfachen mathematischen Strukturen. Diese können mit heute zur Verfügung stehenden Standardprogrammen (Matlab, Mathcad, Atari/Omikron, SPSS, …) bearbeitet und die so erstellten Modelle in andere Verarbeitungssysteme transferiert werden.[3] Die traditionelle Unterteilung der Rechnersysteme in Maschinen (Hardware) und Programme (Software) hat sich bei KNN als unzureichend erwiesen. Hardwarearchitektur und Algorithmus verschmelzen hier zu einer Einheit. Ein Beweis dafür ist die Vielfalt der speziell für KNN-Aufgaben entwickelten integrierten Schaltkreise.[4] Für spezialisierte technische Anwendungen werden, wie in Abb. 1.1 gezeigt, diese hochintegrierten Schaltkreise oder sehr leistungsfähige Rechner eingesetzt. Prozessoren, wie z. B. digitale Signalprozessoren oder Mikrocontroller, kommen in Anwendungen mit KNN eher selten vor, obwohl sie sehr

[1] Unter neuronal werden im Zusammenhang mit KNN neuronenähnliche Netze verstanden.

[2] Siehe dazu im Glossar in Anhang K.7 die unter *KNN und Statistik* ihrem Äquivalent in der Statistik gegenübergestellten Begriffe.

[3] In Matlab geschriebene m-files sind als C-Code auf andere Systeme übertragbar, z. B. in Mikrocontroller.

[4] Siehe Anhang F, Architekturen.

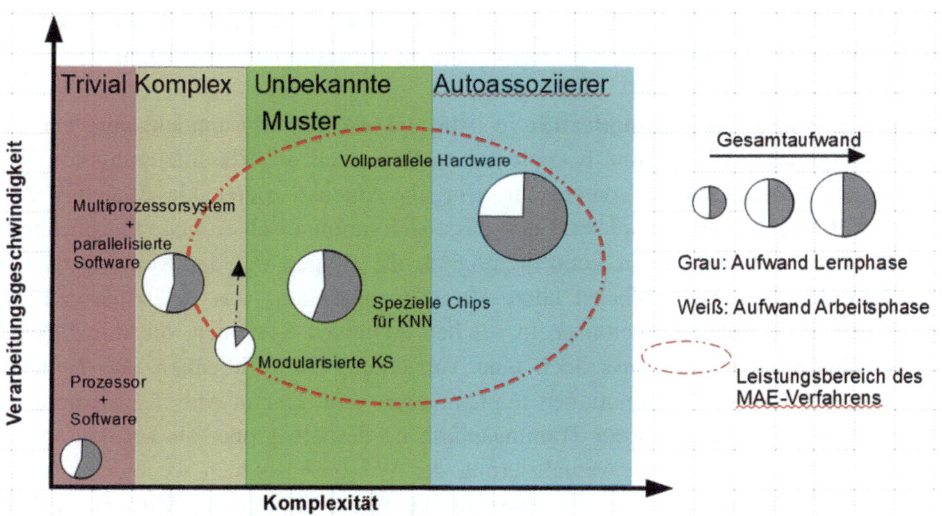

Abb. 1.1 Größere Gestaltungsfreiheit und reduzierter Gesamtaufwand durch Auslagerung von Rechenleistung in der Trainingsphase

kostengünstig sind und als kompakte hoch entwickelte Verarbeitungseinheiten zur Verfügung stehen. Ein neuer Weg, um letztgenannte Vorteile nutzen zu können und den Gesamtaufwand zu reduzieren, ist die Auslagerung von nicht ständig benötigter Rechenleistung während der Trainingsphase eines KNN. Dieser Zusammenhang ist in Abb. 1.1 dargestellt. Zur Beschränkung des Gesamtsystems wird eine Isometrie gefordert, die ein Verständnis der Wirkungsmechanismen ermöglicht. Diese Transparenz hilft, die Akzeptanz solcher Systeme beim Anwender zu verbessern. In praktischen Anwendungen, bei denen es auf Erklärung und Rechtfertigung von Entscheidungen ankommt, führen komplizierte Analysierbarkeit und eingeschränkte Nachvollziehbarkeit zu Akzeptanzproblemen. Je komplexer ein System ist, desto unschärfer wird das Ursache-Wirkungs-Prinzip [10]. Eine erste Orientierung zur Einordnung von Lernmaschinen bietet die folgende Klassifizierung:

Triviale Maschinen Triviale Maschinen haben kein Gedächtnis und sind analytisch bestimmbar. Durch die eindeutige Beziehung zwischen Eingang und Ausgang ist ihr Verhalten voraussagbar.

> Triviale Maschinen werden nicht nur durch Synthese bestimmt, ebenso gut sind sie durch Analyse bestimmbar. Da ihre Operationsregeln unverändert bleiben, d. h. von ihrer Vergangenheit unabhängig sind, sind sie außerdem voraussagbar [5, S. 138].

Nichttriviale Maschinen Bei nichttrivialen Maschinen treten durch unsichtbare Rückkopplungen oft Paradoxien auf, interne Zustände beeinflussen sich selbst und das

Programm oder die Transformationsregeln sind zunächst unbekannt. Diese Maschinen sind analytisch unbestimmbar und zeigen ein nicht voraussagbares Verhalten.[5]

Gesamtaufwand und Komplexität In Abb. 1.1 ist der Zusammenhang von Verarbeitungsgeschwindigkeit und Komplexität in Bezug auf die Klassifizierung von KNN (trivial … Autoassoziierer) dargestellt. Ein als Autoassoziierer klassifiziertes KNN liegt im Bereich hoher Komplexität und passt sich automatisch an neue Gegebenheiten an. Damit dieser Vorgang in Echtzeit möglich ist, steigen mit der Komplexität auch die Anforderungen an möglichst kurze Verarbeitungszeiten, was zusätzlich den Aufwand erhöht (Parallelverarbeitung). In solchen adaptiven Systemen, die ihre Wissensbasis ständig erweitern, muss auch eine Vorrichtung zum Erkennen und Entfernen nicht mehr relevanter Informationen implementiert sein. Der in Abb. 1.1 als grau dargestellte anteilige Aufwand der Trainingsphase ist deshalb größer als bei den anderen dargestellten Klassen, deren Aktualisierung der Wissensbasis sich weniger aufwendig gestaltet. Im Bereich mittlerer Komplexität (komplex, unbekannte Muster) wird von einer eindeutigen Beziehung zwischen Eingang und Ausgang des KNN ausgegangen. Die Lerneinheit dieser Lernmaschinen wird nur zum einmaligen Training zu Beginn der Nutzungsdauer und zum gelegentlichen Nachtraining benötigt.

Flexiblere Gestaltung durch Modularisierung Wenn Lern- und Arbeitseinheit physikalisch getrennt werden, ist eine einzige Lerneinheit für viele Arbeitseinheiten nutzbar. Somit besteht der Aufwand für die Anwendung aus Arbeitseinheit, einem Kommunikationsmodul und dem Anteil an der gemeinsamen Lerneinheit. Dieser Aufwand pro Verarbeitungseinheit in Bezug auf die üblichen Anordnungen, die voll ausgestattet sind (Lern- und Arbeitseinheit), wurde mit dem Begriff *modularisierte KNN* (modularisierte KS) als neues Verfahren in die Abb. 1.1 eingeordnet. Der durch die Größe der Kreise verdeutlichte Gesamtaufwand sinkt. Die Verarbeitungsgeschwindigkeit ist bei der Verwendung von Mikrocontrollern geringer als bei den benachbarten Anordnungen, da diese in der Regel über schnellere Rechenwerke verfügen. Durch entsprechende Ausstattung lässt sich jedoch die Verarbeitungsgeschwindigkeit steigern. Dies wird mit dem gestrichelt dargestellten Pfeil verdeutlicht. Die Zeitdauer für die gelegentlich auftretende Trainingsphase hängt davon ab, wie leistungsfähig die verwendete Lerneinheit ist.[6]

---

[5] Eine nach grundsätzlichen Eigenschaften der KNN geordnete Übersicht befindet sich im Anhang D in Tab. D.1.

[6] Diese könnte auch ein leistungsfähiger Rechner sein, der über das Internet angekoppelt wird.

1.5 Entwicklungstendenzen der Lernstrategien

Die Berechnungen bei KNN bestehen im Wesentlichen aus Vektor- und Matrixoperationen. Bei größeren Netzen sind Berechnungen sehr zeitintensiv und begrenzen ihre Einsetzbarkeit. Beschleunigen lassen sich diese Berechnungen durch spezielle Hardware (Neuro-Hardware) oder parallele Rechnerstrukturen (Anhang F.1.1).

Klassische Strategien Bei den klassischen KNN[7] werden die Parameter der Netze während des Entwicklungsvorgangs experimentell bestimmt. Dazu werden Lern- und Arbeitsphase abwechselnd ausgeführt und die Ergebnisse zum Optimieren der Parameter genutzt.[8]

Naturnahe Strategien Hierbei handelt es sich um Algorithmen, die bestimmte Abläufe der Natur imitieren. Strategien, die in der Natur ablaufen und offensichtlich erfolgreich sind, motivierten zu deren Nachahmung. Die Neurobiologie beschäftigt sich z. B. mit dem Verstehen von lokalen und globalen Steuerungsmechanismen, die ein System befähigen, verhaltensrelevantes Wissen aus einem Signalfluss zu extrahieren und in eine geeignete Relation zum bereits erworbenen Wissen zu setzen. Die meisten Arbeiten beruhen auf evolutionären Algorithmen (EA)[9] mit dem Ziel einer automatisierten Suche nach der optimalen Lösung. Dazu müssen die Randbedingungen der ersten Generation und die Auswahlkriterien (Fitness Function) [9] festgelegt werden.[10] Solche die Natur imitierenden Algorithmen werden seit geraumer Zeit erfolgreich verwendet [12]. Dies wird durch die enorm gewachsene Rechnerleistung unterstützt, die die Simulation komplexerer Modelle erlaubt, ganz gleich, ob das Verhalten beziehungsweise die Dynamik biologischer, chemischer, physikalischer, sozialer oder wirtschaftlicher Prozesse beschrieben wird. Bei den evolutionären Algorithmen (EA)[11] ist die Parametersuche automatisiert. Diese Art von Netzwerken eignet sich für Verfahren mit vielen Freiheitsgraden.[12] In der Software begrenzt die Rechenzeit und in der Hardware limitieren technische Anforderungen sowie der Realisierungsaufwand den Umfang der empirischen Suche.

[7] Siehe dazu *Nachteile klassischer KNN* in Abschn. 2.4.

[8] Cross-Validierung zur Überprüfung der Generalisierungsfähigkeit [6, S. 182].

[9] Genauere Beschreibung im Anhang F.4.

[10] Zu nennen sind in diesem Zusammenhang das Projekt *ENZO* – der evolutionäre Netzwerkoptimierer *ENZO* ist frei verfügbar (Evolutionärer Netzwerkoptimierer) [1] – und ein Forschungsbericht *Modellierung räumlicher Interaktionen mithilfe evolutionär optimierter neuronaler Netze* [4] in Verbindung mit dem Projekt *ENZO*.

[11] Abschn. 1.5, *Naturnahe Strategien*.

[12] Um ein deterministisches Verhalten zu garantieren, müssen bei technischen Systemen die Freiheitsgrade (wie in Abschn. 2.2 diskutiert) wohlüberlegt zugelassen werden.

Neuere Strategien Um Rechenarbeit einzusparen, ist bei der Entwicklung der Architektur von KNN zu prüfen, welche Bereiche des Netzes überhaupt durchzurechnen sind. Dies gilt besonders für die im Abschn. 2.5 genannten KNN. Im Prinzip finden in den dort vorgestellten nachtrainierbaren KNN-Strukturen nur Aktionen in der Umgebung des sogenannten rezeptiven Feldes[13] statt. Bei diesen neueren Verfahren geht man den Weg mithilfe theoretischer Kriterien, die den Suchraum verkleinern, um schneller und sicherer zu optimierten Strukturen zu gelangen [7, 8, 11, S. 185].

1.6 Notwendige Eigenschaften

Es bestehen Forderungen nach einem adaptiven System, das theoretisch analysierbar gestaltet, nicht begrenzt und modular aufbaubar ist, isometrische Eigenschaften aufweist, Stabilitäts- und Plastizitätsanforderungen genügt, durch mehr Flexibilität zu einem günstigen Kosten-Nutzen-Verhältnis führt und so konstruiert ist, dass es unempfindlich gegenüber kurzzeitigen Störungen und Ausreißern arbeitet.[14] Die bisher genannten und in Kap. 2 und 4 geschilderten Eigenschaften zum maschinellen Lernen zeigen, dass folgende Aspekte zu berücksichtigen beziehungsweise zu ergänzen sind:

- Transparenz bei der Interpretation der Ergebnisse
- Kompakte Darstellung der Daten
- Flexible Gestaltung ohne Mehraufwand
- Leichte Bedienbarkeit bei klaren Strukturen
- Erweiterbarkeit
- Störunempfindlichkeit

Unter Berücksichtigung dieser Punkte werden in Kap. 2 die konzeptionellen Anforderungen an das in Abb. 1.1 eingeordnete Verarbeitungssystem explizit aufgeführt. Diese Merkmale führen zu der in Kap. 4 vorgestellten Gestaltung des adaptiven Systems.

1. Umgang mit hochdimensionalen Datensätzen, Einfluss der Metrik
2. Vermeidung numerischer Instabilität
3. Aufbereitung der Trainingsdaten bezüglich lückenbehafteter Daten (Missing Values), Doppelwerten (Ties) und Ausreißern (Outliers)
4. Vermeidung des Übertrainierens (Overfitting)

[13] Siehe dazu Abschn. 2.5, *RBF-Netze*.

[14] Der in Bruskes Arbeit vorgeschlagene Weg, die Adaptivität des Systems an dessen Leistungsmerkmale zu koppeln, erscheint vielversprechend. Es sind jedoch noch weitere theoretische und experimentelle Untersuchungen notwendig, um die endgültige Bandbreite dieses Konzeptes erfassen zu können [2].

5. Verarbeitungsgeschwindigkeit, Strukturierung der Abläufe
6. Darstellung und Interpretation der Ergebnisse

1.6.1 Ursache und Wirkung

Um das Ursache-Wirkungs-Prinzip zu verdeutlichen, kann man bezüglich der Kausalität zwischen Ausgängen und Eingängen von verschiedenen Kategorien der Transparenz sprechen. Ein *voll transparentes Modell* gestattet es, alle Verbindungen zwischen Ausgang und Eingang nachzuvollziehen und somit die Wirkungen den Ursachen zuzuordnen. Bei der Kategorie *teilweise transparentes Modell* sind nicht alle Verbindungen, sondern nur Teile bis ins Detail nachvollziehbar. Die Modellstruktur bzw. das Modell besteht teilweise aus Schätzwerten und teilweise aus Verbindungen, die aus der Realität oder der physikalischen Struktur direkt gebildet sind. Wie Wirkungen Ursachen zuzuordnen sind, wird umso unklarer, je mehr verborgene Schichten bei einem KNN beteiligt sind. Im Gegensatz zum voll transparenten Modell sind beim *nicht transparenten Modell* keine Verbindungen zwischen Ausgang und Eingang nachvollziehbar und somit können Ausgangssignale auch keinen physikalischen Ursachen direkt zugeordnet werden (Abschn. 7.6.4 und 11.7).[15]

1.6.2 Voraussetzungen zur Realisierung der Modelle

Modelle können mit Mannigfaltigkeiten aufgebaut werden. Die Art und Weise, wie mit abstrakten Mannigfaltigkeiten die verschiedenen Darstellungsräume X-, Y- und Z-Raum zusammenhängen, wird anhand des MAE-Verfahrens aufgezeigt. Voraussetzung dafür ist, dass:

1. die Mannigfaltigkeit stetig ist,
2. die Mannigfaltigkeit differenzierbar ist,
3. die Koordinaten sich auf Bezirke beziehen, in denen spezielles Wissen untergebracht ist,
4. weit entfernt liegende Punkte getrennt koordinatisiert werden können, um Ungenauigkeiten im lokalen Bereich des Wissens zu vermeiden. Dies gilt besonders dann, wenn Differenzen zwischen Datenpunkten zu ermitteln sind, die über größere Entfernungen zueinander in Relation gesetzt werden müssen.

---

[15] Die Eigenschaften *voll transparent, teilweise transparent* und *nicht transparent* in Bezug auf Einheiten, die Verbindungen oder Verknüpfungen zwischen Ausgängen und Eingängen enthalten, werden im Englischen mit den Begriffen *White-Box, Grey-Box* und *Black-Box* bezeichnet.

Mit der Korrelation wird eine Maßzahl für potenziell ursächliche Zusammenhänge angegeben. Sie ist kein Beweis dafür, dass ein Ereignis tatsächlich die Ursache für ein anderes Ereignis ist. In der Fachwelt heißt es oft: Kausalität ist eine bequeme Vision [3]. Kausal ist hierbei gemeint als Effekt der Aktionen und nicht im Sinne physikalischer Gesetze (Abschn. 7.6.4).

1.7 Gestaltung des Verarbeitungsprozesses

Die Abfolge in diesem Buch entspricht der Vorgehensweise beim Trainieren und späteren Generalisieren neuer Messwerte und besteht aus den folgenden Blöcken:

1. Bildung der Trainingsmenge
2. Aufbereitung der Trainingsmenge
3. Techniken der Modellbildung (Trainingsphase)
4. Anwendung der Modelle auf neue Messwerte bzw. Daten (Arbeitsphase)

Diese genannten Blöcke sind so in Modulen organisiert, dass diese unabhängig voneinander programmiert und ausgeführt werden können. Bei der Konstruktion dieser Module sind die Erkenntnisse der vergangenen Jahre berücksichtigt worden.

1.7.1 Grenzen des Maschinenlernens

Bei den Stützvektormethoden (SVM): Es kann eine unendliche Zahl von Messwerten ohne Übertraining geben. Entscheidend für das Übertrainieren ist nicht der Umfang der Trainingsdaten, sondern die Anzahl Stützvektoren, die die Feinstruktur des Modells festlegen. Somit gibt es hier keine notwendige Verbindung zwischen der Anzahl der Parameter eines Modells und der Tendenz zum Übertrainieren des Netzes. Nichtlineare Datensätze erfordern bei SVMs einen Mehraufwand. Sie müssen durch Transformation mittels einer Kernfunktion in einem höherdimensionalen Raum linearisiert werden. Aufwendig dabei ist, dass dazu die passende Kernfunktion z. B. durch Kreuzvalidierung (Crossvalidierung) bestimmt werden muss (Abschn. 11.5.2).

Occams razor for machine-learning: Einfachheit impliziert nicht Genauigkeit. Repräsentierbar impliziert nicht lernbar. Einfache Hypothesen sollten bevorzugt werden (Kap. 11). Standard decision-tree-learner können nicht mehr lernen, als es Trainingsbeispiele gibt. Weiterhin: Kann der Zustand gelernt werden, wenn der Hypothesenraum viele lokale Minima hat? Dies kommt anscheinend oft vor. Einige Repräsentanten sind kompakter als andere (Abschn. 2.5).

1.7.2 Notation und Beispiele

Pseudocode Die Funktionalität bzw. die wesentlichen Programmabläufe in den Modulen sind als Pseudocode angegeben.

O-Notation und Speicherbedarf Zur Angabe des numerischen Aufwandes wird die Landau-Notation verwendet. Der Speicherplatzbedarf ist in Wörtern angegeben, deren Datenlänge sich nach dem für die jeweilige Applikation notwendigen Umfang richtet.

Berechnungsbeispiele Kalkulationen zu den qualitativen Aussagen im Text sind für wesentliche funktionale Zusammenhänge im Anhang mit Bezug auf die Textstellen als Berechnungsbeispiele aufgeführt [13].

1.8 Die drei Hauptteile dieses Buches

Teil 1 beinhaltet Anforderungen, theoretische Grundlagen und Methoden, die für das Klassifizierungssystem relevant sind. Simulationen mit verschiedenen Signalen bezüglich der Abbildungstreue werden in **Teil 2** durchgeführt und das Klassifizierungssystem mit der X-Y-Z-Raum-Struktur organisiert. Die Realisierung des Klassifizierungssystems in verschiedenen Ausprägungen ist in **Teil 3** dargelegt.

Die inhaltliche Abfolge der Kapitel orientiert sich an den Notwendigkeiten zur Realisierung des Systems. Diese Bezüge sind in Abb. 1.2 veranschaulicht. Teil 3 bezieht sich dabei vorwiegend auf Teil 2 und Teil 2 auf Teil 1. So ist es dem Leser überlassen, sich auf induktivem oder deduktivem Weg mit den Inhalten des Buches vertraut zu machen.

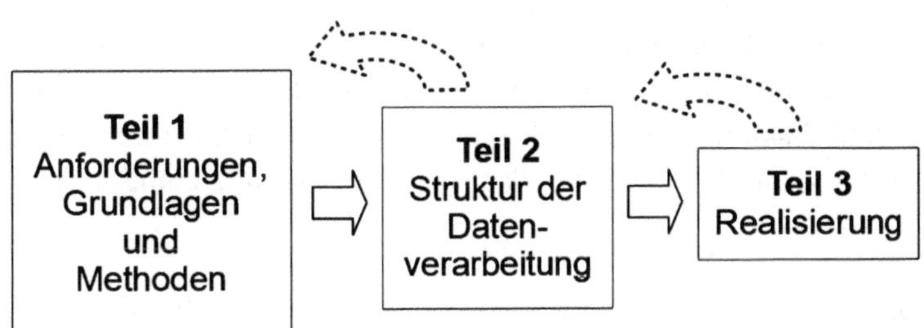

Abb. 1.2 Einteilung des Buches in drei Hauptteile: **Teil 1:** Kap. 2–11, **Teil 2:** Kap. 12–16, **Teil 3:** Kap. 17–21

1.8.1 Kapitelübersicht

1.8.1.1 Teil 1

Kap. 2: Methoden des maschinellen Lernens Verschiedene Methoden des maschinellen Lernens werden aufgeführt, Komplexitätsgrade des maschinellen Lernens erörtert, KNN und andere adaptive Verfahren gegenübergestellt und Entwicklungstendenzen aufgezeigt. Abschließend wird ein für das Anwendungsumfeld geeignetes Verfahren vorgeschlagen und dessen Arbeitsweise mit Bezug auf die zuerst genannten Verfahren des maschinellen Lernens kontrastiert.

Kap. 3: Anforderungen und Gestaltung eines adaptiven Systems Kriterien und Anforderungen zur Systemgestaltung und Arbeitsteilung sowie konzeptionelle Erfordernisse bezüglich des adaptiven Systems für auf der Basis der Inhalte dieses Buchs realisierte MAE-Verfahren sind hier aufgelistet und die grundsätzliche Arbeitsweise mit Trainings- und Arbeitseinheit beschrieben.

Kap. 4: Ein Klassifizierungsverfahren im Überblick Die Komponenten für die Arbeitsteilung und Modularisierung sowie Realisierungsaspekte für das auf der Basis der Inhalte dieses Buchs entwickelte MAE-Verfahren werden zusammengestellt und in einem Organisationsplan angeordnet.

Kap. 5: Messtechnik und maschinelles Lernen Technische Erfordernisse für das maschinelle Erfassen der Messwerte und die bei der Messwerterfassung auftretenden typischen Fehlereinflüsse sowie deren Eingriffspunkte und Wirkungsmechanismen in der Messkette werden genannt und erörtert.

Kap. 6: Metrik für multidimensionale Daten Die Erfordernisse zur Abspeicherung von Merkmalen in hochdimensionalen Räumen werden thematisiert, die Eigenschaften verschiedener Metriken bezüglich der Distanzbestimmung von DP zu DP erörtert, mögliche Probleme anhand von Untersuchungen, die in der Fachliteratur zu dem Thema durchgeführt und diskutiert wurden, skizziert sowie Maßnahmen genannt, die eine ausreichend genaue Ermittlung der Größen bei der Klassifizierung hochdimensionaler Datensätze gestatten.

Kap. 7: Glättung einer Mannigfaltigkeit Vorstellung einer Glättungsmethode, die die statistischen Kennwerte der Messdaten und die Eigenwerte der Datenmatrix nicht oder nur unwesentlich verändert. Eine MF, die zunächst nur aus einer diskreten Anzahl von Messpunkten im D-dimensionalen Raum besteht, weist Lücken auf und kann durch die Einbringung von Füllwerten geglättet werden, sodass die Glattheit dieser MF als Vorbereitung für weitere Verarbeitungsschritte sichergestellt ist.

Kap. 8: Distanz- und Ähnlichkeitsmaße Die Erfordernisse zur Erfassung der Ähnlichkeit von Merkmalen, die für den Einsatz des MAE-Verfahrens wichtig sind, werden definiert. Für das maschinelle Lernen sind Begriffe wie Distanz und Ähnlichkeit bei der Erstellung der mathematischen Modelle von entscheidender Bedeutung. Durch die Anwendung bestimmter Metriken zur Ermittlung der Punktabstände und die Erkenntnisse in Kap. 6 stehen neue Freiheitsgrade bei der Gestaltung der Modelle zur Verfügung, die bei der Prüfung der Zugehörigkeit zum rezeptiven Bereich eines Objektes Vorteile bieten.

Kap. 9: Wavelet-Transformation Die für die Verarbeitung parametrisierter Messkurven geeignete orthogonale Wavelet-Transformation wird vorgestellt und die Eigenschaften und der Realisierungsaufwand der WT, der Fourier-Transformation (FT) und anderer Transformationen, die eine Koeffizientendarstellung des Klassifizierungsobjekts ermöglichen, werden genannt. Die Transformation bzw. Überführung in die Koeffizientendarstellung bietet den Vorteil, dass unerwünschte Komponenten bzw. Signalanteile aus den Eingangsdaten bei der Bildung des charakteristischen Datensatzes (TDS) gezielt entfernt werden können.

Kap. 10: Nächste-Nachbarn-Verfahren und Dimensionsreduktion Der Zusammenhang zwischen den NN-Methoden und der Dimensionsreduktion wird erläutert und die Eigenschaften der Dimensionsreduktion in Bezug auf die aufgabenbezogenen Anforderungen werden diskutiert. Es folgt eine Gegenüberstellung verschiedener spezialisierter Dimensionsreduktionsmethoden in einem gemeinsamen Kontext zur Einordnung des Prinzips und zur Hervorhebung von Gemeinsamkeiten. Mit dem beschriebenen Verfahren zur Dimensionsreduktion wird eine im X-Raum befindliche MF in einen niedrigdimensionalen Raum eingebettet. Dadurch liegen die hochdimensionalen Trainingsdaten dekorreliert im niedrigdimensionalen Einbettungsraum vor, sind visuell darstellbar und die damit gewonnene Transparenz liefert zusätzliche Kontroll- und Abbildungsmöglichkeiten.

Kap. 11: Modellbildung Möglichkeiten zur optimalen Einstellung der Modellkomplexität werden hier genannt. Ein ideales Modell gibt es jedoch aus zwei Gründen nicht: Entweder reagiert das System bei zu großer Modellkomplexität wegen des Übertrainings zu empfindlich auf einzelne Werte oder es werden wesentliche strukturelle Elemente der Charakteristik bei zu kleiner Modellkomplexität wegen der fehlenden Feinstruktur nicht im Modell erfasst. Durch verschiedene Maßnahmen wird erreicht, dass mit den Eingangsdaten als multidimensionalen Vektoren eine stetige Mannigfaltigkeit (MF) im Eingangsraum (X-Raum) entsteht, sodass ein Modell zur redundanzfreien Repräsentation der intrinsischen Charakteristik dieser MF erstellt werden kann.

1.8.1.2 Teil 2

Kap. 12: Datenvorverarbeitung Die bei der Datenvorverarbeitung verwendeten Beispiele bezüglich der Messdatensätze sind praxisrelevant gewählt. Für jedes Messereignis wird der zugehörige Messdatensatz auf Ausreißer geprüft, als Trainingsdatensatz für die Weiterverarbeitung vorbereitet und gegebenenfalls von Ausreißern befreit.

Kap. 13: Merkmalsraum In dem vorgestellten Merkmalsraum liegen Eingangsinformationen verschiedener Arten von Messungen zur Erfassung eines Objektes in Kanälen angeordnet als Daten im D-dimensionalen Raum vor. Die Daten weisen keine Doppelwerte sowie keine Lücken und Sprünge mehr auf und sind ausreißerfrei.

Kap. 14: Assoziationsraum Im Assoziationsraum werden die Ergebnisse aus der vorhergegangenen Informationsgewinnung und Verarbeitung zusammengeführt und dem entsprechenden Objekt so zugeordnet, dass die Generalisierung der Trainingsdaten (Trainingsphase) und neuer Daten (Arbeitsphase) mit dem nächsten Verarbeitungsschritt im Darstellungsraum durchgeführt werden kann. Überflüssige und störende Komponenten werden entfernt und wichtige Kennwerte als Voraussetzung für die Klassifizierung bestimmt und zusätzlich im Assoziationsraum mittels eines überwacht trainierten KNN Beziehungen zur Darstellungsform der trainierten Objekte ermittelt.

Kap. 15: Darstellungsraum Mit dem im Assoziationsraum erarbeiteten Datensatz werden im Darstellungsraum neue Messdatenpunkte generalisiert und für verschiedene Anwendungen in passender Form visuell zugänglich gemacht. Nach der Generalisierung wird als Klassifizierungsergebnis ein Zugehörigkeitsgrad von null bis eins für nicht zugehörig bis zugehörig angegeben.

Kap. 16: Diversitäre Messmethoden Ein Objekt wird nicht nur mit einer einzigen Art eines Messsystems gemessen, sondern es werden charakteristische Muster auf der Basis verschiedener physikalischer Effekte erfasst und verarbeitet, um durch Kombination der gewonnenen Klassifizierungsergebnisse Aussagen mit einer erhöhten Sicherheit zu erhalten.

1.8.1.3 Teil 3

Kap. 17: Simulation und Test Der Test des Entwurfs mit synthetischen Daten zur Demonstration der erzielten Abbildungstreue wird vorgestellt. Zur Simulation der Trainingsphase werden in die Lernmaschine mit einem Funktionsgenerator erzeugte synthetische Daten, die mit einem Rauschanteil überlagert werden können, als Trainingsdatenpunkte eingegeben. Zum Test der Arbeitsphase wird der Lernmaschine ein ebenso erzeugter Testdatensatz, der aus neuen untrainierten Datenpunkten besteht, präsentiert.

Generalisierungsfähigkeit, Genauigkeit der Abbildung – und damit des Verfahrens – sind aus den erzielten Abbildungsergebnissen deduzierbar.

Kap. 18: Hardware und Realisierung Als Pseudocodefragmente dargestellte Prozeduren zeigen die Abläufe zur Modellbildung in der Trainingsphase und der Klassifizierung neuer Messdaten in der Arbeitsphase. Eine detaillierte Auflistung bezüglich des Hardware- und Berechnungsaufwandes wird dazu in Tabellenform angegeben. Zusätzlich sind Textverweise zu den in den Modulen verwendeten Methoden angegeben. Zur Realisierung des MAE-Verfahrens gibt es je nach Anwendung verschiedene Bausteine und Komponenten. Das Verfahren wurde mit einem PC, einer SPS, Mikrocontrollern und einem FPGA realisiert.

Kap. 19: Datenanalyse Die Beurteilung der Klassifizierungsleistung anhand von ROC-Kurven, die die Klassifizierungsgüte der Klassifikatoren darstellen, wird vorgestellt. Die Anzahl der mit false positive (FP), false negative (FN) markierten Datenpunkte sagt aus, wie schlecht, und mit true positive (TP) oder true negative (TP) markierte Datenpunkte zeigen, wie gut die Modellkomplexität eingestellt ist.

Kap. 20: Einsatzgebiete Das Kapitel vermittelt einen Überblick zu Einsatzmöglichkeiten des MAE-Verfahrens als eigenständiges System (stand-alone-system) und als Verbundsystem.

Kap. 21: Zusammenfassung der Ergebnisse Die erreichte Funktionalität, die Vorteile und die Möglichkeiten als Ausblick für zukünftige Realisierungen sind hier zusammengestellt.

1.8.2 Problemfelder und Fragen zum Thema maschinelles Lernen

1. Datenvorverarbeitung: Doppelwerte (Ties) und Ausreißer (Outliers) beseitigen (Abschn. 12.1).
2. Repräsentation der Daten im hochdimensionalen Raum: zur Darstellung im Eingangsraum bzw. Merkmalsraum der VE (X-Raum).
3. Die Daten müssen so aufbereitet sein, dass mathematische Methoden ohne numerische Instabilitäten (Abschn. 4.2) angewendet werden können, z. B. durch die Konditionierung der betreffenden Matrix (Abschn. 10.5 und 10.7.1).
4. Die Zugriffsgenauigkeit bezüglich kleiner Abstände von DP zu DP bei hochdimensionalen Datensätzen muss gegeben sein (Kap. 6). Dieses Problem (curse of dimensionality) wird erörtert, die Ursache dazu genannt und gezeigt, wie hochdimensionale Datensätze zu bearbeiten sind, damit die Abstände von DP zu DP ausreichend genau erfasst werden können (Abschn. 6.1.6).

5. Für eine gute Generalisierungsfähigkeit darf das konnektionistische System nicht übertrainiert werden.
6. Theoretische Garantien bezüglich der Genauigkeit der Ergebnisse halten meist nicht das, was sie versprechen. Kann man überhaupt die Messunsicherheit für bestimmte Messungen zuverlässig bestimmen (Abschn. 12.1.2, Kap. 12)?
7. Ein Großteil der zur Verfügung stehenden Zeit wird bei Entwicklungen von Projekten des Maschinenlernens für die Datenvorbehandlung (Abschn. 15.3) aufgewendet.
8. Fragen zum Datenumfang: Wie viele Messdaten müssen erfasst werden (Abschn. 5.3.3), um Modelle für diese Datenmengen bilden zu können (Abschn. 12.1.1 und 12.1)? Welche Aussage trifft dabei eher zu: *Ausgefeilte Algorithmen schlagen große Datenumfänge* oder: *Lasst die Daten sprechen* [3]?
9. Verteilung von Rechenleistung: getrennte Realisierung von Arbeits- und Trainingsphase (Abschn. 4.1). Parallelbearbeitung mehrerer Modelle bzw. von Klassifizierungen.
10. Ist eine Vielzahl von Modellen statt eines einzigen Modells für Klassifizierungen besser geeignet (Kap. 16)?
11. Wann müssen Applikationsexperten für bestimmte Aufgaben hinzugezogen werden (Kap. 16)?
12. Korrelation impliziert nicht die Ursache: Korrelation ist keineswegs der Beweis von Ursache und Wirkung. Sie ist dann gegeben, wenn sich zwei Dinge zur gleichen Zeit ändern. Sicherer ist es, logische Zusammenhänge heranzuziehen, um Ursachen zu ergründen.

Literatur

1. Braun H, Feuler J, Malaka R (1996) Praktikum Neuronale Netze. Springer Verlag, Berlin and Heidelberg
2. Bruske J, Sommer G (1995) Dynamic cell structure learns perfectly topology preserving map. In Neural Computation vol. 7:S. 845–865
3. Domingos (2015) The Master Algorithm. BASIC BOOKS, New York
4. Fischer MM, Koch A, Reismann M (2001) Neuronale räumliche Interaktionsmodelle: Modellspezifikation und Parameterschätzung mit Hilfe eines evolutionären Netzwerkoptimierers. In: Josef Strobl, Thomas Blaschke, Gerald Griesebner (ed) Angewandte Geographische Informationsverarbeitung XIII. Beiträge zum AGIT-Symposium Salzburg 2001, Wichmann Verlag, pp 148–154, http://www.rwth-aachen.de/geo/Ww/deutsch/NeuronaleNetzeKoch.pdf
5. Foerster Hv (1993) KybernEthik, Internationaler Merve-Diskurs & Perspektiven der Technokultur, vol 180. Merve-Verl., Berlin
6. Masters T (1995) Advanced algorithms for neural networks: A C++ Sourcebook. John Wiley & Sons, Inc, New York, Chichester, Brisbane, Toronto, Singapore
7. Osuna E, Freund R, Girosi F (1997) Improved Training Algorithm for Support Vector Machines: Pavel Laskov Department of Computer and Information Sciences University of Delaware Newark, DE 19718. Report, University of Delaware, Newark

8. Platt JC (1998) A Fast Algorithm for Training Support Vector Machines: Technical Report MSR-TR-98–14. http://pdfs.semanticscholar.org/59ee/e096b49d66f39891eb88a6c84cc89acba12d.pdf
9. Schlagner S, Strehlau U (2004) Fourier-Analyse versus Wavelet-Analyse: Ein Vergleich von Fourier- und Wavelet-Transformation bei der Signalanalyse von stationären und instationären Zeitfunktionen: Zugl.: Berlin, Techn. Univ., Diplomarbeit, 2004. Shaker, Aachen
10. Schoeneberg KP (2014) Komplexität – Einführung in die Komplexitätsforschung und Herausforderungen für die Praxis. In: Schoeneberg KP (ed) Komplexitätsmanagement in Unternehmen, Springer Gabler, Wiesbaden, pp 13–27, https://doi.org/10.1007/978-3-658-01284-7_2
11. Schölkopf B, Burges, Christopher, J C, Smola AJ (1999) Advances in Kernel Methods. The MIT Press, Cambridge, Massachusetts, London, England
12. Schöneburg E, Heinzmann F, Feddersen S (1994) Genetische Algorithmen und Evolutionsstrategien. Addison-Wesley (Deutschland)GmbH,NOTE = (Deutschland), Bonn and Paris, Reading u. a
13. Sedgewick R (2002) Algorithmen und Datenstrukturen. Pearson Studium, München

Methoden des maschinellen Lernens 2

Dieses Kapitel dient dazu, die Freiheitsgrade der Trainingsphase für die in Abschn. 1.6 zusammengestellten notwendigen Eigenschaften mit Bezug auf systemtheoretische Überlegungen im anwendungsrelevanten Umfeld zu definieren. Auf dieser Grundlage werden zum Anforderungsprofil, im Besonderen zum Komplexitätsgrad, passende Methoden maschinellen Lernens genannt und die Verarbeitungsstruktur als modularisiertes KNN der klassischen Form gegenübergestellt.

2.1 Verschiedene Methoden

Eine im Folgenden erstellte Auflistung markanter Eigenschaften bezüglich der Datenverarbeitung von Merkmalen gibt einen Überblick zu verschiedenen Methoden und Strukturen des maschinellen Lernens.

Assoziativspeicherfunktion Diese realisiert die Ablage einer Menge von Frage-Antwort-Tupeln mit der Abbildung $f: Q \mapsto A$ von der Menge der Fragen (Q) auf die Menge der Antworten (A). Bei einer Anfrage $q \in Q$ an den Assoziativspeicher gibt dieser mithilfe der Abbildung $f(q) = a$ die zugehörige Antwort a zurück. Diese Fähigkeit besitzen auch andere Speichermodelle, jedoch nicht mit der besonderen Eigenschaft der Fehlertoleranz (unvollständige Muster, verrauschte Eingangssignale), mit der die Anfrage oder besser: mit der das Eingabemuster dem Assoziativspeicher (dem KNN) präsentiert werden kann und trotzdem mit hoher Wahrscheinlichkeit die richtige Antwort gefunden wird.

Heteroassoziative Speicherung Jedem Eingabemuster soll ein davon unterschiedliches Ausgabemuster zugeordnet werden, und zum Vektor X_i berechnet das Netz den Ausgang

G. Sartorius, *Erfassen, Verarbeiten und Zuordnen multivariater Messgrößen*,
https://doi.org/10.1007/978-3-658-41451-1_2

y_j. Auch bei einem $\tilde{x}_i$ *nahe* bei X_i soll das Netz y_j produzieren. Dieses Verhalten muss beim Netztraining durch die Lernprozedur initiiert werden. Falls die Eingabedaten in der Verarbeitungsphase nur gelernte Muster enthalten, dient das KNN als heteroassoziativer Speicher, der i Eingabemuster j Ausgabemustern zuordnet. In diesem Zusammenhang wird die Generalisierungs- und Klassifizierungsfähigkeit des Netzes beansprucht.

Autoassoziative Speicherung Wenn ein Paar von assoziierten Mustern gespeichert werden soll und beide Muster identisch sind, liegt autoassoziative Speicherung vor. Das Eingabemuster wird in der Trainingsphase mit sich selbst assoziiert, und das KNN soll während der Verarbeitungsphase in der Lage sein, aus ungelernten, verrauschten Eingabemustern das gelernte Muster wiederzuerkennen, wie z. B. bei der Texterkennung. Dies erfordert gute Generalisierungseigenschaften des Netzes.

Funktionsapproximation Ein kontinuierlicher Verlauf der Ausgabedaten wird mit der Funktionsapproximation oder Regression erzeugt. Es geht darum, eine unbekannte Funktion $y_i = f(X_i)$ zu nähern, die den Trainingsdaten zugrunde liegt. Liegen die Eingabedaten in einer zeitlichen Reihenfolge vor und unterliegen diese Zeitreihen einem funktionalen Zusammenhang, können KNN eingesetzt werden, um den implizierten Zusammenhang zu nähern und zukünftige Zeitreihenwerte zu prognostizieren. Dazu lernt das KNN, einen Ausschnitt aus einer Zeitreihe mit einem vorgegebenen Output zu verknüpfen. In der Verarbeitungsphase ergänzt das KNN Zeitreihen um einen Prognosewert.

Klassifizierung Ziel ist hier, das Eingabemuster $\mathbf{x}_i$ einer definierten Klasse möglichst korrekt zuzuordnen. Mustererkennungsnetze sind spezielle heteroassoziative Netze, bei denen die Eingabemuster (Vektoren) $\mathbf{x}_1, \ldots, \mathbf{x}_N$ mit den skalaren Indizes 1, 2, …, N assoziiert werden. Die Eingangsmuster werden klassifiziert – auch bei verrauschten oder unvollständigen Eingangsdaten. Im Gegensatz zur Funktionsapproximation ist die Musterklassifizierung meist diskret.

Optimierung In einem ersten Ansatz werden rückgekoppelte Netzwerke genutzt, um über die Minimierung einer Energiefunktion zu einem Optimum zu gelangen.[1] In einem zweiten Ansatz werden die Daten in nachbarschaftserhaltende Karten[2] abgebildet und durch Wettbewerbslernen eine Optimierung erzielt. Im Unterschied zur Kategorie der Assoziativspeicher nutzen Optimierungsaufgaben nicht die Speicherfähigkeit von KNN, sondern stellen eine Alternative zu bekannten Methoden der Statistik dar. Sie finden unter Umständen nur suboptimale Lösungen, können allerdings, jeweils abhängig von der Aufgabenstellung, teils schneller oder sicherer ein globales Optimum finden.

[1] Siehe Fehlerrückführungsverfahren in [31].

[2] Siehe z. B. Kohonens topologieerhaltende Karten [29].

Mit bestimmten Netzwerkmodellen ist es möglich, ein lokales Minimum wieder zu verlassen (Boltzmann-Maschine, Simulated Annealing, … [26, 62]), bis ein globales Optimum gefunden ist. Weiterhin können mit über das Internet zugänglichen Simulatoren verschiedene Arten von KNN ausprobiert und optimiert werden, z. B. mit dem Stuttgarter Netzwerksimulator [48].

Quadratische Methoden Quadratische Methoden umgehen das Problem der Nebenminima beim Bestimmen des Optimums. In diesem Zusammenhang sind die in Abschn. 2.5 (Stützvektormethoden) und die in Kap. 10 vorgestellten Dimensionsreduktionsmethoden interessant.

2.2 Freiheitsgrade und Trainingsphase

Um wesentliche Elemente des maschinellen Lernens im Hinblick auf die gestellte Aufgabe einordnen zu können, sind nachfolgend einige Aspekte aus der interdisziplinär ausgerichteten Systemforschung genannt, deren aktuelles Interesse sich auch Themen wie Komplexität, Vernetzung, rückgekoppelten Systemen und Rekursivität widmet [27]. Um nichtlineare Systeme zu beschreiben, reicht die Erfassung des Istzustandes bei Weitem nicht aus; vielmehr muss auch ihre zeitliche Eigendynamik einbezogen werden. Erscheinungen wie z. B. exponentielles Wachstum sind mit linearen Ansätzen nicht erklärbar und können nur beschrieben werden, wenn Wissen über nichtlineare Dynamiken eingebracht wird. Die Systemgrenzen (Schnittstellen, Datenvorverarbeitung) spielen dabei eine wichtige Rolle. Je mehr Zustände ein System einnehmen kann, desto größer ist der interne Informationsgehalt. Für KNN bedeutet dies einerseits, möglichst feste Regeln einzuführen, um bestimmte Ziele schnell und sicher zu erreichen (Stabilität). Jedoch muss andererseits eine gewisse Variabilität gefordert werden, durch die die Veränderbarkeit der Netzkomponenten gewährleistet bleibt, um das Handeln an die jeweilige Situation anzupassen (Adaption).[3] Durch zufällige Einflüsse können zwei Systeme bei gleichen Anfangsbedingungen und gleichen Störfaktoren sich entlang völlig unterschiedlicher Kurven entwickeln. Komplexe Systeme lassen sich ebenso wenig wie die Ordnung in einer Gesellschaft planen. Es müssen Regeln gesucht werden, die die Bildung einer spontanen Ordnung begünstigen.[4] Hierbei lässt sich nur der allgemeine Charakter der sich bildenden Ordnung voraussagen, nicht jedoch die Position, die irgendein Element im Verhältnis zu einem anderen einnehmen wird. Die durch die

[3] Definition des Lernens nach Haykin [24]: *„Lernen ist ein Vorgang, bei dem die freien Parameter eines neuronalen Netzes nach bestimmten Regeln adaptiert werden, wobei laufend Eingabedaten (sogenannte Trainingsdaten) von außen an die Eingabeschicht des Netzes angelegt werden.“*

[4] Selbstorganisation und technologischer Fortschritt [46, Abschn. 5.3].

unsichtbare Dynamik[5] hervorgerufene Reorganisationszeit nach einer Änderung in einem komplexen System ist mit der sogenannten MICMAC-Methode [1] bestimmbar.[6] Im Hinblick auf den Einsatz in technischen Anwendungen stellen sich bezüglich der Freiheitsgrade von KNN folgende Fragen:[7]

- Können KNN für robuste technische Systeme in ihrer Topologie der Natur oder – noch spezieller – dem menschlichen Gehirn nachempfunden werden?
- Inwieweit können Freiheitsgrade zugelassen werden, um zum einen die notwendige Robustheit zu garantieren und zum anderen die für die Spezialisierungsfähigkeit erforderliche Flexibilität nicht zu stark einzuschränken (Stabilitäts-Plastizitäts-Dilemma)?[8]
- Welche Kriterien zur Auswahl aus dem bekannten Pool neuronaler Netzwerktopologien sind für technische Anwendungen nutzbar?

2.3 Themen zur Gestaltung eines adaptiven Systems

Strukturen adaptiver Systeme Untersuchungen der lokalen Signalverarbeitungsmechanismen in homogenen KNN zeigen, dass die bekannten Standardarchitekturen[9] im Wesentlichen eine nach vorgegebenen Richtlinien geordnete Notierung von inputrelevanten Werten mithilfe bekannter Approximationsalgorithmen darstellen, wobei die Architektur eines homogenen KNN durch die implementierte Kategorie von Signalverarbeitungsalgorithmen bestimmt wird.[10] Fast alle im Laufe der Zeit entstandenen Ausprägungen von KNN sind aus heutiger Sicht auf eine überschaubare Anzahl grundlegender Anordnungen und Methoden zurückführbar. Viele kompliziert erscheinende Modelle der KNN beruhen auf mathematisch gut formulierbaren Grundüberlegungen und sind mit Standardprogrammen im PC realisierbar. Diese Erkenntnis führte zu den in Abschn. 2.8 konzentrierten Überlegungen und motivierte zu dem in Abb. 2.1 als *Fall 2* vorgestellten Realisierungsvorschlag.

Kompakte Darstellung der Daten Ansätze dazu bieten die für Regressions- und Klassifizierungsanwendungen geeigneten Kernmethoden. Bei ihnen wird eine Transformation von Komplexität in höherdimensionale Raumstrukturen durchgeführt, um

---

[5] Das Wechselspiel von positiver und negativer Rückkopplung beeinflusst die Entwicklung eines Systems.

[6] Siehe Anhang K.7, MICMAC-Methode.

[7] In [9, 14, 21, 36] werden wesentliche Fragestellungen bezüglich der Freiheitsgrade und der Struktur von KNN für technische Anwendungen ausführlich diskutiert.

[8] Siehe Abschn. 2.3, Stabilität und Plastizität.

[9] Siehe Anhang D, Übersicht KNN.

[10] Siehe Abschn. K.7, Methoden maschinellen Lernens.

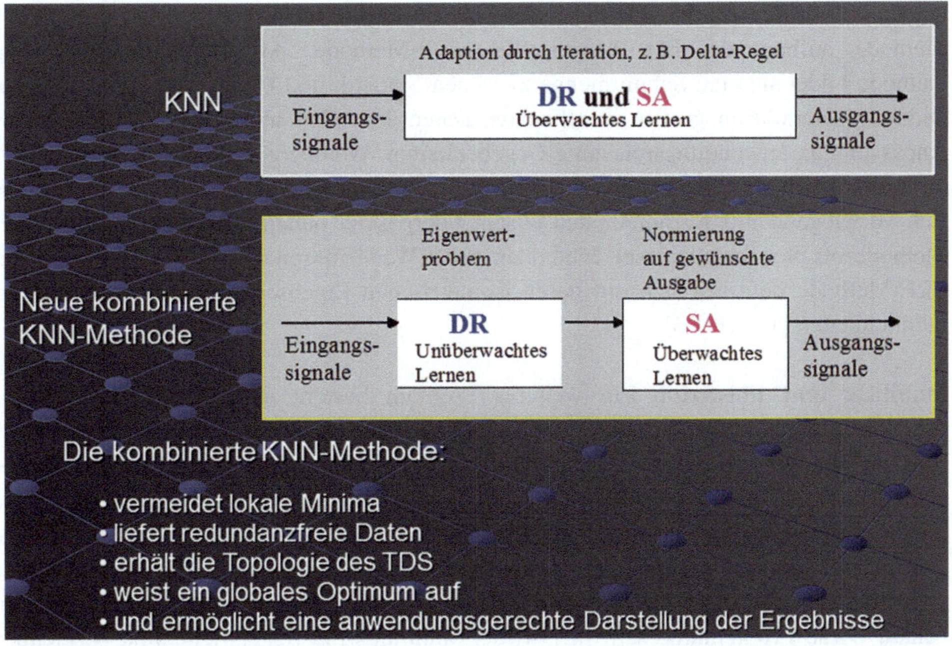

Abb. 2.1 Die kombinierte KNN-Methode (Fall 2) im Vergleich zur klassischen KNN-Methode (Fall 1). DR: Dimensionsreduktion, SA: Skalieren und Anpassen

lineare Verhältnisse zu erhalten und um darauffolgend lineare Klassifikationsmethoden wie die SVM-Methode[11] anwenden zu können. Die anschließende Merkmalsextraktion mit den sogenannten Stützvektoren trägt zur Reduzierung der Informationsflut bei und ermöglicht mit wenigen Daten die Definition von Merkmalsgrenzen. Auf diese Weise können Klassifizierungen bei komplexen Strukturen mit großen, hochdimensionalen Datensätzen elegant durchgeführt werden. In einem anderen Ansatz führt die Intention, eine kompaktere Darstellung der Originaldaten zu erreichen, dazu, die Daten so umzuordnen, dass in ihnen verborgene Merkmale erkennbar werden und Entscheidungskriterien auf einer höheren Ebene zur Verfügung stehen. In der Forschung zeichnen sich bislang zwei Hauptrichtungen ab: Dichteschätzung und Dimensionsreduktion.[12] Beim maschinellen Lernen werden beide Richtungen gleichzeitig verfolgt. Im Falle der Ersteren werden Parameter eines Wahrscheinlichkeitsmodells geschätzt, um mit dieser extrahierten Information Neuinformationen einordnen oder Vorhersagen treffen zu können (predictive modeling) [22, 37, 40, 59–61]; Zweitere führt zu effizienten Eigenwertmethoden, die alle ähnlich arbeiten, jedoch für verschiedene Einsatzgebiete

[11] Siehe Abschn. 2.6, Stützvektormethoden.

[12] Eine Übersicht zu den wichtigsten Dimensionsreduktionsmethoden befindet sich in Tab. 10.2 und D.2.

konzipiert wurden [3, 10, 30, 51].[13] Eine davon ist die auf der LLE- und der ONPP-Methode aufbauende, hier vorgestellte NOP-Methode. Als Mannigfaltigkeitslernmethode bildet sie eine Schnittmenge zwischen Statistik und Geometrie, eignet sich zur Dimensionsreduktion großer nichtlinearer Datensätze [39] und für die anschließende Anpassung an anwendungsrelevante Gegebenheiten. Weinberger verallgemeinert in [57] die Mannigfaltigkeitslernmethoden[14] und die Kernlernmethoden.[15] Andere Autoren, die sich vorwiegend mit Kernmethoden auseinandergesetzt haben, interpretieren die LLE-Methode als Sonderfall dieser Methoden [20]. Weiterführende Veröffentlichungen zur LLE-Methode befassen sich mit deren isometrischen Eigenschaften und Anwendungsmöglichkeiten [12, 19, 38].

Stabilität und Plastizität Ein weiteres Problem besteht darin, dass beim Lernen neuer Eingangsdaten die Konfigurationen bzw. Muster so gelernt werden müssen, dass die bereits gelernten Muster während der Lebensdauer eines Prozesses oder einer Maschine erhalten bleiben. Tritt ein neues Muster innerhalb einer bisher nicht repräsentierten Region im Merkmalsraum auf, so sollte das Netz in der Lage sein, seine Repräsentationen so zu adaptieren, dass es für neue Muster die richtige Entscheidung wählt und gleichzeitig für bereits gelernte Muster die bisherigen Entscheidungen beibehält. Diese Problematik wird in [18] als Stabilitäts-Plastizitäts-Dilemma bezeichnet. Die aktuelle Forschung auf dem Gebiet des inkrementellen Lernens versucht, dieses Problem zu lösen. Beiträge zu lebenslang lernfähigen Zellstrukturen sind in [8, 9, 14, 15] zu finden. Zur Erreichung dieser Ziele werden in einem Forschungsbeitrag für wissensbasierte Systeme [50] Lösungsansätze für Realisierungen mit KNN, die zur Interpolation radiale Basisfunktionen verwenden (RBF-Netze), inkrementell arbeiten oder eine hybride Struktur aufweisen, vorgeschlagen. In [21] wird eine Weiterentwicklung der dynamischen Zellstrukturen, begründet durch Beiträge aus [8, 15], vorgestellt. Ein als lebenslang lernfähige Zellstruktur bezeichnetes neuronales Netz verwendet spezielle Module, um das Einfügen von Knoten bei Datenströmen mit einer stationären Wahrscheinlichkeitsdichteverteilung[16] (WDV) selbstständig zu begrenzen, d. h. gleichsam einfrieren zu können, dies aber in einer Weise, die gewährleistet, dass bei relevanten Änderungen der WDV erneut Knoten einfügbar sind. Dabei wird bewertet, ob sich das Einfügen neuer Knoten lohnt. Mithilfe eines speziellen Fehlermaßes werden relevante lokale Änderungen in der WDV entdeckt und die Modellparameter entsprechend adaptiert. Ein Löschkriterium ermöglicht das Entfernen überflüssiger redundanter Knoten.

[13] Die Transformation auf ein Basissystem von Eigenvektoren liefert maximale Informationserhaltung für Eingabedaten bei linearen Systemen. Siehe dazu Abschn. 10.4.

[14] Mannigfaltigkeit: Verallgemeinerung des Flächenbegriffs [7, S. 801].

[15] Eine von ihm entworfene Methode, *Kernelized Linear Embedding,* wird dort vorgestellt.

[16] Wenn keine Neuinformation mehr vorliegt.

2.4 Künstliche neuronale Netze

Verfahren, die den KNN zugerechnet werden, haben folgende Gemeinsamkeiten: Sie sind mit gleichartigen Berechnungseinheiten aufgebaut. Zwischen diesen existieren Abhängigkeiten über gewichtete Verbindungen. Die Adaption dieser Wichtungen an die Trainingsdaten wird mittels geeigneter Optimierungsverfahren (Lernphase) durchgeführt. Ein adaptiertes KNN verarbeitet neue, zwischen den Trainingswerten liegende Datenpunkte (Arbeitsphase). Die dabei erreichbare Genauigkeit hängt von der Generalisierungsfähigkeit des Netzes ab. Charakteristische Eigenschaften: Ein KNN kann eine beliebige Funktion $y = f(x)$ ausführen, ist strukturiert durch die Anzahl der Neuronen und durch die Transferfunktion, wird trainiert und nicht programmiert, das Wissen ist in der Gesamtheit der Neuronen gespeichert und besteht aus Gewichten und ereignisgesteuert aktivierten Neuronen. Ein KNN hat keinen zentralen Takt. Die Verarbeitung kann asynchron und somit parallel durchgeführt werden. Es gibt keinen Unterschied zwischen Hard- und Software. KNNs sind Modelle der Trainingsmenge und können als eigenständige Objekte angesehen werden. Sie haben assoziative Fähigkeiten, weisen eine hohe Generalisierungsfähigkeit auf und sind weitgehend unempfindlich gegenüber Störungen. Die Verarbeitungsgeschwindigkeit wird in Elementen und Verbindungen pro Sekunde gemessen. Die fehlende Kausalität macht es schwierig, Ausgangsinformationen zu interpretieren. Der Berechnungsaufwand ist hoch [34].

Nachteile klassischer KNN Lokale Minima, kein zuverlässiges globales Optimum, sehr viele Lernschritte, fehlende Erklärungskomponente, komplizierte Analysierbarkeit, teilweise oder nicht transparenter Charakter der Aus- und Eingangsbeziehungen und somit eingeschränkte Nachvollziehbarkeit von Wirkungsmechanismen sind hier zu nennen. Die experimentelle Art und Weise des Entwicklungsprozesses der klassischen Formen von KNN[17] entspricht nicht einer ingenieurwissenschaftlich geplanten Vorgehensweise. Fehlende Entwurfsmethoden verursachen lange Entwicklungszeiten und damit hohe Kosten. Als Lösungsvorschläge existieren Heuristiken und Faustregeln, die oft aufgabenspezifische Erkenntnisse widerspiegeln, daher selten auf andere Anwendungen übertragbar und nicht allgemeingültig sind. Es handelt sich dabei um parametrische Standardmodelle mit dem Nachteil der zeitintensiven Suche nach dem optimalen Parametersatz. Für all diese Parameter gibt es neben Bereichen, in denen das Lernverfahren überhaupt nicht mehr funktioniert, Teilbereiche, in denen sie das Verfahren verbessern. Der Anwender ist dabei auf seine Erfahrung und auf Hinweise in den Artikeln der Autoren angewiesen. Dennoch arbeiten viele Lernverfahren auch mit nicht optimaler Parameterwahl durchaus zufriedenstellend.

[17] Im Anhang D aufgeführte KNN.

2.5 Weiterentwickelte künstliche neuronale Netze

Wie in Abschn. 1.5 erörtert, sind KNN und die zugehörigen Problemlösungsverfahren nach dem derzeitigen Kenntnisstand nur in ihren weiterentwickelten Formen für technische Realisierungen interessant.

Vektorbasierte neuronale Netze Vektorbasierte neuronale Netze (VNN) sind Verfahren statistischen Lernens und sowohl überwacht als auch unüberwacht trainierbar. Die Voraussetzung für VNN ist, dass die Trainingsdaten in Form einer n-dimensionalen Wahrscheinlichkeitsverteilung (WV) $P(X_i^1), X_i \in \mathbb{R}^n$ oder einer endlichen Datenmenge aus n-dimensionalen Vektoren $\boldsymbol{\theta} = (\mathbf{x}_i^1, \ldots, \mathbf{x}_i^N), \mathbf{x}_i^i \in \mathbb{R}^N$ vorliegen. Diese Trainingsdaten entstehen durch einen Vorverarbeitungsprozess aus einer höherdimensionalen Datenmenge [16, S. 18 ff.]. Die Netzwerkparameter werden dabei durch eine große Anzahl von präsentierten Trainingsmustern adaptiert. VNN sind dem Wettbewerbslernen zuzuordnen. Dabei werden die sogenannten Referenzvektoren im hochdimensionalen Raum so verteilt, dass das Netz für die Arbeitsphase optimal vorbereitet ist. Verschiedene Arten des Wettbewerbslernens sind bekannt.[18] Zentraler Schritt in der Arbeitsphase ist die Ermittlung eines Gewinners (Referenzvektors) für ein Eingangssignal zu dessen Klassifizierung.

Radiale-Basisfunkionen-Netze (RBF-Netze) Es handelt sich hier um vorwärts gerichtete Netze, die in einer einzigen Schicht nur Knoten besitzen, die eine (meist euklidische) Distanz ihres individuellen Referenzvektors zum Eingangsvektor berechnen und diese mit einer Aktivierungsfunktion verknüpfen, die in fast allen Fällen eine Gauß-Verteilung verwendet.[19] Die Aktivierungen der einzelnen Knoten werden dann gewichtet aufsummiert. Es existieren dazu Lernverfahren, die die Struktur und die zu lernenden Parameter bereits nach nur wenigen Trainingsdurchläufen einstellen können. Dabei werden immer dann RBF-Neuronen eingefügt, wenn der Fehler am Ausgang zu groß ist. Nachteilig wirkt sich in industriellen Anwendungen, deren Dimension des Eingaberaums sehr hoch sein kann, die große Anzahl der RBF-Neuronen aus, da sie sehr rechen- und speicherintensiv ist. Im Zusammenhang mit dem kontinuierlichen Lernen weisen diese Netze jedoch Vorteile auf. Lokale Veränderungen wirken sich nur begrenzt auf den zugehörigen Bereich im Netzwerk aus, sodass lediglich das für den aktuellen Eingabebereich aktive Neuron adaptiert werden muss. Dieser *aktive* Bereich wird auch als *rezeptives Feld* bezeichnet.[20] Bereiche mit niedriger Dichte von RBF-Neuronen deuten auf Eingaberaumgebiete hin, in denen nur wenige oder keine Trainingsdaten präsentiert

[18] „*... hartes Wettbewerbslernen, ... weiches Wettbewerbslernen ohne feste Netzwerkdimension ...*“ [16, Kap. 7, ..., 9].

[19] Approximation mit Zentrumsfunktionen [62, S. 230].

[20] Der Regularisierungsterm bestimmt die Größe der rezeptiven Felder [8, S. 29].

wurden. Prinzipiell stellen RBF-Netze ein Werkzeug dar, das sowohl Stabilitäts- als auch Plastizitätsanforderungen erfüllen kann.[21]

Kohonens selbstorganisierende Merkmalskarte Das Prinzip der topologieerhaltenden Karte bzw. Kohonens selbstorganisierende Merkmalskarte (SOM) scheint in Verbindung mit anderen Verfahren Möglichkeiten zu bieten, die Anforderungen an technisch einsetzbare KNN zu erfüllen. SOM ist jedoch weiterhin auf die Interpolation mit radialen Basisfunktionen angewiesen [29].[22]

Inkrementelle Netze Um aktuelle Fehler zu minimieren, werden auch hier, ähnlich wie bei RBF-Netzen, immer neue Elemente in das Netzwerk aufgenommen. Dies führt besonders bei zeitvarianten Prozessen dazu, dass ständig mehr Speicher- und Berechnungskapazität benötigt werden. Unter Umständen können Konflikte zwischen *alten* und *neuen* Neuronen entstehen. Eine Interpretation der komplexen Netze ist nicht möglich. Es gibt auch keine Indikatoren, um die Vertrauenswürdigkeit der Prognosen abzuleiten. Es wird zwar eine Reihe von Verfahren vorgeschlagen, um überflüssige Netzwerkelemente zu entfernen, sie sind jedoch bei zeitvarianten Prozessen problematisch.[23] Beispiele für inkrementelle KNN sind: *Growing Cell Structures* (GCS), Wachsende Zellstrukturen [16], *Growing Neural Gas* (GNG) [16, S. 114], *Adaptive Resonance Theory* (ART) [62] und *Dynamische-Zell-Strukturen (Dynamic Cell Structures)* (DCS) [8]. In dem zuletzt aufgeführten Netz wird ein Verfahren verwendet, das die Vorzüge der RBF-Netze und von Kohonens selbstorganisierender Merkmalskarte (SOM) verbindet und sowohl Stabilitäts- als auch Plastizitätsanforderungen erfüllen kann.

Hybride Netze Diese Netze stellen Mischformen unterschiedlicher Ansätze dar. Sie bestehen aus mehreren Teilen und sind auf spezielle Art und Weise verbunden. Sogenannte Hybridmodelle haben einen teilweise transparenten Modellcharakter, nicht transparente Anteile, die für den unbekannten Bereich stehen, und transparente Anteile, die das analytisch bekannte Wissen, wie etwa eine mathematische Funktion, repräsentieren. Durch diese Kombination fließt analytisches Problemwissen mit ein und führt zu verbesserten Generalisierungseigenschaften [56, Abschn. 2.6.3].

Kooperation von Netzen Dabei werden inhaltlich zusammengehörige Trainingsdaten zu einzelnen *Experten* zusammengefasst. In Bezug auf die Generalisierungseigenschaften besteht praktisch kein Unterschied, ob ein einzelnes Netz auf alle Daten oder

---

[21] RBF-Netze, ein universelles Berechnungsparadigma [8, S. 28].

[22] Im Zusammenhang mit SVM und VNN zeigt sich, dass die Verwendung einer Gauß-Funktion als Kernfunktion eine SVM ergibt, die einem RBF-Netzwerk sehr ähnlich ist, jedoch mit dem Vorteil, dass die Positionen der Zentren und die Gewichte zu den Ausgabeeinheiten automatisch bestimmt werden.

[23] Verfahren zur Minimierung von Netzen [62, Kap. 25].

zwei kooperierende Netze auf identische Daten trainiert wurden.[24] Die Kooperation generalisiert dabei näherungsweise genauso gut wie ein einzelnes universelles Netz. Dies wurde analytisch und beispielhaft in [56, Abschn. 4.1, 7.3] untersucht. Bei anderen Ausführungen übernimmt eine erste Schicht eine sinnvolle Aufteilung (Bildung von Häufungen) des Eingaberaumes. Die zweite Schicht führt mithilfe lokaler Modelle die Approximation der nichtlinearen Prozesse durch. So wirken sich etwa beim Counterpropagation-Netzwerk (CPN)[25] und den selbstorganisierenden Karten (SOM)[26] Veränderungen im Eingaberaum nur lokal auf das gerade aktive Modell aus.[27] Rückschlüsse auf die Trainingsdatendichte und damit auf eine Vertrauenswürdigkeit der jeweiligen Prognose sind möglich. Die Netze lassen sich leicht visualisieren (Dichtediagramme) und stellen somit ein Instrument zum Überwachen von Prozessen zur Verfügung. Nachteilig ist, dass die lokalen Modelle erst angepasst werden können, nachdem die Arbeitsraumaufteilung (Initial-Trainingsphase) größtenteils abgeschlossen ist. Dazu wird eine große Menge an Trainingsdaten benötigt. Außerdem fehlt eine Kopplung zwischen Modell- und Häufungsebene, was dazu führen kann, dass das entsprechende Modell nicht in der Lage ist, lokale Nichtlinearitäten zu modellieren. Ein neuer, in [50] vorgestellter sogenannter *ICE-Algorithmus* basiert auf der Kombination mehrerer Strukturen zu einem Hybridnetzwerk mit einem konstruktiven Lernalgorithmus (inkrementelles Netz). Dabei bewirken die lokalen Modelle (einschließlich ihrer RBF-Neuronen) Stabilität und Plastizität. Position und Aktivierung der RBF-Neuronen zeigen die Trainingsdatenverteilung und bilden einen Vertrauenswürdigkeitsfaktor für die Netzwerkprognose, die ein wichtiger Aspekt für den industriellen Einsatz ist.

Probabilistische Netze Hierbei handelt es sich um einen integrativen Ansatz, um Nachteile einzelner KNN-Verfahren zu kompensieren und Gemeinsamkeiten zu nutzen. Dabei werden die parametrischen Standardmodelle als Beispiele von Gauß-Prozessen [32, Kap. 45] begriffen. Berechnungen zur Optimierung der Parameter eines KNN werden durch eine Matrizenoperation, in der die Kovarianzmatrix des Gauß-Prozesses benutzt wird, bewerkstelligt. Folgende Hinweise finden sich dazu in [35]: Überwachte Regressions- und Klassifizierungsfälle auf der Basis von Feed-forward-Netzen sind überholt, aus bayesianischer Perspektive ist die Wahl eines KNN-Modells als eine Wahrscheinlichkeitsverteilung auffassbar, Gauß-Prozesse sind die einfachste Möglichkeit,

---

[24] *„Eine Menge von Trainingsdaten sollte nur dann auf mehrere Netze aufgeteilt werden, wenn ein Gesamtnetz aufgrund von zu hoher Komplexität im Speicher und/oder Rechenzeit nicht realisierbar ist. Die Aufteilung sollte dabei Häufungen in den Trainingsdaten folgen"* [56, S. 83].

[25] *„Es hat trotz seiner Namensverwandtschaft keine Ähnlichkeit mit einer Fehlerrückführung (backpropagation) oder dem Fehlerrückführungsverfahren, sondern setzt sich aus einer Grossberg-Schicht und einer Kohonen-Schicht zusammen"* [62].

[26] T. Kohonens Self-Organizing-Map (SOM) [62].

[27] Patent DE 10.201 018 A1, hybride Netzstruktur, viele Teilnetze nebeneinander [44].

Verteilungen über Funktionen zu definieren und stellen die einzige Methode dar, die eine Merkmalsgewichtung erlaubt.[28] Ein probabilistisches neuronales Netz (PNN) zeichnet sich durch kurze Rechenzeiten in der Trainingsphase und nur einen einzustellenden Parameter σ aus [62, S. 241 ff.]. Es gibt keine Konvergenzprobleme beim Lernen. Die Generalisierungseigenschaften sind gut, aber nicht sehr gut. Jedoch weisen PNNs im Vergleich zu anderen KNN einen hohen Zeitbedarf in der Arbeitsphase auf.[29] Auf ähnlichen statistischen Grundlagen wie das PNN basiert das Polynomielle Adaline [47], welches besonders für große Trainingsdatenmengen geeignet ist.

2.6 Stützvektormethoden

Ursprünglich wurden die Stützvektormethoden (SVM) zur Klassifizierung und Mustererkennung entworfen und später für die Bearbeitung von Regressionsaufgaben erweitert [1, 55]. SVM sind statistische Lernmethoden, realisiert durch lineares überwachtes Lernen, indem durch die Präsentation von Trainingsmustern eine sogenannte Entscheidungsfunktion konstruiert wird. Diese durch Minimierung einer Fehlerfunktion aus den Trainingsdaten gefundene Funktion kann z. B. zwei Klassen räumlich voneinander trennen und dazu genutzt werden, neue Daten in der Arbeitsphase der SVM zu klassifizieren. Um Überanpassung zu vermeiden, wird die Komplexität bei der Modellbildung so gewählt, dass sie gerade ausreicht, um das gegebene Problem zu beschreiben (strukturelle Risikominimierung). Zentrale Bedeutung bei den Stützvektormethoden kommt dem Begriff des Risikos zu, womit auch das Problem der Überanpassung gemeint ist. Bisher wurde diesem Risiko mit Regularisierung durch *Cross-Validierung* [33, S. 182] begegnet. Bei den SVM wird ein zusätzlicher Ansatz gewählt, der sich in der Wahl einer Kostenfunktion niederschlägt:[30]

$$R(\alpha) = \int \frac{1}{2} |f_\alpha(z) - y| dp(x, y) \tag{2.1}$$

Die Integration wird über die unbekannte Wahrscheinlichkeitsdichte p(x,y) durchgeführt. Für N diskrete Messwerte ergibt sich die folgende Darstellung: $R_e(\alpha) = \sum \frac{1}{2} f_\alpha(z_i) - y_i|$.

[28] *„A-priori-Verteilungen der Gewichte in Abhängigkeit ihrer Funktionalität“*. Ziel ist, wichtigeren Eingängen einen größeren Einfluss auf die Netzeingänge zu ermöglichen als weniger wichtigen. Dies geschieht mit Bayes'schen Methoden [56, Abschn. 2.6.1, …, 2.6.3].

[29] Projekt *„Der Rheuma-Scanner und Gauß-Prozesse“*, verschiedene Methoden werden miteinander verglichen. *„Wir haben die beste Performance mit Gauß-Regression erzielt, dicht gefolgt von Generalisierten Linearen Modellen und der linearen Stütz-Vektor-Maschine (mit reduzierten Merkmalen)“* [52].

[30] Um den SVM-Ansatz vom Problem der Klassifikation auf das der Regression zu übertragen, verwendet Vapnik [54] die ε-insensitive Kostenfunktion, mit der Wirkung, dass nur Punkte, die einen Abstand $> \varepsilon$ von der Regressionsfunktion haben, in die Kosten eingehen. Alle anderen Punkte in dem ε-Schlauch sind für die Bildung des Modells nicht von Bedeutung.

Für eine beliebige Zielfunktion $f_\alpha(z_i)$ mit der Mindestwahrscheinlichkeit $1-\eta$ gilt: $R(\alpha) \leqq R_e(\alpha) + \Phi(h/N, log(\eta/4)/N)$ mit $\Phi(a, \ b) = a(log(2/a+1) - b)$. Mit dieser Annahme schätzte Vapnik [55] den Fehler der Zielfunktion und fand heraus, dass dieser nicht nur von der Anzahl der Trainingsmuster, sondern auch von der Konstante *h,* der sogenannten *Vapnik-Chernonenkis*-Konstante, abhängt. Sie gibt die maximale Anzahl x der Punkte an, die auf 2^h Arten in zwei Klassen teilbar sind [43]. Voraussetzung für den Einsatz der linearen Stützvektormaschine (LSVM) ist die lineare Separabilität der gegebenen Daten. Aus diesen Daten wird eine separierende Hyperebene, die den größten Abstand zu allen Trainingsdaten hat, bestimmt. Einige wenige Trainingspunkte (Vektoren) in der Nähe der Klassengrenze reichen aus, um die Stützvektoren (SV) zur Bestimmung der Lage einer solchen Hyperebene festzulegen [13, 23, 41, 49].

Kernfunktionsmethoden Diese Methoden basieren auf der Erkenntnis, dass die Eingabemuster (Vektoren) nur als Skalarprodukte in die Berechnung des Algorithmus einfließen. Somit muss eine Abbildung $\Phi(x)$ gar nicht erst explizit berechnet werden, sondern nur das Skalarprodukt zwischen Anfragepunkt und Trainingspunkt.[31]

> From a computational point of view kernel methods have two important properties ... First of all, they enable access to the very high-dimensional and ... solve convex optimization problems and hence do not suffer from local minima. [45, S. 42]

> Beispiele für solche Algorithmen sind Stütz-Vektor-Maschinen (SVM), die Kernfunktionen zur Schätzung von Funktionen verwenden, ... Viel wichtiger als jedes Beispiel ist jedoch die Einsicht, dass jeder Algorithmus, der sich anhand von Skalarprodukten formulieren lässt, durch die Verwendung von Kernfunktionen nichtlinear verallgemeinert werden kann. [42, S. 154][32]

Die Bewahrung der Struktur hochdimensionaler Merkmale wird durch die Beschreibung mit Skalarprodukten erreicht. SVM sind mathematisch besser fundiert als andere der zahlreichen konkurrierenden KNN-Modelle und dadurch auch leichter analysierbar. Sie stellen eine elegante und effektive Methode dar, um verschiedene Lernmaschinen mit kontrollierbarer Komplexität zu realisieren [23, 43, 45]. Der diesbezügliche Aufwand

---

[31] Kerntrick: Das Skalarprodukt im Merkmalsraum F ist bestimmbar, ohne die Transformation nach F durchführen zu müssen. *„Zum Training einer SVM genügt es, die Skalarprodukte* $K(X_i; X_j) = \langle \Phi(X_i); \Phi(X_j)\rangle$ *zu berechnen, was oft ohne die Berechnung der Einbettung* Φ *gelingt."* [43, S. 25].

[32] Im Zusammenhang mit SVM und VNN ergibt sich, dass die Verwendung einer Gauß-Funktion als Kernfunktion eine SVM bildet, die einem RBF-Netzwerk sehr ähnlich ist, jedoch den Vorteil besitzt, dass die Positionen der Zentren und die Gewichte zu den Ausgabeeinheiten automatisch bestimmt werden. Dabei gilt: Die Stützvektoren errechnen sich aus der Lösung des konvexen Optimierungsproblems [43]. Bei herkömmlichen RBF-Netzen wird die Lage der Zentren durch hartes Wettbewerbslernen und die Berechnung der Gewichte durch Minimierung des quadratischen Fehlers (z. B. mit dem Fehlerrückführungsverfahren) bestimmt.

hängt von der Größe der Datenmenge und der Zahl der Stützvektoren ab. Beim Training muss die $M \times M$-Kernmatrix aufgestellt werden. In [43, S. 169 ff.] wurde ein Aufwand von $O(M^{2,1})$ empirisch ermittelt. Für große Datenmengen wurden deshalb spezielle Methoden entwickelt, um den Aufwand in Grenzen zu halten.[33] Bei einem nichtlinearen Verlauf der Trennebene muss die Kernfunktion zum Linearisieren des Verlaufs (Transformation in einen höherdimensionalen Raum) bestimmt werden. Man probiert verschiedene Funktionen aus und prüft das Ergebnis mittels der Kreuzvalidierung. Dies wird so lange wiederholt, bis eine geeignete Funktion gefunden ist. Ein Beispiel einer klassischen SVM befindet sich im Anhang F.3.

Multiple Kerne Die klassischen Kernfunktionsmethoden verwenden nur einen Kern. Ein einzelner Kern ist jedoch nicht in der Lage, komplementäre Informationen im Sinne von gegensätzlichen, aber sich ergänzenden Informationen abzubilden, da er nur für eine bestimmte Eigenschaft optimiert ist. Deshalb geht der Trend zu multiplen Kernen, die additiv überlagert werden, um komplexere Kernfunktionen gestalten zu können. Außerdem wird die Verwendung spärlicher Methoden infrage gestellt. Bei der klassischen Methode wird der Suchraum auf positive Gewichte eingeschränkt, um Instabilitäten bei den Berechnungen zu vermeiden und um dünn besetzte Matrizen zu erhalten, die einen geringen Rechenaufwand erfordern. Inwieweit dadurch die beim Generalisieren notwendige Feinstruktur leidet, ist Teil der gegenwärtigen Forschung. In der Bioinformatik und beim maschinellen Sehen ist diese Feinstruktur erforderlich. Die Spektren zur Charakterisierung bestimmter Bakterien und Sporen sind beispielsweise sehr ähnlich und oft nur durch Auflösung der Feinstruktur zu unterscheiden. Es wird untersucht, inwieweit die Verwendung nichtspärlicher Kerne höhere Vorhersagegenauigkeiten ermöglicht. In [28] wird berichtet, dass bei Anwendungen in der Bioinformatik und im Bereich des maschinellen Sehens bessere Vorhersagegenauigkeiten erreicht werden als mit dem bisherigen Stand der Forschung. Zur Messung der erforderlichen Komplexität wird die Rademacher-Komplexität genutzt, die es erlaubt, eine obere und eine untere Schranke für den jeweiligen Datensatz abzuschätzen (lokale Rademacher-Komplexität).[34]

---

[33] Maschinelles Lernen durch Funktionsrekonstruktion mit verallgemeinerten dünnen Gittern [17].

[34] Lokale Rademacher-Komplexität zur Bestimmung der oberen und unteren Rademacher-Schranke der Komplexität eines Modells zur Sicherstellung einer bestimmten Genauigkeit bei der Generalisierung [28] im Anhang G.

2.7 Dimensionsreduktion

Hochdimensionale Datenmengen liegen häufig auf einer Mannigfaltigkeit, deren innere Dimension viel kleiner als die der Ursprungsdaten ist. Wenn diese innere Struktur ein linearer Unterraum ist, kann die Mannigfaltigkeit mithilfe der Hauptkomponentenanalyse in einer niedrigeren Dimension ohne Informationsverlust dargestellt werden. Dabei entsprechen die Richtungen großer Varianzen den größten Eigenwerten und kleine Eigenwerte entfallen, um so eine redundanzfreie Darstellung in einem niedrigdimensionalen Raum zu erhalten. Wichtig bei der Rekonstruktion einer Mannigfaltigkeit im Niedrigdimensionalen ist, dass nur positive Eigenwerte existieren. Die Rekonstruktionsfehler werden durch spezielle Optimierungsmethoden so minimiert, dass die nachbarschaftlichen Beziehungen der Datenpunkte bei der Transformation erhalten bleiben [25, 39, 53, 58]. Diese Eigenschaft ist für den Einsatz von KNN in einfachen Verarbeitungseinheiten (Mikrocontroller, SPS, ...) besonders interessant, da mit niedrigerer Dimensionalität auch der Berechnungs- und Speicheraufwand sinkt.

2.8 Modularisierte künstliche neuronale Netze

Die Minimierung des quadratischen Fehlers zur Reproduktion von Signalen ähnelt der Vorgehensweise bei der Approximation von Funktionen. In beiden Fällen müssen die Eigenvektoren ermittelt werden. Die Eigenwertmethode minimiert für jede Art von Signalen den quadratischen Fehler und arbeitet datenunabhängig. Das Suchen der Eigenvektoren ist sehr rechenaufwendig und umständlich, kann jedoch mittlerweile mit Standardprogrammen im PC genau und schnell durchgeführt werden. Bei den in Kap. 10 vorgestellten Methoden handelt es sich um Optimierungen nach Lagrange, deren Lösung zu einem Eigenwertproblem führt. Die Spezifizierung der verschiedenen Methoden ergibt sich durch zweckgebundene Kostenfunktionen und Nebenbedingungen.[35] Die dort vorgestellte - erste Methode *Orthogonal Neighborhood Preserving Projections* (ONPP) zeichnet sich durch geringen Rechenaufwand und die zweite gegenübergestellte Methode *Maximum Variance Unfolding* (MVU) durch hohe, die Topologieerhaltung einer MF betreffende Genauigkeit aus. Dabei wird jeder Datenpunkt als gewichtete Linearkombination seiner NN repräsentiert. Das zu lösende Eigenwertproblem bezieht sich auf diese lokalen Bereiche (Anfragepunkt und NN) und erfordert dadurch weniger Rechenaufwand als bei anderen Methoden. Der sogenannte Fluch der Dimensionen bei der Eigenwertbestimmung wird umgangen, da die Anzahl der Dimensionen verringert wird. Das Rechnen mit weniger Dimensionen bedeutet weniger Rechenaufwand

[35] Eine Übersicht der Kostenfunktionen und Nebenbedingungen der verschiedenen Methoden findet sich in Anhang D.2.

und geringere Rechenabweichungen.[36] Bei den klassischen KNN-Methoden wird mithilfe des Gradientenanstiegsverfahrens (Hebb-Regel) der größte Eigenwert als das Maximum der Varianz oder des Gradientenabstiegsverfahrens (Anti-Hebb-Regel), der kleinste Eigenwert als das Minimum der Varianz bestimmt.[37] Im Vergleich zu anderen klassischen iterativen KNN-Verfahren findet die Methode des *Simulated Annealing* [11] das globale Optimum zuverlässig. Ist die Kostenfunktion bei der Optimierung als globale Energie des Netzes definiert, so entspricht der Netzzustand mit geringstem Energieinhalt dem globalen Optimum. Das Netz ist dann frei von inneren Spannungen.[38]

> Möchte man die Daten mit einem symmetrischen Netz dekorrelieren und normieren, so müssen nicht unbedingt die Eigenvektoren als Basis- und damit Gewichtsvektoren resultieren, … Stattdessen können wir die Forderungen auch direkt lernen lassen. [6, S. 104]

2.9 Kombinierte künstliche neuronale Netze

Dieser Ansatz geht davon aus, dass die mit einer Eigenwertanalyse bestimmte dekorrelierte Struktur auf die gewünschten Forderungen am Ausgang des Netzes angepasst werden kann. Dies ist durch Kombination einer Dimensionsreduktion, die ein unüberwachtes Lernverfahren darstellt, mit einem überwachten KNN problemlos möglich, weil alle Dimensionen der Datenpunkte nach der Dimensionsreduktion voneinander entkoppelt sind und die Eigenwerte je nach eingesetztem Verfahren nach abfallender oder ansteigender Eigenwertanordnung vorliegen. Die Eigenvektoren mit dem größten Informationsgehalt werden genutzt, um den niedrigdimensionalen Raum der Dimension d zu bilden.[39] Wie in Abb. 2.1 dargestellt, können die Daten bei KNN mit einem symmetrischen Netz gleichzeitig (Fall 1) oder getrennt (Fall 2) dekorreliert, normiert und eingebettet werden. Im ersten Fall werden die Wichtungen durch ein Gradientenabstiegs- oder Gradientenanstiegsverfahren direkt an die Ausgänge angepasst.[40] Bei der neuen Methode (Fall 2) wird die Netzanordnung in einem Schritt mit minimalem

[36] Curse of Dimensionality [2], Rechengenauigkeit bei verschiedenen Metriken in Kap. 6.

[37] Siehe [5], Neuronales Lernen von Eigenvektoren. Siehe auch [4], Hauptkomponentenanalyse durch neuronale Netze, lineare Neuronen: die Lernregel von Oja.

[38] Anschaulich: Eine Punkteschar, deren Datenpunkte durch gleichartige Federn oder Gummibänder miteinander verbunden sind, nimmt nach dem Ankoppeln der äußeren Kräfte (Randbedingungen) einen Zustand minimaler Energie an (im stationären Zustand). Der Zustand minimaler Energie entspricht dem globalen Optimum des Federnetzes. Wird ein neuer Datenpunkt hinzugefügt, befindet sich das Federnetz nach dem Auspendeln wieder in einem Systemzustand minimaler Energie.

[39] Siehe dazu auch Abschn. 10.2 ff.

[40] Die Verfahren finden iterativ den kleinsten Eigenwert. Dieser sagt aus, dass ein Maximum der Varianz gefunden ist. Dabei ist jedoch nicht klar, ob das globale Optimum erreicht wurde.

Rekonstruktionsfehler und redundanzfrei an die durch die Eingangsdaten definierten Randbedingungen (Trainingsvektoren) angepasst (DR). Anschließend wird die Skalierung der Netzausgänge auf die gewünschten Ausgangswerte durchgeführt (SA). Diese stellen die Stützpunkte im Einbettungsraum bzw. Darstellungsraum für die in Abschn. 18.2.6 und 18.2.7 vorgestellten Projektionsmethoden in der Arbeitsphase dar.

Für die Verarbeitungsstufe DE wird die in Kap. 10 erläuterte NOP-Methode angewendet. Die bei der Netzadaption (Trainingsphase) generierte Eigenvektormatrix wird als unüberwacht gelerntes Netz aufgefasst und erfüllt die in Abschn. 7.2 und Kap. 4 gestellten Anforderungen. Damit die NOP-Methode erfolgreich angewendet werden kann, muss die Spur, die die Vektoren im multidimensionalen Eingangsraum beschreiben, gewisse Kriterien erfüllen: Einerseits sollen beim Training keine überflüssigen Daten genutzt werden, andererseits dürfen keine Lücken entstehen. Die Spur im Raum muss glatt verlaufen. Diese Stetigkeit wird durch die Datenvorverarbeitung gewährleistet und so mit den ausgewählten Dimensionsreduktionsmethoden NOP oder MVU ein elastisches Netz geschaffen, das sich bei Datenänderungen wie z. B. bei einem Nachtraining lokal neu ausrichtet, ohne überladen zu werden. Die nachgeschaltete Stufe SA skaliert in einem überwachten Lernvorgang die Netzausgangswerte der Trainingspunkte und passt sie an die für eine bestimmte Anwendung erforderlichen Werte an. Die Rasterung und daraus folgend auch der Trainingsaufwand werden durch die geforderte Toleranz der Generalisierungsfähigkeit festgelegt. Aufgrund der speziellen isometrischen Eigenschaften des Netzes ist die so ausgestattete Verarbeitungseinheit in der Lage, neue, nicht trainierte Eingangsdaten schnell und genau zu interpolieren (Generalisierungsfähigkeit). In der Arbeitsphase werden die durch NN bestimmten rezeptiven Felder nur bei den entsprechenden Eingangsvektoren aktiviert. Deshalb ist der entstehende Rechenaufwand gering und mit Standardkomponenten durchführbar.

Zusammenfassung Zunächst wurden Methoden des maschinellen Lernens aufgezeigt und deren markante Eigenschaften genannt. Es folgten dazu einige systemtheoretische Überlegungen zur Stabilität und erforderlichen Plastizität von Lernstrukturen, um abzugrenzen, welche Freiheitsgrade bei technischen Anwendungen für die Trainingsphase mit Bezug auf das anwendungsrelevante Umfeld und zur Realisierung der in Abb. 4.1, Abschn. 4.1 und 4.2 zusammengestellten konzeptionellen Anforderungen sinnvoll sind.

Des Weiteren wurden die Charakteristika von künstlichen neuronalen Netzen (KNN) genannt und nach deren Klassifizierung in verschiedene Komplexitätsgrade Gemeinsamkeiten der den KNN zugeordneten Verfahren formuliert, klassische KNN beschrieben, weiterentwickelte Formen von KNN gewürdigt und weitere Methoden des maschinellen Lernens vorgestellt. Die darauffolgende Vorstellung der kombinierten KNN-Methode, eines KNN in modularisierter Form, ist die Voraussetzung zur Gestaltung der verschiedenen Module des MAE-Verfahrens und der zugehörigen Hardwarestruktur.

Literatur

1. Arcade, J and Godet, Michel and Meunier, Francis and Roubelat, F (2003) Structural analysis with the MICMAC method & Actor's strategy with MACTOR method. Futures Research Methodology, American Council for the United Nations University: The Millennium Project pp 1–69
2. Bellmann R (1967) Dynamische Programmierung und selbstanpassende Regelprozesse. R. Oldenbourg Verlag, München
3. Bengio Y, Delalleau O, Le Roux N, Paiement JF, Vincent P, Ouimet M (2004) Learning eigenfunctions links spectral embedding and kernel PCA. Neural Computation 16(10): 2197–2219, https://doi.org/10.1162/0899766041732396
4. Bothe HH (2013) Neuro-Fuzzy-Methoden: Einführung in Theorie und Anwendungen. Springer Berlin Heidelberg, https://books.google.de/books?id=6jQeBgAAQBAJ
5. Brause R (2006) Vorlesung Adaptive Systeme: Kapitel 3, Adaptive lineare Transformationen. https://slideplayer.org/slide/901288/
6. Brause RW (1995) Neuronale Netze: Eine Einführung in die Neuroinformatik, 2nd edn. Leitfäden der Informatik, Vieweg+Teubner Verlag, Wiesbaden, https://doi.org/10.1007/978-3-322-93994-4, URL https://doi.org/10.1007/978-3-322-93994-4
7. Bronstein IN, Semendjajew KA, Musiol G, Mühlig H (1999) Taschenbuch der Mathematik, 4th edn. Verlag Harri Deutsch, Frankfurt am Main and Thun
8. Bruske J (2000) Dynamische Zellstrukturen Theorie und Anwendung eines KNN-Modells. In: Fiedler H, Günther O, Grass W, Hölldobler S, Hotz G, Reischuk R, Seeger B, Wagner D (eds) Ausgezeichnete Informatikdissertationen 1999, GI-Dissertationspreis, Vieweg+Teubner Verlag, Wiesbaden, pp 22–31, https://doi.org/10.1007/978-3-322-84823-9_2
9. Bruske J, Sommer G (1995) Dynamic cell structure learns perfectly topology preserving map. In Neural Computation vol. 7:S. 845–865
10. Burges CJ (2010) Geometric Methods for Feature Extraction and Dimensional Reduction – A Guided Tour. In: Maimon OZ, Rokach L (eds) Data mining and knowledge discovery handbook, Springer, New York, pp 53–82, https://doi.org/10.1007/978-0-387-09823-4_4
11. Callan R (2003) Neuronale Netze. Pearson Studium, München
12. Chang H, Yeung DY, Yimin X (2004) Super-Resolution Through Neighbor Embedding. In: Computer Vision and Pattern Recognition, vol. 1, IEEE Computer Society 2004, Washington, DC, USA, pp 275–282
13. Cristianini N, Shawe-Taylor J (2000) An introduction to support vector machines and other kernel-based learning methods. Cambridge University Press, Cambridge, https://doi.org/10.1017/CBO9780511801389, https://doi.org/10.1017/CBO9780511801389
14. Fritzke B (1992) Wachsende Zellstrukturen – Ein selbstorganisierendes neuronales Netzwerkmodell. Dissertation, Technische Fakultät der Universität Erlangen
15. Fritzke B (1995) A growing neural gas network learns topologies. Advances in Neural Information Processing Systems. In Cambridge, MA: MIT Press NIPS 7:S. 625–632
16. Fritzke B (1998) Vektorbasierte Neuronale Netze. Shaker Verlag, Aachen
17. Garcke J (2004) Maschinelles Lernen durch Funktionsrekonstruktion mit verallgemeinerten dünnen Gittern. Dissertation, Uni Bonn, Bonn
18. Grossberg S (1988) Nonlinear neural networks: Principles, Mechanisms, and Architectures. In Neural Networks vol. 1:S. 17–41
19. Hadid A, Pietikäinen M (2003) Efficient Locally Linear Embeddings of Imperfect Manifolds. In: Perner P, Rosenfeld A (eds) Machine Learning and Data Mining in Pattern Recognition, Lecture Notes in Computer Science, Lecture Notes in Artificial Intelligence, vol 2734, Springer, Berlin and Heidelberg, pp 188–201, https://doi.org/10.1007/3-540-45065-3_17

20. Ham J, Lee DD, Mika S, Schölkopf B (2004) A kernel view of the dimensionality reduction of manifolds. In: Brodley C (ed) Proceedings of the 41st annual Design Automation Conference, ACM, New York, NY, p 47, https://doi.org/10.1145/1015330.1015417
21. Hamker F (1998) Lebenslang lernfähige Zellstrukturen: Eine Lösung des Stabilitäts-Plastizitäts-Dilemmas. In: Proceedings der CoWAN '98, Sharker Verlag, Cottbus, pp 17–37, https://www.tu-chemnitz.de/informatik/KI/research/proceedings.html
22. Han J, Kamber M (2001) Data Mining: Concepts und Techniques. Morgan Kaufmann Publishers, San Francisco and San Diego and New York and Boston and London and Sydney and Tokyo
23. Hastie T, Tibshirani R, Friedman JH (2009) The elements of statistical learning: Data mining, inference, and prediction, second edition edn. Springer series in statistics, Springer, New York
24. Haykin S (1999) Neural Networks: Comprehensive Foundation. IEEE Press, Prentice Hall
25. Heinen D (2014) Numerische Methoden zur Analyse hochdimensionaler Daten. Dissertation, Georg-August-Universität Göttingen, Göttingen
26. Hopfield JJ, Tank DW (1985) Neural Computation of Decisions in Optimization Problems. In Biological Cybernetics vol. 52:S. 141–152
27. Klaus-Peter Schoeneberg (1995) Komplexität – Einführung in die Komplexitätsforschung und Herausforderungen für die Praxis: Interface zur Endo-Komplexität
28. Kloft M (2011) Maschinelles Lernen mit multiplen Kernen. Dissertation, Technische Universität Berl, Berlin, https://pdfs.semanticscholar.org/19eb/3058688fbf05fa16e94dc6af446f94c51414.pdf
29. Kohonen T (1989) Self-Organization and Associative Memory. 3rd ed., Springer Verlag, Berlin
30. Lee, John Aldo and Lendasse, Amaury and Verleysen, Michel (2002) Curvilinear Distance Analysis versus ISOMAP. In: Verleysen M (ed) Proceedings/10th European Symposium on Artificial Neural Networks, ESANN'2002, d-side, Evere, pp 185–192
31. Luger GF (2001) Künstliche Intelligenz, Strategien zur Lösung komplexer Probleme. Pearson Studium, München
32. Mac Kay, David, JC (2003) Information Theorie, Inference and Learning Algorithms. Cambridge University Press, Cambridge
33. Masters T (1995) Advanced algorithms for neural networks: A C++ Sourcebook. John Wiley & Sons, Inc, New York, Chichester, Brisbane, Toronto, Singapore
34. McCulloch WS, Pitts WH (1943) A Logical Calculus of the Ideas Imminent in Neural Nets. In Bulletin of Mathematical Biophysics vol 5:S.115–133
35. Neal, Radford, M (1996) Bayesian Learning for Neural Networks. Springer-Verlag, New York, Berlin, Heidelberg
36. Protzel Pea (1999) Anwendung und Entwicklung Neuronaler Verfahren zur Autonomen Prozess-Steuerung: BMBF Verbundprojekt Förderkennzeichen: 01 IN 505 B Laufzeit: 1. Oktober 1995 bis 31. Dezember 1999: AENEAS Abschlussbericht
37. Renaud O (1999) Density estimation with wavelets: variability, invariance, and discriminant power. PhD thesis, PhD thesis, Thèse N° 2019 and École Polytechnique Fédérale de Lausanne
38. Ridder Dd, Franc V (2003) Robust manifold learning: CZECH TECHNICAL UNIVERSITY. URL ftp://cmp.felk.cvut.cz/pub/cmp/articles/franc/deRidder-TR-2003-08.pdf
39. Roweis ST, Saul L (2000) Nonlinear dimensionality Reduction by locally linear embedding. In SCIENCE vol. 290:S.2323–S.2326
40. Schels A (2001) Neuronale Netzwerkmodelle zur Analyse hochdimensionaler, multisensorischer Datensätze prozessierter Si-Wafer. Dissertation, Regensburg

41. Schölkopf B (1997) Support Vector Learning. Dissertation, Fachbereich Informatik der Universität Berlin
42. Schölkopf B, Müller K, Smola A (1998) Lernen mit Kernen. In Informatik Forsch Entw H. 14:S. 154–163
43. Schölkopf B, Burges, Christopher, J C, Smola AJ (1999) Advances in Kernel Methods. The MIT Press, Cambridge, Massachusetts, London, England
44. Seifert J (2002) Neuronales Netz zur Modellierung eines physikalischen Systems sowie Verfahren zur Bildung eines solchen Netzes. https://patents.google.com/patent/DE10201018A1/de
45. Shawe-Taylor J, Christiani N (2004) Kernel Methods for Pattern Analysis. Cambridge University Press, Cambridge
46. Skirke U (2004) Technologie und Selbstorganisation, Zum Problem eines zukünftigen Fortschrittsbegriffs. PhD thesis, Fachbereich Philosopie der Universität Hamburg, Dissertation
47. Specht DF (1990) Probabilistic neural networks and the polynomial adaline as complementary techniques for classification. In IEEE Transactions on Neural Networks march 1990:S. 111–121
48. StuttgarterNetzwerkSimulator2004 (2018) Stuttgart Neural Network Simulator. http://www.ra.cs.uni-tuebingen.de/SNNS/
49. Suykens JAK, van Gestel T, de Brabanter J, de Moor B, Vanderwalle J (2002) Least Squares Support Vector Machines. World Scientific Publishing Co. Pte. Ltd, New Jersey and London and Singapore and Hong Kong
50. Tagscherer M, Protzel P (1999) Kontinuierliches Lernen mit Neuronalen Netzen. http://www.rst.e-technik.tu-dortmund.de/cms/Medienpool/Downloads/Veranstaltungen/GMA-Fachausschuss/Publikationen/workshop99/Tagscherer__Protzel.pdf
51. Tenenbaum JBa (2000) A global Geometric Framework for Nonlinear Dimensionality Reduction. In SCIENCE vol. 290:S.2319–S.2323
52. Tresp V (2001) Scaling Kernel-Based Systems to Large Data Sets: Siemens AG, Corporate Technologie. Data Mining and Knowledge Discovery, Volume 5, Number 3, 2001 2001(Volume 5), https://link.springer.com/article/https://doi.org/10.1023/A:1011425201219
53. Tsai, F S, Wu Y, Chan KL (2004) Nonlinear Dimensionality Reduction Techniques and their Applications. In EEE Research Bulletin pp 52–53
54. Vapnik V (1995) The Nature of statistical Learning Theory. Springer Verlag, New York
55. Vapnik V, Golowich S, Smola A (1997) Support vector method for function approximation, regression estimation, and signal processing. In: NIPS'96 Proceedings of the 9th International Conference on Neural Information Processing Systems, M. Mozer, M.Jordan und T. Petsche, MIT Press, Cambridge, pp 281–287
56. Weber KE (2003) Neuronale Netze mit erweiterten bayesschen Methoden für reale Datensammlungen. Dissertation, Mathematisch-Naturwissenschaftliche Fakultät der Rheinischen Friedrich-Wilhelms-Universität Bonn
57. Weinberger KQ, Sha F, Saul LK (2004) Learning a kernel matrix for nonlinear dimensionality reduction. In: Brodley C (ed) Proceedings of the 41st annual Design Automation Conference, ACM, New York, NY, p 106, DOI https://doi.org/10.1145/1015330.1015345
58. Weinberger, Kilian Q and Packer, Benjamin D and Saul Lawrence K (2006) Nonlinear Dimensionality Reduction by Semidefinite Programming and Kernel Matrix Factorization. In: Robert G Cowell and Zoubin Ghahramani (ed) Proceedings of the Tenth International Workshop on Artificial Intelligence and Statistics, Society for Artificial Intelligence and Statistics
59. Whye TY, Roweis ST (2002) Automatic Alignment of Local Representations. https://papers.nips.cc/paper/2180-automatic-alignment-of-local-representations.pdf

60. Widrow B, Hoff M (1960) Adaptive switching circuits: Institute of Radio Engineers, 1960. IRE WESCON Convention Record 1960:96–104, http://www-isl.stanford.edu/~widrow/papers/c1960adaptiveswitching.pdf
61. Wunsch D, Xu R (2005) Survey of Clustering Algorithms. In IEEE Transactions on Neural Networks vol. 16, NO. 3:S. 645–678
62. Zell A (2003) Simulation neuronaler Netze. Oldenbourg Wissenschaftsverlag GmbH, München and Wien

3 Anforderungen zur Gestaltung eines adaptiven Systems

In diesem Kapitel wird eine modulare Verarbeitungsstruktur vorgeschlagen, der grundlegende Bedeutung bei der Umsetzung der zusammengestellten konzeptionellen Anforderungen und für eine deterministische Arbeitsweise der Lern- und Arbeitsphase zukommt. Dazu werden zunächst einige Kriterien zur Systemgestaltung genannt.

3.1 Gestaltung neuer Verfahren

Bei technischen Anwendungen ist zu prüfen, welche Freiheitsgrade während der Adaption zugelassen werden können und welcher Kompromiss zwischen Stabilität und Plastizität einzugehen ist.[1] Werden alle Anforderungen aus verschiedenen Disziplinen, die an ein KNN gestellt werden können, berücksichtigt, zeigt sich, dass es ein universell einsetzbares Lernparadigma nicht gibt. Eine stärkere Differenzierung zwischen biologisch-neurologisch orientierter (neuronale Netze und genetische Algorithmen)[2] und mathematisch-technisch anwendungsorientierter Forschung zeichnet sich ab.[3] Für den Erfolg zukünftiger Verfahren werden die Transparenz der mit KNN ermittelten Ergebnisse, die kostengünstige Realisierbarkeit handhabbarer Modelle und deren leichte Anwendbarkeit von entscheidender Wichtigkeit sein.

Akzeptanz beim Anwender Bedingt durch marktwirtschaftliche Konkurrenz sind Unternehmen immer stärker an Verfahren interessiert, die Prognosen bei verschiedensten Prozessen ermöglichen. Dabei nimmt man auch Vorgehensmodelle ohne theoretische

[1] Siehe Abschn. 2.3, Freiheitsgrade und Trainingsphase.

[2] Siehe Abschn. 1.5, Naturnahe Strategien.

[3] Viele Artikel [5–8, 10] und Sammelbände wie z. B. [1] zeigen diesen Trend.

G. Sartorius, *Erfassen, Verarbeiten und Zuordnen multivariater Messgrößen*,
https://doi.org/10.1007/978-3-658-41451-1_3

Fundierung in Kauf, wie dies bei KNN der Fall ist. Gleiches gilt auch für evolutionäre Algorithmen (EAs) und die Fuzzy-Logik [4]. Letztere haben in Nischenanwendungen bereits einen hohen Praxiseinsatz erfahren. KNNs weisen folgende negative Eigenschaften auf, die ihre Anwendungen erschweren:

- Es gibt keine gesicherten Regeln zur Entwicklung von qualitativ hochwertigen, generalisierenden KNN.
- Der Entwicklungsprozess muss durch Ausprobieren mit verschiedenen Netzarchitekturen und deren Parametern erfolgen und ist dadurch erfahrungsabhängig.
- Komplizierte Analysierbarkeit, eingeschränkte Nachvollziehbarkeit und die fehlende Erklärungskomponente erschweren diesen Prozess.

Die durch die Netzausgabe repräsentierten Entscheidungen trifft das KNN aufgrund seines gelernten Wissens ohne Angabe des Lösungsweges. Ein neuronales Netz erscheint dem Benutzer weitgehend als nicht oder nur teilweise transparente Einheit, deren eingeschränkte oder nicht vorhandene Eigenschaften bezüglich der Nachvollziehbarkeit von Ursache und Wirkung er zwangsläufig hinnehmen muss, wenn er ein solches System einsetzt. Entwicklungen werden oft unkompliziert oder zu einfach dargestellt, erweisen sich jedoch in der Praxis als komplexer. Die niedrige Akzeptanz basiert auf dem Mangel an gesicherten Entwicklungsregeln und führt in praktischen Anwendungen, bei denen es auf Erklärung und Rechtfertigung von Entscheidungen ankommt, zu Akzeptanzproblemen. Eine problembezogene und zielgruppenorientierte Mensch-Maschine-Schnittstelle hilft, einen dem Zweck angemessenen Einsatz einer Lernmaschine zu gewährleisten. Ergebnisse sollten dem Anwender kausal nachvollziehbar präsentiert werden. Diese Forderungen dürften mit fortschreitender Lösung der Entwurfsprobleme von KNN verringert werden.

Transparenz Effektivitätssteigernd wirkt beim Entwickeln, Anpassen und Gestalten neuer Netzwerkstrukturen, wenn der Netzkonstrukteur ohne spezielle Kenntnisse der Hardware die Problemlösungen für potenzielle Anwender nachvollziehbar und plausibel gestalten kann.[4] Isometrische Netzwerkstrukturen ermöglichen ein Verständnis der Wirkungsmechanismen. Visualisierungsmethoden sorgen mit zwei- oder dreidimensionalen Darstellungen für mehr Transparenz bei der Veranschaulichung von Zusammenhängen und gefundenen Ergebnissen. Dies setzt jedoch klar strukturierte Netze mit kontrollierbarer Komplexität voraus. Solche Netze sind theoretisch leichter zu analysieren und eignen sich in Verbindung mit parallelen Rechenmethoden[5] zur Bearbeitung großer Datenmengen. Wenn alle zuvor genannten Anforderungen erfüllt sind, kann mit einer höheren Akzeptanz der KNN-Systeme gerechnet werden.

[4] Siehe Abschn. 3.1, Akzeptanz beim Anwender.

[5] Anhang F.1.1, Architekturen für die mehrdimensionale Signalverarbeitung.

Robustheit Die Anforderungen an Robustheit und Flexibilität technischer Systeme, die Lernvorgänge selbstständig initiieren und gegebenenfalls andere interne Netzstrukturen aktivieren, gehen weit über das Niveau bisheriger Arbeiten zu lokalen Verarbeitungsmechanismen hinaus.[6] Einerseits ist für neuronale Netzwerke eine gewisse Nähe zu biologischen Vorbildern wünschenswert, um neurobiologische Ideen und Ansätze verwirklichen zu können; andererseits aber ist eine gewisse Abstraktion notwendig, um sie einfacher gestalten zu können. Den richtigen Mittelweg zwischen diesen beiden gegenläufigen Zielen zu finden, ist schwierig. Es besteht die Gefahr, dass durch vorgenommene Vereinfachungen gerade die Eigenschaften verloren gehen, die man benötigt. Fest steht, dass KNN für technische Systeme nur schlecht durch Versuchsreihen ausgewählt (Trial-and-Error-Methoden) bzw. optimiert werden können, zumindest dann nicht, wenn sich das System im Einsatz befindet.

Daten charakteristischer Merkmale Die Daten sind so umzuordnen, dass in ihnen verborgene Merkmale erkennbar werden und Entscheidungskriterien zur Extraktion wesentlicher Merkmale auf einer höheren Ebene für die Anwendung zur Verfügung stehen. Eine redundanzfreie und von unwesentlichen Anteilen befreite Darstellung der Daten trägt zur Reduzierung der Informationsflut bei und ermöglicht es, mit einer kleineren Datenmenge eine kompakte Darstellung (Näherung) der Originaldaten zu erreichen.

3.2 Konzeptionelle Anforderungen

Die in Abschn. 1.6 aufgeführten notwendigen Eigenschaften, die in Abschn. 2.2 und in diesem Kapitel genannten Kriterien (Komplexitätsgrad, Robustheit, Flexibilität, …) führen zu den im Folgenden zusammenfassend dargestellten konzeptionellen Anforderungen an das MAE-Verfahren.

1. **Entkopplung von Verarbeitungsschritten:** Damit die rechenintensiven Realisierungsanteile in ein temporär vorhandenes Hilfssystem ausgelagert werden können, müssen Lern- und Arbeitsphase voneinander entkoppelt sein.
2. **Vermeidung von lokalen Minima und Überanpassung:**[7] Grundsätzlich sind Methoden gefordert, die das globale Optimum finden, um so die klassischen Nachteile der KNN[8] zu überwinden.

[6] Eigenständige Vorrichtungen, die Zustände überwachen und Vorgänge auslösen können, Abschn. 1.4, Nichttriviale Maschinen.

[7] Siehe dazu Abschn. 11.3, Glossar.

[8] Siehe Abschn. 2.4, Klassische KNN.

3. Standardkomponenten: Mikrocontroller, SPS oder DSP als Standardhardware zur Realisierung der Arbeitseinheiten, ein PC oder anderer Rechner zur Realisierung der Lerneinheit und Standardmathematikprogramme zur Entwicklung bzw. Realisierung der Software. Es sind auch Kombinationen (wie z. B. Mikrocontroller mit temporärer Ankopplung an die Lerneinheit über das Internet) möglich.
4. **Arbeitsteilung:** Mittels der Lerneinheit werden alle für die Arbeitsphase notwendigen Datensätze mit den Trainingsdaten an die Gegebenheiten der Anwendung angepasst und in Form eines Modelles gespeichert. Dieses wird von der Lerneinheit in eine oder mehrere Arbeitseinheiten übertragen und stattet diese mit einer speziellen Wissensbasis aus.
5. **Eigenständigkeit von Arbeitseinheit und Arbeitsphase:** Nach der Übertragung des Modells, das die Trainingsdaten repräsentiert, muss die Arbeitseinheit eigenständig, effizient und schnell nichtlineare multidimensionale Eingangsdaten im Sinne der Anwendung verarbeiten können.
6. **Erzeugung redundanzfreier Daten:** Besonders die Trainingsphase ist sehr rechenaufwendig, wobei der Aufwand exponentiell mit der Zahl der Dimensionen[9] zunimmt und viele Verfahren Probleme beim Ermitteln des globalen Optimums aufweisen.[10] Deshalb unterstützt eine Merkmalsextraktion[11] zur Reduzierung der Informationsflut die elegante Bearbeitung komplexer Strukturen.
7. **Freiheitsgrade:** Bei dem in diesem Buch vorgestellten Organisationsrahmen für ein konnektionistisches System bleiben sowohl Architektur als auch Verarbeitungsmethode während der Lebensdauer konstant. Die Anzahl der Eingabe- und Ausgabekanäle ist variabel und wird durch die konstruktiven Gegebenheiten der Arbeitseinheit festgelegt.
8. **Parameterfreie Trainings- und Arbeitsphase:** Im Gegensatz zu den klassischen Ansätzen der KNN soll die Trainingsphase ohne spezielle Eingriffe und Parametrierung arbeiten können; sie wird jedoch vom Bediener initiiert und überwacht.
9. **Rezeptive Bereiche und Überwachung der Systemgrenzen:** Die Trainingseinheit muss durch geeignete Maßnahmen transformationsinvariante rezeptive Bereiche für die zu verarbeitenden Daten so definieren können, dass Ausreißer erkannt und Ähnlichkeiten zu Häufungen als Zugehörigkeitsgrad angegeben werden können. Weiterhin sollen bei bestimmten Systemzuständen Signale und Meldungen erzeugt

[9] Fluch der Dimensionen (Curse of Dimensionality) [2], die Distanz zum NN unterscheidet sich im Hochdimensionalen kaum von der Distanz zu einem beliebigen Nachbarn und die Wahrscheinlichkeit, dass Datenobjekte am Rand des Datenraums liegen, steigt mit der Anzahl der Dimensionen exponentiell. Siehe dazu auch Anhang K.7.

[10] Fehlerrückführungsverfahren als Standardadaptionsverfahren klassischer KNN und verwandter Verfahren [9, S. 112].

[11] Siehe dazu Multiskalenanalyse in Abschn. 9.4, Auswahl von Wavelet-Koeffizienten in Abschn. 9.5 und Dimensionsreduktion in Abschn. 10.2.

werden, um u. a. entscheiden zu können, ob ein Nachtraining des Modells erforderlich ist (ereignisgesteuertes Nachtraining).[12]

10. **Erweiterbarkeit:** Ein Nachtraining wird nur bei geänderten Gegebenheiten der Anwendung oder bei Fehlern erforderlich. Die Altdaten werden dabei lediglich lokal verändert.[13]
11. **Nachvollziehbarkeit:** Die Zuordnung von Ursache und Wirkung der vom KNN ausgelösten Aktionen soll nachvollziehbar sein. Dazu ist eine Isometrie erforderlich, die es ermöglicht, bestimmte Ausgangszustände den Informationsquellen am Eingang des Systems zuzuordnen – und umgekehrt. Dieser letzte Aspekt ist besonders bedeutsam für die Akzeptanz beim Anwender, weshalb ein nicht oder nur teilweise transparenter Modellcharakter bei der Verarbeitung möglichst zu vermeiden ist.
12. **Visuelle Darstellung der Zusammenhänge:** Die Trainings- und Eingangsdaten sollen zur Beurteilung der kausalen Zusammenhänge zwei- oder dreidimensional darstellbar sein. Dies sorgt für mehr Transparenz in der Trainingsphase und ermöglicht eine Überwachung beim Austesten der Arbeitsphase.

3.3 Trennung von Trainings- und Arbeitseinheit

Im Folgenden sind die Hardwarearchitektur, die KNN-Struktur und die Methoden aufgezeigt, mit welchen die genannten konzeptionellen Anforderungen an das adaptive System bzw. das maschinelle Lernen erfüllt werden können. Im Speziellen wurden verwendete Strukturen und Methoden aus der Menge bekannter Verfahren in Kap. 2 anwendungsorientiert und explorativ herausgearbeitet, ergänzt oder neu gestaltet. Die Anordnung in Abb. 3.1 zeigt die modulare Hardwarearchitektur. Eine oder mehrere unabhängige Arbeitseinheiten mit einer Schnittstelle für den Datenaustausch interagieren kurzzeitig mit einer Lerneinheit. Eine Arbeitseinheit kann beispielsweise mit einem Mikrocontroller, einer SPS oder einem DSP und die Lerneinheit mit einem Personal Computer (PC) realisiert sein. Mikrocontroller und DSPs haben eine hohe Verfügbarkeit, Matlab-Code-Importierbarkeit, Programmierbarkeit in der Hochsprache C, komfortable Testbarkeit, gute Beratung und Unterstützung, da es sich um Standardprodukte handelt. Der DSP ist komplexer strukturiert und deshalb aufwendiger in der Anwendung. Die SPS gilt in der Industrie als Standardkomponente und ist zur Realisierung von Arbeitseinheiten in diesem Bereich gut geeignet. PCs sind schnell verfügbar, weit verbreitet,

---

[12] Dies ist z. B. bei veränderten Gegebenheiten der Anwendung und einer damit verbundenen Überschreitung von Systemgrenzen der Fall.

[13] Bei sich andauernd oder zumindest sehr oft verändernden Gegebenheiten müsste die Lerneinheit ständig präsent sein, um eine kontinuierliche Anpassung zu ermöglichen und überflüssig gewordene Altdaten zu entfernen. Dies ist bei dem in diesem Buch entworfenen Verarbeitungssystem nicht erforderlich.

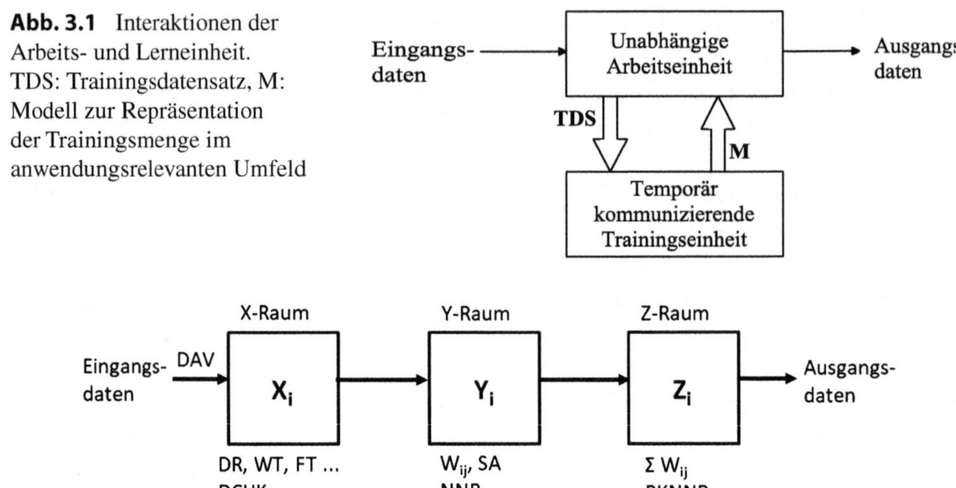

Abb. 3.1 Interaktionen der Arbeits- und Lerneinheit. TDS: Trainingsdatensatz, M: Modell zur Repräsentation der Trainingsmenge im anwendungsrelevanten Umfeld

Abb. 3.2 Verarbeitungsstruktur der Trainingsphase. DAV: Datenvorverarbeitung, DR: Dimensionsreduktion, WT: Wavelet-Transformation, DCHK: Überprüfung der Messdaten, des Messsystems und der Datenübertragung, Datencheck, NNB: Nächste-Nachbarn-Beziehungen bilden, SA: Skalierung und Anpassung, RKNNB: Rekonstruktion mit den Nächste-Nachbarn-Wichtungen

haben eine allgemein bekannte Bedienstruktur, und Standardmathematikprogramme wie z. B. Matlab [3], SPSS oder Mathcad können genutzt werden.

3.3.1 Trainingsphase

Verarbeitungskette der Trainingsphase Die in Abb. 3.2 dargestellte prinzipielle Verarbeitungskette basiert auf der in Abschn. 2.8 vorgestellten kombinierten KNN-Methode als Verarbeitungsstruktur zur Bewältigung der konzeptionellen Anforderungen in Abschn. 3.2. Sie gilt für die Lern- oder Trainingsphase des adaptiven Systems. In Abb. 3.2 ist der Verarbeitungsaufwand in Abschnitte gegliedert, um die Zuordnung der Module und den Ablauf der Verarbeitung der Daten innerhalb der Verarbeitungskette klar zuordnen zu können. Zunächst werden die Eingangsdaten mit der Datenvorverarbeitung (DV) so aufbereitet, dass sie dem KNN als Trainingsvektoren $\mathbf{x}_i$ bzw. Trainingspunkte X_i präsentiert werden können. Die im Eingang gespeicherten Trainingsdaten werden mit einer Datenvorverarbeitung (DV) gereinigt und anschließend verschiedenen Bearbeitungsmodulen zugeführt. Die prinzipielle Funktionalität der Verarbeitungsmodule wird im Folgenden erläutert.

Datenvorverarbeitung (DV) Eingangssignale liegen als quantisierte Messdaten vor. Nach der Signalaufbereitung, in der Ausreißer und Ties entfernt und fehlende Werte ergänzt werden, können die Eingangsdaten entweder:

- direkt,
- nach Anwendung einer Dimensionsreduktion,
- nach einer Wavelet-Transformation,
- und/oder nach einer Glättung

weiterverarbeitet werden. Dazu werden sie nach der Datenvorverarbeitung im Merkmalsraum (X-Raum) gespeichert.

Dimensionsreduktion (DR) Mit der in Abschn. 10.7 vorgestellten NOP-Methode und den in Kap. 12 eingeführten Erweiterungen werden die Eingangsdaten von Redundanzen befreit und in eine spärlichere Darstellung überführt. Es handelt sich dabei um einen unüberwachten Lernprozess, der die erste Stufe des auf der neuen kombinierten KNN-Struktur (Abb. 2.1) basierenden adaptiven Verfahrens bildet.

Wavelet-Transformation (WT) Nach Anwendung der in Kap. 9 vorgestellten WT liegen die Signale in Form von Koeffizienten vor. Diese Form der Signaldarstellung bietet die Möglichkeit, die charakteristischen Eigenschaften des Objektes oder des Zustandes (Fingerabdruck) nur mit relevanten Koeffizienten darzustellen. Koeffizienten, die nichts zum Fingerabdruck beitragen, werden entfernt.[14]

Glättung (GL) Für die Anwendung von NN-Methoden ist eine glatte zusammenhängende Mannigfaltigkeit (MF) erforderlich, damit eine definierte Genauigkeit bei der Generalisierung neuer Eingangsdaten erreicht wird. Lücken und Sprünge können mit der in Kap. 7 vorgestellten Füllwertmethode vermieden werden.

Skalierung und Anpassung (SA) Skalierung und Anpassung sind die Bindeglieder zwischen KNN und Außenwelt. Die Skalierung der Ausgänge der DR auf die gewünschten Ausgabewerte wird mit dem in Abschn. 14.3.3.2 vorgestellten überwachten Lernprozess, der die zweite Stufe des adaptiven Verfahrens darstellt, durchgeführt. Die mit den Modulen DR und SA ermittelten Abbildungsvorschriften sind Teile des Modells M der Trainingsdaten in Abb. 3.1.

---

[14] Die Signaldarstellung durch spektrale Komponenten bietet die Möglichkeit, unerwünschte Komponenten, z. B. Rauschanteile, zu entfernen.

3.3.2 Arbeitsphase

Verarbeitungskette der Arbeitsphase Für die Arbeitsphase gilt prinzipiell das Gleiche wie für die Lernphase. Der jeweils zu bearbeitende Eingangsvektor hat in der Arbeitsphase den Index a für Anfragevektor $\mathbf{x}_a$ bzw. Anfragepunkt X_a. Da die NN-Punkte bei voller Dimensionalität oder nach einer Dimensionsreduktion bestimmbar sind, werden diese Module als differenziertere Darstellungen der Arbeitsphase in Abschn. 18.2.3 und 18.2.5 vorgestellt (Z-Transition). In der Arbeitsphase werden für einen neuen Anfragepunkt X_a im Merkmalsraum (X-Raum) die Zugehörigkeitsverhältnisse zum rezeptiven Bereich (Fingerabdruckbereich) für ein trainiertes Objekt oder einen trainierten Zustand ermittelt. Nach der Generalisierung im Darstellungsraum (Z-Raum) liegt der Zugehörigkeitsgrad in Form eines Zahlenwertes von 0 … 1 für nicht … voll zugehörig vor.

Zusammenfassung Zunächst wurden Kriterien zur Systemgestaltung aufgeführt und anschließend die konzeptionellen Anforderungen für das auf der Basis der Inhalte dieses Buchs realisierte MAE-Verfahren zusammengestellt. Anschließend sind die Hardwarearchitektur, die KNN-Struktur und die Methoden aufgezeigt, mit welchen die genannten konzeptionellen Anforderungen an die Lernmaschine erfüllt werden sollen. Die dazu notwendigen Module, deren Aufgaben und Wirkungsweise werden in Kap. 7 bis Kap. 16 vorgestellt.

Literatur

1. Becker S, Thrun S, Obermayer K (2003) Advances in Neural Information Processing Systems 15, Proceedings of the 2002 Conference. MIT Press, Massachusetts Institute of Technologie
2. Bellmann R (1967) Dynamische Programmierung und selbstanpassende Regelprozesse. R. Oldenbourg Verlag, München
3. Gramlich G (2004) Lineare Algebra: Eine Einführung für Ingenieure. Carl Hanser Verlag, München and Wien
4. Kasabov NK (1996) Foundations of Neural Networks, Fuzzy Systems and Knowledge Engineering. The MIT Press, Cambridge, Massachusetts, London, England
5. Kouropteva O, Okun O, Pietikäinen (2003) Classification of handwritten digits using supervised locally linear embedding algorithm and support vector machine. In: Lecture Notes in Computer Science, Springer Verlag, pp 229–234
6. Kouropteva O, Okun O, Pietikäinen M (2003) Supervised Locally Linear Embedding Algorithm for Pattern Recognition. In: Perales FJ, Campilho AJC, Blanca NP, Sanfeliu A (eds) Pattern Recognition and Image Analysis, Lecture Notes in Computer Science, vol 2652, Springer, Berlin and Heidelberg, pp 386–394, https://doi.org/10.1007/978-3-540-44871-6_45
7. Tenenbaum JBa (2000) A global Geometric Framework for Nonlinear Dimensionality Reduction. In SCIENCE vol. 290:S.2319–S.2323
8. Tsai, F S, Wu Y, Chan KL (2004) Nonlinear Dimensionality Reduction Techniques and their Applications. In EEE Research Bulletin pp 52–53

9. Zell A (2003) Simulation neuronaler Netze. Oldenbourg Wissenschaftsverlag GmbH, München and Wien
10. Zhang C, Wang J, Zhao N, Zhang D (2004) Reconstruction and analysis of multi-pose face images based on nonlinear dimensionality reduction. Pattern Recognition, The journal of the pattern recognition society vol. 37:S.325–336

Ein Klassifizierungsverfahren im Überblick

4

Die Verarbeitung hochdimensionaler Datensätze und die konzeptionellen Hintergründe dazu sind in diesem Buch mit einem Realisierungsbeispiel für multivariate Datensätze aufgeführt, anhand des MAE-Verfahrens [1–3] erklärt und wichtige Begriffe bezüglich der konzeptionellen Anforderungen präzisiert. Das gesamte Verfahren ist in Verarbeitungsmodulen für die einzelnen Aufgabenbereiche organisiert, die im Folgenden genannt werden. Es wurde zur Mono- und Multiklassenverarbeitung entwickelt, wobei erstere bezüglich der Klassifizierung im Vordergrund steht und zweitere Möglichkeiten für spezielle Zwecke bietet. Diese liegen im Bereich der Anzeige der Anordnung von Datenpunktgruppen als Überblick und Anwendungen für Überwachungszwecke, um mithilfe von Zugehörigkeitsgraden Tendenzen zu den Datengruppen zu skalieren, um Eingriffe einzuleiten oder um Meldungen zu erzeugen. Die dazu notwendigen Vorbereitungen, Berechnungen und Darstellungen werden qualitativ im Text und quantitativ als Organisations-, Kalkulations- und Ergebnisbeispiele im Anhang mit Bezug zu den entsprechenden Textstellen aufgeführt. Die in diesem Kapitel und in Abb. 4.1 vorgestellte Gestaltung des adaptiven Systems zeigt die Interaktionen der Module und Methoden und verdeutlicht in diesem Kontext verwendete Begriffe.

4.1 Arbeitsteilung und Modularisierung

Multivariat Multivariate Methoden behandeln mehrere Merkmale gleichzeitig in ihrem Zusammenhang. Es werden viele Eingangssignale oder Variablen zur Bestimmung der Ausgangswerte herangezogen.

Adaption Der innere Informationsgehalt einer in Form von Messwerten vorliegenden Trainingsdatenmenge einer Gegebenheit wird in der Trainingsphase erfasst und auf

G. Sartorius, *Erfassen, Verarbeiten und Zuordnen multivariater Messgrößen*,
https://doi.org/10.1007/978-3-658-41451-1_4

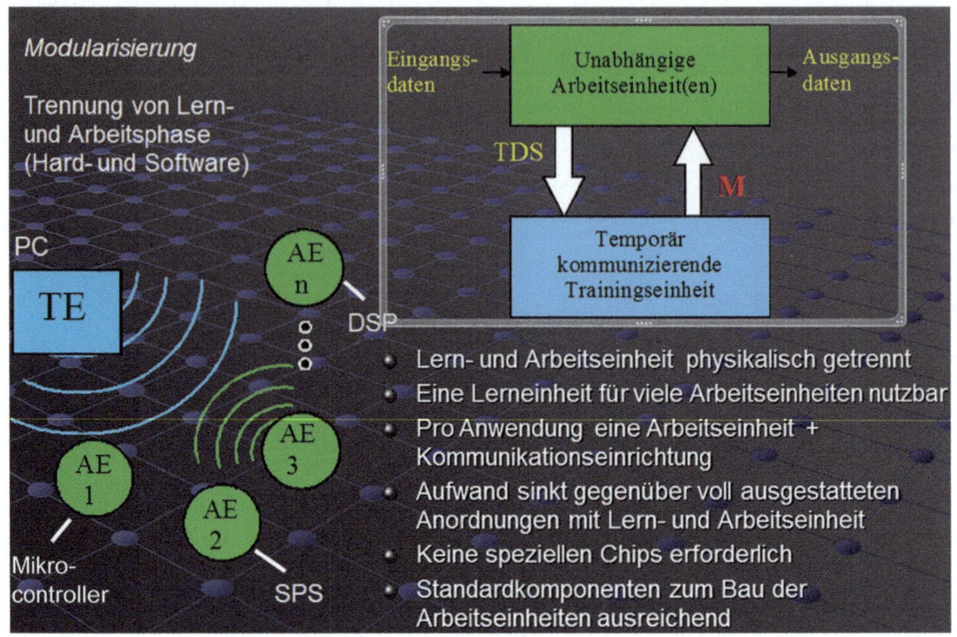

Abb. 4.1 Arbeitsteilung von Trainings- und Arbeitsphase

eine oder mehrere vorgegebene Ausgangsfunktionen abgebildet. Weiterhin können verschiedene Bereiche der Trainingsdaten unterschiedlichen Klassen zugeordnet werden. Die ermittelte Wissensbasis wird der Arbeitsphase als Modell zur Verfügung gestellt.

Modularisierung Der Gesamtprozess der Trainings- und Arbeitsphase sowie die modulare Hardwarestruktur werden als MAE-Verfahren (multivariate adaptive Einbettung) bezeichnet. Die Trainingsphase besteht aus den in der zugehörigen Verarbeitungskette dargestellten Modulen (Abschn. 4.2) und den darin genutzten Methoden. Die Ausführung der Arbeitsphase wird mit der Z-Transition bei voller Dimensionalität (Z-Transition (D), Abschn. 18.2.7.2) und ohne Dimensionsreduktion ausgeführt. Dazu wird die im Modell M (Abb. 4.1) gespeicherte Wissensbasis genutzt. Neue Anfragepunkte X_a können direkt mit ihren im X- oder Y-Raum ermittelten NN-Beziehungen im Darstellungsraum (Z-Raum) generalisiert werden. Auf diese Weise wird die Bearbeitung neuer Eingangsdaten ermöglicht, ohne die gesamte Wirkungskette erneut ausführen zu müssen (Modularisierung der Software). Durch die Aufspaltung des adaptiven Systems bzw. der Lernmaschine in Lerneinheit und Arbeitseinheit kann die Bearbeitung der Lern- und Arbeitsphase getrennt und die Lernmaschine mit Standardkomponenten realisiert werden (Modularisierung der Hardware).

Konnektionistische Systeme Die zur Modellbildung in der Trainingsphase genutzte komplexe Datenstruktur (Abb. 2.1, 14.8) und die Generalisierung neuer Eingangsdaten in der Arbeitsphase (Abb. 15.3) entsprechen der Definition eines KNN.[1] Als Voraussetzung und Basis für die Umsetzung dieser Datenstruktur gemäß den in Abschn. 1.6 aufgeführten notwendigen Eigenschaften und den auf dieser Basis definierten konzeptionellen Anforderungen in Abschn. 1.6 wurden die im Folgenden aufgeführten Realisierungsanteile entwickelt:

1. Zur Steigerung der Flexibilität des Gesamtsystems wird die Wissensbasis in einer zentral agierenden Trainingseinheit ermittelt und in Form eines Modells an die Arbeitseinheiten übertragen (Abb. 4.1).
2. Die in Abb. 2.1 als *Fall 2* dargestellte kombinierte KNN-Methode.
3. Die kombinierte Verarbeitung quantisierter Eingangsinformationen einzelner Signalquellen und Wavelet-transformierter Eingangsinformationen (Abb. 12.1, Abschn. 9.7).
4. Die in Abschn. 7.5 vorgestellte Füllwertmethode zur Glättung einer MF.
5. Der in Kap. 10 beschriebene NOP-Algorithmus.
6. Das in Abschn. K.4.1 und Kap. 8.2 beschriebene, auf Kernfunktionsmethoden basierende Konzept des rezeptiven Bereichs.

Das in Abb. 4.1 vorgeschlagene Konzept der Auslagerung von Rechenleistung ermöglicht die *Minimierung des Gesamtaufwandes* (Abb. 1.1) und eine flexiblere Struktur. Nach Abschluss der Trainingsphase wird die Lerneinheit nicht mehr benötigt und kann für andere Arbeitseinheiten genutzt werden. Der Gesamtaufwand pro System wird umso geringer, je mehr solcher Einheiten vorhanden sind. Besonders gering wird er, wenn nur ein einmaliges Lernen der Gegebenheiten erforderlich ist.[2] Die Ausführung der Trainingsphase ist nicht ortsgebunden. Aufgrund der flexibleren Struktur des Systems ergeben sich neue Möglichkeiten der Adaptierung sowie der Kombinierung von Daten verschiedener Orte, um neuartige Instrumente zur Bearbeitung komplexer Zusammenhänge zu schaffen.[3] Das in diesem Buch vorgestellte MAE-Verfahren[4] kann in der Datenvorverarbeitung parametrisierte Messkurven mit einer Wavelet-Transformation in eine Koeffizientendarstellung[5] überführen, wesentliche Koeffizienten mit den quantisierten

[1] Siehe dazu Abschn. 2.4, Charakteristik eines KNN.

[2] Die Kommunikation kann mit einer Punkt-zu-Punkt-Verbindung, einem Datenbussystem oder über das Internet erfolgen.

[3] Informationen liegen in dekorrelierter Form vor, können kombiniert, visuell dargestellt, beurteilt und verglichen werden.

[4] MAE steht für multivariate adaptive Einbettung.

[5] Solche parametrisierten Darstellungen, z. B. Spektrogramme bei Abwasseruntersuchungen, Durchleuchtungen von Gewebe, Altglas usw., werden in den genannten Systemen genutzt, um Klassifizierungen oder quantitative Aussagen zu ermöglichen. Siehe dazu auch Anhang I, Anwendungen.

Eingangssignalen oder -daten kombinieren und im Sinne der konzeptionellen Anforderungen verarbeiten.

Der Umfang der Prozeduren und Erfordernisse zur Realisierung des MAE-Verfahrens ist in Abschn. 4.2 zusammengestellt. Das Zusammenwirken von Datenvorverarbeitung, Wavelet-Transformation (WT) und Dimensionsreduktion (DR) wird in Kap. 17 mit Testdaten demonstriert. Vor Beginn der Trainingsprozedur wird eine Gruppenanalyse durchgeführt, die sicherstellt, dass keine Ausreißer in der Trainingsmenge enthalten sind. Nach der Trainingsphase und verschiedenen Tests zur Ermittlung der statistischen Kenndaten und Aufbereitung des Trainingsdatensatzes (TDS) werden dem erstellten KNN in der Arbeitsphase neue Daten zur Klassifizierung präsentiert. Programm und Benutzeroberflächen des MAE-Verfahrens wurden mit dem Programmpaket Matlab erstellt. Die Leistungsfähigkeit zur Ermittlung der NN-Beziehungen im Merkmalsraum und die Generalisierung im Darstellungsraum werden mit Testdaten in Kap. 17 untersucht.

Um die Möglichkeiten des Entwurfs mit realen Daten demonstrieren zu können, wurde das Verfahren für eine Klassifizierungsaufgabe eingesetzt, um Raman-Spektren von Bakterien und Sporen verschiedenen Klassen zuzuordnen. Mit einem Raman-Spektrometer erstellte Spektren werden an einen PC übertragen, in dem sich Trainings- und Arbeitsphase des MAE-Verfahrens befinden. Testergebnisse dazu sind im Anhang B aufgeführt.

Im letzten Kapitel wird ein Überblick zu den funktionalen Zusammenhängen der einzelnen Aktionsbereiche und zur erreichten Funktionalität gegeben. Darüber hinaus zeigen potenzielle zukünftige Einsatz- und Erweiterungsmöglichkeiten eine Perspektive zur Erweiterung des MAE-Verfahrens, dessen Charakteristika als Beiträge zu aktuellen Entwicklungen zusammengefasst sind.

4.2 Realisierungsaspekte

Bei der Auswahl der Hardware zur Realisierung der Module wurde für die Trainingsphase ein PC oder eine Berechnungseinheit via Internet verwendet. Je nach Anwendung kamen für die Realisierung der Arbeitsphase verschiedenartige Rechner, programmierbare Steuerungen (SPS) oder auf Mikrocontroller basierte Systeme zum Einsatz, um die Auswertung vor Ort schnell, so einfach wie möglich und ohne weitere zusätzliche Randbedingungen, die die Anwendung komplizierter machen würden, zu ermöglichen. Der notwendige Aufwand hängt von der Art der Daten, die zur Klassifizierung vorliegen, der erforderlichen Verarbeitungsgeschwindigkeit und Genauigkeit der Zuordnung für die Klassifizierungsaufgabe ab.

4.3 Anforderungen an die Trainings- und Arbeitseinheit

1. Berücksichtigung der Methoden des maschinellen Lernens in Kap. 2
2. Berücksichtigung der Regeln der Messtechnik bezüglich des maschinellen Lernens in Kap. 5

3. Vorbereitung der multivariaten Messwertdaten
4. Vergleich verschiedener Systeme zur Bildung einer Trainingsmenge
5. Vermeidung numerischer Instabilität
6. Vermeidung des Übertrainierens
7. Anordnung der Trainingsmenge auf einer vom Darstellungsraum unabhängigen Skala
8. Umgang mit Lücken und Sprüngen in den Modellen
9. Kombinationsmöglichkeiten bei der Modellbildung
10. Trainingsvorgang bzw. Trainingsphase des konnektionistischen Systems
11. Prüfung des Modells auf Generalisierungsfähigkeit und Stabilität
12. Verwaltung, Speicherung und Übertragung der Modelle
13. Import eines Modells in die Umgebung der Arbeitsphase des konnektionistischen Systems
14. Arbeitsphase zur Auswertung neuer Messwerte
15. Erfassen und Auswerten neuer Messwerte
16. Darstellung der generalisierten Messwerte im Merkmalsraum
17. Interpretation, ROC-Analyse der Messwerte
18. Parallelverarbeitung, Nutzung von FPGAs, Nutzung von Smartphones
19. Messgeräte zur Erfassung von Spektren

4.4 Organisationsstruktur

Um die Interaktionen und das Verhalten der Einheiten, Messkanäle, Verfahrens- und Prozessschritte auf die übergeordneten Ziele des adaptiven Systems hin ausrichten zu können, wurde die in Abb. 4.2 dargestellte Organisationsstruktur entwickelt. Sie ermöglicht es auch, die in Messkanälen angeordneten Einheiten, Verfahren und Prozessschritte applikationsspezifisch auszuwählen und zu verknüpfen. Die Daten sind nach ihrer Art (Spektren, Einzelmesswerte, Bilddaten …) in Gruppen angeordnet, die separat mit den für den entsprechenden Zweck vorgesehenen Modulen verarbeitet (transformiert, gefiltert, …), durch die Verarbeitungskette geleitet, ausgewertet und dargestellt werden.

Eingang Verschiedene Quellen liefern Rohdaten von Temperaturmessgeräten, Weggebern, Mikrofonen, Kameras, elektronischen Nasen [4], Spektrometern oder Daten aus anderen Messgeräten, organisiert in Gruppen bzw. in Kanälen, unterschiedlich strukturiert, mit verschiedener Anzahl von Dimensionen.

Datenvorverarbeitung Die Verteilung dieser Messwerte wird in der Datenvorverarbeitung analysiert, die statistischen Kennwerte werden ermittelt, unbrauchbare Werte entfernt und fehlende Werte ergänzt, sodass der multidimensionale Datensatz eine stetige, glatte MF bildet.

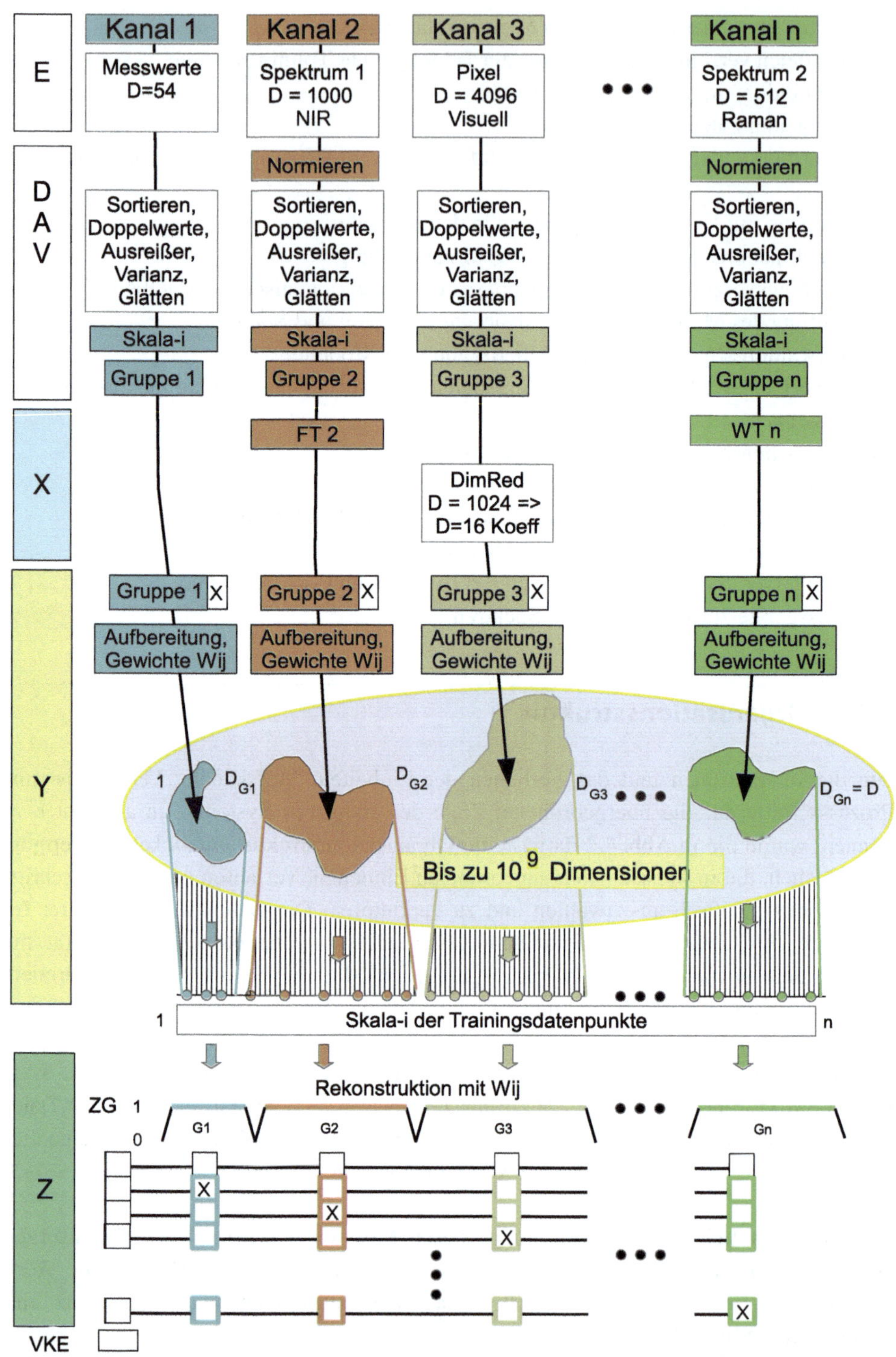

Abb. 4.2 Struktur und Organisation der Verarbeitungsschrittkette, Eingang (E), Datenvorverarbeitung (DAV), X-Raum für multidimensionale Eingangssignale (X), Y-Raum für Assoziation, Filterung und Skalierung, Z-Raum für die Zuordnung und Darstellung der Ergebnisse

X-Raum für multidimensionale Eingangssignale X_aN Datenpunkte repräsentieren mit X=X1, ..., XN die Trainingsvektoren × 1, ..., xN im Eingangsraum. Die Trainingsvektoren × 1, ..., xN im multidimensionalen Eingangsraum der Dimension D sind zur besseren Übersichtlichkeit auch mit X=(X1, ..., XN) mit Xi ∈ RD bezeichnet. Überführung der Daten in eine Koeffizientendarstellung mit einer WT oder Eigenwertdarstellung mit einer DR, damit nur Daten, die für die Charakterisierung des Trainingsobjektes relevant sind, gezielt ausgewählt werden können.

Y-Raum für Assoziationen (Anpassungen mit Verschaltungs- oder Zuordnungsgewichtungen) und Skalierungen Die Merkmale liegen am Eingang des Assoziationsraums vor. Die NN-Gewichte W_{ij} bzw. W_{aj} werden ermittelt und der Bezug zum Darstellungsraum hergestellt.

Z-Raum für Einordnung und Darstellung der Ergebnisse Mittels der Gewichte W_{ij} und der Anordnung der Datenpunkte auf einer eindimensionalen Skala-i können die Datenpunkte W_{ij} bzw. W_{aj} auf der gewählten Struktur im Darstellungsraum eingeordnet werden. Dabei wird angegeben, inwieweit eine Übereinstimmung bzw. Zugehörigkeit zum rezeptiven Bereich vorliegt.

Skala-i Die eindimensionale Skala-i dient dazu, die Punkte im Modell zu verwalten, um als unabhängige Instanz die Trainingsdatenpunkte mit eindeutiger Kennzeichnung für die Verarbeitung in den verschiedenen Räumen zur Verfügung zu stellen. In Abschn. 7.1 ist dieser Sachverhalt erklärt.

Zusammenfassung Die Messwerte werden als Mannigfaltigkeit (MF) im mehrdimensionalen Raum dargestellt. Pro Messwert ist eine Dimension erforderlich, um das Modell für den Zustand des Messobjektes zu bilden. Ein Datenpunkt (DP) repräsentiert einen Zustand des Messobjektes, der durch alle Eingangswerte im Eingangsraum des Messsystems angegeben wird. Multivariat bedeutet, dass sich alle Messwerte von DP zu DP ändern können. Alle DPs bilden eine Mannigfaltigkeit im mehrdimensionalen Raum. Dabei wird gefordert, dass die Übergänge von DP zu DP stetig sind. Lücken und Sprünge müssen mit geeigneten Maßnahmen verhindert werden, damit die numerische Stabilität bei den angewendeten mathematischen Methoden gewährleistet ist und Ergebnisse im Darstellungsraum präzise angezeigt werden können. Aufteilung der Verarbeitungseinheit (VE): Abb. 4.1 zeigt die Möglichkeiten zur Gestaltung. In Abb. 4.2 ist die Struktur der Verarbeitung für verschiedene Kanäle und Anwendungen des gesamten adaptiven Systems dargestellt. Diese Anordnung dient als Referenzstruktur, als Realisierungsvorlage und Organigramm. Die in diesem Buch vorgestellten Module können applikationsspezifisch zugeordnet, mit dem Interpreter verknüpft, getestet und angewendet werden.

Literatur

1. Halang W, Gerhard,Sartorius, Dipl-Ing, Talbot S (2008) DE102008054345B4 – Verfahren und Vorrichtung zur Detektion von Kampfstoffen. https://patents.google.com/patent/DE102008054345B4/de
2. Sartorius G (2012) Multivariate Adaptive Embedding, MAE-Process. In: Unger H, Kyamaky K, Kacprzyk J (eds) Autonomous Systems: Developments and Trends, Studies in Computational Intelligence, vol 391, Springer Berlin Heidelberg, Berlin, Heidelberg, pp 109–117, https://doi.org/10.1007/978-3-642-24806-1_9
3. Talbot S, Sartorius G (2011) Multivariate adaptative embedding (MAE) for the identification of bacterial pathogens in the field. Engineering in Life Sciences Volume 11, Issue 5, October 2011:Pages 468–475
4. VDI-Verlag (1995) Elektronische Nase erschnüffelt Umweltgifte. In VDI Nachrichten H. 02.06

Messtechnik und maschinelles Lernen 5

Die schnelle Entwicklung der Messtechnik in den letzten Jahren hat dazu geführt, dass nicht nur die Elektronik und Digitaltechnik, sondern auch die Verarbeitungsverfahren für die mit Messgeräten gewonnenen Daten bei der Repräsentation der Messergebnisse eine immer größere Rolle spielen. Multivariate Messgrößen, wie beispielsweise Spektren, müssen gegenüber Einzelmesswerten zusätzliche Kriterien erfüllen, damit sie als Referenzdaten verwendbar sind. Bei praktischen Anwendungen stehen in der Regel Daten zur Verfügung, die fehlerbehaftet sein können. Vor der Verwendung müssen sie geprüft und aufbereitet werden. Die Daten der Messwerte sind mehr oder weniger verrauscht, ungünstig skaliert oder ungünstig formatiert. Diese Unzulänglichkeiten müssen in der Datenvorverarbeitung erkannt und so berücksichtigt werden, dass für jeden Datensatz ein für die Aufgabenstellung passendes Modell erstellt werden kann. Die klassische Messtechnik liefert Messwerte in Form von Anzeigen, Analogwerten und Digitalwerten sowie Messwerte als Zahlenwerte, die beispielsweise ein Spektrum repräsentieren. Damit die Daten auf Datenträgern abspeicherbar sind, müssen sie in eine maschinell lesbare Form umformbar sein und vor der Verwendung in einer solchen vorliegen.

5.1 Automatische Messsysteme

Für moderne Messsysteme der in diesem Buch vorgestellten Art werden die Messwerte in digitaler Form benötigt. Es ist bei der multivariaten Messwertverarbeitung nicht erforderlich, dass die Messwerte in linearem Zusammenhang stehen. Nichtlineare Messreihen können mit KNN-Netzen vorteilhaft verarbeitet werden (in diesem Buch wird das MAE-Verfahren zur Auswertung verwendet). Rauscheinflüsse werden mit den mittelwertbildenden Eigenschaften der verwendeten Algorithmen gemindert. Jede Datensatzstruktur, die den Zustand eines zu verarbeitenden Messobjektes repräsentiert, wird getrennt auf die Verarbeitung durch das MAE-Verfahren optimal vorbereitet.

G. Sartorius, *Erfassen, Verarbeiten und Zuordnen multivariater Messgrößen*,
https://doi.org/10.1007/978-3-658-41451-1_5

Ein praktischer, weit gefasster Begriff des Messens, der auf das maschinelle Lernen zutrifft, lautet:

> Eine Messung ist jedes Erfassen eines realen physikalischen Zustandes durch die Bewertung einer oder mehrerer wichtiger Zustandsgrößen im Verhältnis zu Vergleichsgrößen, die für den Zweck der Messung geeignet sind [9, S. 138]

Das maschinelle Lernen und Messen besteht aus zwei Schritten:

1. Erfassen eines realen Zustandes, der als Referenz für spätere Messungen geeignet ist: Trainingsphase beim maschinellen Lernen, Bildung einer Referenz, Bildung eines Modells.
2. Bewertung einer oder mehrerer wichtiger Zustandsgrößen im Verhältnis zu Vergleichsgrößen: Arbeitsphase beim maschinellen Lernen, Einordnung der Messwerte im Verhältnis zu Vergleichswerten des Modells bzw. Generalisierung der gemessenen Werte in das Umfeld der Vergleichswerte.

5.2 Messfehler

Beim maschinellen Lernen besteht die Möglichkeit, einige Fehlerquellen zu vermeiden, die beim klassischen Messen auftreten. Trotzdem sind die in praktischen Anwendungen gemessenen Daten nicht fehlerlos. Die Messmittel sind durch Toleranzangaben spezifiziert. Messsignale sind mehr oder weniger verrauscht, die Messgrößen nicht frei von Störeinflüssen, die Messgeräte weisen Drifts und Abweichungen in der Skalierung auf, und der zu messende Zustand des Messobjektes ist oft nicht frei von Überlagerungen durch andere Größen. Beispielsweise kann eine Durchflussmessung in geringem Maße vom Druck oder der Temperatur beeinflusst werden. Zunächst folgt ein Hinweis bezüglich der Messgerätegenauigkeit und der geforderten Genauigkeit mit der goldenen Regel der Messtechnik, die das übliche Toleranzverständnis ausdrückt.

Goldene Regel der Messtechnik Für ein Messergebnis im Gutbereich geht man davon aus, dass das Messergebnis innerhalb der angegebenen Toleranzgrenzen liegt. Liegt es nahe an einer Toleranzgrenze, könnte der wahre Wert die Grenze überschreiten. Um Fehlentscheidungen auszuschließen, sollte nach der goldenen Regel der Messtechnik die Messunsicherheit (u) immer kleiner als die Toleranz (T) und dabei nicht größer als ein Zehntel der für die Messaufgabe angegebenen Toleranz sein. Üblich ist das Verhältnis $u/T = 1/10$. In Ausnahmefällen kann u/T für spezielle Messungen größer sein. Der Trend geht jedoch wegen des durch die Automatisierung ständig ansteigenden Qualitäts- und Sicherheitsbewusstseins eher hin zu kleineren u/T-Verhältnissen [4].

Im Folgenden sind die wesentlichen Ursachen, die für Messunsicherheiten verantwortlich sind, aufgeführt. Unsicherheiten vom Typ A basieren auf wiederholten

Messungen oder auf Zufallsstichproben. Die Kennwerte der Verteilung können mit statistischen Methoden berechnet werden. Unsicherheiten vom Typ B sind nicht durch mehrfach wiederholte Messungen ermittelbar. Für ihre Berücksichtigung müssen alle Informationen über mögliche Abweichungen hinzugezogen werden. Dazu zählen auch Erfahrungen und allgemeines Wissen bezüglich der durchgeführten Messung. Letztendlich bietet das maschinelle Lernen den Vorteil, dass die Messung stets in gleicher Weise durchgeführt wird und beim Lernprozess, der Trainingsphase zur Bildung des Modells für eine Struktur eines Datensatzes, viele Einflüsse mit *einkalibriert* werden können. Damit wird praktisch der Einfluss der Fehler vom Typ B minimiert. Weiterhin können, wie oben erwähnt, Überwachungskriterien eingebaut werden, um im Falle eines Systemfehlers auf ein Ersatzsignal umschalten zu können. Welcher Aufwand getrieben werden muss, hängt von den Sicherheitsanforderungen ab. Diese werden im Allgemeinen mittels einer Risikoanalyse ermittelt.

5.2.1 Fehlerursachen

1. **Subjektive Messfehler, Typ B:** Falsches Ablesen der Messskala, falsche oder fehlerhafte Eintragung in die Protokolllisten, Eintragung von geschätzten Messwerten oder Fehlstellen. Fehler dieses Typs können beim maschinellen Lernen ausgeschlossen werden.
2. **Objektive Messfehler, Typ B:** Objektive Messfehler entstehen durch Rückwirkung des Messsystems auf das Messobjekt; Unzulänglichkeiten der Messsysteme und der Gerätetechnik und ungünstige Wahl des Messortes oder Messzeitpunktes können Rückwirkungen verursachen. Die Größe dieses Fehlers hängt davon ab, welche Messgrößenänderung der Energieaustausch, die Änderung der Masse, die Änderung der Oberfläche usw. beim Messen hervorrufen.
3. **Systematische Messfehler, Typ B:** Durch systematische Messfehler wird ein Messergebnis ungenau. Sie entstehen durch Unzulänglichkeiten der Messanordnung oder der Messgeräte. Außerdem sind sie durch Wiederholung der Messung nicht feststellbar, sondern nur durch ein anderes Messgerät oder Messverfahren.
4. **Zufällige bzw. stochastische Messfehler, Typ A:** Sie werden von messtechnisch nicht erfassbaren Änderungen der Messgeräte und des Messverfahrens sowie den Umgebungsbedingungen des Messobjektes hervorgerufen. Auch numerische Berechnungen mit einem Computer sind nicht beliebig genau, sondern je nach Zahlenformat mehr oder weniger präzise. Außerdem führen Rundungen bei Berechnungen zu stochastischen Fehlern. Die zufälligen Fehler können bei einer Einzelmessung weder nach ihrem Betrag noch nach ihrem Vorzeichen bestimmt werden; sie sind daher nicht zu korrigieren und bewirken eine Ungenauigkeit des Ergebnisses.
5. **Fehlerfortpflanzung bei der Auswertung:** Vor der Weiterleitung der Messwerte vom Messort hin zur Auswertung werden die Signale digitalisiert. Da sie nicht fehler-

frei sind, werden auch die Fehlergrößen gewandelt und teilweise verstärkt. Weiterhin ergeben sich Unschärfen beim MAE-Verfahren durch die verwendete KNN-Methode bei der Generalisierung. Die Abschätzung der Fehlerfortpflanzung kann mit der sogenannten Fehlerrechnung durchgeführt werden.

6. **Fehlerrechnung:** Mit der Fehlerrechnung wird die Fortpflanzung der Messfehler durch die gesamte Messkette quantitativ erfasst [9].

5.2.1.1 Fehlerrechnung

Für die **Summenfunktion:**

$$y = X_1 + X_2 - X_3 \tag{5.1}$$

ergibt sich die **Messunsicherheit:**

$$\Delta Y = \Delta X_1 + \Delta X_2 - \Delta X_3. \tag{5.2}$$

Für die **Produktfunktion:**

$$Y = \frac{X_1 * X_2}{X_3} \tag{5.3}$$

ergibt sich die **Messunsicherheit:**

$$\frac{\Delta Y}{Y} = \frac{\Delta X_1}{X_1} - \frac{\Delta X_2}{X_2}. \tag{5.4}$$

Bei der Multiplikation und Division addieren und subtrahieren sich die relativen Fehler. Bei der statistischen Betrachtung ergibt sich für die **Varianz:**

$$\frac{\sigma \Delta Y}{Y} = \sum_{k=1}^{n} \left(\frac{\sigma_x, k}{X_k} \right). \tag{5.5}$$

Messwert X_a am Ausgang der Messkette vorliegender tatsächlicher Messwert mit Fehleranteil, angezeigter oder als Digitalwert vorliegender Messwert.

Wahrer Wert X_w idealer Wert, nicht genau bekannt (oder auch Erwartungswert μ).

Absoluter und relativer Fehler oder absolute Messabweichung F Nutzung bei Anwendungen zur Messwertbildung im klassischen Sinne, Messen und Anzeigen.

$$F = X_a - X_w \tag{5.6}$$

Relativer Fehler oder relative Messabweichung f Nutzung bei der Überwachung von Zuständen oder der Klassifizierung von Objekten.

Tab. 5.1 Messkette für das klassische Messen

	Vorgang	Information	Ausführungsmittel
Zustand		Messgröße	
	Erfassung	1. Messgröße	Messfühler
	Umwandlung	2. (Zwischen-)Messgröße	Messgerät
	Bewertung (Ablesung)	1. (Brutto-)Messergebnis	Diskriminator (Beobachter)
	Korrektur	2. (Netto-)Messergebnis	Berechnung
	Auswertung		Kombination
Modell		Zustandsbeschreibung	

$$f = \frac{F}{X_w} = \frac{X_a - X_w}{X_w} * 100\,\% = \left(\frac{X_a}{X_w} - 1\right) * 100\,\% \tag{5.7}$$

5.2.2 Erfassung von Messdaten

Im Folgenden werden die Belange bei der Erfassung multivariater Messdaten genannt. Sie sind auf das Wesentliche reduziert, in allgemeiner Form angegeben und verbinden die klassische Messtechnik mit den Erfordernissen moderner maschineller Messverfahren. An passenden Stellen wird auf weiterführende Literatur hingewiesen, um es dem interessierten Leser zu ermöglichen, ergänzende Informationen gezielt zu finden. Die wesentlichen Aspekte bezüglich des klassischen Messens sind in Tab. 5.1 und die des maschinellen Messens in Tab. 5.2 zusammengestellt.

5.2.3 Messsystem mit Störquellen

In modernen Messgeräten wird das skalierte Messsignal mit einem Analog–Digital-Umsetzer (ADU) in einen digitalen Messwert umgesetzt. Vor der Weiterverarbeitung muss der digitalisierte Wert noch in ein für die Aufgabenstellung passendes Zahlenformat überführt werden. Abb. 5.1 zeigt eine Messeinrichtung zum maschinellen Messen mit den zur Erfassung der Messgröße notwendigen Komponenten. Die Messgröße auf der Strecke bis zum ADU ist nicht frei von Störeinflüssen. Deren Wirkung ist je nach Messaufgabe unterschiedlich und muss bei der Angabe der Messunsicherheit berücksichtigt werden. Nachdem die Messgröße als Digitalwert vorliegt, ist sie praktisch keinen Störeinflüssen mehr ausgesetzt, da die Messwerte in digitaler Form störunempfindlich sind. Sollte ein Zahlenwert gestört werden, so kann mittels leistungsfähiger Datenübertragungen (z. B. CAN-Bus, Hamming-Distanz HD = 6) bis zu einer bestimmten Bitfehlerrate (CAN-Bus = 2) eine automatische Korrektur vorgenommen werden. Wenn dies aufgrund eklatanter Bitausfälle nicht möglich ist, wiederholt das System die

Tab. 5.2 Messkette für das maschinelle Messen

	Messfehler	Relevanz	Kompensierbarkeit
Zustand		Messgröße	
		1. Messgröße	Sensor
	Skalieren	2. (Zwischen-)Messgröße	Verstärker/ Abschwächer
	Digitalisierung	3. Messergebnis als Digitalwert	ADU
	Formatierung	4. Messergebnis im passenden Zahlenformat	Berechner
	Übertragung zur VE	5. Messwert als Zahl	Übertragungs-strecke
Modell	Generalisieren in der VE	6. Ergebnis im Merkmalsraum (Z-Raum)	MAE-Verfahren

Übertragung. Der digitale Messwert, der an die Verarbeitungseinheit *VE* übertragen wird, ist überprüfbar (mit Checksumme) und entspricht somit nach der Überprüfung in der Regel quantitativ dem Messwert *W*. Andernfalls kann der Messwert verworfen und anschließend wiederholt übertragen werden. Danach liegt er als Messwert in der Verarbeitungseinheit (VE) vor.

5.2.3.1 Messvorgang beim maschinellen Messen

Die Messgröße des in Abb. 5.1 dargestellten Messobjektes *MO* wird mit der Messvorrichtung *MV* erfasst. Die Übertragungsfunktion der Messvorrichtung *MV* liefert eine Größe U. U wird mit dem Analog-Digital-Umsetzer *ADU* in einen digitalen Messwert *W* gewandelt. Dieser wird nach der Umsetzung in den digitalen Messwertspeicher *DM* abgespeichert und anschließend als *W* über die Übertragungsstrecke *S* zur Verarbeitungseinheit *VE* übertragen. Dort koordiniert man den Messwert als Wert in der für ihn

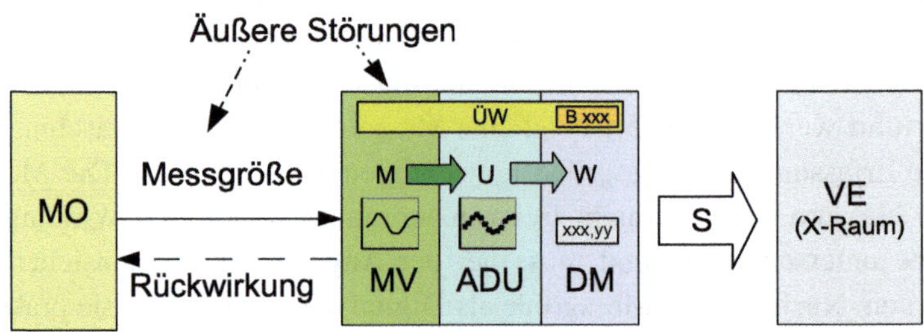

Abb. 5.1 Messsystem mit Störquellen, MO: Messobjekt, MV: Messvorrichtung, ÜW: Übertragungseinheit, ADU: Analog-Digital-Umsetzer, DM: Digitale Messdaten, W: Wert xxx,yy in maschinell lesbarer Form, ÜW: Überwachung des Messsystems, B: Bereitschaftscode xxx, S: Übertragungsstrecke

vorgesehenen Dimension gemeinsam mit anderen Messwerten als multivariate Eingangsinformation in Form eines Vektors im Merkmalsraum, dem *X-Raum* (Abb. 3.2). Überwachung: Das gesamte Messsystem wird mit der Überwachungseinheit *ÜW* ständig geprüft und das Prüfergebnis als Bereitschaftscode BC in sinnvollen Abständen über die Strecke S an die Verarbeitungseinheit VE übertragen. Mit dem Bereitschaftscode können verschiedene Betriebszustände übertragen werden. So ist es möglich, im Verarbeitungssystem die Daten anzunehmen, wenn mit dem Bereitschaftscode (*B xxx* in Abb. 5.1) der Messvorgang als korrekt signalisiert wird. Zusätzlich können Voralarme, beispielsweise *Batteriezustand zu niedrig,* übertragen werden. Mit solchen Meldungen kann das System veranlasst werden, die Werte eines Ersatzsystems zu verwenden.

Eine multivariate Datenmenge liegt vor, wenn je Erfassungsobjekt mehrere Merkmale erhoben werden. Die gemessenen Merkmale sind in den meisten Fällen nicht unabhängig voneinander. Jede Dimension des X-Raumes repräsentiert einen Messwert. Der Vektor bzw. der Datenpunkt DP im Eingangsraum repräsentiert den multivariaten Messwert.

5.2.3.2 Störeinflüsse

1. **Störeinfluss:** Rückwirkung der Messeinrichtung auf das Messobjekt. Der zur Messung verwendete Sensor beeinflusst den Messvorgang bzw. die Messgröße. Beispiele: Der Fühler eines Temperaturmessgerätes kühlt oder erhitzt beim Aufbringen das Messobjekt. Es bildet sich eine neue Gleichgewichtstemperatur. Somit wird durch die Rückwirkung auf das Messobjekt ein verfälschter Istwert angezeigt.
2. **Störeinfluss:** Störungen, die das Messsignal überlagern. Beispiele: Durch äußere Felder eingekoppelte Störungen, die die Messgröße verändern (Störspannungen, Störströme, Störfeldstärken, schlechte Langzeitstabilität bewirken Nullpunktverschiebung, multiplikative Skalierungsabweichung usw.).
3. **Störeinfluss:** Störungen, die das Übertragungsverhalten der Messeinrichtung verändern. Beispiele: DMS-Messbrücke ist nicht spannungsfrei eingebaut, Drift durch Alterungseffekte, Übertragungsweg der Messgröße gestört usw.
4. **Innere Störungen:** Messabweichung durch physikalische Einflüsse direkt am Messobjekt (Reibung, Spiel …) oder Abhängigkeit der Messgröße von anderen vorhandenen Einflüssen als der Messgröße selbst (keine Druck- oder Temperaturstabilität, Hysterese, elastische Nachwirkung …).
5. **Rauschen:** Rauschsignale entstehen am Sensor und im Verstärker [13]. Rauschen ist eine zufällige Messabweichung, die nicht reproduzierbar ist. Auch bei genauesten Wiederholungen der Messung wird der Messwert vom wahren Wert abweichen.
6. **Quantisierungsfehler:** Sie entstehen bei der Umsetzung eines Analogwertes in einen Digitalwert mit einem Analog-Digital-Umsetzer. Es gibt verschiedene Arten dieser Umsetzer, die für den jeweiligen Anwendungsfall passend eingesetzt werden müssen, um möglichst genaue, möglichst schnelle oder möglichst störunempfindliche Ergebnisse zu erhalten [10].
7. **Repräsentationsfehler:** Beim Messen werden Zustände von Objekten mit Messgeräten erfasst und als Zahlenwert oder als Anzeige angegeben. Zunächst stellt sich

die Frage, wie der Messwert die Eigenschaft des Messobjektes repräsentiert. Der gemessene Wert am Objekt gilt nur für eine Stelle des Messobjektes. Für alle anderen Orte besteht eine Abweichung, die als Repräsentationsfehler bei der Angabe des Messwertes als Messunsicherheit berücksichtigt werden muss. Oft fehlt das Verständnis für die Vorgänge beim Messen und es kommt zu falschen Angaben [10]. Ein typisches Beispiel für den Repräsentationsfehler ist die Messung der Raumtemperatur. Für solch eine Messung muss bekannt sein, wo der Sensor platziert ist; z. B. ist dies bei Wetterstationen nach internationalem Standard genau spezifiziert (Ort: Thermometerhütte, Sensorhöhe: 2 m über dem Boden).

5.2.4 Statische Messfehler

Zeitlich konstante Werte, Messgröße und Messeinrichtung sind im stationären Zustand und alle Ausgleichsvorgänge sind abgeschlossen. In Abb. 5.2 sind die Auswirkungen der im Folgenden beschriebenen statischen Messfehler grafisch dargestellt.

Additiver Fehler Nullpunktinstabilität wirkt sich beispielsweise (wie in Abb. 5.2a dargestellt) als additiv überlagerter Fehler auf das fehlerfreie Anzeigeergebnis (Soll) aus.

Multiplikativer Fehler Eine instabile Skalierung, elektrische Belastung der Quelle (Eingangswiderstand der Folgemessstufe zu klein) oder multiplikativer Einfluss auf das

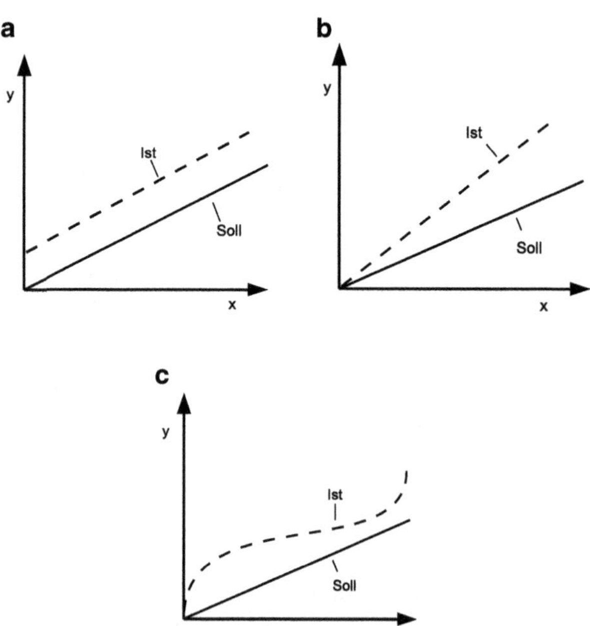

Abb. 5.2 Arten von Messstörungen durch Überlagerung. **a**) Messstörung additiv überlagert. **b**) Messstörung multiplikativ überlagert. **c**) Messstörung nichtlinear überlagert

Messsignal, beispielsweise durch die Temperaturabhängigkeit einer Messfeder, wirken sich (wie in Abb. 5.2b dargestellt) als multiplikativ überlagerter Fehler auf das fehlerfreie Anzeigeergebnis (Soll) aus.

Nichtlinearer Fehler Innere Störungen wie beispielsweise elastische Nachwirkung, Reibung usw. wirken sich (wie in Abb. 5.2c dargestellt) als nichtlinear überlagerter Fehler auf das fehlerfreie Anzeigeergebnis (Soll) aus.

Abtastfehler Fehler durch Abtastung hängen von der verwendeten Quantisierungstechnik ab. Quantisierungsrauschen des ADU, Linearitätsfehler des ADU und die Genauigkeit der verwendeten Referenz (in der Regel eine Referenzspannungsquelle) bestimmen den Fehler bei der Abtastung [8]. Dieser Fehler hängt vom Typ des verwendeten Analog-Digital-Umsetzers ab.

Die wichtigsten Analog-Digital-Umsetzer-Typen sind: Sukzessive Approximation (SAR-Wandler, mittlere Schnelligkeit), Zählverfahren in Verbindung mit Torschaltungen (langsam), Parallelwandler (schnell), Dual-Slope-Verfahren (mittelwertbildend, langsam), Σ-Δ-Wandler (sehr genau, mittlere Schnelligkeit). Es gibt auch Mischformen der angegeben Wandlertypen [10].

Quantisierungsfehler Der Quantisierungsfehler entsteht bei der Umsetzung einer analog vorliegenden Messgröße in einen digitalen Wert. Bei der Signalabtastung muss die Abtastzeit Δ t gemäß dem Nyquist-Shannon-Abtasttheorem ausgelegt sein, damit die schnellste Änderung des Sollsignals (max. Grenzfrequenz) erfasst werden kann [8].

$$F_q = X_a - \dot{X}_a \tag{5.8}$$

Der Fehler kann nicht größer als eine Quantisierungsstufe werden. Diese Betrachtung ist im Hinblick auf die Generalisierung und der mit der Modellbildung verbundenen Genauigkeitsbetrachtung für das MAE-Verfahren hinreichend präzise. Moderne ADUs lösen den Eingangsspannungsbereich mit 10–24 Bit auf. Dies entspricht 1024-16.777.216 Stufen. In Abb. 5.3a sind die Abtastzeitpunkte und Abtastwerte des Originalsignals und in Abb. 5.3b die mit der Abtastung ermittelten quantisierten Werte dargestellt.

5.2.5 Dynamische Messfehler

Dynamische Messfehler entstehen, wenn die Messung abgeschlossen ist, bevor das Messsystem insgesamt und das Messsignal den Beharrungszustand T_∞ erreicht haben; so etwa wenn bei einer Temperaturmessung der Sensor für die Temperatur des Messobjektes aufgrund einer zu großen Wärmekapazität nicht schnell genug folgen kann oder der Vorgang selbst nicht stationär ist. Die Verzögerung kann durch ein Tiefpassverhalten dargestellt und repräsentiert werden. Die blaue Kurve in Abb. 5.4 zeigt ein solches

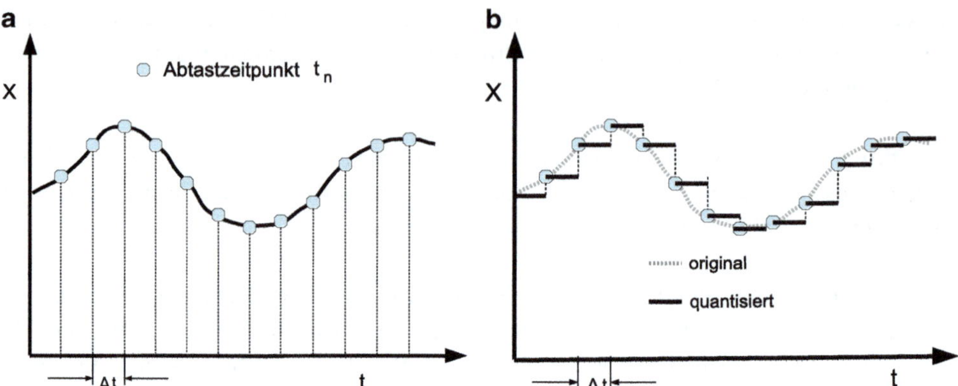

Abb. 5.3 Abtastung des Messsignals. **a**) Originalsignal. **b**) Quantisiertes Signal

Abb. 5.4 Dynamischer Messfehler des Messsignals

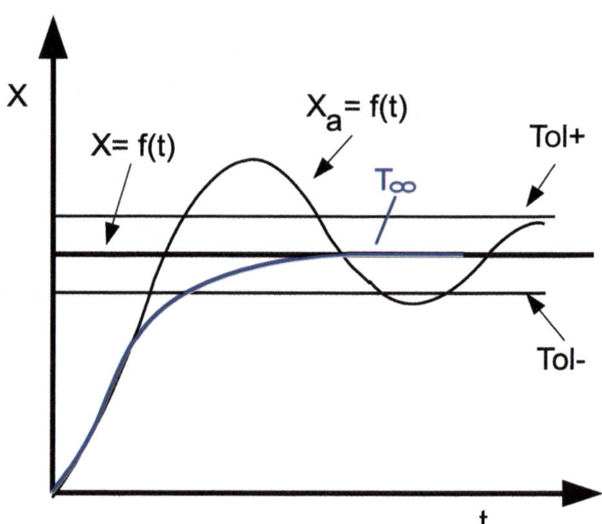

Einschwingverhalten nach einem Sprung zum Zeitpunkt t = 0. Formel (Abb. 5.4) gibt mit X_a = Signal im stationären Zustand und X_e = Messsignal den dynamischen Messfehler an.

$$F_{dyn} = X_a(t) - X_e(t) \tag{5.9}$$

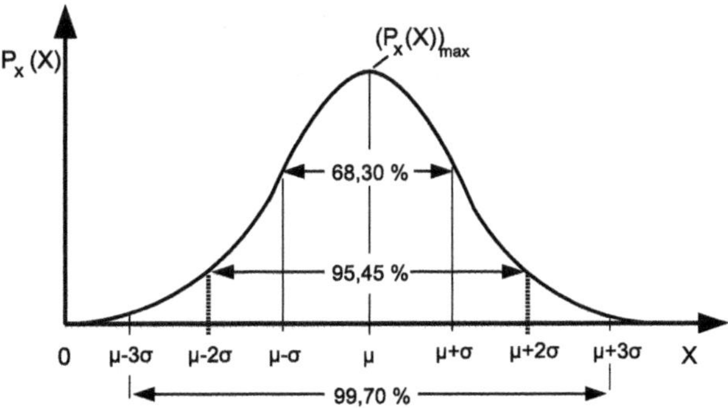

Abb. 5.5 Normalverteilung: Gauß'sche Verteilungsdichtefunktion $P_x(\xi)$, verschoben um den Erwartungswert μ gegenüber Null als Fehlermodell für Erwartungswert μ und Standardabweichung σ

5.3 Quantitative Erfassung der Messfehler

Messungen innerhalb einer Messreihe sind als Ergebnisse einer Zufallsgröße X auffassbar. Die Wahrscheinlichkeitsverteilung dieser Zufallsgröße wird durch die beiden Parameter Erwartungswert μ und Standardabweichung σ beschrieben (s: empirische Standardabweichung, σ wird hier bei den Berechnungen genutzt). Der wahre Wert X_w und der Erwartungswert μ stimmen überein, wenn keine Messabweichungen systematischer oder sonstiger Art vorliegen. Der Erwartungswert μ und die Standardabweichung σ müssen aus einer Messreihe ermittelt werden. Dabei sollte beachtet werden, dass pro Parameter eines Modells mindestens 20 Messwerte erfasst werden müssen. Die Verteilung der Werte muss als Grundlage für die Ermittlung von μ und σ geeignet sein [9]. Bei der Gauß'schen Wahrscheinlichkeitsdichteverteilung sind die streuenden Messwerte X um den Erwartungswert μ symmetrisch verteilt. Bei $X = \mu$ liegt das Maximum. Dieser Sachverhalt ist in Abb. 5.5 dargestellt.

Annahme: Die Daten sind normalverteilt. Somit liegen die Daten in Position 1 für die einfache, in Position 2 für die doppelte und in Position 3 für die dreifache Standardabweichung mit den in Tab. 5.3 angegebenen Wahrscheinlichkeiten vor [9].

5.3.1 Auswirkung der verschiedenen Arten von Messfehlern

Messfehler Typ A und Typ B sind als Bias und Varianz in Abb. 5.6a zusammengefasst und nach Fehlerart in Tab. 5.4 aufgelistet. Die Fehler des Typs B sind vom Messsystem und vom Messobjekt abhängig und können bei gegebener Reproduzierbarkeit in der Trainingsphase im TDS eintrainiert werden. Sie bilden den Bias-Vektor, der das als Kreis dargestellte Varianzfeld verschiebt. Bei verschiedenen Geräten ist ein Vektor denkbar, der gerätespezifische Charakteristiken enthält. Mit einem solchen Vektor könnte das Messgerät standardisiert werden. Dieser Gerätecharakteristik-Vektor oder Geräte-Bias kann ein Teil des in der Darstellung gezeigten Vektors sein, der den Gesamt-Bias repräsentiert. Für ihn wird ein Platzhalter im TDS benötigt. Die anderen

Tab. 5.3 Vertrauensbereiche und Signifikanzniveaus

Pos	Standardabweichung s	Wahrscheinlichkeit p	z-Wert λ Fehlerschranke $\Delta = \lambda * \sigma$
1	σ	0,683	1
2	$1,96\sigma$	0,95	1,96
3	2σ	0,954	2,00
4	$2,58\sigma$	0,990	2,58
5	3σ	0,997	3

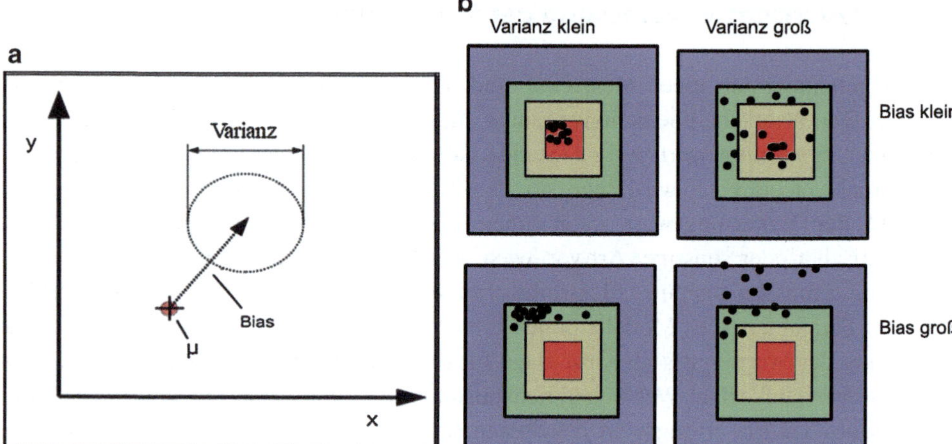

Abb. 5.6 Wirkung von Bias und Varianz auf die Abweichung vom wahren Wert; die quadratische Struktur der Abbildung zeigt die Lage der Punkte bei Nutzung der L_1-Metrik (Manhattan-Distanz). **a**) Auswirkung der Messfehler. **b**) Wirkung von Bias und Varianz auf die Abweichung vom wahren Wert

Modellparameter beziehen sich auf die einzutrainierenden Charakteristiken des Objektes oder des Zustandes. Der TDS wäre bei dieser Gestaltung respektive bei dieser Verarbeitungsstruktur auf vielen Einheiten einsetzbar. Fehler des Typs A sind zufällige Fehler. Diese Fehler sind in der Regel normalverteilt und mit den statistischen Kennwerten der zugrunde liegenden Verteilung beschreibbar. Diese Kennwerte skalieren die Streubreite (Varianzfeld) der Messwerte. Der Bereich der Streubreite ist in der Abb. 5.6a als Kreis dargestellt. Die statistischen Kennwerte der Verteilung sind Teil des Modells des trainierten Zustandes oder Objektes.

Tab. 5.4 Fehlerquellen beim maschinellen Messen

Pos	Messfehlerart	Typ	Wegfall beim maschinellen Messen	Skalierbar = s Kompensierbar = k Ohne Belang = o
1	Subjektiver Messfehler	B	ja	o
2	Objektiver Messfehler	B	nein	k
3	Systematischer Messfehler	B	nein	k
4	Zufällige Fehler	A	nein	s
5	Fehlerfortpflanzung bei der Auswertung		nein	
6	Fehlerrechnung		nein	

5.3.2 Wahrscheinlichkeit und Varianz

Normalverteilung:

$$P_x(X) = \frac{1}{\sigma\sqrt{2\pi}} \exp\left(-\frac{X^2}{2\sigma_x^2}\right) \tag{5.10}$$

Wahrscheinlichkeit $P_x(X)_{max}$:

$$P_x(X)_{max} = \frac{1}{\sigma\sqrt{2\pi}} \tag{5.11}$$

Varianz:

$$\sigma^2 = \frac{1}{n}\sum_{i=1}^{n}(X_i - X_w)^2 \tag{5.12}$$

Standardabweichung:

$$\sigma = \sqrt{\sigma^2} \tag{5.13}$$

Empirische Varianz:

$$\sigma^2 = \frac{1}{n-1}\sum_{i=1}^{n}(X_i - X_w)^2 \tag{5.14}$$

Empirische Standardabweichung:

$$\sigma = \sqrt{\sigma^2} \tag{5.15}$$

Erwartungswert μ:

$$\mu = \sum_{i=1}^{n} (X_i)/n \tag{5.16}$$

Drei-Sigma-Bereich SDLM:

$$\text{SDLM} = 0,675\ \sigma \tag{5.17}$$

Damit beim Klassifizierungsvorgang neuer Daten sichere Aussagen ermöglicht werden, muss der in der Trainingsphase aus Referenzdatensätzen gebildete rezeptive Bereich aus vertrauenswürdigen Daten bestehen. Ausreißerfreie Daten sind zur Bildung von Referenzdatensätzen die wichtigste Voraussetzung. Um dies zu erreichen sind die Messdatensätze auf Ausreißer zu testen und aus dem Datensatz zu entfernen (siehe dazu Abschn. 12.4). Damit dies einfach und effizient bewerkstelligt werden kann, ist ein Ausreißerschwellenwert erforderlich. Um diesen Schwellenwert zu bestimmen, werden der zentrale Datenpunkt und die Standardabweichung σ der Messdatenmenge gebraucht. Mit Ausreißern behaftete Messdatensätze weisen im Allgemeinen nicht symmetrisch verteilte Daten auf, die eine einfache Bestimmung des Medians erschweren. Um den zentralen Datenpunkt trotz dieses Umstandes sicher bestimmen zu können, wird der Hodges-Lehmann-Schätzer verwendet.

Der Hodges-Lehmann-Schätzer ist ein robuster nicht parametrischer Schätzer für den Median der Datenpunkte, die um den Median symmetrisch sind. Für nicht symmetrische Daten schätzt der Hodges-Lehmann-Schätzer den Pseudomedian, der nahe bei dem Median der Messdatenmenge liegt. Das zur Bestimmung des Medians der Messdatenmenge genutzte Hodges-Lehmann-Verfahren wurde ursprünglich für univariate Daten entwickelt und später auf multivariate Daten verallgemeinert.

Die Abkürzung SDLM in Formel (5.17) steht für *sorted distances left of median* und beschreibt den Bereich von null bis zum Rangmittelpunkt bei 50 % der Datenpunkte in der nach aufsteigender Distanz zum zentralen Punkt der Häufung geordneten Liste. SDLM ist der Grenzwert 0,675 Sigma der Abweichung beim Rangmittelpunkt (100) in Abb. 5.7. Das Prinzip mit dem SDLM-Wert entspricht dem in der Statistik genutzten Z-Wert einer Population und wurde so gewählt, weil der mit dem Hodges-Lehmann-Schätzer bestimmte Median als zentraler Punkt bei 50 % der Daten liegt. Somit entspricht der SDLM-Wert (Excel: STANDNORMINV(0,25)=> 0,675) einer univariaten Verteilung mit Richtungsinformation einem Z-Wert von 0,675.

Bei der praktischen Durchführung der Ausreißerentfernung sind die im Folgenden mit 1–5 genannten Aspekte zu beachten.

1. Für den mehrdimensionalen Fall sind die Messvektoren eines Datensatzes einer Messreihe (wie in Abb. 12.11) um einen zentralen Datenpunkt angeordnet. Die Distanzen zum zentralen Punkt können als gaußverteilt angenommen werden, wenn die Datenpunkte Messwerte für physikalische Effekte repräsentieren und diese

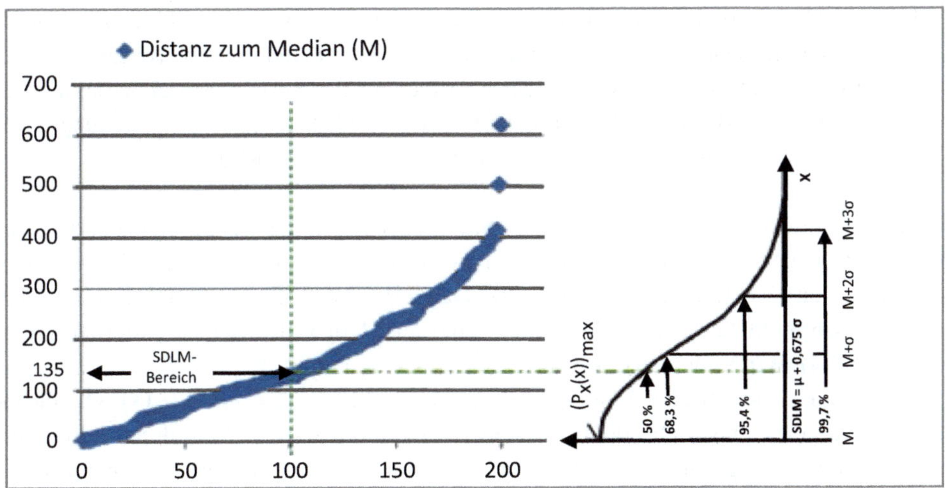

Abb. 5.7 Der SDLM-Bereich in einer nach Distanz zum Median (M) geordneten Liste von Datenpunkten einer Häufung normalverteilter Daten (Messvektoren). Die Abszisse stellt die Datenpunkte n = 1 … 200 und die Ordinate das Maß der Distanz dar. Rechts daneben ist korrespondierend (grüne strichpunktierte Linie) der SDLM Bereich der Normalverteilung dargestellt

Messvektoren mit einer genau definierten Messanordnung bestimmt wurden. Dabei werden Rauschanteile von der physikalischen Größe und von der Messanordnung (z. B. Quantisierungsrauschen) hinzugefügt.

2. Der Median der zugrunde liegenden Datenmenge ist mit dem Hodges-Lehmann-Schätzer, so wie in Abschn. 12.4.2 beschrieben, unter Beachtung der Richtungsinformationen bestimmt worden und fungiert im Folgenden als zentraler Datenpunkt M der Häufung. Bis zu einem bestimmten Maß ist der mit dem Hodges-Lehmann-Schätzers bestimmte Median unabhängig von Ausreißern.
3. Bei einer univariaten Gauß-Verteilung mit Richtungsinformation liegen 25 % der Daten im Abweichungsbereich −0,675 σ bis 0 und 25 % der Daten im Bereich 0 bis 0,675 σ (−0,675 σ … 0 … 0,675 σ). Nach der Betragsbildung liegen alle Punkte im positiven Bereich rechts von M (Abb. 5.7). Die Dichteverteilung ändert sich dabei nicht.
4. Ohne Beachtung der Richtungsinformation befinden sich dann alle Datenpunkte rechts vom zentralen Datenpunkt M der Häufung (Distanz = 0) bis zum Grenzwert SDLM (Distanz = 0,675 σ).
5. Durch die Sortierung aller Datenpunkte des Messdatensatzes entsteht die nach Distanz zu M geordnete Liste in Abb. 5.7. Dabei liegen Daten mit größeren Distanzwerten und Ausreißer im rechten Bereich der Kurve und kleinere Distanzwerte links

bis zum Median in der Kurve in Abb. 5.7. Diese sind frei von Ausreißern, wenn deren Anzahl n in der Datenmenge kleiner als 50 % ist. Somit sind die fehlerfreien 50 % der Datenpunkte links bis zum Median der geordneten Liste (strichlierte Linie bei n = 100 in Abb. 5.7) zur Bestimmung von σ verwendbar und die Standardabweichung σ der Verteilung mit Formel (5.17) bestimmt werden (=> σ = SDLM/0,675).

Fazit: Auf diese Weise ist es möglich, die Standardabweichung σ abzuschätzen, ohne die obere Hälfte der Daten einzubeziehen. Wenn σ bekannt ist, kann der Schwellenwert beispielsweise auf 3 σ festgelegt werden. Alle Daten der Messreihe, die diesen Schwellenwert überschreiten (das wären dann 1 %), sind aus dem Datensatz zu entfernen (siehe Abschn. 12.4). Bei 2 σ wären das 5 %.

Näheres dazu in Abschn. 12.4, speziell in Abschn. 12.3, 12.4 und [7, 11]. Die Größe σ^2, die Varianz, entspricht dem Flächenträgheitsmoment der Verteilungsdichte, die Standardabweichung entspricht dem Trägheitsradius. Als Schätzwert für die Standardabweichung wird die Streuung S verwendet [10]. Bei einer kleinen Anzahl von Stichprobenwerten bzw. Messwerten kann ein Korrekturfaktor, der sich aus der t-Verteilung ergibt, genutzt werden [2]. Je größer die erforderliche Genauigkeit ist, desto umfangreicher muss der Stichprobenumfang sein. Es sollten jedoch mindestens 30 Messwerte für die Schätzung zur Verfügung stehen, um die Standardverteilung annehmen bzw. zugrunde legen zu können [3]. Für präzisere Abschätzungen sei auf die Formeln (5.18–5.20) zur Bestimmung des Messwerteumfangs hingewiesen.

Für die Trainingsphase, in der die rezeptiven Bereiche für die Klassifizierung bestimmt werden, ist es unabdingbar, dass die Referenzdaten zur Bildung dieser Bereiche keine Ausreißer enthalten. Dies unterstreicht die Wichtigkeit der hier in Kap. 5 diskutierten Aspekte, die im Folgenden mit den Anforderungen bei der praktischen Umsetzung in Bezug gesetzt werden.

5.3.3 Umfang und Verteilung der Messwerte

Wie in Abschn. 5.3.1 beschrieben und in Abb. 5.1 dargestellt, werden die Messungen beim MAE-Verfahren maschinell durchgeführt. Dabei ist vorgesehen, dass die Datenübertragung und auch die Messgeräte überwacht werden, um Falschwerte bei diesen Messsystemkomponenten zu vermeiden. Somit bleiben ereignisgesteuerte *äußere Störungen* (EMV-Puls, Blitz, Schocks auf das Messobjekt usw.) als vereinzelt auftretende Störungen übrig und Einflüsse durch *Rückwirkung* auf das Messobjekt sowie Veränderungen in der Messgeräteapparatur während des Messvorgangs. *Äußere Störungen* zeigen sich als Ausreißer, da sie diskontinuierlich auftreten und somit von den regulär gemessenen Werten, die standardverteilt sind, unterschieden werden können. Der systematische Fehler der Messapparatur (Bias) unterscheidet sich ebenfalls von den externen Störungen, da er durch mehrfaches Messen ermittelt wird. Die Fehler durch *Rückwirkung* treten auch in der Arbeitsphase auf und müssen deshalb mit in den TDS aufgenommen werden. Das Messen selbst unterliegt statistischen Messschwankungen (Rauschen). Diese Schwankungen bestimmen die Varianz der Häufung der Messdatenpunkte für einen Objektzustand. Trägt man die relative Häufigkeit für einen Messdatenpunkt X_i gegenüber allen möglichen Messwerten für eine solche Messung auf, so erhält man eine Normalverteilung. Das Messen der charakteristischen Eigenschaften des Messobjektes ähnelt somit einer Stichprobe zur Bestimmung der charakteristischen Werte der Verteilung einer Grundgesamtheit. Deshalb werden für das Messen beim MAE-Verfahren die gleichen Regeln der Statistik angewendet. Weiterhin sind die folgenden Voraussetzungen für die Anwendung des MAE-Verfahrens zu erfüllen:

1. Nutzung der Manhattan-Distanz (L^1-Norm) zur Messung der Distanzen von DP zu DP. Dies stellt ein präzises Einordnen und Finden der Daten in hochdimensionalen Räumen sicher [1].
2. Die multidimensionale Struktur ist auf eine eindimensionale univariate Struktur für die Distanzmessungen von DP zu DP reduziert (Skala-i), Abschn. 12.3 und [12].
3. Nutzung von Integer-Variablen (64 Bit).
4. Nutzung der NN-Methode und der eindimensionalen Skala-i zur Lokalisierung der DPs, Kap. 10, [12].
5. Beim MAE-Verfahren wird gezeigt, wie trotz fehlender Werte (missing values), Doppelwerten (Ties) und Ausreißern eine glatte kompakte MF erzeugt werden kann, Kap. 12, [12].
6. Eingefügte Werte, die sogenannten Füllwerte, sind informationsneutral und verändern die Messdaten nicht. Die Eigenwerte einer solchen MF[1] werden durch die Einfügungen nicht oder fast nicht verändert, Kap. 10.

Mögliche z-Werte zur Festlegung des Signifikanzniveaus bzw. des Vertrauensbereichs sind in Tab. 5.3 aufgelistet.

Für den Werteumfang bei einer Messung gilt dann Folgendes.[2]

In 4. der Tab. 5.5 wird Formel (5.18) zur Ermittlung des erforderlichen Werteumfangs n bei vordefinierter Genauigkeit e und dem z-Wert für den Vertrauensbereich angegeben. Dabei wird davon ausgegangen, dass die Messwerte gaußverteilt sind.

Der durch die Normalverteilung begründete zentrale Grenzwertsatz besagt, dass eine Summe von unabhängigen, identisch verteilten Zufallsvariablen normalverteilt ist, wenn n unendlich groß ist (n$\rightarrow$ unendlich). Bei der praktischen Durchführung hat sich gezeigt, dass schon eine Stichprobe von mehr als 30 stochastisch unabhängigen Zufallsvariablen ausreicht, um aufwendig zu bestimmende Wahrscheinlichkeitswerte zumindest

[1] Weights and distance values of the measured DPs for the NN-method are arranged in a square matrix [12].

[2] Die Ermittlung des Stichprobenumfangs orientiert sich an den Ausführungen in [3].

Tab. 5.5 Bestimmung des Messwerteumfangs

Pos	Schritte	Formel	Hinweise
1	Erforderliche Genauigkeit *e*	X_i: Messwert X ${}_{max}X_{min}$	Die absolute Genauigkeit *e* gibt die maximale Abweichung der Messwerte gegenüber dem tatsächlichen Wert an
2	Standardabweichung *s*		*s* ist noch nicht bekannt und kann mit Formel (5.17) $s \approx SDLM/3$ geschätzt werden
3	Vertrauensbereich bzw Fehlerschranke	z-Wert λ Fehlerschranke $\Delta = \lambda * \sigma$	Festlegung des erforderlichen Vertrauensbereichs bzw. des Signifikanzniveaus. Für verschiedene Signifikanzniveaus sind z-Werte in Tab. 5.3 gelistet
4	Stichprobenumfang *n*, endliche Grundgesamtheit	N: Anzahl der Elemente der Grundgesamtheit	Formel (5.18)

abschätzen zu können. Den Stichprobenumfang für eine bestimmte Genauigkeitsanforderung liefert Formel (5.18). Dies bedeutet auch, dass der Stichprobenumfang n immer größer als 30 sein muss.

Stichprobenumfang bei endlicher Grundgesamtheit *n* [3]

$$n \geq \frac{Nz^2s^2}{z^2s^2 + (N-1)e^2} \tag{5.18}$$

Stichprobenumfang bei unendlicher Grundgesamtheit *n* [3]

$$n \geq \frac{z^2s^2}{e^2} \tag{5.19}$$

Genauigkeit bei bekannten Werten z und *n* [3]

$$e \geq zs\sqrt{n} \tag{5.20}$$

5.4 Messfehler bei verschiedenen Aufgaben

Die Einsatzmöglichkeiten des Maschinenlernens sind vielfältig. Es können Klassifizierungen, Überwachungen von Zuständen und andere Aufgaben, wie beispielsweise Aufgaben zur Mustererkennung, realisiert werden. Die Auswirkung von Messfehlern ist bei all diesen Aufgabenfeldern ähnlich und wird im Folgenden wegen der guten Anschaulichkeit anhand der Überwachung von Anlagenzuständen erläutert.

In allen Bereichen der Industrie, öffentlichen Einrichtungen oder auch bei Geräten, Fahrzeugen usw. ist man darauf angewiesen, kontinuierlich den Bereitschaftszustand zu prüfen und zu überwachen [6]. Dies erfordert maschinelle Messmethoden und aussagekräftige Darstellungen, um Fehler schnell und zuverlässig ausfindig zu machen bzw. lokalisieren zu können. Große, für bestimmte Zwecke gebaute Maschinen, Anlagen oder sonstige zu überwachende Objekte sind komplex und in spezieller Weise konstruiert, sodass für jedes Überwachungsobjekt eine angepasste Überwachung erforderlich ist. Weiterhin lassen sich komplexe Anlagen selbst von Experten, die sich im Maschinenpark aufhalten, nur sehr schwer überwachen und beurteilen, um Ausfälle oder Verschleißsituationen frühzeitig genug zu erkennen. Es gibt für dieses Einsatzgebiet kaum standardisierte Lösungen, die es erlauben, schnell und effizient ein sicheres Überwachungssystem zu erstellen. Entweder werden Informationen zu spät geliefert, sodass es schon zur Grenzüberschreitung und somit zum Stillstand kommt, oder die Überwachung ist zu empfindlich und es entstehen Falschmeldungen, die die Glaubwürdigkeit einer Zustandsüberwachung infrage stellen. Für solche Überwachungen wird von einem Gut-Zustand ausgegangen, der mit dem maschinellen Lernen erfasst (Trainingsphase) und anschließend mit dem Ist-Zustand verglichen wird (Arbeitsphase). In den meisten Fällen ist das sogenannte Offlinelernen nicht ausreichend, um präzise überwachen zu können. Es müssen oft Tausende von Merkmalen praktisch gleichzeitig überwacht und in geeigneter Weise grafisch dargestellt werden, um es auch optisch zu ermöglichen, beispielsweise durch ein Polardiagramm, das im ordnungsgemäßen Zustand des Überwachungsobjektes einen Kreis darstellt, die Ursachen schnell und sicher zu lokalisieren.

5.5 Limitierte Onlineanpassung

Um das Modell an die Gegebenheiten ständig anpassen zu können, kann mit einer auf den Anwendungsfall optimal eingestellten und limitierten Onlinefähigkeit des Trainingsprozesses, die auf einer applikationsbedingten intrinsischen Motivation basiert, die Feinstruktur des Modells für den Gut-Zustand eines Überwachungsobjektes ausgebaut und somit für den Überwachungszweck verbessert werden. Für gewisse Teilbereiche des Netzwerks ist dies notwendig, wenn gemäß dem Anspruch bezüglich der Reliabilität die Erkennung wichtiger Merkmale, die in feinen Abstufungen auftreten, notwendig ist. Auf die Art und Weise, wie diese intrinsische Motivation im Detail ermöglicht werden kann, wird in [5], in Abschn. 1.4, in Abschn. 5.4 und in Abb. 1.1 eingegangen. Für die Aufgabe ist es notwendig, dass für jede einzelne Datenstruktur in den Messdaten eine spezielle Einstellung bezüglich der Trainingspunkteverteilung im Modell zu berücksichtigen ist. Diese Einstellung bezieht sich auf den NN-Bereich und stellt sicher, dass die Abgrenzung der zu überwachenden Gruppe gegenüber anderen Gruppen bzw. Zuständen in allen Bereichen des Modells für ein bestimmtes Objekt gegeben ist. Dieser Fall ist in Abb. 7.8 dargestellt.

5.6 Messsignalüberwachung

Um weitere Sicherheitsanforderungen für die im Merkmalsraum angezeigten Ergebnisse zu erfüllen, sollte für jedes Messsignal eine Überwachung implementiert sein, damit angezeigt werden kann, ob das Messsignal zur Verarbeitung bereit ist oder nicht. Die Regeln zum Signalisieren dieser *Bereitschaft* müssen bereits in der jeweiligen Messapplikation realisiert und aktiviert sein, da genau dort an der Quelle auf die speziellen Anforderungen der Messung eingegangen werden kann. Die Umsetzung dieser Funktionalität ist an anderen Stellen der Messkette aufwendiger. Diese Bereitschaft wird ausgewertet, bevor die Signale dem Eingangsraum (X-Raum) präsentiert werden. Auf diese Weise können im Falle eines Messsignalausfalls Ersatzsignale genutzt werden. Oder es kann angezeigt werden, wenn ein Signal fehlerhaft oder nicht bereit ist.

Zusammenfassung In diesem Kapitel sind die technischen Erfordernisse für das maschinelle Erfassen der Messwerte und die bei der Messwerterfassung auftretenden typischen Fehlereinflüsse sowie deren Eingriffspunkte und Wirkungsmechanismen in der Messkette genannt und erörtert worden. Die Messfehler konnten mit der in Abschn. 5.3.1 und in Abb. 5.1 vorgeschlagenen Struktur der maschinellen Messwerterfassung bis auf die Fehler durch *Rückwirkung* auf das Messobjekt, systembedingte Fehler der Sensorik (Veränderungen in der Messgeräteapparatur während des Messvorgangs), die statistischen Messschwankungen (Rauschen) und ereignisgesteuerte *äußere Störungen* (EMV-Puls, Blitz, Schocks auf das Messobjekt usw.) reduziert werden. Letztere verursachen Ausreißer in den Messdaten der Messwerterfassungsliste, die ein Messobjekt oder den Zustand eines Messobjektes repräsentiert. Die Erkennung und Beseitigung der Ausreißer sind ein Thema in Abschn. 12.4. Listet man die relative Häufigkeit für jeden Messdatenpunkt X_i über die ganze Schwankungsbreite einer solchen Messung auf, so erhält man eine Normalverteilung. Rückwirkungen auf das Messobjekt und systembedingte Fehler der Sensorik treten nicht nur in der Trainingsphase, sondern auch in der Arbeitsphase der maschinellen Messwertverarbeitung auf und müssen deshalb mit in den Trainingsdatensatz TDS aufgenommen werden, um den rezeptiven Bereich für die Arbeitsphase des MAE-Verfahrens an die Bedingungen realer Messsituationen anzupassen.

Literatur

1. Breuer D (2014) Abstandsmaße für die multivariate adaptive Einbettung. Masterarbeit, FernUni Hagen
2. Diehl JM, Kohr H (2004) Deskriptive Statistik.13. Auflage, ISBN 3–88074–110-. Verlag Dietmar Klotz, Eschborn

3. Gesamtredaktion und fachliche Beratung (2017) Handbuch für Organisationsuntersuchungen und Personalbedarfsermittlung: Kapitel 5.1.4.4 Ermittlung des Stichprobenumfangs. URL https://www.orghandbuch.de/OHB/DE/node.html
4. Hernla M (2017) Messunsicherheit und Fähigkeit. URL http://dr-hernla.de/Hernla%20QZ%201996%20Messunsicherheit.pdf
5. Hofmann M, Neukart F, Bäck T (2017) Künstliche Intelligenz und Data Science in der Automobilindustrie. URL https://data-science-blog.com/blog/2017/03/23/kunstliche-intelligenz-und-data-science-in-der-automobilindustrie/
6. Kistner A, Klofutar A, Beutelschieß F (1994) Anwendungsstand Künstlicher Neuronaler Netze in der Automatisierungstechnik. In atp-Automatisierungstechnische Praxis vol. 36:S. 36–41
7. Leo WR (1992) STATISTICS AND THE TREATMENT OF EXPERIMENTAL DATA: The Gaussian or Normal Distribution. URL https://ned.ipac.caltech.edu/level5/Leo/frames.html
8. Mildenberger O (1995) System- und Signaltheorie, 3rd edn. Friedr. Vieweg & Sohn Verlagsgesellschaft GmbH, Braunschweig, Wiesbaden
9. Patzelt R (1996) Elektrische Meßtechnik. Springer-Verlag, Wien, New York
10. Pfeifer T, Profos P (2008) Handbuch der industriellen Messtechnik. Oldenbourg Industrieverlag
11. Sachs M (2003) Wahrscheinlichkeitsrechnung und Statistik für Ingenieurstudenten an Fachhochschulen. Fachbuchverlag Leipzig im Carl Hanser Verlag, München, Wien
12. Sartorius G (2009) Multivariate Adaption mit modularisierten künstlichen neuronalen Netzen: Zugl.: Hagen, Fernuniv., Fachbereich Elektrotechnik, Diss., 2009, Fortschritt-Berichte VDI Reihe 10, Informatik/Kommunikation, Bd. 799, als ms. gedr edn. VDI-Verl., Düsseldorf
13. Wupper H, Niemeyer U (1996) Elektronische Schaltungen 1: Grundlagen, Analyse, Aufbau (Springer-Lehrbuch), 2nd Aufl. Springer Verlag, Heidelberg

6 Metrik für multidimensionale Daten

Um Objekte, Zustände oder Vorgänge durch Daten zu repräsentieren, müssen große Mengen von Messwerten erfasst und jeder einzelne von ihnen einer Dimension im multidimensionalen Raum zugeordnet werden. Die Daten dieser multivariaten Messgrößen müssen so gespeichert werden, dass der Zugriff auf sie effizient und präzise möglich ist, damit die entsprechenden Daten beim Zugriff unverändert bleiben und so die Ergebnisse bei Berechnungen zum Klassifizierungsverfahren ausreichend genau möglich sind. Die Präzision bei der Skalierung der Abstandsmaße ist bei NN-Methoden von entscheidender Bedeutung. Ohne diese Voraussetzungen sind die Berechnungen nicht effizient durchführbar und die Ergebnisse ungenau, da bei NN-Methoden der Klassifikator durch die Daten und das Distanzmaß festgelegt wird. Expertenwissen kann bei dieser Methode nur durch die Ausprägung der Distanzmaße ins Datenmodell aufgenommen werden. Die Anzahl der Dimensionen bei der Darstellung der Daten im multidimensionalen Raum kann sehr groß werden, der Rechenaufwand zur Distanzberechnung nimmt mit der Dimensionalität zu und die Rechengenauigkeit ab. Diese Rechenungenauigkeit macht sich bereits bei etwa hundert Dimensionen bemerkbar. Um diesem Effekt entgegenzuwirken, muss bei NN-Verfahren eine Metrik gewählt werden, die die Ungenauigkeiten zur Berechnung der Distanzen vermeidet oder zumindest minimalisiert. Zunächst werden in diesem Kapitel die Probleme anhand von Untersuchungen, die in der Fachliteratur zu dem Thema durchgeführt und diskutiert wurden, erörtert und Maßnahmen genannt, die eine ausreichend genaue Ermittlung der Größen zur Klassifizierung gestatten.

G. Sartorius, *Erfassen, Verarbeiten und Zuordnen multivariater Messgrößen*,
https://doi.org/10.1007/978-3-658-41451-1_6

6.1 Abstandsmaße

Neue technische Möglichkeiten erleichtern es, Daten mit großer Wertedynamik und Dimensionalität zu erfassen. Die Daten haben oft eine komplexe Abhängigkeitsstruktur und ihr Umfang nimmt mit den neuen Möglichkeiten und Anforderungen ständig zu. Beispiele: Qualitätsmerkmale bei komplexen Produktionsprozessen, Daten zur Anlagenüberwachung, Bildinformationen und alle Anwendungen, bei denen eine Vielzahl von Messdaten analysiert und in Relation gesetzt werden müssen. Die dazu erforderliche Modellbildung stellt in zunehmendem Maße die Hauptanforderung dar, weil prinzipielle Hürden bei den Berechnungen die Problemlösung erschweren oder unmöglich machen. Es fehlen ein eindeutiger Ordnungsbegriff im multivariaten Raum und aussagekräftige Visualisierungsmethoden, wie sie bei ein- bis dreidimensionalen Daten genutzt werden, um die Ergebnisse so darzustellen, dass der Betrachter sie problemlos versteht. Eine solche Darstellung ist bei höheren Dimensionen – mehr als drei – wegen der fehlenden Anschaulichkeit nur mit speziellen Diagrammen zu bewerkstelligen. Dazu werden Abstandsmaße benötigt, die eine Gestaltung von Werkzeugen zum problemlosen Bearbeiten dieser Daten gestatten und es ermöglichen, eine transparente Mensch-Maschine-Schnittstelle zu erstellen, die den Anwender interessierende Aspekte klar und deutlich darstellen.

6.1.1 Datenpunkte im Merkmalsraum

Die charakteristischen Ausprägungen von Zuständen oder Eigenschaften von Objekten werden mit Datenpunkten im Eingangsraum (X-Raum) gespeichert. Beispielsweise kann ein Bild mit 1024 Pixeln, wobei jedes Pixel einem Messwert zur Darstellung der Graustufen entspricht, mit 1024 Dimensionen dargestellt werden. Dieser Eingangsraum wird in der Literatur Merkmalsraum genannt und ist ein analog zu zwei- oder dreidimensionalen Räumen durch Koordinatenachsen gebildeter Raum. Diese Koordinatenachsen stehen rechtwinklig zueinander und jede von ihnen bildet eine Dimension ab. Die Spitze jedes Merkmalsvektors wird durch einen Datenpunkt X_i im Merkmalsraum repräsentiert. Einzelne Messwerte – im genannten Beispiel sind es Pixel oder Grauwerte – sind Komponenten der Merkmalsvektoren und können im Merkmalsraum eindeutig zugeordnet werden. Der Merkmalsraum ist der Darstellungsraum für die Merkmalsvektoren bzw. die Datenpunkte. Er kann eine beliebige Dimensionalität annehmen, die durch die Anzahl der aufzunehmenden Messgrößen bestimmt wird. Zur Veranschaulichung sind in Abb. 6.1 drei Datenmengen in einem zweidimensionalen Merkmalsraum abgebildet, wobei jede Datenmenge das jeweils zugehörige Messobjekt repräsentiert und die Datenpunkte die verschiedenen Messwerte der Datenmengen. Im Folgenden werden verschiedene Metriken vorgestellt und deren Eigenschaften bezüglich der Distanzermittlung und des Berechnungsaufwandes erörtert und gegenübergestellt.

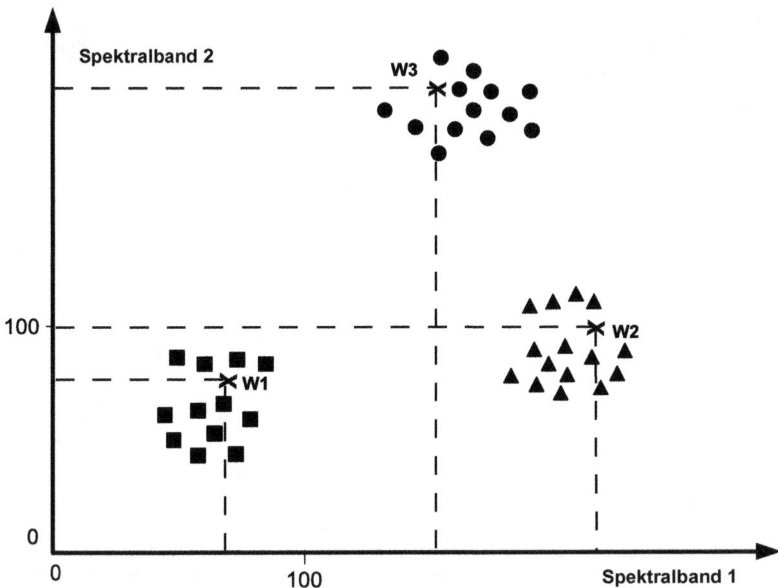

Abb. 6.1 Darstellung von Merkmalsvektoren für drei Merkmale als Datengruppen W1, W2 und W3 im zweidimensionalen Raum

6.1.2 Nächste Nachbarpunkte

Bei NN-Verfahren müssen zum Datenpunkt X_i die nächsten Nachbarpunkte (NN-Punkte) im multidimensionalen Raum gesucht werden. Die NN-Punkte repräsentieren die Merkmale, die dem Datenpunkt X_i am ähnlichsten sind. Dabei ist bekannt, welche Anzahl K nächster Nachbarn zu suchen ist. Für K = 4 müssen die vier NN X_{ij} mit j = 1 …4, genauer gesagt die vier Datenpunkte (DPs) mit den kleinsten Distanzen zu X_i, gesucht werden. Dabei hat sich eine einfache lineare Suche nach den NN bewährt. Sortieralgorithmen benötigen ebenfalls Rechenzeit und verbessern das Zeitverhalten nicht oder nur unwesentlich [7]. Dabei spielt bei dieser Suche das zur Bestimmung der nächsten Nachbarschaft verwendete Distanzmaß, dessen Größe im multidimensionalen Raum bestimmt werden muss, die entscheidende Rolle. In Abb. 6.2 sind die NN-Punkte X_{ij} zum Datenpunkt X_i und der NN-Abstand *MaxDist2NN* dargestellt. Alle K NN-Punkte liegen innerhalb der Hyperkugel bzw. des Hyperwürfels mit dem NN-Abstand *MaxDist2NN*.

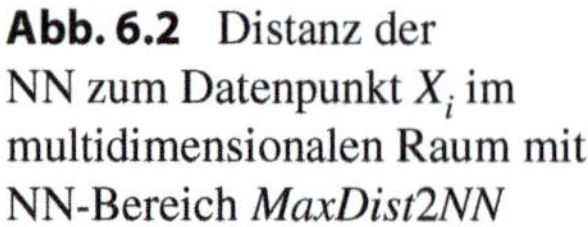

Abb. 6.2 Distanz der NN zum Datenpunkt X_i im multidimensionalen Raum mit NN-Bereich *MaxDist2NN*

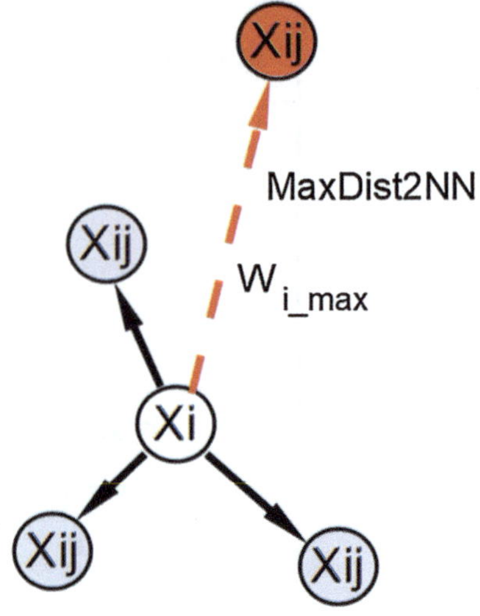

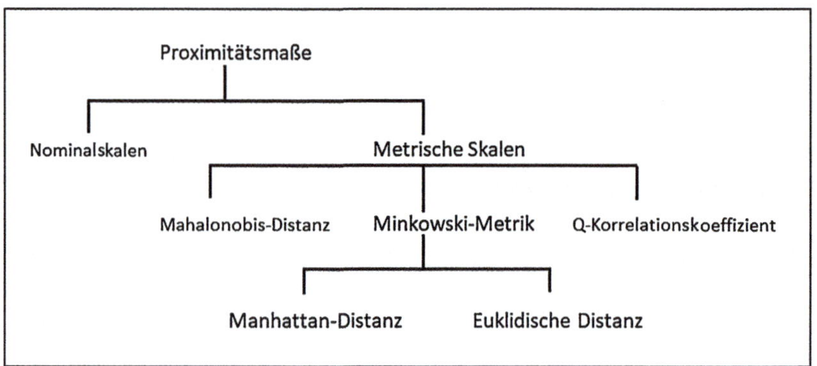

Abb. 6.3 Verschiedene Abstandsmaße zur Distanzmessung bei der Verarbeitung von Daten im multidimensionalen Raum [5]

6.1.3 Distanzmetriken

Die Metrik bestimmt den Zahlenwert für die Distanz zwischen zwei Datenpunkten im multidimensionalen Raum. Die Metrik bzw. die Anwendung einer Norm ändert an der Lage der DPs im multidimensionalen Raum nichts, sie skaliert lediglich die Distanzmaße. Die Bildungsgesetze zur Ermittlung dieser Zahlenwerte sind für jede Metrik anders und verursachen mehr oder weniger viel Rechenaufwand. Dieser Berechnungsaufwand ist eine Ursache für Ungenauigkeiten bei der Distanzbestimmung, die bei einer hohen Anzahl von Dimensionen auftreten. In Abb. 6.3 sind verschiedene Metriken zur Darstellung von Datenpunkten im multidimensionalen Raum aufgezeigt, und im Weiteren werden die Bildungsgesetze zur Distanzbestimmung für einige Metriken genannt.

Skalenniveaus: Die Statistik teilt die Merkmalsausprägungen der Daten in drei Kategorien ein. Jede Kategorie erfordert ein passendes Auswertungsverfahren. Dazu gibt Tab. 6.1 einen kurzen Überblick:

Hamming-Distanz (HD) Die Hamming-Distanz gibt an, wie viele Positionen eines Datensatzes sich unterscheiden. Sie ist auf alle Datensätze in Tab. 6.1 anwendbar. Die Hamming-Distanz wird beispielsweise genutzt, um die Korrektheit einer Datenübertragung festzustellen. Bei einem unterschiedlichen Zeichen ist HD = 1, bei fünf unterschiedlichen Zeichen ist HD = 5.

Euklidische Distanz Die euklidische Distanz ist das Abstandsmaß, das in der Geometrie zur Berechnung von Gebilden gelehrt und genutzt wird und überall als Abstands- oder Ähnlichkeitsmaß in der Literatur anzutreffen ist. Sie gilt als Abstandsmaß für die natürliche Wahrnehmung und wird zum Skalieren von Größen und Entfernungen genutzt. Wie man in Abb. 6.3 erkennen kann, ist die euklidische Distanz nur eine von vielen Metriken. In Abb. 6.3 sind Metriken aufgelistet, die in unterschiedlichen Aufgabenbereichen zur Anwendung kommen.

***L*-Normen** Die Minkowski-Metrik stellt eine Verallgemeinerung im Bereich der metrischen Skalen dar und wird wie folgt berechnet [5]:

$$d(X_i, X_j) = \left[\sum_{d=1}^{D} |X_{id} - X_{jd}|^c \right]^{\frac{1}{c}}. \tag{6.1}$$

Tab. 6.1 Merkmalsausprägungen

Datentyp	Eigenschaft	Beispiele	Auswertungsverfahren
Nominal	Ungeordnet	Farbe, Größe, Konfession, ja/nein zu einem Thema	Skalierung der Ergebnisse, Umwandlung in metrische Daten
Ordinal	Geordnet, skaliert	Antwort schlecht bis gut = 1, …, 10 Antwort gut, mittel, schlecht	
Metrisch	Gemessen	Skaliert mit einer Maßzahl, bezogen auf einen Nullpunkt, Spannungswert, Alter, Temperatur, Leistungs-, Benzinverbrauch …	KNN-Verfahren, Entscheidungsbäume, KNN

Für $d(X_i, X_j)$ ergibt sich die Distanz zwischen den Datenpunkten X_i und X_j in Abhängigkeit von der Minkowski-Konstante $c \geq 1$ und der Dimension D. Dabei bewirkt die Parametrierung des Exponenten c die Einstellung der Rechenvorschrift für verschiedene L-Normen. Mit $c = 1$ wird die L^1-Norm, die sogenannte Manhattan-Distanz, eingestellt und die resultierende Distanz zwischen zwei Punkten ergibt sich als Summe der absoluten Differenzen der Teilkoordinaten. Gl. (6.1) wird dann mit $c = 1$ zu Gl. (6.2) für die Manhattan-Distanz und mit $c = 2$ zu Gl. (6.3) für die euklidische Distanz reduziert.

Manhattan-Distanz L^1-Metrik, $c = 1$

$$d(X_i, X_j) = \sum_{d=1}^{D} |X_{id} - X_{jd}| \tag{6.2}$$

Euklidische Distanz L^2-Metrik, $c = 2$

$$d(X_i, X_j) = \sqrt[n]{\sum_{d=1}^{D} (X_{id} - X_{jd})^2} \tag{6.3}$$

L^f-Norm Wenn der Exponent $c < 1$ ist, spricht man von einer L^f-Norm (fractional distance metric). Da die Dreiecksungleichung nicht erfüllt wird, handelt es sich streng nach der mathematischen Definition nicht mehr um eine Norm. Die L^1-Norm ist in Abb. 6.4a und die L^2-Norm in Abb. 6.4b dargestellt.

Maximumnorm Wenn der Exponent $c = \infty$ ist, spricht man von der Maximumnorm.

6.1.4 Geometrie n-dimensionaler Räume

Hochdimensionale Räume, sogenannte Hyperräume, können nicht mehr mit der räumlichen Vorstellungskraft erfasst werden, wenn die Dimensionalität über dreidimensionale Gebilde hinausgeht. Die Anschaulichkeit geht bei solchen Gebilden im Allgemeinen verloren, sodass auf mathematische Beschreibungen zurückgegriffen werden muss. Um dies zu verdeutlichen, werden zwei grundsätzliche Formen, Hyperwürfel und Hyperkugel, betrachtet.

Hyperwürfel Der Hyperwürfel ist die Verallgemeinerung des achteckigen Würfels auf n Dimensionen. Die Ecken dieses Würfels entsprechen den Elementen des jeweiligen Merkmalsvektors im Merkmalsraum (Dreibein). Die Merkmalsattribute variieren dabei entlang der Kanten des Würfels, und die Diagonale im Inneren entspricht der größten Distanz, die zwischen zwei Merkmalen auftreten kann. Das Volumen des Hyperwürfels mit Dimension d und Kantenlänge l wird mit Formel (6.4) berechnet.

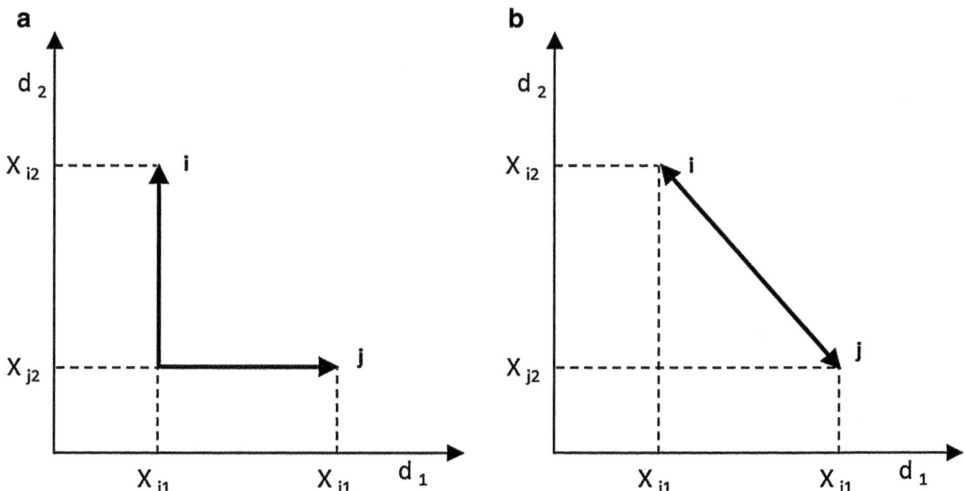

Abb. 6.4 Prinzip der Distanzbestimmung bei der Manhattan-Distanz (L^1-Metrik mit Formel (6.2) und der euklidischen Distanz (L^2-Metrik mit Formel (6.3)). **a**) Manhattan-Distanz. **b**) Euklidische Distanz

$$V_w(l) = l^d \tag{6.4}$$

In Tab. 6.2 sind die grundsätzlichen Eigenschaften des multidimensionalen Einheitswürfels aufgelistet.

Das Volumen des multidimensionalen Einheitswürfels mit Seitenlänge l = 1 beträgt in Abhängigkeit von der Dimension genau 1, die Länge der Diagonale und die Anzahl der Ecken streben mit zunehmender Anzahl der Dimensionen gegen unendlich.

Hyperkugel Die Hyperkugel ist die Verallgemeinerung der dreidimensionalen Kugel auf n Dimensionen. Dabei entspricht der Radius r der Kugel den Elementen des Merkmalsvektors im Merkmalsraum, z. B. dem Radius *MaxDist2NN*, D der Dimensionalität, die Gamma-Funktion Γ: $\Gamma(n+1) = n!$. Die Merkmalsattribute variieren dabei mit der Radiuslänge [11]:

$$V_k = \frac{S_n}{R^D} = \frac{\pi^{D/2} r^D}{\left(\frac{1}{2}D\right)\Gamma\left(\frac{1}{2}\right)} = \frac{\pi^{D/2} r^D}{\Gamma\left(1+\frac{1}{2}D\right)}. \tag{6.5}$$

Tab. 6.2 Charakteristik des multidimensionalen Einheitswürfels [11]

Anzahl der Dimensionen	1	2	3	4	n
Anzahl der Ecken	2	4	8	16	2^n
Länge der Diagonale	1	$\sqrt{2}$	$\sqrt{3}$	2	$\sqrt{n}$
Volumen mit Seitenlänge l	1	l^2	l^3	l^4	l^n

Tab. 6.3 Relation von Einheitswürfel- und Einheitskugelvolumen [11]

Anzahl der Dimensionen	1	2	3	4	5	6	7
Volumen mit r = 1	2	π	$\frac{4}{3}\pi$	$\frac{1}{2}\pi^2$	$\frac{8}{15}\pi^3$	$\frac{1}{6}\pi^3$	$\frac{16}{105}\pi^3$
Relation $\frac{V_k}{V_w}$	1	$\frac{1}{4}\pi$	$\frac{1}{6}\pi$	$\frac{1}{32}\pi^2$	$\frac{1}{60}\pi^2$	$\frac{1}{384}\pi^2$	$\frac{1}{840}\pi^3$

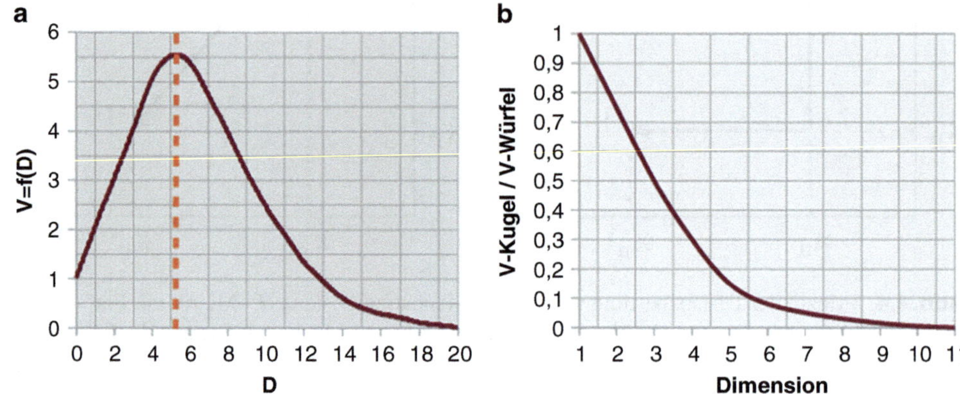

Abb. 6.5 Einheitskugel und Einheitswürfel zur Darstellung des geometrischen Verhaltens multidimensionaler Strukturen in Abhängigkeit von der Dimension (D) (angelehnt an [11]). **a**) Volumen der Einheitskugel = f(D). **b**) Relation von Würfel- und Kugelvolumen = f(D)

In Tab. 6.3 sind die grundsätzlichen Eigenschaften der multidimensionalen Einheitskugel aufgelistet. In Tab. 6.3 sind in Abhängigkeit von der Dimension das Kugelvolumen V_k und die Relation Kugelvolumen zu Würfelvolumen $\frac{V_k}{V_w}$ eingetragen. Mit diesen Werten erreicht das Kugelvolumen in Abb. 6.5a zunächst ein Maximum und strebt dann mit zunehmender Dimension gegen null. In Abb. 6.5b ist der Kurvenverlauf der Relation Kugelvolumen zu Würfelvolumen $\frac{V_k}{V_w}$ dargestellt. Sie strebt sehr schnell gegen null. Demgegenüber strebt das Volumen des Hyperwürfels mit l = 2r gegen unendlich.

Analog zum Hyperwürfel sollen hier auch die Eigenschaften der Hyperkugel gezeigt werden. Dazu erfolgt auch hier zunächst die formelle Darstellung des Volumens mit d als Dimension und r als Radius. Es bleibt festzuhalten, dass das besondere Verhalten geometrischer Körper in Abhängigkeit von der gewählten Norm und Dimension zu beachten ist, wenn Datenverarbeitungsmethoden angewendet werden. Dabei spielt, wie im Folgenden gezeigt wird, die verwendete Metrik eine entscheidende Rolle.

6.1.5 Metrische Eigenschaften

Um einen Eindruck von der Linearität der Abstandsmessungen in Bezug auf die gewählte Dimension zu erhalten, sind in Abb. 6.6a, b die Längen des Einheitsvektors als Abstandsmaß vom Koordinatenursprung in Abhängigkeit von der Dimension für verschiedene Abstandsmetriken dargestellt. Man erkennt das lineare Verhalten der L^1-Norm im Vergleich zum nichtlinearen Verhalten der übrigen L^p-Normen bei $p > 1$. Die Abstände zwischen benachbarten Punkten werden bei einer großen Anzahl von Dimensionen immer schlechter voneinander unterscheidbar. Nur die L^1-Norm hat einen linearen Verlauf [8].

6.1.6 Abstandsmessung und Anzahl der Dimensionen

Liegt in einer Gleichverteilung bei einer zweidimensionalen Darstellung die Anzahl der Punkte fest und eine Dimension wird hinzugenommen, nimmt der Abstand zwischen den Punkten stark zu. Das Volumen des Raumes, in dem die Punkte dargestellt werden, vergrößert sich mit der Anzahl der Dimensionen exponentiell und die Punktedichte sinkt dementsprechend. Ab einer bestimmten Anzahl von Dimensionen sind die absoluten Abstände der Datenpunkte nicht mehr messbar, da bei der L^2-Norm die Distanz gegen einen Grenzwert strebt, und somit die Distanz von DP zu DP null ergibt. Dieses Verhalten bei hochdimensionalen Räumen ist unter dem Begriff *Fluch der Dimensionen* (curse of dimensionality) bekannt [2]. Die Ursache für dieses Phänomen liegt in den Besonderheiten der Distanzverteilungen [9] in hochdimensionalen Räumen und den Bildungsgesetzen für die Distanz. Zunächst werden einige statistische Betrachtungen bezüglich der Merkmale von Distanzmessungen in Abhängigkeit von der Dimension, die in der Literatur diskutiert werden, vorgestellt. In [3] wird gezeigt, dass sich mit zunehmender Dimension der Abstand zwischen dem am nächsten und dem am weitesten entfernten Datenpunkt immer weiter annähert. Sowohl mit realen als auch

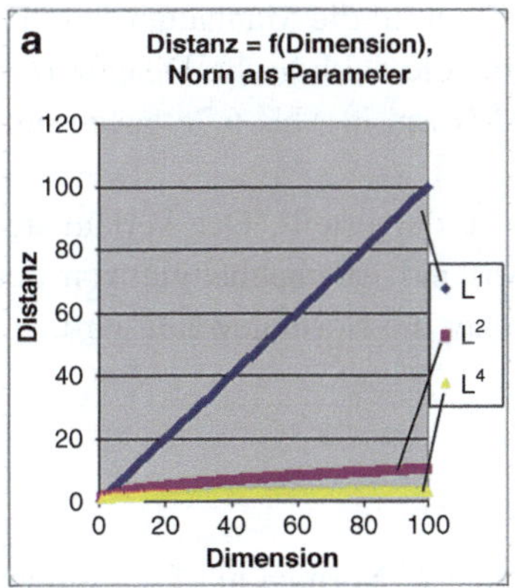

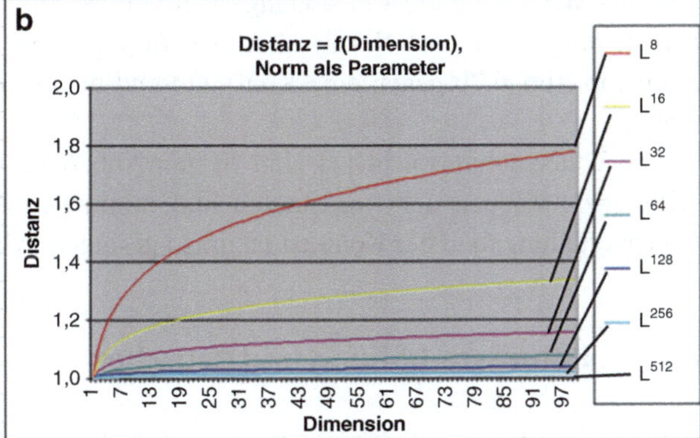

Abb. 6.6 Verlauf der Distanz einiger Metriken in Abhängigkeit von der Dimensionalität (D) mit der entsprechenden Norm als Parameter. **a**) Kurvenverlauf L^1, L^2, L^4-Norm = f(D). **b**) Kurvenverlauf L^6, L^{16}, L^{32}, L^{64}, L^{128}, L^{256}, L^{512}-Norm = f(D)

mit synthetischen Daten wird dort dargelegt, dass der Effekt bereits bei weniger als 100 Dimensionen auftritt. Dazu werden die Varianz der Datenpunkte *var*(*X*) zu deren Erwartungswert *E* und die Dimension *d* mit Formel (6.7) in Relation gesetzt. Die Differenz zwischen maximalem und minimalem Abstand der Datenpunkte im Verhältnis zum minimalen Abstand wird mit Formel (6.7) angegeben. Dieses Verhältnis wird im Folgenden mit *Relativer Kontrast* bezeichnet. Es muss gewährleistet sein, dass die Distanzen der Datenpunkte in höherdimensionalen Räumen messbar sind. Je komplexer die Berechnung der Distanz ist, desto ungenauer wird die Bestimmung der Distanz von DP zu DP in multidimensionalen Räumen. In Abb. 6.10 und 6.11 ist dies dargestellt.

$$\textbf{Varianz/E}: \lim_{d\to\infty} var\left(\frac{\|X_d\|}{E\|X_d\|}\right) = 0 \tag{6.6}$$

$$\textbf{Relativer Kontrast}: \frac{Dmax_d - Dmin_d}{Dmin_d} \to 0 \tag{6.7}$$

Weiterhin wird in [3] untersucht, wie sich die Konstante C_k zwischen dem minimalen und dem maximalen Abstand mit dem Ausdruck $d^{1/k-1/2}$ im Nenner entwickelt. Es zeigt sich, dass der Kontrast kleiner wird, wenn der Koeffizient c für die Norm größer wird [3, 4].

$$\textbf{Konstante}C_k : C_k \leq \lim_{d\to\infty} E\left[\frac{Dmax_d^k - Dmin_d^k}{d^{1/k-1/2}}\right] \tag{6.8}$$

Diese Resultate sagen nicht aus, dass eine Indexbildung zur Ähnlichkeitssuche bei hoher Dimensionalität unmöglich ist, sondern vielmehr, dass für genügend Kontrast in der Distanzverteilung der Daten gesorgt werden muss, um Berechnungen zu ermöglichen. In [1] werden die absoluten Differenzen zwischen größtem und kleinstem Abstand einer Punkteverteilung mit Hinsicht auf die verwendete Norm untersucht. Dabei wurde festgestellt, dass der Kontrast in Abhängigkeit von der Dimension für die Manhattan-Distanz (Manhattan-Distanz, L^1-Norm) in Abb. 6.7a gegen ∞, für die euklidische Distanz (L^2-Norm) in Abb. 6.7b gegen eine Konstante und bei der L^3-Norm in Abb. 6.7c gegen null strebt.

Die Untersuchungen in [1] sind in den Abb. 6.7a, b, c dargestellt. Der Verlauf der Differenz zwischen dem maximalen und minimalen Abstand ist unabhängig von der Datenverteilung, und der Kontrast ist umso geringer, je höher die Norm gewählt wird.

6.1.7 Kontrasterhöhung und Rauschen

Weitere Kontrastuntersuchungen wurden in [1] bezüglich der L^f-Normen mit f < 1 durchgeführt. Dort ist demonstriert, dass der *Relative Kontrast* gegenüber der L^1-Norm erhöht bzw. verstärkt werden kann. Untersuchungen bezüglich der Art des Rauschens, mit dem die Daten überlagert sind, wurden in [6] durchgeführt. Die L^f-Metrik kann somit genutzt

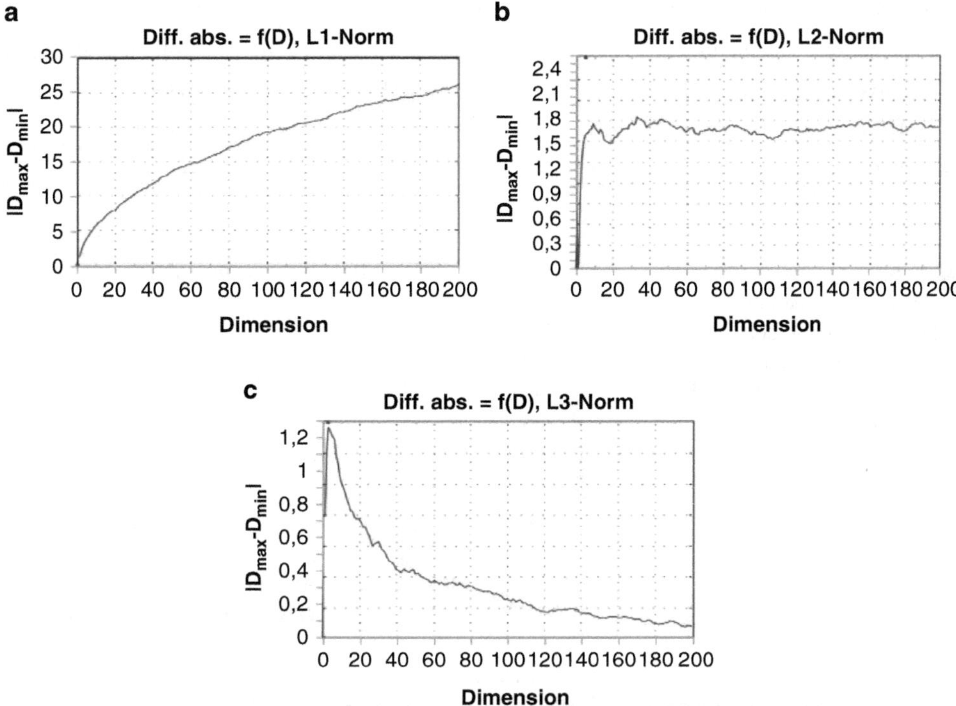

Abb. 6.7 Kontrast = f(d) verschiedener Metriken in Abhängigkeit von der Dimensionalität (D). **a**) L^1-Metrik: Kontrast = f(D). **b**) L^2-Metrik: Kontrast = f(D). **c**) L^3-Metrik: Kontrast = f(D)

werden, den Kontrast der Abstandsmaße in Abhängigkeit von der Dimension zu erhöhen. Um allgemeingültig zu sein, muss die Abweichung der vorliegenden Verteilung gegenüber der Standardverteilung berücksichtigt werden (Kurtosis).

$$\textbf{Exponent c}: c = \frac{9}{\gamma^2} + 1 \tag{6.9}$$

Die Auswahl einer bestimmten L^f-Metrik muss danach auf die Signaleigenschaften, auf die Art des Rauschens bzw. auf die Verteilung des Rauschens abgestimmt sein. Der Exponent c der Minkowski-Metrik in Formel (6.1) muss dort mit dem Kurtosis-Koeffizienten γ in Formel (6.9) passend zur Verteilung gewählt sein. Dieser ist ein Maß für die Abweichung der Form der Verteilung gegenüber der Normalverteilung. In [6] werden in diesem Zusammenhang Mengen erfolgreicher Suchanfragen bei weißem und farbigem Rauschen verglichen und die Ergebnisse für die L^2- und $L^{0,5}$-Norm grafisch dargestellt. Dabei zeigte sich, dass mit der L^2-Norm bei weißem Rauschen genauere Ergebnisse erzielt werden und sie deshalb der $L^{0,5}$-Norm vorzuziehen ist.

Tab. 6.4 Berechnungsaufwand und Speicherplatzbedarf

Mathematische Operationen	Potenzbildung	Wurzelbildung	Summenbildungen
L^f-Metrik	1	D	D − 1
L^1-Metrik			D − 1
L^2-Metrik	D	1	D − 1

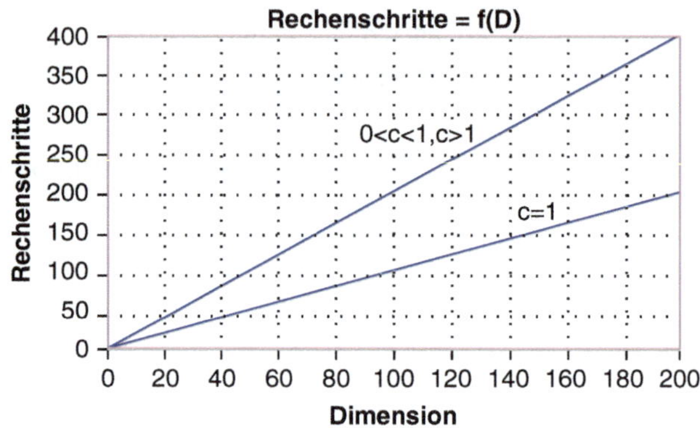

Abb. 6.8 Anzahl der Rechenoperationen in Abhängigkeit von der Dimensionalität (D) mit der Minkowski-Konstanten *c* als Parameter

6.2 Berechnungsaufwand und Speicherplatzbedarf

Der Berechnungsaufwand ist in Abhängigkeit vom Exponenten *c* in Formel (6.1) und der Dimension *d* für drei verschiedene Metriken, die für die Abstandsbestimmung interessant sind, in Tab. 6.4 zusammengestellt.

Die Zunahme des Rechenaufwands der Metriken für $0 < c < 1$, $c > 1$ ist in Abb. 6.8 dargestellt und verläuft linear im Vergleich zur L^1-Metrik.

Der Speicherplatzbedarf für das Berechnungsergebnis hängt von der verwendeten Norm, der Dimension und dem verwendeten Datentyp ab. Bei festgelegter Variablengröße liefert die Metrik mit $c > 1$ beispielsweise immer noch ein gültiges Rechenergebnis, während die L^1-Norm den Variablenbereich bereits überschreitet.

Beispiel: Angenommen, es sei ein 8 Bit breiter Datentyp mit einem Wertebereich von 0–255 $d=256_d$ und Dimension $D=2$ gegeben. Die Verwendung der L^2-Metrik benötigt zur Darstellung des maximalen Abstandes, bei gleich langen Komponenten, eine Länge von $|xi1-xj1|=|xi2-xj2|=181$. Dies ergibt eine resultierende Länge von $d(x_i, x_j)=255{,}9$. Die gleichen Instanzen der L^1-Metrik haben das Ergebnis $d(x_i, x_j)=362$ zur Folge und überschreiten somit schon den festgelegten Wertebereich der Variablen. Das Ergebnis fällt mit $d(x_i, x_j)=724$ sogar noch größer aus, wenn die $L^{0,5}$-Norm verwendet wird.

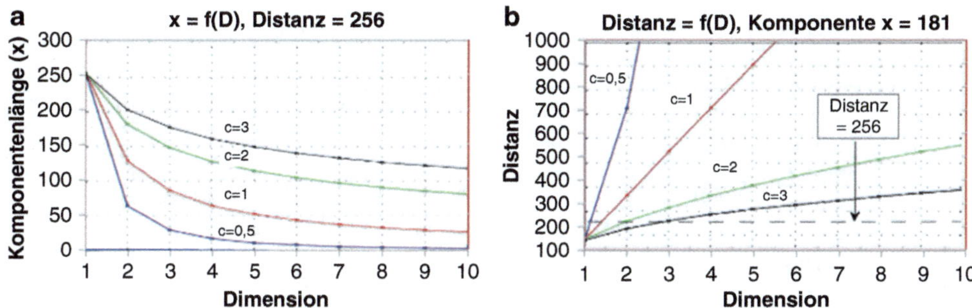

Abb. 6.9 Komponentenlänge und Speicherplatzbedarf für verschiedene Metriken in Abhängigkeit von der Dimensionalität (D) zur Abschätzung des Hardwareaufwandes. **a**) Komponentenlänge, Norm als Parameter. **b**) Speicherbedarf, resultierende Länge als Parameter

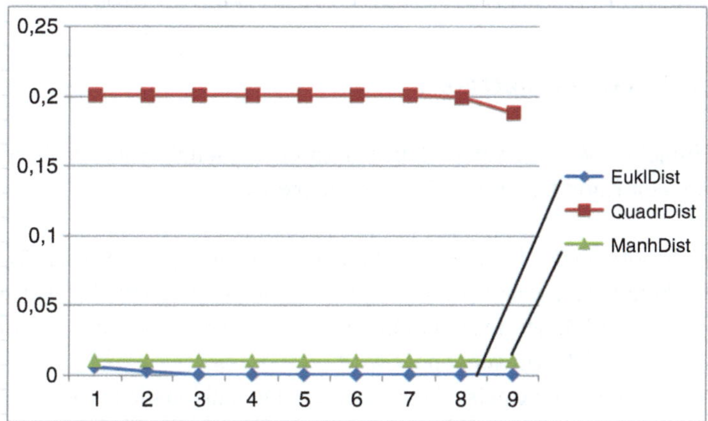

Abb. 6.10 Distanzfehlerentwicklung: Manhattan-Distanz, euklidische Distanz und quadratische Distanz = f(N) in Abhängigkeit von der Anzahl der Dimensionen (n) und der Werte aus Tab. 6.6

Abb. 6.9a zeigt den Zusammenhang für die Berechnung der Komponentenlänge bei fixierter Distanz und Abb. 6.9b die Berechnung der Distanz bei fixierter Komponentenlänge. Die gestrichelte Linie in Abb. 6.9b bezieht sich auf das oben berechnete Ausgangsbeispiel für die L^2-Metrik. Man erkennt, dass mit zunehmender Größe des Exponenten c die Reserve zur Darstellung des Berechnungsergebnisses bei festgelegter Variablenbreite steigt.

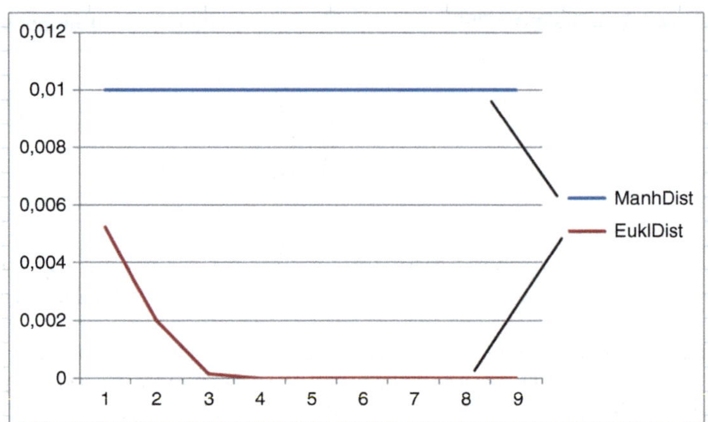

Abb. 6.11 Distanzfehlerentwicklung: Manhattan-Distanz und euklidische Distanz = f(N) in Abhängigkeit von der Anzahl der Dimensionen (n) und der Werte aus Tab. 6.6

6.3 Vergleich der Metriken

Um einen einfachen Vergleich der Metriken zu ermöglichen, sind die Erkenntnisse der vorausgegangenen Kapitel in Tab. 6.5 zusammengefasst.

Experiment Erhöhung der Dimensionalität bei Beibehaltung einer festen Distanz.

Trotz der Volumenexpansion und der abnehmenden Punktedichte bei einer großen Anzahl Dimensionen können Datenpunkte gespeichert und Distanzen bestimmt werden, wenn als Metrik die L^1-Norm verwendet wird.

Am Beispiel eines Merkmalsvektors, dessen Dimensionalität kontinuierlich erhöht wird, soll untersucht werden, wie sich die Fehler bei der Distanzbestimmung mit der Dimensionalität als Parameter entwickelt. Bei Anwendung von NN-Methoden ist die Präzision bei der Ermittlung der Distanzen der NN im multidimensionalen Raum von entscheidender Bedeutung [8].

In Tab. 6.6 sind die Ergebnisse der Abstandsberechnungen für einen Bereich mit $d = 1$ bis $d = 10^8$ für die L^2-Norm die L^2-Norm und die L^1-Norm aufgelistet. Für diese Berechnungen wurde die Dimension eines Vektors $\vec{x_i}$ von 10^2 bis 10^8 erhöht. Ein erster Vektor $\vec{x_1}$ und ein zweiter Vektor $\vec{x_2}$ haben eine Manhattan-Distanz von 0,01.

Tab. 6.5 Vergleich der Metriken in Bezug auf den relativen Kontrast

Kriterium	Metrik		
Relativer Kontrast	L^f-Norm	L^1-Norm	L^2-Norm
Rechenoperationen	2D	D	2D
Speicherbedarf	>L^1-Norm	>L^1-Norm	Minimal

Die Vektorkomponente x_2^1 x_2^1 weicht von x_1^1 x_1^1 um 0,01 ab, alle übrigen Komponenten sind identisch. In der Tabelle wird das Ergebnis für die Distanz mit den drei Normen aufgelistet. Die euklidische Distanz zeigt bereits bei 10 Dimensionen erhebliche Abweichungen, die quadratische Distanz weicht erst bei 10^5 Dimensionen um 3,76E-06 ab. Die Manhattan-Distanz liefert als Ergebnis 0,0100000 bis 10^4 Dimensionen. Es ergibt sich bei 10^6 Dimensionen eine Abweichung von −0,00000001 und bei 10^8 Dimensionen 0,000009766 als Abweichung. Somit können die Werte der Komponenten von Vektoren bzw. Datenpunkten mit 20 Bit Wortbreite (Tab. 6.9) in einem Raum mit einer Dimensionalität von 10^6 für die Berechnungen bei NN-Methoden ausreichend genau dargestellt werden. Das für diesen Test verwendete Rechenprogramm *Excel VBA* hat eine Rechengenauigkeit von 15 Stellen [10].

Linearformen Unter einer Linearform Ψ über einen Vektorraum V mit dem Körper $\mathbb{K}$ versteht man eine eindeutige Abbildung von V nach $\mathbb{K}$ $(\langle a \rangle \in V, \Psi(\langle a \rangle) \in \mathbb{K})$, die folgenden Bedingungen genügt:

1. $\Psi(\langle u \rangle + \langle v \rangle) = \Psi(\langle u \rangle) + \Psi(\langle v \rangle)$ (Additivität)
2. $\Psi(a\langle v \rangle) = a\Psi(\langle v \rangle)$ (Homogenität)

Die Summe zweier Linearformen Ψ und Y wird definiert durch:

$$(\Psi + \Upsilon)(\langle u \rangle) = \Psi(\langle u \rangle + \Upsilon(\langle u \rangle).$$

Das Produkt einer Linearform Ψ mit einem Element a des Körpers $\mathbb{K}$ wird definiert durch:

$$(u\,\Psi)(\langle u \rangle) = a\;\Psi(\langle u \rangle).$$

Die Menge aller Linearformen über V bildet bezüglich dieser beiden Operationen wieder einen Vektorraum $\mathcal{L}(V)$ 5 mit dem Körper $\mathbb{K}$.

6.4 Metrik für das Nächste-Nachbarn-Verfahren

Für das NN-Verfahren ist die Genauigkeit bei der Bildung der Distanz des Anfragepunktes zu seinen NN von entscheidender Bedeutung. Die L^1-Norm erfüllt die Genauigkeitsanforderung bis zu einer Dimensionalität von 10^9 für ganzzahlige Messwerte, wie in Abb. 6.10 und Tab. 6.6 dargestellt. Die Speicherung von Messergebnissen findet in Punkträumen statt. Zur Beschreibung des Verlaufs dieser Messwerte wird an jedem Punkt des Raumes ein Vektor für diese Messgröße in einem Vektorraum zugeordnet. Zur Definition eines globalen Koordinatensystems werden ein Punkt des Punkteraumes als Ursprung und eine Basis des assoziierten Vektorraumes als globale Basis festgelegt. Die Menge der Vektoren, die den Verlauf der Messgröße an jedem Punkt im Raum

Tab. 6.6 Distanzfehlerentwicklung: euklidische Distanz (ED), quadratische Distanz (QD), Manhattan-Distanz (MD), (QD) = f(n), n: Anzahl der Dimensionen

Dim	$n=2$	$n=10$	$n=10^2$	$n=10^3$	$n=10^4$	$n=10^6$	$n=10^7$	$n=10^8$
ED	0,0052	0,0019	0,00014	0,000005	0,00000,53E-	0,0000001	3,21306E-08	0
QD	0,2001	0,2001	0,20010	0,200100	0,2001000	0,2000732	0,19921875	0,1875
MD	0,01	0,01	0,01000	0,010000	0,0100000	0,0099999	0,009998322	0,010009766

beschreibt, ist ein Vektorfeld. Der Ortsvektor eines beliebigen Punktes des Raumes ist eine Linearkombination der globalen Basisvektoren. Die Koeffizienten dieser Linearkombination sind die globalen Koordinaten des Punktes und die partiellen Ableitungen des Ortsvektors nach den globalen Koordinaten die globalen Basisvektoren. Somit gilt für alle Punkte des Raumes dieselbe globale Basis.

Zur Definition lokaler Koordinatensysteme wird jedem Punkt eines Punkteraumes eine eigene Basis des assoziierten Vektorraumes zugeordnet. Dazu werden n globale Koordinaten der Ortsvektoren als Funktion von n lokalen Koordinaten ausgedrückt. Die lokalen Basisvektoren an einem beliebigen Punkt des Raumes werden durch partielle Ableitung des Ortsvektors nach den lokalen Koordinaten bestimmt. Die Basisvektoren an verschiedenen Punkten sind in der Regel nicht parallel. Die Koordinatenlinien sind folglich gekrümmt und heißen daher krummlinige Koordinaten. Im Gegensatz hierzu heißen die globalen Koordinaten geradlinige Koordinaten (Abb. 8.7).

Die Koordinaten eines Vektors in lokalen Basen an verschiedenen Punkten sind nicht vergleichbar, da die Basisvektoren nicht parallel sind. Folglich sind parallele Ableitungen von Vektorkoordinaten nach lokalen Koordinaten kein Maß für die Änderung des Vektorfeldes von Punkt zu Punkt. Zur Beschreibung der räumlichen Änderung des Vektorfeldes wird das Konzept der kovariaten Ableitungen des Vektorfeldes eingeführt. Dazu wird das Koordinatensystem am betrachteten Punkt als lokales Koordinatensystem (eigener Bereich) für die infinitesimale Umgebung des Punktes betrachtet. In der infinitesimalen Umgebung des Punktes werden die lokalen Koordinaten des Vektorfeldes in dieses globale Koordinatensystem transformiert. Die partiellen Ableitungen der so transformierten Vektorkoordinaten nach den lokalen Koordinaten sind ein Maß für die Änderung des Vektorfeldes in der Umgebung des betrachteten Punktes und heißen kovariate Ableitungen des Vektorfeldes.

Im euklidischen Raum $\mathbb{R}^3$ werden Integrale von Vektorfeldern und ihren Ableitungen über Linien, Flächen und Volumina definiert. Dazu werden infinitesimale Linienelemente, Flächenelemente und Volumenelemente in globalen und lokalen Koordinaten betrachtet. Mit Vektorintegralen über die Oberfläche eines Körpers, dividiert durch das Volumen des Körpers, werden Operationen auf Vektorfeldern definiert, die zur mathematischen Formulierung physikalischer Aufgaben nützlich sind. Diese Operationen führen zu dem Gradienten eines Skalarfeldes, der Divergenz eines Vektorfeldes und dem Rotor eines Vektorfeldes.

6.4.1 Metrik für multidimensionale Daten beim NN-Verfahren

Mathematische Definition einer Norm Im Folgenden sei stets $K = \mathbb{R}$:

Sei X ein Vektorraum über K.

Für eine Norm in einem Punkteraum zur Aufnahme der Messdatenpunkte müssen die folgenden Bedingungen (N1), (N2) und (N3) erfüllt sein.

Dreiecksungleichung Eine Abbildung p: $X \to \mathbb{R}$ heißt Halbnorm auf X, falls Bedingung (N1) in Formel (6.10) erfüllt ist.

$$(N1) \quad p(x+y) \leq p(x) + p(y) \text{fr} x, y \in X \tag{6.10}$$

Homogenität Eine Halbnorm $\| \Delta \| \to R$ heißt *Norm* auf X, falls zusätzlich (6.11) erfüllt ist.

$$(N2) \quad p(\alpha x) = |\alpha| p(x) \text{fr} x \in X, \alpha \in K \tag{6.11}$$

Definitheit Der Nullpunkt des Punkteraums muss definiert sein.

$$(N3) \quad \|X\| = 0 \Longrightarrow x = 0 \tag{6.12}$$

Für die L^1-Norm sind diese Bedingungen erfüllt.

Punkteraum $\mathbb{R}$ Ein n-Tupel $X_1;\ldots;X_n \in \mathbb{R}(x \ldots x)\mathbb{R}$ heißt ein realer Punkt und wird mit X_i bezeichnet. Die Skalare X_i repräsentieren die Koordinaten des Datenpunktes X_i. Werden die Koordinaten des Punktes X_i als Vektor dargestellt, so wird dieser mit $\overrightarrow{X_i}$ benannt. Die Menge der n-Tupel heißt der n-dimensionale Punkteraum und wird mit $\mathbb{R}^n$ bezeichnet.

Assoziierter Vektorraum Jedem Punktepaar (X_i, X_j) in einem Punkteraum wird genau ein Vektor zugeordnet, dessen Elemente ($d_1;\ldots;d_n$) die Differenzen der Koordinaten der Punkte X_i und X_j sind. Der Vektor wird mit $\overrightarrow{X_iX_j}$ bezeichnet, seine Punktedarstellung mit d. Die mit den Punktepaaren von $\mathbb{R}^n$ assoziierten Vektoren bilden den mit dem Punkteraum $\mathbb{R}^n$ assoziierten Vektorraum.

Koordinatensystem Der Punkt $(0;\ldots;0) \in \mathbb{R}^n$ heißt der Ursprung des Punkteraums $\mathbb{R}^n$ und wird mit o bezeichnet. Wählt man eine beliebige Basis B des mit $\mathbb{R}^n$ assoziierten Vektorraums, so ist (o, B) ein Koordinatensystem des Punkteraumes.

Ortsvektor Der mit dem Ursprung o und einem beliebigen Punkt X_i eines Punkteraumes R^n assoziierte Vektor heißt der Ortsvektor des Punktes X_i. Wählt man das besondere Koordinatensystem (o, $\boldsymbol{E}$) mit der Einheitsbasis ($\mathbf{e}^1;\ldots;\mathbf{e}^n$) des assoziierten Vektorraumes, so sind die Koordinaten x_i des Punktes X_i und die Koordinaten des Ortsvektors $\overrightarrow{oX}$ gleich: $\boldsymbol{x} = x_i\, \mathbf{e}^i$.

Globale Basis An jedem Punkt eines Punkteraumes kann eine eigene Basis des assoziierten Vektorraumes definiert werden. Wird im Sonderfall eine einzige Basis B für den assoziierten Vektorraum definiert, die an jedem Punkt des Punkteraumes gilt, so heißt diese Basis global (fest). Die Basisvektoren (b_1;…;b_n) einer solchen globalen Basis sind also unabhängig von den Koordinaten des betrachteten Punktes.

6.4.2 Zahlenbereich des Punkteraums

Globales Koordinatensystem Der Zahlenbereich des Punkteraums hängt von der Anwendung ab. In den Tabellen ist das Integerformat gewählt. Die Messwerte von Sensoren liegen im Rohformat oder als ganzzahliger Wert vor. Ein AD-Wandler bildet den Messwert in der Regel ganzzahlig ab. Die L^1-Norm und das Integerformat werden zur Darstellung der Messwerte im globalen Koordinatensystem genutzt. Der Fehler bei der Bildung der Distanzwerte der NN ist mit den vorgeschlagenen Wortlängen in den Tabellen für die Messwerte und die Distanzbildung im L^1-Raum kleiner als 0,01 bei einer Dimensionalität von $D = 10^8$, angegeben in Tab. 6.6 in Zeile 3 (MD) und Spalte 9 ($n = 10^8$). Als Rechenprogramm für die Untersuchungen wurde Microsoft Excel (IEEE-Spezifikation 754, 15 Stellen genau) verwendet. In Tab. 6.7 sind verschiedenartig erfasste Messgrößen, deren Auflösung und das dazu passende Zahlenformat aufgeführt. Tab. 6.8 bietet einen Überblick zum Zahlenbereich des Punkteraums in Abhängigkeit von der Dimensionalität mit einem 24-Bit-Zahlenformat für jede Komponente. Tab. 6.8 zeigt die gleichen Zusammenhänge mit einem 20-Bit-Zahlenformat für jede Komponente (Tab. 6.9).

$$\textbf{Wortlnge}: \quad bit = LN(ERG)/LN(2) \tag{6.13}$$

Zusammenfassung In diesem Kapitel wurden die Erfordernisse zur Abspeicherung von Merkmalen in hochdimensionalen Räumen untersucht und die Eigenschaften verschiedener Metriken bezüglich der Distanzbestimmung von DP zu DP erörtert. Dabei wurde festgestellt, dass die Manhattan-Distanz als Metrik zur Verwaltung von Datenpunkten in hochdimensionalen Räumen besonders geeignet ist. Die Bestimmung der

Tab. 6.7 Typische Auflösungen verschiedenartiger Messgrößen

Pos	Art der Messgröße	Auflösung [Bit]	Maximal darstellbare Zahl
1	Flash-AD-Wandler	11	2048
2	Pipeline-AD-Wandler	17	131 072
3	S&H-AD-Wandler	18	262 144
4	$\Sigma - \Delta$-AD-Wandler	20	104 857 6
5	Spektrometer, Wellenzahl	20	104 857 6
6	Kamera, Pixel bei Bildern	24	16 777 216

Tab. 6.8 Zahlenbereich des Punkteraums in Abhängigkeit von der Anzahl der Dimensionen, Wortlänge 24-Bit-Integer für jede Komponente

Pos	Anzahl der dimentionen [D]	Datenformat: Integer [Bit]	Maximal darstellbare Zahl	Zahlengröße nach D Additionen $=ERG$	Wortlänge in Bit ohne Vorzeichen $bit=\frac{LN(ERG)}{LN(2)}$	Wortlänge in Bit mit Vorzeichen $bit=\frac{LN(ERG)}{LN(2)}+1$
1	1	24	16 777 216	16 777 216	24	25
2	10	24	16 777 216	16 777 216 0	28	29
3	100	24	16 777 216	16 777 216 00	31	32
4	1E+3	24	16 777 216	1,6 777E+10	34	35
5	1E+4	24	16 777 216	1,6 777E+11	38	39
6	1E+5	24	16 777 216	1,6 777E+12	41	42
7	1E+6	24	16 777 216	1,6 777E+13	44	45
8	1E+7	24	16 777 216	1,6 777E+14	48	49
9	1E+8	24	16 777 216	1,6 777E+15	51	52
10	1E+9	24	16 777 216	1,6 777E+16	54	55
11	1E+10	24	16 777 216	1,6 777E+17	58	59
12	1E+11	24	16 777 216	1,6 777E+18	61	62
13	1E+12	24	16 777 216	1,6 777E+19	64	65

Tab. 6.9 Zahlenbereich des Punkteraums in Abhängigkeit von der Anzahl der Dimensionen, Wortlänge 20-Bit-Integer für jede Komponente

Pos	Anzahl der Dimensionen [D]	Daten format: Integer [Bit]	Maximal darstellbare Zahl	Zahlengröße nach D Additionen $=ERG$	Wortlänge in Bit ohne Vorzeichen $bit=\frac{LN(ERG)}{LN(2)}$	Wortlänge in Bit mit Vorzeichen $bit=\frac{LN(ERG)}{LN(2)}+1$
1	1	20	104 857 6	104 857 6	20	20
2	10	20	104 857 6	104 857 60	24	24
3	100	20	104 857 6	104 857 600	27	27
4	1000	20	104 857 6	104 857 600 0	30	30
5	4000	20	104 857 6	419 430 400 0	32	32

Distanz von DP zu DP ist mit den Operatoren Addition und Subtraktion durchführbar. Diese Rechenoperationen können im Integerformat ausgeführt werden, weil die Messwerte als Rohdaten ohne Nachkommastelle im multidimensionalen Raum verwaltet werden und die Wortlänge zur Aufnahme der Messwerte so bemessen ist, dass sie zur Bestimmung der Distanz ausreicht. Durch diese Maßnahme entstehen keine Rechenungenauigkeiten bezüglich der Distanzbestimmung, und es gibt praktisch keine Beschränkung der Anzahl der Dimensionen, solange die Wortlänge zur Aufnahme der maximal möglichen Distanz ausreicht. Mit einer 64-Bit-Zahl im Integerformat kann mit dieser Methode ein 10^{12}-dimensionaler Raum für Messwerte im 24-Bit-Integerformat aufgespannt werden. Die Distanzbestimmung ist dann innerhalb dieser Raumkapazität ohne Rechenungenauigkeiten möglich.

Literatur

1. Aggerwal C, Hinneburg A, Keim D (2000) What is the Nearest Neighbor in High Dimensional Spaces? In: Abbadi Ae (ed) Marking the millennium, Morgan Kaufman, Orlando, Fla., pp 506–515
2. Bellmann R (1961) Adaptive Control Processes: A Guided Tour. Princeton University Press
3. Beyer K, Goldstein J, Ramakrishnan R, Shaft U (1999) When Is "Nearest Neighbor" Meaningful? In: Beeri C, Buneman P (eds) Database Theory – ICDT'99, Lecture Notes in Computer Science, Bd. 1540, Springer, Berlin and Heidelberg, pp 217–235, https://doi.org/10.1007/3-540-49257-7_15
4. Breuer D (2014) Abstandsmaße für die multivariate adaptive Einbettung. Masterarbeit, FernUni Hagen
5. Fehrmann L (2006) Alternative Methoden zur Biomasseschätzung auf Einzelbaumebene unter Berücksichtigung der k-Nearest Neighbor (k-NN) Methode. Dissertation, Georg-August-Universität Göttingen
6. Francois D, Wertz V, Verleysen M (2005) Non-Euclidean metrics for similarity search in noisy datasets. URL https://perso.uclouvain.be/michel.verleysen/papers/esann05df.pdf
7. Ottmann T, Widmayer P (2002) Algorithmen und Datenstrukturen. Spektrum Akademischer Verlag, Heidelberg, Berlin
8. Sartorius G (2017) Data Preprocessing and Outlier Detection in Multivariate Data. In: Herwig Unger, Wolgang A Halang (ed) Autonomous Systems, VDI-Verlag GmbH, Düsseldorf, Reihe 10, Informatik/Kommunikation, vol 857, pp 105–140
9. Schmid C (2006) Statistik Analyseverfahren, Hauptkomponentenanalyse durch neuronale Netze: Lineare Neuronen: Die Lernregel von Oja
10. Stinson C, Dodge M (2001) Microsoft Excel Version 2002 Inside out. Redmond and Washington: Microsoft Press
11. Weisstein, Eric, W (2013) Ball. URL http://mathworld.wolfram.com/UnitBall.html

7 Glättung einer Mannigfaltigkeit

Die Messdaten verschiedener Messereignisse liegen als Datengruppen vor. Die Daten des Messereignisses sind wie Zufallsstichproben gaußverteilt. Im vorliegenden Kapitel wird eine Glättungsmethode vorgestellt, die die statistischen Kennwerte dieser Daten nutzt und die Eigenwerte der Daten nicht oder nur unwesentlich verändert. Eine MF, die zunächst nur aus einer diskreten Anzahl von Messpunkten im D-dimensionalen Raum besteht, weist Lücken auf und kann entweder durch Approximation oder durch Interpolation geglättet werden. Approximation wendet man bei Messpunkten an, die durch eine ausgleichende Kurve repräsentiert werden sollen, um die Fehlerquadrate zu minimieren, Interpolation, wenn die Messpunkte als exakt angenommen werden können und es erforderlich ist, Zwischenwerte einzubringen, sodass eine glatte Raumkurve entsteht. Die Approximation bietet sich damit für Messpunkte an, die stark störungsbehaftet sind. Zur Glättung sind dazu aus der Literatur verschiedene Filtermethoden, wie z. B. das Mittelwertfilter, das Gauß-Filter oder nichtlineare Filter bekannt, deren bekannteste Ausprägung das Median-Filter ist. Solche Methoden zur Datenreinigung, deren Zweck im Wesentlichen die Erkennung von Ausreißerwerten, die Behandlung fehlender Werte und die Minimierung von Rauscheinflüssen ist, verändern die als Trainingspunkte vorliegenden Daten und sind zur Glättung einer MF, die für eine erfolgreiche Transformation ins Niedrigdimensionale, bei der die Topologie der Eingangsdaten, die Lage der Trainingspunkte zueinander, erhalten werden soll, nicht geeignet. Die Transformation ist nur erfolgreich durchführbar, wenn die Trainingspunkte nicht verändert und als wahr angenommen werden können. Zur Konstruktion einer stetigen Oberfläche aus flächenbezogenen Daten ohne die Verfälschung ihrer Aussagekraft ist Volumenerhaltung erforderlich, in der Literatur auch als volumenerhaltende (pyknophylaktische) Interpolation bekannt [8].

G. Sartorius, *Erfassen, Verarbeiten und Zuordnen multivariater Messgrößen*,
https://doi.org/10.1007/978-3-658-41451-1_7

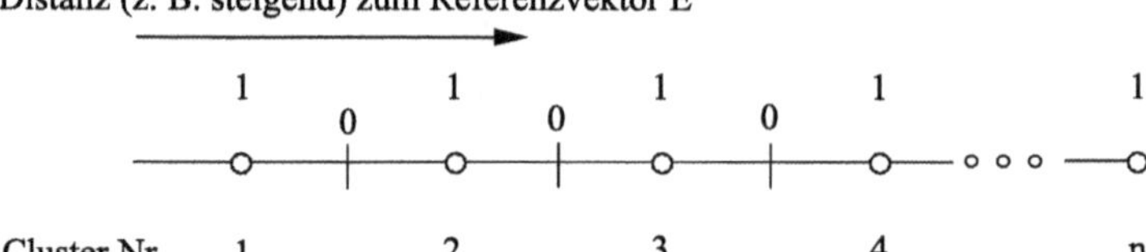

Abb. 7.1 Eindimensionale Skala-i zur Anordnung der Daten einer Gruppe

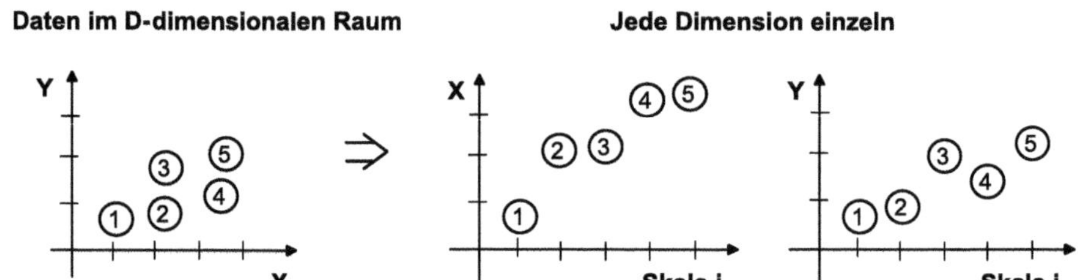

Abb. 7.2 Auf die Skala-i bezogene und nach Distanz geordnete Daten

7.1 Indizierung und Ordnung der Trainingsdaten

Die Trainingsdatenpunkte liegen als D-dimensionale Eingangsvektoren vor. Bei NN-Methoden nutzt man Distanzmaße von DP zu DP zur Beschreibung des lokalen Umfeldes jedes DP_i. Bei Klassifizierungsverfahren, die NN-Methoden verwenden, ist es vorteilhaft, die im multidimensionalen Raum gespeicherten Daten nach einem Kriterium zu ordnen. Das Abstandsmaß zu einem Fixpunkt im Raum ist dazu geeignet. Es ist von großer Bedeutung, dass die Bestimmung dieses Maßes hochgenau durchgeführt wird, da zur Ermittlung der NN-Relationen die Differenzen von DP zu DP benötigt werden.[1]

Positionsnummern auf der Skala-i Bei der Datenvorverarbeitung werden alle Datenpunkte auf eine Skala-i wie in Abb. 7.1 bezogen. Die Positionsnummer i der Trainingspunkte gilt durchgängig als Index im X-, Y- und Z-Raum bei den Operationen, die der Datenvorverarbeitung folgen. Die NN-Punkte sind in der Umgebung jedes DP_i auf der Skala-i angeordnet. Handelt es sich beispielsweise bei einer Klassifizierung mit der NN-Anzahl $K=4$ um DP_{95}, so sind dessen NN-Punkte die Datenpunkte DP_{93}, DP_{94}, DP_{96}

[1] Bei der Bestimmung der Distanzen in hochdimensionalen Räumen spielt die Metrik für die Präzision bei der Verarbeitung eine entscheidende Rolle. Der Sachverhalt dazu ist in Abschn. 6.1.3 beschrieben.

und DP_{97}. Da alle DP_i nach aufsteigender Distanz geordnet sind, befinden sich die NN neben dem Trainingsdatenpunkt DP_{95}.[2]

Bezug zur Skala-i Liegen die Daten als Punkteschar vor (wie links in Abb. 7.2 zweidimensional dargestellt), z. B. bei verrauschten Daten ohne glatte Oberfläche einer MF, so können diese nach einem Distanzmaß zum Ursprung oder zu einem Referenzdatenpunkt (Referenzvektor) geordnet werden. Jeder Datenpunkt ist mit i der Skala-i indiziert, jede Vektorkomponente der D-Dimensionen wird auf die Skala-i bezogen und somit ein Bezugssystem für die Folgeoperationen erstellt. Der Informationsgehalt der Messdaten unterliegt dabei keiner Beeinträchtigung. Die Daten werden prinzipiell wie im zweidimensionalen Beispiel in Abb. 7.2 nach steigender Distanz zu einem Fixpunkt im multidimensionalen Raum (z. B. der Ursprung des Koordinatensystems oder der Eins-Vektor ($\vec{E}$)) auf der Skala-i angeordnet. Diese ist äquidistant mit dem Abstand eins.

7.2 Besonderheiten bei spektralen Methoden

Um die in den Abschn. 10.5 und 10.6 geforderten Bedingungen bezüglich Punktedichte der MF und numerischer Stabilität erfüllen zu können, werden die im Folgenden beschriebenen Maßnahmen angewendet. Wie dort und in Abschn. 10.4 bereits ausgeführt wurde, gilt bei den spektralen Methoden als Voraussetzung, dass eine zusammenhängende glatte MF – gut abgetastet, keine Sprünge – vorliegen muss, um brauchbare Ergebnisse erzielen zu können. Dies ist jedoch bei realen Datensätzen in der Regel nicht der Fall. Liegen z. B. Trainingspunkte vor, die keine zusammenhängende MF bilden oder Sprünge, die von Punkteschar zu Punkteschar auftreten, so muss für alle zusammenhängenden Stücke je eine Dimensionsreduktion getrennt durchgeführt werden [1]. Ohne die Originaldatenpunkte zu verändern, werden alle Datenpunkte bei Berücksichtigung der in Abschn. 7.3 genannten Vorgaben zur Glättung einer Datenbehandlung, die auf einer parametrischen Spline-Interpolation basiert, unterworfen. Sie hat das Ziel, eine glatte, alle Trainingsdatenpunkte beinhaltende MF zu bilden, die als Gesamtheit weiterverarbeitet werden kann.

Spline-Interpolation Splines sind bekannt als Kurven hoher Krümmungsstetigkeit. Es entstehen möglichst glatte Kurven über lange Strecken ohne Unstetigkeitsstellen. Unter allen möglichen Funktionen $\Phi(x)$, die zweimal differenzierbar sind und durch die Stützpunkte gehen, hat der Spline sowohl die kleinste Schwankung als auch die kleinste potenzielle Energie [7]. Interpolationen mit kubischen Splines (Füllwertmethode) in

[2] In Abschn. 12.3und 12.3.1 sind die Reduzierung der multidimensionalen Distanzen auf eine eindimensionale Darstellung und damit verbundene Möglichkeiten vorgestellt und erläutert.

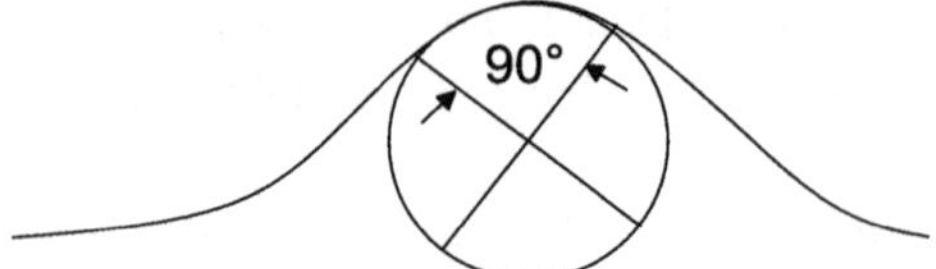

Abb. 7.3 Krümmung und maximal zulässige Winkeländerung im Schmiegebereich der NN

Abschn. 7.5 mit Formel (7.1) liefern wesentlich glattere Ergebnisse als Interpolationen mit Polynomen [4].

7.3 Vorgaben zur Glättung

1. Die zugrunde liegenden Trainingsdaten werden nicht verändert.
2. Lücken werden durch sogenannte Füllwerte geschlossen.
3. Es wird ein Kriterium eingeführt, das die maximale Krümmung im Raum für die MF vorgibt. Der Begriff Krümmung umfasst hier nicht nur die mathematisch definierte Krümmung, sondern jede Art der Abweichung von einer linearen Struktur, z. B. die Abweichung einer Kurve von einer Geraden.
4. Die Positionierung der Füllwerte im X-Raum wird mittels einer parametrischen Spline-Interpolation durchgeführt.
5. Die Anordnung der Punkte des Trainingsdatensatzes, z. B. nach euklidischer Distanz, verringert die Anzahl von Füllwerten, da dann ähnliche Punkte auf der Skala-i nebeneinanderliegen.
6. Es wird eine Beziehung zwischen der Anzahl der NN, der Krümmung und der Genauigkeit im Merkmalsraum genutzt.[3]

7.4 Krümmung und Komplexität

Komplexe Modelle können die Trainingsdaten beliebig genau approximieren, generalisieren dann jedoch neue Anfragepunkte X_a nur schlecht, da sie oft übertrainiert sind. Um eine gute Generalisierungsfähigkeit zu erzielen, sollte für die Daten ein möglichst einfaches Modell erstellt werden, das aber dennoch genügend Feinstruktur aufweist, um die wesentlichen topologischen Eigenschaften zu berücksichtigen.

Maximale Anzahl der NN Um eine solche topologieerhaltende Abbildung im Einbettungsraum (z. B. Y-Raum) zu erhalten, sollte die Anzahl der NN so bemessen sein, dass die Winkeländerung, die sich aus der Gesamtwinkeländerung der NN-Punkte ergibt,

[3] Diese Beziehung ist beim MAE-Verfahren durch das Maß *MaxDist2NN,* das aus den statistischen Kennwerten des TDS abgeleitet ist, gegeben (Abschn. 12.4.9).

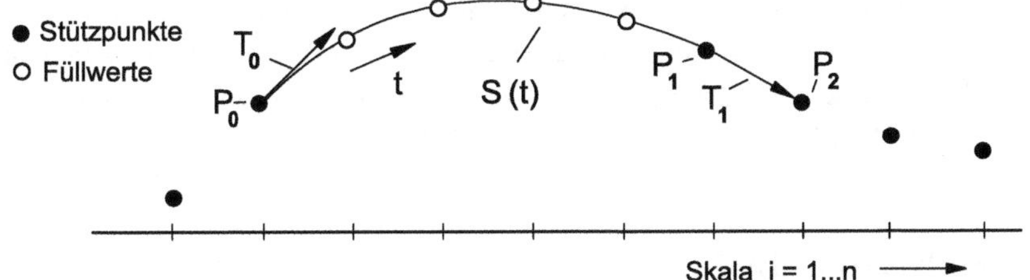

Abb. 7.4 Verminderte Krümmung durch parametrische Splines

90° nicht überschreitet. Abb. 7.3 zeigt diesen Zusammenhang mit einer Schmiegekurve im zweidimensionalen Raum, die durch eine Spline-Interpolation bestimmt ist. Dieses Prinzip ist in jeder Dimension eines multidimensionalen Raums mit Bezug auf die Skala-*i* anwendbar (Abb. 7.2). Wird die Zahl der NN-Punkte über den Schmiegebereich hinaus erweitert, flacht die Approximationskurve ab und wirkt nicht mehr topologieerhaltend. Deshalb muss zu Beginn des Trainings festgelegt werden, welche Krümmung nötig ist, ähnlich wie bei einem Signalverstärker, an dessen Eingang zur Frequenzbegrenzung ein Tiefpass erforderlich ist. Zur Bestimmung der Winkeländerung werden die Richtungskomponenten verwendet. Bei der L^2-Norm kann auch das Kosinusmaß $s_{ij} = \frac{\sum_{k=1}^{m} w_{ki} \cdot w_{kj}}{\sqrt{\sum_{k=1}^{m} w_{k}} \cdot \sqrt{\sum_{k=1}^{m} w_{kj}}}$ verwendet werden.[4]

Die Verallgemeinerung des Schmiegekreises im zweidimensionalen oder der Schmiegekugel im dreidimensionalen Raum ist der Schmiegebereich im D-dimensionalen Raum. Im Schmiegebereich werden Datenpunkte einer vorgegebenen regulären Kurve entsprechend eingefügt, bis die Krümmung der D-dimensionalen Oberfläche dem Schmiegebereich entspricht.

Maximale Krümmung Um die definierte maximale Krümmung und damit die innere Struktur einer MF im Einbettungsraum ausreichend genau abbilden zu können, muss die Mindestanzahl der Trainingspunkte, ähnlich wie beim Nyquist-Shannon-Abtasttheorem die Mindestanzahl der Abtastwerte für eine bestimmte Maximalfrequenz, bestimmt werden. Der Zusammenhang zwischen der Komplexität einer Kernmatrix und dem Nyquist-Shannon-Abtasttheorem wurde in [2, S. 77–80] abgeleitet. Die wichtigste notwendige Eigenschaft dieses Zusammenhangs ist: Eine stabile N × N Nachbarschaftsmatrix $\underline{G}$ muss invertierbar sein, sie darf keine Eigenwerte mit dem Wert null oder nahezu null enthalten. Um Letzteres zu verhindern, wird eine maximale Krümmung der jeweiligen MF vorgegeben und deren Komplexität eingeschränkt. Die Vorgabe eines

[4] Maße für die Richtungsänderung sind in Abschn. 8.5 gegenübergestellt.

Grenzwertes für die maximale Krümmung gilt für jede Dimension, bezogen auf die Skala-i. Der Wert der Gesamtkrümmung einer solchen MF im D-dimensionalen Raum kann auf diese Weise nicht größer als der Wert der Vorgabe sein, ganz gleich, wie viele Dimensionen D die MF hat.

7.5 Füllwertmethode

In Abb. 7.4 ist die Verbindung zweier Punktescharen mittels einer parametrischen Spline-Interpolation beispielhaft dargestellt. T_0 ist der Tangentenvektor in P_0 und T_1 der Tangentenvektor des Punktes P_1, der der nächstfolgende Trainingspunkt nach P_0 ist. Die Steigungen sind stark unterschiedlich und stören die Glattheit einer MF. Mit eingefügten Füllwerten wird deshalb die Steigung von Punkt zu Punkt auf ein vordefiniertes Maß reduziert, indem mittels eines Polynoms für den Abschnitt zwischen zwei aufeinanderfolgenden Punkten P_0 und P_1 die n Füllwerte so bestimmt werden, dass die Krümmung von Punkt zu Punkt – die Füllwerte jetzt miteinbezogen – unter das vordefinierte Maß reduziert wird. Dazu wird Eindeutigkeit gefordert, d. h. zu jedem äquidistanten Abszissenwert i existiert genau ein Ordinatenwert, der durch die Vektorkomponente m des jeweiligen Punktes P_i^m repräsentiert ist.[5]

7.5.1 Einprägen der maximal zulässigen Krümmung

Die Kurve wird in Parameterdarstellung mit Parameter $t = 0 \ldots 1$ gebildet. Der Index $i \in 1, \ldots, n$ gibt die Skala der Positionsnummern für die Füllwerte bei deren Erzeugung an.

Jede Dimension wird zur Berechnung der Füllwerte mit Formel (9.1) auf diese Skala (wie in Abb. 7.4) bezogen, die dabei die Abszisse und den Wert der jeweiligen Dimension m für die zugehörige Ordinate Ordinate bildet. Unter dieser Voraussetzung ergeben sich dann die Werte für $T_0 = P_1 - P_0$ und $T_1 = P_2 - P_1$, wobei der Abstand von Punkt zu Punkt auf der Skala-i den Wert eins hat. Für jede Dimension m und jeden Punkt i wird dann die Berechnung der kubischen Spline-Interpolation

$$S(t) = P_0(2t^3 - 3t^2 + 1) + P_1(-2t^3 + 3t^2) + T_0(t^3 - 2t^2 + t) + T_1(t^3 - t^2) \quad (7.1)$$

durchgeführt. Aus der Anzahl n der Zwischenwerte werden die jeweils zu den Positionsnummern i gehörigen Parameterwerte t errechnet und n so lange erhöht, bis die Winkelabweichung von Vektor (X_N) zu Vektor (X_{N+1}) den vordefinierten Maximalwert

[5] In [3] wird die Glattheit angrenzender Strukturen erzwungen, um Zwischenwerte zur Verfeinerung einer grob abgespeicherten Struktur, z. B. bei Bildern, zu interpolieren.

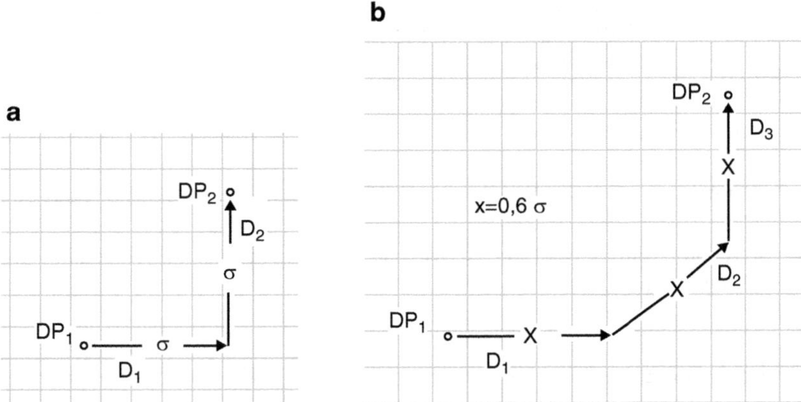

Abb. 7.5 Krümmung und maximale Distanz zu den NN (*MaxDist2NN*), Manhattan-Distanz. **a** Maximale Krümmung im zweidimensionalen Raum. **b** Maximale Krümmung im dreidimensionalen Raum

Tab. 7.1 Pseudocode, Glättung, Bildung einer zusammenhängenden MF

Fragment	Parametrische Spline-Interpolation
Input	$\underline{XW}$ $(D \times TrRwAnz)$, $\underline{ZW}$ $(d \times TrRwAnz)$
	$MinFWAnz$, $MaxFWAnz$, $MaxAbWei$
Prozess	Trainingspunkte $\underline{XW}$ und Kalibrierpunkte $\underline{ZW}$
	sollen die gleiche Anzahl Zwischenwerte erhalten und werden deshalb
	zusammen in $\underline{XZW}$ $(D+d \times N)$ gespeichert,
	$\underline{XW}$ $(D \times TrRwAnz)$, $\underline{ZW}$ $(d \times TrRwAnz) \Rightarrow \underline{XZW}$ $(D+d \times N)$
2	for j= 1, ..., $TrRwAnz$
3	$FWAnz = MinFWAnz$, $FWAnz \in \{0, ..., MaxFWAnz\}$
4	$t_{IW} = 1/(FWAnz+1)$
5	$t = t_{IW}$
6	Berechnung der Zwischenwerte für jede Dimension einzeln
7	for $k = 0, \ldots,$FWAnz
8	for i = 0, ..., $D+d$
9	Tangente T_0 in P_0 (Anfangspunkt)
10	Tangente T_1 in P_1 (Endpunkt)
11	$XSI(i,K) = P_0 * (2*t^3 - 3*t^2 + 1) + P_1 * (-2*t^3 + 3*t^2)$
12	$+T_0 * (t^3 - 2*t^2 + t) + T_1 * (t^3 - t^2)$
13	end i
14	$t = t + t_I W$
15	Wenn $FWAnz > MaxFWAnz \Rightarrow$ break
16	Wenn Krümmung < $MaxAbWei \Rightarrow$ break
17	end k
18	$j = j+1$
19	end j
Output	$\underline{X}$ $(D \times N)$

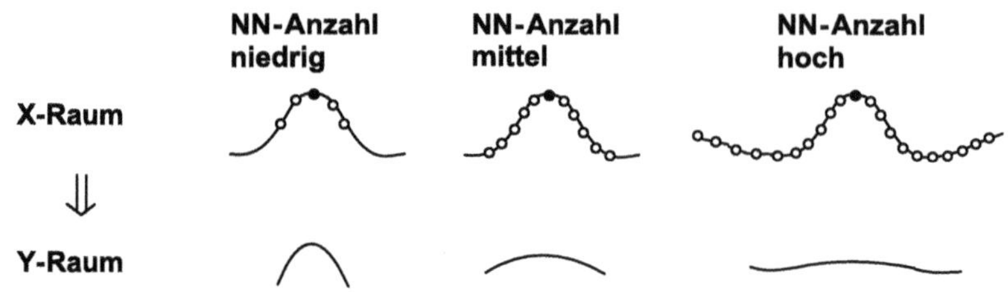

Abb. 7.6 Verrundung durch Wahl der NN-Anzahl, Auswirkung der mittelwertbildenden Eigenschaft der NN-Verfahren

unterschreitet.[6] Die einzelnen Dimensionen $m \in 1, \ldots, D$ sind durch dieselbe Anzahl Wertepaare (t_i, X_i^m) mit dem gemeinsamen Parameter t darstellbar. Dieser Maximalwert entspricht beim MAE-Verfahren der Distanz $MaxDist2NN = 2\ \sigma$. Die maximal zulässige Krümmung und die für sie erforderliche Punktedichte ist dadurch festgelegt.

Eine dichtere Anordnung der Punkte in der Krümmung geht mit einer Verkleinerung der Winkeländerung von Punkt zu Punkt und damit auch mit einem kleineren Rekonstruktionsfehler nach Gl. (14.2) einher. Die maximale Distanz von DP zu DP impliziert eine maximale Winkeländerung von 45° bei zwei Dimensionen, wie im Beispiel in Abb. 7.5a. Diese Winkeländerung von DP zu DP wird bei mehr als zwei Dimensionen wie in Abb. 7.8b durch die Distanz $MaxDist2NN = \mathrm{D1} + \mathrm{D2} + \mathrm{D3}$ erreicht. Wenn die Distanz *MaxDist2NN* im D-dimensionalen Raum von DP zu DP nicht überschritten wird, sind genügend DPs im Schmiegebereich der Kontur dieser MF vorhanden und die Bedingungen in Abschn. 12.3.2 und 12.4.8 können erfüllt werden. Dies wiederum legt für die Ausprägung der Feinstruktur einer MF fest, dass der Bereichsfaktor in Abschn. 8.2.1 mit Formel (8.1) den Wert 0,85 für Fall 4 nicht überschreiten und den Wert 0,2 für den Fall 2 nicht unterschreiten kann. Somit wird mit dem Maß *MaxDist2NN* auch der maximale Winkel für den Schmiegebereich definiert und wie viele Zwischenwerte einzufügen sind. Die Schritte zur Realisierung der Software für die Spline-Interpolation sind in Tab. 7.1 als Pseudocode aufgelistet.

7.5.2 Anzahl der nächsten Nachbarpunkte

Mit der beschriebenen Füllwertmethode kann für eine bestimmte Krümmung ein Toleranzbereich bei der Abbildung im Einbettungsraum (z. B. Y-Raum) angegeben werden, wobei die maximal zulässige Krümmung und die NN-Anzahl so aufeinander abgestimmt sein müssen, dass die Anzahl der NN der Anzahl der Datenpunkte in

[6] Statt der Winkelabweichung kann auch eine definierte maximale Distanz zwischen aufeinanderfolgenden DPs verwendet werden.

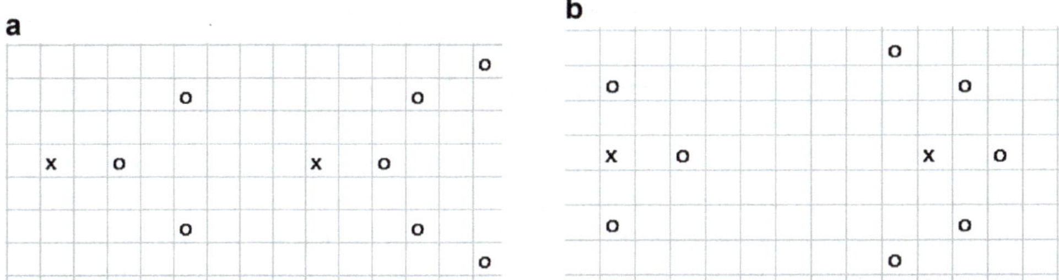

Abb. 7.7 Randbereich und optimale NN-Anzahl. **a**) Konvexer Randbereich einer MF und NN-Anzahl. **b**) Konkaver Randbereich einer MF und NN-Anzahl

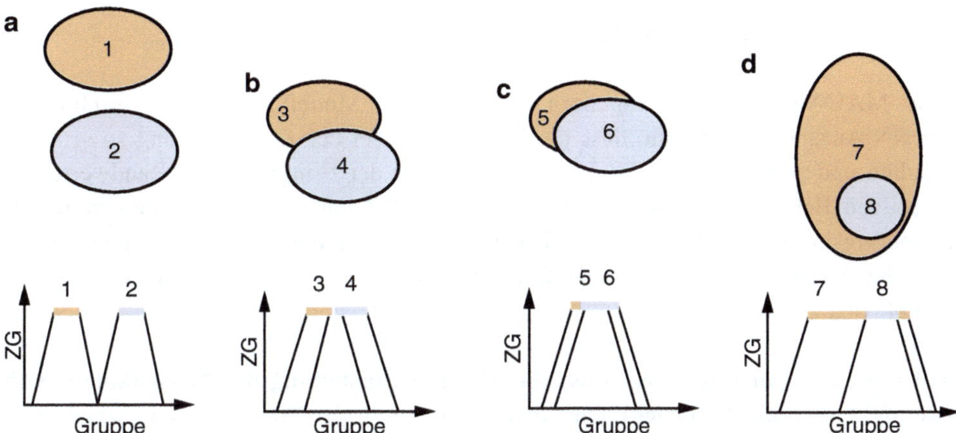

Abb. 7.8 Anordnungsmöglichkeiten verschiedener Datengruppen und die entsprechenden Zuordnungsdiagramme. **a**) Getrennt. **b**) Leicht überlappend. **c**) Stark überlappend. **d**) Komplett überlappend

Gebieten maximaler Krümmung entspricht. Um die Topologie einer MF beim Einbetten zu erhalten, wurde bei den Untersuchungen mit synthetischen Daten für einen Bogen mit maximaler Krümmung die in Abb. 7.6 visualisierte mittlere Anzahl gewählt. Dort wird qualitativ dargestellt, wie die Anzahl der NN einen mittelnden Einfluss auf die Abbildung im Einbettungsraum (z. B. Y-Raum) hat [5].

Beim Einbetten wird wie bei den quadratischen Mittelwertmethoden eine Modellfunktion für die Umgebung im NN-Intervall gebildet und der Einfluss des Rauschens oder gaußverteilter Fehler gemindert.[7] Alle durch NN-Punkte definierten Flächen dürfen im Verhältnis zu ihren angrenzenden Flächen eine bestimmte Krümmung nicht über-

[7] Linear Noiseless Sensors [5].

schreiten. Dies wird durch die Füllwertmethode gewährleistet, da sie die Abweichung von Punkt zu Punkt limitiert.

Eine hohe Anzahl von NN-Punkten bei der Bestimmung neuer Anfragepunkte X_a wirkt mittelwertbildend. In Abb. 7.6 und im Beispiel in Abb. 8.4 in Abschn. 8.2.3 ist dies dargestellt. Somit kann mit der Anzahl der NN-Punkte bei der Klassifizierung die Feinstrukturauflösung so eingestellt werden, dass die Forderung nach optimaler Modellkomplexität in Abb. 11.1, in Abschn. 11.2 und 11.3 erfüllbar wird. Die Datenpunkte im Randbereich einer MF können wie in Abb. 7.7a konkav und wie in Abb. 7.7b konkav oder gerade angeordnet sein. Die Anordnung der Punkte im Randbereich der MF ist bei der Ermittlung des rezeptiven Bereichs in Abschn. 8.2 von besonderer Bedeutung.

7.5.3 Feinstruktur des Modells

Beim MAE-Verfahren wird ein eher feinstrukturiertes Modell trainiert und anschließend die NN-Anzahl so bestimmt, dass die Feinstruktur bei der Klassifizierung so grob wie möglich und so fein wie nötig aufgelöst wird. Mit der Ermittlung des Randwertes des rezeptiven Bereichs in Abschn. 8.2.2.1 und Abb. 8.3 kann ein Schwellenwert für die Zugehörigkeit bestimmt werden. Die Unabhängigkeit von der Anzahl der NN ist gegeben und die Anzahl der NN steht als freier Parameter für die Einstellung der Modellkomplexität zur Verfügung.

Mit diesen Voraussetzungen muss die MF zur Einstellung der Modellkomplexität gar nicht verändert werden! Die Anzahl der NN in der Trainings- und Arbeitsphase kann unterschiedlich sein:

1. Mit der Anzahl k der NN ist die Verrundung der Kontur des TDS einstellbar (Abb. 7.6).
2. Die Anzahl der NN sollte eine ungerade Zahl sein, um bei der Klassifizierung eine eindeutige Zugehörigkeit zu erhalten.

Dazu folgende Szenarien:

1. Der Trainingsdatensatz TDS ist aufbereitet und entspricht den Anforderungen in Abschn. 11.2.
2. Der TDS wurde in die Eigenwerte zerlegt und liegt komplett rekonstruiert im Einbettungsraum vor.
3. Der TDS wurde einer Wavelet-Transformation unterzogen und liegt komplett rekonstruiert im Einbettungsraum vor.
4. Der TDS wurde einer Wavelet-Transformation unterzogen, in die Eigenwerte zerlegt und liegt komplett rekonstruiert im Einbettungsraum vor.

7.6 Bereiche der nächsten Nachbarschaft der Datenpunkte

Der Nachbarschaftsbereich von Datenpunkten, die bestimmte Charakteristika repräsentieren und im Nahbereich Ähnlichkeiten aufweisen, ändert sich in der Regel nicht schlagartig. Die mit der Füllwertmethode geglätteten und zu einer MF zusammengefügten Bereiche sind stetig. Stetigkeit ist die Voraussetzung zur Erstellung isometrischer Abbildungen und für die Anwendung der DR. Auf dieser Aussage basierend werden fehlende Datenpunkte, die notwendig sind, um die zunächst nur aus Trainingspunkten bestehende MF so zu ergänzen, dass sie als Ganzes ins Niedrigdimensionale transformiert werden kann, mit der Füllwertmethode harmonisch eingefügt. Die Dimensionsreduktion erzeugt eine Ausgangskonfiguration mit möglichst minimalem Energieinhalt und möglichst kleiner quadratischer Abweichung von der Idealkurve. Die Füllwerte sind aufgrund ihrer krümmungsstetigen Anordnung ideal positioniert, um Lücken und raue Bereiche in einer MF zu ergänzen, sodass der resultierende rezeptive Bereich reale Positionen von Daten im Sinne der Anwendung repräsentiert, und die ergänzten Punkte sind im korrekten Verhältnis zu den TPs transformierbar. Die Messdaten einer Messreihe sind gaußverteilt. Dem Konzept *Ensemble von Erwartungswerten* folgend besteht die Datengruppe zur Repräsentation eines Objektes oder Zustandes aus mehreren Messreihen oder Untergruppen. Dieses Konzept ist in Abschn. 12.1.1 beschrieben. Unter diesen Voraussetzungen kann eine vordefinierte Genauigkeit beim Verarbeiten neuer Eingangsdaten in der Arbeitsphase eingehalten und mit der vorgestellten Methode des rezeptiven Bereichs (Anhang Abschn. K.4.1, 8.2 und 12.5.2) vermieden werden, dass durch Verzerrungen – weit entfernte Punkte im Originalraum erscheinen als nahe Punkte im Merkmalsraum – Ungenauigkeiten entstehen. Darüber hinaus können Trends und Ähnlichkeiten in Form eines Zugehörigkeitsgrades angegeben werden. Wegen dieser Beziehungen (Krümmungsstetigkeit, Eigenwerte werden nicht verändert) ist es wahrscheinlich, dass gewählte Füllwerte reale Positionen von Daten repräsentieren, die ohnehin bei einer höheren Messpunktedichte gemessen worden wären oder später noch nachgemessen werden. Umgekehrt kann aufgrund der Isometrie des erstellten Modells mit der nachfolgend beschriebenen Rücktransformation angezeigt werden, mit welchen Positionen Daten des Z-Raums oder Y-Raums mit Daten des X-Raums korrespondieren. Damit sind z. B. auch aus Zwischenwerten im Z- oder Y-Raum gebildete Positionen von Datenpunkten im X-Raum anzeigbar, die ähnliche Charakteristika wie die Datenpunkte im lokalen Umfeld aufweisen.

7.6.1 Verbinden von Datenmengen

Die hier aufgeführten Parameter können genutzt werden, um mehrere Datenmengen gleichzeitig mittels einer DR in einem niedrigdimensionalen Raum abzubilden. Die Gruppen können mit der nachfolgend angegebenen Prozedur zu einer gemeinsamen MF verbunden werden.[8] Um mit möglichst wenigen Füllwerten auszukommen, verwendet man folgende ganzzahlige Parameter:

MinFWAnz Minimale Füllwertanzahl pro Verbindungsabschnitt. Es werden mindestens so viele Füllwerte eingefügt, wie *MinFWAnz* angibt.

MaxFWAnz Maximale Füllwertanzahl pro Verbindungsabschnitt. Begrenzung der Füllwertanzahl beim Verbinden nicht zusammenhängender Datenbereiche. In dem so entstehenden, künstlich erzeugten Zwischengebiet liegen keine Trainingspunkte vor. Es werden dort auch keine Werte in der Arbeitsprozedur erwartet, und Messwerte müssen folglich an diesen Stellen nicht hochgenau generalisiert werden. Deshalb wird dort ein größerer Wert für die Krümmung zugelassen, der über dem vordefinierten Maximalwert *WMaxAbwei* liegen kann. Dieser Datenbereich dient dazu, nicht zusammenhängende Gebiete einer MF miteinander zu verbinden. Der Einfügungsvorgang wird gestoppt, wenn die Zahl n der einzufügenden Punkte *MaxFWAnz* erreicht. Die Intervalle zwischen den Punkten haben die gleiche Abmessung.

WMaxAbwei Grenzwert für den Wert der maximalen Abweichung zwischen zwei NN-Punkten im Raum. Die korrekte Zahl n der Einfügepunkte ist erreicht, wenn der Wert der maximalen Distanz aller X_i zu X_{i+1} des betreffenden Intervalls *WMaxAbwei* unterschreitet. Die so entstandene MF besteht dann aus den Trainingspunkten und den eingefügten Füllwerten, entspricht den in Abschn. 7.3 als *Vorgaben zur Glättung* gestellten Anforderungen und ist für die Weiterverarbeitung geeignet.

7.6.2 Verbindung zu einer Mannigfaltigkeit

Um bei multidimensionalen Datenmengen die Lage zueinander visuell erfassen zu können, können sie zu einer MF verbunden und mit einer Dimensionsreduktion beispielsweise im zweidimensionalen Raum dargestellt werden. Dies kann mit der folgenden Vorgehensweise durchgeführt werden:

1. Krümmung vorgeben.
2. NN-Anzahl gemäß dem maximalen Rekonstruktionsfehler im Bereich der maximal zulässigen Krümmung mit *WMaxAbwei* festlegen.
3. *MinFWAnz* festlegen, um Trainingspunkte über lange Strecken bei kleinen Winkeländerungen zu generieren.

---

[8] In Abschn. 8.6.1 in [6] wurde eine DR mit mehreren Gruppen durchgeführt.

4. Mit *MaxFWAnz* können nicht zusammenhängende Gruppen verbunden werden. Hierbei wird ein größerer Rekonstruktionsfehler in Kauf genommen, da zwischen den Gruppen nicht exakt generalisiert werden muss.
5. Glättung einer MF mit der Füllwertmethode durchführen.
6. Dimensionsreduktion mit den Anweisungen in Tab. 10.4, 10.5 und 10.6 in Abschn. 10.7.

7.6.3 Mono- und Multiklassenverarbeitung

Die statistischen Kennwerte der Daten eines Messereignisses liefern *MaxDist2NN*, ein wichtiges Maß für die Glättung einer MF. Es stellt sicher, dass kein Intervall zwischen zwei DPs größer als *MaxDist2NN* ist. Mit dem Konzept *Ensemble von Erwartungswerten* werden die ausreißerfreien Daten mehrerer Messereignisse für ein Messobjekt zu einer Datengruppe zusammengesetzt. Diese Datengruppe repräsentiert dann die Charakteristika eines Messobjektes oder Zustandes.

Klassifikation mit einer Datengruppe Die Trainingspunkte einer Datengruppe werden nach aufsteigender Distanz zum Ursprung sortiert, krümmungsstetig mit Füllwerten ergänzt (Füllwertmethode in Abschn. 7.5), mit der Skala-i indiziert und in eine entsprechende Liste der TP_i eingetragen.

Sensorfusion mit einer Datengruppe Wird beispielsweise eine Sensorfusion durchgeführt, ist für jeden Messpunkt auf der Kalibrierkurve im Darstellungsraum ein Messereignis erforderlich. Die Datengruppe muss homogen und gemäß dem Konzept *Ensemble von Erwartungswerten* zusammengesetzt sein. In Kap. 17 werden die Abbildungseigenschaften solcher Gruppen vorgestellt.

Klassifikation mit mehreren Datengruppen Mehrere Datengruppen können mit der Füllwertmethode zu einer gemeinsamen MF zusammengefügt werden. Mit der gleichen Vorgehensweise, wie im vorigen Abschn. 7.6.2 für zweidimensionale Darstellungen beschrieben, wird die Prozedur für viele multidimensionale Datengruppen durchgeführt. Die in Punkt 6 der Prozedur durchgeführte DR ist optional. Die Anwendung dieser Option und die verwendete Anzahl der Gruppen hängen von dem Zweck ab, der erreicht werden soll. Vorgehensweise: Zuerst werden die Gruppen nach steigender Distanz zum Fixpunkt (z. B. Ursprung) geordnet und anschließend die TP_i innerhalb dieser Gruppen mit der Skala-i indiziert. Die Lücken zwischen den Gruppen sowie andere Unstetigkeiten, bei denen die Distanz von TP_i zu TP_i ein vordefiniertes Maß übersteigt, werden krümmungsstetig gemäß den Hinweisen zu den Parametern in Abschn. 7.5.1 mit Füllwerten ergänzt. Auf diese Weise entsteht eine gemeinsame MF, die krümmungsstetiges Verhalten aufweist und numerisch stabil weiterverarbeitet werden kann (Anforderungen in Abschn. 1.6). Beispiele für Anwendungen finden sich in Kap. 20.

7.6.3.1 Krümmungsstetigkeit durch Spline-Interpolation

Sie ist die Voraussetzung dafür, dass spektrale Methoden, wie z. B. die in Abschn. 10.7.5 vorgestellte NOP-Methode, angewendet werden können, numerisch stabil arbeiten und präzise Ergebnisse liefern. Zu beachten ist, dass mit der Liste der TP_i, die Trainingspunkte und Füllwerte enthält, die Skalierung der Abszisse mit diesen TP_i durchgeführt wird.

7.6.3.2 Positionen von TPs und Füllwerten im X-, Y- und Z-Raum

Die Abszisse im X- und im Z-Raum in Abb. K.2 ist mit i skaliert. Die Abbildung ist für ein Klassifizierungsbeispiel für eine MF, die aus drei Gruppen besteht (Anhang K), erstellt worden (Klassifikation mit mehreren Klassen). Die korrespondierenden Bereiche sind dadurch deutlich zu erkennen. Der Einbettungsraum im X-Raum ist zwar mit den ersten beiden Dimensionen aus der Dimensionsreduktion skaliert, jedoch ist mit der Liste der TP_i auch bekannt, an welchen Positionen sich die Trainingspunkte und Füllwerte befinden. Aufgrund dieser Vorgehensweise ist man jederzeit in der Lage, mittels der NN-Punkte eines TP_i zu erkennen, an welchen Stellen sich die Punkte im X-, Y- und Z-Raum befinden. Somit sind Ursache und Wirkung nachverfolgbar bzw. erkennbar.

7.6.3.3 Große Datenmengen

Bei großen Gesamtdatenmengen können die Trainingsdatenpunkte nach dem Zufallsprinzip entnommen werden.[9] Diese Punktemenge repräsentiert dann die Gesamtdatenmenge und kann der Datenvorverarbeitung zugeführt werden, um den Trainingsdatensatz (TDS) für weitere Verarbeitungsschritte vorzubereiten. Kleinere Datenmengen werden direkt verarbeitet.

7.6.4 Rücktransformation und Transformationsmatrix

Aus der Literatur sind Verfahren bekannt, mit denen für Zwischenwerte im Einbettungsraum die korrespondierenden Positionen im Originalraum bestimmt werden können [9]. Eine Überprüfung, inwieweit ein Füllwert tatsächlich einem im Einbettungsraum (z. B. Y-Raum) vordefinierten und in den X-Raum rücktransformierten Zwischenwert entspricht, ist mit verrauschten Daten durchführbar.[10] Es wird davon ausgegangen, dass alle Trainingspunkte als wahr angenommen werden können und mit der in Abschn. 10.7.5

---

[9] Die für eine bestimmte Genauigkeit erforderliche Anzahl der Datenpunkte ist in Abschn. 5.3.3 beschrieben und in Tab. 5.5 aufgelistet.

[10] Als Test bietet sich an, verrauschte Daten aus dem X-Raum in den Einbettungsraum (z. B. Y-Raum) zu transformieren, anschließend im Einbettungsraum einen Zwischenwert zu interpolieren und diesen in den X-Raum zurückzutransformieren. Verglichen wird dieser Wert dann mit einem nach der Fehlerquadratmethode direkt im X-Raum approximierten Wert. Dies lässt sich z. B. bei $t = 0{,}5$ des parametrischen Splines durchführen.

beschriebenen NOP-Methode in den Einbettungsraum (Y-Raum) als Gesamtheit transformierbar sind. Eine Rücktransformation

$$\underline{X} = (\underline{V}')^{-1} \cdot \underline{Y} \tag{7.2}$$

ist nur mit nicht singulären NxN-Matrizen möglich. Somit muss die Transformationsmatrix $\underline{V}$ alle Spektralkomponenten enthalten. Mit den Positionen von im Einbettungsraum bestimmten Zwischenwerten (z. B. im Y-Raum) können dann auf einfache Weise Punkte im X-Raum gefunden werden. Die NN-Positionen eines Punktes im Z-Raum müssen dazu zunächst mit der Faktorenmatrix $\underline{F}$, die die Beziehungen des überwachten KNN beinhaltet, in den Einbettungsraum transformiert werden, um dann, wie oben beschrieben, im X-Raum anzeigbar zu sein. Einfacher etwa könnten zur Untersuchung eines interessierenden Bereiches im Z-Raum zwei benachbarte TPs für die Rücktransformation ausgewählt, in den Einbettungsraum transformiert und anschließend mit der Beziehung $X_i = (\underline{V}')^{-1} \cdot Y_i$ in den X-Raum abgebildet werden, um die dortige Lage dieser TPs festzustellen.

7.6.5 Überlappende Bereiche

Es sind drei unterschiedliche Formen der Gruppenbildung (Gruppenzugehörigkeit) möglich. Bei den nicht überlappenden Gruppen wird jedes Objekt nur einer Gruppe (Segment, Cluster) zugeordnet, bei den überlappenden Gruppen kann ein Objekt mehreren Gruppen zugeordnet werden. In den Überlappungsbereichen gehört ein Element mit einem bestimmten Grad zu den betroffenen Gruppen. Dieser Grad der Zugehörigkeit ist kleiner eins, wenn nicht alle NN im rezeptiven Bereich einer Gruppe liegen.

Man unterscheidet zwischen *harten* und *weichen* Methoden zur Bildung von Datenhäufungen (Clustering-Algorithmen). Harte Methoden (z. B. k-means, Spectral Clustering, Kernel PCA) ordnen jeden Datenpunkt genau einer Datenpunktehäufung zu, während bei weichen Methoden (z. B. EM-Algorithmus mit mixture-of-Gaussians models) für jeden Datenpunkt in Bezug auf alle infrage kommenden Datenpunktehäufungen ein Zuordnungsgrad gebildet wird, mit dem dieser Datenpunkt in der jeweiligen Datenpunktehäufung eingeordnet werden kann. Weiche Methoden sind insbesondere dann nützlich, wenn die Datenpunkte relativ homogen im Raum verteilt sind und die Häufungen (Cluster) nur als Regionen mit erhöhter Datenpunktdichte in Erscheinung treten, d. h. wenn es beispielsweise fließende Übergänge zwischen den Häufungen oder ein Hintergrundrauschen gibt. Harte Methoden sind in diesem Fall unbrauchbar.

7.6.6 Zugehörigkeitswert

Die Definition eines Zugehörigkeitswertes zu einer Klasse (Datenpunktgruppe) von 0 …1 oder 0 …100 % für nicht …voll zugehörig gibt den Zugehörigkeitsgrad eines in der Arbeitsphase neu zugeordneten Punktes an. Er gibt das Verhältnis des Standardabstandes zum tatsächlichen Abstand eines neuen Datenpunktes X_a als Zahlenwert zwischen null und eins an. Die genaue Definition mit Bezug auf den rezeptiven Bereich einer Klasse ist in Abschn. 8.2.4 mit den Formeln (8.4) und (8.5) gegeben. Dabei bedeutet 0 *nicht zugehörig* und 1 steht für *maximale Zugehörigkeit*. Diese wird erreicht, wenn ein neu zugeordneter Punkt auf einem Bereich der MF liegt. Grafisch veranschaulicht werden kann die Zugehörigkeit z. B. als Trapezdiagramm wie in Abb. 15.9 in Abschn. 15.4.

Zusammenfassung Zunächst wurden die Anforderungen an die Datenvorverarbeitung so gestellt, dass es ermöglicht wird, Wavelet-transformierte Signale gemeinsam mit anderen digitalisierten Signalen zu verarbeiten. Diese Erfordernisse führten zu der in Abb. 12.1 dargestellten Ausprägung der Datenvorverarbeitungsstufe DV. Anschließend wurden Besonderheiten der WT bezüglich der genutzten Eigenschaften genannt. Als solche sind die perfekte Lokalität der Haar-Wavelets, die Kompressionseigenschaften bezüglich der Datenmenge und die Tatsache, dass die WT ein integrierendes Verfahren ist, hinsichtlich der numerischen Stabilität, Robustheit gegenüber Ausreißern, Lokalisierbarkeit und Verarbeitungsgenauigkeit von besonderer Bedeutung. In Abschn. 9.7 ist gegenübergestellt, nach welchen Kriterien die Komponenten des Eingangsvektors auszuwählen sind und mit welchen Verfahren dies durchführbar ist. Anschließend wurde die für die Dimensionsreduktion notwendige Aufarbeitung der Daten erläutert sowie die Maßnahmen dazu in der Vorgabenliste in Abschn. 7.3 angegeben.

Da Messdaten verschiedener Messereignisse als gaußverteilte Datengruppen vorliegen, kann die maximale Distanz der Datenpunkte aus der Standardabweichung bestimmt und als Maß für die Anzahl von Füllwerten bei der Glättung genutzt werden, um Lücken in einer MF zu ergänzen. Im vorliegenden Kapitel wurde eine Glättungsmethode vorgestellt, die die statistischen Kennwerte dieser Daten nutzt und die Eigenwerte der Daten nicht oder nur unwesentlich verändert. Eine MF, die zunächst nur aus einer diskreten Anzahl von Messpunkten besteht, weist Lücken auf, die mit der in Abschn. 7.5 vorgestellten Füllwertmethode ergänzt werden können, sodass die Glattheit dieser MF als Vorbereitung für weitere Verarbeitungsschritte sichergestellt ist. Der durch diese Maßnahme auf ein Minimum reduzierte Rekonstruktionsfehler wird in Abschn. 14.4 diskutiert und die Auswirkung der Anzahl der NN bei der Transformation erklärt.

In Abschn. 7.4 wurde der Zusammenhang von Krümmung und Komplexität erläutert und klargestellt, dass eine Begrenzung der Komplexität einer MF erforderlich ist, um numerische Stabilität zu gewährleisten und einen Rekonstruktionsfehler definieren zu können. Dazu wurde eine Methode angegeben, bei der die NN-Anzahl genutzt wird, um die Komplexität des Modells bei der Klassifizierung einzustellen, ohne die MF selbst verändern zu müssen.

In Abschn. 7.6.4 sind Erfordernisse zur Rücktransformation in den X-Raum aufgeführt, um Ursache und Wirkung zuordnen zu können. Abschließend wird für verschiedene Fälle bei überlappenden Gruppen der Grad der Zuordnung angegeben (Abb. 7.8).

Literatur

1. Brand M (2002) A unifying theorem for spectral embedding and clustering. URL (http://www.merl.com)
2. Braun ML (2005) Spectral Properties of the Kernel Matrix and their Relation to Methods in Machine Learning. Dissertation, Mathematisch-Naturwissenschaftliche Fakultät der Rheinischen Friedrisch-Wilhelm-Universität Bonn
3. Chang H, Yeung DY (2006) Robust locally linear embedding. Pattern Recognition 39(6):1053–1065, https://doi.org/https://doi.org/10.1016/j.patcog.2005.07.011
4. Herrmann N (2007) Höhere Mathematik: Für Ingenieure, Physiker und Mathematiker, 2nd edn. Oldenbourg, München, DOI https://doi.org/10.1524/9783486593518, URL http://www.oldenbourg-link.de/isbn/9783486584479
5. Roweis ST (2003) Nonlinear Blind Sensor Fusion and Identifikation. URL (https://cs.nyu.edu/~roweis/papers/sensor.pdf)
6. Sartorius G (2009) Multivariate Adaption mit modularisierten künstlichen neuronalen Netzen: Zugl.: Hagen, Fernuniv., Fachbereich Elektrotechnik, Diss., 2009, Fortschritt-Berichte VDI Reihe 10, Informatik/Kommunikation, vol 799, als ms. gedr edn. VDI-Verl., Düsseldorf
7. Scheibl HJ (1990) Numerische Methoden für den Ingenieur: Praktische Anwendungen auf dem PC, Edition expertsoft, vol 1. expert-Verl., Ehningen bei Böblingen
8. Tobler WR (1979) Smooth pycnophylactic interpolation for geographical regions. In Journal of the American Statistical Association vol. 7, No. 357:S. 519–536
9. Zhang C, Wang J, Zhao N, Zhang D (2004) Reconstruction and analysis of multi-pose face images based on nonlinear dimensionality reduction. Pattern Recognition, The journal of the pattern recognition society vol. 37:S.325–336

Distanz- und Ähnlichkeitsmaße 8

Für das maschinelle Lernen sind Begriffe wie Distanz und Ähnlichkeit bei der Erstellung der mathematischen Modelle von entscheidender Bedeutung. Durch die Anwendung unterschiedlicher Metriken zur Bestimmung der Punktabstände und die Erkenntnisse der letzten Kapitel bekommt der Begriff Distanz einen neuen Interpretationsspielraum. Es stehen neue Freiheitsgrade bei der Gestaltung der Modelle zur Verfügung. Die Datenpunkte können im hochdimensionalen Raum gespeichert werden, und charakteristische Information tragende Punktehäufungen sind auf bestimmte Kriterien prüfbar, um zu klären, ob sie als Erkennungsmerkmal geeignet sind oder nicht. Beispielsweise kann als Ähnlichkeitsmaß eine Proximitätszahl darauf hinweisen, wie ähnlich zwei Objekte im multidimensionalen Raum sind. Dies bietet die Möglichkeit, festzustellen, ob der sogenannte Fingerabdruck, der in einer passenden Art für ein Objekt gemessen wird, ausreicht, um Objekte sicher unterscheidbar zu machen. Ist dies nicht der Fall, kann eine andere Messmethode hinzugezogen werden, die die Unterscheidbarkeit verbessert, damit keine Fehlklassifizierungen vorkommen können. Dies gilt für die Menge der trainierten Objekte einer Gruppe n, die in dem Lexikon der Messobjekte erfasst sind und für die Klassifizierung in der Arbeitsphase zur Verfügung stehen. So können die Voraussetzungen für Modelle geschaffen werden, deren Anwendung eine genaue und zuverlässige Klassifikation liefert.

8.1 Zugehörigkeitsgrad und Ähnlichkeitsmessung

Unähnlichkeit bzw. Ähnlichkeit kann durch ein metrisches Distanzmaß angegeben werden, wenn die zur Abbildung von Objekten zugeordneten Zahlen einen empirischen Sinn haben bzw. wenn es gerechtfertigt ist, aus empirisch ermittelten Ähnlichkeiten auf die Lage der Objekte im multidimensionalen Raum zu schließen.

G. Sartorius, *Erfassen, Verarbeiten und Zuordnen multivariater Messgrößen*,
https://doi.org/10.1007/978-3-658-41451-1_8

8.1.1 Skalenniveau

Eine ratiometrische Skala-i ist zum Vergleich der Objekte erforderlich. Sie bildet die Grundvoraussetzung für die Generalisierung mit NN-Verfahren. Weiterhin muss die Messbarkeit mit geeigneten Messverfahren, die imstande sind, charakteristische Werte zur Bestimmung eines Stoffes, eines Objektes oder eines Vorgangs zu erzeugen, gegeben sein. Solche Messwerte müssen sich klar von den Messwerten anderer Objekte unterscheiden, um Eindeutigkeit sicherzustellen. Die Randbedingungen der Messwerterfassung müssen sicherstellen, dass die Messgeräte langzeitstabil sind und die Messungen zu beliebigen Zeitpunkten wiederholt werden können. Diese Daten einzelner Messereignisse – jedes Messereignis liefert normalverteilte Daten um einen Erwartungswert – zur Charakterisierung des Messobjektes werden mit den Methoden der Datenvorverarbeitung in Kap. 12 bearbeitet, damit für die Trainingsphase ausreißerfreie Daten als glatte Mannigfaltigkeit vorliegen. Verschiedene Messereignisse, die bestimmte Eigenschaften eines Objektes aufnehmen, können zu einem Ensemble von Erwartungswerten zur Bildung des rezeptiven Bereichs kombiniert werden.[1] Der rezeptive Bereich kann dann eine beliebige Verteilung aufweisen.

8.1.2 Voraussetzungen zur Nutzung von Ähnlichkeitsmaßen

1. Messbarkeit: geeigneter Sensor zur Bestimmung charakteristischer Werte eines Objektes oder eines Zustandes. Diese charakteristischen Werte bilden die Komponenten eines Vektors zur Beschreibung des Merkmals.
2. Universalität: Die Art der Bildung des charakteristischen Messwertes ist für alle zu unterscheidenden Objekte möglich.
3. Eindeutigkeit: Der charakteristische Messwert muss für möglichst alle Messobjekte unterschiedlich sein.
4. Stabilität: Messwerte müssen zu beliebigen Zeitpunkten wiederholt werden können.
5. Skalierbarkeit: ratiometrische Skala zum Vergleich der Objekte.

Zur Bildung eines Skalenniveaus quantitativer Messwerte kommen unterschiedliche Distanzmaße bei verschiedenen Verfahren zum Einsatz. Spezielle Eigenschaften der jeweils genutzten Metrik dienen dazu, die im Vordergrund stehende Aufgabe eines Verfahrens möglichst optimal zu erfüllen. Beim MAE-Verfahren wird die L^1-Metrik wegen ihrer Eigenschaft, hochdimensionale Datensätze präzise verarbeiten zu können, genutzt. Bei der Berechnung der Wavelet-Koeffizienten kann wegen der Definition der Bildungsgesetze der Wavelet-Transformation und bei der Dimensionsreduktion wegen der Definition des Skalarproduktes nur die euklidische Distanz genutzt werden. Die L^f-

[1] Generalisierung um ein Ensemble von Erwartungswerten in Abschn. 12.1.1.

Distanzen[2] sind metrische Distanzen und translationsinvariant. Um die Vergleichbarkeit sicherzustellen, muss zur Verarbeitung für alle Zahlenwerte die gleiche Maßeinheit bzw. Metrik verwendet werden. Die Eigenschaften anderer Distanzmaße in Abb. 6.3, die nicht Teil der Menge der Minkowski-Metriken sind, werden bei NN-Verfahren nicht genutzt. Die Mahalonobis-Distanz ist beispielsweise zur Bearbeitung von Merkmalen mit unterschiedlichem Skalenniveau geeignet, somit skaleninvariant, jedoch nicht linear bei der Distanzbestimmung der NN und deshalb für das MAE-Verfahren nicht einsetzbar.

8.1.3 Speicherung der Charakteristika

Messgrößen liegen nach der AD-Wandlung als Rohwerte im Integerformat vor. Der Punkteraum sollte für die Art der Messgröße geeignet und so einfach wie möglich gestaltet sein, um Charakteristika von Objekten oder deren Zustände in Form von Datenpunkthäufungen aufnehmen zu können. Das Format der Messdaten lässt es zu, dass die digitalisierten Messwerte als Integerdaten, wie in Abschn. 6.4 vorgestellt, im L^1-Raum gespeichert werden können. Wie in Abschn. 6.4 in Tab. 6.6 und Abb. 6.11 gezeigt, gibt es bei der dort aufgeführten Anzahl der Dimensionen und Zahlengrößen keine Genauigkeitsprobleme hinsichtlich der Distanzermittlung mit der Manhattan-Distanz im multidimensionalen L^1-Raum. Wie schon in Abschn. 6.4 dargelegt, wird für das MAE-Verfahren als globales Koordinatensystem die L^1-Norm verwendet.

8.1.4 Definition von Ähnlichkeit

Eine empirisch sinnvolle Datenpunktmenge im multidimensionalen Raum, die mit einer geeigneten Messmethode gemessen wurde, repräsentiert nach der Trainingsphase als Referenzmenge ein bestimmtes Merkmal. Zur Messung der Ähnlichkeit zu dieser Referenzmenge gibt es verschiedene Metriken, um die Bestimmung der Maße der im Merkmalsraum als Trainingsdatensatz (TDS) gespeicherten Datenpunkte bzw. Vektoren vorzunehmen. Diese Metriken wurden in Abschn. 6.1.3 vorgestellt. Je größer die Distanz eines Messwertes zu einem Merkmal ist, desto unähnlicher, und je kleiner die Distanz, desto ähnlicher ist der Messwert zu den Messwerten der Referenzmenge. Die Distanz null zeigt die größtmögliche Ähnlichkeit an. Zur Messung der Distanz wird oft die Kosinus-Ähnlichkeit genutzt, die jedoch nur bei Verwendung der euklidischen Distanz gebildet werden kann. Da die Vektorlängen unterschiedlich sein können, ist die Kosinus-Ähnlichkeit für eine eindeutige Bestimmung der Lokalität eines Datenpunktes ungeeignet. Es müsste in einem zweiten Schritt geprüft werden, inwieweit die Vektor-

[2] Die L^{f}-Normen sind in Abschn. 6.1.3 in Abb. 6.3 als Minkowski-Metrik und mit Formel (6.1) definiert.

längen gleich sind, um eine Ähnlichkeit oder einen Grad der Übereinstimmung anzuzeigen. Sind der Winkel und die Distanz zwischen zwei Vektoren null, so zeigt allgemein die Differenz der Richtungskomponenten (L^1-Norm, L^2-Norm) den Grad der Übereinstimmung an. Die Distanzmessung nach Formel (6.3) zeigt die Distanz zu Punkten im euklidischen Raum an. Diese Methode wird jedoch, wie in Abschn. 6.3 in Abb. 6.11 und Tab. 6.6 gezeigt, bei Anwendung in hochdimensionalen Räumen ungenau. Im Vergleich zu anderen Metriken ist die Distanzbestimmung zwischen Datenpunkten in hochdimensionalen Räumen, die für NN-Verfahren gebraucht wird, mit der Manhattan-Distanz präzise. Sie kommt beim MAE-Verfahren zum Einsatz und wird in Abschn. 6.4 beschrieben.

8.2 Rezeptiver Bereich

Zur Feststellung, inwieweit ein neuer Messpunkt X_a zum rezeptiven Bereich eines Merkmals passt, wird beim MAE-Verfahren ein Zugehörigkeitsgrad bestimmt. Der NN-Einzugsbereich um jeden TP entspricht beim Training einem n-dimensionalen Würfel (Manhattan-Distanz), dessen Kantenlängen durch den maximalen Abstand *MaxDist2NN* bestimmt sind. Von TP zu TP überlagern sich diese Einzugsbereiche. Im 3-D-Raum veranschaulicht, wäre dies eine durch die Ränder der überlagerten äußeren Grenzen der Würfel gebildete Hülle, deren Breite bei den jeweiligen TPs dem zugehörigen Wert *MaxDist2NN* entspräche. Im euklidischen Raum entspräche der rezeptive Bereich einem schlauchartigen Gebilde, dessen Radius durch den maximalen Abstand *MaxDist2NN* bestimmt ist. Dieser maximale Abstand *MaxDist2NN* jedes TP zu seinen NN im X-Raum ist für das MAE-Verfahren in Abschn. 6.1.2 mit 2 σ als Standard definiert. Der grundsätzliche Einfluss der NN-Anzahl K auf die Kontur einer MF eines TDS ist in Abschn. 7.5.2 beschrieben. Die Bestimmung eines Kennwertes, der die Lage eines Anfragepunktes X_a in einem konvexen oder konkaven Bereich der Kontur einer MF oder mitten in einer MF angibt, ist in Abschn. 8.2.1 erläutert. Zur Ermittlung des Zugehörigkeitsgrades (ZG) gibt es zwei unterschiedliche Methoden. Die erste, in Abschn. 8.2.2 beschriebene Methode arbeitet mit einem von der NN-Anzahl K unabhängigem Grenzwert. Dieser Grenzwert der Ausdehnung des rezeptiven Bereichs ist mit *MaxDist2NN* um die äußeren Punkte der zu untersuchenden MF festgelegt. Dabei wird davon ausgegangen, dass bis *MaxDist2NN* (2 σ) um jeden DP Messwerte vorhanden sein können. Die zweite Methode eignet sich dazu, die Komplexität des Modells M einer MF mit der NN-Anzahl K so anzupassen, dass es für die Klassifizierungsaufgabe optimal eingestellt ist. Die Optimierung durch Variation von K startet rechts in Abb. 11.1 bei großer Modellkomplexität und endet, wenn der Prognosefehler minimal wird.

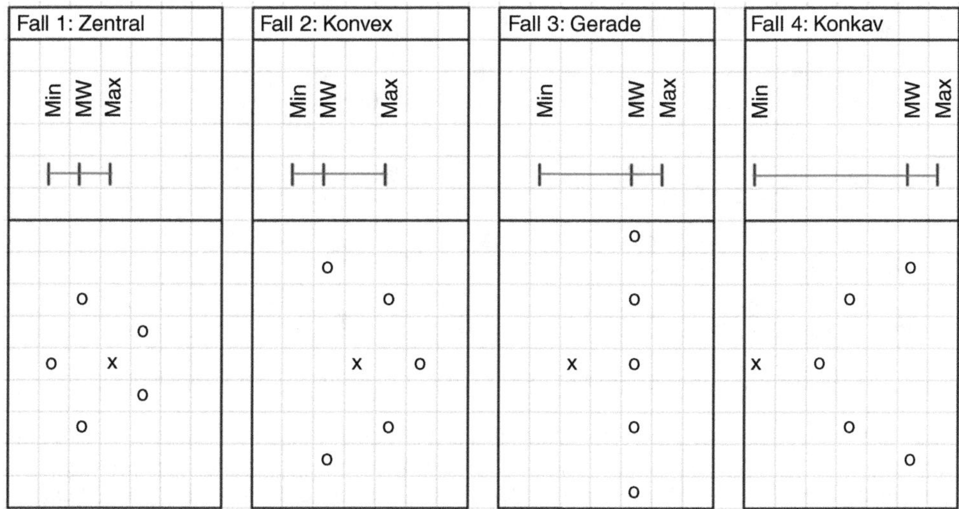

Abb. 8.1 Lage eines Anfragepunktes zur Kontur einer MF bei festem Grenzwert der Zugehörigkeit, dargestellt durch die Lage eines Anfragepunktes X_a (Kreuz) zu Punkten des Trainingsdatensatzes (Kreise) bei verschiedenen Punktekonstellationen in der Arbeitsphase

8.2.1 Kontur einer Mannigfaltigkeit

Bei der Klassifikation in der Arbeitsphase ist die Lage des Anfragepunktes X_a zur MF zunächst nicht bekannt. In Abb. 8.1 sind 4 Fälle mit verschiedenen Anordnungen von 5 NN-Punkten zum Anfragepunkt X_a dargestellt. Mit dem mit Formel (8.1) bestimmbaren Kennwert kann die Lage von X_a zur Kontur einer MF als Zahlenwert mit Formel (8.1) angegeben werden. Bei weiteren NN-Punkten liegen diese meist nicht auf dem Rand, sondern es treten NN-Punkte auf, die tiefer in der Datenmenge wie in den Abb. 8.2 und 8.4 angeordnet sind. Eine Möglichkeit zur Bestimmung der Lage eines X_a zu seinen NN wird in Abb. 8.1 in Verbindung mit dem Kennwert in Formel (8.1) vorgeschlagen. Als Kennungen zur Lagebestimmung gibt es in den nachfolgenden Beispielen und Abbildungen folgende Abstandsbezeichner:[3]

MinDistXa2NN: Mindestabstand von *Xa* zu den NN
MaxDistXa2NN: Maximalabstand von *Xa* zu den NN
MWDistXa2NN: Mittelwert der Distanzen von *Xa* zu den NN
DistXa2Zd: Distanz von *Xa* zum Zentroid der NN

[3] DistXa2Zd: Distanz vom Datenpunkt *Xa bis zum* Zentroid *Zd*, die Zahl Zwei steht für bis zu oder to, vom englischen *two* abgeleitet, um eine kurze Schreibweise zu ermöglichen.

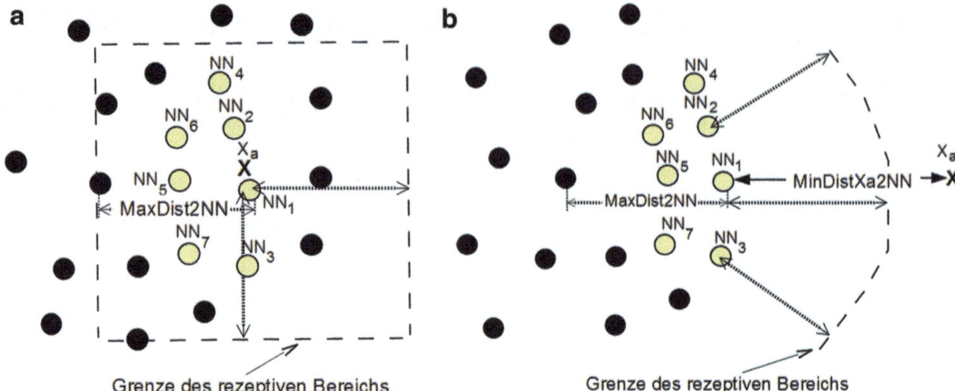

Abb. 8.2 Rezeptiver Bereich relativ zum ersten NN-Punkt X_{NN1}, X_i (schwarze Punkte) mit Anfragepunkt X_a (X) und seinen nächsten Nachbarpunkten X_{aj} (helle Punktfüllung). Die gestrichelte Linie ist die Bereichsgrenze $MaxDist2NN = 2\ \sigma$ des TDS. **a** X_a innerhalb des rezeptiven Bereichs. **b** X_a außerhalb des rezeptiven Bereichs

Der Mittelwert *MWDistXa2NN* und der Maximalabstand *MaxDistXa2NN* werden für jeden der vier Fälle gebildet und mit Formel (8.1) der zugehörige Kennwert für die Lage des Anfragepunktes zur Kontur des TDS berechnet. Mit den in Fall 1 bis Fall 4 angegebenen Kennwerten kann die Lage eines X_a zu den NN abgeschätzt werden.

$$Bereichsfaktor = \frac{MW\,Dist\,Xa2NN - Min\,Dist\,Xa2NN}{Max\,Dist\,Xa2NN - Min\,Dist\,Xa2NN} = \frac{MW - Min}{Max - Min} \tag{8.1}$$

Fall 1 X_a liegt in der Punktemenge des TDS. Die NN sind rund um X_a angeordnet. Der Bereichsfaktor hat einen Wert um 0,5, der mittlere Bereich ist zwischen: 0,25 …0,75.

Fall 2 X_a liegt außerhalb der Punktemenge des TDS. Die NN sind konvex um X_a angeordnet. Der Wert des Bereichsfaktors ist kleiner 0,25, der untere Bereich ist etwa: 0,1 …0,25.

Fall 3 X_a liegt außerhalb der Punktemenge des TDS. Die NN sind gerade vor X_a angeordnet. Der Wert des Bereichsfaktors ist größer 0,5, der mittlere bis obere liegt zwischen: 0,6 …0,75.

Fall 4 X_a liegt außerhalb der Punktemenge des TDS. Die NN sind konvex zu X_a angeordnet. Der Wert des Bereichsfaktors ist größer 0,75, der obere ist etwa: 0,75 …0,9.

8.2.2 Fester Grenzwert der Zugehörigkeit

Der Grenzwert der Zugehörigkeit bei der folgenden Anordnung ist unabhängig von der Anzahl der NN. Als Grenzwert (GRZW) wird ein Zahlenwert errechnet, der die äußere Hülle einer MF im Abstand *MaxDist2NN* zu den außen liegenden Punkten repräsentiert. Für jeden Anfragepunkt X_a wird ein Vergleichswert (VGLW) errechnet. Für X_a-VGLW < GRZW liegt X_a innerhalb der Hülle und somit im rezeptiven Bereich und für X_a-VGLW ≥ GRZW liegt X_a außerhalb.

Der Maximalwert *MaxDistXa2NN*, der Mittelwert *MWDistXa2NN* und der Minimalwert *MinDistXa2NN* (Abb. 8.1) liefern zwar Information zur Lage von X_a in Bezug auf die NN im TDS, jedoch kann von diesen Werten kein Grenzwert für die Zugehörigkeit abgeleitet werden. Es wird ein Kriterium benötigt, welches es ermöglicht, bei einer beliebigen Anzahl von NN zu entscheiden, ob der Datenpunkt X_a im rezeptiven Bereich liegt oder nicht. Für die Klassifizierung neuer Anfragepunkte X_a in der Arbeitsphase, die unabhängig von der Anzahl K der NN-Punkte ausführbar sein soll, sind im Folgenden zwei Möglichkeiten erläutert.

8.2.2.1 Prüfung auf Zugehörigkeit

Prüfung mit fester NN-Anzahl Bildung von *MinDistXa2NN* und Test, ob dieser Abstand kleiner als die Zugehörigkeitsgrenze *MaxDist2NN* in Abb. 8.2 ist. Wenn ja, ist der Zugehörigkeitsgrad ZG = 1, wenn nicht, ist er kleiner als 1. Der Nachteil dieser Ermittlung von ZG ist, dass der Wert nur mit einer NN-Distanz gebildet wird. Dies entspräche einer Klassifizierung mit einer NN-Anzahl von eins. Nachteilig ist, dass bei der Ermittlung des Zugehörigkeitsgrades nur ein TP_i des TDS beteiligt ist.

Prüfung mit variabler NN-Anzahl In Abb. 8.3 ist ein Verfahren dargestellt, mit dem die Zugehörigkeit mit Beteiligung der K NN gebildet wird. Die Bildung der Distanz-Matrix $\underline{D}$ liefert die Distanzen von jedem NN-Punkt zu jedem anderen NN-Punkt von X_a. In diesem Beispiel ist die Anzahl K der NN = 4. Die NN sind mit NN1 bis NN4 nummeriert, um die Distanzen D_{ij} mit 1 = 1 …4 und j = 1 …4 bilden zu können. Dabei ist der Punkt NN1 der Punkt mit der kürzesten Distanz zum Anfragepunkt X_a (*MinDist2Xa*). Mit dieser Distanz wird ein Schwellenwert errechnet, der die Hülle um die äußeren Punkte einer MF mit einem festen Abstand von *MaxDist2NN* definiert. Dieser Abstand ist konstant und gilt für alle Distanzen DistXa2NN, die durch Mittelwertbildung der beteiligten NN eines Anfragepunktes X_a gebildet werden können. Die Bildung des Schwellenwertes hängt zwar von der Position des nächstgelegenen NN ab, die Ermittlung des Distanzwertes wird jedoch mit der Beteiligung aller K NN gebildet. Im Vergleich zur Distanzbildung mit fester Anzahl wird bei dieser Berechnung für alle Lagen oder Situationen, bei denen z. B. NN1 der nächstgelegene NN ist, der Wert durch Mittelung gebildet.

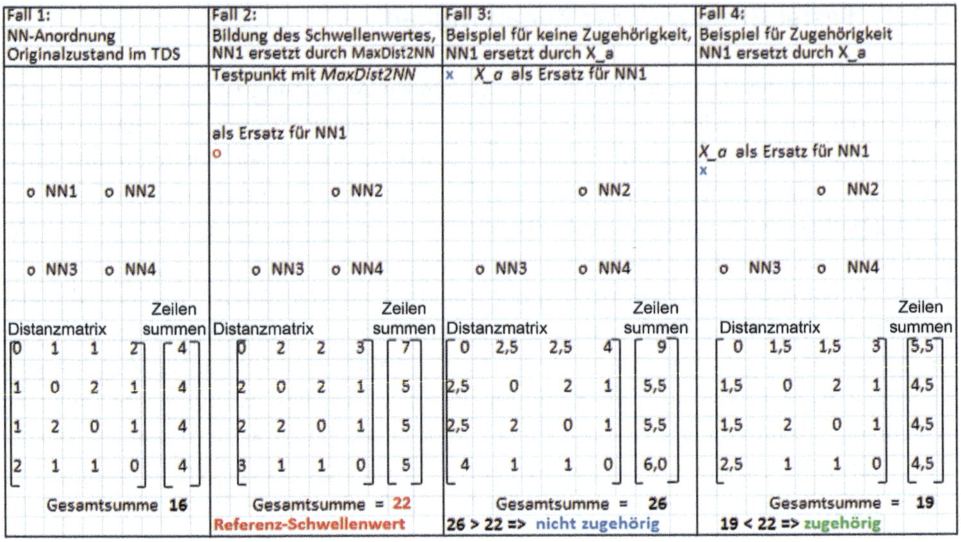

Fall 1: NN-Anordnung Originalzustand im TDS	Fall 2: Bildung des Schwellenwertes, NN1 ersetzt durch MaxDist2NN	Fall 3: Beispiel für keine Zugehörigkeit, NN1 ersetzt durch X_a	Fall 4: Beispiel für Zugehörigkeit NN1 ersetzt durch X_a
	Testpunkt mit *MaxDist2NN* als Ersatz für NN1 o	x *X_a* als Ersatz für NN1	*X_a* als Ersatz für NN1 x
o NN1 o NN2	o NN2	o NN2	o NN2
o NN3 o NN4	o NN3 o NN4	o NN3 o NN4	o NN3 o NN4
Distanzmatrix / Zeilensummen	Distanzmatrix / Zeilensummen	Distanzmatrix / Zeilensummen	Distanzmatrix / Zeilensummen
0 1 1 2 | 4	0 2 2 3 | 7	0 2,5 2,5 4 | 9	0 1,5 1,5 3 | 5,5
1 0 2 1 | 4	2 0 2 1 | 5	2,5 0 2 1 | 5,5	1,5 0 2 1 | 4,5
1 2 0 1 | 4	2 2 0 1 | 5	2,5 2 0 1 | 5,5	1,5 2 0 1 | 4,5
2 1 1 0 | 4	3 1 1 0 | 5	4 1 1 0 | 6,0	2,5 1 1 0 | 4,5
Gesamtsumme **16**	Gesamtsumme = 22 Referenz-Schwellenwert	Gesamtsumme = **26** 26 > 22 => nicht zugehörig	Gesamtsumme = **19** 19 < 22 => zugehörig

Abb. 8.3 Lage eines Anfragepunktes zur Kontur einer MF bei variablem Grenzwert der Zugehörigkeit, dargestellt durch die Lage eines Anfragepunktes X_a (Kreuz) zu Punkten des TDS (Kreise) bei verschiedenen Anordnungen in der Arbeitsphase

Die Prozedur umfasst folgende Schritte:

1. Bildung der Distanzmatrix der Punkte D_{ij}
2. Addition der Distanzen in Zeile $i = 1 \ldots 4$ und Speicherung als Zeilensumme.
3. Bildung der Gesamtsumme als Summenwert der Zeilensummen.

und wurde für alle vier Anordnungen des Beispiels durchgeführt.

In **Anordnung 1** wurden die vier NN-Punkte mit der Prozedur bearbeitet. Als Gesamtsumme ergab sich 16.

In **Anordnung 2** wurde der NN1 durch einen Testpunkt (rot) mit maximalem Abstandswert *MaxDist2NN* ersetzt und dann alle vier Punkte mit der Prozedur bearbeitet. Die Gesamtsumme mit dem Wert 22 ist der Schwellenwert für die maximale Ausdehnung des rezeptiven Bereichs.

In **Anordnung 3** wurde der NN1 durch einen Anfragepunkt X_a mit größerer Distanz als *MaxDist2NN* ersetzt und dann alle vier Punkte mit der Prozedur bearbeitet. Die Gesamtsumme ist mit dem Wert 36 größer als der Schwellenwert. Somit liegt dieser X_a außerhalb des rezeptiven Bereichs.

In **Anordnung 4** wurde der NN1 durch einen Anfragepunkt X_a mit kleinerer Distanz als *MaxDist2NN* ersetzt und dann alle vier Punkte mit der Prozedur bearbeitet. Die Gesamtsumme ist mit dem Wert 19 kleiner als der Schwellenwert. Somit liegt dieser X_a innerhalb des rezeptiven Bereichs.

8.2.3 Variabler Grenzwert der Zugehörigkeit

Der Grenzwert der Zugehörigkeit bei der folgenden Anordnung in Abb. 8.3 ist von der Anzahl K der NN abhängig. Der Zentroid der NN X_aj mit $j = 1 \ldots K$ des Anfragepunktes X_a wird als Referenzpunkt zur Bildung des Grenzwertes mit Formel (8.2) bestimmt. Als Grenzwert (GRZW) gilt dann die Distanz *MaxDist2NN* zum Zentroid (Zd) in Richtung des Anfragepunktes X_a, der die äußere Hülle einer MF im Abstand *MaxDist2NN* zu den außen liegenden Punkten repräsentiert. In Abb. 8.4b ist die Anordnung für die Position von X_a außerhalb des rezeptiven Bereichs und in Abb. 8.4a für X_a innerhalb des rezeptiven Bereichs dargestellt. Distanzen von X_a zum Zentroid werden mit *DistXa2Zd* bezeichnet. Für *DistXa2Zd* < GRZW liegt X_a innerhalb der Hülle und somit im rezeptiven Bereich und für *DistXa2Zd* ≥ GRZW außerhalb. In den Formeln (8.2) und (8.3) gilt für Zd und die NN-Punkte X_{aj} die Distanz zum Ursprung. Die Distanzen im multidimensionalen Raum 1 …D sind bei Nutzung der Manhattan-Distanz mit Formel (6.2) oder (8.12) zu bilden.

$$\textbf{Zentroid:} \qquad Zd = \frac{1}{K} \sum_{j=1}^{K} X_{aj} \tag{8.2}$$

$$\textbf{Distanz von } X_a \textbf{ zum Zentroid:} \qquad DistXa2Zd = \frac{1}{K} \sum_{j=1}^{K} DistXa2Xaj \tag{8.3}$$

Ein variabler Grenzwert für die Entscheidung der Zugehörigkeit in Verbindung mit den mittelwertbildenden Eigenschaften des NN-Verfahrens, deren Wirkung auf die Rauig-

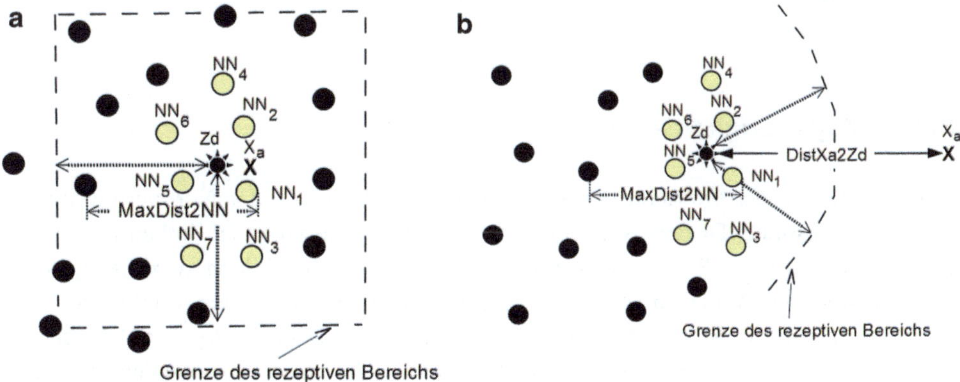

Abb. 8.4 Rezeptiver Bereich relativ zum Zentroid *Zd* (∗) der NN, X_i (schwarze Punkte) mit Anfragepunkt X_a (X) und seinen nächsten Nachbarpunkten X_{aj} (helle Punktfüllung). Die gestrichelte Linie ist die Bereichsgrenze *MaxDist2NN* = 2 σ des TDS. **a** X_a innerhalb des rezeptiven Bereichs. **b** X_a außerhalb des rezeptiven Bereichs

keit der äußeren Hülle einer MF mit der Anzahl der NN eingestellt werden kann, ermöglicht es, die Modellkomplexität zu verringern. Somit kann durch eine Erhöhung der Anzahl der NN die im Modell mit maximaler Feinstruktur gespeicherte Charakteristik so angepasst werden, dass sich durch die Auswirkung der Mittelung ein optimal an die Aufgabenstellung angepasstes Modell ergibt. Dazu wird die Anzahl der NN schrittweise erhöht, bis die Güte der Klassifizierung abnimmt. Mit der NN-Anzahl, die in dem Schritt vor der Verschlechterung eingestellt war, ist die optimale Einstellung der NN-Anzahl $K_{opt.}$ für die Aufgabenstellung gefunden. Dieser Wert für *K* wird dann in der Arbeitsphase verwendet.

Mit der NN-Anzahl K = 7 in Abb. 8.4b liegt der Zentroid *Zd* innerhalb der Punktehäufung. Bei K = 2 wäre die Position von *Zd* zwischen NN_1 und NN_2 etwas weiter rechts an der Außenseite der Menge der DPs. Bei K = 14 würde *Zd* weiter links in der Menge liegen. Die Grenze des rezeptiven Bereichs wird in Richtung Zd verschoben, der rezeptive Bereich wird kleiner, die Hülle enger um die Punkte gelegt. Eine Rauigkeit an der Oberfläche einer MF ähnlich wie in Abb. 11.5 würde wie in Abb. 11.4 die Struktur glätten und somit die Komplexität des Modells reduzieren.

8.2.3.1 Optimierung der Modellkomplexität

Dabei bedeutet für die Modellgüte: schlecht ...gut ≡ viele ...wenig Fehler bei der Klassifizierung.

1. Start mit K = 1
2. K = K + 1
3. Externe Validierung mit der Testmenge
4. Feststellung der Modellgüte
5. Wenn Güte besser, weiter mit 2.
6. Wenn Güte schlechter, Ende der Iteration, weiter mit 7.
7. K_{opt} = K - 1

8.2.4 Zugehörigkeitsgrad

Bei der Bildung der Gewichte im Merkmalsraum geht wegen der Normierung mit Gl. (10.9) die absolute Distanz verloren. Um sie in den normierten Einbettungsräumen (Darstellungsräume Y-Raum und Z-Raum) bezüglich der NN bilden zu können, ist der Maximalwert der Distanzen (*MaxDist2NN*) als Standard[4] auf 2 σ eingestellt oder muss als NN-Kennung im Modell M gespeichert werden. Die Distanz *MaxDist2NN*, die den rezeptiven Bereich bestimmt, ist mit der Varianz der TPs im entsprechenden Häufungsbereich verknüpft.

[4] Standard beim MAE-Verfahren: *MaxDist2NN* = 2 σ.

8.2.4.1 Aspekte zur Bestimmung des Zugehörigkeitsgrades

Ein großer Wert für *MaxDist2NN* vermindert die Trennschärfe, ein kleiner erhöht sie. Trennschärfe bedeutet dabei die Fähigkeit, nur wahr-positiv (true positive) klassifizierte Werte im rezeptiven Bereich der jeweiligen Gruppe als Treffer zu registrieren.[5] Außerhalb des rezeptiven Bereichs wird der Zugehörigkeitsgrad (ZG) mit Formel (8.4) in Abhängigkeit des Abstandes reduziert. Bedingt durch die Normierung der Distanzsumme auf eins, die bei der Bestimmung der Rekonstruktionsgewichte mit Gl. (10.9) in der Trainingsphase für jedes X_i durchgeführt worden ist, geht die Information der absoluten Distanz verloren. Aus diesem Grund muss die Nähe, der Zugehörigkeitsgrad zum zentralen Bereich einer Häufung, in der Arbeitsphase für jeden Anfragepunkt X_a mit Formel (8.4) bestimmt werden, wenn *MaxDistXa2NN* größer als *MaxDist2NN* wird; andernfalls ist der Zugehörigkeitsgrad gleich eins. APs, die mit ihren Wichtungen zu einer Gruppe passen, jedoch weiter entfernt sind, werden auf diese Weise im Zugehörigkeitsgrad reduziert, und es wird ermöglicht zu erkennen, mit welcher Gruppe ein AP die größte Ähnlichkeit aufweist, auch wenn kein hoher Zugehörigkeitsgrad nahe eins erreicht wird.

Zugehörigkeitsgrad bei festem Grenzwert der Zugehörigkeit in Abschn. 8.2.2 (Distanz zwischen Anfragepunkt X_a und dem ersten NN des TDS bzw. der MF):

$$\textbf{ZugehöZrigkeitsgrad:} \qquad ZG = \frac{DistXa2NN}{MaxDist2NN} \tag{8.4}$$

Zugehörigkeitsgrad bei variablem Grenzwert der Zugehörigkeit in Abschn. 8.2.3 (Distanz zwischen Anfragepunkt X_a und dem Zentroid der NN des TDS bzw. der MF):

$$\textbf{ZugehöZrigkeitsgrad:} \qquad ZG = \frac{DistXa2Zd}{MaxDist2NN} \tag{8.5}$$

Es wird ein bestimmtes Merkmal mit dem TDS, der als Referenzmenge fungiert, repräsentiert. Die Datenpunkte zur Charakterisierung des Merkmals wurden mit einer geeigneten Messmethode gemessen. Zur Feststellung der Ähnlichkeit muss geprüft werden, inwieweit ein neuer Messpunkt X_a in den rezeptiven Bereich passt. Der Zugehörigkeitsgrad von X_a zur Referenzmenge wird mit *MaxDist2NN*/*MaxDistXa2NN* skaliert. Bei Werten größer als eins gehört der Datenpunkt X_a zur Referenzmenge. Es gibt Methoden, die als Kriterium von Ähnlichkeit den Richtungskosinus nutzen. Dabei stimmt zwar die Richtung von zwei Vektoren überein, jedoch ist nicht bekannt, bei welcher Distanz zum Ursprung sich der Datenpunkt befindet. Die Eigenschaften und Anwendungsmöglichkeiten des Richtungskosinus im L^2-Raum und die der Richtungskomponenten im L^1-Raum sind in Abschn. 8.4 gegenübergestellt.

[5] Abkürzungen zur ROC-Kurve erläutert in Abschn. 19.5 und [1].

8.3 Aggregation der Charakteristika

Bei der Bildung von Referenzdatenmengen als Basis zur Erkennung von Ähnlichkeiten gibt es verschiedene Arten von Messquellen, mit denen die Datenpunkthäufungen für ein Objekt erfasst werden. So kann beispielsweise die Zahl *Fünf* durch unterschiedliche Referenzdatenmengen repräsentiert werden, die im ersten Fall aus auditiv und im zweiten Fall aus visuell erfassten Daten bestehen. Jede Datengruppe repräsentiert somit die Zahl *Fünf,* so wie dies in Abb. 11.8 in Abschn. 11.6 dargestellt ist.

Übereinstimmungen liegen für neue Daten vor, wenn sie zu einer der beiden Gruppen passen bzw. maximale Ähnlichkeit zu einer der beiden Gruppen aufweisen. Die Assoziation zum Darstellungsraum (Z-Raum) wird für jede Gruppe mit dem Modul Skalierung und Anpassung Abb. 2.1 im Verbindungsraum oder Assoziationsraum (Y-Raum) in Abb. 3.2 hergestellt. Mit dieser Art der Verbindung können neue Trainingsdatenmengen zum Modell hinzugefügt werden, ohne dessen bereits trainierte Teile zu beeinträchtigen. Die Assoziationskerne sind Teil des Modells der Datengruppe. Verschiedene Trainingsmuster sind voneinander isoliert, klassifizieren jedoch das gleiche Objekt. Auf diese Weise können später Trainingsdatenmengen für die Zahl *Fünf* mit römischen, koreanischen oder anderen Zahlendarstellungen zu den Trainingsdatenmengen hinzukommen. Wird für ein neues Muster X_a in der Arbeitsphase festgestellt, dass eine Zugehörigkeit zu einer der Gruppen des Modells für die Zahl *Fünf* besteht, so handelt es sich genau um dieses Objekt.

Die Messunsicherheit für diese Erkennung ist beim Training der Gruppe bestimmt worden, entspricht dem Signifikanzniveau und ist, wie bereits in Abschn. 12.4.7 erwähnt, ebenfalls ein Teil des Modells der Zahl *Fünf* und steht als Information für weitere Verarbeitungsschritte zur Verfügung. Diese Aggregation stellt zunächst das Assoziationsende des Objektes *Fünf* dar. Die Ähnlichkeit der Muster wird mit einer Ähnlichkeitsprüfung in Abschn. 8.8.1 in bis zu sieben Schritten, die in Tab. 8.5 aufgelistet sind, festgestellt. Die Bildung von Klassifizierungsergebnissen mit weiteren Messkanälen als zusätzlicher Klassifizierungsinformation für Objekte der im Z-Raum vorliegenden Klassifikation werden in Kap. 16 angesprochen. Diese gestaffelte Auswertung ermöglicht eine effiziente, Rechenzeit sparende und präzise Klassifizierung der in der Arbeitsphase präsentierten Messwerte. Die Anordnung der verschiedenen Messkanäle für die Gruppen 1 …n und die wichtigsten Verarbeitungsschritte zur Verarbeitung dieser in Gruppen angeordneten Messwerte bis hin zur Schlussfolgerung sind in Abb. 8.5 aufgezeigt.

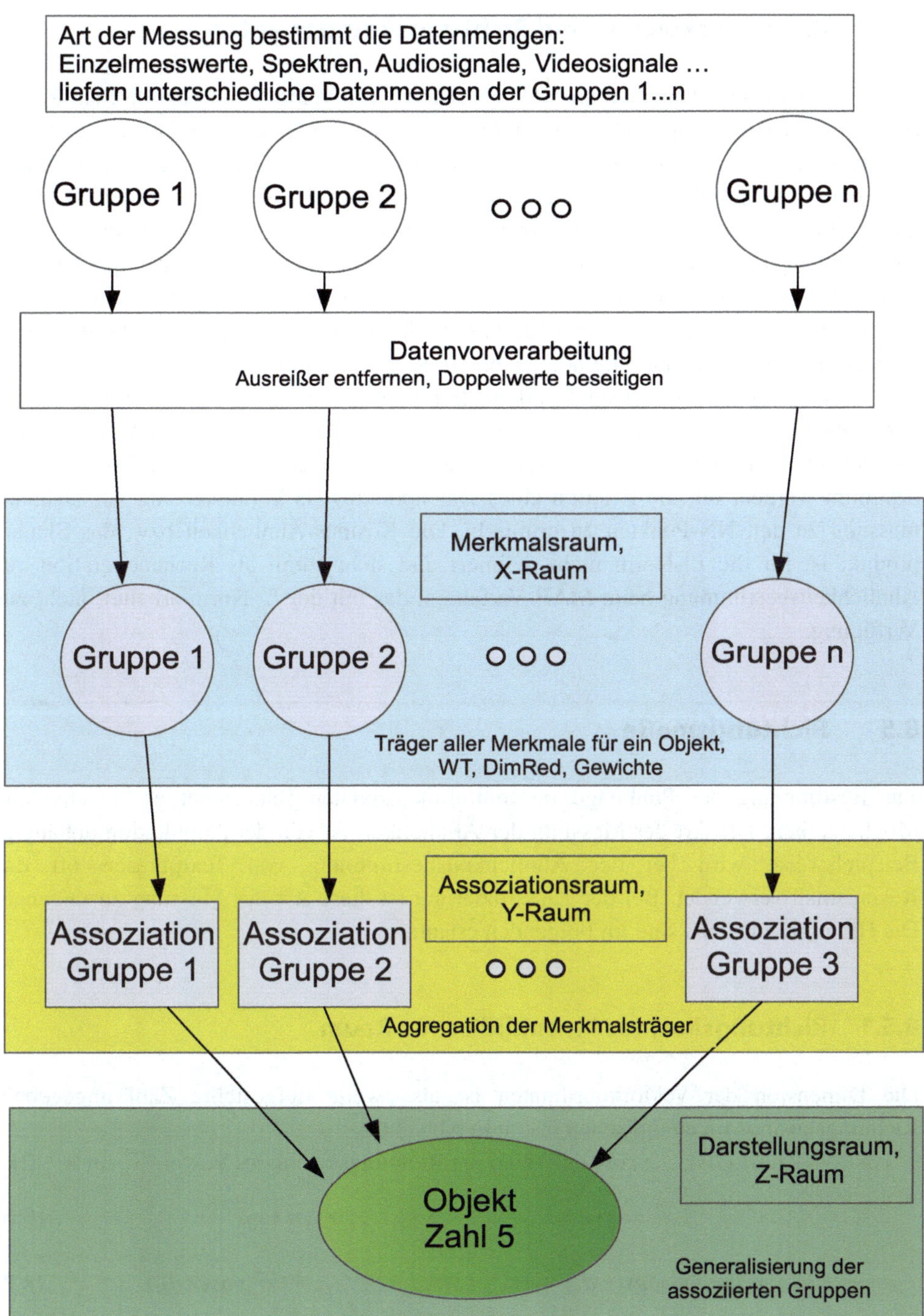

Abb. 8.5 Organigramm: Verarbeitung und Aggregation der Gruppen 1,2, …, n, die aus verschiedenartigen Messwerten zur Repräsentation des Klassifizierungsobjektes bestehen

8.4 Richtungskosinus und Richtungskomponenten

Das Kosinus-Ähnlichkeitsmaß misst Ähnlichkeiten von Vektoren im euklidischen Raum. Es setzt numerische Eigenschaften der Messwerte eines Objektes zur Bildung der Eingangsvektoren voraus. Sind zwei Vektoren identisch, zeigen sie in die gleiche Richtung und bilden einen Winkel von 0°. Der Kosinus ist bei Übereinstimmung der Richtung gleich eins (+1) und in entgegengesetzter Richtung negativ (−1). Ein Vektor kann mit den Richtungskosini in Formel (8.8) und die Vektorlänge durch seine Komponenten in Formel (8.6) als Ortsvektor angegeben werden. Zur Bestimmung des Ortes eines DP im multidimensionalen Raum fehlt bei der Angabe der Richtungskosini als Ähnlichkeitsmaß noch die Distanz zum Ursprung oder zu einem Referenzpunkt.

Das Kosinus-Ähnlichkeitsmaß allein liefert keine eindeutigen Koordinaten zur Distanzbestimmung, sondern nur die Richtung ohne den Abstand zum Ursprung zur Ähnlichkeitsbestimmung. Hier müsste zusätzlich die Vektorlänge mit Formel (8.9) bestimmt werden, um die Position eines Datenpunktes als Voraussetzung zur Distanzmessung zu den NN-Punkten zu ermitteln. Die Kosinus-Ähnlichkeit bzw. das Skalarprodukt ist für die L^1-Norm nicht definiert und steht somit als Rechenoperation zur Ähnlichkeitsbestimmung beim MAE-Verfahren, das mit der L^1-Norm arbeitet, nicht zur Verfügung.

8.5 Richtungsmaße

Zur Bestimmung der Punktlage im multidimensionalen Raum gibt es verschiedene Möglichkeiten. Die Art der Messung der Ähnlichkeit ist von der Applikation abhängig. Beispielsweise wird bei der Ähnlichkeitsbestimmung von Textphrasen oft das Kosinusmaß verwendet. Bei der Klassifizierung ist diese Art der Messung zu ungenau. Die Hintergründe dazu sind im Folgenden erläutert.

8.5.1 Richtungskosinus im euklidischen Raum

Die Dimension der Vektorkoordinaten ist als zweite tiefgestellte Zahl angegeben. Richtungskosinus im euklidischen Raum in Abb. 8.6a:

$cos(\angle d_1); cos(\angle d_2); \ldots; cos(\angle d_D)$ sind die Richtungskosini des Vektors $\overrightarrow{x_1}$ im $\mathbb{R}^D$ [2].

$$\overrightarrow{x_1} = x_{11} * e_1 + x_{12} * e_2 +; \ldots; +x_{1D} * e_D \tag{8.6}$$

$$\overrightarrow{x_1} = |\overrightarrow{x_1}|cos(\angle d_1) + |\overrightarrow{x_1}|cos(\angle d_2) +; \ldots; +|\overrightarrow{x_1}|cos(\angle d_D) \tag{8.7}$$

$$\overrightarrow{x_1} = |\overrightarrow{x_1}|(e_1 cos(\angle d_1) + e_2 cos(\angle d_2) +; \ldots; +e_D cos(\angle d_D)) \tag{8.8}$$

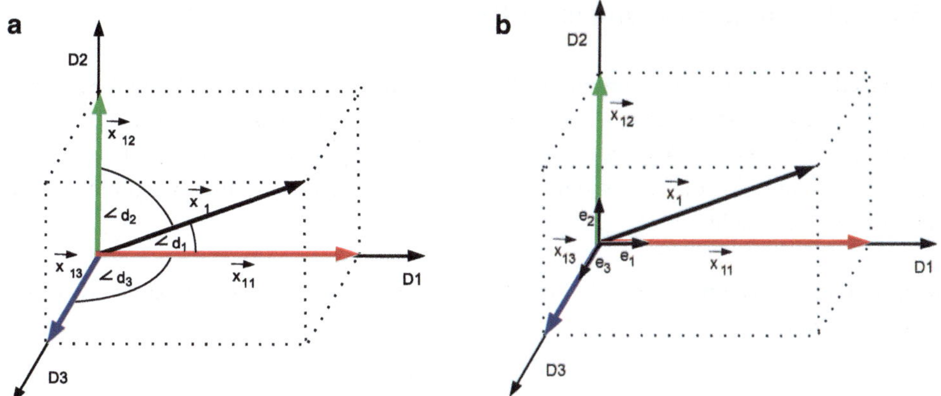

Abb. 8.6 Richtungskosinus im L^1- und L^2-Raum. **a** Richtungskosinus im L^2-Raum für die Dimensionen D = 1 …3. **b** Richtungskomponenten im L^1-Raum für die Dimensionen D = 1 …3

Vektorlänge im L²-Raum:

$$|\overrightarrow{x_1}| = \sqrt{|x_{11}| + |x_{12}| +; \ldots; +|x_{1D}|} \tag{8.9}$$

8.5.2 Richtungskomponenten im L^1-Raum

Die Dimension der Vektorkoordinaten ist als zweite tiefgestellte Zahl angegeben. Mit e_1, e_2 …e_D als Einheitsvektoren in Richtung der positiven D1-, D2- und D3-Achse werden die Richtungskomponenten von $\overrightarrow{x_1}$ *mit* $x_{11} * e_1$, $x_{12} * e_2$ …$x_{1D} * e_D$ bezeichnet. Dabei sind x_{11}, x_{12} …x_{1D} die Vektorkoordinaten von $\overrightarrow{x_1}$ bzw. des Datenpunktes X_1. Die Richtungskomponenten geben die Spitze des Vektors bzw. die Lage des DP im multidimensionalen Raum an.

In Abb. 8.6b wird der gleiche Vektor mit den Richtungskomponenten mittels der L^1-Norm wie in Abb. 8.6a dargestellt. Die Norm ändert an der Lage des Punktes im Raum nichts. Es werden lediglich andere Maßeinheiten genutzt. Diese müssen so gewählt sein, dass sie für den jeweiligen Zweck optimale Eigenschaften bieten.[6]

[6]Wegen des geringen Distanzfehlers in hochdimensionalen Räumen wird beim MAE-Verfahren die L^1-Norm genutzt, siehe Abschn. 6.4.

8.5.3 Richtungsänderung im L^1-Raum

Bei der Glättung einer MF werden Datenpunkte eingefügt, wenn die Richtungsänderung einen Grenzwert überschreitet oder wenn die Distanz zwischen zwei DPs größer als *MaxDist2NN* ist. In Abb. 8.7 wird mit zwei Datenpunkten X_1 und X_2 bzw. mit den Vektoren $\overrightarrow{x_1}$ und $\overrightarrow{x_2}$ die Erfassung der Richtungsänderung $\vec{\nabla}$ im zweidimensionalen Raum veranschaulicht.

Komponentenzerlegung Die Richtungskomponenten x_{11}, x_{12} des Vektors $\overrightarrow{x_1}$ werden bestimmt durch:

$$\overrightarrow{x_1} = x_{11} * e_1 + x_{12} * e_2. \tag{8.10}$$

Analog dazu x_{21}, x_{22} für Vektor $\overrightarrow{x_2}$. Die Richtungsänderung bzw. der Gradient ergibt sich durch Subtraktion der Richtungskomponenten mit:

$$\vec{\nabla} = (x_{21} - x_{11}, x_{22} - x_{12}) = (\Delta_1,\ \Delta_2). \tag{8.11}$$

Für die maximale Krümmung (45°, ein Viertel der Schmiegekugel in Abb. 7.3) in Abschn. 7.4 wird *MaxDiff2NN*/2 angenommen. Somit sind mindestens drei NN in dem Schmiegebereich vorhanden. Wenn Δ_i> *MaxDiff2NN*/2 oder die Distanz von X_1 nach X_2 > *MaxDiff2NN* ist, werden Zwischenwerte mit der Füllwertmethode in Abschn. 7.5 eingefügt. Die Ermittlung des Betrages der Richtungsänderung gilt in gleicher Weise für den D-dimensionalen Raum. Die Bedeutungen der Größen zur Identifizierung der Datenpunkte im L^1-Raum sind in Tab. 8.1 erläutert.

Vektorlänge im L^1-Raum

$$|\overrightarrow{x_1}| = |x_{11}| + |x_{12}| +; \ldots; +|x_{1D}| \tag{8.12}$$

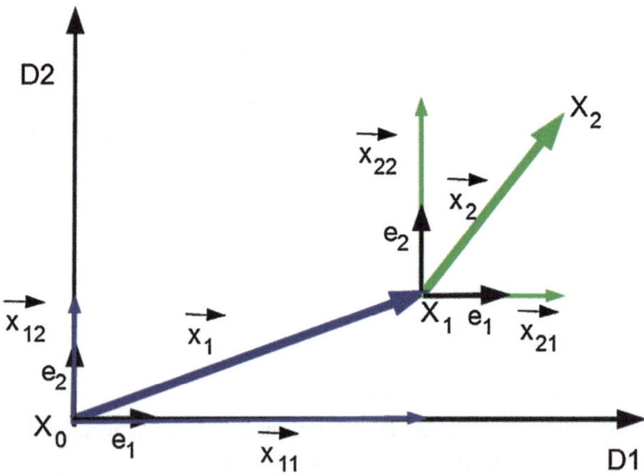

Abb. 8.7 Richtungsänderung im L^1-Raum

Tab. 8.1 Identifikation der Datenpunkte im L^1-Raum

Pos	Art der Größe	Bedeutung
1	L^1-Norm	Metrik zur Verwaltung der Datenpunkte
2	D	Dimensionalität des L^1-Raumes
3	$\overrightarrow{X_1}$	Vektor im L^1-Raum
4	$—\overrightarrow{X_1}—$	Vektorlänge im L^1-Raum
5	$\overrightarrow{X_1 D}$	Richtungskomponente der Dimension D von $\overrightarrow{X_1}$
6	$(X_{11}), (X_{12}),;\ldots;(X_{1D})$	Position von X1 im D-dimensionalen L^1-Raum
7	m	Vektorkomponente im D-dimensionalen Raum zur Bearbeitung dimensionsbezogener Größen $X_i^m, Y_1^m, Z_i^m, F_t^m$
8	UGR^m	Unteres Limit des rezeptiven Bereichs
	,	Für die Dimension m, m: = $\{1\ldots D\}$
9	OGR^m	Oberes Limit des rezeptiven Bereichs
		Für die Dimension m, m: = $\{1\ldots D\}$
10	$OGR^m - UGR^m$	Breite des rezeptiven Bereichs
		Für die Dimension m, m: = $\{1\ldots D\}$

Dominanz von Em Sie beschreibt das Verhältnis der m-ten Komponente eines Vektors zu seiner Gesamtlänge für M größte Komponenten der Vektoren im Merkmalsraum eines TDS.

$$|\overrightarrow{x_1}| = |\overrightarrow{x_1}| - |K_m| \tag{8.13}$$

8.6 Dominanz der größten Koeffizienten

Die Dominanz der Koeffizienten mit den größten Werten wird zur Kennzeichnung der Abweichung der Ähnlichkeit des Anfragevektors gegenüber der Referenz, die im Modell des Objektes hinterlegt ist, genutzt. Mit der Dominanz der größten Koeffizienten ist abschätzbar, zu welchem Grad diese Komponenten entscheiden, in welcher Richtung ein Datenpunkt im L^1-Raum liegt. Mit dieser Information steht neben der Vektorlänge ein weiteres Kriterium zur Prüfung der Ähnlichkeit zur Verfügung, um festzustellen, ob der Prüfvorgang frühzeitig abgebrochen werden kann oder nicht. Dies ermöglicht es, schnell und effizient eine Vielzahl von Messungen bzw. Klassifizierungen durchzuführen. In Tab. 8.2 sind dominante Anteile eines DPs aufgeführt.

Tab. 8.2 Dominanzwerte K_m der M größten Komponenten

	Dimension		Wert des	Dominanz	Streubereich	Streubereich
	Bezeichnung	Dimension	Koeffizienten	Wert	OGR	UGR
Nr	PC_j	m	W_j	K_j	OGR	UGR
1	PC_1		W_1	K_1		
2	PC_2		W_2	K_2		
3	PC_3		W_2	K_3		

8.6.1 Vermeidung störender Komponenten

Mit der Koeffizientendarstellung nach der WT-Transformation liegen Eigenschaften vor, die sich auf bestimmte Frequenzbereiche beziehen. Somit ist es möglich, Koeffizienten, die nichts zur Charakteristik beitragen oder sogar störend bezüglich der Bildung einer möglichst kompakten, eindeutigen MF wirken, aus der Trainingsmenge auszuschließen. Dies ist oft bei Spektren der Fall. Bestimmte Frequenzbereiche werden beispielsweise durch das Vorhandensein von Wasser gestört. Gesucht ist immer eine eindeutige charakteristische Repräsentation des Stoffes oder des Zustandes, der sogenannte *Fingerabdruck*. Diese Technik der Ausblendung unerwünschter Komponenten ist auf andere Koeffizientendarstellungen übertragbar (Eigenwerte, Fourier-Koeffizienten …).

8.6.2 Gütekriterien für Ähnlichkeitsmaße

Es gibt zahlreiche Ähnlichkeitsmodelle bzw. Ähnlichkeitsmaße, die für verschiedene Zwecke entwickelt wurden. So wird beispielsweise das Kosinusmaß in der Linguistik zur Erkennung von Dokumenten eingesetzt [3]. Beim MAE-Verfahren geht es vor allem darum, dass die Maße zum Prüfen der Übereinstimmung zweier Merkmale möglichst unempfindlich gegenüber kleinen Veränderungen sind, um auf jeden Fall auszuschließen, dass eine Falsch-Negativ-Entscheidung (FN) getroffen wird. Im ersten Identifikationsschritt muss mit wenigen Rechenschritten ermittelt werden, ob es sich lohnt, die Prüfung weiterzuführen oder nicht. Die Prüfschärfe nimmt in den nachfolgenden Prüfungen zu.

Mit dem ersten Identifikationsschritt soll anhand eines Merkmals erkannt werden, ob eine Übereinstimmung möglich ist oder nicht. Dann wird im zweiten Schritt untersucht, ob dominante Merkmale übereinstimmen. Im dritten Schritt wird der Zugehörigkeitsgrad mit der NN-Methode ermittelt und im letzten Schritt der Zugehörigkeitsgrad mit den Modellparametern überprüft und festgestellt, ob alle Grenzwerte eingehalten wurden. Außerdem wird angegeben, inwieweit Originaldaten oder Füllwerte bei der Ermittlung des Zugehörigkeitsgrades beteiligt sind.

Als wichtigste Anforderungen an ein Distanzmaß lassen sich die folgenden formulieren: Ein Distanzmaß sollte zum einen Übereinstimmungen und Unterschiede in den betrachteten Merkmalen so exakt wie möglich wiedergeben und zum anderen jedes Merkmal unabhängig vom Skalenniveau gleich gewichten, wenn keine andere Gewichtung, z. B. entsprechend der Bedeutung, angestrebt wird. Um zu überprüfen, wie die einzelnen Distanzmaße diesem Anspruch gerecht werden, wird die Variablenstruktur bei der Simulation variiert. Alle anderen Größen (Verhältnis der Anzahl der Teilnehmer zu Nichtteilnehmern sowie Größe der Stichproben) bleiben dabei unverändert.

8.7 Verschiedene Darstellungsarten der Eingangsdaten im Merkmalsraum

Beim MAE-Verfahren können die Messwerte im Merkmalsraum bzw. Eingangsraum (X-Raum) in unterschiedlicher Form vorliegen. Es ist von der Anwendung abhängig, welcher Aufwand zur Realisierung der Aufgabenstellung erforderlich ist. In Tab. 8.3 sind die verschiedenen Darstellungen aufgelistet und dazu passende Anwendungsfälle genannt.

Tab. 8.3 Darstellung der Eingangsdaten

	Art der		
Pos	Darstellung	Bedeutung	
1	Direkt	Als Rohwert direkt	Anlagenüberprüfung,
	als Messwert	Von der Messstelle	Maschinenüberwachung
2	Als normierter	Auf X_{max} normierter Messwert	Klassifizierung von
	Messwert		Messzuständen zur Ansteuerung
			verschiedener Aktoren
3	Als	WT-Koeffizient auf	Klassifizierung von Spektren
	WT-Koeffizienten	X_{max} normiert	
	nach der WT		
4	Als Eigenwerte	Eigenwerte direkt	Raumüberwachung durch
	nach der DR	aus der Dimensionsreduktion	Kombination von Messwerten,
			Isolation abhängiger
			Messgrößen
5	Als Koeffizienten	Koeffizient	Anwendungen, für die die
	anderer Transformationen	X_{max} normiert	entsprechende Transformation
	(FT, SIFT …)		entwickelt wurde

Durch unterschiedliche Repräsentationsformen der Messwerte für die Objekte oder Objektzustände kommt es vor, dass manche der Informationen korreliert bzw. redundant vorliegen. Eliminiert man diese Redundanzen, ist es möglich, die Dimensionalität der Eingangsdaten stark zu reduzieren. Übliche Verfahren dazu sind in Tab. 10.2 aufgelistet. Sie liefern Eigenvektoren und dazugehörige Eigenwerte der Kovarianzmatrix der Daten. Geometrisch gesehen wird durch die Eigenvektoren ein neuer Raum, der Einbettungsraum, aufgespannt. Die Lage der Datenpunkte in diesem Raum wird dabei so angeordnet, dass eine minimale Korrelation zwischen den einzelnen Dimensionen des neuen Raumes vorliegt.

Die Eigenwerte beschreiben die Größe der Varianz entlang der entsprechenden Eigenvektoren. Beim MAE-Verfahren wird zur Dimensionsreduktion die in Abschn. 10.7.5.1 beschriebene NOP-Methode genutzt. Sie hat sich als vorteilhaft bezüglich der Abbildungstreue im niedrigdimensionalen Raum erwiesen und bietet mit Formel (10.17) die Möglichkeit, mit einer Matrix-Vektor-Operation die Projektion von Eingangsdaten X_a, wie in Abb. 10.8 dargestellt, direkt in den niedrigdimensionalen Raum (Einbettungsraum), in dem alle TPs X_i gespeichert sind, vorzunehmen.

8.8 Dominante Komponenten und Bereichsgrenzen einer Mannigfaltigkeit

Häufungen weisen untere und obere Grenzen in jeder Dimension bzw. Koordinatenachse auf. Ein Beispiel für eine einfache dreidimensionale Struktur einer MF ist in Abb. 8.8

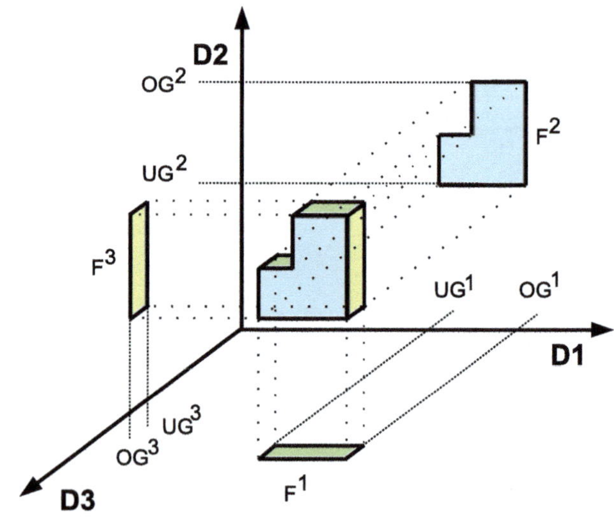

Abb. 8.8 Bereiche der Richtungskomponenten im L^1-Raum mit UGR und OGR als Begrenzungsmarken in jeder Dimension zur Veranschaulichung des Prinzips der Ermittlung der dominanten Komponenten einer MF

dargestellt. Um bei Klassifizierungen möglichst schnell feststellen zu können, ob eine

Tab. 8.4 Elemente für die Ähnlichkeitsprüfung

Pos	Art der Größe	Bedeutung
1	Vektorlänge	Streubereich der Vektorlänge des Objektes
2	Principal coefficient (PC)	Hauptkomponenten
3	Zero coefficient (ZC)	Nullkomponente, Gleichwert
4	Dominanz von PC_1	Verhältnis PC_1 zur Vektorlänge im L^1-Raum
5	Erste drei PCs, m = 3	Die größten drei Richtungskomponenten zur Orientierung
	m	Anzahl der zu testenden dominanten Richtungskomponenten
6	*MaxDist2NN*	Position von X_i im D-dimensionalen L^1-Raum
7	UGRs und OGRs aller PCs	Die Grenzwerte der m dominanten PCs
		sind Teil des Modells M, Schnelltest bzw.
		Ähnlichkeitstestschritte in Tab. 8.5

Messanfrage zum Modell passt oder nicht, reicht es aus, eine Anzahl m dominanter Komponenten zu vergleichen. Es wird geprüft, ob der Wert der ersten dominanten Komponente des Anfragepunktes zwischen UG^1 und OG^1 des Referenzmodells liegt. Wenn nicht, wird nicht weiter geprüft und nach dem gleichen Prinzip die nächste Messung bearbeitet. Wenn doch, dann wird die nächste Teststufe dieser gestaffelten Auswertung ausgeführt, bis alle m dominanten Komponenten geprüft sind. Die Methode der Prüfung der dominanten Komponenten wird in diesem Buch als *Schnelltest* oder *Schnellabtastung* bezeichnet.[7] Nach der Prüfung der m dominanten Komponenten ist der *Schnelltest* beendet. Es folgen dann weiterführende Tests, um den *Schnelltest* zu bestätigen oder zurückzuweisen.

Für den TDS werden OGR und UGR für die m dominanten Komponenten sowie die Vektorlänge im L^1-Raum ermittelt und als Teil des Modells M gespeichert. Beispielsweise können im Anschauungsbeispiel in der Abb. 8.8 die Grenzwerte UG^1 und OG^1 für die Komponente 1 auf Achse D1 abgelesen werden. Die beschriebene Vorgehensweise erläutert die prinzipielle Arbeitsweise. Die Anzahl m der dominanten Komponenten muss zur Anwendung passen, um einerseits einen Vorteil bei der Verarbeitungsgeschwindigkeit zu erreichen und andererseits sicher genug prüfen zu können, damit bei diesem Test keine True-Positiv-Ergebnisse zurückgewiesen werden. Für den Test der Feinstruktur ist dann der anschließende Präzisionstest zuständig. In Abschn. 8.8.2 ist ein

[7] In Anhang I.2, Realisierungsbeispiel mit einem komplexen Baustein (FPGA), ist die Wirkung einer solchen Schnellabtastung (Fast-Scan) in Tab. I.1 *Steuerungsorganisation für eine automatisierte Messung* erklärt.

Messszenario für einen mehrstufigen Zugehörigkeitstest beschrieben. Die Ähnlichkeitstestschritte dazu sind in Tab. 8.4 aufgeführt.

8.8.1 Ähnlichkeitsprüfung

Mit der Größe der Amplituden der Messgrößen für ein Objekt kann eine Rangordnung festgelegt und dazu die Nummern der Dimensionen für die Amplituden gespeichert werden, die Messwerte oberhalb eines Schwellenwertes enthalten. Somit kann bei Anfragen in der Arbeitsphase in einem ersten Schritt geprüft werden, ob die größten Komponenten übereinstimmen oder nicht. Es wird geprüft, ob die Dimensionsnummer des größten Messwertes der Anfrage mit der Dimensionsnummer des ersten Eintrags eines Objektes übereinstimmt. Wenn nicht, kann das nächste Objekt geprüft werden usw., bis eine Übereinstimmung vorliegt. Wenn sich keine Übereinstimmung ergibt, ist die Suche beendet. Bei Übereinstimmung wird in einem zweiten Schritt geprüft, ob es sich tatsächlich um das gesuchte Objekt handelt.

8.8.2 Mehrstufiger Zugehörigkeitstest

In der Arbeitsphase wird geprüft, ob Übereinstimmung mit dem gesuchten Objekt vorliegt. Es wird gegenüber einem einzigen Objekt, nach dem gesucht wird, getestet, um möglichst viele Messungen pro Sekunde (Abtastrate) ausführen zu können. Anzustreben sind mehrere Tausend Messungen pro Sekunde.

Mögliches Messszenario Beim Erfassen wird der Sensor über dem Messobjekt hin und her bewegt, bis die gesamte Oberfläche überprüft ist (je nach Anforderung systematisch oder nach dem Zufallsprinzip). In der Tab. 8.5 sind die Schritte zum Überprüfen der Ähnlichkeit für eine Klassifizierung nach aufsteigender Prüfschärfe geordnet aufgelistet.

Zusammenfassung In diesem Kapitel wurden die Erfordernisse zur Erfassung der Ähnlichkeit von Merkmalen, die für den Einsatz des MAE-Verfahrens wichtig sind, definiert. Durch die Speicherung der Daten mittels der L^1-Metrik und die Staffelung der in Tab. 8.5 nach aufsteigender Prüfschärfe angeordneten Ähnlichkeitsprüfschritte ist ein Werkzeug für eine intelligente Suchfunktion entstanden, die es ermöglicht, dass die Vergleiche bei keiner Ähnlichkeit mit wenig Rechenzeit bis hin zur Übereinstimmung mit mehr Rechenzeit ausgeführt werden können. Mit dem Grad der Übereinstimmung steigt die Rechenzeit bei der Suche nach Übereinstimmungen durch systematisches Scannen der Oberfläche eines Objektes. Es können somit sehr viele Operationen pro Sekunde (Schritte 1 und 2 in Tab. 8.5) ausgeführt werden, bis eine gewisse Ähnlichkeit erkannt wird (Schritte 3 bis 4), um mit den restlichen Prüfschritten den Zugehörigkeitsgrad (Schritt 5) festzustellen und zu bestätigen.

Tab. 8.5 Ähnlichkeitstestschritte

			Opera-	Prüfdauer
	Art der		Tionen	Pro DP
Schritt	Größe	Bedeutung	[O]	[μ s]
1	PC_1 Exist-Test	Liegt ein Wert > MinVal für PC_1or	N	<1
	Testpunkt			
2	PC_1 NotExist-Test	Liegt ein Wert < MinVal für ZC_1 vor	N	<1
	Testpunkt			
3	Distanztest	Liegt die Vektorlänge	KN	<3
		Im Streubereich des Objektes		
4	PC_1 Dominanztest	Anteil der größten Komponente	DN	<5
		An der Gesamtdistanz		
5	Zugehörigkeitsgrad	NN-Distanz *MaxDist2NN* zur MF	DN	<100
6	Grenzwerte überprüfen	Verhältnis PC_1 zur Vektorlänge	DN	<100
		Im L^1-Raum		
7	Blau-Rot-Verhältnis	Blaue Werte sind Originalwerte und	N	<10
		Rote Werte sind Werte, die mit		
		Der Füllwertmethode		
		Eingefügt wurden		
6	Überlappungstest	Prüfung, inwieweit Zugehörigkeiten	N	<10
		Zu anderen Objekten des Lexikons		
		Existieren		
7	UGRs und OGRs	Überprüfung aller Grenzwerte	2ND	<100
		Der WT-Koeffizienten		

Literatur

1. Fawcett T (2004) ROC Graphs: Notes and Practical Considerations for Researchers: Technical report. http://www.hpl.hp.com/techreports/2003/HPL-2003-4.pdf
2. Gottwald S, Köstner H, Hullwich M (1986) Handbuch der Mathematik. VEB Bibligraphisches Institut, Leipzig
3. Kubek, Mario, M, Unger H (2016) Centroid Terms and their Use in Natural Language Processing. In: Unger Herwig, Halang Wolfgang A (eds) Autonomous Systems 2016, VDI Verlag, Düsseldorf, Reihe 10 Informatik/Kommunikation, pp S. 167–185

Wavelet-Transformation 9

Mit der Wavelet-Transformation (WT) werden vorliegende Eingangsdaten in eine Koeffizientendarstellung überführt, die Vorteile für anschließende Operationen bietet. In der Koeffizientendarstellung der Eingangsdaten können gezielt unerwünschte Komponenten und solche, die unterhalb eines Mindestwertes liegen, bei der Bildung eines Datensatzes, der möglichst eindeutig die Charakteristik eines Objektes oder eines Zustandes repräsentieren soll, ausgeschlossen werden. Der Name Wavelet steht für eine skalierbare und verschiebbare Funktion. Mit der WT können Hauptmerkmale aus Rohdaten extrahiert werden, ohne dass Kenntnisse über den betrachteten Prozess erforderlich sind.[1] Sie eignet sich zur Glättung und Komprimierung von Signalverläufen, z. B. Spektren. Bei der Entscheidung, welcher Wavelet-Typ für die hier anstehende Aufgabe zur Klassifizierung von Spektren besonders geeignet ist, fällt die Wahl auf das Haar-Wavelet. Es hat mittelwertbildende Eigenschaften und die Überführung in die Koeffizientendarstellung wirkt distanzerhaltend. Die Eigenschaften und der Realisierungsaufwand der WT, der Fourier-Transformation (FT) und anderer Transformationen, die eine Koeffizientendarstellung des Klassifizierungsobjekts ermöglichen, werden genannt.

Da die vorliegenden Messwerte quantisierte Größen sind, passt die Form des Haar-Wavelets für die Verarbeitung der stufenförmigen Signalverläufe. Weiterhin spielen die bei der Expansion komprimierter Bilddaten – wie zum Beispiel beim JPEG-Kompressionsverfahren – entstehenden Artefakte, die bei der Verwendung nicht stetig

[1] *„Dadurch ist es möglich, für viele Aufgabenstellungen der Prozessdatenverarbeitung die wesentlichen Informationen automatisch und direkt zu erhalten. Schließlich können die WK* [Wavelet-Koeffizienten] *als Eingangsgröße eines Modells direkt angewendet werden, was den Parameterraum des Modells wesentlich verringert und folglich die Robustheit verstärkt."* [1, S. 48].

G. Sartorius, *Erfassen, Verarbeiten und Zuordnen multivariater Messgrößen*,
https://doi.org/10.1007/978-3-658-41451-1_9

differenzierbarer Wavelets verursacht werden, bei der Klassifizierung so gut wie keine Rolle. Für die Klassifizierung sind Arten von Wavelets gefragt, die strukturell zu den vorliegenden quantisierten Signalverläufen passen, wenig Rechenzeit in Anspruch nehmen und für die Parallelverarbeitung geeignet sind.

9.1 Allgemeine Definition

Allgemein ist ein Wavelet $\varphi(x) \in L^2(R)$ eine abklingende, oszillierende Funktion

$$\varphi(0) = \int_{-\infty}^{\infty \varphi(x)dx} = 0, \tag{9.1}$$

die in einem kleinen Zeitbereich ungleich null ist und deren Mittelwert verschwindet. $\varphi(x)$ ist die Fourier-Transformierte zu $\omega = 0$, vorausgesetzt, $\varphi(x)$ konvergiert zu einem endlichen Wert $\int_{-\infty}^{\infty} |\varphi(x)| dx < \infty$. Die sogenannte Zulässigkeitsbedingung

$$c_\varphi := \frac{\varphi(\omega)}{\omega} d\omega < \infty \tag{9.2}$$

ist bei stetiger Differenzierbarkeit von $\varphi(\omega)$ erfüllt. Das Gleiche gilt für das Spektrum, wenn

$$\varphi(x) \quad \text{nach} \quad \int_{-\infty}^{\infty} (1 + |x|)\varphi(x)dx < \infty \tag{9.3}$$

hinreichend schnell abklingt. $\varphi(x)$ heißt Mutter-Wavelet, wenn

$$\|\varphi(x)\| = \sqrt{\int_{-\infty}^{\infty |\varphi(x)|^2 dx}} = 1 \tag{9.4}$$

auf eins normiert wird. Sind (9.1), (9.2) und (9.3) erfüllt, ist sichergestellt, dass die Skalierungsfunktion $\varphi(x)$ zeitlich und spektral gut lokalisieren kann.

9.1.1 Distanzerhaltung

Durch die Transformation ändert sich die verwendete Norm[2] zur Signaldarstellung im multidimensionalen Raum zwischen zwei Signalen nicht. Eine orthogonale Wavelet-Transformation wirkt bezüglich der euklidischen Distanz distanzerhaltend, sofern das

---

[2] Vektornormen [2, S. 119 ff.].

normale innere Produkt zur Normierung verwendet wird.[3] Somit kann die euklidische Distanz auch unmittelbar aus den Wavelet-Koeffizienten berechnet werden, um die Wavelet-Komponenten direkt als Eingangsgröße eines Modells einzusetzen [3].

Datenreduktion Mit speziellen Auswahlverfahren können Rauschanteile verringert und im Spektralbereich Signale gezielt ausgewählt werden, um so ausschließlich relevante Anteile für die Weiterverarbeitung zu nutzen [4, 1]. Aufgrund ihrer Effizienz und Schnelligkeit weisen Wavelet-Methoden ein hohes Automatisierungspotenzial auf.[4]

> Die Wavelet-Transformation eignet sich vor allem zur Analyse nichtstationärer Signale, bei denen die interessanten Eigenschaften und Frequenzen des Signals über ein oder mehrere breite Frequenzbereiche verteilt sind. Der Begriff nichtstationär bezieht sich dabei sowohl auf den globalen Bereich des Signals als auch auf lokale, also zeitlich eng lokalisierte Bereiche. Ist das Signal global und lokal instationär, so vermag es die kontinuierliche Wavelet-Transformation sehr viel besser als die gefensterte Fourier-Transformation die Signaleigenschaften zu extrahieren. Dies ist mit der ‚adaptiven Fensterung' zu erklären. In dieser Anschauung kann der deutlich von Null verschiedene Funktionsbereich bzw. der Träger der Wavelets als Fensterbreite aufgefasst werden. Die ‚Fenster' der niedrigen Skalen zoomen regelrecht in die lokalen Eigenschaften, wohingegen die ‚Fenster' der hohen Skalen zur Erfassung der tiefen Frequenzen, welche global für das Signal gelten, Verwendung finden … Die Wavelet-Transformation bietet entscheidende Vorteile, wenn es darum geht, eine möglichst genaue zeitliche Einordnung lokaler Instationaritäten eines Signals zu erfassen … Ist eine möglichst schnelle Berechnung der Wavelet-Transformation nötig, so ist die diskrete Wavelet-Transformation mit ihrer minimalen Anzahl an zu berechnenden Transformationskoeffizienten sehr gut geeignet. [4, S. 113 ff.]

9.1.2 Genutzte Eigenschaft der Wavelet-Transformation

Die WT dient in Abb. 12.1 vorrangig dazu, Kurvenverläufe in spektrale Komponenten zu zerlegen, um diese gemeinsam mit anderen Signalwerten zu einem n-dimensionalen Eingangsvektor zusammenzuführen. Damit der Rechenzeitbedarf der Datenvorverarbeitung möglichst klein bleibt, müssen die spektralen Komponenten schnell und effizient ermittelt werden. Im vorliegenden Fall wurde dazu als Skalierungsfunktion der Wavelet-Transformation das Haar-Wavelet gewählt. Mit dieser Transformation kann eine Funktion in verschiedenen Detailstufen dargestellt werden. Die Art dieser Darstellung

[3] Orthonormal-Transformation [1, S. 128].

[4] Einen Überblick zu den grundlegenden Eigenschaften der WT bietet [5] von Stéphane Mallat, der eine Verbindung zwischen den orthogonalen Wavelet-Funktionen und Filterbänken herstellt. Eine vergleichende Studie, *Fourier-Analyse versus Wavelet-Analyse* in [4], beschreibt deren vorteilhafte Einsatzgebiete. Ein Überblick zu allgemeinen Eigenschaften der WT findet sich in [4, S. 34 ff.]. Die Kombination der WT mit genetischen Algorithmen, Fuzzy-Logik und neuronalen Netzen ist in [6] anwendungsorientiert dargestellt.

wird in der Literatur als Multiskalenanalyse oder Mehrfachauflösungsanalyse bezeichnet [7]. Eine Koeffizientendarstellung bietet viele Vorteile bei der Verarbeitung der Messsignale [8]. In der Koeffizientendarstellung kann auf bestimmte Bereiche der Messwerte zugegriffen werden, beispielsweise zur Rauschunterdrückung (Anhang E.3), beim Ausblenden unerwünschter Signalanteile oder umgekehrt bei der Auswahl bestimmter Signalanteile (Abschn. 11.4.3 und 14.1) [9, 10].

9.1.3 Wavelet-, Fourier- und andere Transformationen

Der Mehraufwand, Signale mit einer Transformation in eine Koeffizientendarstellung zu überführen, wird in Kauf genommen, weil die Koeffizientendarstellung Vorteile bei der Auswahl der Signalanteile, die wesentlich zur Beschreibung der Charakteristik des Messobjektes sind, bietet. Welche Art der Transformation genutzt wird, hängt von der Anwendung ab. Bei Bildern beispielsweise wird die SIFT-Transformation (Scale-Invariant Feature Transform) genutzt, um ein Bild oder zumindest Anteile in diesem Bild mit elementaren Charakteristiken in Form von Koeffizienten zu beschreiben. Signale enthalten Strukturen mit sehr unterschiedlicher Frequenz und Ausdehnung. Bei der Analyse dieser Ausprägungen gibt es keine gemeinsame optimale Auflösung. Obwohl die gefensterte Fourier-Transformation ein Verfahren zur Zerlegung von Signalen in spektrale Komponenten ist, hat sie den Nachteil, dass sie alle Signalkomponenten, unerheblich ob kurz oder lang, gleichbehandelt [4]. So wird beispielsweise eine Dirac-Delta-Funktion mit der Zeit fehlerlos lokalisiert, allerdings nicht im Frequenzbereich, da die Fourier-Transformierte eine Konstante ist. Bei einer reinen Sinusschwingung verhält es sich genau umgekehrt, und die Transformation ergibt eine gute Frequenzauflösung, jedoch keine zeitliche Lokalisierung.[5]

Im Gegensatz zur GFT ist bei der WT die Breite des wirksamen Fensters variabel. Alle Wavelet-Funktionen fallen außerhalb eines begrenzten Intervalls rasch gegen null ab. Wavelets mit kompaktem Träger, wie das Haar-Wavelet, haben den linearen Mittelwert null. Durch Stauchen und Strecken des sogenannten Mutter-Wavelets werden die Wavelets an die verschiedenen Frequenz- und Ortsanteile des Signals angepasst. Im Folgenden werden einige grundlegende Eigenschaften des Haar-Wavelets genannt.

---

[5] Ein Beispiel zur Fourier-Transformation ist ein Klavier, bei dem einige Saiten beim Auftreten eines kurzen Schallsignals (z. B. eines Glockenschlags) in der Nähe des Klaviers mitschwingen. Stellt man fest, welche Saiten nach dem Signal schwingen, ergibt dies das Spektrum des Schallsignals. Die Frequenzen werden gut aufgelöst, jedoch nicht der Zeitpunkt des Auftretens. Es dauert eine bestimmte Zeit, bis sich die Saiten wieder in Ruhe befinden.

9.2 Wavelet-Funktionen

Zahlreiche Wavelet-Typen wurden für verschiedene Zwecke, unter anderem zur Datenkompression im Audio- und Videobereich, zur Signalerkennung von kurzzeitigen Erscheinungen im Zeitbereich (Morlet-Wavelets), zur Schwingungsanalyse und zur Signalverarbeitung (Daubechies-Wavelets), entwickelt. Ihr Hauptvorteil gegenüber der Fourier-Transformation (FT) besteht darin, mit möglichst wenig Rechenaufwand Charakteristika durch Zahlenwerte oder Kennwerte (Koeffizienten der Skalen) in Signalgemischen auszudrücken.

Die FT bietet zwar eine optimale Frequenzauflösung, aber es muss, um eine Zeitauflösung zu erhalten, das Analysefenster der Kurzzeit-Fourier-Transformation (STFT) für die jeweils gewünschte Zeitauflösung angepasst, schrittweise über die Daten verschoben und pro Schritt das Spektrum errechnet werden. Zur Analyse tieferer Frequenzen sind wegen der größeren Periodendauer andere Fensterbreiten erforderlich als bei höheren Frequenzen. Dies bedeutet weiteren Aufwand. Wenn die Frequenzauflösung nicht der Hauptaspekt ist und es ausreicht, nur einen Frequenzbereich aufzulösen, kann die Wavelet-Transformation zur Überführung in eine Koeffizientendarstellung genutzt werden. Diese Koeffizienten beziehen sich dann auf die bei der WT verwendete Basisfunktion und nicht wie bei der STFT auf die Frequenz. Ohnehin ist die STFT nicht das optimale Werkzeug, wenn Signalgemische aus kurzzeitigen höherfrequenten Signalkomponenten zusammen mit stationären niederfrequenten Signalkomponenten auftreten.

Die WT liefert Informationen im Zeit- und Frequenzbereich, die durch die Basisfunktion (Mutter-Wavelet) festgelegt sind. Der Berechnungsaufwand ist vergleichsweise gering gegenüber der STFT. Für die Anwendung muss jedoch ein passendes Mutter-Wavelet verwendet werden. Wavelets reagieren auf Änderungen und können schmale Signalabschnitte approximieren. Mit ihnen ist es möglich, Zustandsänderungen in Bildern, Änderungen in Spektren bei der Schwingungsanalyse oder bei Spektren für andere Anwendungen sehr genau und mit hoher Sensitivität festzustellen. Weiterhin ist es möglich, eine Nachbildung bzw. Approximation von Audiosignalen mit wenigen Koeffizienten, die die entscheidenden Informationen für die charakteristische Wahrnehmung tragen, durchzuführen. Dies ist vor allem für die Datenkomprimierung von Bedeutung, da nur die Koeffizienten zu speichern sind, die zur Charakteristik beitragen. Die Form der Skalierungsfunktion sollte so gewählt sein, dass es möglich ist, die Feinstruktur des zu transformierenden Signals möglichst genau durch Dehnung und Stauchung des Mutter-Wavelets anzunähern.

Zur Approximation der charakteristischen Eigenschaften, die zur Klassifizierung von Zuständen bzw. Objekten gebraucht werden, wurde wegen des treppenförmigen Charakters der als Integerwerte vorliegenden Daten das Haar-Wavelet als Skalierungsfunktion für die WT ausgewählt. Damit ist die Approximationsfähigkeit an die treppenförmige Feinstruktur der Messwertverläufe bei minimalem Rechenaufwand, die Transparenz von Koeffizient zu Signal *(perfekte Lokalität)* und die Erhaltung der Distanz

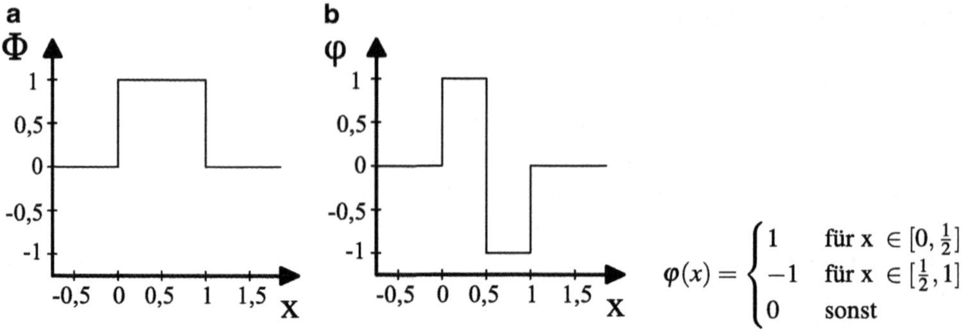

$$\varphi(x) = \begin{cases} 1 & \text{für x } \in [0, \frac{1}{2}] \\ -1 & \text{für x } \in [\frac{1}{2}, 1] \\ 0 & \text{sonst} \end{cases}$$

Abb. 9.1 Skalierungsfunktion und Wavelet. **a** Haar-Skalierungsfunktion. **b** Haar-Wavelet

gegeben. Durch die mittelwertbildenden Eigenschaften des Haar-Wavelets ist die Transformation unempfindlich gegenüber Quantisierungseffekten.

9.3 Haar-Wavelet

Im Folgenden werden die speziellen Eigenschaften des Haar-Wavelets in Bezug auf die Verwendung für Klassifizierungsaufgaben erörtert. Die mathematische Funktion des Haar-Wavelets ist in Abb. 9.1b und die zugehörige Skalierungsfunktion in Abb. 9.1a dargestellt.

9.4 Perfekte Lokalität

Die Schnittmenge der Träger zweier verschiedener Treppenfunktionen einer Ebene ist eine Nullmenge. Damit wirkt sich ein Koeffizient nur auf die zugehörige Treppenstufe aus. Soll umgekehrt die Näherung manipuliert werden, so ist direkt bekannt, welcher Koeffizient für welche Stelle geändert werden muss. Diese isometrische Eigenschaft wird als *perfekte Lokalität* bezeichnet.

Vorteile durch Speicherung spektraler Komponenten Ein wesentliches Merkmal bei der Ermöglichung eines gemeinsamen Eingangsvektors **x** mit den Komponenten $k_1, \ldots, k_N$ in Abb. 12.1 ist die Erhaltung der euklidischen Distanz. Unterschiede zwischen Signalen sind somit auch im Spektralbereich quantifizierbar. Wird bei der Umsetzung eine orthonormale Basis verwendet, sind die berechneten Koeffizienten linear unabhängig.[6]

[6] Orthogonale Wavelet-Transformationsbasis [4, S. 51 ff.].

Wavelet-Koeffizienten Die Wavelet-Zerlegung des rohen Signals zeigt dessen Struktur und kann bei der Signalinterpretation nützlich sein. Bei der Zerlegung wird jedoch das Rauschen nicht reduziert. Da die WT ein integrierendes Verfahren ist, weisen die Koeffizienten, die gegen Ende der WT gebildet werden, jedoch weniger höherfrequentes Rauschen auf. Die Koeffizienten mit dem höchsten Energieinhalt bilden die Hauptmerkmale des zugrunde liegenden Signals.

Einschränkung von Rauscheinflüssen Die Transformation in den Spektralbereich lässt es zu, Signale gezielt lokal zu verändern. Unwesentliche Koeffizienten, die einen bestimmten Schwellenwert unterschreiten, können gleich null gesetzt werden. Das Gleiche gilt für störende Koeffizienten. Nach der Rücktransformation mit dem reduzierten Koeffizientensatz erhält man geglättete Signale. Es wird erwartet, dass mit den wesentlichen Komponenten ein klares Bild des ursprünglichen Signals entsteht. Diese Vorgehensweise liefert eine eindeutige Rekonstruktion und einen stark reduzierten Datensatz.

Mehrfachauflösungsanalyse (MRA) Beim Strecken der Skalierungsfunktion vermindert sich deren Spektrum. Diese Überführung wird nacheinander angewendet. Beträgt der Streckungsfaktor zwei, entspricht jede Überführung einer Zerlegung in Oktavbänder. Gleichzeitig werden bei der Prozedur die Menge der Datenpunkte und die durchzuführenden Rechenschritte halbiert, bis nur noch ein Mittelwert als gröbste Näherung des Signals übrig bleibt. Voraussetzung dafür sind 2^n Datenpunkte ($n \in \mathbb{Z}$). Für eine MRA sind 2^n Koeffizientenberechnungen bei 2^n Datenpunkten erforderlich. Ein Beispiel zur WT mit einem Haar-Wavelet für eine diskret dargestellte Funktion mit 32 Stützstellen findet sich im Anhang E. Der feste Rahmen mit 32 Datenpunkten erfüllt die Voraussetzungen (2^n Datenpunkte) für eine MRA. Die Anzahl der Rechenschritte beim Haar-Wavelet verhält sich proportional zu der Anzahl der Datenpunkte minus zwei. Die Haar-WT benötigt wenig Rechenaufwand, ist einfach, schnell und damit gut geeignet zur Realisierung mit Mikrocontrollern.

9.5 Auswahl von Wavelet-Koeffizienten

In der Literatur gibt es viele Methoden zur Auswahl der Koeffizienten. Diese Vorgehensweisen beziehen sich meist auf einzelne Datensätze. Ziel ist hier jedoch, nur die relevanten Anteile beliebiger parametrisierter Kurvenverläufe (z. B. von Spektren) zu extrahieren und für die Weiterverarbeitung zur Verfügung zu stellen. Benötigt wird eine Datenreduktion für viele verschiedene Gruppen von parametrisierten Kurvenzügen bzw. Spektren. Dazu wird ein Schwellenwert S in % des Höchstwertes aller Koeffizienten des Datensatzes eines Spektrums definiert. Koeffizienten, die unterhalb dieses Schwellenwertes liegen, sind nicht relevant und bleiben daher unberücksichtigt. Dazu wird mit Gl. (9.5) ein Vektor E, der die Leistungsverteilung eines Spektrums von TPs X_i innerhalb einer Gruppe repräsentiert, eingeführt. Der Index k bezeichnet die Koeffizientennummer mit $k=1, \ldots, m$, wobei m die Summe aller relevanten Koeffizienten WK_{ik} darstellt und $\overline{WK_k}$ den Gruppenmittelwert jedes relevanten Koeffizienten k innerhalb dieser Gruppe. Für alle Koeffizienten k der TPs X_i der Gruppe l gilt:

$$E(i) = \sum_{k=1}^{m} (WK_{ik} - \overline{WK_l})^2. \tag{9.5}$$

Ähnlich wie bei der Standardabweichung bedeutet ein größeres E eine größere Tendenzänderung relativ zum Gruppenzentrum.

9.6 Multiklassenmannigfaltigkeit

Bei der Verarbeitung mehrerer verschiedener Gruppen $l=1, \ldots, n$ ist jedoch zunächst wichtig, wie alle relevanten Koeffizienten der beteiligten Gruppen mit $\tilde{E}$ erfasst werden können. Da jede Gruppe l andere relevante Koeffizienten $WK(l)=\{WK_1(l), \ldots, WK_D(l)\}$ haben kann, muss der Eingangsvektor mit den Koeffizienten aus der Vereinigungsmenge in Definition (9.6) der relevanten Koeffizienten $1, \ldots, D$ aller Gruppen $l=1, \ldots, n$ gebildet werden.

$$\mathbf{x}(i) := \bigcup_{l=1}^{n} WK(l) \tag{9.6}$$

Auf diese Weise können die TPs aller Gruppen in $\mathbb{R}^D$ abgebildet werden. Sind beispielsweise in Gruppe 1 die WT-Koeffizienten k = 1, 3, 5, 7 und in Gruppe 2 die Koeffizienten k = 1, 4, 5, 7, 16 relevant, so muss die Dimension des Eingangsvektors D = 6 sein, damit die Koeffizienten k = 1, 3, 4, 5, 7 und 16 zur Bildung der MF genutzt werden können. Die Mengen der so zusammengesetzten Eingangsvektoren $\mathbf{x}_i$ mit $i=1, \ldots, N$ sind Repräsentanten der TPs und stellen zunächst nicht zusammenhängende Häufungen im Eingangsraum (X-Raum) dar. Es sei angemerkt, dass bei der Bildung der MF mit Formel (9.6) eine disjunktive Verknüpfung vorliegt.

9.7 Bildung eines Eingangsvektors

Zunächst stehen am Eingang des X-Raumes alle Messwerte, z. B. die Komponenten eines Spektrums (Messwerte pro Wellenzahl), zur Verfügung. Um die diskrete Wavelet-Transformation (DWT) durchzuführen, müssen die Spektralwerte in einen Speicher der Größe 2^n, z. B. $2^9=512$ geschrieben werden. Liegen beispielsweise nur 500 Spektralwerte vor, so werden die restlichen 12 Speicher mit Null ausgefüllt. Anschließend wird die DWT ausgeführt. Wie in Abb. 12.1 dargestellt, besteht der Eingangsvektor des

Netzes aus Werten der Wavelet-Komponenten (WK) $K_1, \ldots, K_m$ und quantisierten Eingangssignalen $K_{m+1}, \ldots, K_{m+N}$. Die Schritte zur Realisierung der Software zur Bildung und Verarbeitung der Trainingsvektoren in der Trainingsphase sind als Pseudocode in Tab. 9.1 aufgeführt.

Die Anzahl der WK kann mit Methoden zur Datenkomprimierung reduziert werden. Bei der *Koeffizientenauswahl nach Skalen* werden nur jene Koeffizienten ausgewählt, die im relevanten Frequenzbereich liegen, bei der *Koeffizientenauswahl nach Schwellen* nur solche Komponenten, die über einem bestimmten Schwellenwert liegen, und bei der *Koeffizientenauswahl nach dem Energiekriterium* nur die stärksten Komponenten, bis ein bestimmter Energiegehalt erreicht ist [4, S. 83 ff.]. Um eine Methode zur Rauschunterdrückung anwenden zu können, muss zuerst die Art des Rauschens bestimmt

Tab. 9.1 Pseudocode, Trainingsvektoren $\mathbf{x}_i^m$ bilden und in Matrix $\underline{XU}$ speichern

Fragment 1	Daten des Eingangsvektors $\mathbf{x}_i$ einlesen
Input	Anzahl N_{SD} Datenpunkte der Kurve $\underline{SD}$, Anzahl N_Q der Eingangssignale Q, Anzahl $TrAnz$ Trainingspunkte
Prozess	Komponenten für n Eingangsvektor **x** einlesen
2	for i = 1, ..., $TrAnz$
3	Kurvendaten $\underline{SD}_{N_{SD}}$ einlesen
4	Daten in $\underline{SD}$ speichern
5	Daten $Q_1, \ldots, Q_{N_Q}$ einlesen
6	Quantisierte Daten in $\underline{WX}$ speichern
7	end i
Output	$\underline{SD}$ ($N_{SD} \times TrAnz$), $\underline{WX}$ ($N_Q \times TrAnz$)
Fragment 2	Wavelet-Transformation
Input	$\underline{SD}$, Wavelet-Datenlänge WDL, Haar-Wavelet, $TrAnz$
Prozess	for i = 1, ..., $TrAnz$
2	Mathematische Ergänzung von $\underline{SD}$ auf WDL Datenpunkte und abspeichern in $\underline{SD_{WDL}}$($WDL \times TrAnz$)
3	for j = 1, ..., $TrAnz$
4	Wavelet-Transformation
5	end j
6	Bildung der Koeffizientenmatrix $\underline{WK}$
7	end i
Output	Koeffizientenmatrix $\underline{WK}$ ($WDL \times TrAnz$)
Fragment 3	Koeffizientenauswahl
Input	$\underline{WK}$, Koeffizientenzahl N_{KSD}, $TrAnz$
Prozess	for i = 1, ..., $TrAnz$
2	Ausgewählte Koeffizienten in $\underline{WKX}$ speichern
3	end i
Output	Koeffizientenmatrix $\underline{WKX}$ ($N_{KSD} \times TrAnz$)
Fragment 4	Eingangsvektor $\mathbf{x}_i^m$ der Trainingsdaten bilden
Input	$\underline{WKX}$ ($N_{KSD} \times TrAnz$), $\underline{WX}$ ($N_Q \times TrAnz$), $TrAnz$
Prozess	for i = 1, ..., $TrAnz$
2	Koeffizienten $\underline{WKX}$ und diskrete Werte $\underline{WX}$ zum Eingangsvektor $\mathbf{x}_i^m$ zusammenfassen
3	Ergebnis als Datenpunkt XU_i in $\underline{XU}$ speichern
4	end i
5	$D = N_{KSD} + N_Q$
Output	Ungeordnete Trainingsvektoren $\underline{XU}$ ($D \times TrAnz$)

Tab. 9.2 Pseudocode, Eingangsvektor $\mathbf{x}_a$ bilden

Fragment 1	Daten des Eingangsvektors $\mathbf{x}_a$ einlesen
Input	Anzahl N_{SD} Datenpunkte der Kurve $\underline{SD}$,
	Anzahl N_Q der Eingangssignale Q, untrainierte neue Daten $\underline{SD}_a$
´	(Index a steht für Anfrage mit neuen untrainierten Daten)
Prozess	Kurvendaten $\underline{SD}_a$ einlesen
2	Ergänzte Daten in $\underline{SD}_{WDL}$ speichern
3	Daten $Q_{1a}, ..., Q_{Na}$ einlesen
4	Quantisierte Daten in $\underline{WX}_a$ speichern
Output	$\underline{SD}_a$ $(NSD \times 1)$, $\underline{WX}_a$ $(NQ \times 1)$
Fragment 2	Wavelet-Transformation
Input	$\underline{SD}_a$,
	Wavelet-Datenlänge WDL, Haar-Wavelet, Trainingspunkteanzahl $TrAnz$
Prozess	Mathematische Ergänzung von $\underline{SD}_a$ auf WDL Datenpunkte
2	Wavelet-Transformation
3	Bildung der Koeffizientenmatrix $\underline{WK}_a$
Output	Koeffizientenmatrix $\underline{WK}_a$ $(WDL \times 1)$
Fragment 3	Koeffizientenauswahl
Input	$\underline{WK}$, Koeffizientenzahl N_{KSD}, $TrAnz$
Prozess	Ausgewählte Koeffizienten in $\underline{WKX}_a$ speichern
Output	Koeffizientenmatrix $\underline{WKX}_a$ $(N_{KSD} \times 1)$
Fragment 4	Eingangsvektor $\mathbf{x}_a$ bilden
Input	$\underline{WKX}_a$ $(N_{KSD} \times 1)$, $\underline{WX}_a$ $(N_Q \times 1)$
Prozess	Koeffizienten $\underline{WKX}_a$ und diskrete Werte $\underline{WX}_a$
	zum Eingangsvektor $\mathbf{x}_a^m$ zusammenfassen
2	$D = N_{KSD} + N_Q$
3	Ergebnis als Datenpunkt X_a speichern
Output	X_a $(D \times 1)$

werden. Anschließend kann ein passendes Verfahren zum Einsatz kommen. Bei Anwendungen zur Klassifizierung geht es darum, den Einfluss des *weißen Rauschens* auf die Generalisierungsfähigkeit zu minimieren.[7] Die maximale Anzahl der benötigten WK richtet sich nach der Auflösung, die zur Unterscheidung von Eingangswerten bei einer bestimmten Anwendung benötigt wird. In einem Spektrogramm wäre dies die Anzahl der Messpunkte pro Spektrum. Die Schritte zur Realisierung der Software zur Bildung des Anfragevektors X_a in der Arbeitsphase sind als Pseudocode in Tab. 9.2 aufgeführt.

Zusammenfassung Das Haar-Wavelet ist wegen seiner mittelwertbildenden Eigenschaften störunempfindlich. Die Distanzerhaltung bei der Überführung in die Koeffizientendarstellung der als Repräsentanten der Messwerte fungierenden Datenpunkte im multidimensionalen Raum ändert die Topologie der MF des TDS nicht. Dies ermöglicht die Lokalisierung bzw. Rückverfolgbarkeit bis in den Eingang des Merkmalsraums (X-Raum), um Wirkungen der Ursache zuordnen zu können. Die geo-

[7] Die Orthogonalbasis, die bei der diskreten WT stets vorhanden ist, eignet sich gut für Methoden zur Rauschunterdrückung, da die einzelnen Komponenten unabhängig voneinander sind und sich Änderungen eines Koeffizienten nur auf den Teil auswirken, der durch ihn repräsentiert wird.

metrische Struktur des Haar-Wavelets passt zu der Form der quantisierten Messwerte, die als stufenförmige Signalverläufe vorliegen, besonders gut und ist deshalb für die Klassifizierung von Messdaten, im Besonderen von Spektren, gut geeignet. Artefakte, die bei der Verwendung nicht stetig differenzierbarer Wavelets entstehen, sind bei Klassifizierungen ohne Belang, da ohnehin Koeffizienten bzw. Signalkomponenten, deren Wertigkeit unterhalb eines definierten Schwellenwertes liegt, zu null gesetzt werden. Die Koeffizientendarstellung ermöglicht das gezielte Ausblenden und Limitieren von Signalkomponenten, um Rauschen beim Trainingsvorgang zu unterdrücken und die Modellkomplexität so anzupassen, dass die Generalisierungsfähigkeit für neue Messwerte in der Arbeitsphase für den Anwendungszweck optimiert ist. Die WT mit dem Haar-Wavelet nimmt wenig Rechenzeit in Anspruch und ist für die Parallelverarbeitung bestens geeignet.

Literatur

1. Wei J (1998) Untersuchung von Verfahren zur Auswertung der zweidimensionalen Fluoreszenzspektren. Verlag für Wissenschaft und Forschung GmbH, Berlin
2. Gramlich G, Werner W (2000) Numerische Mathematik mit Matlab. dpunkt.verlag GmbH, Heidelberg
3. Faloutsos C (1996) Searching Multimedia Databases by Content. Kluwer Academic Publishers, Dordrecht
4. Schlagner S, Strehlau U (2004) Fourier-Analyse versus Wavelet-Analyse: Ein Vergleich von Fourier- und Wavelet-Transformation bei der Signalanalyse von stationären und instationären Zeitfunktionen: Zugl.: Berlin, Techn. Univ., Diplomarbeit, 2004. Shaker, Aachen
5. Mallat S (1998) A Wavelet Tour of Signal Processing. Academic Press, San Diego, San Francisco, New York, Boston, London, Sydney, Tokyo
6. Thuillard M (2001) Wavelets in Soft Computing. World Scientific Series in Robotics and Intelligent Systems Vol. 25
7. Bäni W (2002) Wavelets: Eine Einführung für Ingenieure. Oldenbourg Wissenschaftsverlag GmbH, München, Wien
8. Sitharama I, Cho EC, Phoha VV (2002) Foundations of Wavelet Networks and Applications. Chapman & Hall/CRC, Boca Raton, London, New York, Washington, D.C
9. Stollnitz EJ, DeRose TD, Salesin DH (1996) Wavelets für Computer Graphics. Morgan Kaufmann Publishers, San Francisco
10. Strutz T (2005) Bilddatenkompression, 3rd edn. Friedr. Vieweg & Sohn Verlag, Wiesbaden

Nächste-Nachbarn-Verfahren und Dimensionsreduktion

10

NN-Verfahren und Verfahren zur Dimensionsreduktion sind eng miteinander verwandt. Gemeinsam haben sie die Eigenschaft, dass der geometrische Abstand zweier Neuronen als Wert der Verbindung zwischen diesen Neuronen angesehen wird. Mit diesen Verbindungen werden Wichtungsanteile bestimmt, die NN-Verbindungen und damit die relative Position eines Neurons zu seinen NN repräsentieren. Dargestellt wird nicht das Neuron selbst, sondern die Rekonstruktion aus den Wichtungsanteilen der NN-Neuronen. Somit ist es irrelevant, ob ein Trainingspunkt X_i in der Trainingsphase oder ein Anfragepunkt X_a in der Arbeitsphase rekonstruiert wird.

Punktmengen, die als geometrische Gebilde aufgefasst werden, liegen oft auf einer Mannigfaltigkeit[1] (MF), deren Einbettungsdimension viel höher ist als die innere Dimension des zugrunde liegenden Gebildes. Ursache dafür ist, dass die Daten nicht redundanzfrei sind. Dies ist z. B. der Fall, wenn Messwerte multivariater Eingangssignale zur Bestimmung einer Eigenschaftsänderung bearbeitet werden müssen. Mit der Dimensionsreduktion (DR) soll ein isometrisches Abbild einer im hochdimensionalen Eingangsraum befindlichen MF ermittelt werden, um anschließend mit den gefundenen Gesetzmäßigkeiten die Grundinformation dieser MF in einem geeigneten Raum zu entfalten. Die innere Dimension d dieses Raumes ist oft viel niedriger als die Dimension D des Eingangsraumes. Ins Niedrigdimensionale transformierte Daten können mit weniger Rechenaufwand weiterverarbeitet und in den Fällen $d \leq 3$ visuell dargestellt werden. Grundsätzlich werden bei diesen Methoden die Nachbarschaftsbeziehungen lokaler Punktescharen im hochdimensionalen Raum analysiert, definiert und mit

[1] Verallgemeinerung des Flächenbegriffs. Geometrische Gebilde werden in der Differenzialgeometrie als auf Koordinaten bezogene Punktmengen aufgefasst. Die Dimension eines Gebildes wird durch die Anzahl der Koordinaten bestimmt, die notwendig sind, um das Gebilde zu fixieren, d. h., dass alle Freiheitsgrade an Einheitsvektoren linear unabhängig gebunden sind [1, S. 423].

G. Sartorius, *Erfassen, Verarbeiten und Zuordnen multivariater Messgrößen*,
https://doi.org/10.1007/978-3-658-41451-1_10

diesen Definitionen in einen niedrigdimensionalen Raum eingebettet. Eine topologieerhaltende Maßnahme optimiert die Träger dieser Definitionen, um lokale Geometrien zu bewahren und das Gesamtgebilde in einem Raum abzubilden, dessen Dimension sich aus dem Komplexitätsgrad des Gebildes selbst ergibt. Das Ziel dabei ist, gleiche Nachbarschaftsbeziehungen der Trainingsdatenpunkte sowohl im hoch- als auch im niedrigdimensionalen Raum zu erhalten.

Aus den bekannten Methoden zur nichtlinearen DR wurden zwei ausgewählt. Sie unterscheiden sich hinsichtlich des numerischen Aufwandes und der Genauigkeit der Abbildung im niedrigdimensionalen Raum. Es wird erläutert, wie diese beiden Favoriten arbeiten, warum sie ausgewählt wurden und wie sich ihre Anwendung im weiteren Verlauf gestaltet. Sie erfüllen die Punkte 1, 2, 6, 7, 8 und 11 der in Abschn. 4.2 genannten Anforderungen.

10.1 Nächste-Nachbarn-Verfahren

Das NN-Verfahren ist eines der populärsten Klassifikationsverfahren. Es wurde 1951 entwickelt [2] und ursprünglich nur zur Klassifikation genutzt. Abstände jedes Datenpunktes X_i einer Trainingsdatenmenge zu den NN-Datenpunkten (Trainingsphase) werden gemessen und als Wichtungen gespeichert. Anhand der Wichtungen kann bei neuen Messpunkten (Arbeitsphase) die Lage zum TDS gemessen und entschieden werden, ob der neue Datenpunkt zur Trainingsdatenmenge gehört oder nicht.[2] Bekannte Probleme und ihre Vermeidung bei der Anwendung des NN-Verfahrens sind in Tab. 10.1 aufgeführt.

Im Kontext des MAE-Verfahrens wird die Methode zur Rekonstruktion von Datenpunkten in anderen Darstellungsräumen und zur Bestimmung des Zugehörigkeitsgrades eines neuen DPs bzw. eines Anfragepunktes X_a bezüglich des TDS genutzt. Dabei werden die ermittelten Abstände jedes Datenpunktes X_i zu den NN im Merkmalsraum (X-Raum) als zugehörige Wichtungen gespeichert. Alle Wichtungen zusammen ergeben bei der NOP-Methode den Wert eins.[3] Mit diesen Wichtungswerten erfolgt die Rekonstruktion im Raum. Dabei wird nicht der Datenpunkt selbst, sondern sein Rekonstrukt mit den zugehörigen Wichtungswerten relativ zu seinen NN abgebildet. So kann ein DP X_i auch in einem anderen Raum in einer beliebigen MF rekonstruiert bzw. eingebettet werden, wenn diese stetig ist. Die notwendigen Voraussetzungen dazu

[2] NN-Punkte und Ermittlung des Zugehörigkeitsgrades in Abschn. 15.3 und Abb. 14.4.

[3] Die NOP-Methode ist eine Erweiterung der ONPP-Methode zur Dimensionsreduktion. Beide sind in Tab. 10.2 aufgeführt. Die NOP-Methode ist in fünf Schritten in Abschn. 10.7 erklärt und wurde in *Verfahren und Vorrichtung zur Detektion von Kampfstoffen* eingesetzt [3], Patent DE 10 2008 054 345 B4 [4]. Beide Methoden bauen auf der LLE-Methode von Roweis und Saul auf [5, 6].

Tab. 10.1 Übersicht: Maßnahmen zur Nutzung des NN-Verfahrens

Nr	Problembeschreibung	Vermeidung
1	Unvollständige, nicht	Füllwertmethode in Kap. 7
	Zusammenhängende MF	
2	Weit entfernte Punkte im Trainingsdatensatz	Füllwertmethode in Kap. 7
	Verursachen ungenaue Ergebnisse	
3	Ungenaue Ermittlung der NN-Distanzen	L^1-Metrik in Kap. 6
	In höherdimensionalen Räumen	Und Abschn. 12.3.3
4	Ausreißer in der Trainingsdatenmenge	Automatisierte Ausreißerentfernung
		In Abschn. 12.4
5	Störkomponenten, die mitgemessen werden	Auswahl von WT-Koeffizienten in Abschn. 9.5
	Und sich ungünstig auf die Genauigkeit	Und Vermeidung störender Komponenten
	Bei der Klassifizierung auswirken	In Abschn. 8.6.1
6	Bestimmung der NN-Anzahl	Krümmung und Komplexität in Abschn. 7.4
		Und automatisierte Bestimmung der
		NN-Anzahl in Abschn. 7.5.2
7	Identifizierung der DPs multivariater	Reduzierung auf eine univariate Verteilung
	Messwerte	In Abschn. 12.3.1

sind nach Anwendung der Prozeduren in der Datenvorverarbeitung in Kap. 12 gegeben. Diese Prozeduren vermeiden, wie in Tab. 10.1 dargestellt, die genannten Probleme der NN-Verfahren. Mithilfe der statistischen Kennwerte der Trainingsdatenmenge können fehlende Werte (missing values) ergänzt und Doppelwerte (Ties) entfernt werden, um eine numerisch stabile Verarbeitung der Daten mit nachfolgenden Prozeduren wie z. B. der Durchführung einer Dimensionsreduktion sicherzustellen.

In Abb. 10.1a ist eine kompakte Datenmenge ohne Doppelwerte, ohne fehlende Werte bzw. mit eingefügten Werten DP 6 und DP 12 und ohne Ausreißer dargestellt, um die Bildung der Rekonstruktionsgewichte W_{ij} zu demonstrieren. In Abb. 10.1b sind die NN und der nächste Nachbar mit der maximalen Distanz (*MaxDist2NN* 2σ), die zwischen den NN-Datenpunkten zulässig ist, dargestellt.

10.1.1 Dimensionsreduktion

Bei der Dimensionsreduktion werden wie beim NN-Verfahren die Wichtungen zu jedem DP X_i ermittelt und in einer symmetrischen Matrix gespeichert. Anschließend werden die Eigenwerte ermittelt und die Abbildung in einen niedrigdimensionalen Raum durch-

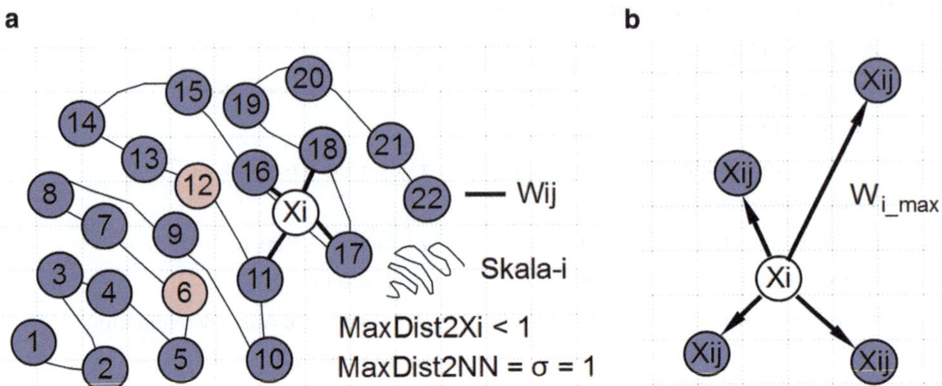

Abb. 10.1 Nächste Nachbarn eines Datenpunktes X_i. **a** X_i mit vier NN im Cluster. **b** X_i und W_{imax} als maximales Distanzmaß zum NN

geführt. Dieser wird von den Eigenwerten aufgespannt, die für den beabsichtigten Zweck erforderlich sind. Dabei werden zwei Fälle unterschieden:

Fall 1 Die innere Struktur einer MF soll komplett erhalten werden. Somit müssen alle Eigenwerte, die zur inneren Struktur beitragen, verwendet werden. Mit der in Abschn. 12.3.1 erläuterten Anordnung der DPs auf der eindimensionalen Skala-i ist es möglich, festzustellen, ob Kreuzungspunkte nach der Abbildung im Niedrigdimensionalen vorliegen. Ist dies der Fall, so ist die Dimension zu niedrig gewählt und somit die Identifikation der DPs nicht eindeutig möglich. Dieser Sachverhalt ist in Abb. 10.3c (Kreuzungspunkte liegen vor, d zu klein) und Abb. 10.3d (MF ohne Kreuzungspunkte, Dimension d ausreichend groß gewählt) dargestellt. Die Graphen entstanden bei der Zuordnung von DPs zu den Feldern eines als TDS eintrainierten schachbrettartigen Musters. Zur Bestimmung der minimalen Dimension d wird d so lange erhöht und auf Kreuzungspunkte geprüft, bis keine mehr vorliegen. Dieser Wert d gibt die minimale Dimensionalität an, mit der es möglich ist, die Feinstruktur der MF redundanzfrei abzubilden. Iterativ kann somit festgestellt werden, ob die Dimensionalität der zu reduzierenden MF ausreichend groß gewählt wurde. Siehe dazu auch *Abfolge der Datenpunktpositionen auf der Skala-i* in Abschn. 10.3 und 10.7.6.2. Eine andere Methode zur Feststellung der inneren bzw. minimalen Dimension einer MF, die auf der Beurteilung der Eigenwerte basiert, ist in Abschn. 10.7.6.1 erwähnt.

Fall 2 Die innere Struktur einer MF muss nicht komplett erhalten werden. Die Darstellung soll nur zur Übersicht ähnlich wie bei einer Landkarte verwendet werden, um

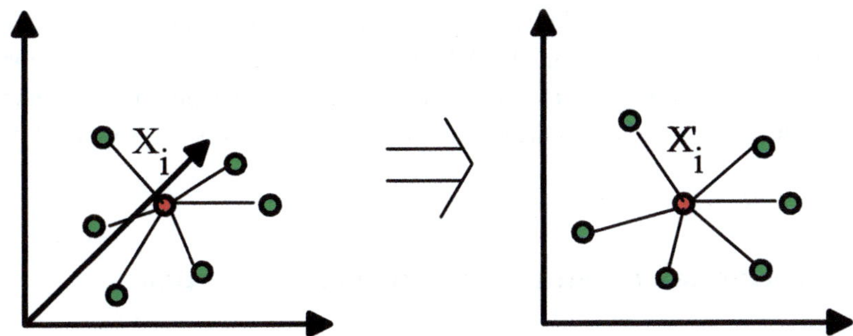

Abb. 10.2 Repräsentanten der Hauptkomponenten für lokale D-dimensionale Punkteverteilungen im d-dimensionalen Raum. Der d-dimensionale Einbettungsraum ist mit X' bezeichnet. Er beinhaltet d Komponenten, die an den Y-Raum zur Verarbeitung weitergeleitet werden

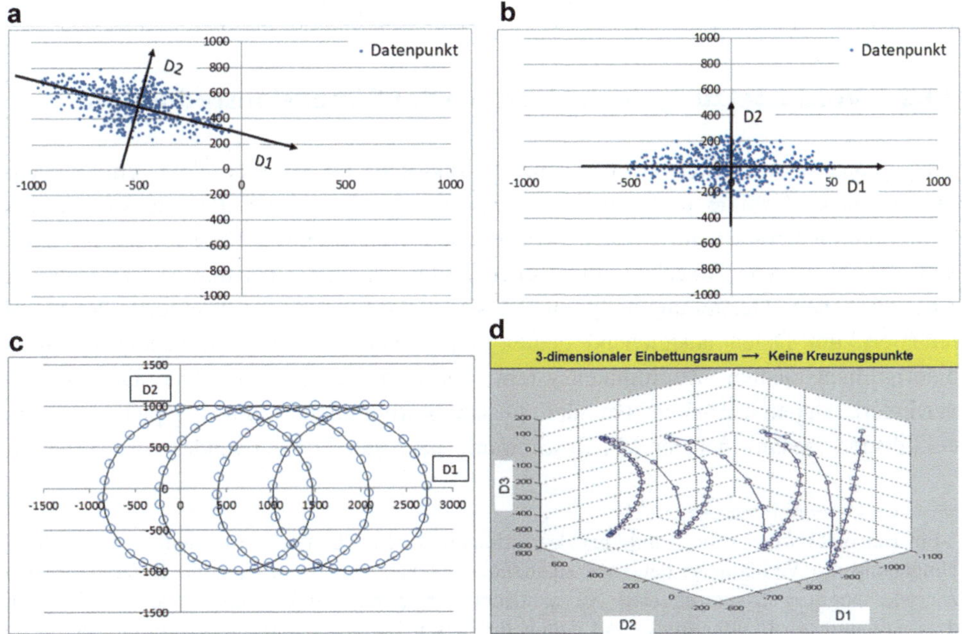

Abb. 10.3 Dimensionalität und MF. **a** Hauptkomponenten einer MF im Originalraum. **b** Hauptkomponenten einer MF im neuen Koordinatensystem. **c** Struktur zweidimensional mit Kreuzungen. **d** Struktur dreidimensional ohne Kreuzungen

festzustellen, wie einzelne Punkte oder Bereiche zueinander orientiert sind. In einem solchen Fall wäre die Dimension d = 2.[4] Die Umsetzung eines DPs X_i (repräsentiert durch die Rekonstruktionsgewichte seiner sechs nächsten Nachbarn) aus einem höherdimensionalen Raum in einen niedriger dimensionalen Raum ist in Abb. 10.2 prinzipiell dargestellt.

10.1.2 Favorisiertes Verfahren zur Dimensionsreduktion

Beim NOP-Verfahren werden die NN-Verhältnisse im Umfeld der DPs besonders genau erhalten. Das Verfahren ist für Klassifizierungen und auch für Sensorfusionszwecke gut geeignet und wird deshalb beim MAE-Verfahren genutzt.[5] In Abschn. 17.2 wird eine Dimensionsreduktion mit Signalen eines Signalgenerators mit bekannten Signalverläufen bei verschiedenen Rauschpegeln getestet und die Ergebnisse grafisch dargestellt, um die Leistungsfähigkeit des Verfahrens zu demonstrieren.

10.2 Voraussetzungen und Vorteile der Dimensionsreduktion

Aus geometrischer Sichtweise spannen Vektoren im Wesentlichen ein niedrigdimensionales Gebilde in einem hochdimensionalen Raum auf. Bei der statistischen Interpretation beruhen die größten beobachteten Varianzen von Verteilungen auf einer kleinen Anzahl von Ursachen. In solchen Fällen ist eine Überführung der Daten in eine spärlichere Darstellung möglich. Diese ist dann auf die wesentlichen Varianzen reduziert, um Daten ausreichend genau und numerisch wenig aufwendig in einem niedrigdimensionalen Koordinatensystem abbilden zu können. Die DR-Methode verringert Ungenauigkeiten bei der Distanzbestimmung, wenn beispielsweise die euklidische Distanz bei der NN-Bestimmung nach der DR verwendet wird.[6] Die mit

---

[4] Ein Beispiel dafür ist die Abbildung der Erdkugel auf Landkarten, die ja auch in der nächsten Umgebung die Verhältnisse der Orte zueinander ausreichend genau darstellt. Referenzstrecken zur Messung der Distanzen sind bei nautischem Kartenmaterial in der Nähe des Ortes, in dem navigiert wird, aufgedruckt und gelten für diesen Bereich, damit die Verzerrung durch die Dimensionsreduktion bei der Navigation berücksichtigt werden kann.

[5] Verschiedene Anwendungen: Steuerungen, deren Aktoren in Abhängigkeit von einer großen Anzahl Sensorsignalen angesteuert werden, Rauschminderung, Verbesserung der Messunsicherheit und Anzeigegenauigkeit bei Messungen durch die Bündelung vieler Sensoren [7]. Verschiedene Projekte wurden zu diesem Thema an der *FernUni Hagen* im Rahmen von Masterarbeiten durchgeführt. Dabei kamen verschiedene Systeme (Mikrocontroller, SPS-Steuerung, PC und FPGA) mit unterschiedlicher Rechenkapazität zum Einsatz.

[6] Große Ungenauigkeiten bei der Distanzbestimmung mit der euklidischen Distanz treten schon bei einer Dimensionalität < 100 auf. *Abstandsmessung und Anzahl der Dimensionen* in Abschn. 6.1.6, *Fluch der Dimensionen* [8].

der DR von der Dimensionalität D auf d reduzierte MF stellt die innere Struktur im d-dimensionalen Raum bei minimalem Aufwand dar und bietet die Möglichkeit, wesentliche Merkmale zwei- oder dreidimensional zu visualisieren. Der Berechnungsaufwand sinkt überproportional mit der Zahl der Dimensionen [9, 10]. Dies erspart Rechenzeit und Speicherplatz. Die isometrische Einbettung einer MF muss in einem geeigneten Raum und mit einer geeigneten Metrik durchgeführt werden. Die Bedingungen dazu sind im Folgenden erläutert.

Voraussetzungen zur Berechnung und Abbildung Um die Berechnungen zur DR durchführen zu können, muss die MF in Form einer symmetrischen Matrix vorliegen und die in Abschn. 10.6 genannten Eigenschaften müssen erfüllt sein. Für die Berechnungen der DR und die Abbildung einer MF ist der Hilbert-Raum, ein Vektorraum mit vielfältiger Struktur, geeignet, wenn Folgendes erfüllt ist: Zunächst ist es im Allgemeinen nicht möglich, Räume darin isometrisch abzubilden. Um dies zu erreichen, muss die *Schoenberg-Bedingung* (10.1)[7] eingehalten werden.

$$\begin{aligned}&\text{Symmetrische Matrix,}\\&\underline{K}^T\underline{K} = \underline{K}\underline{K}^T,\\&\text{Positiv definit (keine negativen Eigenwerte).}\end{aligned} \tag{10.1}$$

Speziell bei Einhaltung dieser Bedingung wird die Abbildung dann im sogenannten Prä-Hilbert-Raum[8] (auch als Skalarproduktraum oder Innenproduktraum bekannt) ermöglicht, der in der Lage ist, die Repräsentanten geeignet aufzunehmen. In [13] wurde erstmals gezeigt, dass die Eigenvektoren des zweiten Eigenwertes der Laplace-Matrix[9] die Einbettung eines Graphs in eine reale Linie ermöglichen.

Spektrale Methoden vereinfachen Einbettungen in niedrigdimensionalen Räumen durch die Auswahl von speziellen Eigenvektoren (Spektralanalyse) der neu gebildeten Ähnlichkeitsmatrix in der nachfolgend beschriebenen Art und Weise: Die reelle symmetrische Verbindungsmatrix $\underline{K} = \underline{K}^T$ beinhaltet die Struktur einer MF und kann auch als $\underline{K} = \underline{T}^{-1} \cdot \underline{\Lambda} \cdot \underline{T}$ dargestellt werden [14, S. 291 ff.]. Die Spalten von $\underline{T}$ sind die

[7] *„A metric space (χ, d) can be embedded isometrically into a Hilbert space if and only if the function* $-d^2$ *is conditionally positive definite, that is* $-\sum_{i,j=1}^{l} c_i c_j d^2(x_i, x_j) \geq 0$ *for all* $l \in \mathbb{N}, x_i, x_j \in \chi$, *and for all* $c_i, c_j \in \mathbb{R}$ *with* $\sum_i c_i = 0$. *Such a metric is called Euclidian metric."* [11].

[8] *„Ist H ein (komplexer oder reeller) Vektorraum und* $\langle\cdot,\cdot\rangle$ *ein Skalarprodukt auf H, so nennen wir das Paar (,* $\langle\cdot,\cdot\rangle$*) einen Vektorraum mit Skalarprodukt oder einen Prä-Hilbert-Raum; ... Ist* $\|\cdot\|$*eine Norm auf H, so nennen wir das Paar (H,* $\|\cdot\|$*) einen normierten Raum; ... Nach Satz 1.5 ist auf jedem Prä-Hilbert-Raum in natürlicher Weise eine Norm* ($\|f\| = \langle f, f\rangle^{1/2}$) *erklärt."* [12, S. 19].

[9] Siehe Glossar im Anhang K.7.

Tab. 10.2 Charakteristische Eigenschaften der Basismethoden. In Spalte *Numerischer Aufwand* steht +, …, ++++++ für den Bereich wenig …viel

Nr.	Modell	Struktur-erhaltung	Größte/ kleinste Eigenwerte	Matrix dünn/ dicht besetzt	Numerischer Aufwand	Zeigt Dimension an	Skalierung
1	MDS	global	größte	dicht	++++	(ja)	$\sqrt{d}$
2	Kernel-PCA	global	größte	dicht	+++++	(ja)	$\sqrt{d}$
3	ISOMAP	global	größte	dicht	++++	ja	$\sqrt{n}$
4	LLE	lokal	kleinste	dünn	++	nein	$\sqrt{n}$
5	Laplacian Eigenmaps	lokal	kleinste	dünn	+++	nein	$\sqrt{n}$
6	MVU	lokal	größte	dicht	++++++	ja	$\sqrt{d}$
7	ONPP	lokal	kleinste ohne Mode 1	dünn	+++	nein	$\sqrt{n}$
8	NOP	lokal	kleinste mit Mode 1	dünn	+++	ja	$\sqrt{n}$

Eigenvektoren von $\underline{K}$ und die Werte der Diagonalmatrix $\underline{\Lambda}$ korrespondieren mit den Eigenwerten von $\underline{K}$. Die spektrale Zerlegung von $\underline{\mathrm{K}}$ wird mit der *Hauptkomponentenanalyse*, auch *Karhunen-Loeve-Transformation* (KLT, englisch: PCA) genannt [15–17], durchgeführt. Die KLT entfernt lineare Abhängigkeiten von Vektoren (Dekorrelation), berechnet die Eigenwerte der Verbindungsmatrix, sortiert diese in abfallender Eigenwertordnung und nähert jeden Datenvektor mit den Projektionen der ersten d-Eigenvektoren, die orthogonal zueinander sind.[10] Bei den Berechnungen bieten orthogonale Matrizen Vorteile, weil Rundungs- und andere Fehler nicht vergrößert werden. Die Verfahren stellen insgesamt betrachtet eine affine Transformation $\underline{Y} = \underline{K} \cdot \underline{X}$ dar, die Rotation und Skalierung beinhaltet. Die Eigenvektoren sind die Einheitsvektoren, die nicht mit $\underline{\mathrm{K}}$ rotiert werden.

Das Polarisationstheorem in [18] bietet eine vereinfachte Erklärung der mathematischen Zusammenhänge für die Algorithmen, die mit spektraler Zerlegung arbeiten.[11] Dort wird unter anderem ausgeführt, dass bei der Projektion auf einen Unterraum der Dimension d < D kleine Winkel am geringsten verzerrt werden. Der Winkel

[10] Vorgehensweise bei der KLT siehe Ähnlichkeitstransformation im Anhang K.7.

[11] *„Theorem (polarisation): As positive (resp. non-negative)* $\underline{A}$ *is projected to necessively lower ranks* $\underline{A}_{(D-1)}, \underline{A}_{(D-2)}, \ldots, \underline{A}_{(d)}, \ldots, \underline{A}_{(1)}$*, the sum of squared angle-cosines* $\sum_{i \neq j}(cos\Theta_{ij})^2$ *(equivalently squared correlations)* $\left\|\underline{Y}_{(d)}^T \underline{Y}_{(d)}\right\|_F^2$ *is strictly increasing (resp. non-decreasing).“* [18, Kap. 2].

zwischen zwei Vektoren beträgt $\Theta_{ij} = \angle(\mathbf{x}_i\mathbf{x}_j) = \arccos \frac{\mathbf{x}_i^T\mathbf{x}_j}{\|\mathbf{x}_i\|\cdot\|\mathbf{x}_j\|}$. Die Korrelation zwischen zwei Vektoren ist eine Funktion des Winkels θ: $corr(\mathbf{x}_i\mathbf{x}_j) = y_i^T y_i = \cos\Theta_{ij}$. Die Verteilung der Kosinusfunktionen wandert bei der Zerlegung weg von null in Richtung zweier Pole ± 1. Der Hauptwurzeleigenwert bleibt dabei konstant auf eins. Bei $\theta = 0$, direkt auf der Hyperebene, ist die Korrelation mit $corr(\mathbf{x}_i\mathbf{x}_j) = \cos(0) = 1$ maximal und damit auch die Varianz.

Eigenvektorrepräsentation bei der Dimensionsreduktion Die Eigenvektorrepräsentation passt die Winkel zwischen den Datenpunkten im Einbettungsraum an und reduziert die Dimensionalität einer MF. Winkel zwischen ähnlichen Punkten schrumpfen, während Winkel zwischen unähnlichen Punkten größer werden. Dieser Effekt erinnert an das Boosting-Verfahren, bei dem allerdings Merkmale so gewichtet werden, dass sie eindeutiger zu einer Klasse tendieren. Im Vergleich zum Boosting reduziert man bei der Dimensionsreduktion die Feinstruktur der MF, während beim Boosting Vektoren mit Wichtungen beeinflusst werden. Das Verfahren wird zur automatischen Einteilung in Klassen genutzt [19]. Analog zum Winkel nehmen die Distanzen der Datenpunkte ab, die Punktewolke eines TDS wird dichter. Um effektiv alle Varianzen der multidimensionalen Datenmenge zu berücksichtigen, wird beim MAE-Verfahren nicht der Messwert in jeder Dimension, sondern die Differenz zum NN (Dist2NN) als Maß zur Bestimmung der Streuung herangezogen. Die multidimensionale Struktur wird durch die Messung der Distanzen von DP zu DP auf eine univariate Verteilung reduziert. Diese Art der Verarbeitung wurde in [20] entwickelt und ist in diesem Buch in den Abschn. 7.1, 12.3 und 12.6 erläutert. Beim MAE-Verfahren wird, um die Berechnungsungenauigkeiten bei hoher Dimensionalität zu vermeiden, zur Ermittlung der Distanzen von DP zu DP die Manhattan-Distanz (L^1-Norm) verwendet. Dies stellt sicher, dass bei größerer Dimensionalität (>100) keine Ungenauigkeiten bei der Distanzbestimmung entstehen. Die Vorteile der Manhattan-Distanz bei der Abstandsmessung speziell bei NN-Verfahren sind in Abschn. 6.1.6 genannt. Die Berechnungen bei der DR müssen mit der L^2-Norm durchgeführt werden, da Skalarprodukte zu bilden sind.

10.3 Anwendung spektraler Methoden

Die visuelle Wahrnehmungsfähigkeit des Menschen ist beschränkt. Visualisierung ist im Anschluss an eine Klassifizierung erforderlich, um die Lage der verschiedenen Objekte und Trends der Anfragepunkte X_a zu diesen Objekten visuell darstellen bzw. demonstrieren zu können. Hochdimensionale Eigenschaften werden im zwei- oder dreidimensionalen Raum zur Orientierung visualisiert. Bei spektralen Methoden kommen in der Regel Methoden zum Einsatz, deren Funktionalität auf NN-Beziehungen basiert. Einige spektrale Methoden sind in Tab. 10.2 und deren Schritte zur Ausführung und deren prinzipieller Ablauf in Tab. 10.3 aufgelistet. Mit diesen Methoden werden redundante und abhängige Parameter reduziert und mit der verbleibenden Information

Tab. 10.3 Prinzip der Einbettung in ein niedrigdimensionales Koordinatensystem mit spektralen Verfahren

Schritt	1	2	3		4	5
Kernel-PCA	Paarweise Distanzen	Kernel-funktion	Kernel	Kernelmatrix	Eigenwert-analyse	Einbettung
Isomap	Paarweise Distanzen	Wichtung	Geodätische Distanz	Distanzmatrix	"	"
LLE	NN-Distanzen	Wichtung	Normalisierung	Gewichtsmatrix	"	"
Laplacian Eigenmaps	NN-Distanzen	Wichtung	Distanzen	Gewichtsmatrix	"	"
MVU	NN-Distanzen	Wichtung	Normalisierung	Gewichtsmatrix	"	"
ONPP	NN-Distanzen	Wichtung	Normalisierung	Gewichtsmatrix	"	"

$\vec{x}_1$ 1 ∘ ∘ ∘ D
Trainings-matrix
$\vec{x}_N$
N x D Matrix

Opti-mierung I
(Lagrange)

1 ∘ ∘ ∘ D
Verbindungs-matrix
N
N x D Matrix

Opti-mierung II
(KLT)

$\vec{Y}_1$ 1 d
Ähnlich-keits-matrix
$\vec{Y}_n$
n x d Matrix

Kernel-PCA	X	G	$\mathcal{H}$	K		Y
Isomap	X	D		D'		Y
LLE	X	W	eta	M		Y
Lapl. Eigenm.	X	W	D	$\mathcal{L}$		Y
MVU	X	W	eta	G	K	Y
ONPP	X	W	eta	M	V	Y

die innere Struktur einer solchen MF in einem Koordinatensystem mit einer geringstmöglichen Anzahl von Dimensionen abgebildet [21].

10.3.1 Innere Dimensionalität

Die innere Dimensionalität reicht aus, um die MF zu beschreiben. Das Hauptproblem dabei ist, dass nicht bekannt ist, wie viele Dimensionen die innere Dimensionalität hat. Dazu ein Beispiel: Bei der Vermessung eines Schachbrettmusters wurden durch überwachtes Training die Messwerte von vier Sensoren in jeder Ecke des Schachbrettes den Objekten, die den Positionen der Felder 1–64 entsprechen, zugeordnet. Die MF dieses überwachten Trainings wurde auf eine zweidimensionale MF reduziert. Es entstanden Kreuzungspunkte wie in Abb. 10.3c. Die zur Darstellung der MF gewählte Dimension reicht somit nicht aus, um die Struktur dieser MF eindeutig abzubilden, sodass alle Datenpunkte nur eine Position repräsentieren. In Abb. 10.3d ist die gleiche MF um eine Dimension höher als dreidimensionale MF, ohne dass Kreuzungspunkte entstehen, dargestellt. Ziel der Dimensionsreduktion ist, sich auf die ersten d Hauptkomponenten zu beschränken. Die Dimension d muss so gewählt sein, dass es möglich ist, den maximalen Anteil der Streuung in den Daten abzubilden. Dabei werden die

Daten der Hauptkomponenten abgebildet und D–d Komponenten vernachlässigt bzw. nicht berücksichtigt. Dies sind dann die Eigenwerte, die am wenigsten oder nichts zur Struktur einer MF beitragen. Es sei darauf hingewiesen, dass bei verschiedenen Verfahren zur Dimensionsreduktion die kleinsten Eigenwerte im Nenner stehen und die Hauptinformation tragen. Tab. 10.2 gibt dazu einen Überblick.

10.3.2 Abfolge der Datenpunktpositionen auf der Referenzskala

Auf einer eindimensionalen Referenzskala, der Skala-i in Abb. 12.18, die im X-, Y- und Z-Raum zur Zuordnung der Trainingsdatenpunkte fungiert, sind die Trainingsdatenpunkte angeordnet.[12]

Für jeden Eigenwert ist eine Dimension erforderlich. Die ersten drei Hauptkomponenten einer MF sind in Abb. 10.3a dargestellt. Wird beispielsweise bei einer Dimensionsreduktion die Struktur einer MF mit einer zu geringen Anzahl von Dimensionen rekonstruiert, so kommen Kreuzungspunkte wie in Abb. 10.3c vor. Dies äußert sich dann in einer diskontinuierlichen Abfolge der DPs des NN-Bereichs auf der Skala-i. Statt der vier NN mit den DP-Nummern 91, 92, 93 und 94 würden beispielsweise die DP-Nummern 91, 92, 1984, 95 im NN-Bereich von X_i oder X_a gefunden. Der DP mit der DP-Nummer 1984 stammt aus einer Region der MF, die sie im Bereich 91–95 kreuzt. Vor der Dimensionsreduktion ist unklar, wie viele Dimensionen benötigt werden, um die innere Struktur der MF abzubilden. Damit in der Struktur der reduzierten MF keine Kreuzungen vorkommen, muss die Dimension der reduzierten MF vor der Dimensionsreduktion höher gewählt und die Berechnung wiederholt werden. Das Ergebnis führt dann zu einer Darstellung ohne Kreuzungspunkte wie in Abb. 10.3d.[13] Auf diese Weise ist feststellbar, ob die Dimensionalität d ausreicht, um die Datenpunkte der MF eindeutig abzubilden.

10.4 Verschiedene Methoden

Der ideale Algorithmus zur Dimensionsreduktion sollte in der Lage sein, die innere Dimension einer MF zu schätzen und deren niedrigdimensionale Abbildung zu erstellen. Diese Forderung kann jedoch keines der in Tab. 10.2 aufgeführten Verfahren vollständig erfüllen. Jede der dort genannten Methoden bietet spezifische Vorteile, mit denen auch Nachteile in Kauf genommen werden müssen. Außerdem gilt für alle genannten

[12] Referenzskala zur Zuordnung der Trainingsdatenpunkte *TPi* in den Abschn. 4.4, 12.2.2, 12.6 und Abb. 7.1.

[13] In der Literatur wird die Anzahl der erforderlichen Dimensionen anhand der Größe der Eigenwerte entschieden. Dieser Sachverhalt ist in Abschn. 10.7.6 erörtert.

Methoden, dass die zugrunde liegende MF im Eingangsraum gut abgetastet sein muss und keine Lücken aufweisen darf [22].[14]

10.4.1 Varianten und Erweiterungen

DR-Methoden *Kernel Principal Component Analysis* (Kernel PCA, Schölkopf, 1997) [23, 24, 17], *Isometric Mapping* (ISOMAP, Bernstein, 2000) [25, 26], *Locally Linear Embedding* (LLE, Roweis & Saul, 2000) [6], *Laplacian Eigenmaps* (Belkin & Niyogi, 2003) [27, 28] und *Maximum Variance Unfolding* (MVU, Weinberger & Saul, 2004) [29], auch als *Semidefinite Embedding* (SDE) bekannt [30]. In Tab. 10.2 sind charakteristische Eigenschaften dieser Methoden aufgelistet und anschließend kurz erläutert. Umfassendere Kurzbeschreibungen dazu finden sich in [31–34].

Varianten und Erweiterungen der DR *Hessian-based Locally Linear Embedding* (HLLE, Donoho & Grimes, 2003) [35], *Local Tangent Space Alignment* (LTSA, Zhang & Zha, 2004) [36], *Geodesic Nullspace Analysis* (GNA, Brand, 2004) [37], *Orthogonal Neighborhood Preserving Projections* (ONPP, Kokiopoulou & Saad, 2005) [38], *Semi-supervised Learning with Gaussian Fields* (Verbeek & Vlassis) [39] und *Curvilinear Distance Analysis* (CDA, Lee & Lendasse, 2002) [26].

10.4.2 Die Basismethoden

Der genaue Unterschied von NOP zu ONPP ist in Abschn. 10.7.5.1 beschrieben.

Notation Die Notation der angegebenen Verfahren wurde weitestgehend übernommen, um dem Leser die Möglichkeit zu geben, die angegebenen Quellen ohne ständiges Umdenken bestmöglich nutzen zu können. In Abb. 10.3 sind die Bezeichnungen der Matrizen, die bei den verschiedenen Methoden verwendet werden, gegenübergestellt und den Schritten in dieser Abbildung zugeordnet. Die Trainingsvektoren $\mathbf{x}_1, \ldots, \mathbf{x}_N$ im multidimensionalen Eingangsraum der Dimension D sind zur besseren Übersichtlichkeit auch mit $\underline{X} = (X_1, \ldots, X_N)$ mit $X_i \in \mathbb{R}^D$ bezeichnet. Der Abtastung der Eingangsdaten liegt in der Regel eine unbekannte Verteilung der Dichte $P(\cdot)$ zugrunde.[15] Die Ähnlichkeit ist die einzige Größe, die in den Algorithmen benötigt wird. Sie ist durch die Distanz zwischen Objekt- oder Punktepaaren (paarweise Distanzen) ausgedrückt. Objekte sind

[14] Die Anforderungen bezüglich numerischer Stabilität und Präzision bei NN-Verfahren sind in den Abschn. 12.3 und 12.4 genannt und für das MAE-Verfahren in Tab. 4.3 dargestellt.

[15] Für Messdaten, die von Sensoren stammen, kann in der Regel eine multidimensionale Gauß-Verteilung angenommen werden.

dabei Eingangsvektoren multidimensionaler Messgrößen, Pixelwerte von Bildern, Daten von Messreihen, Umfragen oder ähnlichen Datensätzen. Die Verbindungsmatrix ist das Ergebnis der ersten Optimierung. Die Resultate der zweiten Optimierung werden in der Ähnlichkeitsmatrix gespeichert (Tab. 10.3).

Multidimensionale Skalierung Bei der multidimensionalen Skalierung (Multidimensional Scaling, MDS) werden die paarweisen Distanzen der Trainingspunkte so gut wie möglich bewahrt. Annahme ist dabei, dass die Struktur einer MF beim Einbetten rekonstruiert wird. Geometrisch betrachtet führt man nach der Rotation der Eingänge eine Projektion auf den Unterraum mit der größten Varianz durch (Transformation invariant gegenüber Rotationen). Das Verfahren erkennt die Dimensionalität einer zugrunde liegenden MF in linearer Ausprägung.

Kernel-PCA Ausgangspunkt bei der Kernel-PCA (Kernel Principal Component Analysis) ist die Gram-Matrix $\underline{G}$, in der alle möglichen Skalarprodukte G_{ij} der Eingangsvektoren gespeichert sind. Bedingt durch die nichtlinearen Zusammenhänge ist die Bestimmung der Kovarianzmatrix im Merkmalsraum nicht möglich. Stattdessen wird das Problem umformuliert, indem der funktionale Zusammenhang der einzelnen Repräsentanten durch Skalarprodukte (hier durch Ausdrücke der Kernfunktion $K(\mathbf{x}_i, \mathbf{x}_j)$) ersetzt wird und auf diese Weise die Berechnung ermöglicht, ohne die Transformation für jeden Repräsentanten durchführen zu müssen.[16] Mit der KLT werden dann die Hauptkomponenten der Merkmalsvektoren $\Phi(\mathbf{x}_i, \mathbf{x}_j)$, die durch die Komponenten $K(\mathbf{x}_i, \mathbf{x}_j)$ der Kernmatrix $\underline{K}$ repräsentiert sind, ermittelt. Kernel-PCA kann als MDS im Merkmalsraum aufgefasst werden.

ISOMAP Das Verfahren hat globale Eigenschaften, baut auf MDS auf, ersetzt jedoch die Distanzmatrix $\underline{D}$ durch die Matrix $\underline{\tilde{D}}$, welche die inneren geodätischen Distanzen zwischen Punkten einer MF repräsentiert. Dabei wird der quadratische Fehler so minimiert, dass die verbundenen Nachbarpunkte jeweils den kürzesten Weg darstellen (Erhaltung von globaler Geometrie). Bei der Transformation werden die geodätischen Distanzen näherungsweise erhalten. Das Verfahren wird vorwiegend für Landkartensysteme genutzt [25, 26].

LLE Diese Methode (Locally Linear Embedding) verknüpft lokale Nachbarschaftsbeziehungen und erstellt topologieerhaltende Informationsträger für jeden Trainingspunkt in Verbindung zu seinen nächsten Nachbarn der Anzahl K, indem jeder Punkt X_i mit einer Linearkombination der Wichtungen seiner NN genähert bzw. rekonstruiert

[16] Kerntrick [40, S. 37]. Kernfunktionen transformieren einen Datensatz, der nicht linear trennbar ist, vom Eingaberaum in einen neuen Raum $\mathcal{H}$ höherer Dimension, um lineare Trennbarkeit zu erreichen bzw. lineare Strukturen zu erhalten, die die Anwendung von PCA ermöglichen.

wird (Erhaltung von lokaler Geometrie). Anschließend bettet man die Daten in ein niedrigdimensionales Koordinatensystem mit diesen Trägern ein. Die Kostenfunktion $|\mathbf{y}_i - \sum_{j=1}^{k} W_{ij}\mathbf{x}_j|$ wird durch die Lösung eines Eigenwertproblems minimiert. Als Nebenbedingung werden die im hochdimensionalen Raum bestimmten Gewichte fixiert. Die Anordnung der Trainingspunkte zueinander bleibt dabei erhalten. Die Schlüsselidee ist hier: Jeder Trainingspunkt kann im Unterraum näherungsweise mit einer Linearkombination der NN-Gewichte als $\mathbf{y}_i$ bzw. Datenpunkt Y_i rekonstruiert werden.

Laplacian Eigenmaps Die Methode ähnelt in der Vorgehensweise der LLE-Methode und bewirkt eine möglichst originalgetreue Erhaltung der Verhältnisse in der Nähe bzw. der unmittelbaren Umgebung der zu bearbeitenden DPs. Dazu wird ein symmetrischer ungerichteter Graph konstruiert, dessen n-Knoten die Eingangsmuster repräsentieren. Die Kanten zeigen die Nachbarschaftsverhältnisse in jeder Richtung. Diesen Kanten werden konstante oder exponentiell abfallende Gewichte zugeordnet und in $\underline{D}$ gespeichert. Daraus wird die Graph-Laplace-Matrix gebildet.[17] Die Kostenfunktion begünstigt das Abbilden naher Eingangsmuster zu nahen Ausgangsmustern (Erhaltung von lokaler Geometrie).[18]

MVU Anders als bei ISOMAP und LLE werden bei MVU (Maximum Variance Unfolding) die Berechnungen in einer Art und Weise durchgeführt, die es gestattet, bei der Transformation Winkel und Distanzen möglichst originalgetreu zu erhalten. Dies geschieht durch Entfalten der Eingangsmuster unter Berücksichtigung besonderer Nebenbedingungen, die sicherstellen, dass die Transformation lokal als Translation und Rotation wirkt (Erhaltung lokaler Geometrie). Geometrisch gesehen entspricht dies z. B. dem Entrollen einer Spirale zu einer Geraden.

ONPP Als Erweiterung der LLE-Methode konstruiert diese Methode ebenfalls einen gewichteten NN-Graphen. Ähnlich wie bei LLE steckt in den Gewichten die Geometrie der lokalen Umgebung, jedoch ermöglicht eine zusätzliche Nebenbedingung bei der Rekonstruktion im niedrigdimensionalen Raum die Bildung einer Transformationsmatrix $\underline{V}$, mit deren Hilfe neue Datenpunkte durch eine einfache Matrix-Vektor-Operation eingebettet werden können (Erhaltung lokaler Geometrie).

---

[17] Definition der Laplace-Matrix siehe Anhang K.7.

[18] Laplacian Eigenmaps und Spektral-Clustering sind ähnliche Verfahren [18, Kap. 5].

Tab. 10.4 Pseudocode, Dimensionsreduktion, Optimierung I, Bildung der Rekonstruktionsgewichte von X_a

Fragment	Bildung der Rekonstruktionsgewichte W_{aj} und Normierung $\sum_{j=1}^{K} W_{aj} = 1$
Input	$\underline{X_a}$ $(D \times 1)$, Anzahl K der NN, $\underline{X}$ $(D \times N)$ wenn W_{aj}-Bestimmung im X-Raum, $\underline{X_d}$ $(d \times N)$ wenn W_{aj}-Bestimmung im X_d-Raum
Prozess	Subprogramm step1 (Prozesse 1–3)
1	Anfragepunkt X_a
2	Schritt 1, Ermittlung der NN von X_a
3	Speicherung der NN-Positionen von X_a in $\underline{PW}$
	Subprogramm step2 (Prozesse 4–8)
4	Prüfen, ob $\underline{G}$ singulär. Wenn ja, Konstante Δ addieren
5	Schritt 2, Bildung der lokalen Gram-Matrix $\underline{G}$ $(K \times K)$
6	Ermittlung der Rekonstruktionsgewichte W_{aj}, Schritt 3
7	Normierung der W_{aj} auf Summe = 1
8	Speicherung der normierten Gewichte in W $(K \times 1)$
Output	$\underline{PW}$ $(K \times 1)$, $\underline{W}$ $(K \times 1)$

10.4.3 Grundsätzliche Arbeitsweise

Zunächst wird aus den in der Matrix $\underline{X}$ gespeicherten Trainingsdaten eine Verbindungsmatrix $\underline{K}$ erstellt. Diese Gram-Matrix[19] ist symmetrisch, positiv definit und erfüllt somit die Schoenberg-Bedingung (10.1). Die verschiedenen Dimensionsreduktionsalgorithmen sind durch unterschiedliche Kostenfunktionen definiert. Sie beinhalten konvexe Optimierungsprobleme in primaler und dualer Darstellung mit linearen Restriktionen (den Nebenbedingungen für die Optimierung nach Lagrange) und liefern eine globale optimale Lösung.[20] Die Berechnung dieser Optimierungsprobleme, die Minimierung einer Kostenfunktion mit speziellen und zweckgebundenen Nebenbedingungen, wird mit der KLT durchgeführt. Die Daten werden anschließend mit den ersten d-Eigenwerten in eine aufwandsminimierte Darstellung überführt (d-dimensionaler Eigenraum). Dabei haben Koeffizientenwerte gleich null oder nahe null (fast linear abhängig) keinen oder nur wenig Informationsgehalt und sind vernachlässigbar, ohne die Feinstruktur der MF zu sehr einzuschränken. Vektoren können auf diese Weise als Linearkombinationen einer kleineren Anzahl ihrer selbst redundanzfrei, d. h. von unwesentlicher Information befreit, dargestellt werden. Für eine bestimmte Dimension d ist die Abweichung der rekonstruierten Daten von den Originaldaten minimal, wenn sich die Reduktion auf den von den d größten Eigenvektoren der Korrelationsmatrix aufgespannten Raum mit den nachfolgend aufgelisteten Eigenschaften bezieht.

[19] Die Gram-Matrix beinhaltet alle möglichen Skalarprodukte von $\underline{X}$ z. B. $G_{ij} = X_i^T \cdot X_j$. Siehe auch Glossar im Anhang K.7.

[20] Optimierungsproblem mit schwacher Dualität [41–43].

1. Eine eigenwertskalierte Eigenvektorrepräsentation der Daten skaliert die Winkel zwischen den Trainingspunkten der MF bzw. der Hypersphäre.
2. Werden bei der Repräsentation kleine Eigenwerte vernachlässigt, ist die Verzerrung der Winkel (Korrelationen) zwischen Trainingspunkten hoher Ähnlichkeit am geringsten.
3. Durch die Vernachlässigung weiterer Eigenwerte verkleinern sich die Winkel zwischen Trainingspunkten ähnlicher Struktur. Die Winkel zwischen Punkten unähnlicher Struktur vergrößern sich.[21]

Anschließend werden die Eigenwerte der Verbindungsmatrix in absteigender Reihenfolge berechnet. Die Ähnlichkeitsmatrix $\underline{Y}$ und damit die Einbettung in einen niedrigdimensionalen Raum wird durch die Zuordnung des i-ten Trainingsvektors zum i-ten Element der Haupteigenvektoren $P_{X_i}(\mathbf{x_i}) = P_{Y_i}(\lambda_{1,i}, \lambda_{2,i}, \ldots, \lambda_{N,i})^T$ gebildet. Der Skalierungsfaktor ist vom Algorithmus abhängig und in Tab. 10.2 aufgeführt. Bei einigen Algorithmen wird die Matrix $\underline{\mathrm{K}}$ von einem datenunabhängigen Kern (z. B. Gauß-Kern) gebildet. Mit diesen Kernfunktionen wird eine Verbindungsmatrix $\underline{K}$ erstellt und in die Ähnlichkeitsmatrix $\underline{\mathrm{Y}}$ transformiert. Die DPs dieser Struktur stehen dann für die Weiterverarbeitung im Assoziationsraum (Y-Raum) zur Verfügung.

Die Algorithmen bestehen im Wesentlichen aus fünf Schritten[22]

1. N Datenpunkte $\underline{X} = \{X_1, \ldots, X_N\}$ repräsentieren die Trainingsvektoren $\mathbf{x}_1, \ldots, \mathbf{x}_N$ im Eingangsraum.
2. Konstruktion einer N $\times$ N Nachbarschaftsmatrix $\underline{G}$ mit korrespondierenden Kernfunktionen $K_G(\mathbf{x}_i, \mathbf{x}_j)$.
3. Normalisierung liefert die Verbindungsmatrix $\underline{K}$.
4. Berechnung der d größten Eigenwerte bzw. d kleinsten Eigenwerte von $\underline{K}$.
5. Einbettung der korrespondierenden Elemente jedes Eigenwertes in das niedrigdimensionale Koordinatensystem. Eine mögliche Skalierung findet sich in Tab. 10.2 mit $\sqrt{\lambda_d}$ [10].

Diese fünf Schritte sind in Tab. 10.3 in Verbindung mit der Notation der verschiedenen Basismethoden abfolgegerecht zugeordnet. Eine weitere Tabelle mit den zugehörigen Kostenfunktionen zu den Optimierungen nach Lagrange (Optimierung I) befindet sich im Anhang D.

[21] Diesen Effekt nutzt man beim spektralen Gruppieren, auch Spectral Clustering genannt, aus. Kurz: Der nichtlinearen Dimensionsreduktion und dem Spectral Clustering liegt der gleiche Prozess zugrunde [18, Kap. 5].

[22] Beispielhaft für den allgemeinsten Fall: Methode Nr. 2 in Tab. 10.2.

Zusammenhänge und Besonderheiten Zum Thema Dimensionsreduktion liegen allgemeinere Schriften vor, die die oben genannten Algorithmen als Fälle der Kernel-PCA auffassen [31, S. 13, 18] [44, 45]. Das Bestimmen der Kernfunktion stellt den Hauptaufwand bei Kernel-PCA dar. Bei den in Tab. 10.2 unter Nummer 3, …, 7 genannten, für spezielle Zwecke entwickelten spektralen Dimensionsreduktionsmethoden wird dies implizit mit erledigt.

Die von *Laplacian Eigenmaps* erzeugte Verbindungsmatrix $\underline{M}$ (Laplace-Matrix) ist als inverse Kernmatrix interpretierbar [46]. Die daraus erzeugte niedrigdimensionale Repräsentation wird von den untersten Eigenvektoren der Ähnlichkeitsmatrix $\underline{Y}$ gebildet. Diese sind mit den größten Eigenvektoren der Pseudoinversen[23] der Laplace-Matrix $\underline{L}^{\dagger}$ identisch.[24] $\underline{L}^{\dagger}$ kann man folglich als Kernmatrix für Kernel-PCA ansehen und wegen der Eigenschaften der eigenwertskalierten Eigenvektorrepräsentationen (wie in Tab. 10.2 ersichtlich) für die Einbettung in den d-dimensionalen, da Einbettungsraum Y Raum die untersten Eigenvektoren verwenden [48, S. 13].

Bei der mit LLE diagonalisierten Matrix $\underline{M}$ sind die Verhältnisse wegen des quadratischen Zusammenhangs zwischen den beiden Kostenfunktionen zwar nicht gleich, aber ähnlich. Zur Einbettung werden ebenfalls die untersten Eigenvektoren verwendet, weil die Rekonstruktionsgewichte W_{ij} mit der inversen Verbindungsmatrix $\underline{G}$ zu bestimmen sind.[25] MVU erstellt eine Verbindungsmatrix $\underline{M}$, die als Kernmatrix für Kernel-PCA interpretierbar ist. Die Kernmatrizen bei ISOMAP und MVU zeigen Sprünge (z. B. Wertänderung von 4,0 auf 0,2 zum nächsten Eigenwert) im Eigenwertspektrum. Mithilfe dieser Sprünge kann die innere Dimension der zugrunde liegenden MF festgestellt werden.[26] Gleiches gilt für PCA und MDS [34, Kap. 2]. Bei LLE und *Laplacian Eigenmaps* ist die Bestimmung der inneren Dimension unklar und nicht auf einfachem Weg aus den Eigenwerten ablesbar [48, S. 13].[27]

---

[23] Überbestimmtes lineares Gleichungssystem, welches unter bestimmten Voraussetzungen aus vielen Lösungen die beste liefert (Moore-Penrose-Pseudoinverse).

[24] „*The inverse operator. The Green's function … since $\mathcal{B}(Hw, v) = \mathcal{U}(w, v)$, we have $\mathcal{B}(u, v) = \mathcal{U}(H^{-1}u, v) = (Ku, v)$, where $u = Hw$ and $K = H^{-1}$. Thus we are led to an eigenvalue problem for the inverse operator K. But if $Hu_r = \lambda_r u_r$ then, by operating with K on both sides, we get Ku_r with $\mu_r = 1/\lambda_r$, which means that the eigenvectors of K are identical with those of H. So we are required to find the eigenvalues of H, we may, if we wish, first find those of K and then take reciprocals.*" [47, S. 41].

[25] „*Ist $\underline{A}$ eine reguläre Matrix und λ ein Eigenwert von $\underline{A}$ zum Eigenvektor* **u**, *dann ist 1/λ Eigenwert zum Eigenwert von $\underline{A}^{-1}$. Ist λ betraglich der größte Eigenwert von $\underline{A}$, so ist 1/λ der betraglich kleinste Eigenwert von $\underline{A}^{-1}$.*" [49, S. 140].

[26] Die Methode ist in Abschn. 10.7.6 beschrieben.

[27] Zwar wird in [50] ein Verfahren zur Bestimmung der optimalen Anzahl *K* der NN durch Abschätzen des Einbettungsfehlers ε gezeigt und damit indirekt d ermittelt, jedoch ist der erforderliche numerische Aufwand hoch, da diese Abschätzung für jeden lokalen Bereich durchzuführen ist.

Generalisierung Die Vorstellung, dass sich Kernfunktionen K_{ij} aus Paaren $(\mathbf{x}_i, \mathbf{x}_j)$ oder Gruppen $(\mathbf{x}_i, \sum_{j=1}^{k} \mathbf{x}_j)$ bilden lassen [51, Kap. 3], veranschaulicht in geometrischer Weise (z. B. in Abb. 10.6), wie ein neuer Anfragepunkt, der nicht im Trainingsdatensatz enthalten ist, generalisiert wird. Bei den genannten Methoden basiert die Generalisierung auf der Nyström-Formel.

$$f_{r,N}(\mathbf{x}) = \frac{\sqrt{D}}{\lambda_i} \sum_{i=1}^{N} \lambda_{i,j} K_N(\mathbf{x}, \mathbf{x_i}) \tag{10.2}$$

Dies erfordert die Berechnung von $K(\mathbf{x}, \mathbf{x}_i)$ mit $\mathbf{x}_i$ als Trainingsvektoren.[28] [52, Abschn. 3.3.3] schlägt zwei Methoden zur Generalisierung neuer nichttrainierter Eingangspunkte (Anfragepunkte) X_a vor. Bei der ersten[29] werden die errechneten Rekombinationsgewichte W_{aj} für X_a im Eingangsraum zur Generalisierung genutzt; bei der zweiten wird eine zunächst unbekannte Matrix als Transformationsmatrix $\underline{Z}$ zur Generalisierung von X_a bestimmt (Pseudocode in Tab. 10.4). Letztere Vorgehensweise findet Verwendung bei der ONPP- und der NOP-Methode. Die dabei ermittelte Transformationsmatrix $\underline{V}$ gilt auch für untrainierte Anfragepunkte X_a. Dadurch reduziert sich die Transformation neuer Eingangsdaten auf eine Matrix-Vektor-Multiplikation.

Umfang der Berechnungen Die genannten DR-Methoden führen weder eine Abschätzung des Generalisierungsfehlers noch eine Bestimmung der zu erwartenden Abweichungen durch. Die Qualität der transformierten Darstellung muss mit anerkannten Standardtests evaluiert werden.[30] Berechnet werden lediglich die Koordinaten des niedrigdimensionalen Koordinatensystems der Trainingspunkte. Eine Bestimmung der Positionen neuer Anfragepunkte im Zielkoordinatensystem ist nicht vorgesehen. Die Ausnahme bilden hier ONPP und NOP, die mittels einer Transformationsmatrix $\underline{V}$ eine Generalisierung von Zwischenwerten bieten.

Numerischer Aufwand Aufgrund der dünn besetzten Matrizen bei LLE und *Laplacian Eigenmaps* ist der numerische Aufwand im Vergleich zu den anderen Basismethoden ISOMAP und Kernel-PCA wesentlich geringer. Bei der MVU-Methode ist er sehr hoch. Aus diesem Grund wurde das *Landmark Maximum Variance Unfolding* (LMVU) entwickelt. Die sogenannten *Landmark-Methoden* [54] ermöglichen die Berechnung eines ausgedünnten Datensatzes als Gerüst für eine spätere verfeinerte Rechnung in aktuell benötigten Gebieten, um Rechenaufwand einzusparen. In [32, Abschn. 3.2.3] wird gezeigt, dass die *Landmark-Methoden* prinzipiell auf der Nyström-Formel basieren.

[28] Nyström-Formel [51, S. 27, 7, 25].

[29] Auch erwähnt in [53, Abschn. 4.4].

[30] Kreuzvalidierung in Abschn. 11.5.2 bzw. Cross-Validierung in Kapitel Glossar im Anhang K.7.

Ohne das Eigensystem erneut zu lösen, ist eine einfache Erweiterung des Netzes nicht möglich.[31]

10.4.4 Auftretende Probleme

Damit eine Dimensionsreduktion numerisch stabil ausgeführt werden kann, muss die MF glatt und zusammenhängend sein [10]. Die Methoden sind stark abhängig von der Abtastdichte der lokalen Nachbarschaft der TPs, um erfolgreich arbeiten zu können [22].

Probleme mit LLE und ONPP Die Methoden sind für Sphären oder geschlossene Oberflächen ungeeignet und weisen die in der folgenden Auflistung genannten Schwierigkeiten auf. Die beiden Methoden bilden die Basis für die beim MAE-Verfahren angewendete Dimensionsreduktion.

1. Die Methoden sind unpräzise, wenn Lücken und Sprünge in der MF auftreten.
2. Weitere Abbildungsfehler entstehen bei stark verrauschten Daten oder schlechter Kopplung zwischen den Daten.
3. Die Rekonstruktion im niedrigdimensionalen Raum ist sehr stark von der Wahl der Anzahl K der NN abhängig.
4. Unterabtastung wirkt sich negativ auf die Isometrie aus. Dies zeigt sich darin, dass weit entfernte Punkte im Originalraum als nahe Punkte im Merkmalsraum erscheinen.

Die Bestimmung der inneren Dimension gestaltet sich schwierig. Sie kann nicht aus den kleinsten Eigenvektoren ermittelt werden.[32]

Probleme mit ISOMAP Ein Offset, der weit entfernte Punkte separieren soll, verzerrt die Einbettungen. Die Methode versagt bei Datensätzen mit gruppierten Datenpunkten und erfordert darüber hinaus einen sehr hohen numerischen Aufwand.

Bei den mit kleinsten Eigenwerten arbeitenden spektralen Methoden sind die Entscheidungsgrenzen für die Reihenfolge der kleinen Eigenwerte in bestimmten Fällen (wenn Eigenwerte nahezu gleich groß sind) schwierig festzulegen. Da die genannten MF-Lernalgorithmen mit lokal linearen Näherungen arbeiten, haben sie Probleme mit der Verarbeitung von Datensätzen stark gekrümmter Strukturen. Um den Trans-

---

[31] In [50, Kap. 3] wird eine Adaption des Einbettungsraumes für neue Datenpunkte angegeben. Handelt es sich jedoch um Punkte außerhalb des rezeptiven Bereiches, die in das System integriert werden müssen (Erweiterung des rezeptiven Bereiches), muss das Eigensystem auch hier neu durchgerechnet werden, um möglichst genau abbilden zu können.

[32] In [55, Kap. 2] wird z. B. vorgeschlagen, die innere Dimension d durch Anwendung von PCA in den lokalen NN-Bereichen, die durch eine n-dimensionale Kugel mit Radius r bestimmt werden, zu schätzen.

formationsfehler in akzeptablen Grenzen zu halten und die Hauptkomponentenrichtungen der MF ausreichend genau ermitteln zu können, sind in diesen Bereichen genügend Datenpunkte erforderlich. Zum Erzielen einer diesbezüglichen Verbesserung wird in [51, S. 28] vorgeschlagen, die empirische Dichte durch einen glatteren, nichtparametrischen Dichteschätzer zu ersetzen, und in [56, S. 332] eine Methode genannt, die die globale Struktur einer MF bei der Rekonstruktion besser berücksichtigt.

ONPP-Methode Die ONPP-Methode baut auf der LLE-Methode[33] auf, benötigt wie diese einen Parameter K für die Anzahl der NN und einen Parameter d für die Dimension im Einbettungsraum und hat die gleichen Probleme wie die LLE-Methode bezüglich der MF, die in einen niedrigdimensionalen Raum eingebettet werden soll. In [50] finden sich eine Untersuchung zu den Auswirkungen der Anzahl der NN und eine Methode zur Bestimmung des Optimums. Einerseits wirkt eine große Anzahl NN glättend auf Strukturen der MF, andererseits kann durch eine zu kleine Zahl NN die MF in nicht zusammenhängende Teilbereiche zerfallen. Mit der Messung der Restvarianz wird dort die Qualität der Einbettung ermittelt und gezeigt, wie eine Erweiterung der M-Matrix[34] für neue Trainingspunkte möglich ist, ohne das gesamte Netz neu durchrechnen zu müssen. Dies geschieht durch ein additives Verfahren, welches gezielt in lokalen Bereichen eine Netzanpassung zulässt.

Einschränkung einer MF Der Rauschanteil der von Sensoren stammenden Messdaten liegt nahezu immer in Form einer Gauß-Verteilung vor. Zur Charakterisierung der Datenverteilung kann die komplexe Bingham-Verteilung (multidimensionale Gauß-Verteilung) herangezogen werden [18, Kap. 3].

Entscheidung für ein bestimmtes DR-Verfahren Der numerische Aufwand von ONPP liegt, wie in Tab. 10.2 gezeigt, im unteren Bereich. Gegenüber den anderen Algorithmen können neue untrainierte Anfragepunkte ohne zusätzlichen Aufwand (z. B. Nyström-Methode) verarbeitet werden, sofern sie im rezeptiven Bereich liegen. Wegen dieser Fähigkeit bietet ONPP das beste Konzept zur Lösung der vorliegenden Aufgabenstellung, allerdings mit dem Nachteil, dass die innere Dimension nicht auf einfache Art und Weise bestimmbar ist. Dieser Nachteil muss bei Anwendung von MVU nicht in Kauf genommen werden, da die Ermittlung von d aus den Eigenwerten möglich ist.[35]

Die ONPP-Methode wird in Abschn. 10.7 umfassend mathematisch formuliert und zusammen mit der MVU-Methode vorgestellt. Beide Verfahren erfüllen die Forderungen aus Abschn. 4.3 und sind in der Lage, die anstehende Aufgabe zu lösen.

---

[33] Detailliert beschrieben in [10].

[34] Kovarianzmatrix, siehe Glossar im Anhang K.7.

[35] Bereits in Abschn. 10.4 in Absatz *Zusammenhänge und Besonderheiten* erwähnt.

Mit der MVU-Methode ist die innere Dimension einer MF zwar bestimmbar, dies muss jedoch wegen der voll besetzten Matrizen mit einem enorm hohen Rechenaufwand erkauft werden. Bei der in Kap. 3 beschriebenen und in Abb. 2.1 vorgestellten zweistufigen Struktur des adaptiven Systems ist nur die Stetigkeit der Hauptkomponenten relevant und somit eine Ermittlung der inneren Dimension einer MF gar nicht erforderlich, da der Verzerrungsfehler, der bei einer Abbildung in einen d-dimensionalen Raum mit z. B. $d=2$ entsteht, durch das der Dimensionsreduktion nachgeschaltete Modul *Skalierung und Anpassung* kompensiert wird.[36]

Beide Methoden arbeiten bei guter Generalisierungsfähigkeit stabil und genau. Da die ONPP-Methode gegenüber der MVU-Methode mit weniger Rechenaufwand in Bezug auf die hier vorgestellte Struktur die gleichen Ergebnisse liefert, wird sie favorisiert.

10.5 Aufgabenbezogene Einsatzbedingungen

Für die in Abb. 12.1 gezeigte anwendungsorientierte Aufgabenstellung, Ausgangssignale von multidimensionalen Eingangssignalen abzuleiten, kann die Kalibrierung dieser Signale folgendermaßen definiert werden: Einer als Messwerte vorliegenden Sequenz von Eingangsdaten wird ein bestimmter Verlauf im Ausgangsraum zugeordnet. Diese Spur kann ein- oder auch mehrdimensional sein. In Abb. 10.5 ist dazu der dreidimensionale Fall dargestellt. Es gelten folgende Einschränkungen für die Daten im Eingangsraum:

1. Niedrigdimensionale MF als Träger der interessierenden Wissensbasis im hochdimensionalen Raum. Der typische Fall zeigt sich hier als eine in Abb. 10.5 dargestellte Spur in diesem Raum.
2. Limitierte Krümmung bestimmt die Punktedichte (Abtastrate).[37]
3. In Bereichen gerader Strecken – anders formuliert: in ausgedehnten linearen Bereichen – kann die Anzahl der Trainingspunkte reduziert werden, da hier bei den ausgewählten Verfahren mit ausgezeichneter Generalisierungsfähigkeit zu rechnen ist.[38]

[36] In Abschn. 14.4 wird auf diese Kompensation näher eingegangen.

[37] Einerseits ist bei der Vorverarbeitung der Daten sicherzustellen, dass genügend Punkte in den gekrümmten Bereichen vorhanden sind, und andererseits muss dafür gesorgt sein, dass in Bereichen hoher Punktedichte nur solche Punkte ausgewählt werden, die die MF wesentlich repräsentieren, um nur hinreichend viele Trainingsdaten zu verwenden, die Struktur der MF möglichst glatt zu halten und das Rauschen zu eliminieren.

[38] In einem anderen Ansatz wird geprüft, ob sich genügend NN im Bereich einer n-dimensionalen Kugel mit definiertem Radius r befinden. Gemessen wird die Zunahme der Datenpunkte in der Hauptrichtung der Datenwolke innerhalb einer n-dimensionalen Kugel [55].

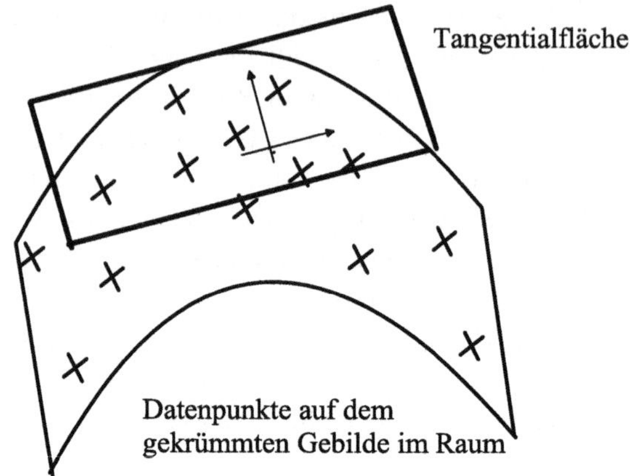

Abb. 10.4 Tangentenfläche als Näherung bei lokalen Methoden

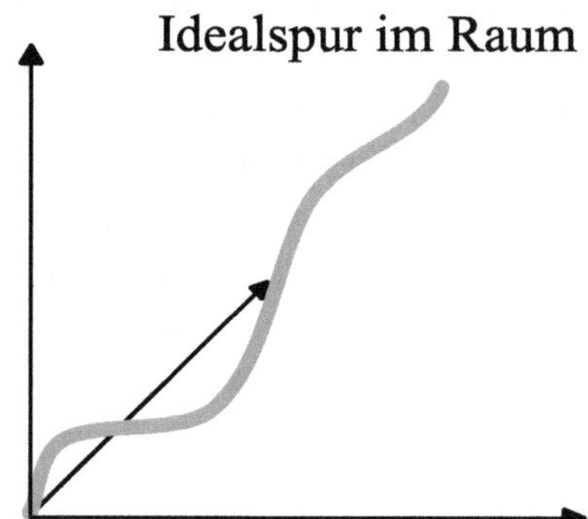

Abb. 10.5 Glattes niedrigdimensionales Gebilde (z. B. nach einer Dimensionsreduktion) im Raum

Weiterhin muss gelten, dass der Graph im Raum keine Lücken aufweist. Ein Datensatz (DS) gilt hier als zusammenhängend, wenn zwei aufeinander folgende Punkte des DS durch eine Schar von Punkten als NN verbunden sind und die Abstände dabei von Punkt zu Punkt ein definiertes Mindestmaß unterschreiten. Dieses Mindestmaß wird so bestimmt, dass bei den durchzuführenden Berechnungen eine bestimmte Genauigkeit erreicht wird und keine numerischen Instabilitäten auftreten.

Definition: Wenn jeder Punkt die NN-Anzahl K hat (bestimmt durch Radius oder Anzahl), kann jeder Datenpunkt in K verbundene Komponenten aufgeteilt werden. Nicht zusammenhängende Daten sind mit spektralen Methoden nicht als Ganzes ins Niedrigdimensionale transformierbar. In [51, S. 16] werden spezielle Algorithmen und Maßnahmen genannt, um Lücken zu schließen.[39] Eine glatte, stetige MF ist die Voraussetzung für numerische Stabilität bei der Dimensionsreduktion.

---

[39] Dort wird die Nyström-Formel genutzt, um den Eigenvektor für einen untrainierten Datenpunkt zu bestimmen und Lücken zu schließen.

Wenn diese Maßnahmen nicht erfolgreich sind, müssen die einzeln zusammenhängenden Stücke getrennt bearbeitet oder mit einer geeigneten Methode verbunden werden [55]. Handelt es sich um schwach zusammenhängende Stücke (interpretierbar als Datenpunkte auf verschiedenen MF), ist eine Datenreinigung erforderlich. Schwach zusammenhängende Stücke äußern sich durch Nullen im Eigenwertspektrum und liefern den Beitrag Null bei der Optimierung in Gl. (10.10). Für den jeweiligen Anwendungsfall sind Kriterien zum Beurteilen einer ausreichend glatten Struktur nötig.[40] In [58, 59] werden diese Voraussetzungen zur Bestimmung der NN allgemein für verschiedene Metriken diskutiert. Bei der Datenvorverarbeitung muss durch entsprechende Maßnahmen die maximale Frequenz der Eingangssignale (Grenzfrequenz) limitiert werden, um definierte Verhältnisse für die nachfolgenden Verarbeitungsschritte zu schaffen.[41] Vor der Anwendung der DR sind die in Abschn. 10.2 genannten Voraussetzungen zu erfüllen.

10.6 Vermeidung numerischer Instabilität

Bei ONPP und MVU werden mit der Optimierung I (Schritt 3) datenabhängige Kerne wie $K_{ij}(X_i, \sum_{j=1}^{k} X_j)$ erzeugt. Die zugrunde liegende MF muss glatt und gut abgetastet sein und darf keine Lücken und Sprünge aufweisen, damit die auf NN-Beziehungen basierende Rekonstruktion im Einbettungsraum numerisch stabil ausgeführt werden kann.[42] Die nachfolgend aufgeführten Aspekte sind von grundlegender Bedeutung für die gewählten Methoden ONPP und MVU. Die Verbindungsmatrix $\underline{M}$ ist durch verschiedene Kriterien eingeschränkt:[43]

1. Halbpositiv definit Die Matrix darf keine negativen Eigenwerte enthalten. Diese Einschränkung ist notwendig, um die K-Matrix als Skalarprodukt im Hilbert-Raum abspeichern zu können. Obwohl keine Linearität vorliegt, beschreiben diese Matrizen ein konvexes Gebiet. Bei der Optimierung (quadratisches Problem) existiert ein globales Optimum.

[40] Eine Entfernung von Ausreißerdaten wird für lokales nichtlineares MF-Lernen *(local linear smoothing for nonlinear manifold learning)* in [57] vorgeschlagen.

[41] Vergleich zum Abtasttheorem *(spectral properties of the kernelmatrix)* [60, S. 77]. Die Realisierung bzw. Berücksichtigung dazu wird in Abschn. 7.2 behandelt.

[42] Dies wird mit der in Kap. 7 vorgestellten Glättung sichergestellt.

[43] In Matrix $\underline{M}$ sind die Korrelationswerte der Datenstruktur gespeichert. Bei ONPP in $\underline{M}$ und bei MVU in $\underline{G}$.

2. Zentriertheit In der K-Matrix sind nur Werte gespeichert, die um den Ursprung zentriert sind. Dies ermöglicht es, die Eigenwerte der Verbindungsmatrix als Messungen der Varianz in Richtung der Hauptkomponenten im Merkmalsraum aufzufassen.

3. Isometrie Die isometrische Beziehung der Räume X und Y bedeutet allgemein, dass die metrischen Beziehungen ihrer Elemente ein und dieselben sind. Gesucht wird eine glatte, invertierbare Abbildung, die lokal wie eine Translation und Rotation geartet ist und lokale Distanzen bewahrt. Die Methode reduziert sich dadurch auf das Abbilden einer speziellen Klasse von Isometrien, die für diskret abgetastete Gebilde im Raum geeignet sind. Veranschaulicht bedeutet dies, dass einem Satz von Eingangsdaten $\mathbf{x}_1$, …, $\mathbf{x}_N$ mit korrespondierenden Eigenschaften $\Phi(\mathbf{x}_1)$, …, $\Phi(\mathbf{x}_N)$, jedem Punkt i eine K × K Nachbarschaftsmatrix $\underline{\eta}$ zugeordnet wird. Diese Matrizen beinhalten die Nachbarschaftsbeziehungen mit $\mathbf{x}_{ij}$ als Nachbarn zu $\mathbf{x}_i$ im Eingangsraum der Dimension D. Im Einbettungsraum der Dimension d fungieren $\mathbf{y}_{ij}$ als Nachbarn zu $\mathbf{y}_i$. Lokale Isometrie zwischen Nachbarschaften existiert nur, wenn Streckentreue und Winkeltreue bei der Transformation bewahrt bleiben.[44]

10.7 Spektrale Methoden zur Dimensionsreduktion

Wie bereits erwähnt, werden die ONPP- und die MVU-Methode gegenüber anderen Dimensionsreduktionsverfahren vorgezogen. Bei beiden im Folgenden erläuterten Methoden sind Abweichungen oder Zusätze von MVU gegenüber ONPP kenntlich gemacht. ONPP basiert auf der in [6] vorgestellten LLE-Methode. In Anlehnung an diese sind die operativen Vorgehensweisen bei ONPP und MVU schrittweise erläutert, so wie sie in diesem Buch genutzt werden. Beweise und Materialien, die zum Hauptverständnis nicht zwingend erforderlich sind, finden sich im Anhang C [6].

Der Begriff *Locally Linear Embedding* (LLE) bedeutet, dass nur solche nächsten Nachbarn (NN) zur Einbettung bzw. Rekonstruktion im niedrigdimensionalen Raum beitragen, die sich auf lineare Gebiete beschränken. Dabei muss die im D-dimensionalen Raum befindliche MF den in 10.5 genannten Glattheits- und Stabilitätsbedingungen genügen. Jeder Datenpunkt im Eingangsraum benötigt $2 \cdot d$ NN, die grob gesehen eine lineare Stelle auf der MF darstellen. Unter diesen Voraussetzungen kann die lokale Geometrie in der Nachbarschaft jedes Datenpunktes charakterisiert und anschließend jeder Punkt mithilfe der ermittelten Träger (Rekonstruktionsgewichte W_{ij}, mit $j = 1, \ldots, k$) dieser Nachbarschaftsbeziehungen rekonstruiert werden.

---

[44] „*Formally, two Riemannian manifolds are said to be isometric if there is a diffeomorphism such that the metric on one pulls back to the metric on the other … Note that the local isometry between neighborhoods will exist if and only if the distances and angles between points and their neighbors are preserved.*“ [30, Abschn. 3.1].

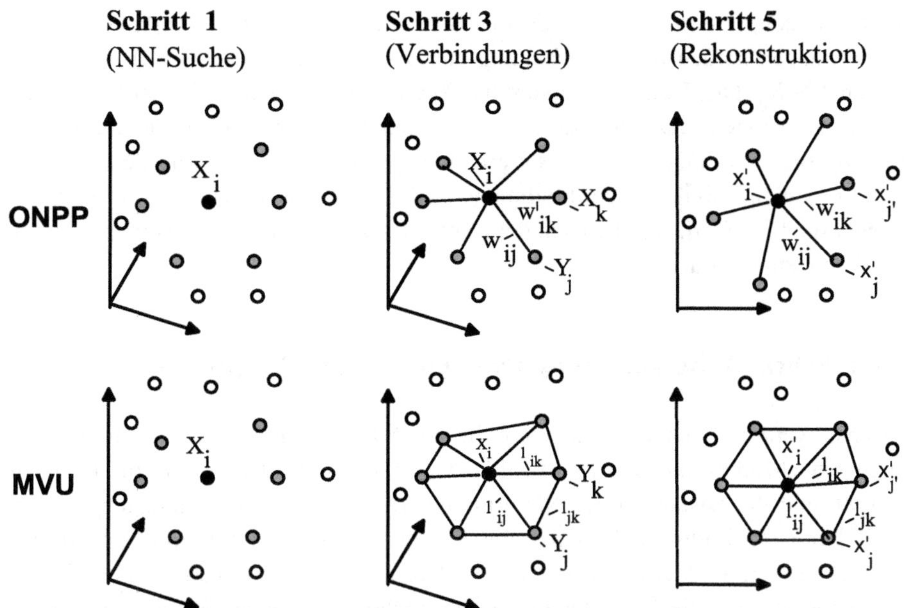

Abb. 10.6 Prinzipieller Ablauf der Dimensionsreduktion mit den ONPP-, NOP- und MVU-Methoden. [10, 30]. Der d-dimensionale Einbettungsraum ist mit X' bezeichnet

Das Prinzip ist in Abb. 10.6 vereinfacht im Vergleich zum Original in [6] dargestellt (vom dreidimensionalen Raum beispielhaft reduziert ins Zweidimensionale), um die zusätzlichen Einschränkungen von ONPP und MVU erweitert und im Folgenden mathematisch umfassend formuliert.[45]

Geometrische Interpretation von ONPP Von jedem Datenpunkt X_i und seinen NN X_j wird erwartet, dass sie auf oder nahe einem Fleck einer MF liegen. Die innere Geometrie eines solchen Flecks wird durch eine Linearkombination bestimmt, die aus den Nachbarschaftsverhältnissen gebildet wird. Die Aneinanderreihung bzw. Überlappung der linear genäherten Flecke ergibt die MF.

Geometrische Interpretation von MVU Alle Datenpunkte X_i sind als Stahlkugeln so vorstellbar, dass jedes X_i mit den NN X_{ij} und zusätzlich die NN X_{ij} untereinander mit

[45] Die Software der Originalversion von LLE steht als Matlab-Code in [5] zur Verfügung. Sie ist dort in drei Teilen organisiert:

1: Bestimmung der nächsten Nachbarpunkte (NN-Punkte).

2: Bestimmung der Rekonstruktionsgewichte (W_{ij}).

3: Rekonstruktion im niedrigdimensionalen Raum.

starren Stangen, wie in Abb. 10.6 (MVU, Schritt 2 und 3) gezeigt, verbunden sind. Die starren Stangen sorgen für die Erhaltung der Distanzen und Winkel zwischen Punkt X_i und den NN X_{ij}. Die Trainingspunkteschar X_i wird bei *Maximum Variance Unfolding* so auseinandergezogen, dass die Hauptvarianz maximiert wird und die lokale Geometrie durch die starren Stangen zu den NN erhalten bleibt. Als Anschauungsbeispiel dazu sei auf die in vielen Publikationen dreidimensional dargestellte sogenannte *Schweizer Rolle* hingewiesen [61, S. 3], welche nach dem Entrollen zu einem Band (Rechteck) und damit zweidimensional wird.

10.7.1 Schritt 1: Bestimmung der nächsten Nachbarpunkte

Zunächst werden K-nächste-Nachbarn im hochdimensionalen Raum mit einer dazu geeigneten Minkowski-Metrik identifiziert, z. B. mit der L^1-Norm (Manhattan-Distanz), und die Distanzen der NN ermittelt. Die weiteren Berechnungen werden mit der L^2-Norm (euklidische Distanz) durchgeführt und die Ergebnisse im Merkmalsraum als erweiterte Merkmale mit der L^1-Norm (Manhattan-Distanz) gespeichert. Es sei angemerkt, dass die Lage der Punkte im hochdimensionalen Raum gegeben ist und sich nicht durch die Verwendung der einen oder anderen Metrik ändert. Für verschiedene Berechnungszwecke erforderliche Eigenschaften der Metriken werden beim MAE-Verfahren genutzt.

Die Geometrie einer MF, genauer: deren maximale Krümmung, ist ausschlaggebend dafür, wie viele Trainingsdatenpunkte benötigt werden, um ein topologieerhaltendes Einbetten ins Niedrigdimensionale zu ermöglichen. Dabei muss die innere Dimension d der MF im D-dimensionalen Raum stets kleiner als die Anzahl K der NN sein [6]. Wie die Relation genau auszusehen hat, ist dort nicht angegeben. Um dies herauszufinden, ist eine Optimierung des exakten Verhältnisses von K und d bei der Realisierung durch entsprechende Tests notwendig [52, Kap. 3]. Weiterhin ist zu beachten, dass ein Datenpunkt und seine NN als linear modellierbar angenommen werden.

Wie in Abb. 10.4 gezeigt, wird diese Annahme bei Datensätzen mit stark gekrümmten Strukturen schwer einzuhalten sein und zu Ungenauigkeiten führen. Für den ungewöhnlichen Fall $K > D$ – und dies impliziert niedrigdimensionale Originaldaten – kann jeder Datenpunkt nahezu perfekt rekonstruiert werden. Es existieren jedoch mehrere Lösun gen.

Abb. 10.7 zeigt diesen Sachverhalt anhand eines Beispiels mit drei Lösungen für einen zweidimensionalen Datenpunkt mit vier quadratisch angeordneten NN und den zugehörigen Gewichten. Um die links angeordnete Lösung mit den ausgewogenen Gewichten bei der Optimierung zu bevorzugen, wird ein Strafterm $\sum_j W_{ij}^2$ für die quadratische Amplitude der Gewichte eingeführt. Der numerische Aufwand zur Berechnung der NN ohne Optimierungen beträgt $O(DN^2)$. Mit speziellen Einschränkungen verringert sich der numerische Aufwand auf $O(N\,log(N))$ [62].

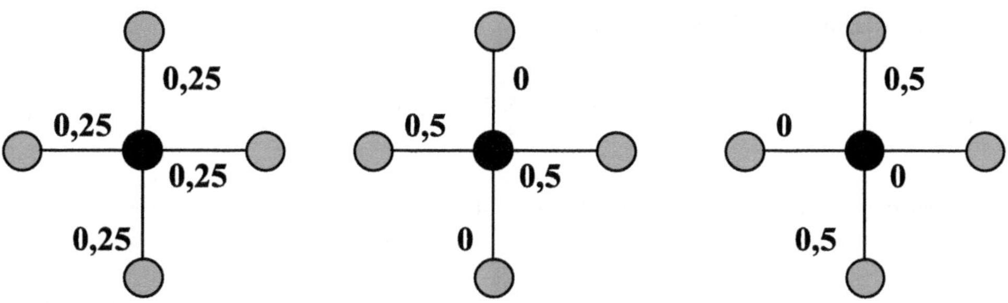

Abb. 10.7 Mehrdeutigkeit, wenn NN-Anzahl K größer als Dimensionalität D, Mehrdeutigkeit im Fall K > D [10]

Eindeutige Lösung Wenn K > D ist, sind mehr NN als Dimensionen vorhanden. Es gibt, wie in Abb. 10.7 gezeigt, keine eindeutige Lösung. In diesem Fall kann die Gram-Matrix singulär oder nahezu singulär werden. Um Derartiges zu verhindern, muss sie vor der Lösung des linearen Gleichungssystems konditioniert werden. Dazu wird der Ausdruck

$$G_{jk} \leftarrow G_{jk} + \delta_{jk}(\Delta^2/k) \cdot Tr(\underline{G})\ wenn\ j = \begin{cases} k \rightarrow \delta jk = 1 \\ 0 \text{ sonst.} \end{cases} \tag{10.3}$$

addiert. Es handelt sich hierbei um einen kleinen Faktor der Identitätsmatrix. $Tr(\underline{G})$ bezeichnet die Spur von G[46] und es gilt $\Delta^2 << 1$. Dies wirkt sich auf die Rekonstruktionseigenschaften nur als quadrierte Amplitude der Gewichte aus und tendiert gegen 0 ($\delta^2 \rightarrow 0$, $K > 1$). Der Regularisierungsterm bestraft bei der Optimierung große Gewichte, die durch unpräzises Abtasten oder Ausreißer entstehen können. Die Autoren in [10] haben für ihre Testdaten bei Anwendungen im Fall $K > D$, NN-Anzahl $K = 8$ und Dimension $D = 3$ den Regularisierungsterm $\Delta = 0,1$ verwendet [10].

10.7.2 Schritt 2: Bestimmung der Rekonstruktionsgewichte

Für jeden Vektor $\mathbf{x}_i$ sind die K Nächste-Nachbarn-Vektoren η_j im letzten Schritt bestimmt worden. Nun muss jeder Datenpunkt mit den optimierten Gewichten gemäß Gl. (10.9) mit der Spärlichkeitsnebenbedingung (SN)

$$\begin{aligned} &\text{NB 1: Bestimmung von K optimalen Gewichten } W_j \\ &\text{mit } j = 1, \ldots, K \text{ für jedes } \mathbf{x}_\text{i} \text{ mit i} = 1, \ldots, \text{N} \end{aligned} \tag{10.4}$$

---

[46] Summe der Hauptdiagonalelemente der Matrix $\underline{\underline{G}}$.

und der Invarianznebenbedingung (IN)

$$\text{NB 2:} \sum_{j=1}^{K} W_j = 1 \tag{10.5}$$

rekonstruiert werden. Der Rekonstruktionsfehler ist definiert als:

$$\varepsilon = |\mathbf{x}_i - \sum_{j=1}^{K} W_j \boldsymbol{\eta}_j|^2. \tag{10.6}$$

Die Nebenbedingung (10.4) SN drückt aus, dass jeder Datenpunkt X_i bzw. Trainingsvektor $\mathbf{x}_i$ nur von seinen NN rekonstruiert wird. Bei Punkten, die nicht zu den NN gehören, ist $W_{ij}=0$. Entsprechend der SN wird die lokale Gram-Matrix $\underline{G}$ eingeführt. Sie enthält die Differenzen zwischen Trainingsvektor $\mathbf{X_i}$ und NN-Matrix $\underline{\eta}_j$.[47]

$$G_{jk} = (\mathbf{x}_i - \boldsymbol{\eta}_j) \cdot (\mathbf{x}_i - \boldsymbol{\eta}_k). \tag{10.7}$$

Die Gram-Matrix ist symmetrisch, positiv definit (enthält keine negativen Eigenwerte) und ist somit invertierbar.

MVU Die Forderung nach lokaler Isometrie ist bei MVU (Maximum Variance Unfolding) strenger als bei ONPP. Um zusätzlich die Winkel zwischen den Kanten der NN $\mathbf{x}_j$ zum Trainingsvektor $\mathbf{x}_i$ oder Anfragevektor $\mathbf{x}_a$ zu erhalten (Abb. 10.6, MVU bei Schritt 3 und 5), werden bei MVU zusätzliche Kanten zwischen den NN $\mathbf{x}_j$ eingeführt.[48]

10.7.3 Schritt 3: Optimierung I, Normalisierung

Die Lagrange-Optimierung mit NB (10.5) $\sum_{j=1}^{K} W_j = 1$ liefert Gl. (10.9) zur Bestimmung der einzelnen optimalen Gewichte W_j. Alternativ kann man auch das Gleichungssystem $\underline{GW} = \underline{1}$ $\left(\underline{W}^T = (W_1, \ldots, W_K), \underline{1} = (1_1, \ldots, 1_K)\right)$ lösen und anschließend die Gewichte so anpassen, dass deren Summe eins ergibt. Die Distanzen zwischen Trainingspunkt X_i und den NN-Punkten gehen quadratisch in die Kostenfunktion, Gl. (10.8), ein. Um die optimierten Gewichte zu bestimmen, die den Anfragepunkt rekonstruieren, wird diese Kostenfunktion $E(\underline{W})$ (quadratisches Problem) mit den beiden Nebenbedingungen (10.4) und (10.5) minimiert:

---

[47] Die Matrix $\underline{\eta}_j$ muss in der Trainingsphase für jeden Trainingspunkt X_i und in der Arbeitsphase für jeden Arbeitspunkt X_a (Anfragepunkt) bestimmt werden.

[48] Um die lokale Topologie bei der Transformation zu erhalten, werden zwei Strecken und der Winkel zwischen den Strecken oder drei Strecken benötigt. Bei MVU wird wegen des geringeren numerischen Aufwandes die Methode mit drei Strecken gewählt.

$$E(W) = \sum_{i=1}^{n} |\mathbf{x}_i - \sum_{j=1}^{K} W_{ij}\mathbf{x}_j|^2 \tag{10.8}$$

$$W_j = \frac{\sum_{r=1}^{K} R_{jr}}{\sum_{l=1}^{K}\sum_{m=1}^{K} R_{lm}} = \frac{\sum_r G_{jr}^{-1}}{\sum_{lm} G_{lm}^{-1}}. \tag{10.9}$$

Mit (10.9) ist die Forderung der Nebenbedingung (10.5) (Summe der Gewichte in der Spalte der Gewichtsmatrix gleich eins) erfüllt. Der Rechenaufwand zur Bestimmung der optimalen Gewichte beträgt $O(D\ NK^3)$. Es sind $K \times K$ lineare Gleichungen für jeden Datenpunkt zu lösen. Der Aufwand wächst linear mit D und N, jedoch exponentiell mit K. Bei Gebilden mit niedriger innerer Dimension ist nur ein kleiner Wert für K erforderlich. Die Verarbeitung der Daten in einer dünn besetzten Matrix mit $N \cdot K$ Elementen ungleich null ist möglich.[49] Weiterhin wichtig für den Aufbau des Verarbeitungssystems ist die Tatsache, dass der Algorithmus nur Daten aus dem lokalen Umfeld des Anfragevektors $\mathbf{x}_a$ benötigt.[50]

10.7.4 Invarianz gegenüber Rotationen und Reskalierungen

Für jeden Datenpunkt müssen die zugehörigen Gewichte der Gewichtsmatrix $\underline{W}$ invariant gegenüber Rotationen, Reskalierungen und Translationen sein. Die Eigenvektoren sind die Einheitsvektoren, die bei einer affinen Transformation nicht mitrotiert werden. Eigenwerte sollen erhalten bleiben. Um dies zu zeigen, werden die Rotationsmatrix $\underline{R}$ und die Gewichtsmatrix $\underline{\xi}$ eingeführt. Jeder Punkt X_i im Eingangsraum wird mit der Rotationsmatrix $\underline{\mathrm{R}}$ multipliziert. Die mit den Originaldaten $\underline{W}$ verknüpften Gewichte gleichen den Gewichten $\underline{\xi}$, die mit den reskalierten und rotierten Punkten X_j verknüpft sind. Der Nachweis von Invarianz gegenüber Rotation und Translation ist im Anhang C aufgeführt.

Symmetrieeigenschaften Aufgrund von Symmetrien charakterisieren die Rekonstruktionsgewichte geometrische Eigenschaften und hängen weder von einem Referenzpunkt noch von Gegebenheiten wie Größe oder Rahmen ab. Für eine gute

[49] Bei der Nutzung des Standardmathematikprogramms Matlab wird der Rechenaufwand reduziert, wenn im Falle von dünn besetzten Matrizen mit dem Supplement *sparse* gearbeitet wird [63–65].

[50] Um die Rekonstruktionsgewichte W_{aj} des Anfragepunktes X_a bestimmen zu können, ist die Bildung der lokalen Gram-Matrix $\underline{G}$ erforderlich.

Tab. 10.5 Pseudocode, Dimensionsreduktion, Optimierung I, Bildung der Gram-Matrix M

Fragment	Optimierung I, Bildung der Gewichtsmatrix M aller Trainingspunkte
Input	$\underline{X}$ $(D \times N)$, Anzahl K der NN, N
Prozess	for i = 1, ..., N
2	Zuweisung $X_a = X_i$
3	Funktion 10.4, Bildung der Rekonstruktionsgewichte von X_a
4	Zuweisung $WW_{ij} = W(j)$
6	Speicherung in der symmetrischen Gewichtsmatrix, $\underline{WW}$ $(K \times K)$
7	resultierende Gram-Matrix $\underline{M}$ bilden, $\underline{M} = (\underline{I} - \underline{WW})' \cdot (\underline{I} - \underline{WW})$
8	end i
Output	$\underline{X}$ $(D \times N)$, $\underline{M}$ $(N \times N)$

Näherung – und dies sei hier nochmals ausdrücklich erwähnt – gilt die Annahme, dass die Datenpunkte auf oder nahe der MF mit einer Dimension d < D liegen. Eine lineare Abbildung, die aus Translation, Rotation und Reskalierung besteht, bildet die hochdimensionalen Daten jedes Nachbarn auf die globalen internen Koordinaten der MF ab.

Rekonstruktionsgewichte ermitteln Dazu werden die Träger der Nachbarschaftsbeziehungen, die Rekonstruktionsgewichte W_{ij}, aus den geometrischen Eigenschaften der Trainingsdaten ermittelt und in der Gewichtsmatrix $\underline{W}$ $\underline{W}$ gespeichert. Das Pseudocodefragment in Tab. 10.4 ist so ausgelegt, dass es sowohl in der Trainingsphase als auch in der Arbeitsphase als Funktion aufgerufen werden kann. Eingangsinformation ist immer der Anfragepunkt X_a. Die Schritte zur Realisierung der Software zur Bildung der Rekonstruktionsgewichte sind in Tab. 10.4 und die Schritte zur Bildung der Gewichtsmatrix sind in Tab. 10.5 als Pseudocode aufgeführt. Die Bildung der Rekonstruktionsgewichte zum Anfragepunkt X_a kann im Originalraum (X-Raum) oder im Einbettungsraum (X_d-Raum) durchgeführt werden. Den Vorteil der ersten Methode stellt die höhere Präzision dar, da der Originalraum verzerrungsfrei ist. Die zweite Methode, die Bestimmung der Rekonstruktionsgewichte im X_d-Raum, ist weniger aufwendig, jedoch mit kleinen Abweichungen behaftet, die durch besondere Maßnahmen, die in Kap. 17 erläutert sind, auf ein bestimmtes Maß reduziert werden können, sodass die Einbettung den vorgegebenen Anforderungen bzw. Toleranzen entspricht.

Trainingsphase Jeder Eingangspunkt X_i wird in der Trainingsphase als Anfragepunkt X_a durch seine NN-Punkte j mit den Anweisungen in Tab. 10.4 *(Bildung der Rekonstruktionsgewichte von X_a)* rekonstruiert. Die Rekonstruktionsgewichte W_{ij} werden bestimmt, in der lokalen Gewichtsmatrix $\underline{W}$ gespeichert und dann weiterverarbeitet. Die Prozedur der Bestimmung der Rekonstruktionsgewichte ist bei Trainings- und Arbeitsphase für X_i bzw. X_a gleich.

MVU Die Optimierung für die Entfaltung lautet:

Maximiere $\sum_{ij} \|\mathbf{y}_i - \mathbf{y}_j\|^2$, sodass

NB 1: $||\mathbf{y}_i - \mathbf{y}_j||^2 = ||\mathbf{x}_i - \mathbf{x}_j||^2$ für alle ij mit $\eta_{ij} = 1$.

NB 2: $\sum_{i=1}^{N} \mathbf{y}_i = 0$, zentriert um den Ursprung.

Die Optimierung ist im angegebenen Zustand nicht konvex und leidet somit unter lokalen Minima. Zur Überwindung der Forderungen an diese Optimierung wird der folgende Kunstgriff angewendet: Durch Umformulierung der Optimierung mit der Definition der Skalarproduktmatrix K_{ij} und Einführung einer zusätzlichen Nebenbedingung – Matrix $\underline{K}$ darf keine negativen Eigenwerte aufweisen – kann die Optimierung als semidefinites Programm aufgefasst werden [66]. Die umformulierte Optimierung lautet dann:

Maximiere $trace(\underline{K})$ mit den Nebenbedingungen:
NB 1: $K_{ij} - 2K_{ij}K_{jj} = ||\mathbf{x}_i - \mathbf{x}_j||^2$ für alle ij mit $\eta_{ij} = 1$.
NB 2: $\sum_{ij} K_{ij} = 0$.
NB 3: $\underline{K} \succcurlyeq 0$.

Aus der Lösung der Matrix $\underline{K}$ können die Eigenwerte und Eigenvektoren durch Singulärwertzerlegung[51] oder Eigenwertzerlegung zur Rekonstruktion aller $Y_i \in \mathbb{R}^{nxd}$ abgeleitet werden.

10.7.5 Schritt 4: Optimierung II, Eigenwertanalyse

In Schritt 4 wird mit den im D-dimensionalen Eingangsraum ermittelten Gewichten W_{ij} die Struktur des Gebildes im d-dimensionalen Raum rekonstruiert. Die charakteristischen Merkmale der hochdimensionalen Eingangsdaten $\mathbf{x}_i$ bleiben dabei erhalten. Die Abbildung wird möglichst winkel- und streckentreu durchgeführt. Die Ausgangsdaten $\mathbf{y}_i$ repräsentieren die globalen inneren Koordinaten der MF. Um den Vorgang der sogenannten Einbettung durchzuführen, muss bekannt sein, welche innere Dimension d die MF hat, und die folgende Kostenfunktion muss minimiert werden [30]:

$$\Phi(y) = \sum_{i=1}^{N} |\mathbf{y}_i - \sum_{j=1}^{K} W_{ij}\mathbf{y}_j|^2 \tag{10.10}$$

Auch diese basiert auf lokal linearen Rekonstruktionsflächen, jedoch werden jetzt die Gewichte W_{ij} beim Optimieren der Ausgänge $\mathbf{y}_i$ fixiert. Dazu wird Gl. (10.10) mit

$$\underline{M} = (\underline{I} - \underline{W})^T(\underline{I} - \underline{W}) \tag{10.11}$$

in die quadratische Form überführt und lautet dann:[52]

[51] Zum Zusammenhang zwischen Singulärwert- und Eigenwertanalyse siehe Anhang K.7.

[52] Siehe dazu *Quadratisches Problem* im Anhang C.1.

$$\Phi(y) = \sum_{i,j=1}^{N} M_{ij}(\mathbf{y}_i \cdot \mathbf{y}_j) = tr[\underline{Y} \cdot \underline{M} \cdot \underline{Y}^T]. \tag{10.12}$$

Die quadratische M-Matrix ist dünn besetzt, symmetrisch und halbpositiv definit, enthält damit keine negativen Eigenwerte und ist alternativ auch mit

$$M_{ij} = \delta_{ij} - W_{ij} - W_{ji} + \sum_{k=1}^{K} W_{ki} W_{kj} \tag{10.13}$$

bestimmbar. Bei der Einbettung müssen die Ausgangspunkte mithilfe der Gewichte W_{ij} im d-dimensionalen Raum so positioniert werden, dass die Nachbarschaftsbeziehungen erhalten bleiben. Dazu werden für die Optimierung II zwei Nebenbedingungen eingeführt. Bei der ersten wird gefordert, dass die Ausgänge $\mathbf{y}_i$ rotiert werden können, ohne den Wert der Kostenfunktion $\Phi(y)$ zu verändern, sodass die Kovarianz der Ausgänge gleich der Einheitsmatrix $\underline{I}$ wird:

$$\text{NB 1}: \frac{1}{N} \sum_{i,j=1}^{N} \mathbf{y}_i \mathbf{y}_j^T = \underline{I}. \tag{10.14}$$

Bis hierhin sind ONPP und LLE gleich aufgebaut.[53] Mit der zweiten Nebenbedingung

$$\text{NB 2}: \underline{Y} = \underline{V}^T \cdot \underline{X} \text{mit} \underline{V}^T \underline{V} = \underline{I} \tag{10.15}$$

wird bei ONPP eine lineare Abbildung in der Form $\underline{Y} = \underline{V}^T \cdot \underline{X}$ für eine zunächst unbekannte und noch zu bestimmende Matrix $\underline{V}$ $\underline{V}$ erzwungen.[54] Die Formulierung mit Ausdrücken dieser zunächst unbekannten Matrix $\underline{V}$ lautet:[55]

---

[53] Verwiesen sei auch auf *Neighborhood Preserving Projections* (NPP). NPP hat die gleiche Zielfunktion wie ONPP, jedoch wird keine Orthonormalität für die Spalten von $\underline{V}$, *sondern* $\underline{YY}^T$ gefordert. NPP ist eine lineare Variante von LLE [67].

[54] Vergleich der Optimierungen bei LLE, LPP und ONPP:

Optimierung LLE: $min_{\underline{Y} \in \mathbb{R}^{Dxd}; \underline{YY}^T = \underline{I}} \; tr[\underline{Y} \cdot \underline{M} \cdot \underline{Y}^T]$

Optimierung NPP: $min_{\underline{Y} = \underline{V}^T \underline{X}, \underline{V} \in R^{Dxd}; \underline{YY}^T = \underline{I}} \; tr[\underline{Y} \cdot \underline{M} \cdot \underline{Y}^T]$

Optimierung ONPP: $min_{\underline{Y} = \underline{V}^T \underline{X}, \underline{V} \in R^{Dxd}; \underline{VV}^T = \underline{I}} \; tr[\underline{Y} \cdot \underline{M} \cdot \underline{Y}^T]$

Im Fall LLE wird der Freiheitsgrad bei der Adaption durch $\sum \mathbf{y}_i = 0$ weiter eingeschränkt, da nur d+1 Eigenvektoren zur Darstellung im niedrigdimensionalen Raum genutzt werden. Ermöglicht wird dies, weil alle untersten Eigenvektoren gleich sind (Mode 1, Eigenwert = 0 bei d = 1) und somit als freie Translation auf die Punkte im Raum wirken. Auf diese Weise werden alle $\mathbf{y}_i$ um den Ursprung zentriert. Da die Kostenfunktion $\Phi(y)$ die Summe aller Momente darstellt, wird sie davon nicht beeinflusst (Translationsinvarianz).

[55] $tr[\widetilde{\underline{M}}] = \sum evals$ als Lösung des Optimierungsproblems. Innerhalb des tr-Arguments ist das Kommutativgesetz zulässig [68, S. 1]. Deshalb $tr[\underline{V}^T \underline{VXMX}^T]$ $tr[\underline{XMX}^T]$ mit $\underline{V}^T \underline{V} = \underline{I}$.

$$\Phi(\underline{Y}) = \left\|\underline{V}^T \underline{X}(\underline{I} - \underline{W}^T)\right\|_F^2 = tr[\underline{V}^T \underline{X} \underline{M} \underline{X}^T \underline{V}] \quad \text{mit} \quad \underline{M} = (\underline{I} - \underline{W})^T (\underline{I} - \underline{W})$$

Durch die multiplikative Verknüpfung mit $\underline{X}$ und die Forderung nach Orthonormalität der Spalten von $\underline{V}$ mit $\underline{V}^T\underline{V} = \underline{I}$ wird die Zielfunktion weiter eingeschränkt. Dies führt zum folgenden konvexen Optimierungsproblem:

$$\underline{\widetilde{M}} = \underline{X}(I - W)^T (I - W)\underline{X}^T = \underline{XMX}^T \tag{10.16}$$

Dabei stellt die quadratische Form der Kostenfunktion (10.10) die Existenz eines globalen Minimums sicher. Die Äquivalenz der Optimierung einer quadratischen Form und der Berechnung der kleinsten Eigenwerte[56] ist eine Version der Rayleigh-Ritz-Methode.[57] Um die zwei Nebenbedingungen (10.14) und (10.15) zu erzwingen, werden Lagrange-Multiplikatoren eingeführt. Mit $\Delta\mathbf{y}_\mathbf{i} = 0$ wird die Optimierung zu einem symmetrischen Eigenwertproblem, genau wie bei den Ableitungen der *Principal Component Analysis* [24]. Die Lösung erfolgt mit der *Karhunen-Loeve-Transformation* (KLT), wie in Abschn. 10.4 bereits erläutert. Die gefundenen Eigenvektoren sind generalisierte einzelne Vektoren des Paares $(\underline{X}(\underline{I} - \underline{W}^T), \underline{X})$.

10.7.5.1 NOP-Methode

Versuche haben gezeigt, dass der Eigenwert von Mode 1 nicht null ist. Er stellt deshalb keine einfache freie Translation mit dem Eigenwert null dar, ist ein wesentliches Element zur Bestimmung der Datenstruktur im niedrigdimensionalen Raum und wird darum im Gegensatz zum Originaltext in [38] zur Darstellung im niedrigdimensionalen Raum verwendet. Zur Bestimmung einer Transformationsmatrix $\underline{V}$ werden die d untersten Eigenvektoren herangezogen, weil die Rekonstruktionsgewichte W_{ij} mit der inversen Verbindungsmatrix $\underline{G}$ $(G^{-1} = R)$ zu bestimmen sind.[58] Aus diesem Grund und um die Methoden unterscheiden zu können, wird im Folgenden die geschilderte Vorgehensweise, die eine Erweiterung der ONPP-Methode darstellt, als NOP-Methode bezeichnet. Gegenübergestellt nutzt NOP die linken d Eigenvektoren der Matrix $\underline{\widetilde{M}}$, während die linken $d+1$ Eigenvektoren der Matrix $\underline{M}$ bei LLE bzw. $\underline{\widetilde{M}}$ bei ONPP genutzt werden.

---

[56] Wie bereits in Abschn. 10.4 erwähnt, sind kleinste Eigenwerte in $\underline{K}^{-1}$ reziprok zu größten Eigenwerten in $\underline{K}$. Der numerische Aufwand entscheidet letztendlich darüber, welche Eigenwerte zur Rekonstruktion genutzt werden.

[57] „*The Rayleigh-Ritz method consists of imposing upon the vibrating system certain additional constraints, so that the set of admissible vectors forms a subspace $\mathcal{L}'$ of the original space $\mathcal{L}$.*" [47, S. 40].

[58] Siehe dazu Gl. (C.4) im Anhang C.1 und [49, S. 140].

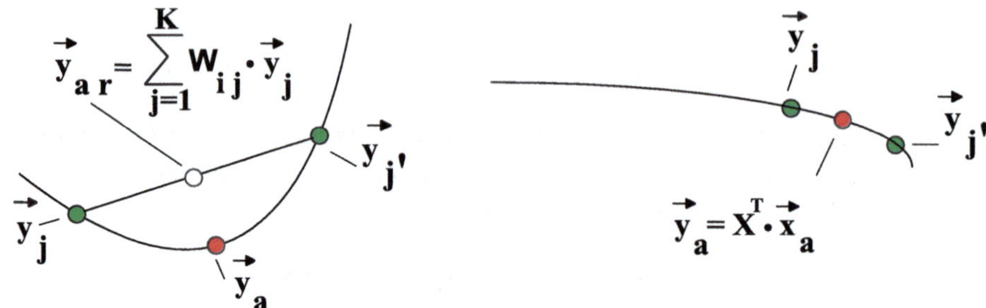

Abb. 10.8 Rekonstruktion von $\mathbf{x}_a$ durch Linearkombination Fall 1 oder Projektion Fall 2

10.7.5.2 MVU-MethodeMaximum variance unfolding als Alternative

Die Anzahl der dominanten Eigenwerte von $\underline{K}$ zeigt die Anzahl der Freiheitsgrade zum Rekonstruieren der MF. Eine d-dimensionale Repräsentation, die näherungsweise $\underline{K}_{ij} = \mathbf{y}_i \cdot \mathbf{y}_j$ erfüllt, wird durch die obersten d-Eigenwerte der Matrix $\underline{K}$ gewonnen.

10.7.6 Schritt 5: Rekonstruktion im niedrigdimensionalen Raum

Die Einbettung der Datenpunkte in den niedrigdimensionalen Raum kann durch Projektion mit Formel (10.17) (Matrix-Vektor-Methode) oder komponentenweise durch Linearkombination mit Formel (10.18) erfolgen.

Einbettung Die Einbettung in den niedrigdimensionalen Raum der Dimension d wird nicht durch Rekonstruktion mittels einer Linearkombination $\mathbf{y}_i = \sum_{j=1}^{K} W_{ij}\mathbf{y}_j$ wie im Fall LLE, sondern durch Projektion mit der Beziehung (10.17) ausgeführt. Der Unterschied dazu ist in Abb. 10.8 dargestellt. Die Projektion von Eingangsvektoren $\mathbf{x}_i$ in den niedrigdimensionalen Raum wird mit einer Matrix-Vektor-Operation für einzelne Vektoren mit

ermöglicht. Dies ist vor allem in der Arbeitsphase von Vorteil. Ein neuer X_a kann mittels

$$\mathbf{y} = \underline{V}^T \cdot \mathbf{x} \text{ und für Trainingsvektoren mit } \underline{Y} = \underline{V}^T \cdot \underline{X} \tag{10.17}$$

der Matrix-Vektor-Operation in (10.17) eingebettet werden. Die Gewichtebildung kann dann im dimensionsreduzierten Merkmalsraum erfolgen.

Zur Demonstration der DR ist die Rekonstruktion mit den Hauptkomponenten als zweidimensionale Darstellung ausreichend. Die Koordinaten des Einbettungsraumes sind jedoch so geschachtelt, dass jederzeit die Dimension d erhöht werden kann, ohne die schon vorhandenen Berechnungen ändern zu müssen. Die Transformationsmatrix $\underline{V}$ in (10.17) wurde durch Optimierung der Matrix $\underline{\tilde{M}}$ ermittelt, die eine Verknüpfung der in

Tab. 10.6 Pseudocode, Dimensionsreduktion, Optimierung II, Bildung der Transformationsmatrix $\underline{V}$ und der Einbettungsmatrix $\underline{Y}$

Fragment	Optimierung II, Einbettung in den X_d-Raum mit der NOP-Methode
Input	$\underline{M}$ $(N \times N)$
Prozess	NOP-Methode
1	$\underline{VM} = \underline{X} \cdot \underline{M} \cdot \underline{X}'$
2	Eigenwerte von $\underline{VM}$ bestimmen
3	Die d untersten (linken) Eigenwerte von $\underline{EW}$ bilden $\underline{V}$
4	for k = 1, ..., d
5	jj=[1, ..., D]
6	V(jj,k)=EW(jj,k)
7	end
8	Transformationsmatrix $\underline{V}$ speichern
9	Einbettung im X_d-Raum
10	$\underline{Y} = \underline{V}' \cdot \underline{X}$
11	Einbettungsmatrix $\underline{Y}$ der Trainingspunkte speichern
12	Trainingswerte ohne Zwischenwerte in $\underline{YTP}$ speichern
Output	$\underline{Y}$ $(d \times N)$, $\underline{V}$ $(d \times D)$

den Gewichten W_{ij} gespeicherten Nachbarschaftsbeziehungen als Trägern der topologieerhaltenden Information und der Eingangsinformation $\underline{X}$ (Trainingspunkte) darstellt. Hervorzuheben ist hier die wichtige Eigenschaft, dass sich die Abbildung neuer Datenpunkte in den Einbettungsraum $\underline{Y}$ auf eine Matrix-Vektor-Multiplikation reduziert, nachdem $\underline{V}$ bestimmt wurde. Mithilfe dieser Transformationsmatrix $\underline{V}$ gestaltet sich die Einbettung besonders einfach.

Folgende Auflistung zeigt den für die NOP-Methode erforderlichen Rechenaufwand:

- Bestimmung der NN: $O(DN^2)$ Operationen
- Bestimmung der Rekonstruktionsgewichte: $O(DNK^3)$ Operationen
- Einbettung im X_d-Raum: $O(dN^2)$
- Bei der Bestimmung der Eigenwerte $\underline{\widetilde{M}}$ ist der numerische Aufwand gegenüber MVU aufgrund der dünn besetzten Matrizen um eine Größenordnung kleiner.[59]
- Die Einbettung eines neuen nicht trainierten Punktes reduziert sich auf ein Matrix-Vektor-Produkt mit $O(d^2)$ Operationen.
- Die zweidimensionale Darstellung wird als unüberwacht gebildetes KNN für die in Abb. 2.1 dargestellte und in Abschn. 2.8 beschriebene Verarbeitungsstufe SA aufgefasst (Tab. 10.6).

10.7.6.1 Generalisierung neuer Anfragepunkte

Bei der NOP-Methode wird die Generalisierung nicht mit der in Abschn. 10.2 und Gl. (10.2) erwähnten Nyström-Formel, sondern mit der Matrix-Vektor-Multiplikation

[59] Das Mathematikprogramm Matlab verfügt über spezielle Befehle für dünn besetzte Matrizen und ermöglicht damit eine beschleunigte Berechnung der Eigenwerte (sparse($\underline{M}$), eigs($\underline{M}$)).

(10.17) aus Abschn. 10.7.6 durchgeführt. Die Operation liefert die Position des Punktes X_a im X_d-*Raum*.

Alternativ kann diese Position auch komponentenweise für jede Dimension m ($m = 1, \ldots, d$) mittels der Linearkombination

$$Y_a^m = \sum Y_{aj}^m \cdot W_{aj} \tag{10.18}$$

bestimmt werden.

MVU Eine d-dimensionale Repräsentation, die näherungsweise $K_{ij} \approx \mathbf{y}_i \cdot \mathbf{y}_j$ erfüllt, wird durch die obersten dominanten Eigenwerte von $\underline{\mathbf{K}}$ gewonnen. Dabei zeigt die Anzahl der dominanten Eigenwerte die Dimension zum Rekonstruieren der MF. Ein großer Intensitätssprung im Spektrum zwischen dem d^{ten} und $(\mathrm{d}+1)^{ten}$ Eigenwert bietet die Möglichkeit zu erkennen, dass die Ausgänge auf oder nahe einem Unterraum der Dimensionalität d liegen. In diesem Fall ist die Einbettung näherungsweise isometrisch. Die Eigenwerte sind in der Reihenfolge vom größten zum kleinsten sortiert. Die Qualität der Einbettung hängt vom Ausmaß der Vernachlässigung kleinerer Eigenwerte ab. Die Situation ist ähnlich wie bei MDS.

10.7.6.2 Abfolge der Datenpunktpositionen auf der Referenzskala

Auf der Referenzskala, der Skala-i, sind alle DPs des TDS in Bezug auf den Ursprung nach aufsteigender Distanz angeordnet. Es ist an der Abfolge der DP-Nummer auf der Skala-i erkennbar, wie die DPs im Nachbarschaftsbereich bei einer Neuanfrage mit einem Anfragevektor bzw. DP X_a liegen. Wird beispielsweise bei einer Dimensionsreduktion die Struktur einer MF mit einer zu geringen Anzahl von Dimensionen rekonstruiert, so kommen Kreuzungspunkte im Verlauf der Skala-i vor. Dies äußert sich dann in einer diskontinuierlichen Abfolge der DPs des NN-Bereichs. Statt vier NN mit den DP-Nummern 91, 92, 93 und 94 würden beispielsweise die DP-Nummern 91, 92, 1984, 95 im NN-Bereich von X_a gefunden. Der DP mit der DP-Nummer 1984 stammt aus einer Region der MF, die sie im Bereich 91 bis 95 kreuzt. Vor der Dimensionsreduktion ist unklar, wie viele Dimensionen benötigt werden, um die innere Struktur der MF abzubilden. Damit in der Struktur der reduzierten MF keine Kreuzungen vorkommen, muss die Dimension der reduzierten MF vor der Dimensionsreduktion höher gewählt und die Berechnung wiederholt werden.[60]

Zusammenfassung Zunächst wurde der Zusammenhang zwischen Dimensionsreduktion und NN-Methoden erläutert und die Eigenschaften der Dimensionsreduktion in Bezug auf die aufgabenbezogenen Anforderungen diskutiert. Es folgte

---

[60] In der Literatur wird die Anzahl der erforderlichen Dimensionen anhand der Größe der Eigenwerte entschieden. Dieser Sachverhalt ist in Abschn. 10.7.6 erörtert.

eine Gegenüberstellung verschiedener spezialisierter Dimensionsreduktionsmethoden in einem gemeinsamen Kontext zur Einordnung des Prinzips und zur Hervorhebung von Gemeinsamkeiten. Die Auswahl von zwei Verfahren, der ONPP- und der MVU-Methode, die für den in Abb. 2.1 als Fall 2 dargestellten und den in Abschn. 2.8 beschriebenen Zweck des unüberwachten Lernens prädestiniert sind, schloss sich an. Danach wurden diese beiden Methoden in fünf Schritten erklärt und umfassend mathematisch beschrieben, wobei die ONPP- zur NOP-Methode erweitert wurde.

Berechnungsmodule: Die Gliederung in fünf Schritte ermöglicht, wie in Abb. 10.3 dargestellt, eine gemeinsame Basis für alle dort genannten Methoden und eine transparente, auf die einzelnen Schritte bezogene modulare Erstellung der Software. Der Leistungsumfang der beiden beschriebenen Methoden wurde so abgegrenzt und strukturiert, dass die notwendige Vorbereitung der Daten für das Gesamtkonzept bezüglich der in Abschn. 10.6 und 10.7.1 geforderten numerischen Stabilität in Kap. 12 bearbeitet werden kann.

Redundanzfreiheit: Durch unterschiedliche Repräsentationsformen der Messwerte für die Objekte oder Objektzustände kommt es vor, dass manche der Informationen korreliert bzw. redundant vorliegen. Eliminiert man diese Redundanzen, ist es möglich, die Dimensionalität der Eingangsdaten stark zu reduzieren. Sie liefern Eigenvektoren und dazugehörige Eigenwerte der Kovarianzmatrix der Daten. Geometrisch gesehen wird durch die Eigenvektoren ein neuer Raum, der Einbettungsraum, aufgespannt. Die Lage der Datenpunkte in diesem Raum wird dabei so angeordnet, dass eine minimale Korrelation zwischen den einzelnen Dimensionen des neuen Raumes vorliegt. Die Eigenwerte beschreiben die Größe der Varianz entlang der entsprechenden Eigenvektoren.

DR-Methode beim MAE-Verfahren: Beim MAE-Verfahren wird zur Dimensionsreduktion die NOP-Methode genutzt. Sie hat sich als vorteilhaft bezüglich der Abbildungstreue im niedrigdimensionalen Raum erwiesen und bietet mit Gl. (10.17) die Möglichkeit, mit einer Matrix-Vektor-Operation die Projektion von Eingangsdaten X_a direkt in den niedrigdimensionalen Raum (Einbettungsraum), in dem alle TPs X_i gespeichert sind, vorzunehmen. Die Methode ist auch geeignet, um die Lage von Objekten beispielsweise im zweidimensionalen Raum wie bei einer Landkarte darzustellen, um einen Gesamtüberblick der Lage der Objekte zueinander zu ermöglichen. Die Lage hochdimensionaler Datenpunktmengen zueinander kann auf diese Weise im zwei- oder dreidimensionalen Raum dargestellt werden, zumindest grob als Übersicht, da die innere Dimensionalität in der Regel mit $d=2$ oder $d=3$ nicht komplett erfasst wird.

Literatur

1. Reinhardt F, Soeder H (1998) dtv-Atlas Mathematik 2, 10th edn. Deutscher Taschenbuch Verlag GmbH & Co. KG, München

2. Fix E, Hodges JL (1989) Discriminatory Analysis. Nonparametric Discrimination: Consistency Properties. International Statistical Review/Revue Internationale de Statistique 57(3):238, https://doi.org/10.2307/1403797
3. Halang, Wolfgang, A; Sartorius, Gerhard; Talbot Steven: Verfahren und Vorrichtung zur Detektion von Kampfstoffen. Bundesrepublik Deutschland Patentanmeldung Az 10 2008 054 345 4, 03.11.2008
4. Halang, Wolfgang, A; Sartorius, Gerhard; Talbot, Steven: Verfahren und Vorrichtung zur Detektion von Kampfstoffen, Bundesrepublik Deutschland Patent, DE 10 2008 054 345, 01.08, 2013 https://patents.google.com/patent/DE102008054345B4/de
5. Roweis ST (2005) Basissoftware für LLE, Originalversion. https://cs.nyu.edu/~roweis/lle/
6. Roweis ST, Saul L (2000) Nonlinear dimensionality Reduction by locally linear embedding. In SCIENCE vol. 290:S.2323–S.2326
7. Roweis ST (2003) Nonlinear Blind Sensor Fusion and Identifikation. https://cs.nyu.edu/~roweis/papers/sensor.pdf
8. Bellmann R (1967) Dynamische Programmierung und selbstanpassende Regelprozesse. R. Oldenbourg Verlag, München
9. Garcke J (2004) Maschinelles Lernen durch Funktionsrekonstruktion mit verallgenmeinerten dünnen Gittern. Dissertation, Uni Bonn, Bonn
10. Saul LK, Roweis ST (2003) Think Globally, Fit Locally: Unsupervised Learning of Low Dimensional Manifolds. In Journal of Machine Learning Research vol. 4:S. 119–S. 155
11. Schönberg J (1938) Metric spaces and positive definite functions. In TAMS vol. 44:S. 522–S. 536
12. Weidmann J (1976) Lineare Operatoren in Hilberträumen, 1st edn. Teubner, Stuttgart
13. Fiedler M (1973) Algebraic connectivity of graphs. In Czechoslovak Mathematics Journal vol. 23:S. 298–305
14. Gramlich G, Werner W (2000) Numerische Mathematik mit Matlab. dpunkt.verlag GmbH, Heidelberg
15. Faloutsos C (1996) Searching Multimedia Databases by Content. Kluwer Academic Publishers, Dordrecht
16. Fritzke B (1998) Vektorbasierte Neuronale Netze. Shaker Verlag, Aachen
17. Shawe-Taylor J, Christiani N (2004) Kernel Methods for Pattern Analysis. Cambridge University Press, Cambridge
18. Brand M (2002b) Charting a manifold. In Neural Information Processing System vol. 15
19. Scheibl HJ (1990) Numerische Methoden für den Ingenieur: Praktische Anwendungen auf dem PC, Edition expertsoft, vol 1. expert-Verl., Ehningen bei Böblingen
20. Sartorius G (2009) Multivariate Adaption mit modularisierten künstlichen neuronalen Netzen: Zugl.: Hagen, Fernuniv., Fachbereich Elektrotechnik, Diss., 2009, Fortschritt-Berichte VDI Reihe 10, Informatik/Kommunikation, vol 799, als ms. gedr edn. VDI-Verl., Düsseldorf
21. Howley T (2004) A Review of the State of the Art in Machine Learning for Spectral Analysis. http://corrib.it.nuigalway.ie/ResearchDay2004/infotech/HowleyTom.pdf
22. Tsai, F S, Wu Y, Chan KL (2004) Nonlinear Dimensionality Reduction Techniques and their Applications. In EEE Research Bulletin pp S. 52–53
23. Schölkopf B (1997) Support Vector Learning. Dissertation, Fachbereich Informatik der Universität Berlin
24. Schölkopf B, Burges, Christopher, J C, Smola AJ (1999) Advances in Kernel Methods. The MIT Press, Cambridge, Massachusetts, London, England
25. Bernstein M, Silva Vd, Langford JC, Tenenbaum B (2000) Graph approximations to geodesics on embedded manifolds ISOMAP. https://users.math.msu.edu/users/iwenmark/Teaching/MTH995/Papers/MMod_BSLT00.pdf

26. Lee, John Aldo and Lendasse, Amaury and Verleysen, Michel (2002) Curvilinear Distance Analysis versus ISOMAP. In: Verleysen M (ed) Proceedings/10th European Symposium on Artificial Neural Networks, ESANN'2002, d-side, Evere, pp 185–192
27. Belkin M, Niyogi P (2002) Laplacian Eigenmaps and Spectral Techniques for Embedding and Clustering. In Neural Information Processing Systems vol. 14:S. 585–591
28. Belkin M, Niyogi P (2003) Laplacian Eigenmaps for Dimensionality reduction and Data Representation. In Neural Computation vol. 15: S. 1373–1396
29. Weinberger, Kilian Q and Saul, Lawrence K (2006) An introduction to nonlinear dimensionality reduction by maximum variance unfolding. In: Cohn Anthony (ed) Proceedings/The Twenty-First National Conference on Artificial Intelligence (AAAI-06), Eighteenth Innovative Applications Artificial Intelligence (IAAI-06), AAAI Press, Menlo Park, Calif.
30. Weinberger KQ, Sha F, Saul LK (2004) Learning a kernel matrix for nonlinear dimensionality reduction. In: Brodley C (ed) Proceedings of the 41st annual Design Automation Conference, ACM, New York, NY, p 106, https://doi.org/10.1145/1015330.1015345
31. Bengio Yea (2004) Spectral Dimensionality Reduction. https://cirano.qc.ca/files/publications/2004s-27.pdf
32. Burges CJ (2010) Geometric Methods for Feature Extraction and Dimensional Reduction – A Guided Tour. In: Maimon OZ, Rokach L (eds) Data mining and knowledge discovery handbook, Springer, New York, pp 53–82, https://doi.org/10.1007/978-0-387-09823-4_4
33. Tenenbaum JBa (2000) A global Geometric Framework for Nonlinear Dimensionality Reduction. In SCIENCE vol. 290: S. 2319–S. 2323
34. Xiao L, Sun J, Boyd S (2006) A duality view of spectral methods for dimensionality reduction. In: Cohen WW, Moore A (eds) Proceedings/Twenty-Third International Conference on Machine Learning, ACM, New York, NY, pp 1041–1048, https://doi.org/10.1145/1143844.1143975
35. Donoho DL, Grimes C (2003) Hessian Eigenmaps: new locally linear embedding techniques for high-dimensional data. (http://citeseerx.ist.psu.edu/viewdoc/download?doi=10.1.1.3.673&rep=rep1&type=pdf)
36. Zhang Z, Zha H (2002a) Local Linear Smoothing for Nonlinear Manifold Learning. zha@cse.psu.edu.
37. Brand M (2004) From Subspaces to Submanifolds. http://www.merl.com/reports/docs/TR2004-134.pdf
38. Kokiopoulu E, Saad Y (2005) Orthogonal Neighborhood Preserving Projections. https://infoscience.epfl.ch/record/87294/files/Kokiopoulou2005_1351.pdf?version=1
39. Verbeek JJ, Vlassis N (2005) Semi-Supervised Learning with Gaussian Fields. http://mlg.eng.cam.ac.uk/zoubin/papers/zgl.pdf
40. Suykens JAK, van Gestel T, de Brabanter J, de Moor B, Vanderwalle J (2002) Least Squares Support Vector Machines. World Scientific Publishing Co. Pte. Ltd, New Jersey and London and Singapore and Hong Kong
41. Jarre F, Stoer J (2004) Optimierung. Springer-Lehrbuch, Springer, Berlin and Heidelberg, https://doi.org/10.1007/978-3-642-18785-8, https://doi.org/10.1007/978-3-642-18785-8
42. Alt W (2002) Nichtlineare Optimierung: Eine Einführung in Theorie, Verfahren und Anwendungen. vieweg studium Aufbaukurs Mathematik, Vieweg+Teubner Verlag, Wiesbaden, https://doi.org/10.1007/978-3-322-84904-5, https://doi.org/10.1007/978-3-322-84904-5
43. Geiger C, Kanzow C (2002) Theorie und Numerik restringierter Optimierungsaufgaben. Springer Verlag, Berlin and Heidelberg and New York

44. Ham J, Lee DD, Mika S, Schölkopf B (2004) A kernel view of the dimensionality reduction of manifolds. In: Brodley C (ed) Proceedings of the 41st annual Design Automation Conference, ACM, New York, NY, p 47, https://doi.org/10.1145/1015330.1015417
45. Lin T, Zha H, Lee SU (2006) Riemannian Manifold Learning for Nonlinear Dimensionality Reduction. In: Leonardis A, Bischof H, Pinz A (eds) Computer vision – ECCV 2006, Lecture Notes in Computer Science, vol 3951, Springer, Berlin, pp 44–55, https://doi.org/10.1007/11744023_4
46. Fouss Fea (2006) A novel way of computing dissimilarities between nodes of a graph. http://www.isys.ucl.ac.be/staff/marco/Publications/Fouss2004d.pdf
47. Gould SH (1995) Variational Methods for Eigenvalue Problems. DOVER PUBLICATIONS, INC, New York
48. Saul LK, Weinberger KQ, Fei S, Jihun H, Lee DD (2005) Spectral Methods for Dimensionality Reduction. https://cseweb.ucsd.edu/~saul/papers/smdr_ssl05.pdf
49. Herrmann N (2007) Höhere Mathematik: Für Ingenieure, Physiker und Mathematiker, 2nd edn. Oldenbourg, München, https://doi.org/10.1524/9783486593518, http://www.oldenbourg-link.de/isbn/9783486584479
50. Kouropteva Oea (2002) Beyond Locally Linear Embedding Algorithm. Technical Report MVG-01-2002, University of Oulu Finland, Oulu
51. Bengio Y, Delalleau O, Le Roux N, Paiement JF, Vincent P, Ouimet M (2004) Learning eigenfunctions links spectral embedding and kernel PCA. Neural Computation 16(10):2197–2219, https://doi.org/10.1162/0899766041732396
52. Kayo O (2006) Locally Linear Embedding Algorithm, Extensions and applications. Dissertation, Acta Univ. Oul. C 237, faculty of technology, Oulu
53. Bengio Yea (2003) Out-of-Sample Extensions for LLE, ISOMAP, MDS, Eigenmaps and Spectral Clustering. https://papers.nips.cc/paper/2461-out-of-sample-extensions-for-lle-isomap-mds-eigenmaps-and-spectral-clustering.pdf
54. Weinberger, Kilian Q and Packer, Benjamin D and Saul Lawrence K (2006) Nonlinear Dimensionality Reduction by Semidefinite Programming and Kernel Matrix Factorization. In: Robert G Cowell and Zoubin Ghahramani (ed) Proceedings of the Tenth International Workshop on Artificial Intelligence and Statistics, Society for Artificial Intelligence and Statistics
55. Brand M (2002a) A unifying theorem for spectral embedding and clustering. http://www.merl.com
56. Zhang C, Wang J, Zhao N, Zhang D (2004) Reconstruction and analysis of multi-pose face images based on nonlinear dimensionality reduction. Pattern Recognition, The journal of the pattern recognition society vol. 37:S. 325–336
57. Zhang Z, Zha H (2002b) Principal Manifolds and Nonlinear Dimension Reduction via Local Tangent Space Alignment. SIAM Journal of Scientific Computing (26):313–338
58. Hildrum K, Kubiatowicz J, Rao S (2003) Another Way to Find the Nearest Neighbor in Growth-Restricted Metrics: Report No, UCB/CSD-03-1267'Computer Science Division (EECS). PhD thesis, University of California, Berkeley, California 94720, http://oceanstore.cs.berkeley.edu/publications/papers/pdf/nn-tr.pdf
59. Karger DR, Ruhl M (2002) Finding nearest neighbors in growth-restricted metrics. In: Reif J (ed) Proceedings of the thiry-fourth annual ACM symposium on Theory of computing, ACM, New York, NY, p 741, https://doi.org/10.1145/509907.510013
60. Braun ML (2005) Spectral Properties of the Kernel Matrix and their Relation to Methods in Machine Learning. Dissertation, Mathematisch-Naturwissenschaftliche Fakultät der Rheinischen Friedrich-Wilhelm-Universität Bonn

61. Weinberger KQ, Saul LK (2006) Unsupervised Learning of Image Manifolds by Semidefinite Programming. International Journal of Computer Vision 70(1):77–90, https://doi.org/10.1007/s11263-005-4939-z
62. Friedman JH, Bentley JL, Finkel RA (1977) An algorithm for finding best matches in logarithmic expected time. In ACM Transactions on Mathematical Software vol. 3:S. 290–226
63. Schlagner S, Strehlau U (2004) Fourier-Analyse versus Wavelet-Analyse: Ein Vergleich von Fourier- und Wavelet-Transformation bei der Signalanalyse von stationären und instationären Zeitfunktionen: Zugl.: Berlin, Techn. Univ., Diplomarbeit, 2004. Shaker, Aachen
64. Rorres C, Anton H (2000) Elementary Linear Algebra, 8th edn. John Wiley& Sons, Inc, New York, Chichester, Weinheim, Brisbane, Singapore, Toronto
65. Gramlich G (2004) Lineare Algebra: Eine Einführung für Ingenieure. Carl Hanser Verlag, München and Wien
66. Vandenbergh L, Boyd SP (1996) Semidefinite programming. In SIAM Review 38 vol. 9:S. 49–95
67. Pang Yea (2005) Neighborhood Preserving Projections (NPP): A Novel Linear Dimension Reduction Method. In: De-Shuang Huang (ed) Advances in Intelligent Computing : International Conference on Intelligent Computing, pp 117–126
68. Roweis ST (1999) Matrix identities. https://cs.nyu.edu/~roweis/notes/matrixid.pdf

11 Modellbildung

Bei vielen Anwendungen ist eine hohe Zuverlässigkeit erforderlich. Voraussetzung dafür ist, dass die Trainingsdatensätze auch tatsächlich die Charakteristik des Messobjektes repräsentieren. Darüber hinaus muss zum Erstellen des Modells eine Mindestanzahl von Trainingsdatenpunkten vorliegen, um eine hohe Zuverlässigkeit und die angestrebte Genauigkeit bei den gewonnenen Aussagen zu erreichen. Es muss sichergestellt sein, dass sich keine Messwerte mit Fehlern in der Trainingsdatenmenge befinden. Während der Trainingsphase wird die Lernrate so angepasst, dass ein Modell mit möglichst optimalen Generalisierungseigenschaften entsteht. Geeignete Methoden überprüfen dessen Korrektheit und Generalisierungsfähigkeit. Das beste Resultat wird erzielt, wenn ein Modell für einen bestimmten Zweck – im vorliegenden Fall zur Klassifizierung – gebildet wird. Dazu sind verschiedene Arten von Messungen, die in der Trainingsphase bei der Anpassung der Feinstruktur des Modells an die realen Gegebenheiten vorkommen können, dargestellt und erörtert.

11.1 Modellkomplexität

Die Komplexität eines Modells beschreibt, wie viele unterschiedlich komplizierte Funktionen abgedeckt werden. Um die Komplexität des TDS und damit die Modellkomplexität zu erfassen, gibt es verschiedene Maße:

1. VC-Dimension (Vapnik-Chervonenkis-Dimension) [1],
2. Rademacher-Komplexität,
3. Gauß'sche Komplexität [2].

G. Sartorius, *Erfassen, Verarbeiten und Zuordnen multivariater Messgrößen*,
https://doi.org/10.1007/978-3-658-41451-1_11

Die Überlegung, ein irreduzibel komplexes System als:

> … ein einzelnes System, das aus mehreren zusammenpassenden und zusammenwirkenden Teilen besteht, die zur Grundfunktion beitragen, wobei das Entfernen irgendeines der Teile bewirkt, dass das System effektiv zu funktionieren aufhört [3]

aufzufassen, ist umstritten und stammt aus der Biologie [3, 4]. Beim MAE-Verfahren wird zunächst ein komplexes Modell erstellt, validiert und so lange vereinfacht, bis der Generalisierungsfehler größer wird, um festzustellen, ob die Komplexität optimal eingestellt ist (Abschn. 11.4.3).

11.2 Bedingungen und Phasen der Modellerstellung

Zunächst müssen die folgenden Bedingungen bezüglich der Trainingsdaten erfüllt sein, damit die Trainings- und die Validierungsphase als Basis für ein generalisierungsfähiges Modell erfolgreich durchführbar sind.

1. Phase: Datenvorverarbeitung, um die Voraussetzungen für zuverlässige Modelle zu schaffen.
   1. Der Datenumfang des TDS ist für die geforderte Genauigkeit ausreichend groß (Abschn. 5.3.3).
   2. Der vorliegende TDS ist frei von Ausreißern (Abschn. 12.4–12.4.5).
   3. Der TDS enthält keine Lücken und Sprünge und keine Doppelwerte (Abschn. 12.4.6, 12.4.7 und 12.4.8).
   4. Die statistischen Kenngrößen des TDS liegen vor (Abschn. 12.4.9).
2. Phase: Trainingsphase, in der mit einer bestimmten Methode das Modell erstellt wird.
3. Phase: Validierungsphase, in der mit passenden Tests die Qualität des Modells bestimmt wird.
4. Phase: Optimierungsphase. In ihr werden Maßnahmen ergriffen, um die Komplexität des Modells so einzustellen, dass eine optimale Generalisierungsfähigkeit erreicht wird. In Abb. 11.1 ist dieser Zusammenhang dargestellt.

Trainings- und Testdatensatz Man teilt die Daten zufallsgesteuert in Trainingsdaten und Testdaten auf und trainiert das Modell nur mit den Trainingsdaten. Aus dem vorliegenden Datensatz wird zufallsgesteuert eine Anzahl A Daten, z. B. 50 %, ausgewählt und mit diesem TDS das Modell M erstellt. Der andere Teil B, die verbleibenden 50 % dieser Daten, wird als Testdatensatz für die externe Validierung zurückgelegt. Mit dem Teil A der Daten kann eine **interne Validierung** durchgeführt werden. Mit ihr als erstem Test wird festgestellt, ob alle Rechenoperationen zur Bestimmung der Modellparameter (Rekonstruktionsgewichte W_{ij}, statistische Kennwerte …) korrekt sind. Der Teil B der Daten enthält keine Trainingsdaten und ist somit als Testdatensatz zur Durchführung der **externen Validierung** des Modells M geeignet (Generalisierungstest).

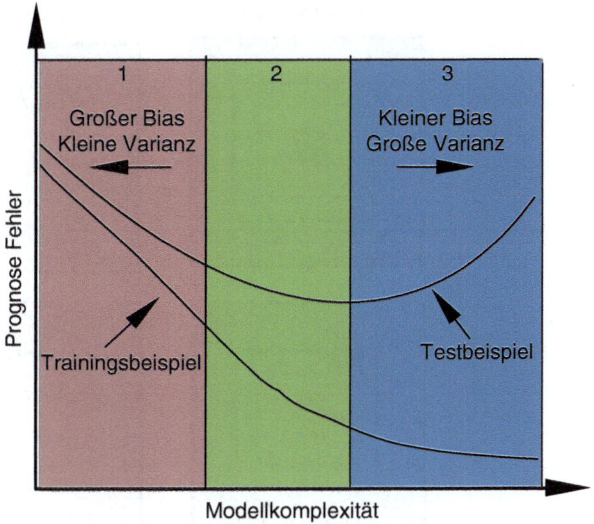

Abb. 11.1 Veränderung des Generalisierungsfehlers durch Variation der Modellkomplexität (angelehnt an [5])

11.3 Der Bias-Varianz-Konflikt

In einem idealen Modell wären alle Verhältnisse in den Trainingsdaten genau erfasst und neue Messwerte würden perfekt generalisiert. Ein solches Modell gibt es jedoch aus zwei Gründen nicht: Einerseits reagiert das System wegen des Übertrainings zu empfindlich auf einzelne Werte, und andererseits werden wegen eines großen Bias wesentliche strukturelle Elemente der Charakteristik nicht im Modell erfasst. Ein Modell, welches die exakten Verhältnisse der Trainingsdaten beinhaltet, generalisiert neue Messwerte eher schlecht. Exakt auf alle Datenpunkte trainierte Modelle können die TPs zwar sehr genau darstellen, haben jedoch eine größere Abweichung bei neuen Messwerten. Dieser Sachverhalt ist in Abb. 11.1 grafisch dargestellt. Daten mit hoher Varianz führen zu komplexeren Modellen. Diese hohe Komplexität kann durch das Eintrainieren des Rauschens bewirkt werden. Bei diesem als Überanpassung bezeichneten Fall wird die Generalisierung neuer Messwerte schlechter (Bereich 3 in Abb. 11.1). Umgekehrt weisen Modelle, die mit einem TDS mit großem Bias trainiert wurden, eine geringe Komplexität auf und sind nicht in der Lage, die tatsächlichen Verhältnisse zu erfassen. Bei diesem als Unteranpassung bezeichneten Fall wird die Generalisierung ebenfalls schlechter (Bereich 1 in Abb. 11.1). Sie erzeugt Vorhersagen mit zu geringer Varianz. Der Bias-Varianz-Konflikt tritt beim überwachten Lernen auf. Die Komplexität oder Feinstruktur des Modells muss so eingestellt werden, dass die wesentlichen strukturellen Elemente zur Erfassung der Charakteristik eines Objektes oder eines Zustandes den realen Verhältnissen entsprechen (Bereich 2 in Abb. 11.1) (Abb. 11.2).

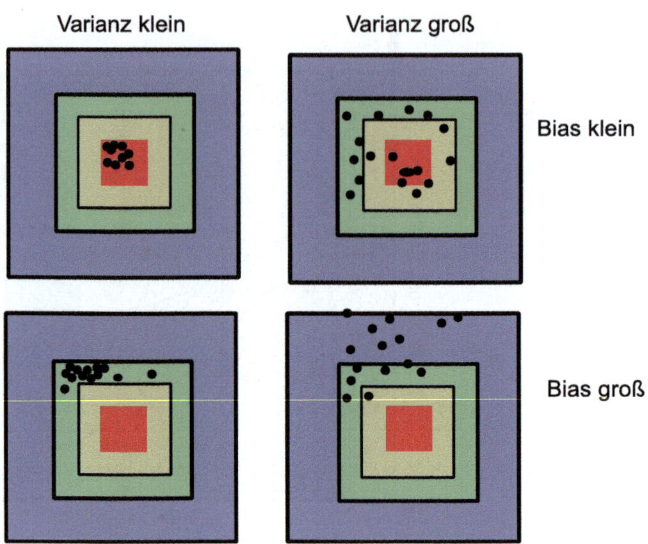

Abb. 11.2 Wirkung von Bias und Varianz auf die Abweichung vom wahren Wert. Die quadratische Struktur der Abbildung zeigt die Lage der Punkte bei Nutzung der L^1-Metrik (Manhattan-Distanz)

11.4 Auswirkungen bei der Modellbildung

1. Bei KNN-Modellen wächst die Varianz mit der Anzahl der Trainingspunkte, der Bias nimmt dabei ab, ähnlich einer Anpassung der Trennlinie der Trainingsdaten mit einem Polynom mit einer hohen Anzahl von Stützstellen bzw. Datenpunkten respektive einem hohen Grad n wie in Abb. 11.5a.
2. Bei Entscheidungsbaumverfahren (z. B. k-means) führt die Anzahl der Verzweigungen in den Pfaden bis zum Ziel zu größerer Varianz.
3. Der Rauschanteil der Datenwerte erhöht die Varianz und verursacht einen nicht reduzierbaren Fehler.
4. Kleiner Bias: komplexe Modelle, Trainingsdaten werden genauer dargestellt, wenige Parameter, im ungünstigen Fall wird Rauschen mit den Trainingsdaten eintrainiert.
5. Großer Bias: einfache Modelle mit grober Struktur, schlechtere Generalisierung. Ein zu einfach gebildetes Modell führt zu geringer Varianz und zu einem großen Bias.
6. Zu geringe Anzahl von Trainingsdaten, sodass auch das Rauschen eintrainiert wird. Oft liegt nur eine geringe Anzahl von Messwerten vor, die als Gesamtheit nicht zusammenhängend sind, jedoch einen Zustand des Messobjekts repräsentieren. Durch Einfügung von Zwischenwerten, wobei deren Anzahl aus der Varianz der Messwerte-

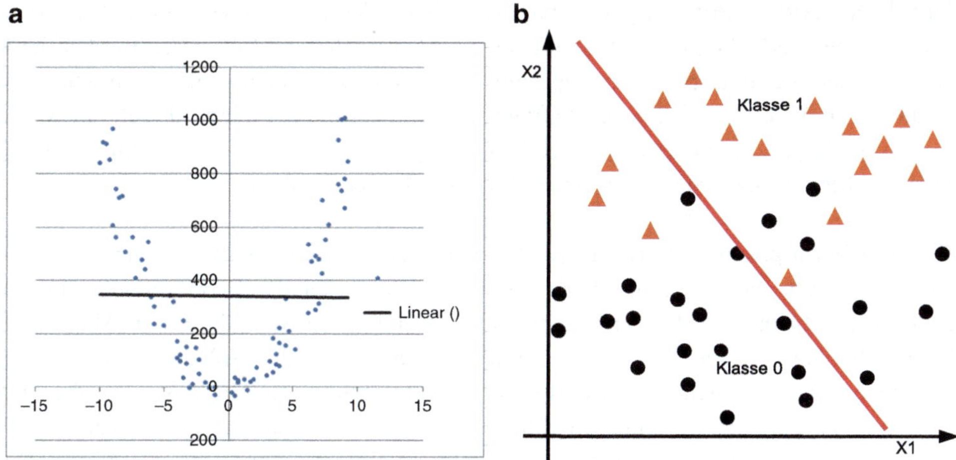

Abb. 11.3 Unteranpassung bei der Modellbildung. **a** Unteranpassung als Kurvendarstellung. **b** Unteranpassung als Mengendarstellung

verteilung bestimmt wurde, können fehlende Werte ersetzt werden, um eine Modellbildung zu ermöglichen.[1]

7. Regularisierung erhöht den Bias. Generell sind parametrische Algorithmen anfällig für Bias-Fehler, da viele Annahmen in die Entscheidungsfindung als Parameter eingehen und dadurch das Messsystem für bestimmte Aufgaben zu unflexibel wird bzw. die zur Bearbeitung notwendige Feinstruktur fehlt, um den Anforderungen der Aufgabenstellung gerecht zu werden.

11.4.1 Strukturierung eines Modells

Fall 1, Unteranpassung In Abb. 11.3a, b ist der Fall der Unteranpassung (Underfitting) gezeigt. Dabei ist die Modellkomplexität zu gering, um die Struktur der Kurve bzw. den korrekten Verlauf der Trennlinie zwischen den beiden Mengen (Trennlinie) erzeugen zu können. Mit einem solchen Modell ist man nicht in der Lage, neue Anfragedaten X_a ausreichend genau einzuordnen bzw. die Position auf der Kurve in Abb. 11.3a präzise anzugeben. Dieser Fall entspricht dem Bereich 1 in Abb. 11.1. Es können keine guten Vorhersagen getroffen bzw. die Zugehörigkeit der Datenpunkte zur korrekten Menge kann nicht präzise angezeigt werden. Die Generalisierungsfähigkeit ist schlecht.

[1] Die in Abschn. 7.3 angegebenen Vorgaben zur Glättung müssen dabei eingehalten werden.

Fall 2, Korrekte Anpassung In Abb. 11.4a, b ist der Fall der korrekten Anpassung gezeigt. Die Modellkomplexität ist für die Trainingsmenge im optimalen Bereich bzw. zur Aufgabenstellung passend eingestellt. Die korrekte Anpassung entspricht dem Bereich 2 in Abb. 11.1. Ein neuer Anfragepunkt X_a würde bei diesem Modell der Kurve in Abb. 11.4a präzise und genau abgebildet oder gemäß der Trennlinie in Abb. 11.4b der richtigen Menge zugeordnet. Die Generalisierungsfähigkeit ist gut.

Fall 3, Überanpassung Wird die Komplexität des Modells für die Trainingsdaten so weit vergrößert, dass die Anzahl der Parameter gleich der der Beobachtungen in den Daten ist, sieht das Ergebnis der Anpassung eines solchen Modells wie in Abb. 11.5a, b aus. Punkte, die in Abb. 11.5a durch Rauschen von der Sollkurve (Trennlinie) abweichen, werden in der Trainingsphase mit eintrainiert. Zufällige Muster, die sich im Rauschen der Trainingspunkte befinden, gelangen als Parameter mit in das Modell. Bei so entstandenen Modellen geht der Fehler in den Trainingsdaten gegen null (In-Sample-Error). Neue untrainierte Anfragepunkte X_a werden jedoch trotzdem nicht mit optimaler Genauigkeit zugeordnet. Dieser Fall entspricht dem Bereich 3 in Abb. 11.1. Dort ist ersichtlich, dass die Vorhersagegenauigkeit kleiner wird, obwohl die Kurve für die Anzahl der Trainingspunkte ansteigt. Ein niedriger Trainingsfehler impliziert nicht automatisch ein gutes Modell, da die gefundene Hypothese bzw. das trainierte Modell zu stark an die Trainingspunkte angepasst ist. Die Trainingsmenge wurde im übertragenen Sinne auswendig gelernt. Die Generalisierungsfähigkeit ist schlecht.

Fall 4, Überanpassung bei einer Prädiktorvariablen Bei kausalem oder mindestens zeitlichem Zusammenhang spricht man von Prädiktoren. Wenn nur ein Prädiktor

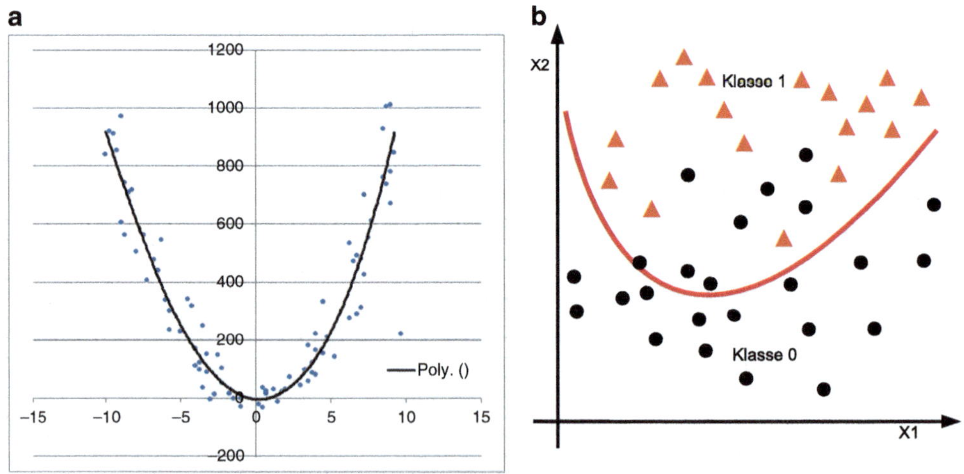

Abb. 11.4 Korrekte Anpassung bei der Modellbildung. **a** Korrekte Anpassung als Kurve. **b** Korrekte Anpassung als Menge

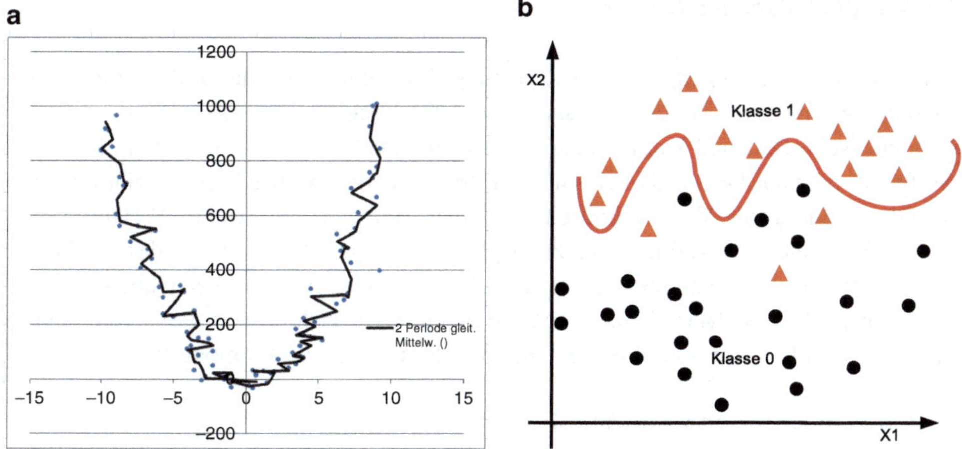

Abb. 11.5 Überanpassung bei der Modellbildung. **a** Überanpassung als Kurve. **b** Überanpassung als Menge

vorliegt, muss das Modell gemäß dem einfachen Zusammenhang gestaltet sein. Ist es komplexer als notwendig gestaltet, ist Rauschen mit eintrainiert. Obwohl die Beziehung zwischen dem Prädiktor und den abhängigen Variablen eine glatte Funktion ist, werden die Messdaten durch die zu große Modellkomplexität nicht mit der Präzision angezeigt, die eigentlich möglich ist. Das Modell muss folglich so gestaltet sein, dass der Soll-Zusammenhang, z. B. die Gerade in Abb. 11.3a oder die Kurve in Abb. 11.4a, zwischen der abhängigen und unabhängigen Variablen wiedergegeben und nicht durch das Modell verrauscht wird.

Das Modell in Fall 2 erfasst den wahren Zusammenhang in den Daten am besten und kann somit die größte Genauigkeit bei Vorhersagen liefern. Es wurde für Klassifizierungszwecke erstellt und enthält alle wesentlichen Merkmale zur Charakterisierung des Objektes.

Zum Einstellen der optimalen Modellkomplexität für einen bestimmten Zweck gibt es verschiedene Möglichkeiten. Beim MAE-Verfahren wird die Einstellung der Modellkomplexität mit einer Wavelet-Transformation (WT) und der Anzahl der K-NN vorgenommen. Bei anderen Verfahren wird für die Vereinfachung oft die Regularisierung [6, S. 182] und für den Test eines Modells die Kreuzvalidierung (Abschn. 11.5.2) verwendet.

Für jede Trainingsmenge muss zumindest eine Prüfung der Modellkomplexität durchgeführt werden und gegebenenfalls ist die Optimierung der Modellkomplexität erforderlich.

Die Nachteile bezüglich des Bias-Varianz-Konfliktes können durch Modelle, die verschiedene Verfahren kombinieren, minimiert werden.

Beim MAE-Verfahren wird beispielsweise durch die Kombination der NN-Methode und der Wavelet-Transformation die Bias-Varianz-Problematik minimiert.

11.4.2 Bias-Varianz-Analyse

Bias und Varianzzerlegung ist eine Zerlegung des Fehlers, der durch das Trainingsverfahren entsteht. Ziel ist es, herauszufinden, wodurch die Abweichungen verursacht wurden. Wenn Bias und Varianz niedrig sind, sind auch die Fehler insgesamt klein. Das Verfahren ist dann besser als bei einem großen Bias und großer Varianz. Hat ein erstes Verfahren eine große Varianz und einen kleinen Bias und ein zweites Verfahren einen großen Bias und eine kleine Varianz bei gleichem Gesamtfehler, so ist das zweite Verfahren eher instabil (unterbestimmt) und das erste eher übertrainiert (überbestimmt). Ausgangspunkt der Bias-Varianz-Analyse ist der Erwartungswert des out-of-sample errors, des Fehlers, der durch den externen Validierungstest bestimmbar wird.

11.4.2.1 Bias-Varianz-Kombinationen

Die vier Darstellungen in Abb. 11.2 zeigen Fälle, die sich bei unterschiedlicher Varianz und unterschiedlichem Bias ergeben.

Kleiner Bias und kleine Varianz: Optimale Randbedingungen beim Messen, kleiner Rauschanteil.

Kleiner Bias und große Varianz: Optimale Randbedingungen beim Messen, großer Rauschanteil. Je komplexer die Modellfunktion, desto mehr Datenpunkte sind erfasst, desto geringer der Bias. Daraus resultiert eine große Komplexität. Dies wiederum impliziert mehr Schwankungen und äußert sich in einer größeren Varianz der Ergebnisse im Merkmalsraum.

Großer Bias, kleine Varianz: Suboptimale Randbedingungen beim Messen, kleiner Rauschanteil.

Großer Bias, große Varianz: Suboptimale Randbedingungen beim Messen, großer Rauschanteil.

11.4.2.2 Bias-Varianz-Fehlerquellen

Je größer die Rauschamplitude im Verhältnis zum Messsignal wird, desto größer ist die Varianz der Trainingsmenge, die auch von den verschiedenen Zuständen abhängig ist, die die Trainingspunkte als Repräsentator der Objektzustände als Werte in den einzelnen Dimensionen anzeigen.

Ein Beispiel: Bei einer Raman-Spektroskopie hängt die Amplitude in jeder Dimension von der Lichtintensität der Messlampe ab. Variiert diese Intensität über den Erfassungszeitraum, so verändern sich die Amplitudenwerte in den einzelnen Dimensionen, die die Lichtstärke der verschiedenen Wellenlängen anzeigen und als Gesamtheit die Charakteristik (Fingerabdruck) für eine bestimmte Messprobe repräsentieren. Alle Kombinationen, die auftreten können, müssen folglich eintrainiert werden. Somit ergeben sich unterschiedliche Distanzen zwischen den Trainingsdatenpunkten. Ein solches Spektrum ist in Abb. 11.7 dargestellt.

11.4.3 Einstellung der Modellkomplexität

Um die korrekte Anpassung des Modells wie in Fall 2 dargestellt zu erreichen, gibt es beim MAE-Verfahren folgende Möglichkeiten:

1. Die Wahl der WT-Koeffizienten bzw. das Entfernen von WT-Koeffizienten, deren Wert einen bestimmten Schwellenwert unterschreitet, verringert die Komplexität des Modells.
2. Die Wahl der Eigenwerte bzw. das Entfernen von Eigenwerten, deren Wert einen bestimmten Schwellenwert unterschreitet, verringert ebenso die Komplexität des Modells.
3. Die Anzahl der NN des NN-Verfahrens beeinflusst die Feinstruktur des Modells bezüglich der Reaktion auf einzelne Werte bei der Generalisierung.[2]
4. WT-Koeffizienten und Eigenwerte, die nichts zur Charakteristik beitragen, können entfernt werden. Sie vereinfachen das Modell.

11.5 Test eines Modells

Die Überprüfung der Leistungsfähigkeit des Modells mit dem Trainingsdatensatz heißt auch Reklassifikation, und die Überprüfung mit dem Testdatensatz liefert die Güte der Generalisierungsfähigkeit. Die zur Glättung der MF eingefügten Füllwerte im TDS sind etwas größer und die Originalwerte des TDS (gemessene Werte) in Standardgröße dargestellt. Mit Plausibilitätstests (in sample test, out of sample test) können die eingefügten Werte zusätzlich überprüft werden.

1. Interne Validierung mit der Trainingsmenge (Tr-Menge, in sample).
2. Externe Validierung mit der Testmenge (Tst-Menge, out of sample).
3. Test mit neuen Messwerten X_a (out of sample).

Die Modellkomplexität muss für jede Trainingsmenge optimiert werden. Dies kann schrittweise mit den in Abschn. 11.4.3 aufgeführten Möglichkeiten geschehen. Dabei wird die Komplexität in Schritten verringert und validiert, bis sie einen Zustand erreicht, bei dem der Fehler wieder ansteigt, indem man die NN-Anzahl zur Einstellung der Komplexität variiert. Die Ausführung erfolgt gemäß der Methode in Abschn. 8.2.3.1: *Optimierung der Modellkomplexität*. Die Komplexität bei diesem Zustand wird gewählt (optimale Generalisierungsfähigkeit bei ausreichender Modellkomplexität).

[2] Wahl der NN-Anzahl bezüglich optimaler Generalisierungsfähigkeit mit der Methode in Abschn. 8.2.3.1: *Optimierung der Modellkomplexität*.

11.5.1 Validierung

Die Art der Validierung hängt vom eingesetzten Verfahren ab und ist ein Kompromiss aus Resultat und Aufwand.

11.5.1.1 Interne Validierung

Bei der ersten Prüfung des Modells wird kontrolliert, ob die Gewichte W_{ij} für das NN-Verfahren korrekt sind. Da bei diesem Test nur Punkte, die zur Bildung des Modells herangezogen wurden, beteiligt sind, heißt diese Überprüfung interne Validierung. Diese Datenpunkte werden durch Zufallsauswahl aus dem TDS bestimmt. Der Umfang dieser Daten erfüllt die Anforderungen in Abschn. 11.2 in der 1. Phase und die Bedingungen in Abb. 11.6. Trainingsdatenpunktemenge Tr (Einfache KV).

11.5.1.2 Externe Validierung

Bei der zweiten Überprüfung werden nicht eintrainierte, zufallsgesteuert zurückgelegte Messdatenpunkte der gleichen Messung zur Kontrolle des Modells verwendet. Da bei diesem Test nur Punkte, die nicht zur Bildung des Modells herangezogen wurden, beteiligt sind, heißt diese Überprüfung externe Validierung. Testdatenpunkte in Abb. 11.6.

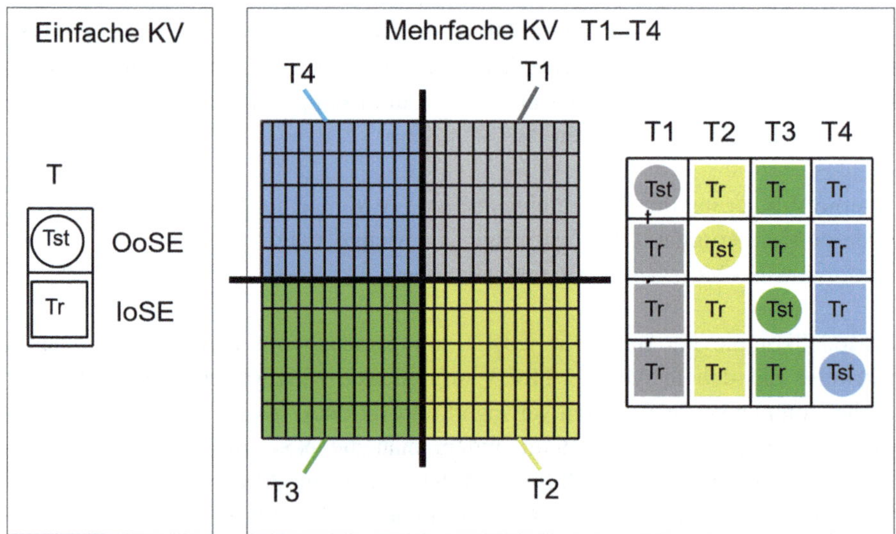

Abb. 11.6 Einfache Kreuzvalidierung (KV), k-fache Kreuzvalidierung, *Out of Sample Error* (OoSE), *In of Sample Error* (IoSE) bei verschiedenen Testmengen T1–T4, Trainingsmenge (Tr), Testmenge (Tst), Tr-Menge für interne Validierung und k-fache Kreuzvalidierung, Tst-Menge für externe Validierung bzw. als Teiltestmenge der k-fachen Kreuzvalidierung

11.5.1.3 Praxistest

Bei der dritten Überprüfung werden neue Messungen für das trainierte Objekt bzw. für den trainierten Zustand gemessen und klassifiziert. Diese Überprüfung heißt externe Systemvalidierung.

11.5.2 Kreuzvalidierung

Mit der Kreuzvalidierung kann überprüft werden, inwieweit eingestellte Modellparameter stimmen. Der Test des Modells bzw. die Art und Weise der Validierung ist ein Kompromiss zwischen Resultat und Aufwand. Die aufwendige Kreuzvalidierung wird bei vielen Verfahren eingesetzt. Die beim MAE-Verfahren angewendete *externe Validierung* entspricht etwa dem einfachsten Fall, der Kreuzvalidierung mit zwei Gruppen [7].

11.5.3 Testablauf und Laufzeitkalkulation

Kreuzvalidierung mit zwei Gruppen: 50 % der Datenpunkte aus der Gesamtmenge zufallsgesteuert als *Tr-Menge* entnehmen. Die anderen 50 % der Datenpunkte bilden die *Tst-Menge*. Laufzeit der einfachen Kreuzvalidierung (E-KV, Tr-Menge = 50 % und Tst-Menge = 50 % der Daten): O(N).

Kreuzvalidierung mit 4 Gruppen: k-fache Kreuzvalidierung mit k = 4. Die Gesamtmenge des TDS wird zufallsgesteuert in 4 gleiche Mengen aufgeteilt.

Testablauf:

1. T1-Menge wird zufallsgesteuert aus der Gesamtmenge entnommen,
2. T2-Menge zufallsgesteuert aus der verbleibenden Gesamtmenge entnommen,
3. T3-Menge zufallsgesteuert aus der verbleibenden Gesamtmenge entnommen,
4. T4-Menge beinhaltet den Rest der verbleibenden Gesamtmenge.

Mit dieser Aufteilung wird jedes Datum der Gesamtmenge beim Test nur einmal verwendet. Die Matrix in Abb. 11.6 enthält die Testergebnisse.

Testablauf:

1. Test M_{ij} mit i = 1, j = 1,
2. Test i = 2, j = 1,

   …
3. Test i = 4, j = 1,
4. Test i = 1, J = 2,

   …
5. Test i = 4, j = 4.

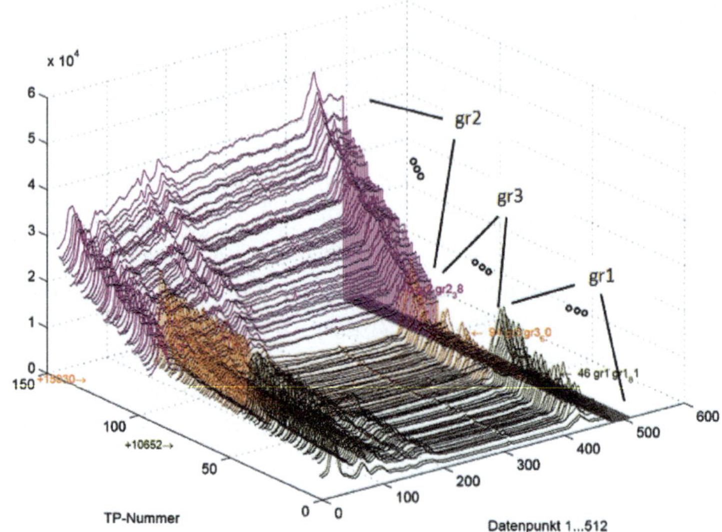

Abb. 11.7 Raman-Spektren (nach Distanz zum Referenzvektor geordnet) für: 1. Objekt = gr1, 2. Objekt = gr2, 3. Objekt = gr3

Wenn i = j, Tst gegen Tst zu testen, bringt keine Erkenntnis und entfällt (deshalb 4). Bei jedem Test (außer i = j) wird der Fehler in der Matrix für den entsprechenden Test eingetragen und für alle durchgeführten Tests gemittelt. Dies ergibt dann den mittleren Klassifizierungsfehler ε oder den mittleren Zugehörigkeitsgrad ZG = $(1-\varepsilon)$ zum Beurteilen der Qualität des Modells M. Laufzeit: Bei der dargestellten Kreuzvalidierung mit 4 Gruppen entsteht die Laufzeit (16–l4)· O(N) (Abb. 11.6).

11.6 Komplexe Modelle

Für die Bildung des Modells eines Objektes ist es möglich, verschiedene Eingangskanäle, die verschiedene Arten der Messung beinhalten, zu verwenden. Für ein und dasselbe Objekt können verschiedene Trainingsmengen vorliegen, beispielsweise für die Zahl Fünf auditiv und visuell erfasste Daten wie in Abb. 11.8. Liegt ein Wert X_a im rezeptiven Bereich des komplexen Modells, so liegt Übereinstimmung vor.

Anmerkungen zu Abb. 11.8: Die Trainingsmenge kann aus einzeln für sich geprüften Mengen zusammengesetzt werden. Beide Trainingsmengen erkennen das gleiche Objekt. Wie reagiert ein Klassifikator, der auf einer endlichen Stichprobe aufgebaut ist, auf neu hinzukommende Datenpunkte? Je größer die Anzahl der Parameter der in der Klassifikation verwendeten Schätzfunktion ist, desto größer muss der Stichprobenumfang sein. Kommen während einer Erkennungsaufgabe neue Stichproben hinzu, so ist es auch möglich, die Kenngrößen rekursiv zu schätzen. Es entsteht ein kleinerer Aufwand als bei

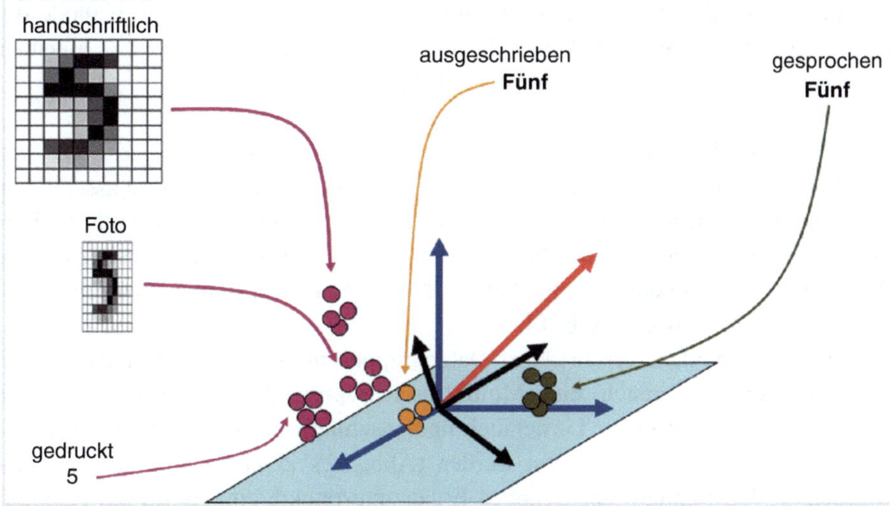

Abb. 11.8 Unterschiedliche Quellen bzw. Messarten visuell und auditiv für ein Trainingsobjekt: Handschrift, digitalisiertes Bild, abgetasteter Druck, gesprochene Zahl Fünf

einer erneuten Durchrechnung des gesamten Stichprobenumfangs. Rekursives Lernen kann mit der Musterklassifikation kombiniert werden. Dies erfordert jedoch eine Kennzeichnung der einzelnen Klassen.

11.7 Gruppenbildung

Gruppen oder Häufungen sind nicht zusammenhängende Punktescharen im D-dimensionalen Raum. Ein Datensatz (DS) gilt hier als zusammenhängend, wenn zwei aufeinander folgende Punkte des DS durch eine Schar von Punkten als NN verbunden sind und die Abstände dabei von Punkt zu Punkt ein definiertes Mindestmaß unterschreiten. Häufungen, deren Punkte weiter als das definierte Mindestmaß voneinander entfernt sind, gelten somit als nicht verbunden. Solche Trainingsdaten stellen eine MF mit Lücken dar und sind deshalb nicht als Gesamtheit ins Niedrigdimensionale transformierbar. Mittels der Füllwertmethode in Abschn. 7.5 können Gruppen zu einer gemeinsamen MF zusammengefasst werden. Durch diese Multiklassenstruktur in Verbindung mit der DR kann die Lage der Charakteristika vieler Einträge eines Lexikons der Objekte ähnlich wie bei einer Landkarte visuell zugänglich gemacht werden. Nach der Trainingsphase: unüberwacht trainiertes Netz im Y-Raum, zwei Eigenwerte zur Darstellung der DPs. Nach der Arbeitsphase: Anzeige der Tendenz von Klassifizierungsergebnissen, deren Zugehörigkeitsgrad kleiner als eins ist.

Aggregation Bei der Aggregation, die mit der beschriebenen Füllwertmethode durchgeführt wird, werden verschiedene Fälle unterschieden. Die in Abschn. 7.3 genannten Anforderungen werden bei dieser Art der MF-Erzeugung erfüllt.

1. Gruppen, die als Trainingsdatenpunkte einzelner Messereignisse vorliegen, werden zu einer MF, die diese Messereignisse umfasst. Ebenso komplexe Gruppen, die durch Kombination verschiedener Messkanäle einen gemeinsamen rezeptiven Bereich im multidimensionalen Raum bilden. Alle der in Form einer Dimension beteiligten Werte bilden einen gemeinsamen Vektor X_i bzw. X_a im multidimensionalen Raum der Dimensionalität D wie in Abb. 14.6.
2. Durch das Verbinden verschiedener Datengruppen mit der Füllwertmethode zu einer gemeinsamen MF entsteht eine Multiklassenstruktur. Die so entstandene MF kann dann als Gesamtheit in der Lerneinheit und anschließend in dem Modul *Dimensionsreduktion* (DR) weiterverarbeitet werden (Abb. 3.2). Zusätzlich zu diesen Vorgaben werden an den Rändern der Gruppen Ergänzungspunkte eingeführt, um Randeffekte zu vermeiden. Deren Anzahl entspricht der Anzahl *K* der NN, mit links und rechts *K/2* Ergänzungspunkten. Nachdem die MF mit einer DR in eine niedrigdimensionale Darstellung (z. B. zweidimensional) überführt und die Abbildungsvorschrift mit Modul *Skalierung und Anpassung* (SA) zur Darstellung mit einer geeigneten Funktion im Z-Raum mit der SA erstellt ist, kann in der Arbeitsphase die Zugehörigkeit ZG zu den trainierten Gruppen oder eine Tendenz zu diesen zweidimensional angezeigt werden. Die als Pseudocode in Tab. 11.1 eingefügten Randbereiche sorgen dafür, dass ein knapp innerhalb des Randes liegender DP X_a mit Zugehörigkeitsgrad ZG = 1 klassifiziert werden kann. In einem solchen Fall werden dann genügend NN innerhalb

Tab. 11.1 Pseudocode, Trainingsdaten den Kalibrierdaten zuordnen

Fragment 1	Ordnen der Trainingsdaten, Ergänzung von Randwertpunkten, wenn Gruppierung beabsichtigt
Input	Ungeordnete Trainingsdaten der Gruppen $\underline{XU}_{Cnum}$,
	Gruppenanzahl *CAnz*, NN-Anzahl *K*,
	Trainingspunkteanzahl der jeweiligen Gruppe *TrAnz*,
	Dimension *d* des Z-Raums, Dimension des X-Raums *D*
Prozess	for i = 1, ..., *CAnz*
2	Eingangsdatenpunkte XU_i pro Gruppe nach Distanz ordnen
3	$RandWertAnz = 2 \cdot K/2 = K$
4	*RandWertAnz* Randwerte an den Rändern ergänzen
5	end i
6	$TrRwAnz = TrAnz + RandWertAnz \cdot CAnz$
Output	$\underline{XW}$ $(D \times TrRwAnz)$, $\underline{ZW}$ $(d \times TrRwAnz)$
Fragment 2	Zuordnung zur Position auf der Ausgangskurve $\underline{Z}$ bilden
Input	$\underline{XW}$, $\underline{ZW}$, *D*, *d*, *TrRwAnz*, Kalibrierdaten $\underline{Z}$
Prozess	for i = 1, ..., *TrRwAnz*
2	Eingangsdatenpunkt X_i dem Ausgangsdatenpunkt Z_i zuordnen
3	Ergebnis in $\underline{XW}$ und $\underline{ZW}$ speichern
4	end for
Output	$\underline{XW}$ $(D \times TrRwAnz)$, $\underline{ZW}$ $(d \times TrRwAnz)$

des rezeptiven Bereichs gefunden, um ZG = 1 zu ermöglichen. Andernfalls wäre in diesem Randbereich $ZG < 1$.

3. Weiterhin kann die gemeinsame multidimensionale Multiklassen-MF nach der DR zweidimensional abgebildet werden. Die Lage der beteiligten Gruppen zueinander ist dann ähnlich wie bei einer Landkarte visuell zugänglich. Bei dieser Art der Darstellung ist das Verhalten im Randbereich der Gruppe auf der Skala-i ohne Belang, da nur die Lage der Punkte zueinander visualisiert wird.

Abschließende Bemerkungen zur Modellbildung Eine optimale Einstellung der Modellkomplexität ist nur möglich, wenn die Art der Messquelle Messwerte für jedes Messereignis zur Identifikation eines Objektes liefert, deren statistische Kennwerte eindeutig bestimmbar sind. Mehrere Messereignisse werden dem Konzept *Ensemble von Erwartungswerten* folgend zu einer Gruppe zusammengefasst. Liegen zur Identifikation eines Objektes unterschiedliche Arten von Messquellen vor, so sind die aus diesen Messwerten gebildeten Gruppen als Datenpunkthäufungen an einem anderen Ort im multidimensionalen Raum angeordnet. Die Aggregation dieser unterschiedlichen Cluster wird mit dem Modul Skalierung und Anpassung im Y-Raum durchgeführt und die Assoziationswerte zum Bewerkstelligen dieser Aggregation werden in der Trainingsphase mit einer überwachten Lernprozedur ermittelt. Es wurden Aspekte, die bei der Aggregation von Gruppen zu beachten sind, sowie die Validierung und die Einstellung der Modellkomplexität erörtert und schließlich die Verarbeitung einer Multiklassenstruktur und komplexer Modelle aufgezeigt.

Literatur

1. Vapnik V (1995) The Nature of statistical Learning Theory. Springer Verlag, New York
2. Bartlett PL, Mendelson S (2002) Rademacher and Gaussiona Complexities: Risk Bounds and Structural Results. Australian National University, Canberra 0200 Australia
3. Neukamm M (2003) Evolution im Fadenkreuz des Kreationismus: Darwins religiöse Gegner und ihre Argumentation, Religion, Theologie und Naturwissenschaft, vol 19. Vandenhoeck & Ruprecht, Göttingen
4. Scherer S (1996) Entstehung der Photosynthese. Hänssler, Neuhausen-Stuttgart
5. Hastie T, Tibshirani R, Friedman JH (2009) The elements of statistical learning: Data mining, inference, and prediction, second edition edn. Springer series in statistics, Springer, New York
6. Masters T (1995) Advanced algorithms for neural networks: A C++ Sourcebook. John Wiley & Sons, Inc, New York, Chichester, Brisbane, Toronto, Singapore
7. Merkl R, Waack S (2009) Bioinformatik interaktiv, 2nd edn. WILEY-VCH Verlag GmbH & Co KGaA, Weinheim

Datenvorverarbeitung 12

Die n-dimensionale Eingangsstruktur eines konnektionistischen Systems zur Klassifizierung von Objekten setzt sich aus verschiedenen Quellen, wie z. B. Signalen von Temperaturmessgeräten, Weggebern, Mikrofonen, Kameras, Spektrometern oder Daten aus anderen Messgeräten, zusammen. Die von diesen Sensoren gelieferten Rohdaten sind unterschiedlich strukturiert, weisen eine verschiedene Anzahl von Dimensionen auf und können parametrisiert als verbundene Werte in Paketform oder diskret vorliegen. Die Verteilung dieser Messwerte wird in der Datenvorverarbeitung analysiert. Dabei werden statistische Kennwerte ermittelt, unbrauchbare Werte entfernt und die Kennwerte im Modell M des Trainingsdatensatzes (TDS) gespeichert. Zur Anpassung der Werte an die Eingangsstruktur des Netzes kommen verschiedene Methoden zum Einsatz. Sensorsignale werden quantisiert und normiert. Parametrisiert dargestellte Signalverläufe können mit einer Wavelet-Transformation in spektrale Komponenten zerlegt und gefiltert werden, sodass nur wesentliche Koeffizienten in das Modell aufgenommen werden. Zur Bildung des Eingangsvektors sind einzelne Messwerte, spektrale Komponenten und andere Informationsquellen auch kombinierbar, um robuste charakteristische Objekteigenschaften zu bilden.

Damit eine vordefinierte Genauigkeit bei der Abbildung in einen niedrigdimensionalen Raum erreicht werden kann, dürfen die Trainingsvektoren zu ihren Nachbarvektoren nur eine bestimmte maximale Distanz aufweisen. Die Datenvorverarbeitung stellt dies sicher und ermöglicht, dass alle Trainingspunkte eine zusammenhängende MF bilden und diese als Gesamtheit weiterverarbeitet werden kann.

G. Sartorius, *Erfassen, Verarbeiten und Zuordnen multivariater Messgrößen*,
https://doi.org/10.1007/978-3-658-41451-1_12

12.1 Anforderungen an die Datenvorverarbeitung

In der Praxis liegen Sensorsignale als auf f_g frequenzbegrenzte, an den Messbereich eines Analog-Digital-Wandlers angepasste Signalwerte vor, die zur digitalen Weiterverarbeitung mit der Frequenz von mindestens $2 \cdot f_g$ abgetastet werden müssen.[1] Dabei sind quantisierte Signale als direkte Eingangssignale und kontinuierlich erstellte Messkurven vorgesehen, z. B. Spektren, die nach einer Wavelet-Transformation (WT) in Form spektraler Komponenten am Ausgang der DV als Vektor, der auf den Eingang des konnektionistischen Systems normiert ist, zur Verfügung stehen. Die Qualität der Abspeicherung bzw. die Zugriffsgenauigkeit im multidimensionalen Raum hängt mit der Art der dazu verwendeten Distanzfunktion zusammen.[2] Die Anwendung einer Norm ändert an der Lage der DPs im multidimensionalen Raum nichts, sie skaliert lediglich die Distanzmaße. Um die Vorteile der WT zu nutzen, muss für die Umgebung der zugehörigen Daten bei der Koeffizientenbestimmung die euklidische Distanz verwendet werden.[3] Eine orthonormale WT wirkt distanzerhaltend, wenn das Skalarprodukt zur Normierung verwendet wird [7]. Nach der Ermittlung der Koeffizienten kann eine andere Norm verwendet werden. Distanzerhaltung ist bei der Bildung des Eingangsvektors des Netzes wichtig, damit Wavelet-transformierte Eingangsdaten und Einzelsignale im Eingangsvektor gemischt auftreten können, wie in Abb. 12.1 dargestellt. Diese Abbildung zeigt die Struktur der Datenvorverarbeitung (DV).

Komponenten und Wirkungsweise des Moduls (DV) Das Modul spektraler Dateneingang (SD) erfasst Messpunkte, wie etwa die Daten eines Spektrometers, die aus Messungen von speziellen Stoffen, Gasen, Geräuschen usw. stammen können. Bei solchen Messungen ist es wahrscheinlich, dass benachbarte Messwerte ähnlich sind. Die nachfolgende Wavelet-Transformation (WT) liefert die Wavelet-Koeffizienten k_1, ..., k_m dieser Signale. Die Auflösung, oder besser: der erforderliche Unterscheidungsgrad, bestimmt die minimale Anzahl der Koeffizienten im Spektralbereich. Möglich sind auch mehrere SD-Eingänge. Die Quantisierungseinheit (Q) wandelt analoge Signale in diskrete Werte k_{m+1}, ..., k_{m+N} um, wobei N die Gesamtzahl der Messwerte des Eingangswertpaketes angibt, die die Dimensionalität bestimmt, die für diesen Messkanal erforderlich ist. Die Signale k_1, ..., k_N werden im Modul *Datenaufbereitung und Normierung* in Abb. 12.1 aufbereitet, sodass sie der nächsten Verarbeitungsstufe als Eingangsvektor $\mathbf{x}$ zur Dimensionsreduktion (DR) zugeführt werden können (siehe dazu auch Abb. 3.2).

---

1 „Ein mit f_g bandbegrenztes Signal wird vollständig durch einzelne Signalwerte beschrieben, die im Abstand $T = \frac{1}{2f_g}$ entnommen werden", Nyquist-Shannon-Abtasttheorem [10, S. 82].

2 Als Distanzfunktion lassen sich verschiedene Metriken verwenden, beispielsweise die L^1-Norm (Manhattan-Distanz) oder die L^2-Norm (euklidische Distanz) [4, S. 602].

3 Haar-Wavelet, siehe Anhang E.

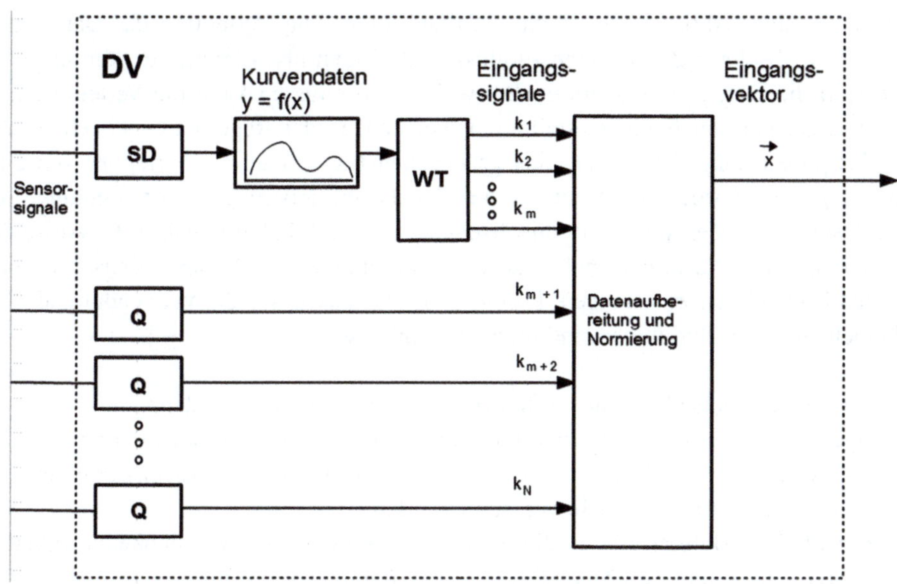

Abb. 12.1 Detaillierte Ausprägung von Modul DV in Abb. 12.2

Die Charakteristik eines Messobjektes kann auf verschiedene Arten erfasst werden. Jeder Erfassungsart ist ein Kanal und ein Modell (M) zugeordnet, in welchem alle wesentlichen Parameter und statistischen Kenngrößen der Messwerte jedes Kanals

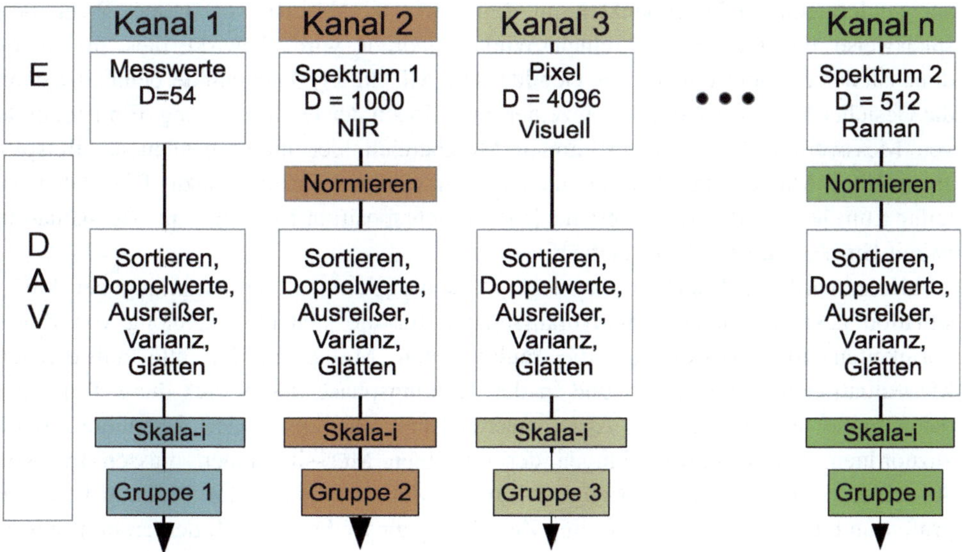

Abb. 12.2 Organisation der Eingangsdaten mit Messkanälen

gespeichert sind. Abb. 12.2 zeigt diese Organisation. Die Verteilung der Daten hängt von den in Abschn. 5.2 genannten Einflüssen ab. Wenn als Störung nur Rauschen vorliegt, sind die Daten normalverteilt. Bei weiteren Einflüssen kann die Verteilung mehr oder weniger von der Normalverteilung abweichen. In der Regel ist es jedoch so, dass die Messpunkte einer Messquelle bei praktischen Messungen als Verteilung um einen Erwartungswert vorliegen. Dabei ist bei der Datensäuberung von Bedeutung, dass reale Daten wie Messwerte oft unvollständig und mit Fehlern wie z. B. Ausreißern behaftet sind. Ein Ausreißer reicht aus, um in anschließenden Verarbeitungsschritten zu falschen Ergebnissen zu gelangen. Damit ist der Datensatz für die Verwendung als TDS unbrauchbar. Beim Bereinigen sind folgende Punkte wichtig:

1. Es dürfen möglichst keine neuen Informationen hinzugefügt werden.
2. Eingefügte Werte sollten informationsneutral sein, um die Verteilung der vorhandenen gemessenen Werte nicht zu verzerren oder zu verfälschen. Die Eigenwerte einer MF dürfen nicht oder nahezu nicht verändert werden.
3. Beim MAE-Verfahren gibt es die in Kap. 7 beschriebenen Möglichkeiten (Glättung der MF, Entfernung von Doppelwerten, Einfügung von Füllwerten in Abschn. 7.5), mit fehlenden Werten umzugehen.

12.1.1 Generalisierung um ein Ensemble von Erwartungswerten

Bei der Suche nach Zugehörigkeiten werden jedoch nicht nur einzelne Messwerte um einen Erwartungswert gespeichert, sondern oft auch viele ähnliche Werte für verschiedene Situationen, die als Ensemble von Erwartungswerten eine Spur von aneinandergereihten Datenpunkten im Raum wie in Abb. 10.5 darstellen. Wenn beispielsweise ein Gesicht um einen Winkel gedreht wird, bewirkt dies im multidimensionalen Raum ein solches Gebilde. Die MF dieser Datenpunkte beinhaltet dann die Gesichtscharakteristiken bei einzelnen Situationen der Drehbewegung. Ein Ensemble von Messwerten für einen bestimmten Messbereich, der im Folgenden als Beispiel angeführten Massendurchflussmessung, ist ein weiteres Beispiel dazu. Die Datenverteilung um jeden Erwartungswert für jede Gesichtsposition bzw. für eine Messsituation ist mit Gm.1 …Gm.n gekennzeichnet.

Mit m wird die Kanalnummer und mit n die Nummer der Verteilung der Messsituation gekennzeichnet. Grundvoraussetzung für die spätere Erkennung von Zugehörigkeiten zu Objekten ist, die multivariaten Messdaten für alle auftretenden Messsituationen aufzunehmen und in der Trainingsphase des Netzes diese Trainingsdatenpunkte entsprechenden Anzeigewerten im Ergebnis- oder Darstellungsraum zuzuordnen. Die Datenverteilungen der einzelnen Messsituationen müssen frei von Ausreißern sein. Sie sind diesbezüglich mit den Methoden in Abschn. 12.4 und 12.4.9 zu prüfen und aufzubereiten, damit eine Zuordnung dieser Daten nach der Trainingsphase im Assoziationsraum (Y-Raum) möglich ist. Dabei wird das zugehörige Modell M für diesen Messkanal und die Charakteristik des betreffenden Objektes im Darstellungsraum (Z-Raum) erstellt. Die in der Arbeitsphase des Netzes präsentierten Messwerte können dann generalisiert als Ergebnis angezeigt werden. Das MAE-Verfahren basiert auf diesem Prinzip.

Organisation der Messdaten In den Abb. 12.3a bis 12.3c wird vorab mithilfe einer kleinen zweidimensionalen Datenmenge ein prinzipieller Überblick zur Datenvorverarbeitung gegeben, um mit einer bildlichen Darstellung die nachfolgend beschriebenen Maßnahmen und Verarbeitungsschritte zur Ermittlung der statistischen Kennwerte der Messdaten zur Organisation des MAE-Verfahrens auch grafisch vorstellbar zu gestalten. Das Modell eines Objektes kann durch Überlagerung der (Kanal n mit Messsituation

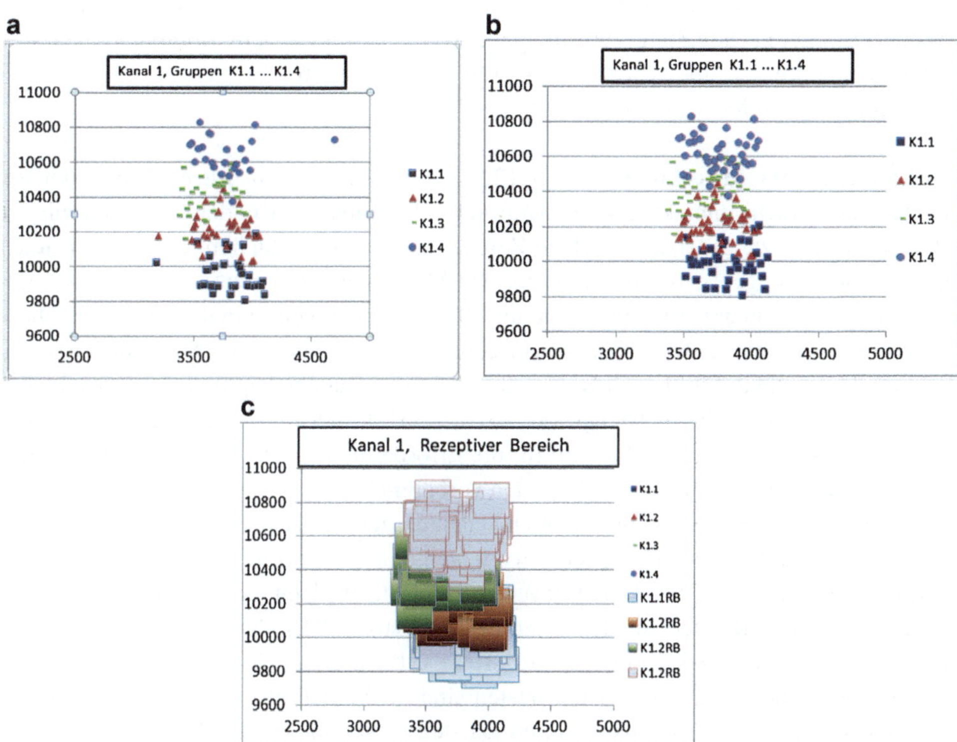

Abb. 12.3 Aufgabe der im Folgenden beschriebenen Prozeduren ist die Ausreißerentfernung und die Aufbereitung des Trainingsdatensatzes (TDS) zur Bildung des rezeptiven Bereiches. **a**) Messkanal K1, Datengruppen G1.1 …G1.4, gleiches Objekt, unaufbereitet mit Messlücken. **b**) Messkanal K1, Datengruppen G1.1 …G1.4, gleiches Objekt, ohne Ausreißer, ohne Lücken. **c**) Messkanal K1, Datengruppen G1.1 …G1.4, gleiches Objekt, mit rezeptivem Bereich

m, bezeichnet mit Index n.m in Abb. 12.3c) Messsituationen beliebig komplex werden und verschiedene Eigenschaften, die im Rahmen des Trainingsvorgangs erfasst wurden, repräsentieren.[4]

Für ein und dasselbe Objekt können verschiedene Trainingsmengen vorliegen. Beispielsweise können bestimmte Eigenschaften eines Produktes oder eines Rohstoffes von Randbedingungen abhängig sein, die die charakteristischen Messwerte verschieben. Sie werden jedoch zur Identifikation genutzt, da in der Arbeitsphase die gleichen Bedingungen auftreten können und die Messwerte somit zur Charakteristik des Messobjektes gehören. Weiterhin ist es möglich, das gleiche Objekt mit verschiedenen Sensoren zu messen. Die Daten gelangen dann über die jeweils zugeordneten Kanäle an den Eingang (E) der Verarbeitungseinheit (VE) in Abb. 12.2 und werden den entsprechenden Verarbeitungen im Bearbeitungsstrang zugeführt, um mehr Informationen und detaillierte Ergebnisse zur Verfügung zu stellen und auf diese Weise eine zuverlässige Entscheidungsfindung zu ermöglichen. Solche und andere Kombinationen sind möglich und werden als hybride Strukturen in Abschn. 16.1, in dem das Prinzip der Modellbildung erörtert wird, vorgestellt.

Vorbereitung der Messdaten In Abb. 12.3a ist ein solcher Fall für 4 Messereignisse, die für das gleiche Objekt gelten, dargestellt. Es handelt sich dabei um jeweils 30 Messwerte, die zu unterschiedlichen Zeiten, an unterschiedlichen Orten oder unter anderen Bedingungen gemessen wurden, das Messobjekt repräsentieren und nicht aufbereitet sind. Es liegen Ausreißer vor und die Datenmengen enthalten Lücken. Diese Bedingungen treten in der Arbeitsphase genauso wieder auf. Die Daten stehen somit in ihrer Gesamtheit für die Charakteristik und die Randbedingungen des zu klassifizierenden Objektes. Jede Datengruppe G1.1 …G1.4, die mit der gleichen Art für das gleiche Objekt gemessen wurde, wird für die Erfordernisse des MAE-Verfahrens mit den in diesem Kapitel beschriebenen Methoden vorbereitet.

In Abb. 12.3b sind die so vorbereiteten Daten dargestellt. Nachdem die Kennwerte der Verteilungen der Mengen G1.1 …G1.4 vorliegen, kann der rezeptive Bereich angegeben werden. Als Ergebnis der Datenvorverarbeitung liegt dann der in Abb. 12.3c dargestellte rezeptive Bereich für den Trainingsdatensatz (TDS), der durch die Kennwerte der Verteilung jedes Messereignisses G1.1;…; G1.4 definiert ist, für die Arbeitsphase vor. Alle notwendigen Parameter und Daten sind im Modell M des TDS für ein Objekt gespeichert. Nach der Generalisierung im Darstellungsraum (Z-Raum) ist durch die Lage des dargestellten Anfragepunktes X_a relativ zu den Trainingsdatenpunkten erkennbar, inwieweit der Messwert zu G1.1, G1.2, G1.3 oder G1.4 tendiert.

[4] Die Modellkomplexität wird in Verbindung mit der Wavelet-Transformation optimiert und so eingestellt, dass die in Abschn. 11.1 erörterte Generalisierungsfähigkeit gewährleistet ist. Weiterhin kann ein Objekt durch die Verwendung verschiedener Messkanäle identifiziert werden.

12.1.2 Ermittlung der Messunsicherheit

Bei einzelnen Messwerten kann die Messunsicherheit anhand der Kenndaten des Messgerätes unter Berücksichtigung der in Abschn. 5.2.3.2 genannten Aspekte in Verbindung mit der Fehlerrechnung 5.2.1.1 ermittelt werden [11, 12].

Beispiel Massendurchflussmessgerät
Der Messwert ist hier abhängig von:

1. der Torsion, welche von dem Durchfluss im schwingenden Messrohr erzeugt wird. Die gemessene Verbiegung des Messrohres ist die Messgröße.
2. der Alterung bzw. Ermüdung des Materials, aus dem das Messrohr besteht.
3. der Betriebstemperatur, die auf den Elastizitätsmodul des Materials einwirkt.
4. dem Druck am Ausgang des Messrohres, der ebenfalls eine Wirkung auf den Elastizitätsmodul hat und sich somit auf die Torsion auswirkt.

Wie dieses Beispiel zeigt, gibt es drei unabhängige Messgrößen und eine abhängige Messgröße, die aus den vier Messgrößen zu ermitteln ist.

12.1.2.1 Ursache-Wirkungs-Listen und Kreuztabellen

Die in der Tab. 12.1 aufgeführten Randbedingungen zum Einsatz des als Beispiel angeführten Massendurchflussmessgerätes zeigen, dass auch A-priori-Wissen genutzt werden kann, um Toleranzen bezüglich der einzelnen Messungen anzugeben. Dies ist

Tab. 12.1 Beispiel für Einsatzbedingungen und Toleranzen

Abhängigkeit	Toleranzangabe des Herstellers	Kompensation, Korrekturrechnung	Erfahrungswert	Kommentar
X = f (Durchfluss)	ja			Durchflussbereich Herstellerangaben
X = f (Temperatur)		ja		Umgebungstemperatureinfluss Herstellerangaben
X = f (Schwingfrequenz)		ja		Dichte des Mediums im Messrohr ändert die Schwingfrequenz
X = f (Alter des Messgerätes)			ja	Austausch nach Ablauf der maximalen Betriebsdauer
X = f (Gegendruck am Messgeräteausgang)	ja	ja	ja	Einsatzbedingungen und Herstellerangaben prüfen

nichts Neues, sondern gängige Praxis, um für unterschiedliche Messzwecke die Messungenauigkeit anzugeben.

Auch beim maschinellen Lernen mit multivariaten Daten, die oft eine große Anzahl von Dimensionen umfassen, um alle für den Erfassungszweck notwendigen Messwerte aufzunehmen, ist während der Trainingsphase und der Generalisierung in der Arbeitsphase eine Angabe der Zuverlässigkeit für die Ergebnisse erforderlich bzw. von großer Wichtigkeit, denn schließlich soll bekannt sein, mit welcher Genauigkeit bzw. Messunsicherheit die Endergebnisse im Ergebnis- oder Darstellungsraum (Z-Raum) vorliegen.

In der Regel gibt es bei Durchflussmessgeräten Kennlinien und Kennfelder zur Angabe der Toleranz. Diese Daten können mit Ursache-Wirkungs-Listen bzw. Kreuztabellen in eine übersichtliche Form gebracht werden, damit die Auswirkungen der Toleranzen auf das Endergebnis klar erkennbar sind. Beispielsweise ist für Ringkolbenzähler die Toleranzkennlinie bei kleinen Durchflüssen im Negativbereich und bei großen Durchflüssen im Positivbereich. Die nächste Tabelle zeigt am Beispiel des Massendurchflussmessgerätes abhängige und unabhängige Variablen, die Toleranzen und Bedingungen, die den Einsatz des Messgerätes festlegen.

12.2 Eindimensionale Datensätze

Eindimensionale bzw. univariate Datensätze werden mit den Methoden der deskriptiven Statistik untersucht. Im Folgenden sind wesentliche Informationen, die für das maschinelle Lernen relevant sind, genannt.

12.2.1 Begriffe, Verteilung, Testverfahren

Im Folgenden sind Maße zur Beschreibung von Abweichungen zur Normalverteilung genannt.

Exzess (Kurtosis) Der Exzess gibt die Wölbung der Verteilungskurve an und beschreibt, ob die Verteilung im Vergleich zur Normalverteilung spitz oder abgeflacht ist.

Schiefe (Skewness) Die Schiefe gibt an, ob die Verteilung symmetrisch ist oder nicht. Positive Schiefe (links steil, rechts schief): Es befinden sich viele kleine Werte und weniger große Werte in den Daten. Negative Schiefe (links schief, rechts steil): Es befinden sich viele große Werte und weniger kleine Werte in den Daten.

Normalverteilung Exzess = 0, Schiefe = 0. Je größer Exzess und/oder Schiefe werden, desto weniger entspricht eine Verteilung der Normalverteilung. Bei der Normalverteilung sind die Daten wie in Abb. 5.5 symmetrisch um μ angeordnet. Die Datenverteilungen beim maschinellen Lernen entsprechen in sehr vielen Fällen der Normalverteilung, da beim maschinellen Messen hauptsächlich nur die Rauscheinflüsse von den in Abschn. 5.2 genannten Fehlerquellen übrig bleiben. Damit die Verarbeitung der Daten zu zuverlässigen Ergebnissen führt, können folgende Aspekte relevant sein:

1. **Welche Verteilungsform liegt vor?**
2. **Liegen Ausreißer vor?**
3. **Handelt es sich um unabhängige oder um abhängige Messwerte?**
4. **Handelt es sich um eine Stichprobenmessung (z. B. zur Qualitätssicherung)?**
5. **Welche Varianz haben die vorliegenden Daten?**
6. **Welches statistische Signifikanzniveau liegt vor?**

Zu 1: Mit einem Prüfverfahren wird festgestellt, ob Abweichungen zufällig sind und damit einer Normalverteilung entsprechen oder ob eine andere Verteilung, eine t-, F- oder χ^2-Verteilung, vorliegt. Für jede Verteilung gibt es entsprechende Tests. Wenn die Messwerte symmetrisch um einen Mittelwert μ wie in Abb. 5.5 verteilt sind, handelt es sich um eine Gauß-Verteilung bzw. um eine Normalverteilung. Sind die Messwerte nicht symmetrisch um den Erwartungswert μ verteilt, müssen geeignete Tests herangezogen werden, um die Art der Verteilung zu ermitteln. Zur Prüfung, ob eine Normalverteilung vorliegt, gibt es unter anderen folgende Tests: D'Agostino-Test, Lillifors-Test, Shapiro-Wilk-Test.

Zu 2: Verschiedene Ausreißertests für eindimensionale Datensätze gibt es von: Grubbs, Nalimov, David, Hartley und Pearson, Dixon, Hampel, Barda, Pope, Walsh.

Zu 3: Weiterhin wird üblicherweise ermittelt, ob unabhängige oder mit anderen Messwerten verbundene Daten vorliegen. Sind sie unabhängig, gibt es keine Beziehungen zu anderen ermittelten Daten im Datensatz. Abhängige Daten liegen vor, wenn ein innerer Zusammenhang für die Änderung mehrerer Messausprägungen vorliegt.

Chi-Quadrat-Test Er dient der Überprüfung der Unabhängigkeit der untersuchten Variablen im Zusammenhang mit allen Variationsmöglichkeiten der Eingänge und somit der Analyse der statistischen Signifikanz einer Variablen. Beziehungen zu anderen Verteilungen als der Gauß-Verteilung entnehme man der entsprechenden Fachliteratur der Statistik [6].

Solche Abhängigkeiten kommen bei technischen Messungen oft vor. Dies ist jedoch beim MAE-Verfahren nahezu irrelevant, da ohnehin multivariate Messgrößen verarbeitet werden und nur der innere Zusammenhang der Messgrößen für die Generalisierung der Ergebnisse im Merkmalsraum genutzt wird.

Zu 4: Die Grundgesamtheit einer statistischen Untersuchung besteht aus Messungen unter gleichen Bedingungen. Das Messmerkmal hat in der Grundgesamtheit eine bestimmte Verteilung, z. B. eine Normalverteilung. Eine Stichprobe ist eine Teilmenge mit n Elementen, die durch Zufallsauswahl aus der Grundgesamtheit gebildet wird. Dabei hat jedes Element die gleiche Wahrscheinlichkeit, in die Stichprobe zu gelangen. Mit Stichproben können die statistischen Kennwerte einer Verteilung geschätzt werden. Sie minimieren den Messaufwand und ersparen somit Kosten [8].

Zu 5: Wenn keine Ausreißer mehr vorliegen, kann die Varianz mit Formel (5.12) berechnet werden.

Zu 6: Dies hängt davon ab, welche Genauigkeitsanforderung gestellt wird und wie viele Daten zur Verfügung stehen. Für die Standardabweichung bzw. die Varianz sind rechnerisch mindestens zwei Werte (da durch N-1 geteilt wird) notwendig.

Dazu ein Beispiel Der Mittelwert (MW) sei 150, die Standardabweichung sei 30. Es soll zu 95 % sichergestellt sein, dass der Stichproben-MW nicht mehr als 10 vom Grundgesamtheits-MW abweicht. Das *Konfidenzintervall* wäre dann 140 … 160, somit 20 breit. Die Anzahl müsste dann: $N \geq (\frac{2*1,96*30}{20})^2$ sein. Dies ergibt für $N \geq 35$. Hierbei gilt $1\sigma \rightarrow 1{,}64 \rightarrow 68{,}3\,\%$, $2\sigma \rightarrow 1{,}96 \rightarrow 95\,\%$ und $3\sigma \rightarrow 2{,}58 \rightarrow 99\,\%$. Siehe dazu Abb. 5.5 und Abschn. 5.3.2. Bei 99 % wären es 2,58 und bei 95 % 1,64. Dieses 95 %-Konfidenzintervall bedeutet, dass von 100 möglichen Stichproben der Größe 35 aus einer Grundgesamtheit mit einem Mittelwert von 150 und einer Standardabweichung s von 30 dann 95 Stichproben mit einem MW zwischen 140 und 160 vorliegen. Fünf Stichproben haben einen MW außerhalb des Konfidenzintervalls. Für eine größere Sicherheit (99 %) ist somit eine größere Stichprobe mit $N \geq (\frac{2*2,58*30}{20})^2$ erforderlich. Dies ergibt $N \geq 60$. Für eine kleinere Stichprobe bedeutet $N \geq (\frac{2*1,64*30}{20})^2$ eine geringere Sicherheit bei einem Stichprobenumfang von 25.

12.2.2 Zuordnung, Signifikanzniveau und Varianz der Messdaten

Zunächst ist die Varianz der Messwerte von Interesse, damit das Signifikanzniveau festgelegt werden kann. Für jeden Messwertdatensatz muss sie bestimmt werden. Die Varianz der gemessenen Daten kann beim MAE-Verfahren anhand der Differenzstrecken zwischen den einzelnen Datenpunkten ermittelt werden. Die Anordnung der Messwerte und deren Reihenfolge zu einem definierten Fixpunkt, auf den im multidimensionalen Raum die Distanzen bezogen werden, ist eindimensional auf der Skala-i in Abb. 12.18 abgebildet. So wird der multidimensionale Fall beim MAE-Verfahren auf eine eindimensionale Struktur zurückgeführt und die Trainingspunkte können in den verschiedenen Darstellungen im X-, Y- und Z-Raum mittels der Referenzskala, der Skala-i, eindeutig zugeordnet werden. Die Varianz der Daten und die Beurteilung der Fehler richten sich damit einzig nach den Differenzen zwischen den Datenpunkten. Diese Differenzen repräsentieren im Mittel die Varianz des Messwertes über alle Dimensionen.

Sie werden in Abschn. 12.4 zur Datenreinigung verwendet. Die Methode ermöglicht so eine einfaktorielle Varianzanalyse mit Formel (5.12). Da das maschinelle Messen und Klassifizieren von einer Datenmenge ausgehen, die die tatsächlichen Verhältnisse mit allen Unzulänglichkeiten, die die jeweilige Messung liefert und lediglich die Verteilung der Differenzwerte zwischen den Datenpunkten von DP zu DP zu überprüfen ist, liegt praktisch immer eine Gauß-Verteilung vor. Um den Zentroiden dieser Messwerte sind die Daten normalverteilt angeordnet. Wie dieser Zentroid bestimmt werden kann, wird in Abschn. 12.4.2 erläutert.

12.3 Multidimensionale Datensätze

Bei den hier diskutierten und mit dem MAE-Verfahren zu verarbeitenden Messwerten handelt es sich um multidimensionale Datensätze. Die korrekte statistische Auswertung von Messdaten ist mitverantwortlich für die Zuverlässigkeit der Ergebnisse im Ergebnis- bzw. Darstellungsraum. Damit keine Fehler unterlaufen können, müssen die statistischen Kenndaten nach den gleichen Regeln wie bei eindimensionalen Datensätzen ermittelt werden. Wegen der multivariaten, hochdimensionalen Struktur der Daten ist es nicht einfach möglich, die Varianz und damit das Signifikanzniveau dieser Messwerte zur Ausgrenzung von Doppel- oder nahezu gleichen Werten (Ties) und Ausreißern (Outliers) zu ermitteln. Unklar ist, in welcher Dimension der größte Anteil der Varianz vorliegt. Es gibt verschiedene Vorgehensweisen zum Schätzen der Varianz bei multidimensionalen Verteilungen: Tab. 12.2 aus [2, 16] zeigt dazu fünf iterative Verfahren. Diese sind jedoch sehr speziell ausgerichtet und aufgrund der iterativen Arbeitsweise für das MAE-Verfahren ungeeignet.

12.3.1 Reduzierung auf eine univariate Verteilung

Beim MAE-Verfahren wird ein anderer Ansatz verwendet: Bei diesem Verfahren wird, um effektiv alle Varianzen der multidimensionalen Datenmenge zu berücksichtigen,

Tab. 12.2 Verschiedene iterative Varianz-Schätzverfahren, Abkürzungen: Wahrscheinlichkeit (p), maximum likelihood for multivariate normal distributions (ML) estimator, semiparametric least squares (SLS) estimator, normal theory generalized least squares (GLS) estimator, unweighted least squares (ULS) estimator, asymptotically distribution-free (ADF) estimator [15]

Kriterium	ML	GLS	ULS	SLS	ADF
Annahme einer Multinormalverteilung	ja	ja	nein	nein	nein
Stufeninvarianz	ja	ja	nein	ja	ja
Stichprobengröße	>100	>100	>100	>100	1,5p(p + 1)
Inferenzverteilung (χ^2)	ja	ja	nein	nein	ja

nicht der Messwert in jeder Dimension, sondern die Differenz zum NN (Dist2NN) als Maß zur Bestimmung der Streuung herangezogen. Die multidimensionale Struktur wird durch die Messung der Distanzen von DP zu DP auf eine univariate Verteilung reduziert. Weiterhin wird zur Ermittlung der Distanzen von DP zu DP die Manhattan-Distanz (L^1-Norm) verwendet. Dies stellt sicher, dass bei größerer Dimensionalität (>100) keine Ungenauigkeiten bei der Distanzbestimmung entstehen. Die Zusammenhänge dazu sind in Kap. 6 beschrieben.[5] Einen Überblick zu verschiedenen Varianz-Schätzverfahren bietet Tab. 12.2.

12.3.2 Fehlereinflüsse und Struktur einer Mannigfaltigkeit

Es folgt eine Zusammenfassung der notwendigen Voraussetzungen und Fehlereinflüsse, die bei der Bildung der Trainingsdatensätze zu beachten sind, damit fehlerfreie Modelle erstellt werden können.

Fehlereinflüsse beim maschinellen Lernen Wie in Abschn. 5.3.1 beschrieben, sind die Randbedingungen beim Messen bis auf Einflüsse vor der Quantisierung konstant. Beim Bilden der Trainings- bzw. Referenzdatenmenge muss sichergestellt werden, dass die Messwerte frei von den letzteren Einflüssen sind. Effekte, die vom Messobjekt selbst verursacht werden, müssen in die Trainingsmenge aufgenommen werden, da sie zur Charakteristik des Messobjektes gehören und nach der Trainingsphase auch in der Arbeitsphase auftreten. Diese Art der Nutzung ist mit der in Abschn. 12.1.1 beschriebenen Generalisierung um ein Ensemble von Erwartungswerten umsetzbar.

Notwendige Struktur einer Mannigfaltigkeit (MF) Die beim MAE-Verfahren zu verarbeitenden Datenmengen müssen stetig und ohne Lücken vorliegen. Die Ausprägung einer MF im multidimensionalen Raum kann beliebig sein. Die von Datenpunkt zu Datenpunkt oder kurz: auf von DP zu DP gemessenen Distanzen basierende Ausreißerprüfungen sind anwendbar [3, 9, 14]. Die für die weitere Verarbeitung notwendige MF muss numerisch stabil, glatt und ohne Lücken und Sprünge sein. Weiterhin gibt es keine Einschränkungen bezüglich der Punkteanordnung einer MF. Wie diese Daten bereitgestellt werden können, wird im Folgenden beschrieben.

Doppel- oder nahezu gleiche Werte und Ausreißer Beim Vorliegen mehrerer Dimensionen ist die Situation bezüglich der Ausreißertests komplizierter als bei univariaten Verteilungen. In [1] wird vorgeschlagen, jede multivariate Beobachtung durch eine Kurve (mit den sogenannten Andrews-Kurven) zu repräsentieren, um visuell Ausreißer zu identifizieren [1]. Für maschinelles Lernen ist diese nicht automatisier-

[5] Distanzfehlerentwicklung und Anzahl der Dimensionen: Abb. 6.11 und Tab. 6.6.

bare Beurteilung wegen der subjektiven Fehlermöglichkeiten zu unsicher und deshalb ungeeignet. In [9] wird eine Methode vorgeschlagen, die mit Distanzen zu den K-NN der DPs in der Datenmenge arbeitet. In [14] ist eine Vorgehensweise erläutert, die mit dem NN-Bereich der K-NN der Datenpunktemenge arbeitet.[6] Dort wird mit einem sogenannten Bruchpunkt erörtert, wie viele Ausreißer ein Datensatz verkraften kann und welche Maßnahmen getroffen werden müssen, um fehlerfreie Datensätze sicherzustellen. Die letztgenannte Methode wird beim MAE-Verfahren genutzt.

Doppel- oder nahezu gleiche Werte tragen keine Information, Ausreißer verfälschen die Trainingsmenge und den Erwartungswert.[7] Diese Werte müssen aus der Datenstruktur der vorliegenden Messwertmenge beseitigt werden. Ein möglicher Ansatz dazu wäre, alle Werte, deren Differenz zum NN kleiner als das untere Signifikanzniveau ist, ebenso zu verwerfen (Ties) wie alle Werte, deren Differenz das obere Signifikanzniveau überschreitet (Ausreißer). Nur Werte innerhalb des Vertrauensbereiches in Abb. 5.5 werden als Trainingspunkte zugelassen.[8]

12.3.3 Manhattan-Distanz

Die Vorteile der Distanzbestimmung mit der Manhattan-Distanz liegen in der Genauigkeit bei hochdimensionalen Datensätzen. Die Zusammenhänge sind in Abschn. 6.1.6 beschrieben. Die Distanzbestimmungen sind in Abb. 12.4 für die euklidische Distanz und die Manhattan-Distanz gegenübergestellt.

In den Abb. 12.5a, b sind die Werte der Manhattan-Distanzen zum Ursprung in das Positionskästchen des entsprechenden DPs eingetragen. Die Diagramme zur Erläuterung der im Folgenden beschriebenen Arbeitsschritte zur Verarbeitung der Daten sind zweidimensional mit Abszissenachse j und Ordinatenachse i ausgeführt, um die prinzipiellen Abläufe möglichst klar und überschaubar darstellen zu können. Zunächst werden die Erfordernisse und Bedingungen genannt, um eine ausreißerfreie Datenmenge zur Bildung des TDS bzw. der MF zu erhalten und anschließend die Verarbeitungsschritte dazu aufgeführt.

Identifizierbarkeit und Distanzmaß Bei der Distanzbestimmung ist die Lage der DPs zum Ursprung zu berücksichtigen. Die diagonal, längs zum Ursprung gerichtete

[6] Der Nächste-Nachbarn-Bereich der Anzahl K nächster Nachbarn (K-NN) des Trainingsdatensatzes (TDS).

[7] Einen Überblick zu den fatalen Auswirkungen von Ausreißern auf die Rechenergebnisse statistischer Art und die Belastung der Schätzer durch Ausreißer bietet [5]. Es wird dort mit einem sogenannten Bruchpunkt erörtert, wie viele Ausreißer ein Datensatz verkraften kann und welche Maßnahmen getroffen werden müssen, um fehlerfreie Datensätze sicherzustellen.

[8] Bei der Berechnung der Stichprobenvarianz gilt statt σ das Formelzeichen s.

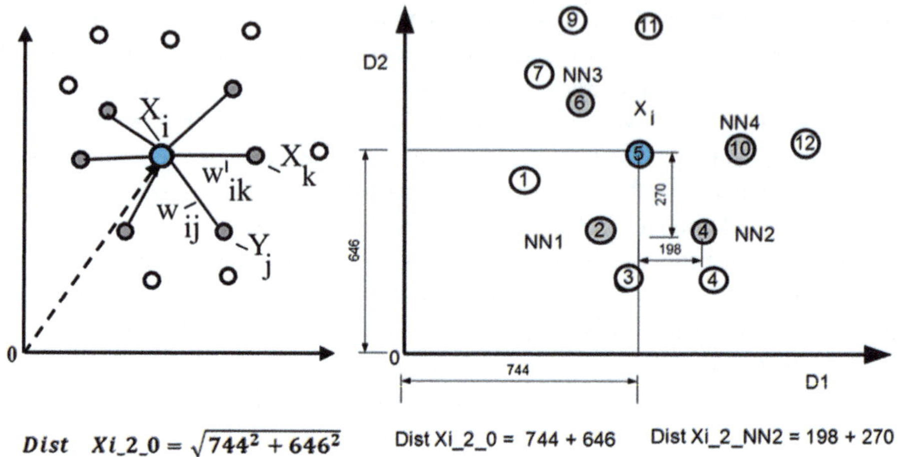

Abb. 12.4 Euklidische Distanz und Manhattan-Distanz

Anordnung der DPs in Abb. 12.5a bewirkt stetig steigende Distanzwerte. Dem gegenüber bewirken die quer zum Ursprung angeordneten DPs in Abb. 12.5b gleiche Distanzwerte. Somit sind solche Punkte mittels der Distanz nicht unterscheidbar und können nicht in einer Liste geordnet werden. Auch in Abb. 12.5c tritt dieser Fall für die Manhattan-Distanz (MD) Acht und Elf auf.

Distanzbestimmung relativ zum Zentrum eines Datensatzes Wegen dieser gleichen Distanzwerte (Distanz DP zum Ursprung), die ohne Aussagekraft bezüglich einer Ausreißererkennung sind, wird in der im Folgenden beschriebenen Ausreißererkennung die Mitte der Punktemenge, der Median, als Referenzpunkt für die Distanzmessung verwendet. Der Ausreißer MD = 9 in Abb. 12.7b hat eine große Distanz zur Mitte des Datensatzes, der Position des multidimensionalen Medians. Dies ist der Kreuzungspunkt der grauen Linien (blau, gelb) in dieser Abbildung. Die Bestimmung dieses multidimensionalen Medians ist in Abschn. 12.4.2 beschrieben.

Sortierung nach aufsteigender Distanz zum Ursprung Nachdem keine Ausreißer mehr vorliegen, kann der TDS nach aufsteigender Distanz geordnet werden, um eventuell notwendige Zwischenwerte einzufügen, damit eine glatte MF ohne Lücken und Sprünge erhalten wird, die für nachfolgende Operationen erforderlich ist. Bei der in Abschn. 12.4.9 beschriebenen Sortierung der Daten relativ zum Ursprung wird zunächst der Punkt mit der kleinsten Distanz zum Ursprung gesucht und als erster Wert in die Liste eingetragen. Danach wird der zweitnächste Punkt gesucht usw. Treten DPs mit gleicher Distanz zum Ursprung auf, so wird als nächster DP derjenige DP ausgewählt, dessen Distanz in der nächstniedrigeren Dimension zum Ursprung größer ist, und indiziert (z. B. 8.1 für i = 3 und 8.2 für i = 4). Nach diesem Prinzip können alle DPs X_i

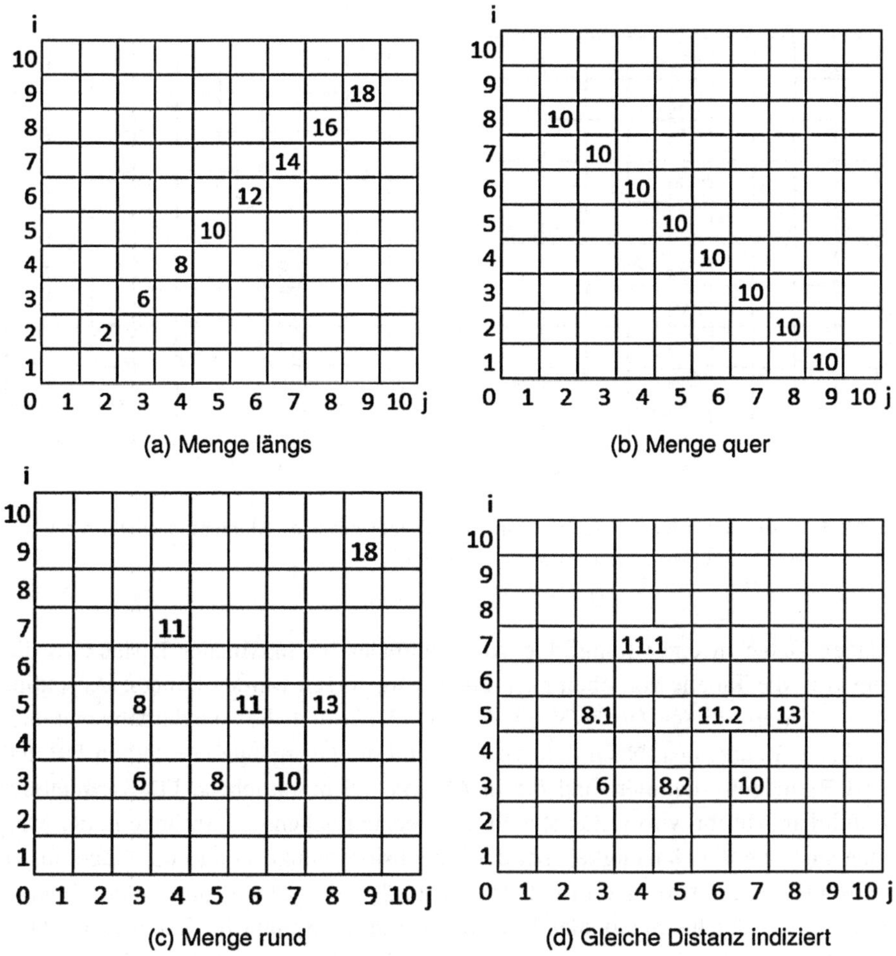

Abb. 12.5 Unterschiedliche DP-Anordnung im Raum. **a**) Menge längs. **b**) Menge quer. **c**) Menge rund. **d**) Gleiche Distanz indiziert

des TDS einem Rang auf der Skala-i zugeordnet werden. In Abb. 12.5 sind die Distanzen mit Index eingetragen (8.1, 8.2, 11.1, 11.2). Die Positionsnummern dieser DPs auf der Skala-i sind in den Kreisen in Abb. 12.6b angegeben.

12.3.4 Ordnen und Glätten der Daten

Die als Datengruppe vorliegenden Messwerte ohne Ausreißer werden zunächst ungeordnet in eine Tabelle eingetragen. In einem ersten Schritt erfolgt die Festlegung eines Fixpunktes (z. B. des Ursprungs) im multidimensionalen Raum, damit die vor-

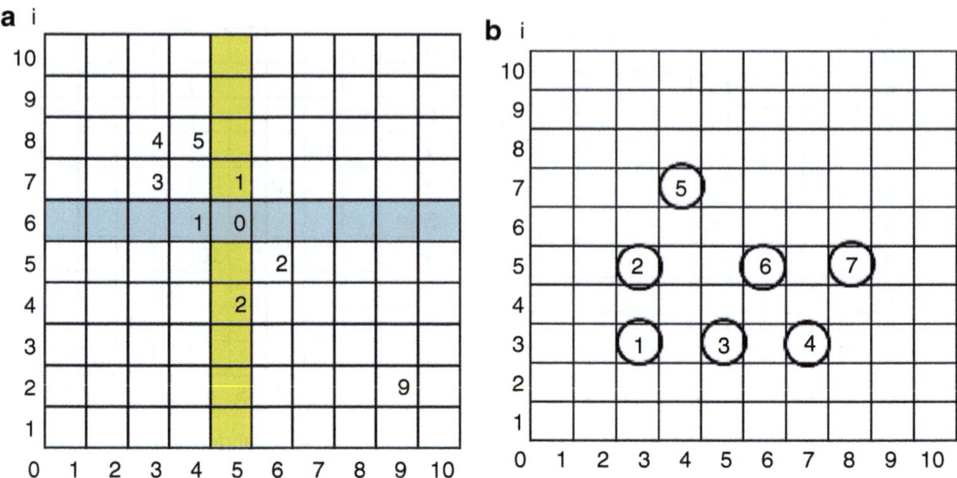

Abb. 12.6 Distanzen relativ zum Zentrum des Datensatzes. **a**) Manhattan-Distanz relativ zum Median. **b**) Menge mit Positionsangabe auf der Skala-i

liegenden Daten in einer Rangfolge von minimaler bis maximaler Distanz zu diesem Fixpunkt in die Tabelle von oben nach unten eingetragen werden können. Anschließend wird die Varianz dieser *Dist2NN* mit Formel (5.12) und die Standardabweichung mit Formel (5.15) berechnet. Nach dem Ordnen sind die Übergänge von DP zu DP und für jeden DP eindeutig definiert und die in Abschn. 7.5 beschriebene Füllwertmethode ist durchführbar. Mit ihr wird sichergestellt, dass keine Lücken und Sprünge in der MF vorhanden sind, die die Genauigkeit bei der Dimensionsreduktion und der Generalisierung im Z-Raum herabsetzen. Aufgrund der Rangfolge der Daten, deren Anordnung sich nun von minimaler bis maximaler Distanz zu einem Fixpunkt im Raum erstreckt, kann die Glättung durchgeführt werden.[9] Bei dieser Anordnung der DPs nach aufsteigender Distanz ist nur eine minimale Anzahl von Füllwerten erforderlich. Die Eigenwerte werden durch das Ordnen der Daten nicht verändert, da die Position der DPs im multidimensionalen Raum unverändert bleibt. Nach der Glättung ist die MF stetig und differenzierbar. Die einzelnen DPs werden auf eine eindimensionale Skala, die Skala-i, bezogen: 1. Punkt 2. Punkt …nter Punkt, wie in Abb. 12.18 dargestellt.

---

[9] Die in Abschn. 7.5 zur Glättung einer MF eingesetzten kubischen Splines eignen sich weit besser zur Topologieerhaltung als Polynome.

12.4 Schwellenwert zur Erkennung von Ausreißern

In der Messtechnik wird zur Beschreibung der Streuung der Messfehler die Normalverteilung angenommen. Stichprobe und Grundgesamtheit sind Begriffe der Statistik. Im Idealfall enthält eine Stichprobe alle Informationen zur Bestimmung der Kenndaten der Grundgesamtheit. Mit einer Stichprobe können somit die Kenndaten der Verteilung der Grundgesamtheit geschätzt werden. Um die Voraussetzung der Schätzung der Kennwerte angemessen zu formulieren, geht als A-priori-Wissen Folgendes bei der Bestimmung der Kennwerte ein:

1. Die Streuung der Messfehler für ein bestimmtes Messereignis entspricht einer Gauß-Verteilung.
2. Die Verschiebung der Datenpunkte um einen konstanten Wert oder die Bildung der Summe bzw. die Differenz normalverteilter Datenpunkte ändern die Struktur der Verteilung nicht.
3. Eine Auflistung der Daten nach aufsteigender Distanz in einer Liste ändert die Verteilung der Daten nicht.
4. Bewusste Auswahl von Messwerten im SDLM-Bereich zur Bestimmung der Standardabweichung mit Formel (5.17): Distanzwerte von null bis zu SDLM der Grundgesamtheit zwischen 0 % und 50 % der nach aufsteigender Distanz geordneten Liste bilden die Menge dieser Messwerte. Ausreißer liegen oberhalb von 50 % und sind somit nicht Teil der Stichprobe (Bereich SDLM in Abb. 5.7).
5. Der Umfang der Messwerte (Formel (5.18)) richtet sich nach der Genauigkeitsanforderung e (Formel (5.20)) bzw. der Festlegung des Signifikanzniveaus in Abschn. 5.3.3.

Die Varianz und der Erwartungswert der multidimensionalen Verteilung jedes Messereignisses werden benötigt, um den rezeptiven Bereich für das zu klassifizierende Objekt zu bestimmen. Zur Ermittlung dieser Kenndaten, zur Bestimmung des rezeptiven Bereiches für einen Messkanal und die Anordnung auf der eindimensionalen Skala-i sind die Schritte für die Ausreißerentfernung und Datenaufbereitung in der folgenden Anweisungsliste zur Ausreißerentfernung erforderlich.

12.4.1 Ausreißertest

Damit die Kenndaten der Verteilung und die Parameter für das Modell M der Daten eines Kanals korrekt ermittelt werden können, dürfen die für die Trainingsphase vorliegenden Referenzdaten keine Ausreißer enthalten. Robuste Schätzverfahren sind von den Werten der Daten unabhängig, damit die Belastung eines Schätzers durch Ausreißer in den Daten klein bleibt. Die übliche Berechnung des Erwartungswertes über die Mittelwertbildung wird schon unbrauchbar, wenn ein Messwert grob falsch ist. Einen Überblick zu robusten Schätzern und zur Belastung der Schätzer durch Ausreißer bietet [5]. Der Median ist gegenüber großen Ausreißern unempfindlich. Beim MAE-Verfahren kann der **Hodges-Lehmann-Schätzer** zur Bestimmung des Medians verwendet werden, da die multidimensionale Struktur durch die Messung der Distanzen von DP zu DP auf eine univariate Verteilung reduziert ist.[10] Zur Distanzmessung wird die Manhattan-Distanz verwendet.

12.4.2 Bestimmung des Medians

1. Ausgangspunkt: zweidimensionale Liste mit 8 DPs in Abb. 12.7a. Die Distanzmessung wird von DP zu DP mit der Manhattan-Distanz durchgeführt. Die Positionen der DPs sind dort mit einem X gekennzeichnet.
2. Distanz von jedem DP zu jedem anderen DP in einer Distanzmatrix notieren (Prinzipdarstellung für 8 DPs in Abb. 12.7c).
3. Distanzen nach aufsteigender Distanz ordnen (Spalte 3 in Tab. 12.3).
4. Bei n Listeneinträgen ist der Median = n/2 (Zeile 33, Spalte 3 in Tab. 12.3).

12.4.3 Anweisungsliste zur Datenaufbereitung

Die Datenaufbereitung besteht aus drei Teilen:

Teil 1 zur Ausreißerentfernung mit den Schritten 1–3, **Teil 2** mit den Schritten 4–6 zur Bestimmung der Kennwerte und Aufbereitung des TDS und **Teil 3** mit den Positionen 7–9 zur Datenglättung und Festlegung des rezeptiven Bereichs und der Einordnung der DPs in die eindimensionale Skala-i.

1. Bestimmung des Medians mit den Anweisungen in Abschn. 12.4.2.
2. Werte links des Medians zur Bestimmung der Varianz mit Formel (5.17).
3. Ausreißerschwellenwert bestimmen und Ausreißer entfernen (Abschn. 12.4.5).
4. Kennwerte μ und σ des TDS bestimmen (Abschn. 12.4.9).
5. Doppel- oder nahezu gleiche Werte (Ties) entfernen (Abschn. 12.4.6).
6. Maximale Distanz zwischen den Datenpunkten bestimmen (Abschn. 12.4.7).
7. Lücken und Sprünge in einer Distanzliste ergänzen (Abschn. 12.4.8).
8. Rezeptiven Bereich definieren (Abschn. 12.5).

---

[10] Der Hodges-Lehmann-Schätzer ist ein robuster nichtparametrischer Schätzer für symmetrische Verteilungen, z. B. zur Schätzung des Medians von m × n Differenzen der Datenpunkte einer Verteilung [13].

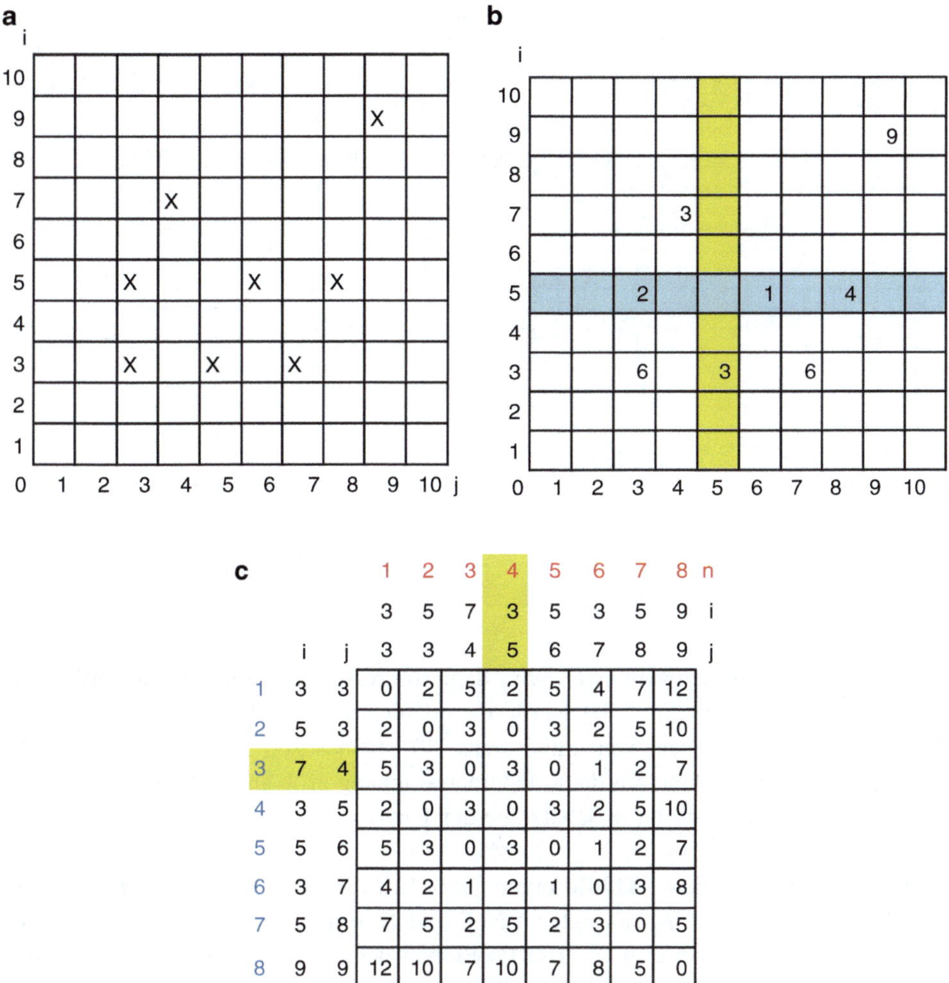

			1	2	3	4	5	6	7	8	n
			3	5	7	3	5	3	5	9	i
	i	j	3	3	4	5	6	7	8	9	j
1	3	3	0	2	5	2	5	4	7	12	
2	5	3	2	0	3	0	3	2	5	10	
3	7	4	5	3	0	3	0	1	2	7	
4	3	5	2	0	3	0	3	2	5	10	
5	5	6	5	3	0	3	0	1	2	7	
6	3	7	4	2	1	2	1	0	3	8	
7	5	8	7	5	2	5	2	3	0	5	
8	9	9	12	10	7	10	7	8	5	0	

Abb. 12.7 Hodges-Lehmann-Matrix der Distanzen der Datenpunkte des Datensatzes. **a**) Menge der DPs, DP = X. **b**) Distanzen zum Median. **c**) Hodges-Lehmann-Distanzmatrix

9. Skala-i für die Gruppe bzw. für die Art der Messung des Objektes definieren (Abschn. 12.6).

Begrenzung des Rechenaufwandes Für die Bestimmung des Medians muss die Distanzmatrix jedes TP zu jedem TP des TDS gebildet werden. Der Rechenaufwand steigt mit $O(N^2)$ für N Messwerte. Um diesen Nachteil zu umgehen und um Rechenzeit einzusparen, wird bei größeren Datenumfängen eine Stichprobe aus dem TDS gezogen und mit diesen Werten die Distanzmatrix zur Bestimmung des Medians gebildet. Der erforderliche Stichprobenumfang kann mit Formel (5.18) bestimmt werden. Mit dem so

Tab. 12.3 Wertetabelle zur Bestimmung des Medians

Zuordnung Median		Sortieren		DP_Aij - DP_Bij Position Median			A-B = DP_Aij - DP_Bij				
A-B Position 1-64 in der Distanz-matrixliste	Distanz-wert A-B	A-B Position in der sortierten Liste	Distanz-wert A-B	A-B Position 1-64 in der Distanz-matrixliste	DP-Position m in der Distanz-matrix	DP-Position n in der Distanz-matrix	Distanz-wert A-B	DP_ Aij		DP_ Bij	
								I	J	I	J
1	0	1	0	1	1	1	0				
10	0	2	0	2	2	1	2				
12	0	3	0	3	3	1	5				
39	2	24	2	24	8	3	7				
42	2	25	2	25	1	4	2				
44	2	26	2	26	2	4	0				
51	2	27	2	27	3	4	3	7	4	3	5
53	2	28	2	28	4	4	0				
11	3	29	3	29	5	4	3				
13	3	30	3	30	6	4	2				
18	3	31	3	31	7	4	5				
20	3	32	3	32	8	4	10				
27	3	33	3	33	1	5	5				
29	3	34	3	34	2	5	3				
34	3	35	3	35	3	5	0				
60	10	62	10	62	6	8	8				
8	12	63	12	63	7	8	5				
57	12	64	12	64	8	8	0				

berechneten Ausreißerschwellenwert wird dann die Ausreißerprüfung für alle Werte des TDS ausgeführt. In Abschn. 5.3.3 wurde darauf hingewiesen, dass bei der praktischen Durchführung Stichproben von mindestens 30 stochastisch unabhängigen Zufallsvariablen schon ausreichen, um die Standardabweichung grob anzunähern, damit sie bei dieser Verteilung zumindest abgeschätzt werden kann.

Anmerkungen zu den Abbildungen Abb. 12.7a zeigt ein zweidimensionales Koordinatensystem mit Ursprung gleich Null und 10 Einheiten für die erste Dimension (i) und die zweite Dimension (j). Die Positionen der DPs sind mit einem X gekennzeichnet. Die in Abb. 12.7c dargestellte Distanzmatrix enthält die Manhattan-Distanzen (A-B) jedes DPs (A) zu jedem anderen DP (B) in Abb. 12.7a. Die Tupel der DPs stehen links neben und über der Distanzmatrix. Diese Tupel sind mit l (blau) und m (rot) von 1 … 8 durchnummeriert. In Abb. 12.7b sind die Distanzen der DPs zum Median ($i=5$, $j=5$) als Wert in das entsprechende Kästchen des DPs eingetragen.

Wertetabelle zur Bestimmung des Medians Die 64 nach aufsteigender Distanz geordneten Distanzwerte A-B der Hodges-Lehmann-Distanzmatrix sind in Tab. 12.3 in Spalte 4 im Bereich *Sortieren* eingetragen. Die Positionsnummer der geordneten Liste steht in Spalte 3. Bei 64 Listeneinträgen hat der Median den Wert 32,5. Aufgerundet ist dies die Position 33 (grau). Diese Distanz A-B entspricht der Position 27 der Distanzmatrixliste in Spalte 1 und dem A-B-Wert in Spalte 2 (grün). In Spalte 5 stehen die 64 Positionen der Distanzmatrix (DP A_{ij}, DP B_{ij}), in Spalte 8 die zugehörigen A-B-Werte, in Spalte 6 der m-te DP der Distanzmatrix (hellgrau) und in Spalte 7 der n-te DP der Distanzmatrix (hellgrau). Das zugehörige Tupel des DP für A steht in Spalte 9 und für B in Spalte 10 (hellgrau).

Multidimensionaler Median Der Median befindet sich in jeder Dimension in der Mitte zwischen DP (7,4) für A und DP (3,5) für B, da deren Distanz A-B sich genau in der Mitte der nach aufsteigenden Werten geordneten Liste (Median) der Hodges-Lehmann-Distanzmatrix befindet. In Abb. 12.7b ist der Median für die i-Achse zwischen 7 und 3 bei 5 (grau) und zwischen 4 und 5 für die j-Achse bei 5 (hellgrau) dargestellt. Der multidimensionale Median der Punktemenge liegt auf dem Kreuzungspunkt von Zeile 5 (grün) und Spalte 5 (gelb) in Abb. 12.7b. Die Lage der Mediane für die Mengen in den

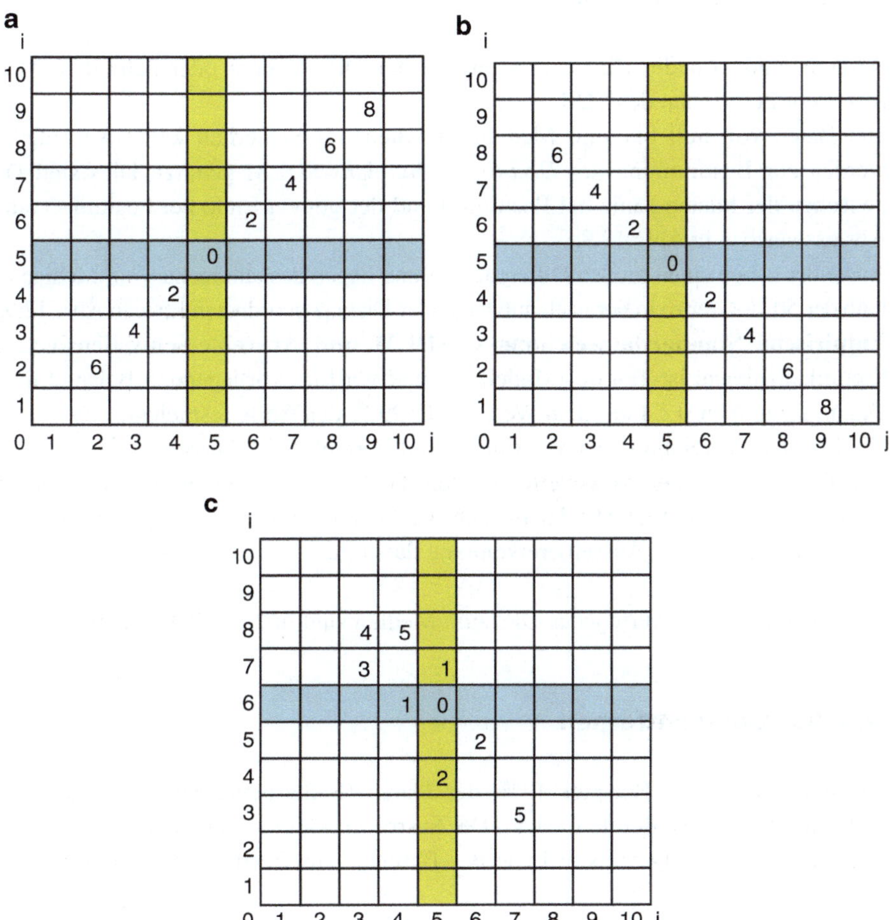

Abb. 12.8 Unterschiedliche Anordnung der DPs um den Median. **a**) Menge längs. **b**) Menge quer. **c**) Menge oval

Abb. 12.5a bis 12.5c sind die Kreuzungspunkte der blau hinterlegten Zeile und der rot hinterlegten Spalte in den Abb. 12.8a bis 12.8c, bei denen auch die Manhattan-Distanzen zum Median in den Positionskästchen der DPs eingetragen sind.

12.4.4 Messwerte und multidimensionaler Median

Um die Kennwerte einer Verteilung zu ermitteln, können Schätzungen durchgeführt werden. Die Daten sind nach aufsteigenden Distanzen in einer Datenliste geordnet. Im folgenden Beispiel sind 50 % der Daten an der Schätzung beteiligt. Diese Datenmenge wird mit Bereich SDLM in Abb. 5.7 von null bis zum Median der Datenliste ausgewählt. Eventuelle Ausreißer liegen im oberen Bereich am Ende der nach aufsteigenden Distanzen geordneten Datenliste.

1. Referenzpunkt für die Distanzmessung ist der DP auf dem oder nahe dem Median bzw. dem Zentroiden des TDS.
2. Die Daten von null bis zum Median enthalten mit Sicherheit keine Ausreißer. Sie werden zur Bestimmung des *Drei-Sigma-Bereichs* SDLM genutzt. Dies sind Daten zwischen der blauen Linie bei Position 0 und der gelben Linie bei Position 5 auf der Abszissenachse in Abb. 12.9a.
3. Ausreißer haben einen großen Differenzwert und liegen deshalb rechts vom Median oberhalb der 50 %-Grenze in der nach aufsteigender Distanz geordneten Liste in Abb. 12.9a.
   Empirische Standardabweichung s, SDLM und Ausreißerschwellenwert: Das Signifikanzniveau ist Teil des Modells M und wird im vorliegenden Beispiel mit der Datenliste in Abb. 12.4 mit dem Wert 3 s für 99 % der Werte festgelegt.
4. Die Standardabweichung der Verteilung s mit Formel (5.17) berechnen.[11]
5. Die Distanzwerte der Messwerte für den TDS ohne Ausreißer liegen zu ca. 99 % zwischen null und SDLM + 3 s in Abb. 12.9b unterhalb der grünen Linie, die den Schwellenwert für die Ausreißererkennung darstellt.

Die ermittelten Distanzwerte jedes DPs zum Median sind in Tab. 12.4 eingetragen.

12.4.5 Ausreißer entfernen

Auch wenn in diesem Beispiel 40 % der Daten (Sicherheitsabstand von 10 % zum 50 %-Limit des SDLM-Bereichs) des TDS Ausreißer wären, könnten sie sicher aus dem TDS entfernt werden. Das obere Ende des Bereichs zur Bestimmung der Varianz bzw.

[11] Bei der Berechnung der Stichprobenvarianz oder Berechnungen aus Teilen der Grundgesamtheit gilt statt σ das Formelzeichen s.

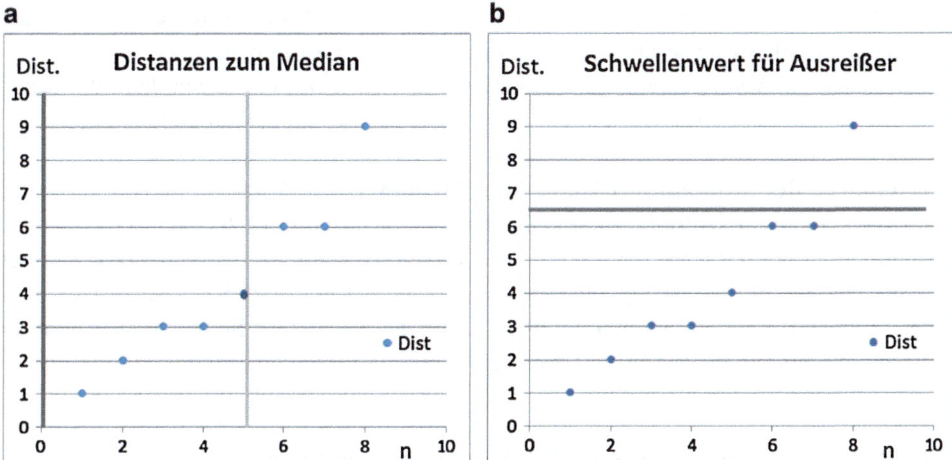

Abb. 12.9 Distanzen zum Median und Ausreißerschwellenwert. **a**) Geordnete Distanzen und Wertebereich für die Bestimmung von s, SDLM-Bereich zwischen grauer Linie und hellgrauer Linie. **b**) Ausreißer liegen oberhalb der Grenzlinie

Tab. 12.4 Wertetabelle zu Abb. 12.9: Manhattan-Distanz zum Median

Median	DP	Manhattan-Distanz
	1	1
	2	2
	3	3
	4	3
4,5		
	5	4
	6	6
	7	6
	8	9

der Standardabweichung ist der Median (50 % der Werteanzahl). Der Bruchpunkt des Medians liegt theoretisch bei 50 % der Werteanzahl.[12]

1. Der Schwellenwert für Ausreißer ist der Distanzwert bei SDLM (Abb. 5.7) der Stichprobe plus die dreifache Standardabweichung s, die mit Formel (5.17) für den Datensatz geschätzt worden ist.

[12] Siehe dazu: Der Bruchpunkt von Schätzern, Universität der Bundeswehr [5].

2. Distanzwerte des TDS, die größer als der Schwellenwert für Ausreißer sind, müssen aus der TDS-Liste entfernt werden, damit diese ausreißerfrei wird.
3. Alle anderen Werte gehören zum Trainingsdatensatz TDS, mit denen dann die Kennwerte μ und σ der Grundgesamtheit ohne Ausreißer bestimmt werden können.

Wertetabelle der Manhattan-Distanz zum Median Die 8 Distanzwerte zum Ursprung der Datenmenge aus Abb. 12.7a sind in der Tabelle in Abb. 12.7b nach aufsteigender Distanz geordnet (wie in Abschn. 12.4.9 erläutert) ermittelt worden. Der Bereich für die Messwerte 0 % ist mit einer grauen (blauen) Linie und 50 %, der Median, in Abb. 12.9a mit einer hellgrauen (gelben) Linie markiert. Der Schwellenwert für die Ausreißererkennung ist in Abb. 12.9b mit einer grünen Linie dargestellt.

12.4.6 Doppel- oder nahezu gleiche Werte (Ties) entfernen

1. DPs mit Distanzwerten kleiner als $\mu - 2\sigma$ zu den NN (Dist2NN) werden aus der Datenliste des TDS entfernt. Diese Werte tragen keine Information, verlängern die Rechenzeiten und benötigen Speicherplatz.
2. Die verbleibenden DPs der Distanzliste neu nummerieren. Dies entspricht Spalte 9 *(Position Skala-i)* in Abbildung Tab. 12.5.

Tab. 12.5 Distanzliste zur Glättung einer MF. Die Füllwerte sind mit größerer Schrift in die Tabelle eingetragen

Quelle Zufallswert	Position Skala-i	Werte MD zu 0	Distanz zu NN	Distanz zu NN < 5%	Distanz zu NN > 95%	Werte	Füllwerte	Position Skala-i	Werte MD zu + Füllwerte	Distanz zu NN
9680	1	9148	54			9148		1	9148	54
9812	2	9256	109			9256		2	9256	109
9925	3	9613	357		9613	9613	9613	3	**9435**	178
9148	4	9680	67			9680		4	9613	178
10461	5	9740	61			9740		5	9680	67
10391	6	9749	8			9749		6	9740	61
9860	7	9812	63			9812		7	9749	8
9749	8	9832	20			9832		8	9812	63
10605	9	9860	28			9860		9	9832	20
10305	10	9894	34			9894		10	9860	28
9894	11	9925	31			9925		11	9894	34
10215	12	10126	201		10126	10126	10126	12	**9925**	31
10126	13	10215	89			10215		13	10025	100
10349	14	10269	54			10269		14	10126	100
9256	15	10305	36			10305		15	10215	89
9613	16	10349	44			10349		16	10269	54
9832	17	10391	42			10391		17	10305	36
10269	18	10461	69			10461		18	10349	44
10502	19	10502	41			10502		19	10391	42
9740	20	10605	104			10605		20	10461	69
								21	10502	41
								22	10605	104

12.4.7 Maximale Distanz zwischen den Datenpunkten

Eine Datenpunktmenge im multidimensionalen Raum, die mit einer geeigneten Messmethode gemessen wurde, repräsentiert nach der Trainingsphase als Referenzmenge ein bestimmtes Merkmal. Zur Messung der Ähnlichkeit zu dieser Referenzmenge gibt es verschiedene Maße, die in Abschn. 6.1.3 vorgestellt wurden. Im Vergleich zu anderen Distanzmaßen ist die in Abschn. 6.4 beschriebene Manhattan-Distanz auch bei hoher Dimensionalität präzise. Sie kommt beim MAE-Verfahren zum Einsatz. Mit dieser Norm werden die Distanzen *Dist2NN* der Datenpunkte der Referenzdatenmenge zu ihren jeweiligen NN gemessen. Die Verteilung dieser Distanzen muss geprüft und das Signifikanzniveau, gemäß Tab. 5.3 und Abb. 5.5 festgelegt werden, z. B. auf 2σ (Standardwert beim MAE-Verfahren). Das Signifikanzniveau wird in die absolute Distanz umgerechnet und dient zur Eliminierung von Ausreißern oberhalb von SDLM+2 σ und Ties unter dem Signifikanzniveau $\mu - 2\sigma$ in Abschn. 5.3. Die maximale Distanz *MaxDist2NN* entspricht dem Signifikanzniveau 2σ. *MaxDist2NN* ist ein Parameter des Modells M für den untersuchten TDS.

12.4.8 Lücken und Sprünge in einer Distanzliste ergänzen

1. Distanzen größer als *MaxDist2NN* in der Distanzliste werden durch Füllwerte reduziert. Eine glatte MF ist Voraussetzung für die Anwendung von NN-Verfahren in Kap. 10.
2. Lücken und Sprünge mit der in Abschn. 7.5 beschriebenen Füllwertmethode beseitigen. Diese Füllwerte ändern die Eigenwerte des TDS nicht oder nur unwesentlich.
3. Die verbleibenden DPs der Distanzliste neu nummerieren. Dies entspricht den Spalten 9 und 10 *(Position Skala-i und Werte MD zu 0+Füllwerte)* in Tab. 12.5.

Distanzliste zur Glättung einer MF Doppel- oder nahezu gleiche Werte wurden entfernt und Lücken und Sprünge durch Füllwerte ergänzt. Ein Zufallsgenerator erzeugte dazu 20 Werte um den Mittelwert 10.000. Sie wurden in aufsteigender Distanz geordnet und stehen in Spalte 3. Die Distanzen zwischen diesen Werten sind in Spalte 4 eingetragen. In Abb. 12.10a sind diese DPs dargestellt. Werte, deren Distanz zum NN kleiner als 5 % der mittleren Distanz sind, sind Doppel- oder nahezu gleiche Werte (Ties). Sie sind in Spalte 5 eingetragen und werden aus der Liste entfernt. Werte, deren Distanz zum NN größer als 95 % der mittleren Distanz sind, sind als Lücken oder Sprünge definiert. Es werden Zwischenwerte mit der in Abschn. 7.5 beschriebenen Füllwertmethode eingefügt. Diese neuen DPs stehen in Spalte 10 und sind mit größerer Schrift (rot) markiert, alle übrigen Werte des TDS in Standardgröße (blau). Die um die Doppelwerte- oder nahezu gleichen Werte und die Füllwerte veränderten Werte stehen in Spalte 10, die zugehörigen Positionsnummern in Spalte 9, die neuen Differenzwerte zur

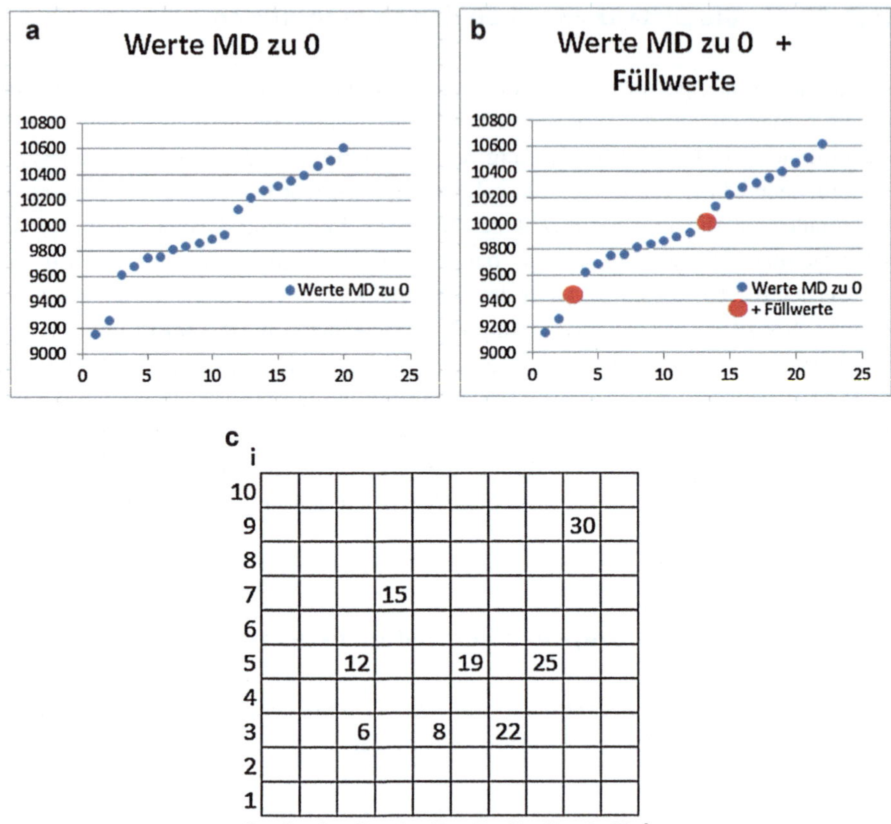

Abb. 12.10 Nach aufsteigender Distanz zum Ursprung sortierte DPs. **a**) MD-Werte zum Ursprung. **b**) MD-Werte + Füllwerte zum Ursprung. **c**) MD-Werte zum Letztwert

Kontrolle in Spalte 11. In Abb. 12.10b ist der geglättete Verlauf der DPs der Spalte 10 dargestellt.

12.4.9 Kennwerte des aufbereiteten Trainingsdatensatzes

Referenzpunkt zur Bildung der Distanzen ist jetzt der Ursprung des Koordinatensystems. Es liegt nun eine Datenmenge ohne Ausreißer vor. Die Kennwerte μ und σ des TDS werden mit den folgenden Anweisungen bestimmt:

1. Den kleinsten Differenzwert *DiffDP1* des TDS suchen und als ersten Wert in die nach aufsteigenden Distanzen geordnete Liste eintragen.

2. Treten DPs mit gleicher Distanz zum Ursprung auf, so wird als nächster DP derjenige DP ausgewählt, dessen Distanz in der niedrigeren Dimension größer ist, und indiziert (z. B. 8.1 für i = 3 und 8.2 für i = 4). Diesem Prinzip folgend können alle DPs des TDS in einer Rangfolge auf der Skala-i eingeordnet werden. In Abb. 12.5 sind beispielsweise die Indizes distanzgleicher DPs (8.1, 8.2, 11.1, 11.2) eingetragen.
3. Danach wird der zweitnächste Punkt gesucht und als DiffDP2 in die geordnete Liste eingetragen.
4. Diese Distanzliste für alle DPs des TDS ist in der gleichen Art und Weise zu vervollständigen, bis alle DPs X_i des TDS einem Rang auf der Skala-i zugeordnet sind.
   Erwartungswert μ bestimmen:
5. Den Erwartungswert μ nach Formel (5.16) bestimmen.
   Varianz und Signifikanzniveau festlegen:
6. Die Varianz σ^2 nach Formel (5.12) und die Standardabweichung σ des TDS nach Formel (5.13) berechnen.
7. Das Signifikanzniveau ist Teil des Modells M (Parameter MTxx) und wird hier mit 2 σ angenommen.
8. Der Konfidenzbereich entspricht damit dem Intervall $\mu - 2\sigma;\ldots;\mu + 2\sigma$. Dies sind die Werte UGR in Spalte 3 und OGR in Spalte 4 der Tabelle in Abb. 12.6.

12.5 Rezeptiven Bereich definieren

Anmerkungen zur Wertetabelle in Abb. 12.6 Der multidimensionale Erwartungswert μ ist der Zentroid der Datenmenge der Tabelle in der Abbildung. Die Datenwerte der Tabelle in Abb. 12.5 wurden mit den Anweisungen in den Abschn. 12.4.2 bis 12.4.5 bearbeitet und die Ergebnisse in Tab. 12.6 aufgelistet. Die dargestellten Werte in Spalte 2 sind Originalwerte, die etwas größer dargestellten sind Füllwerte. Die untere Grenze UGR des rezeptiven Bereichs ist in Spalte 3 und die obere Grenze in Spalte 4 eingetragen. Abb. 12.14a zeigt den Bereich für die Dimension i und Abb. 12.14b für Dimension j.

Kennwerte des TDS Die Kennwerte μ und σ des TDS wurden nach den Anweisungen in Abschn. 12.4.9 ermittelt und sind: Erwartungswert $\mu = 10.008$, die Varianz $\sigma^2 = 1054$, die Standardabweichung σ ist 32, der Konfidenzbereich liegt zwischen den Grenzen $\mu - 2\sigma = 9943$ $\mu + 2\sigma = 10.073$.

Doppel- oder nahezu gleiche Werte Mit den Anweisungen in Abschn. 12.4.6 wurden alle Werte kleiner als $\mu - \sigma$ entfernt. Die restlichen Werte stehen in Spalte 10.

Füllwerte Mit den Anweisungen in Abschn. 12.4.8 wurden Distanzen zwischen den DPs, die größer als $\mu + \sigma$ sind, durch Füllwerte ergänzt (rot).

Tab. 12.6 Kennwerte des TDS

Position Skala-i	Werte MD zu 0 + Füllwerte	MaxDist2NN = 2σ σ = 403	MaxDist2NN = 2σ σ = 403
i	i	UGR	OGR
1	9148	8744	9551
2	9256	8853	9660
3	**9435**	9031	9838
4	9613	9210	10016
5	9680	9276	10083
6	9740	9337	10144
7	9749	9346	10152
8	9812	9409	10215
9	9832	9429	10235
10	9860	9457	10264
11	9894	9490	10297
12	**9925**	9522	10328
13	10025	9622	10429
14	10126	9723	10529
15	10215	9812	10618
16	10269	9866	10673
17	10305	9902	10708
18	10349	9946	10752
19	10391	9988	10795
20	10461	10057	10864
21	10502	10098	10905
22	10605	10202	11009

12.5.1 Anwendung des Verfahrens auf einen größeren Datensatz

Zur Demonstration des Verfahrens mit mehr Daten wurde ein Datensatz aus 200 Werten mit Ausreißern bearbeitet. Die Liste der Datenwerte befindet sich im Anhang A. Sie wurden mit den Anweisungen in den Abschn. 12.4.2 bis 12.4.5 bearbeitet und die in Abb. 12.11a erkennbaren Ausreißer entfernt. In der Abb. 12.11b ist die nach aufsteigender Distanz angeordnete Datenmenge dargestellt, in Abb. 12.11c die ausreißerfreie Datenmenge mit dem eingezeichneten Schwellenwert für die Ausreißererkennung. In Abb. 12.11d ist der fertige zweidimensionale TDS mit dem zugehörigen rezeptiven Bereich abgebildet. Die Tabelle mit den Datenwerten befindet sich in Anhang 12.6.

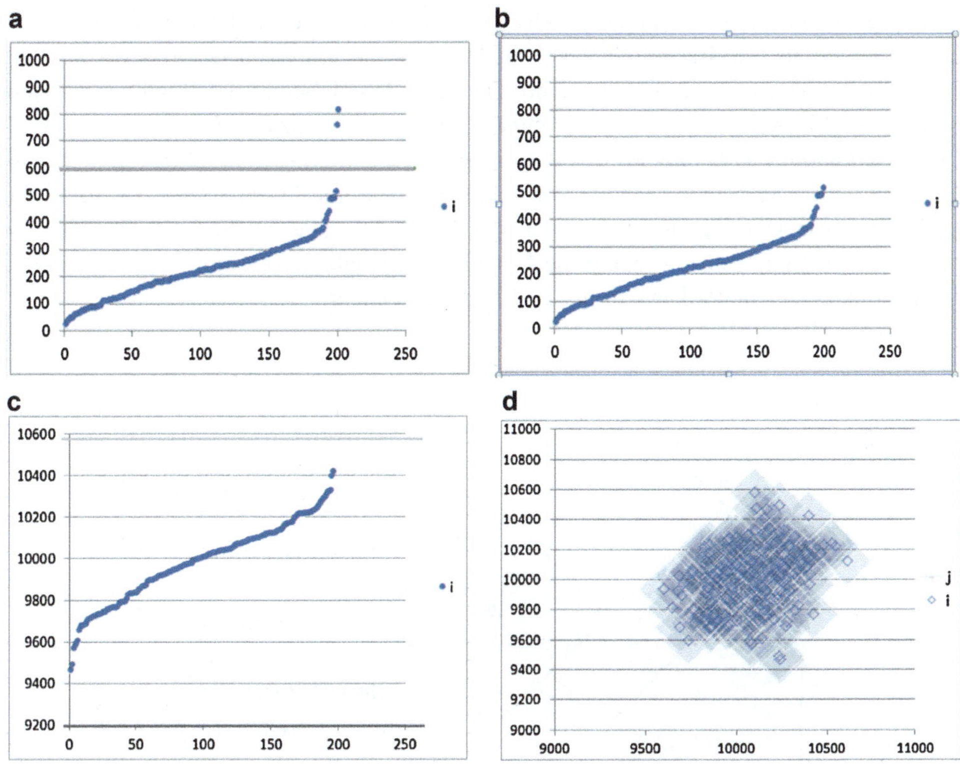

Abb. 12.11 Trainingsdatensatz mit 200 DPs und zugehörigem rezeptiven Bereich. **a**) Datenmenge 200 Werte, sortiert mit Ausreißern und Ausreißerschwellenwert (graue Linie) zum Median. **b**) Datenmenge 200 Werte, sortiert ohne Ausreißer zum Median. **c**) Datenmenge 200 Werte, sortiert ohne Ausreißer und mit Konfidenzintervall (graue Linie) zum Ursprung der Datengruppe (dunkelgraue Linie). **d**) Datenmenge 200 Werte (dunkelgrau), unsortiert, mit Konfidenzintervall (grau)

12.5.2 Rezeptiver Bereich

Der Rand des rezeptiven Bereichs, in dem Daten mit hohem Zugehörigkeitsgrad vorliegen können, wird durch das gewählte Signifikanzniveau, das für die Anwendung gewählt wurde, bestimmt. Die außen liegenden Punkte einer solchen MF definieren diesen in Abschn. 8.2.1 mit *Kontur einer Mannigfaltigkeit* beschriebenen Bereich.

Distanz zu den NN und rezeptiver Bereich In einem Datensatz, der vom MAE-Verfahren als TDS genutzt und Teil des Modells M ist, gibt es Distanzen zu den NN (Dist2NN) im Bereich von $\mu - 2\sigma$ (MinDist2NN) und 2 σ *(MaxDist2NN)*. Dies wird durch die Prozeduren in den Abschn. 12.3 und 12.4 sichergestellt. Damit ist der rezeptive Bereich durch σ definiert, oder anders ausgedrückt: von σ abgeleitet. In der Praxis und den Regeln der Statistik folgend sollte der rezeptive Bereich die Abstandsgrenze 3 σ resultierend als Quadrat mit $\sqrt{3^3 * 3^3}$ in 4,2 $\sigma \times$ 4,2 σ um einen DP in der Abbildung nicht überschreiten. Rezeptive Bereiche, die durch Überlappung der Regionen gebildet werden, sind in Abb. 12.12a für Datenpunkte mit einer Distanz *MaxDist2NN* (2 σ) mit 4, 2$\sigma \times$ 4, 2σ und die DPs in Abb. 12.12b mit der Distanz *MaxDist2NN* (2 σ) mit 4, 2$\sigma \times$ 4, 2σ dargestellt. Die beiden rechten Datenpunkte haben eine Distanz *Dist2NN* von 1,5 σ und zeigen die Überlappung bei geringeren Abständen. Die quadratische Struktur des rezeptiven Bereichs entsteht durch die Nutzung der Manhattan-Distanz. Dies ist bei den beiden linken DPs in der Darstellung 12.12a gut erkennbar.

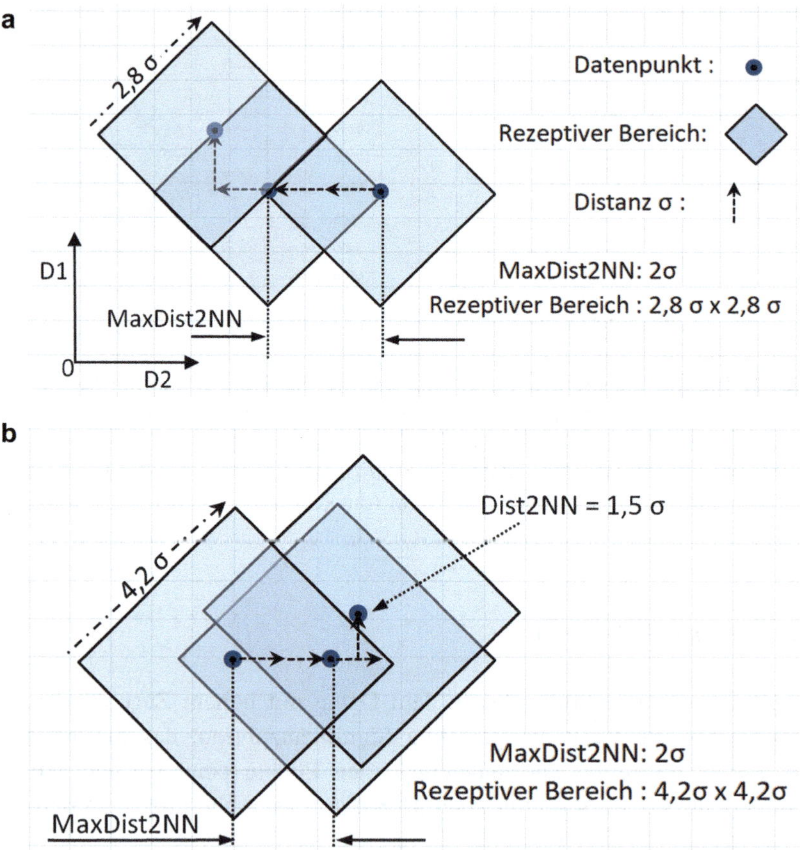

Abb. 12.12 Rezeptiver Bereich und *MaxDist2NN*. **a**) Rezeptiver Bereich 2 σ um einen DP, *Maxdist2NN*$=2$, Metrik: Manhattan-Distanz. **b**) Rezeptiver Bereich 3 σ um einen DP, *MaxDist2NN*$=2$, Metrik: Manhattan-Distanz

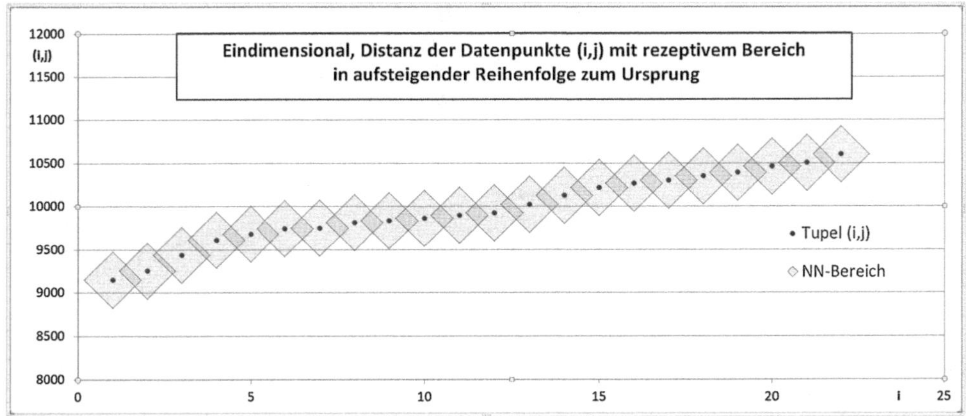

Abb. 12.13 Zweidimensionale Verteilung mit MD-Skalierung. Der NN-Bereich der DPs ist nach aufsteigender Distanz geordnet

Rezeptiver Bereich für einen Erwartungswert in einem Messkanal Die Organisation der verschiedenen Arten von Messwerten mit Kanälen wurde in Abb. 12.2 aufgezeigt. Bezüglich der Messwerte eines Kanals werden in den folgenden Abbildungen die Ausdehnung und der Verlauf des rezeptiven Bereichs dargestellt. Der rezeptive Bereich stellt die Hülle dar, in die alle Datenpunkte passen, die charakteristische Informationen für das zu identifizierende Objekt tragen, und beinhaltet die NN-Punkte zur Generalisierung neuer Anfragepunkte X_a. Er ist Teil des Modells M eines Objektes und genügt den Anforderungen bezüglich der Modellkomplexität in Abschn. 11.1. Die ermittelten Kennwerte der Trainingsmenge bestimmen die Ausdehnung dieses Bereichs. Die Bereiche um jeden Punkt überlappen sich und bilden gemeinsam die Hülle für die Datenpunkte, die dem Objekt entsprechen. Aus diesem Grund gilt dieses Maß im Wesentlichen für den Außenbereich der Hülle. Das Überlappen der Bereiche jedes Datenpunktes wird durch das Glätten der MF mit geeigneten Füllwerten erreicht.[13] Dieser Sachverhalt ist in Abb. 12.13 für die zweidimensionale MF der Liste, deren Datenpunkte nach aufsteigender Distanz auf der Skala-i angeordnet sind, grafisch dargestellt. UGR in Spalte 3 und OGR in Spalte 4 in Abb. 12.6 kennzeichnen die Grenzen des rezeptiven Bereichs für die zweidimensionale MF. Der Verlauf von UGR als Dreieckslinie (rot) und OGR als gestrichelter Linie (blau) ist für Dimension i in Abb. 12.14a und für Dimension j in Abb. 12.14b gekennzeichnet. Die Ausdehnung des rezeptiven Bereichs ist für die zweidimensionale MF in Abb. 12.14c dargestellt. Wegen der Manhattan-Distanz (L^1-Norm) sind die Grenzlinien des rezeptiven Bereichs quadratisch um die DPs angeordnet.

[13] In Abschn. 12.3.4 ist die Füllwertmethode zur Glättung der MF beschrieben.

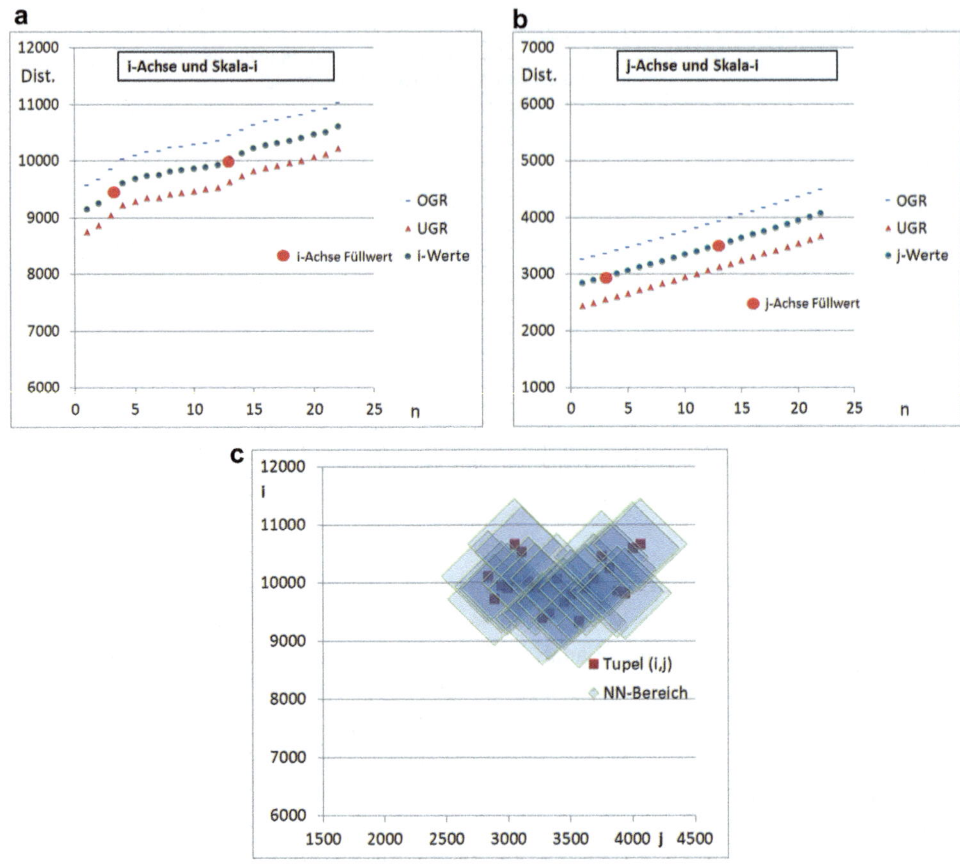

Abb. 12.14 Resultierender rezeptiver Bereich für das Beispiel mit 8 DPs. **a**) NN-Bereich für Dimension i bezogen auf die Skala-i. **b**) NN-Bereich für Dimension i bezogen auf die Skala-i. **c**) Zweidimensionaler NN-Bereich mit MD-Skalierung, ungeordnet

Rezeptiver Bereich für mehrere Erwartungswerte in einem Kanal Für jedes Messereignis liegen Datenpunkte mit einer Verteilung um einen Erwartungswert μ vor. Jede zu verarbeitende Verteilung wird mit den in Liste Abschn. 12.4.3 aufgeführten Schritten 1 bis 9 bearbeitet. Liegen mehrere Messereignisse mit den entsprechenden Verteilungen, z. B. G1.1 …G1.4 wie in Abb. 12.15, vor, so gibt es 4 Erwartungswerte im Zentrum jeder Verteilung. Alle DPs dieser Verteilungen identifizieren das Objekt. Diese DPs G1.1 …G1.4 werden nach Distanz zum Ursprung geordnet und die Kennwerte mit den Anweisungen 1 …10 in Abschn. 12.4.9 ermittelt sowie für die Verteilung im Modell M gespeichert. Somit ist später erkennbar, ob ein NN-Punkt ein Füllwert ist (als größerer Punkt (rot) dargestellt) oder ein gemessener Wert ist (in Standardgröße dargestellt (blau)) und zu welchem Messereignis (z. B. G1.1) der DP gehört bzw. zu welchem er tendiert.

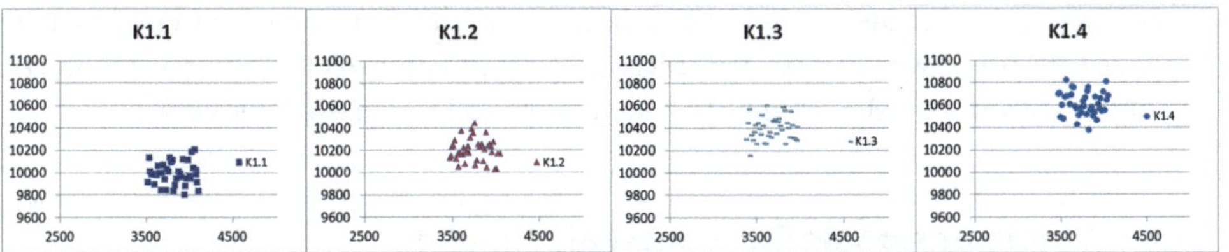

Abb. 12.15 Messwerte mehrerer Messereignisse, Messereignisse G1.1, G1.2, G1.3 und G1.4

Alle Punkte des Kanals bilden dann zusammen den rezeptiven Bereich, der sich damit aus einem Ensemble von Erwartungswerten zusammensetzt.

In Abschn. 8.1.4 ist erläutert, wie die Ähnlichkeit für die Bestimmung des Zugehörigkeitsgrades zu einem Objekt bzw. einem TDS genutzt wird. Der rezeptive Bereich setzt sich aus einem Ensemble von Erwartungswerten zusammen. Um jeden Erwartungswert gibt es einen Bereich, der durch die Standardabweichung definiert ist. Sollen 95 % der Signale erkannt werden, so ist das Maß für den rezeptiven Bereich 2 σ. Die Kennwerte dieser Verteilungen sind ähnlich.

Schließender Hinweis zum rezeptiven Bereich σ wurde auf Basis der Distanzen von TP zu TP des TDS einer Datengruppe, beispielsweise G1.1, ermittelt. Die Füllwertmethode sorgt für eine glatte MF und ergänzt fehlende Werte. Der rezeptive Bereich um jeden TP ist durch σ definiert. Er besteht aus einem Ensemble von Erwartungswerten, aus Messwertdatenmengen der Gruppen G1.1 …G1.n, die gemeinsam den rezeptiven Bereich des Kanals K1 bilden. Somit ist die Hülle des rezeptiven Bereiches die Grenze, innerhalb derer Messwerte zu erwarten sind, die dem Modell M des trainierten Objektes zugeordnet werden können. In den Abb. 12.11d und 12.16b bestimmt ein Datensatz um

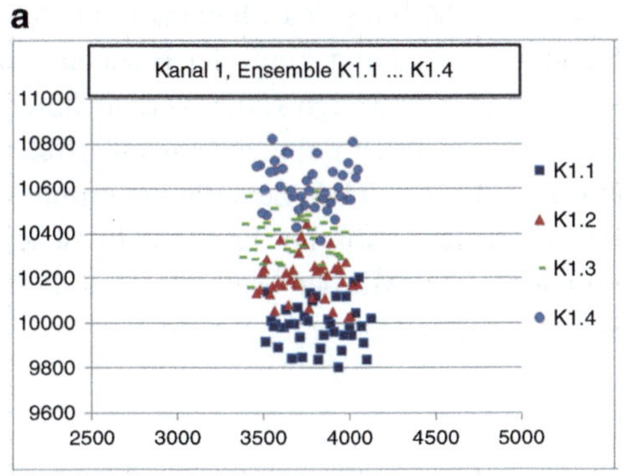

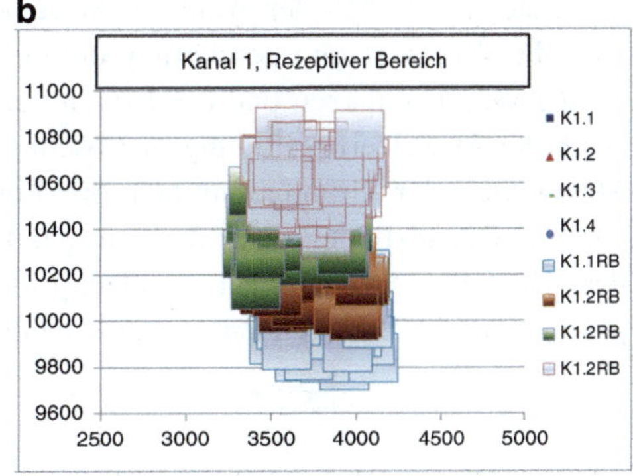

Abb. 12.16 Ensemble von Erwartungswerten, Verteilungen der DPs und Überlagerung der zugehörigen rezeptiven Bereiche zum rezeptiven Bereich des TDS. **a**) Ensemble der Messereignisse G1.1, G1.2, G1.3 und G1.4. **b**) Rezeptiver Bereich in Kanal 1 für Objekt 1

einen Erwartungswert und in Abb. 12.3c bestimmen vier Datensätze um ein Ensemble von vier Erwartungswerten bzw. vier Messereignissen den rezeptiven Bereich. Die DPs und die MF dieser vier Messereignisse sind in Abb. 12.16 grafisch dargestellt.

12.6 Eindimensionale Referenzskala für alle Trainingsdatenpunkte

Auf der eindimensionalen Skala-i, die im X-, Y- und Z-Raum als Referenzskala zur Zuordnung der Trainingsdatenpunkte fungiert, ist das Ensemble der Erwartungswerte fortfolgend angeordnet.[14]

1. Die Distanzliste ist nun in aufsteigender Distanz zum Referenzpunkt Null geordnet und enthält eine glatte MF.
2. In Abb. 12.17 sind die Positionen der DPs (Dist) auf der eindimensionalen Skala-i, die zugehörigen unteren Grenzwerte (UGR) und die zugehörigen oberen Grenzwerte (OGR) aufgetragen. Jede Position (Dist) repräsentiert einen multidimensionalen DP.
3. Die multidimensionale Struktur des Datensatzes ist somit auf eine eindimensionale Referenzskala wie in Abb. 12.18 reduziert.

Zusammenfassung Die in diesem Kapitel verwendeten Beispiele bezüglich der Messdatensätze sind praxisrelevant gewählt. Für jede Messsituation wird der zugehörige Messdatensatz auf Ausreißer geprüft, diese werden entfernt und als TDS für die Weiterverarbeitung vorbereitet. Für die Ausreißererkennung wurde ein robuster Schätzer (Hodges-Lehmann-Schätzer) zur Bestimmung des Medians verwendet. Der Median, der unabhängig von den Messwerten und somit von Falschwerten ist, fungiert im multidimensionalen Raum als Referenzpunkt für die Anordnung aller Distanzwerte, die für die DPs des TDS von DP zu DP gebildet werden (Distanzmatrix). Diese Werte werden nach aufsteigender Distanz geordnet, sodass alle großen Distanzen im oberen Bereich der Liste stehen. Mit der Wahl des Wertebereichs SDLM links des Medians (Abb. 5.7) wird die Voraussetzung geschaffen, um die Standardabweichung σ mit der Beziehung $\sigma \approx SDLM/3$ zu schätzen und die Bildung eines Ausreißerschwellenwertes vorzunehmen. Nach der Ausreißerbeseitigung in Abschn. 12.4.5 sind mit den nunmehr ausreißerfreien Messwerten der Grundgesamtheit die Kennwerte für den TDS zuverlässig ermittelbar. Die Distanzbildung zum Ursprung mit der Methode in Abschn. 12.4.9 stellt sicher, dass jeder DP auf der Skala-i eindeutig identifizierbar ist. Mit der Methode wird dafür gesorgt, dass auch bei vielen Ausreißern ein ausreißerfreier TDS erzeugt wird.

[14] Referenzskala zur Zuordnung der Trainingsdatenpunkte *TPi* in den Abschn. 4.4, 12.2.2, 10.3.2 und Abb. 12.18.

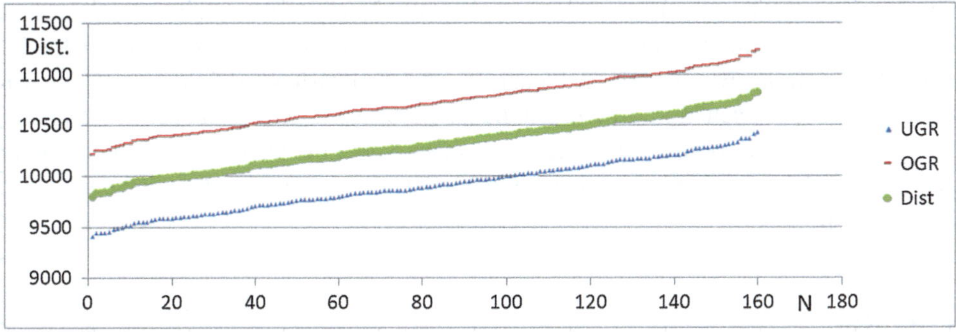

Abb. 12.17 NN-Bereich und Skala-i

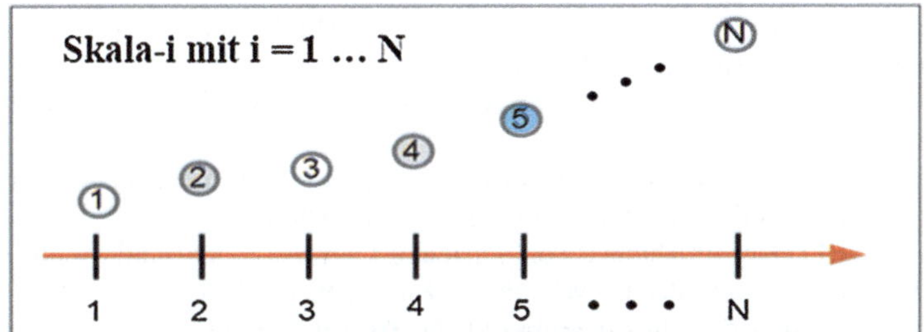

Abb. 12.18 Repräsentation der Trainingspunkte auf der eindimensionalen Skala-i

Skala-i Wichtig für das MAE-Verfahren ist die Erfassung aller DPs und deren Anordnung mit der Tendenz nach aufsteigender Distanz, um zu ermöglichen, dass alle Punkte in die MF aufgenommen und die Positionsnummern auf der eindimensionalen Skala-i eingetragen werden können. Alle Punkte des TDS im Raum werden, um eine bildliche Vorstellung zu geben, wie auf einer Perlenschnur nebeneinander nach steigender Distanz aufgereiht, und um diese Datenschar ist der rezeptive Bereich des Datenmodells definiert. Die Verhinderung von Lücken in der zur Verarbeitung zugrunde liegenden Mannigfaltigkeit (MF), dem Gebilde im Raum, sorgt für numerische Stabilität und eine definierte Genauigkeit bei der Generalisierung im Ergebnisraum. Wenn später in der Arbeitsphase Punkte quer zum Ursprung wie in Abb. 12.5b auftreten, wird ohnehin die Distanz zu den NN verwendet, und nicht die Distanz zum Ursprung.

Abfolge der DP-Nummern auf der Skala-i An der Abfolge der DP-Nummer auf der Skala-i ist erkennbar, wie die DPs im Nachbarbereich bei einer Neuanfrage mit einem Anfragevektor bzw. DP X_a liegen. Wird beispielsweise bei einer Dimensionsreduktion die Struktur einer MF mit einer zu geringen Anzahl von Dimensionen rekonstruiert, so kommen Kreuzungspunkte im Verlauf der Skala-i vor. Dies äußert sich in einer diskontinuierlichen Abfolge der DPs im NN-Bereich. Statt vier NN mit den DP-Nummern

91, 92, 93 und 94 würden beispielsweise die DP-Nummern 91, 92, 1984, 95 im NN-Bereich von X_a gefunden. Der DP mit der DP-Nummer 1984 stammt aus einer Region der MF, die sie im Bereich 91–95 kreuzt. Vor der Dimensionsreduktion ist unklar, wie viele Dimensionen benötigt werden, um die innere Struktur der MF abzubilden. Damit in der Struktur der reduzierten MF keine Kreuzungen vorkommen, muss die Dimension der reduzierten MF vor der Dimensionsreduktion höher gewählt und die Berechnung wiederholt werden.[15]

Literatur

1. Andrews DF (1972) Plots of High-Dimensional Data. Biometrics 28(1):125, https://doi.org/10.2307/2528964
2. Backhaus K, Erichson B, Plinke W, Weiber R (2005) Multivariate Analysemethoden. 11. Auflage Springer, Berlin, Heidelberg, New York
3. Breuer D (2014) Abstandsmaße für die multivariate adaptive Einbettung. Masterarbeit, FernUni Hagen
4. Bronstein IN, Semendjajew KA, Musiol G, Mühlig H (1999) Taschenbuch der Mathematik, 4th edn. Verlag Harri Deutsch, Frankfurt am Main and Thun
5. Caspary W (2017) Der Bruchpunkt von Schätzern-Universität der Bundeswehr. Schriftenreihe des Instituts für Geodäsie der Universität der Bundeswehr 2012(Heft 87):39–46, http://www.in-dubio-pro-geo.de/index.php?file=library/entry&ID=Caspary12
6. Diehl JM, Kohr H (2004) Deskriptive Statistik.13. Auflage, ISBN 3-88074-110-. Verlag Dietmar Klotz, Eschborn
7. Faloutsos C (1996) Searching Multimedia Databases by Content. Kluwer Academic Publishers, Dordrecht
8. Gottwald S, Köstner H, Hullwich M (1986) Handbuch der Mathematik. VEB Bibligraphisches Institut, Leipzig
9. Kriegel HP, Kroger P, Schubert E, Zimek A (2011) Interpreting and Unifying Outlier Scores. In: Liu B, Liu H, Clifton CW, Washio T, Kamath C (eds) Proceedings of the 2011 SIAM International Conference on Data Mining, [Society for Industrial and Applied Mathematics], [Philadelphia, Pennsylvania], pp 13–24, https://doi.org/10.1137/1.9781611972818.2
10. Mildenberger O (1995) System- und Signaltheorie, 3rd edn. Friedr. Vieweg & Sohn Verlagsgesellschaft GmbH, Braunschweig, Wiesbaden
11. Patzelt R (1996) Elektrische Meßtechnik. Springer-Verlag, Wien, New York
12. Pfeifer T, Profos P (2008) Handbuch der industriellen Messtechnik. Oldenbourg Industrieverlag
13. Rosenkranz GK (2010) A note on the Hodges-Lehmann estimator. Pharmaceutical statistics 9(2):162–167, https://doi.org/10.1002/pst.387
14. Sartorius G (2009) Multivariate Adaption mit modularisierten künstlichen neuronalen Netzen: Zugl.: Hagen, Fernuniv., Fachbereich Elektrotechnik, Diss., 2009, Fortschritt-Berichte VDI Reihe 10, Informatik/Kommunikation, vol 799, als ms. gedr edn. VDI-Verl., Düsseldorf

[15] In der Literatur wird die Anzahl der erforderlichen Dimensionen anhand der Größe der Eigenwerte entschieden. Dieser Sachverhalt wird in Abschn. 10.7.6 erörtert.

15. Schäfer T, Kloke B, Hastedt T (2010) Multivariate Verfahren: Strukturgleichungsmodelle. https://www.tu-chemnitz.de/hsw/psychologie/professuren/method/homepages/ts/methodenlehre/SEM.pdf
16. Weiber R, Mühlhaus D (2014) Strukturgleichungsmodellierung. Springer Berlin Heidelberg, Berlin, Heidelberg, https://doi.org/10.1007/978-3-642-35012-2

13 Merkmalsraum

Die Eingangsinformationen verschiedener Arten von Messungen zur Erfassung eines Objektes liegen in Kanälen angeordnet als Daten im D-dimensionalen Merkmalsraum vor. Die Daten weisen keine Lücken und Sprünge mehr auf, sind ausreißerfrei und wurden unter Berücksichtigung eines Distanzkriteriums auf der eindimensionalen Skala-i nach aufsteigender Distanz angeordnet. Weiterhin wurden die Kenndaten für die Verteilungen der Datengruppen ermittelt und als Teil des Modells für das zu klassifizierende Objekt gespeichert. Diese Ergebnisse aus der vorher durchgeführten Datenvorverarbeitung müssen nun in eine für die Art der Daten und den Verwendungszweck optimale Darstellungsform für die nächste Verarbeitungsstufe überführt bzw. so angepasst werden, dass die Schritte zur Gestaltung eines generalisierungsfähigen Datenmodells und die Bildung der NN-Beziehungen optimal durchgeführt werden können. Danach ist es möglich, die Daten direkt (unverändert), als WT-Koeffizienten, als FT-Koeffizienten oder in dimensionsreduzierter Form der Verarbeitung im Assoziationsraum zur Filterung, zur Bildung der Rekonstruktionsgewichte des NN-Verfahrens und zur Skalierung und Anpassung dem Assoziationsraum zuzuführen.

13.1 Vorbereitung eines Trainingsdatensatzes

In Abb. 13.1 sind verschiedene Verarbeitungsmöglichkeiten der Datengruppen im X-Raum dargestellt. Die Daten der Gruppe 1 werden ohne Bearbeitung an den Y-Raum weitergegeben. Bei den Daten der Gruppe 3 wird eine Dimensionsreduktion durchgeführt und die 16 Koeffizienten bzw. Eigenwerte werden an den Y-Raum weitergegeben. Die Daten der Gruppe 2 werden mit einer FT und die der Gruppe n mit einer WT in eine Koeffizientendarstellung transformiert und in den Y-Raum überführt.

G. Sartorius, *Erfassen, Verarbeiten und Zuordnen multivariater Messgrößen*,
https://doi.org/10.1007/978-3-658-41451-1_13

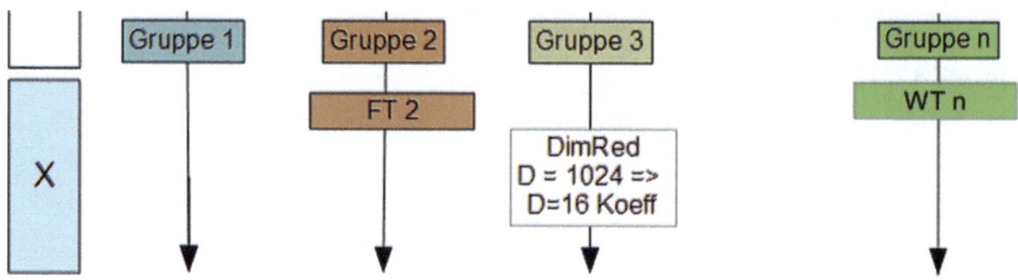

Abb. 13.1 Verschiedene Messwertarten sind in Kanälen organisiert

13.2 Transformation von Gruppendaten

Die Daten des Trainingsdatensatzes können für die Modellbildung direkt, als WT-Koeffizienten, als Eigenwerte, als FT-Koeffizienten oder in anderen Formen genutzt werden.[1] Welche Repräsentationsform jeweils verwendet wird, hängt von dem Anwendungszweck ab. Im Folgenden sind für die direkte Nutzung unter 1., für die Nutzung als WT-Koeffizienten unter 1.–4. und für die Nutzung als Eigenwerte unter 5.–7. die wichtigsten Aspekte aufgelistet:

1. Messwerte ohne Umwandlung gehen direkt in den TDS ein, wenn sie zur Bildung einer Messkurve bei verschiedenen Randbedingungen genutzt werden.
2. Die mittelwertbildenden Eigenschaften der Wavelet-Transformation liefern stabile Ergebnisse, die störunempfindlich gegenüber hochfrequenten Anteilen sind.
3. Zur Datenreinigung können Signalkomponenten ausgeblendet werden. Unerwünschte Anteile, die beispielsweise durch das Messgerät selbst oder durch den Sensor generiert werden, können entfernt werden, sodass trotz der Unzulänglichkeiten des Messverfahrens stabile charakteristische Eigenschaften des Messobjektes für den TDS zur Verfügung stehen.[2]
4. Für die Einstellung der Komplexität des Modells können WT-Koeffizienten, deren Wert unterhalb eines Schwellenwertes liegen, gleich null gesetzt werden. Dies trägt dazu bei, dass ein Übertrainieren bzw. eine zu große Komplexität des Modells auf diese Weise vermieden werden kann. Der Schwellenwert wird so optimiert, dass die

[1] In Abschn. 9.1.3 sind die Eigenschaften der WT und der FT gegenübergestellt und es werden andere Transformationen genannt.

[2] Beispiele: Ausblendung des Gleichanteils (WT-Komponente 1) bei Signalgruppen (z. B. Spektren) zur Minderung des Einflusses der Signalstärke des Messlasers bei der Raman-Spektroskopie, Ausblendung von Komponenten zur Minderung des Wassereinflusses bei der NIR-Spektroskopie, Ausblenden des Gleichanteils zur Minderung der Überbelichtung bei pixelorientierten Messungen …

für den Erkennungszweck notwendige Feinstruktur der MF bei der Generalisierung im Darstellungsraum (Z-Raum) ausreichend genau eingestellt ist.

5. Durch unterschiedliche Repräsentationsformen der Messwerte für die Objekte oder Objektzustände kommt es vor, dass manche der Informationen korreliert bzw. redundant vorliegen. Eliminiert man diese Redundanzen, ist es möglich, die Dimensionalität der Eingangsdaten zu reduzieren. Sie liefern Eigenvektoren und dazugehörige Eigenwerte der Kovarianzmatrix der Daten. Geometrisch gesehen wird durch die Eigenvektoren ein neuer Raum, der Einbettungsraum, aufgespannt. Die Lage der Datenpunkte in diesem Raum ist dabei so angeordnet, dass eine minimale Korrelation zwischen den einzelnen Dimensionen des neuen Raumes vorliegt. Die Eigenwerte beschreiben die Größe der Varianz entlang der entsprechenden Eigenvektoren.
6. Beim MAE-Verfahren wird zur Dimensionsreduktion die NOP-Methode verwendet. Sie ist in Abschn. 10.7 beschrieben, hat sich als vorteilhaft bezüglich der Abbildungstreue im niedrigdimensionalen Raum erwiesen und bietet mit Gl. (10.17) die Möglichkeit, mit einer Matrix-Vektor-Operation die Projektion von Eingangsdaten X_a direkt in den niedrigdimensionalen Raum der Dimension d (Einbettungsraum), in dem die TPs X_i gespeichert sind, vorzunehmen. Dies ist in der Arbeitsphase ein wichtiger Vorteil. Weiterhin kann die NN-Suche im d-dimensionalen Einbettungsraum durchgeführt werden.
7. Die Methode ist auch geeignet, die Lage von Messobjekten beispielsweise im zweidimensionalen Raum ähnlich wie bei einer Landkarte darzustellen, um einen Gesamtüberblick über die Anordnung der Objekte zueinander zu ermöglichen. Vektoren können auf diese Weise als Linearkombinationen einer kleineren Anzahl Dimensionen redundanzfrei, d. h. von unwesentlichen Informationen befreit, dargestellt werden.

Ergänzende Hinweise

Bei der Anwendung nach 2. werden die Messwerte durch die Koeffizienten als Datenpunkte im multidimensionalen Raum repräsentiert. Eigenschaften: Distanzerhaltung bei der Überführung in die Koeffizientendarstellung, Ursache-Wirkungs-Prinzip bei der Haar-WT, Vermeidung unerwünschter Eigenschaften durch Ausblendung entsprechender Koeffizienten. Die Topologie der MF des TDS ändert sich durch die WT nicht.[3] Dies ermöglicht die Lokalisierung bzw. die Rückverfolgung bis zum Eingang des Merkmalsraums (X-Raum), um Wirkungen der Ursache zuordnen zu können. Die geometrische Struktur der Skalierungsfunktion des Haar-Wavelets passt zur Approximation der Form der quantisierten Messwerte, die als stufenförmige Signalverläufe vorliegen, besonders gut und ist deshalb für die Klassifizierung von Messdaten, im Besonderen von Spektren, geeignet. Artefakte, die bei der Verwendung nicht stetig differenzierbarer Wavelets entstehen, spielen bei Klassifizierungen keine Rolle. Zur Signalreinigung

[3] Perfekte Lokalität als Eigenschaft der Haar-WT in Abschn. 9.4.

zugunsten der charakteristischen Eigenschaften können Koeffizienten bzw. Signalkomponenten, die unerwünschte Anteile, wie z. B. den Gleichwert oder hochfrequente Anteile, repräsentieren, ausgeblendet werden. Zum Einstellen der Modellkomplexität gilt Gleiches für die Koeffizienten, die kleiner als ein vordefinierter Schwellenwert sind. Die Wavelet-Transformation mit dem Haar-Wavelet wird damit auch als Instrument zur Datenfilterung genutzt.

Die Dimensionsreduktion als Instrument der Datenreduktion kann in verschiedenartiger Weise genutzt werden. Bei der Anwendung der DR nach 5. ist für eine bestimmte Dimensionalität d – d bezeichnet die resultierende Dimensionalität der MF – die Abweichung der rekonstruierten Daten gegenüber den Originaldaten minimal, wenn sich die Reduktion auf den mit d Haupteigenvektoren der Korrelationsmatrix aufgespannten Raum bezieht. Das Problem dabei ist, diese Dimension d zu ermitteln. Dazu wird eine Vorgehensweise in Verbindung mit der Skala-i in Abschn. 10.3.2 vorgeschlagen. Für die Einstellung der Komplexität des Modells können Eigenwerte, deren Wert unterhalb eines Schwellenwertes liegt, gleich null gesetzt werden. Die Gefahr eines Übertrainierens des Modells wird auf diese Weise, ähnlich wie bei den Wavelet- oder Fourier-Koeffizienten, minimiert. Der Schwellenwert wird so optimiert, dass die für den Erkennungszweck notwendige Feinstruktur bei der Generalisierung im Darstellungsraum (Z-Raum) erhalten bleibt.[4]

Die Nutzung der DR zur Darstellung vieler Gruppen (Multi-Klassen-MF) im zweidimensionalen Raum dient dazu, einen visuellen Überblick zur Lage der Häufungen im Lexikon der trainierten Objekte zueinander in zweidimensionaler Darstellung zu erhalten. Dazu wird ein Verlust an Abbildungstreue in Bereichen von Überlappungen, wie in Abschn. 10.3.2 beschrieben, in Kauf genommen. Für diese Darstellung können die Häufungen (oder deren Erwartungswerte) als gemeinsame MF im Zweidimensionalen, ähnlich wie auf einer Landkarte, zusätzlich zur Abbildung auf der Ausgangskurve dargestellt werden (Einbettungsraum) [1, 2].

Zusammenfassung Nach der Datenvorverarbeitung liegen geglättete Datensätze in den Datenkanälen am Eingang des Merkmalsraums vor. Diese Datensätze sind komplett oder anteilig zur Charakterisierung des Messobjektes verwendbar. Im ersten Fall können sie ohne Transformation in eine andere Darstellungsart zur nächsten Verarbeitungsstufe im Assoziationsraum weitergeleitet werden. Im zweiten Fall müssen sie mittels einer WT oder anderen Transformation in eine Koeffizientendarstellung oder mittels einer DR in eine Eigenwertdarstellung transformiert werden, um die Daten im Assoziationsraum reinigen oder aufbereiten zu können. Welche Art der Datendarstellung Vorteile bietet, hängt von der Art der Anwendung ab.[5] In der Koeffizientendarstellung können Komponenten, die nichts zur Charakteristik des Messobjektes beitragen oder stören,

---

[4] Die Möglichkeiten dazu sind in Abschn. 11.4.3 aufgeführt.

[5] Die Eigenschaften der WT sind in Kap. 9 und die der DR in Abschn. 10.3 erklärt.

ausgeblendet werden. In der Eigenwertdarstellung sind informationstragende Anteile aus dem Gesamtdatensatz herausfilterbar. Die umgewandelten Daten werden als WT-Koeffizienten oder in dimensionsreduzierter Form der nächsten Verarbeitungsstufe im Assoziationsraum zugeführt.

Literatur

1. Sartorius G (2009) Multivariate Adaption mit modularisierten künstlichen neuronalen Netzen: Zugl.: Hagen, Fernuniv., Fachbereich Elektrotechnik, Diss., 2009, Fortschritt-Berichte VDI Reihe 10, Informatik/Kommunikation, vol 799, als ms. gedr edn. VDI-Verl., Düsseldorf
2. Sartorius G (2012) Multivariate Adaptive Embedding, MAE-Process. In: Unger H, Kyamaky K, Kacprzyk J (eds) Autonomous Systems: Developments and Trends, Studies in Computational Intelligence, vol 391, Springer Berlin Heidelberg, Berlin, Heidelberg, pp 109–117, https://doi.org/10.1007/978-3-642-24806-1_9

14 Assoziationsraum

Die Daten aus dem Merkmalsraum liegen am Eingang des Assoziationsraums direkt als Messdaten oder in einer anderen Darstellungsart vor. Die bisherigen Prozeduren zur Vorbereitung der Messdaten sorgen dafür, dass die Messdaten fehlerfrei sind und in einer Form vorliegen, die es erlaubt, mit wesentlichen Anteilen dieser Daten die Bildung einer MF und damit die Bildung eines rezeptiven Bereiches, der die Charakteristik des Messobjektes möglichst genau und eindeutig repräsentiert, für alle Gruppen durchzuführen. Die Ergebnisse aus der vorhergegangenen Informationsgewinnung und Vorverarbeitung müssen nun zusammengeführt und dem entsprechenden Objekt so zugeordnet werden, dass die Generalisierung der Trainingsdaten (Trainingsphase) und neuer Daten (Arbeitsphase) im Darstellungsraum durchgeführt werden kann. Dazu werden nach der Beseitigung überflüssiger und störender Komponenten die NN-Gewichte W_{ij} bzw. W_{aj} der Datenpunkte und wichtige Kennwerte als Voraussetzung für die Klassifizierung ermittelt. Zusätzlich können im Assoziationsraum Objektinformationen gewonnen werden, die es erlauben, Beziehungen der trainierten Objekte untereinander herzustellen, um diese für verschiedene Anwendungen in passender Form visuell darstellen zu können. Je nach Art der in Tab. 8.3 aufgeführten Anwendungen können Merkmale als Messwerte, normierte Messwerte, WT-Koeffizienten, als Koeffizienten anderer Transformationen, als Eigenwerte oder auch in kombinierter Form als Messinformation am Eingang des Assoziationsraumes vorliegen.

14.1 Optimierung eines Trainingsdatensatzes

In Abb. 14.1 sind verschiedene Kombinationsmöglichkeiten von Datengruppen zur Repräsentation eines Objektes im Y-Raum dargestellt. Die Daten der Gruppen 1 und 2 erzeugen gemeinsam einen Teil der MF mit den Dimensionen $1 \ldots D_{G1G2}$ als

G. Sartorius, *Erfassen, Verarbeiten und Zuordnen multivariater Messgrößen*,
https://doi.org/10.1007/978-3-658-41451-1_14

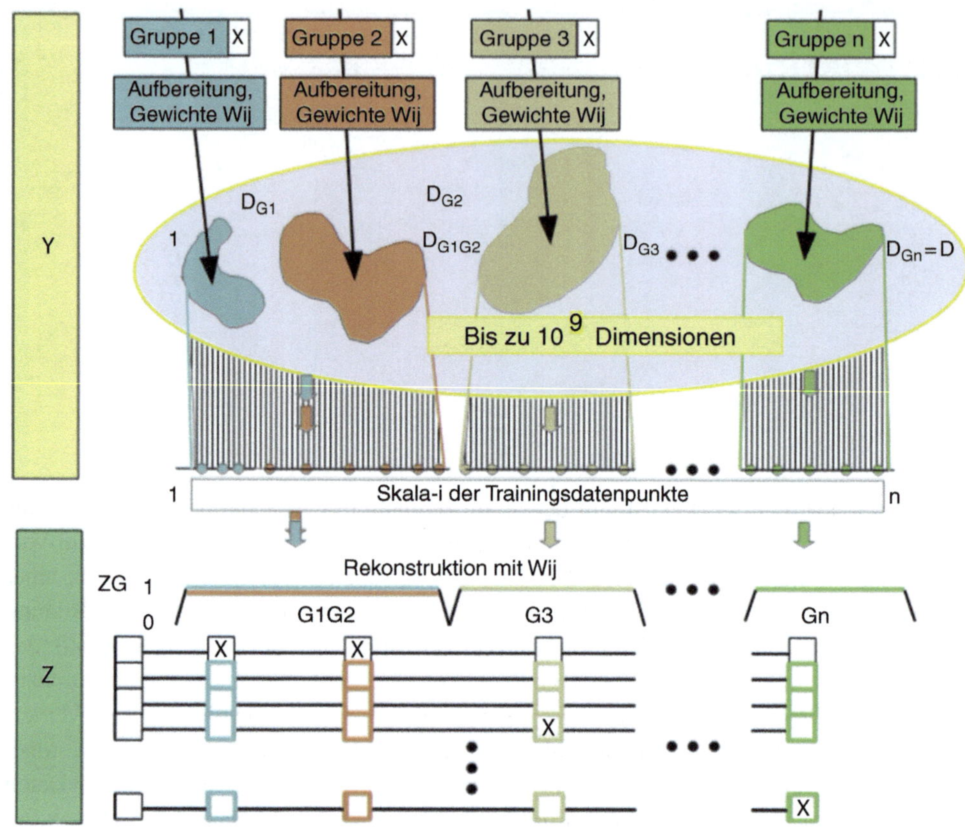

Abb. 14.1 Transformation von Datengruppen in die optimale Form zur Repräsentation des TDS

Informationsträger. Die Trainingsdatenpunkte dieser Datensätze bilden die linken Datenpositionen auf der Skala-i. Die Daten der Gruppe 3 nutzen die Dimensionen nach D_{G2} bis D_{G3} als Informationsträger und bilden die mittleren Datenpositionen auf der Skala-i. Die Daten der Gruppe n nutzen weitere Dimensionen von D_{G3} bis D_{Gn} als Informationsträger und bilden die rechts liegenden Datenpositionen auf der Skala-i. Das Feld rechts neben der Gruppennummer bietet die Möglichkeit, eine Gruppe für die Weiterverarbeitung im Y-Raum zu aktivieren oder zu sperren. Dabei ist Folgendes zu beachten:

1. Unabhängige Datengruppen können einzeln trainiert und weiterverarbeitet werden. In diesem Fall ist die Gruppe 3 zur Verarbeitung aktiviert. Ein Beispiel dazu ist die Gruppe 3 mit den Spektraldaten.
2. Voneinander abhängige Datengruppen müssen gemeinsam trainiert und weiterverarbeitet werden. In diesem Fall sind beide Gruppen zur Verarbeitung aktiviert. Die Positionen auf der Skala-i sind die nach aufsteigender Distanz geordneten Daten der

Gruppen 1 und 2. Im Beispiel *Massendurchflussmessgerät* in Abschn. 12.1.2 werden voneinander abhängige Messdaten zur Messung genutzt.

14.1.1 Darstellung eines Merkmals mit Messwerten

Darstellung direkt mit Messwerten Die einfachste Form der Werteverarbeitung ist die direkte Nutzung der Messwerte. Sie ist für Überwachungsgeräte mit geringer Komplexität oft ausreichend.

Darstellung in Form normierter Messwerte Durch die Normierung der Messwerte werden die Merkmale von bestimmten Einflüssen unabhängig. Die Charakteristik des Merkmals bleibt erhalten, da die Relationen der Messwerte zueinander beibehalten werden. Ein typisches Beispiel ist hier ein Spektrum, dessen Messkomponenten auf die größte Komponente oder einen Maximalwert von 100 % normiert sind.

14.1.2 Darstellung in Form von Wavelet-Koeffizienten

Eine Wavelet-Transformation liefert beispielsweise 512 Koeffizienten. Sie repräsentieren als Vektor jeden TP mit der gleichen euklidischen Distanz wie die Originaldaten.[1]

Die Wavelet-Zerlegung des rohen Signals zeigt dessen Struktur und kann bei der Signalinterpretation nützlich sein. Bei der Zerlegung wird das Rauschen nicht reduziert. Da die WT ein integrierendes Verfahren ist, weisen die Koeffizienten, die gegen Ende der WT gebildet werden, jedoch weniger höherfrequentes Rauschen auf. Die Koeffizienten mit dem höchsten Energieinhalt bilden die Hauptmerkmale des zugrunde liegenden Signals. Einschränkung von Rauscheinflüssen: Die Transformation in den Spektralbereich lässt es zu, Signale gezielt lokal zu verändern, typischerweise unwesentliche Koeffizienten gleich null zu setzen. Nach der Rücktransformation mit dem reduzierten Koeffizientensatz erhält man geglättete Signale. Es wird erwartet, dass mit den wesentlichen Komponenten ein klares Bild des ursprünglichen Signals entsteht. Diese Vorgehensweise liefert eine eindeutige Rekonstruktion und einen stark reduzierten Datensatz.

Koeffizientenauswahl Die Auswahl beschränkt sich auf die Koeffizienten, die einen relevanten Beitrag zum Informationsgehalt liefern. Dazu werden in der Trainingsphase verschiedene Einstellmöglichkeiten, die in der Tab. 14.1 aufgeführt sind, verwendet. Die Verarbeitung der Koeffizienten kann in der gleichen Weise auch mit Koeffizienten

[1] Siehe Abschn. 9.1.1 Distanzerhaltung.

Tab. 14.1 Liste der GUIs verschiedener Möglichkeiten zur Koeffizientenauswahl, Auswahl der Koeffizienten, die zur Charakterisierung des Messobjektes beitragen, x: Parameter für den Mindestwert eines Koeffizienten, K1: Mittelwert bzw. Gleichwert, Kn: Koeffizient mit Index n, Kn ...m: Koeffizientenbereich ausblenden, Liste: enthält alle Koeffizienten zur Beschreibung der Charakteristik des Messobjektes

Fall	Koeffizientenkriterium	Bemerkungen
1	Koeffizienten > x %	= Komp. größer x % vom Höchstwert
2	Koeffizienten 1 ...D	= erste D Komponenten
3	Koeffizienten > Nr. K1	= Koeffizientennummer K1 (Mittelwert) ausblenden
4	Koeffizienten > Nr. Kn	= Koeffizientennummer Kn ausblenden
5	Koeffizienten > Nr. Kn ...m	= Koeffizienten Kn bis Km auswählen
6	Koeffizienten einer Liste	= Koeffizientennummern der Liste verwenden

anderer Mutter-Wavelets ausgeführt werden. Wie schon in Abschn. 9.2 beschrieben, wird beim MAE-Verfahren das Haar-Wavelet verwendet.

Fall 1: Koeffizientenauswahl nach Schwellen, nur Koeffizienten, deren Wert über einem bestimmten Schwellenwert liegt
Fall 2: Koeffizientenauswahl nach Skalen, alle Koeffizienten $K_1 \ldots K_D$
Fall 3: Koeffizientenauswahl nach Skalen, Koeffizient K_1 wird ausgeblendet
Fall 4: Koeffizientenauswahl nach Skalen, Koeffizient K_n wird ausgeblendet
Fall 5: Koeffizientenauswahl nach Skalen, Auswahl von Koeffizienten, die im relevanten Koeffizientenbereich n ...m liegen
Fall 6: Koeffizientenauswahl nach Skalen, Koeffizienten der Liste werden ausgewählt

Koeffizientenauswahl nach dem Energiekriterium Nur die stärksten Komponenten oberhalb des vordefinierten Schwellenwertes (bestimmter Energiegehalt) werden ausgewählt. Um eine Methode zur Rauschunterdrückung anwenden zu können, muss zuerst die Art des Rauschens bestimmt werden. Anschließend kann dann ein passendes Verfahren zum Einsatz kommen. Bei Anwendungen zur Klassifizierung geht es darum, den Einfluss des weißen Rauschens auf die Generalisierungsfähigkeit zu minimieren. Die Anzahl der WK kann mit Methoden zur Datenkomprimierung reduziert werden.[2]

Ein Beispiel für ein typisches Raman-Spektrum, bei dem 25 WT-Koeffizienten mit der Auswahlprozedur *(4 XVektorBilden)* in Tab. 14.2 ermittelt wurden, ist in Abb. 14.2b dargestellt.[3]

[2] Im Anhang K in Tab. K.1 und K.2 sind weitere Vorschläge für Anweisungen zur Durchführung der Trainings- und Arbeitsphase (als GUIs zum Bedienen der Lernmaschine) gelistet.

[3] Siehe dazu auch Abschn. K.1.1 Wavelet-Koeffizienten und Abb. K.1.

Tab. 14.2 Liste von Anweisungen zum Bedienen der Lernmaschine. Die nicht nummerierten Schritte sind Prozeduren, die eine Sequenz von Schritten auslösen

Pos	GUI	Schritte	Bemerkungen
1	Trainings-phase	1 Initialisieren	Parameter einlesen, Voreinstellungen
		2 ClusterSort	Trainingsdaten einlesen und sortieren
		3 WaveTrans	Wavelet-Transformation
		4 XVektorBilden	Bildung der Trainingsvektoren
		5 MFErzeugen	Erzeugung der MF
		6 Glätten	Glätten der MF
		7 DimRedukt	Dimensionsreduktion
		8 SkalierAnpass	Skalierung und Anpassung
		Clusteranalyse	Schritte 1 … 6
		Trainingsprozedur	Schritte 1 … 8

14.1.3 Darstellung in Form von Fourier-Koeffizienten

Prinzipiell können zur Bildung der Charakteristik auch andere Koeffizienten als Träger von Informationen, z. B. Koeffizienten einer Fourier-Transformation, verwendet werden. Sie werden dann in gleicher Art und Weise wie die WT-Koeffizienten in Abschn. 14.1.2 verarbeitet. In der Regel ist die Zuordnung von Frequenzbereichen in Form von Koeffizienten wie bei der WT ausreichend, um die für die Klassifizierung notwendigen Charakteristika zu repräsentieren (Abschn. 8.6.1). Gegenüber der Frequenzdarstellung mit der FT verursacht die Ermittlung der Wavelet-Koeffizienten weniger Berechnungsaufwand.[4]

14.1.4 Darstellung in Form von Eigenwerten

Die Eigenwerte wurden mit einer als unüberwachtes KNN auffassbaren Optimierung unter Beibehaltung lokaler Nachbarschaftsbeziehungen so im niedrigdimensionalen Raum eingebettet, dass auch die globalen Zusammenhänge mithilfe der Hauptvarianzen rekonstruierbar sind. Dies ermöglicht es, in einem darauffolgenden Adaptionsschritt mit einem überwacht trainierbaren KNN die Daten einer vorher definierten Ausgangsfunktion zuzuordnen und diese Abhängigkeiten in einer Transformationsmatrix zu speichern. Anschließend werden mit dem in diesem Kapitel beschriebenen überwacht

[4] In Abschn. 9.1.3 sind die Eigenschaften von WT und FT gegenübergestellt und weitere Transformationen werden genannt.

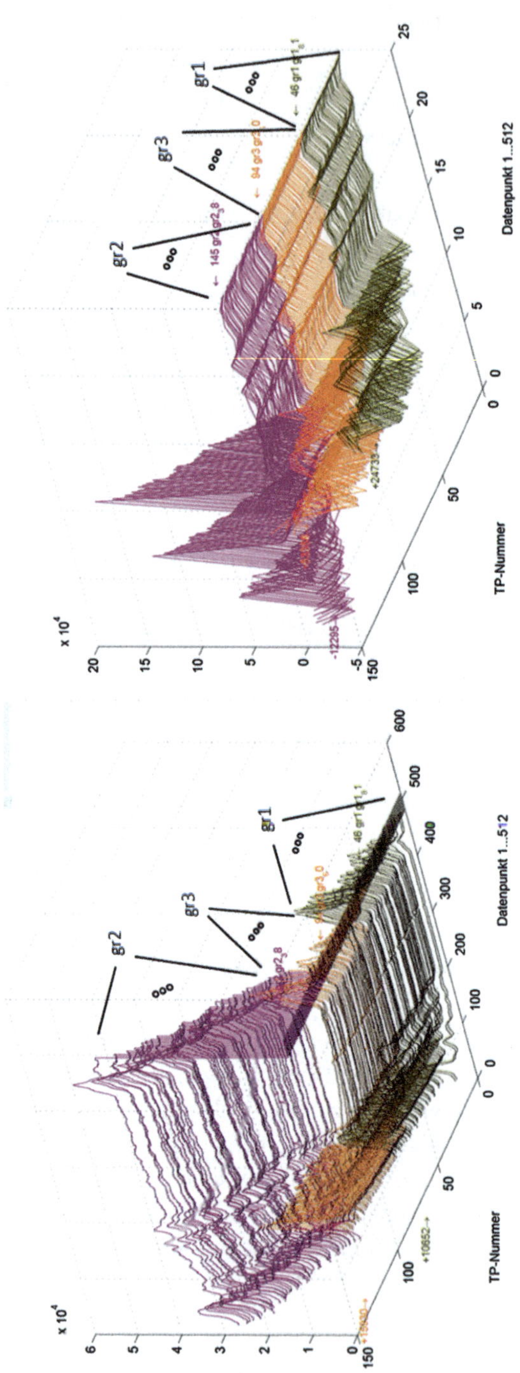

Abb. 14.2 Spektralwerte und WT-Koeffizienten nach Gruppen und aufsteigender Distanz geordnet dargestellt. **a)** Spektren der verschiedenen Gruppen eines Datensatzes. Alle Messwerte des Spektrums sind im Diagramm dargestellt. Anordnung der Gruppen und der Spektralwerte nach aufsteigender Distanz zum Ursprung. **b)** Darstellung von WT-Koeffizienten des Datensatzes, deren Wertigkeit einen vorgegebenen Mindestwert überschreitet. Anordnung der Gruppen bei gleicher Indizierung auf der Skala-i wie bei den Spektren in Abb. 18.5

trainierbaren KNN, das nach dem Adaptionsvorgang die Abhängigkeiten enthält, in einem ersten Schritt (Trainingsphase) alle Trainingspunkte $Y_i(\mathbf{x}_i)$ und in einem zweiten Schritt (Arbeitsphase) neue Anfragepunkte $Y_a(\mathbf{x}_a)$, die mithilfe von NN-Beziehungen als Zwischenwerte generalisiert werden können, auf die Ausgangsfunktion abgebildet.

Die Verarbeitung der Werte der Eigenwertdarstellung kann in der gleichen Weise auch mit Werten anderer Eigenwertmethoden ausgeführt werden. Wie schon in Abschn. 10.1.1 unter *Favorisiertes Verfahren zur DR* beschrieben, wird beim MAE-Verfahren die NOP-Methode verwendet.

14.2 Ermittlung von Rekonstruktionsgewichten

In der Trainingsphase wurde für den Trainingsdatensatz sichergestellt, dass die Distanz *MaxDist2NN* von X_i zu X_i nicht überschritten wird. Die Gewichte der DPs des TDS zu ihren NN werden wie in der folgenden Auflistung der Bearbeitungsschritte ermittelt und im Modell M gespeichert. Auf die gleiche Weise werden die Gewichte eines Anfragepunktes X_a ermittelt.

14.2.1 Rekonstruktionsgewichte in der Trainingsphase

In der Trainingsphase müssen die Rekonstruktionsgewichte W_{ij} für jeden Trainingspunkt X_i bestimmt werden:

1. Ermittlung der K-NN zu jedem Datenpunkt X_i (Abschn. 10.7.1).
2. Ermittlung der Rekonstruktionsgewichte W_{ij} zu jedem NN j (Abschn. 10.7.2).
3. Normalisierung der Rekonstruktionsgewichte (Abschn. 10.7.3).
4. Abspeicherung aller ermittelten Werte im Modell M.

14.2.2 Rekonstruktionsgewichte in der Arbeitsphase

In der Trainingsphase müssen die Rekonstruktionsgewichte W_{aj} für jeden Anfragepunkt X_a bestimmt werden:

1. Ermittlung der K-NN zu jedem Datenpunkt X_a (Abschn. 10.7.1).
2. Ermittlung der Rekonstruktionsgewichte W_{aj} zu jedem NN j (Abschn. 10.7.2).
3. Normalisierung der Rekonstruktionsgewichte (Abschn. 10.7.3).
4. Ermittlung *MinDistXa2NN*, der kleinsten Distanz zu einem der NN.
5. Bildung des Mittelwertes *MWDistXa2NN*.
6. Abspeicherung aller ermittelten Werte für diesen Anfragepunkt X_a.

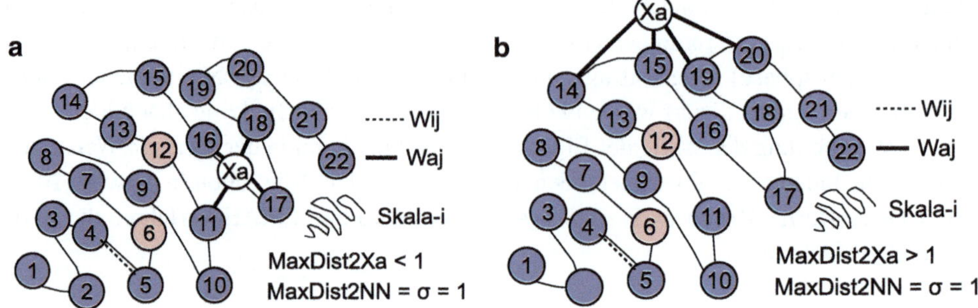

Abb. 14.3 Bestimmung von Rekonstruktionsgewichten für X_i und X_a. **a**) Anordnung eines X_i oder X_a im TDS, X_i oder X_a liegt innerhalb der Häufung. **b**) Anordnung eines X_a zum TDS, X_a liegt außerhalb der Häufung

Abb. 14.4 Ausschluss oder Akzeptanz bei verschiedenen Messkonstellationen von X_a zur dargestellten MF. Wenn X_a im rezeptiven Bereich liegt, bedeutet dies volle Zugehörigkeit oder Akzeptanz, wie im Fall X_{a1} mit ZG = 1. Im Fall X_{a2} mit ZG < 1 und Fall X_{a3} mit ZG << 1 bedeutet dies keine Zugehörigkeit oder Ausschluss

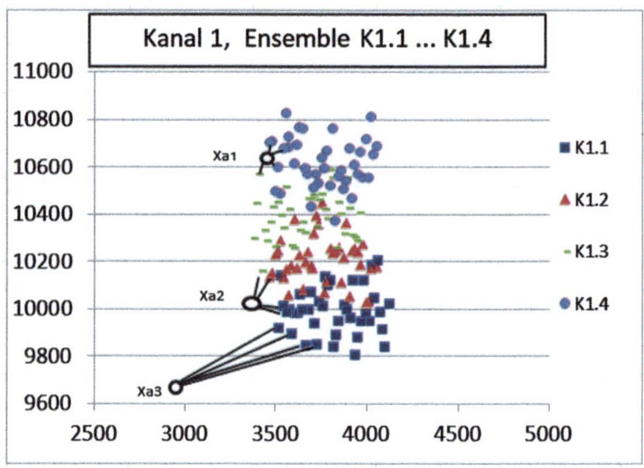

Die beiden Situationen, die bei der Anfrage mit X_a auftreten können, sind in Abb. 14.3b dargestellt. In Abb. 14.4 sind die Zuordnungssituationen (Xa1, Xa2 und Xa3) bei einer kompakten MF (Ensemble K1.1 …K1.4) aufgezeigt.

14.2.3 Einstellung der Modellkomplexität durch Ausblendung

Störende Komponenten bei der Bildung der Modellkomplexität ausblenden: Weiterhin können zur Einstellung der Modellkomplexität Koeffizienten der WT, die kleiner als WT_{min} sind, aus der Trainingsdatenmenge ausgeschlossen werden. Koeffizienten, die kleiner als WT_{min} sind, werden in der Trainingsphase nicht berücksichtigt und sind nicht bei der Ausprägung der Feinstruktur des Modells beteiligt. Diese Komponenten spielen dann in der Arbeitsphase keine Rolle. Sie tragen nichts zur Generalisierung mit den Gewichten W_{aj} bei. In der gleichen Art und Weise können Koeffizienten der FT oder anderer Transformationen zur Anwendung kommen.

14.2.4 Einstellung der Modellkomplexität durch Mittelung

Mittelwertbildende Maßnahmen zur Einstellung der Modellkomplexität: Mit der Anzahl K der nächsten Nachbarpunkte X_{ij} kann die maximale Krümmung einer MF eingestellt werden. Die Richtlinien dazu sind in den Abschn. 7.4 bis 7.5.2 zusammengestellt. Mit der eingeprägten maximalen Krümmung der MF kann die Feinstruktur des Modells so angepasst werden, dass das Rauschen bzw. zu steile Übergänge, die nicht in die Charakteristik des Messobjektes passen, nicht mit eintrainiert und somit bei der Generalisierung vermittelt werden.

14.3 Rezeptive Bereiche zuordnen

Durch die Organisation verschiedener Messverfahren in Gruppen ist es möglich, die statistischen Kennwerte der Gruppen zu ermitteln und im Modell M zu speichern. Diese Kennwerte stehen für die nachfolgenden Operationen zur Verfügung und können zur Bestimmung der Messgenauigkeit und des rezeptiven Bereichs bei dem jeweils aktivierten Kanal angewendet werden. Alle Trainingsvektoren sind auf der Skala-i eingeordnet und die Daten aller Gruppen eines Objektes können gemeinsam im D-dimensionalen Raum gespeichert, verwaltet und kombiniert werden.

Bei der Erzeugung des rezeptiven Bereichs zur Repräsentation des Messobjektes werden einzelne oder mehrere Gruppen zur Bildung der Trainingsvektoren verwendet. Welche Anordnung genutzt wird, entscheidet die Anwendung. Beispiel: Um eine schnelle Vorabklassifizierung durchzuführen, wird eine bestimmte Messmethode verwendet. Diese sei dazu in Gruppe 2 bzw. Kanal 2 organisiert. Sind Treffer vorhanden, kann eine zweite Gruppe zusätzlich aktiviert werden, um das Ergebnis zu bestätigen oder zurückzuweisen. Ohne Veränderung des Modells M können die im Folgenden genannten Fälle als Testszenarien realisiert werden:

1. Oft ist es notwendig, mehrere Messverfahren zu kombinieren und komplexe Gruppen zu verwenden.
2. Eine Klassifizierung wird mit einem Gesamtvektor durchgeführt.
3. Einzelne Gruppen, die Daten unterschiedlicher Messverfahren beinhalten, sind dem gleichen Messobjekt zugeordnet. Das gleiche Objekt kann mit mehreren Messverfahren bestimmt werden.
4. Eine große Anzahl von Messungen soll in sehr kurzer Zeit durchgeführt werden (Schnelltest), um Bereiche zu lokalisieren, die Treffer beinhalten könnten.

5. Eine zeitaufwendigere genaue Messung (Präzisionstest) wird nur durchgeführt, wenn der Schnelltest positiv war, um schneller als bei der Durchführung aller Tests überprüfen zu können, ob sich in einem Bereich das zu klassifizierende Messobjekt befindet.

In Fall 1 werden zwei oder mehrere einzelne Gruppen zu einer komplexen Gruppe zusammengefasst (Abb. 14.1 und 14.6). Diese Art komplexe Gruppen zu bilden ist sinnvoll, wenn voneinander abhängige Messwerte gemeinsam verarbeitet werden müssen oder wenn ein kombiniertes Messverfahren ein sehr sicheres Ergebnis in einem einzigen Messdurchgang liefern kann.

In Fall 2 wird die Klassifizierung in einem Schritt durchgeführt. Dabei kann es sich um eine einzelne Gruppe oder um eine komplexe Gruppe handeln.

In Fall 3 wird zugeordnet, wenn beispielsweise das gleiche Objekt mit verschiedenen Eingangskanälen, die Daten unterschiedlicher Messverfahren beinhalten, erfasst wird. Ein Beispiel dazu ist die Erfassung der Zahl Fünf in Abb. 11.8 in Abschn. 11.6. Es ist auch möglich, jede Gruppe für sich zu messen und im weiteren Verarbeitungsablauf getrennt zu prüfen, ob bei beiden Gruppen eine Zugehörigkeit vorliegt oder nicht (Kap. 16).

In Fall 4 werden die entsprechenden Bereiche nach dem Schnelltest genauer untersucht.

In Fall 5 werden für die genauere Bestimmung notwendige Schritte nur durchgeführt, wenn der Schnelltest positiv war.

Bei komplexen Gruppen ist die Ausdehnung des rezeptiven Bereichs von den Varianzen der beteiligten Gruppen abhängig. Bilden beispielsweise die Gruppen 1 und 2 eine komplexe Gruppe G1G2 wie in Abb. 14.1, so ist die Varianz der komplexen Gruppe $\sigma_{G1G2} = \sigma_{G1} + \sigma_{G2}$. In einem solchen Fall sollten die Messwerte der Gruppe 1 und 2 gemeinsam erfasst werden. Der Datenumfang von Gruppe 1 und 2 ist dann gleich. Weiterhin sind die Kennwerte der Gruppen 1 und 2 sowohl getrennt, als auch gemeinsam bestimmbar und können im Modell M gespeichert werden.

14.3.1 Einzelne rezeptive Bereiche von Gruppen

Bei der Bildung des rezeptiven Bereichs werden Messdaten einzelner Gruppen zur Bildung von Trainingsvektoren einbezogen. Dabei ist immer nur eine Gruppe aktiv. Die Indizierung der Dimensionen der verschiedenen Messdatengruppen wird mit $1 \ldots D_{G1}$, $\ldots D_{G2}$, $\ldots D_{G3}$, $\ldots D_{Gn}$, $\ldots D$ vorgenommen. Dieser Sachverhalt ist in Abb. 14.5 dargestellt.

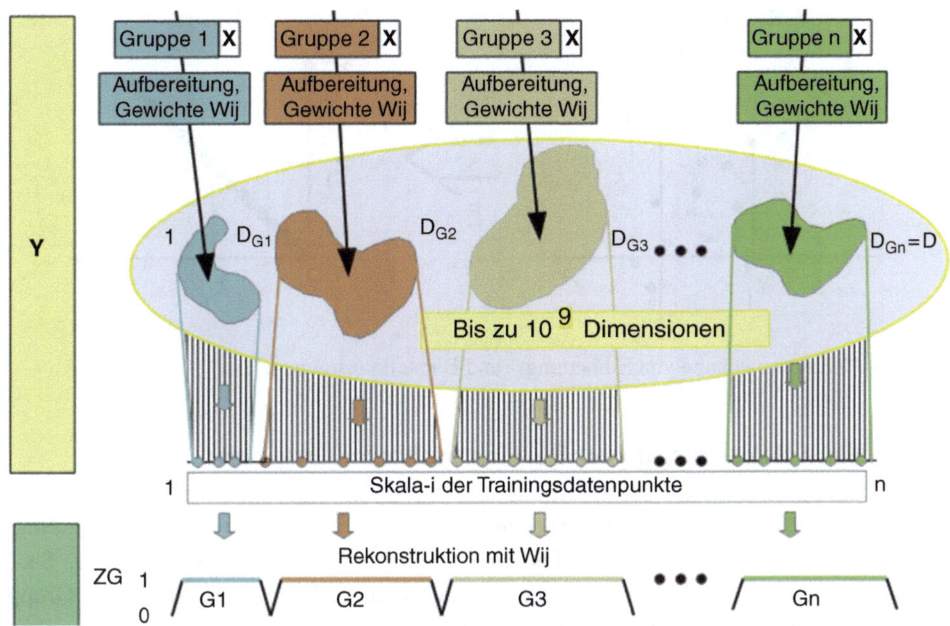

Abb. 14.5 Organigramm zur Zuordnung der rezeptiven Bereiche verschiedener Gruppen

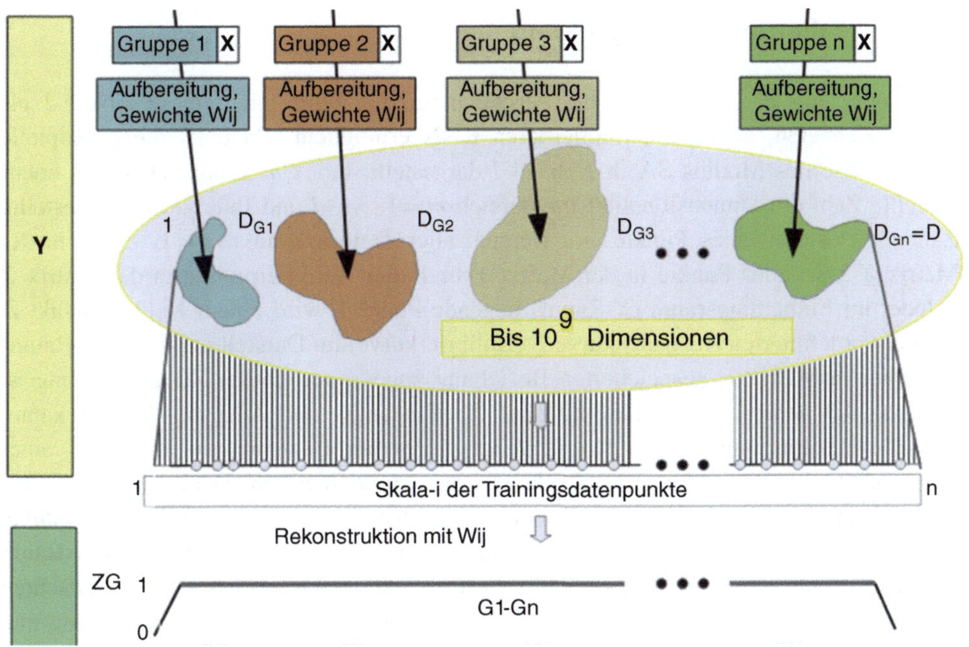

Abb. 14.6 Organigramm zur Zuordnung des rezeptiven Bereichs verschiedener Gruppen als komplexer rezeptiver Bereich

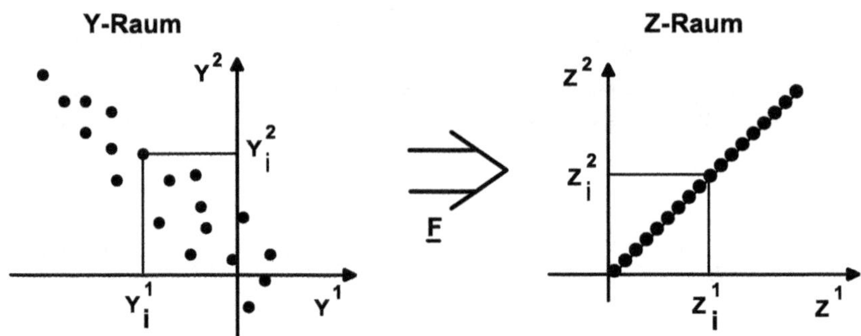

Abb. 14.7 Zusammenhang von Einbettungs- und Darstellungsraum

14.3.2 Komplexer rezeptiver Bereich mehrerer Gruppen

Bei der Bildung des rezeptiven Bereichs werden alle zur Erzeugung von Trainingsvektoren aktivierten Gruppen der Messdaten einbezogen. In Abb. 14.6 ist dieser Sachverhalt grafisch dargestellt. Dort wird aus den Gruppen 1,2,3 …n die komplexe Gruppe G1G2G3 …Gn gebildet. Die Anzahl der Dimensionen bei der Verarbeitung dieser komplexen Gruppe ist dann n.

14.3.3 Skalierung und Anpassung

Die Anpassung an die gewünschte Ausgangsfunktion wird mit dem in Abb. 3.2 als SA bezeichneten, überwacht trainierbaren KNN ermöglicht. Dazu ist die prinzipielle Arbeitsweise des Moduls SA in Abb. 14.7 dargestellt. Index m kennzeichnet als hochgestellte Zahl die Dimensionalität im Bereich $m = 1, \ldots, d$ und Index i als tiefgestellte Zahl die Position eines Punktes im Bereich aller Trainingspunkte $i = 1, \ldots, N$ in der Matrix $\underline{X}$ bzw. aller Punkte in der Matrix $\underline{Y}$ und aller Kalibrierpunkte in der Matrix $\underline{Z}$. Jeder im Einbettungsraum (Y-Raum) liegende Punkt Y_i wird einem Kalibrierpunkt Z_i auf der vordefinierten Ausgangskurve $\underline{Z}$ (Kalibrierkurve) im Darstellungsraum (Z-Raum) mit einer in Matrix $\underline{F}$ gespeicherten Beziehung zugeordnet. Dieser Zusammenhang ist in Abb. 14.7 veranschaulicht. Somit sind die Eingangs- und Ausgangsdaten bekannt, und die Bestimmung der in Matrix $\underline{F}$ gespeicherten Beziehungen entspricht einer überwachten Lernprozedur. Die Kalibrierkurve wurde hier zur Demonstration zweidimensional gewählt. Ihre in der Darstellungsmatrix $\underline{Z}$ gespeicherten Kalibrierpunkte stellen die gewünschten Ausgangswerte dar, auf die die Trainingspunkte im Y-Raum wie folgt normiert werden: Mit der als Schritt 1 in Abb. 14.8 bezeichneten überwachten Lernprozedur lassen sich die für das Verfahren benötigten Faktoren zur Skalierung und

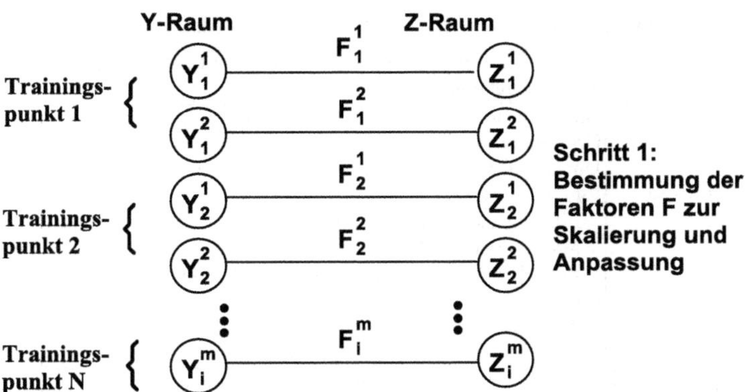

Abb. 14.8 Trainingsphase des überwachten KNN. Die hochgestellte Zahl bezeichnet die Dimension und die tiefgestellte Zahl den Index der Trainingspunkte auf der Skala-i

Anpassung für jede Dimension *m* und jeden Trainingspunkt *i* mit der Beziehung (14.1) ermitteln und in der Faktorenmatrix $\underline{F}$ speichern.

$$F_i^m = \frac{Z_i^m}{Y_i^m}, \qquad Z_i^m = F_i^m \cdot Y_i^m \tag{14.1}$$

Dazu sind, wie in Abb. 14.8 dargestellt, $N \cdot d$ Neuronen am Eingang und $N \cdot d$ Neuronen am Ausgang des KNN beteiligt. Jedes Eingangsneuron Y_i^m ist mit jedem Ausgangsneuron Z_i^m über die Beziehung (14.1) verknüpft. Dies gilt für die Trainingspunkte (TPs) und für die Füllwerte (FWs). Die Liste der TP_i enthält alle TPs und FWs. Die Abszisse der Ausgabefunktion kann z. B. mit der Anzahl bzw. den Positionen der TP_i auf der Skala-i skaliert werden. Dies ermöglicht die Zuordnung der TP_i im X-, Y- und Z-Raum, da die Skala-i raumübergreifend als Referenzskala mit i als Index für alle X_i, Y_i und Z_i verwendet wird.

14.3.3.1 Skalierung und Anpassung der Gruppendaten

Die Position der NN der X_i als Datenpunkte auf der Skala-i wurde in der Trainingsphase für die Gruppen festgelegt. Die mit den Positionen auf der Skala-i als Messwerte, normierte Messwerte, WT-Koeffizienten oder als Eigenwerte im Assoziationsraum aufbereiteten Daten werden mit der Skalierung und Anpassung, einem überwacht trainierbaren KNN, in der Trainingsphase mit der Ausgangsfunktion im Darstellungsraum in Beziehung gesetzt. Dabei dient die Skala-i hauptsächlich dazu, die Trainingspunkte im Modell zu verwalten, um als unabhängige Instanz die Trainingsdatenpunkte mit eindeutiger Kennzeichnung für die Verarbeitung in den verschiedenen Räumen zur Verfügung zu stellen. In der Arbeitsphase sind mit der NN-Methode die Positionen der NN auf der Skala-i bekannt. Die Generalisierung kann mit den Gewichten W_{aj} direkt im

Tab. 14.3 Pseudocode, Trainingsdaten den Kalibrierdaten zuordnen

Fragment 1	Ordnen der Trainingsdaten, Ergänzung von Randwertpunkten, wenn Gruppierung beabsichtigt
Input	Ungeordnete Trainingsdaten der Gruppen $\underline{XU}_{Cnum}$, Gruppenanzahl *CAnz*, NN-Anzahl *K*, *TrAnz*, Dimension *d* des Z-Raums, Dimension des X-Raums *D*
Prozess	for i = 1, ..., *CAnz*
2	Eingangsdatenpunkte XU_i pro Gruppe nach Distanz ordnen
3	$RandWertAnz = 2 \cdot K/2 = K$
4	*RandWertAnz* Randwerte an den Rändern ergänzen
5	end i
6	$TrRwAnz = TrAnz + RandWertAnz \cdot CAnz$
Output	$\underline{XW}$ $((D \times TrRwAnz)$, $\underline{ZW}$ $(d \times TrRwAnz)$
Fragment 2	Zuordnung zur Position auf der Ausgangskurve $\underline{Z}$ bilden
Input	$\underline{XW}$, $\underline{ZW}$, *D*, *d*, *TrRwAnz*, Kalibrierdaten $\underline{Z}$
Prozess	for i = 1, ..., *TrRwAnz*
2	Eingangsdatenpunkt X_i dem Ausgangsdatenpunkt Z_i zuordnen
3	Ergebnis in $\underline{XW}$ und $\underline{ZW}$ speichern
4	end for
Output	$\underline{XW}$ $(D \times TrRwAnz)$, $\underline{ZW}$ $(d \times TrRwAnz)$

Darstellungsraum ausgeführt werden (Z-Transition).[5] Die Schritte zur Realisierung der Software zur Skalierung und Anpassung der Gruppendaten sind in Tab. 14.3 als Pseudocode aufgeführt.

14.3.3.2 Skalierung und Anpassung der NOP-Daten

Die Einbettung der zum Training vorliegenden multidimensionalen Eingangsdaten (Trainingspunkte) $\underline{X}$ in den d-dimensionalen Raum $\underline{Y}$ wird mit Optimierung II in Abschn. 10.7.5 durchgeführt. Nur die beiden Haupteigenwerte, welche die maximalen Varianzen repräsentieren, werden zur Bildung der Transformationsmatrix $\underline{V}$ genutzt und der Rest vernachlässigt. Der Informationsverlust bei der Einbettung einer MF, deren innere Dimension größer als die Dimension *d* des Einbettungsraumes ist, spielt hier für die Generalisierungsfähigkeit keine Rolle, da nur die Änderung entlang der beiden Hauptvarianzen (bei $d=2$) für die im Darstellungsraum *Z* definierte Kalibrierkurve von Interesse ist. Ein Durchwandern im multidimensionalen Eingangsraum *X* von einem Eingangswert zum nächstfolgenden Eingangswert bewirkt in jedem Fall eine Änderung der Hauptvarianzen, die einen bestimmten Anteil an der Gesamtvarianz haben. Wie groß dieser jeweilige Anteil ist, kann durch Bestimmung des Verhältnisses der verwendeten Anteile zu den nicht verwendeten prinzipiell untersucht werden. Dieses Verhältnis ist für die Rekonstruktion im Darstellungsraum *Z* nur von untergeordneter Bedeutung, da mit

[5] Eine Ausnahme bildet der Fall, wenn die Daten in dimensionsreduzierter Form vorliegen. Dabei werden die NN-Punkte nach der Einbettung im Einbettungsraum bestimmt. Dies erspart bei der NN-Suche Rechenzeit, da sie in einem dimensionsreduzierten Raum vorgenommen wird. In den Abschn. 14.3.3.2 und 15.1 wird diese Methode vorgestellt.

Tab. 14.4 Pseudocode, Skalierung und Anpassung mit Modul SA

Fragment	Berechnung der Faktorenmatrix $\underline{F}$
Input	$Y\ (d \times N)$, $Z\ (d \times N)$
Prozess	for i = 1, ..., N
2	for m = 1, ..., d
3	$F_i^m = \frac{Z_i^m}{Y_i^m}$
4	end m
5	end i
6	Faktorenmatrix $\underline{F}$ speichern
Output	$\underline{F}\ (d \times N)$

dem überwachten KNN ohnehin eine Reskalierung vorgenommen wird. Selbst wenn die Position des nächstfolgenden TPs senkrecht zur Dimension $m = 1$ und $m = 2$ wäre – in beiden Fällen ist dann der Richtungskosinus null (Änderungen nur im Bereich $m = 3, \ldots, D$) – und deshalb keinen Beitrag zur Generalisierung leisten kann, tragen die anderen acht NN-Punkte zur Einordnung bei. Dieses Verhalten wird durch die Glättung der MF (Füllwertmethode) verhindert, indem krümmungsstetige Verläufe eingeprägt werden und dadurch dem Generalisierungsprozess immer genügend NN-Punkte mit Aussagekraft zur Verfügung stehen.[6] Das Verfahren arbeitet präzise, wenn die in Kap. 12 und in Abschn. 7.3 aufgeführten Bedingungen für die Abtastung und die maximale Krümmung einer MF eingehalten werden. Die Schritte zur Realisierung der Software zur Ermittlung der Werte der Faktorenmatrix sind in Tab. 14.4 als Pseudocode aufgeführt.

14.3.4 Skalierung und Anpassung mit transformierten Daten

Die Position der NN der X_i als Datenpunkte auf der Skala-i wurde in der Trainingsphase für die Gruppen festgelegt. Den Koeffizienten sind Dimensionen im D-dimensionalen Raum zugeordnet, wie in Abb. 14.1 dargestellt und in Abschn. 14.1.2 erläutert. Sie sind so aufbereitet, dass sie bestmöglich die Charakteristik des Messobjektes repräsentieren. Die Generalisierung im Darstellungsraum folgt den Ausführungen in Abschn. 14.3.3.1 nach der Z-Transition. Die Vorgehensweise gilt für transformierte Daten nach einer WT, FT oder anderen Transformation in die Koeffizientendarstellung.

14.3.5 Skalierung und Anpassung direkter oder normierter Messwerte

Die Position der NN der X_i als Datenpunkte auf der Skala-i wurde in der Trainingsphase für die Gruppen festgelegt. Den Koeffizienten sind Dimensionen im D-dimensionalen

[6] Für den unwahrscheinlichen Fall (Richtungskosini für $m = 1$ und $m = 2$ über mehrere Punktdistanzen null) ist auch die Erzeugung einer Meldung eine Option, damit passende Maßnahmen zur Genauigkeitsverbesserung eingeleitet werden können.

Raum zugeordnet, wie in Gruppe 1 in Abb. 14.5 dargestellt und in Abschn. 14.1.1 erläutert. Die Generalisierung im Darstellungsraum folgt den Ausführungen in Abschn. 14.3.3.1 mit der Z-Transition.

14.3.6 Skalierung und Anpassung komplexer Eingangsdaten

Als Besonderheit ist es möglich, komplexe Gruppen zu bilden. Dieser Sachverhalt ist in Abschn. 14.3.2 erläutert. Eine komplexe Gruppe befindet sich als Beispiel mit Gruppe 1 und 2 in Abb. 14.1. Die Generalisierung im Darstellungsraum erfolgt mit der Z-Transition.

14.4 Abbildungsfehler

Am Ausgang des Assoziationsraums (Y-Raum) liegen alle Informationskomponenten, die für die Generalisierung im Darstellungsraum relevant sind, in Form von Wichtungen W_{ij} mit Bezug auf die Skala-i vor. Die Fehlereinflüsse beim Einbetten in den Y-Raum und bei der anschließenden Skalierung und Anpassung zum Abbilden in den Z-Raum während der Trainings- und Arbeitsphase werden im Folgenden erläutert und anschließend gezeigt, mit welchen Maßnahmen eine hohe Präzision bei der Abbildung neuer untrainierter Daten im Z-Raum erreicht werden kann.

14.4.1 Rekonstruktionsfehler im Assoziationsraum

Eine analytische Bestimmung der Auswirkung des Rekonstruktionsfehlers ist wegen der Vernachlässigung von Eigenwerten bzw. der Ausblendung oder Vernachlässigung von WT-Komponenten bei der Einbettung in den d-dimensionalen Y-Raum aus folgenden Gründen nicht möglich:

Dimensionsreduktion Die genaue innere Dimension einer MF ist bei Anwendung der NOP-Methode nicht einfach bestimmbar.[7] Die Summe der Eigenwerte der Kovarianzmatrix M ist $\sum_{i=1}^{d} \lambda_i$. Der Rekonstruktionsfehler entspricht der anteiligen Summe der restlichen Eigenwerte $\sum_{i=d+1}^{D} \lambda_i$, die nicht berücksichtigt werden. Eine Minimierung des

[7] In [1, 2] werden für die LLE-Methode, auf der NOP aufbaut, Verfahren zur Bestimmung von d angegeben, die jedoch sehr aufwendig oder nicht genau genug sind. Mit der MVU-Methode in [3] kann d zwar bestimmt werden, jedoch ist dieses Verfahren wegen der vollbesetzten Matrizen numerisch sehr aufwendig.

Rekonstruktionsfehlers ist gleichbedeutend mit der Minimierung der Varianzen aller Merkmale. Da die innere Dimension der MF in den meisten Fällen nicht identisch mit d, sondern höher ist, stehen nicht alle Merkmale zur Verfügung.

Verzerrungen, bedingt durch die dimensionsreduzierte Darstellung: Die gefundenen Trainingspunkte im Einbettungsraum (Y-Raum) stellen aufgrund der Dimensionsreduktion eine Kurve dar, die einer Regressionskurve im Bereich der NN entspricht und damit eine mittelwertbildende Eigenschaft hat. Da die Nachbarschaftsbeziehungen erhalten werden, ist der Verlauf der Trainingspunkte infolge der Dimensionsreduktion bis zu einem gewissen Grad verzerrt. Der Verzerrungsgrad muss in Kauf genommen werden, um die Abbildung in den d-dimensionalen Raum zu ermöglichen. Andernfalls müsste d der inneren Dimension der MF entsprechen. Eine Genauigkeitsaussage wird mit den statistischen Kennwerten getroffen. Dies ist in Abschn. 12.5.2 erläutert.

WT-Transformation Die WT wirkt sich ebenfalls mittelwertbildend auf die Darstellung im Z-Raum aus. Wie bei der Dimensionsreduktion ist eine analytische Bestimmung der Abweichung nicht und bei der DR eine Genauigkeitsaussage nur mit den statistischen Kennwerten möglich.

14.4.2 Rekonstruktionsfehler im Darstellungsraum

Die Ermittlung der statistischen Kennwerte der Gruppendaten wird im X-Raum durchgeführt.[8] Die Standardabweichung σ ist Teil des Modells M des Messobjektes. Damit sind die statistischen Kennwerte für die zur Abbildung im Z-Raum vorliegenden Daten zur Repräsentation der MF, die ebenfalls Teil des Modells M sind, bekannt. Der nächste Schritt zur Abbildung dieser Daten ist die in Abschn. 14.3.3 vorgestellte Skalierung und Anpassung. Die in der Faktorenmatrix $\underline{F}$ gespeicherten Daten enthalten die Übertragungswerte (Gain, Offset) zur Abbildung der MF auf den gewünschten Verlauf im Darstellungsraum. Um dies zu bewirken, werden Strecken zwischen den TPs größer oder kleiner ausfallen, je nachdem, wie die Datenpunkte umskaliert werden. Nur wenn der Faktor (Gain) der TPs für die Umskalierung gleich eins ist, ändert sich die Standardabweichung der Daten nicht und das Maß *MaxDist2NN* ist im Y- und im Z-Raum gleich. Andernfalls nimmt die Standardabweichung zu oder ab, und es ist erforderlich, die Toleranzgrenzen im Z-Raum mithilfe der zugehörigen Faktorenmatrix $\underline{F}\ \sigma$ anzupassen, um den Bereich zu erhalten, der dem rezeptiven Bereich im Merkmalsraum entspricht. In diesem Bereich dargestellte Daten sind im rezeptiven Bereich und damit zugehörig. Zur Klassifizierung von Daten hat sich als Darstellung der Zugehörigkeit die Trapezform in Abb. 15.9 bewährt.

[8] In Abschn. 12.4.9 wird die Bestimmung Standardabweichung σ des TDS im Umfeld einer Gruppe erläutert.

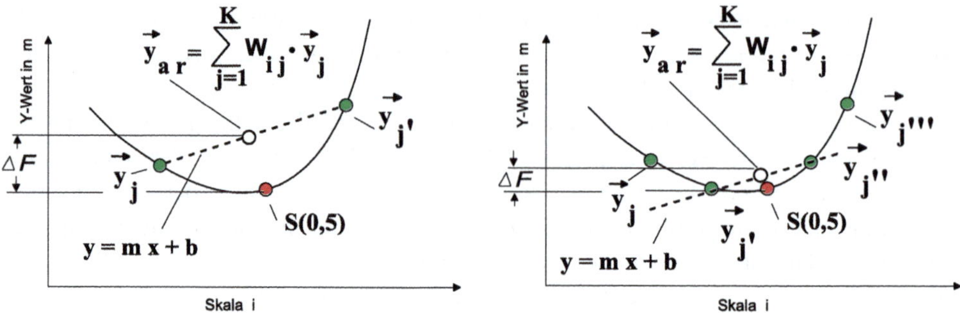

Abb. 14.9 Rekonstruktionsfehler ΔF eines Zwischenwertes bei Approximation pro Dimension m

Kompensation von Verzerrungen der Dimensionsreduktion Die Abbildungsungenauigkeit infolge der Verzerrung beim Einbetten in den Einbettungsraum (X-Raum oder Y-Raum je nach Anwendung) wird durch die nachgeschaltete Verarbeitungseinheit SA mit den darin enthaltenen Verknüpfungen kompensiert.[9] Der Restfehler im Z-Raum besteht somit für die Trainingspunkte nur aus Rechenungenauigkeiten. Da die Distanzbildung mit der Manhattan-Distanz durchgeführt wird, ist der Rechenfehler auch bei hoher Dimensionalität klein.[10]

Empirische Überprüfung durch interne Validierung Die berechneten Grenzen des rezeptiven Bereichs der Gruppen im Z-Raum können mit den Trainingspunkten X_i überprüft werden. Diese Überprüfung stellt sicher, dass die Berechnungen stimmen und das Modell M korrekt ist.

Empirische Überprüfung durch externe Validierung Bei der externen Validierung werden Messwerte verwendet, die nicht im TDS enthalten sind. Diese Werte werden nach dem Zufallsprinzip entnommen und für die Validation zurückgelegt. Sie sind nicht Teil des TDS.[11] Der Maximalfehler für untrainierte Zwischenwerte bei dieser Art der Abbildung in den Z-Raum kann empirisch untersucht werden. Dazu wird in Kap. 17 eine glatte Kurve im Z-Raum vorgegeben, die Trainingsprozedur durchgeführt und festgestellt, wie genau neue Anfragepunkte generalisiert werden. Um möglichst reale Verhältnisse zu erhalten, fügt man bei dieser Simulation zu den Werten der Trainingspunkte im Originalraum (X-Raum) einen additiven Rauschpegel, der praxisgerecht ausgelegt ist, hinzu. Die mittelnde Wirkung bei der Dimensionsreduktion wird auf diese

[9] Die Bestimmung dieser Verknüpfungen wird in Abschn. 14.3.3.2 mit Gl. (14.1) durchgeführt.

[10] In Abb. 6.6 ist die Distanzfehlerentwicklung der Manhattan-Distanz der euklidischen Distanz gegenübergestellt und in Abschn. 6.4 sind die Eigenschaften der Manhattan-Distanz aufgeführt.

[11] In den Abschn. 11.5.1 und 17.3 sind die Möglichkeiten der Überprüfung des Modells M durch Validierung erläutert und wichtige Aspekte bezüglich des MAE-Verfahrens werden genannt.

Weise demonstriert. Der lokale Bereich, in dem diese Wirkung greifen soll, ist, wie in Abschn. 7.4 erläutert, durch die bei der jeweiligen Anwendung zugelassene maximale Krümmung der MF vorgegeben. Mit der in Abschn. 7.5 vorgestellten Füllwertmethode werden Steilheiten auf das vordefinierte Maß begrenzt und Instabilitäten bei der Dimensionsreduktion vermieden.

14.4.3 Abbildungsgenauigkeit dimensionsreduzierter Daten

Der in Abb. 14.9 dargestellte Rekonstruktionsfehler ΔF im Einbettungsraum, der durch die Approximation bei der Dimensionsreduktion entsteht, errechnet sich nach folgender Beziehung:

$$\Delta F = S(0{,}5) - m * x + b \tag{14.2}$$

Für einen Zwischenwert bei S(0,5) auf der Kurve mit $t{=}0{,}5$, $m{=}P_1-P_0$, $b{=}P_0$, $x{=}0{,}5$ und bei einem Steigungsunterschied von $\Delta T{=}T_1-T_0{=}0{,}05$ ergäbe sich dann ein Rekonstruktionsfehler $\Delta F{=}\ -0{,}00625$ in der linken Hälfte von Abb. 14.9. In der rechten Hälfte wurde die Anzahl der Trainingspunkte im Krümmungsbereich erhöht. Der Rekonstruktionsfehler reduziert sich durch diese Maßnahme auf $\Delta F{=}\ -0{,}00156$. Die NN-Anzahl hat bei glatten Strukturen zunächst keinen Einfluss auf den Rekonstruktionsfehler, da die Generalisierung zentral zwischen den NN stattfindet. Der rekonstruierte Datenpunkt liegt deshalb zwischen den am nächsten zueinander gelegenen NN. Der Verlauf der Krümmung wird in der rechten Abbildung besser angenähert, da der Datenpunkt Y_{ar} näher zum Punkt S(0,5) liegt. Bei verrauschten Daten wirkt sich eine höhere NN-Anzahl wegen der damit verbundenen höheren Zahl der Rekonstruktionsgewichte, die im Mittel den wahren Wert von S(0,5) mit der Linearkombination für Y_{ar} besser rekonstruieren können, günstiger aus als eine kleine Anzahl dieser Gewichte. Dies gilt ganz besonders dann, wenn es sich um Gaußsches Rauschen handelt, dessen Erwartungswert bei null liegt und sich so die Rauscheinflüsse, die den einzelnen Trainingspunkten additiv überlagert sind, zu null addieren.

Damit ist evident, dass die Genauigkeit der Abbildung im Z-Raum durch die Verkleinerung der Abweichung von Punkt zu Punkt, die einer Verkleinerung des Gradienten zwischen den Vektorkomponenten gleichkommt, verbessert und festgelegt werden kann, um ein stabiles und hochgenaues Ausgangssignal zu erzeugen. Der maximale Gradient kann als Mittelwert über den lokalen Bereich der NN bestimmt bzw. begrenzt werden, um Rauscheinflüsse zu umgehen. Stabilität setzt stetige Kurvenverläufe voraus, damit kleine Änderungen am Eingang des Systems auch nur kleine Änderungen an dessen Ausgang bewirken. Mit der Füllwertmethode in Abschn. 7.5 und dem von der Varianz abgeleiteten Parameter *MaxDist2NN* wird auch dieser Aspekt berücksichtigt.

Zusammenfassung Der wichtigste Parameter *MaxDist2NN* wird mit der Varianz der Datenpunkte in der Datengruppe des TDS festgelegt (Abschn. 12.4.7) und bestimmt die Ausdehnung des rezeptiven Bereiches der zugehörigen Messmenge. Der Rand des rezeptiven Bereichs stellt die Hülle dar, in die alle Datenpunkte passen, die charakteristische Informationen für das zu identifizierende Objekt tragen, und beinhaltet die NN-Punkte zur Generalisierung neuer Anfragepunkte X_a. Dabei ist zu beachten, dass die Bildung der Vektoren für den TDS in der Trainingsphase und für die Generalisierung von Anfragepunkt X_a in der Arbeitsphase in der Feinstruktur so eingestellt ist, dass Rauscheffekte und störende Komponenten mit undefiniertem Verhalten, wie unter Abschn. 11.1 beschrieben, nicht in das Modell integriert werden. Weist ein Anfragepunkt X_a mit *MaxDist2Xa* für alle Distanzen zu seinen NN einen Wert kleiner *MWMaxDist2NN* auf, so muss der Anfragepunkt X_a innerhalb der Hülle bzw. innerhalb des rezeptiven Bereichs liegen.

Mit der Verarbeitungseinheit Skalierung und Anpassung, die ein überwacht trainierbares KNN darstellt, sind in der Trainingsphase die im Y-Raum eingebetteten Trainingsdaten zu einer Kalibrierkurve im Z-Raum in Beziehung gesetzt worden. Es wurden diesem KNN als Eingangswerte die den Eingangsvektoren $\mathbf{x}_i$ zugeordneten Trainingsdaten des Y-Raums und als Ausgangswerte die zugehörigen Daten der gewünschten Kalibrierkurve im Z-Raum präsentiert, die Transformationswerte, die aus Faktoren bestehen, ermittelt und in der Faktorenmatrix $\underline{F}$ für jede Kalibrierkurve gespeichert. In der Arbeitsphase werden für neue, nicht trainierte Anfragepunkte $X_{\underline{a}}$ im Merkmalsraum (X-Raum) die NN-Punkte X_j gesucht und die zugehörigen Gewichte W_{aj} ermittelt.

Diese NN-Suche kann bei einer Dimensionsreduktion auch im Einbettungsraum (niedrigdimensionaler Raum, Eingang des Y-Raums) durchgeführt werden und ist dort wegen der kleineren Dimensionalität weniger aufwendig. Die Einbettung neuer X_a in den Einbettungsraum geschieht mit einer Matrix-Vektor-Operation.[12] Mithilfe einer Linearkombination, bei der ausschließlich trainierte Neuronen des KNN zum Einsatz kommen, werden neue Punkte auf der Kalibrierkurve eingeordnet bzw. generalisiert.

Um festzustellen, ob diese neuen Punkte im rezeptiven Bereich liegen, wurden verschiedene Wege zur Darstellung von Ausgangsfunktionen vorgestellt. Diese sind so abstimmbar, dass einerseits die Arbeitseinheit bezüglich ihrer Rechenkapazität wenig belastet wird und andererseits aussagekräftige Visualisierungsmöglichkeiten geschaffen werden.[13]

[12] Rekonstruktion im niedrigdimensionalen Raum durch Matrix-Vektor-Operation mit Formel (10.17) in Abschn. 10.7.6.

[13] Festlegung des rezeptiven Bereichs gemäß den Kennwerten des TDS in Abschn. 12.5.2.

Literatur

1. Kouropteva Oea (2002) Beyond Locally Linear Embedding Algorithm. Technical Report MVG-01-2002, University of Oulu Finland, Oulu
2. Saul LK, Roweis ST (2003) Think Globally, Fit Locally: Unsupervised Learning of Low Dimensional Manifolds. In Journal of Machine Learning Research vol. 4: S. 119–S. 155
3. Weinberger KQ, Sha F, Saul LK (2004) Learning a kernel matrix for nonlinear dimensionality reduction. In: Brodley C (ed) Proceedings of the 41st annual Design Automation Conference, ACM, New York, NY, p 106, https://doi.org/10.1145/1015330.1015345

15 Darstellungsraum

Die Ergebnisse aus der vorhergegangenen Informationsgewinnung und Verarbeitung liegen am Eingang des Darstellungsraums (Z-Raum) als Daten im D-dimensionalen Raum vor, müssen nun zusammengeführt und dem entsprechenden Objekt so zugeordnet werden, dass die Generalisierung im Darstellungsraum durchgeführt werden kann. Je nach Art der Anwendung in Tab. 8.3 liegen Messdaten als Messwerte, normierte Messwerte, WT-Koeffizienten oder als Eigenwerte am Eingang des Assoziationsraumes vor. Sie wurden einerseits im Falle einer Dimensionsreduktion mit einer als unüberwachtem KNN auffassbaren Optimierung unter Beibehaltung lokaler Nachbarschaftsbeziehungen so im niedrigdimensionalen Raum eingebettet, dass auch die globalen Zusammenhänge mithilfe der Hauptvarianzen rekonstruierbar sind, und andererseits im Falle einer Koeffizientendarstellung oder direkter Werte in untransformierter Darstellung so aufbereitet, dass nur Koeffizienten oder Werte, die mit eindeutigen Informationen zur Repräsentation der charakteristischen Eigenschaften des Messobjektes beitragen, in das Modell M gelangen.

Im Assoziationsraum konnten Objektinformationen gewonnen werden, die es erlauben, Beziehungen zwischen den trainierten Objekten und der gewünschten Darstellung im Z-Raum herzustellen, um diese visuell zugänglich zu machen. Dies ermöglichte es, in einem darauffolgenden Adaptionsschritt mit einem überwacht trainierbaren KNN die Daten einer vorher definierten Ausgangsfunktion zuzuordnen und diese Abhängigkeiten in einer Faktorenmatrix $\underline{F}$ zu speichern. Mit diesem überwacht trainierbaren KNN, das nach dem Adaptionsvorgang die Abbildungsvorschriften für die gewünschte Ausgangsfunktion im Z-Raum enthält, können die Grenzwerte des rezeptiven Bereichs für die Ausgangsfunktion im Z-Raum gebildet und dargestellt werden. Mit den ermittelten Positionen der NN auf der Skala-i des Anfragepunktes X_a, den X_{ij}- bzw. Y_{ij}-Datenpunkten und den zugehörigen Wichtungen W_{aj} kann die Generalisierung des Datenpunktes Z_a im Z-Raum durchgeführt werden. Danach ist

G. Sartorius, *Erfassen, Verarbeiten und Zuordnen multivariater Messgrößen*,
https://doi.org/10.1007/978-3-658-41451-1_15

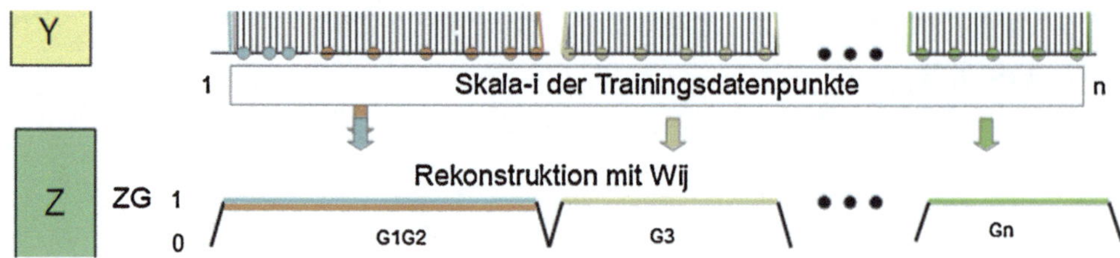

Abb. 15.1 Organigramm zur Generalisierung im Darstellungsraum

die Lage des Datenpunktes Z_a zu der mit den Trainingspunkten des TDS gebildeten Ausgangsfunktion bekannt, und es kann festgestellt und visualisiert werden, ob der Anfragepunkt Z_a zugehörig ist oder nicht.

Nach der Generalisierung wird als Klassifizierungsergebnis ein Zugehörigkeitsgrad von null bis eins für nicht zugehörig bis zugehörig angegeben. Die Skala-i dient hauptsächlich der Verwaltung der TPi im Modell M, um als unabhängige Instanz die Trainingsdatenpunkte mit eindeutiger Kennzeichnung für die Verarbeitung in den verschiedenen Räumen zur Verfügung zu stellen.

15.1 Generalisierung im Darstellungsraum

In Abb. 15.1 wurde die Trapezform als Ausgangsfunktion im Z-Raum zur Darstellung der Ergebnisse und zur Generalisierung der Messwerte gewählt. Links neben den Ausgangskurven befindet sich eine Skala von null bis eins zur Skalierung des Zugehörigkeitsgrades (ZG). Das Plateau des Trapezes entspricht einem ZG von eins. Bei geringeren Zugehörigkeitsgraden werden die Ergebnisse gemäß der Skalierung von null bis eins unterhalb des Plateaus der jeweiligen Gruppe angezeigt. Die X_i der komplexen Gruppe, die aus Gruppe 1 und Gruppe 2 gebildet ist, wird mit den korrespondierenden Z_i auf die Ausgangsfunktion G1G2 abgebildet. Ein Klassifizierungsergebnis wird mit den Gewichten W_{aj} im Darstellungsraum, wie in Abb. 15.2 und 15.3 dargestellt, mit den NN-Punkten Z_{aj} generalisiert. G3 – Gn sind die Ausgangsfunktionen der Datengruppen G3 – Gn mit den entsprechenden Dimensionen als Informationsträgern. In der Arbeitsphase sind immer nur die Kanäle bzw. die Datengruppen aktiv, deren Daten im Z-Raum abgebildet werden sollen. Wird beispielsweise mit der komplexen Datengruppe G1G2 klassifiziert, sind die Gruppen 1 und 2 aktiviert, der Rest ist inaktiv und die Werte der Messdaten am Ausgang des Merkmalsraums, die als Informationsträger die Dimensionen $D_{G2} - D_{Gn}$ nutzen, auf null gesetzt.

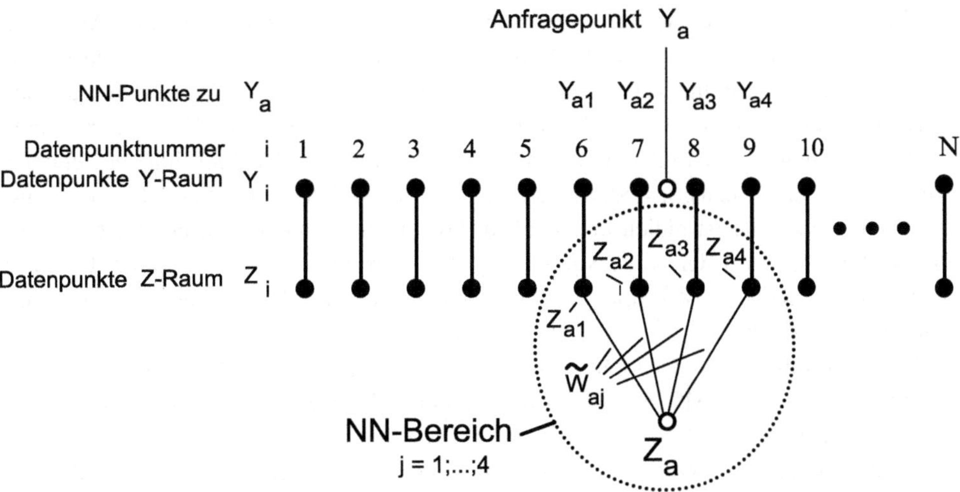

Abb. 15.2 Arbeitsphase des überwachten KNN, die korrespondierenden NN-Datenpunkte mit den Datenpunktnummern der Skala-i werden mit den ermittelten Rekonstruktionsgewichten W_{aj} im Z-Raum generalisiert

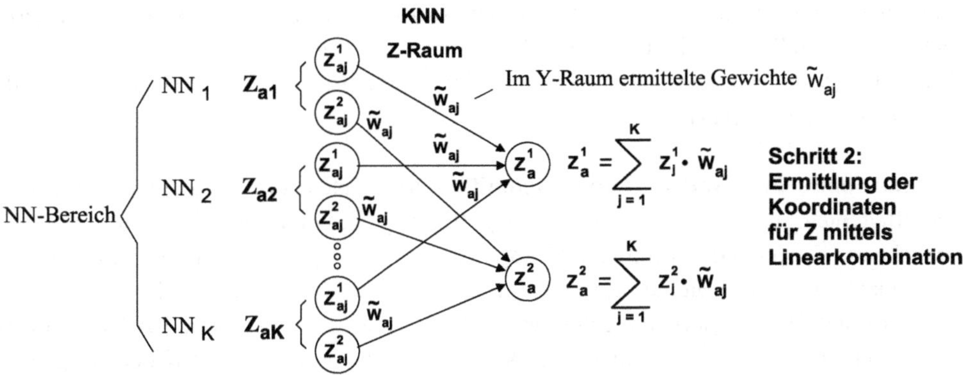

Abb. 15.3 Linearkombination im Z-Raum, Z-Transition mit Gewichten $\widetilde{W}_{aj}$ bei dimensionsreduzierten Daten und W_{aj} bei Daten, die nicht dimensionsreduziert sind. Die hochgestellte Zahl bezeichnet die Dimension und die tiefgestellte Zahl den Index der NN

15.1.1 Abbildungsgenauigkeit und Darstellung

Die Generalisierung neuer Anfragepunkte X_a wird mit der Z-Transition durchgeführt. Die jeweilige Abbildungsgenauigkeit hängt dabei unterschiedlich vom Rauschanteil der Trainingsdaten ab. Zunächst wird die Arbeitsweise der Methode erläutert und im Pseudocode dargestellt.

Um Zwischenwerte in der Arbeitsphase der Lernmaschine auf die Ausgangsfunktion im Darstellungsraum (Z-Raum) abzubilden, müssen die Rekonstruktionsgewichte W_{aj} bestimmt werden. Es liegen dazu aufbereitete Datensätze aus dem X-Raum (Koeffizienten, direkte Werte) oder dimensionsreduzierte Datensätze (Eigenwerte) aus dem Einbettungsraum im Y-Raum vor. Die Nachbarschaftsbeziehungen werden bei der Dimensionsreduktion erhalten. Die Weiterverarbeitung der ersten und der zweiten Variante ist gleich und wird im Folgenden als Z-Transition bezeichnet. Mit dieser Prozedur wird der Anfragepunkt X_a, der nach der Aufbereitung im Y-Raum als Y_a bezeichnet wird, im Z-Raum gemäß seinen Wichtungen dem Verlauf der Ausgangsfunktion zugeordnet.

Die Bestimmung der Gewichte im Einbettungsraum nach der Dimensionsreduktion (Repräsentation einer MF mit Eigenwerten) benötigt wegen der niedrigen Dimension von beispielsweise $d=2$ gegenüber $D \gg 2$ im X-Raum weniger Rechen- und Speicheraufwand und damit kürzere Verarbeitungszeiten. Um den Bezug zu der in Abb. 15.2 gezeigten Konfiguration herzustellen, sind die Einbettungspunkte im Y-Raum mit den Punkten im Z-Raum durch Linien verbunden. Die Anzahl der NN beträgt in diesem Beispiel $K=4$. Für den Anfragepunkt $Y_a(X_a)$ wurden mit der NN-Suche im Y-Raum die Positionen sechs, sieben, acht und neun gefunden. Diese Kennzeichnungen müssen jedoch nicht zwingend nebeneinanderliegen, sondern können, insbesondere bei verrauschten Eingangsdaten, streuen (z. B. vier, sechs, acht, und neun). Der so markierte NN-Bereich stellt ein näherungsweise lokal lineares Gebiet auf der MF dar und ist als Einzelheit gekennzeichnet. Abb. 15.3 entspricht dieser Einzelheit; sie ist jedoch in allgemeinerer Form dargestellt.

Z-Transition bei voller Dimensionalität Die Datensätze aus dem X-Raum (Koeffizienten, direkte Werte) liegen am Eingang des Y-Raums vor und die entsprechende Gruppe oder komplexe Gruppe ist aktiviert. Nach der Aufbereitung werden die Rekonstruktionsgewichte ermittelt. Im Vergleich zur anderen Methode ist hier mehr Rechen- und Speicheraufwand erforderlich. Eine genauere Darstellung der Zusammenhänge innerhalb dieser Einzelheit zur Bestimmung des Punktes Z_a auf der Ausgangskurve im Darstellungsraum befindet sich in Abb. 15.3 in allgemeinerer Form. Die Anzahl K der NN liegt bei dieser Darstellung im Bereich $j=1, \ldots, K$, und die Dimension m des Z-Raums beträgt $d=2$. An den Kanten eingetragene Gewichte W_{aj} des KNN multipliziert mit den zugehörigen Z_{aj}^{m} ergeben als Linearkombination die Punkte Z_a^m. Mit der dargestellten Anordnung der Neuronen wird gezeigt, wie mit dem Verfahren in Schritt 2 (Arbeitsphase des KNN) Zwischenwerte X_a auf der Ausgangsfunktion $\underline{Z}$ präzise abgebildet werden können. Die tatsächliche innere Dimensionalität der MF muss dazu nicht bekannt sein und ist wegen der genannten Aspekte, die Generalisierungsfähigkeit des Netzes betreffend, in Bezug auf die Ausgangsfunktion im Z-Raum nicht relevant. Die Zwischenwerte werden mit der Linearkombination

Tab. 15.1 Pseudocode, Einbettung von X_a durch Generalisierung im Z-Raum

Fragment	Generalisierung von X_a mit der *Z-Transition (D)*
Input	$\underline{X}$ $(D \times N)$, $\mathbf{x}_a$ $(D \times 1)$
Prozess	NN-Suche im X-Raum
2	Rekonstruktionsgewichte W_{aj} bestimmen
3	for m = 1, ..., D
4	Linearkombination $Z_a^m = \sum_{j=1}^m Z_{aj} W_{aj}$
5	end m
6	(m = 1 = Abszisse, m = 2 = Ordinate)
Output	Generalisierter Datenpunkt Z_a $(D \times 1)$

$$Z_a^m = \sum_{j=1}^{K} Z_{aj}^m \cdot W_{aj} \tag{15.1}$$

berechnet. Im dargestellten zweidimensionalen Fall ergeben Punktepaare (Z_a^1, Z_a^2) den Punkt Z_a auf der Ausgangsfunktion im Z-Raum, wobei Z_a^1 auf der Abszisse und Z_a^2 auf der Ordinate einzutragen sind. Zur Berechnung eines Zwischenwertes Z_a werden $K \cdot d$ Neuronen Z_i^m bei der Anzahl von K NN in der Umgebung des Punktes X_a einbezogen.

Die Verfahrensschritte der *Z-Transition*

1. NN-Suche für Punkt X_a im Y-Raum.
2. Ermittlung der Gewichte $\widetilde{W}_{aj}$.
3. Bildung der lokalen Gram-Matrix $\widetilde{G}$ im Y-Raum.
4. Normierung der Gewichte auf eins.
5. Die Linearkombination (15.1) ergibt die Position auf der Ausgangsfunktion im Z-Raum.

Die Schritte zur Realisierung der Software zur Einbettung in den Z-Raum sind in Tab. 15.1 als Pseudocode aufgeführt.

15.1.2 Anpassung an die Form der Ausgangsfunktion

Durch die Verwendung mehrerer F-Matrizen kann dieselbe Anordnung im Y-Raum auf verschiedene Ausgangsfunktionen $\underline{Z}$ abgebildet werden. Pro Ausgangsfunktion wird je eine F-Matrix benötigt. Die in der Matrix $\underline{F}$ gespeicherte Abbildungsvorschrift muss für jede Ausgangsfunktion einzeln mit (14.1) ermittelt werden. Mit Index n (n ∈ $\mathbb{Z}$) z. B. $\underline{Z_1}$, $\underline{F_1}$ werden die der jeweiligen Abbildungsvorschrift zugeordneten Matrizen $\underline{Z}$ und $\underline{F}$ für

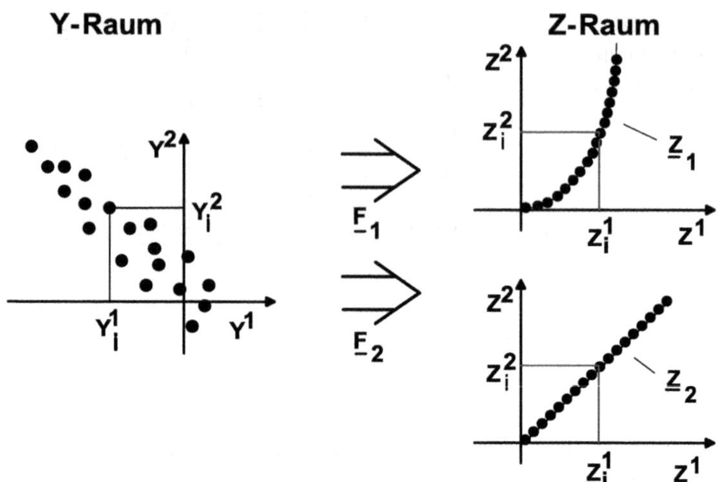

Abb. 15.4 Verschiedene Ausgangskurven bei gleichen Einbettungsdaten

jede Abbildungsvorschrift (wie in Abb. 15.4 gezeigt) gekennzeichnet. Die Matrizen $\underline{F}_n$ und $\underline{Z}_n$ beinhalten die für die jeweilige Abbildung n im Z-Raum erforderlichen Daten.

Z-Transition bei dimensionsreduzierter MF[1] Die Datensätze aus dem X-Raum (Eigenwerte) liegen am Eingang des Y-Raums vor und die entsprechende Gruppe oder komplexe Gruppe ist aktiviert. Nach der Aufbereitung werden die Rekonstruktionsgewichte der dimensionsreduzierten MF ermittelt. Die Bestimmung der Gewichte W_{aj} geschieht so wie in Schritt 1, …, 3 in Abschn. 10.7 für die Gewichte W_{ij} beschrieben. Zur Unterscheidung werden die im Y-Raum bestimmten Gewichte $\widetilde{W}_{aj}$ in Abb. 15.3 mit einer Tilde (~) gekennzeichnet. Der Index a gibt an, dass es sich um einen beliebigen Anfragepunkt $Y_a(\mathbf{x}_a)$ zwischen oder auf den Trainingspunkten $Y_i(\mathbf{x}_i)$ handelt. Die Positionen j der NN im Bereich $j=1,..., K$ für die NN-Kalibrierpunkte Z_j werden bei der NN-Suche im Y-Raum bestimmt, wobei K die Anzahl der NN angibt. Dieser Zusammenhang wird in Abb. 15.2 beispielhaft und aus Gründen der Übersichtlichkeit in vereinfachter Form mit Datenpunkten dargestellt.

[1] Der Einbettungsraum entspricht dem Eingang des Assoziationsraums (Y-Raum) und enthält die Ergebnisse der Dimensionsreduktion, die im X-Raum durchgeführt wurde. Ergebnisdaten am Ausgang des X-Raums entsprechen den Daten am Eingang des Y-Raums. Die NN-Findung im Y-Raum ist für alle Darstellungsarten der Daten des TDS gleich.

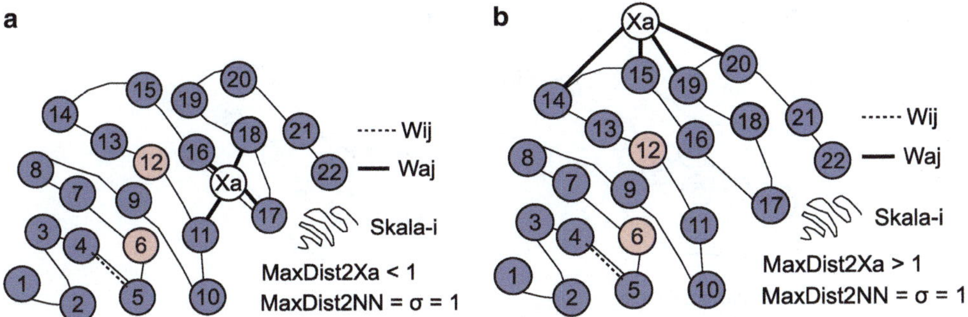

Abb. 15.5 Zugehörigkeitsgrad bei kompakter MF. Typische Anwendung: Klassifizierung. **a**) Zuordnung X_a zum TDS, X_a liegt innerhalb der Hülle des TDS, Zugehörigkeitsgrad > 1. **b**) Ausschluss *Xa* vom TDS, X_a liegt außerhalb der Hülle des TDS, Zugehörigkeitsgrad < 1

15.2 Klassifizierung

Unter Klassifizierung wird die Zuordnung neuer Dateninformation zu Datenbereichen, auch als Gruppen oder Häufungen bezeichnet, verstanden. Diese Bereiche können verschiedenen Auswirkungen oder sonstigen Merkmalen zugeordnet werden.

15.3 Ermittlung des Zugehörigkeitsgrades

In der Trainingsphase wurde sichergestellt, dass die Distanz von X_i zu X_i das Maß *MaxDist2NN* nicht überschreitet.[2] Der rezeptive Bereich des TDS entsteht durch Überlagerung der *MaxDist2NN*-Abstände um jeden TP des TDS nach dem in Abb. 12.12 dargestellten Prinzip für das Beispiel mit $MaxDist2NN = 2\ \sigma$. Die kleinste Distanz *MinDist2NN* des Anfragepunktes X_a zu seinen NN wird als Maß für die Berechnung des Zugehörigkeitsgrades verwendet. Somit ist gewährleistet, dass die Zugehörigkeit unabhängig von der Anzahl K der NN ist. Die Generalisierung des X_a im Darstellungsraum wird mit Formel (15.1) und den W_{aj} durchgeführt.

Bearbeitungsschritte

1. Ermittlung der K-NN zu Anfragepunkt X_a.
2. Ermittlung von *MinDistXa2NN*, der kleinsten Distanz von X_a zu den NN-Punkten $X_{i.}$
3. Berechnung des Zugehörigkeitsgrades mit Formel (15.2).
4. Darstellung des Anfragepunktes im Darstellungsraum (Z-Raum).

$$ZG = \frac{MWMaxDist2NN}{MaxDistXa2NN} \tag{15.2}$$

[2] Festlegung des rezeptiven Breichs gemäß den Kennwerten des TDS in Abschn. 12.5.2.

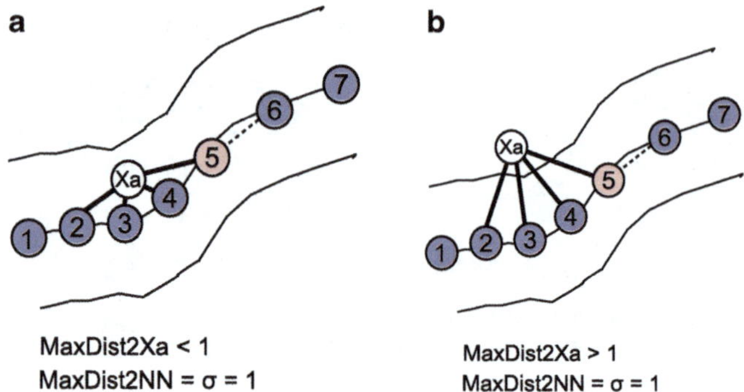

Abb. 15.6 Zugehörigkeitsgrad bei dünner MF. Typische Anwendung: Sensorfusion. **a**) Zuordnung X_a zum TDS, X_a liegt mit ZG = 1 zu 100 % im Toleranzfeld der Kalibrierkurve. **b**) Ausschluss X_a vom TDS, X_a liegt mit ZG < 1 außerhalb des Toleranzfeldes der Kalibrierkurve

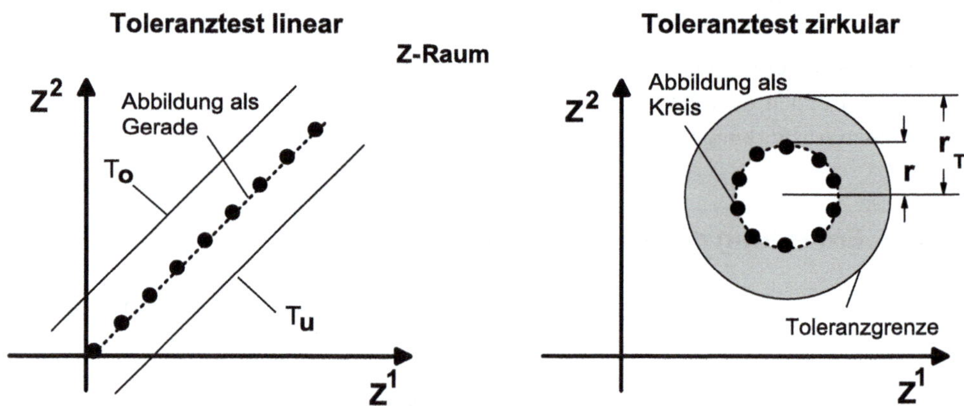

Abb. 15.7 Toleranzbereich von Datenpunkten der MF

Dabei werden 4 Fälle unterschieden:

1. *MaxDist2Xa* < *MaxDist2NN*: Der Punkt X_a muss wie in Abb. 15.5a dargestellt im Cluster liegen und ist somit Teil der Menge des TDS.
2. *MaxDist2Xa* > *MaxDist2NN*: Der Punkt X_a muss wie in Abb. 15.5b dargestellt außerhalb des Clusters liegen und ist nicht Teil der Menge des TDS.
3. *MaxDist2Xa* <*MaxDist2NN*: Der Punkt X_a muss wie in Abb. 15.6a dargestellt im Cluster liegen und ist somit Teil der Menge des TDS.
4. *MaxDist2Xa* > *MaxDist2NN*: Der Punkt X_a muss wie in Abb. 15.6b dargestellt außerhalb des Clusters liegen und ist nicht Teil der Menge des TDS.

15.3.1 Erkennung von Ausreißern bei einer Sensorfusion

Unter Ausreißern werden Punkte $Y(\mathbf{x})$ verstanden, die nicht auf oder nur in der Nähe der MF liegen. Solche Ausreißer können nicht generalisiert werden, sind deshalb nicht auf die Ausgangsfunktion abbildbar und müssen von den Berechnungen ausgeschlossen werden. In Abb. 15.7 ist der Zusammenhang dargestellt und ein Toleranzbereich definiert, in welchem unscharfe Punkte noch zur MF gezählt werden können. Außerhalb dieses Bereiches liegen Punkte, die nicht zur MF gehören. Dazu wurden hier zwei Darstellungsarten ausgearbeitet. Die erste, in Abb. 15.7 mit *Toleranztest linear* bezeichnete Ausführung benötigt wenig Rechenaufwand und ist damit besonders geeignet für die Klassifizierung in Mikrocontrollern. Die zweite dort dargestellte Variante und mit *Toleranztest zirkular* bezeichnete Darstellungsart dient der Visualisierung verschiedener Klassen in einem Diagramm.

Toleranztest zirkular Bei diesem Test wird die gesamte Information Y_i auf einen Kreis im Z-Raum, wie in Abb. 15.7 gezeigt, abgebildet.

$$\text{Abbildungskreis}: Z_i = \begin{pmatrix} cos(i \cdot AF) \\ sin(i \cdot AF) \end{pmatrix} \quad \text{Radius} \quad r = \sqrt{(Z_i^1)^2 + (Z_i^2)^2} \tag{15.3}$$

Die Trainingspunkte der MF werden auf der Kreislinie abgebildet, wobei die Nummer i der Trainingsvektoren, multipliziert mit dem Abstandsfaktor (AF), den Winkel φ von Kreispunkt zu Kreispunkt bildet. Um eine Mindestpunktedichte bei der Bildung der Kreislinie zu gewährleisten, sollte der Faktor AF so eingestellt sein, dass die Punktabstände auf der Kreislinie einen Winkel $\varphi = i \cdot AF$, der sich nach der vorgegebenen Toleranz richtet, nicht unterschreiten.[3] Der Radius r des Kreises wird aus den Komponenten Z_i^1 und Z_i^2 gebildet, der Ort der Abbildung des Kreises im zweidimensionalen Raum durch die Kalibrierpunkte Z_i in Matrix $\underline{Z}$ bestimmt.

$$\text{Radius des Toleranzkreises}: rT = \sqrt{\left(Z_i^1 + Tol\right)^2 + \left(Z_i^2 + Tol\right)^2} \tag{15.4}$$

Die Klassifizierungs- bzw. Gruppengrenze wird mit dem Radius r_T als Toleranzgrenze gebildet. Der Radius r_T dieses Toleranzkreises berechnet sich aus der Komponente Z_i^1 des ersten Einheitsvektors Z^1 und der Komponente Z_i^2 des zweiten Einheitsvektors Z^2 nach (15.4). Werden nun untrainierte Punkte X_a generalisiert, so gehören die Z_a, die außerhalb des Toleranzkreises liegen, nicht zur MF und sind deshalb Ausreißer. Innerhalb des Kreises abgebildete Punkte X_a werden an ihm gespiegelt dargestellt und sind ebenfalls

[3] Bei einer zulässigen Toleranz $\Delta r = r - r_i$ sollte die Bogenlänge $\varphi \cdot r < \Delta r$ sein, damit der Fehler durch die Kreiskrümmung bei der Klassifizierung vernachlässigbar wird.

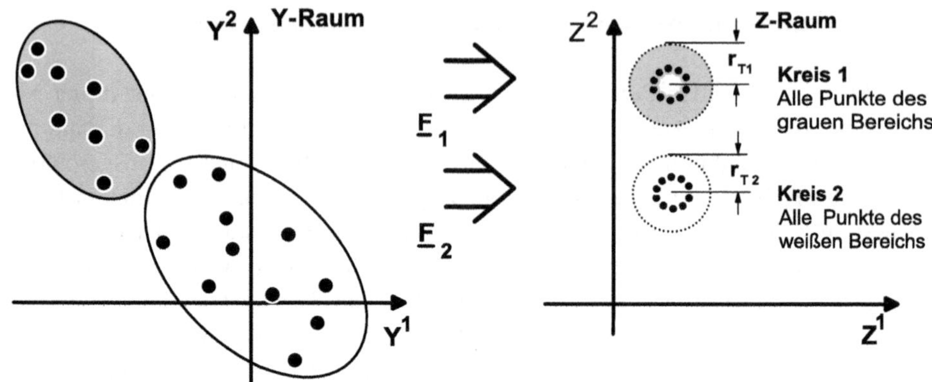

Abb. 15.8 Klassifizierung verschiedener Eingangsinformationen

Ausreißer.[4] Der dargestellte Toleranzbereich liegt damit zwischen dem inneren Kreis mit Radius r und dem äußeren Kreis mit Radius r_T.

Toleranztest linear Bei diesem Test wird die gesamte Information Y_i, wie in Abb. 15.7 veranschaulicht, als Gerade abgebildet. Die Klassifizierungs- bzw. Gruppengrenzen sind mit den Toleranzgrenzen T_u und T_o bezeichnet, bilden den Toleranzbereich und werden mit (15.5) berechnet.

$$T_u = \left(Z_i^1 + Tol\right) \quad T_u = \left(Z_i^2 + Tol\right) \tag{15.5}$$

Punkte, die unterhalb von T_u oder oberhalb von T_o abgebildet werden, liegen außerhalb des Toleranzbereiches, gehören nicht zur MF und sind Ausreißer.

15.3.2 Zuordnungsgrad klassifizierter Messdaten

Mit dem in Abschn. 14.3.3.2 beschriebenen Verfahren kann auch eine Klassifizierung der Eingangsinformation X vorgenommen werden. Dazu muss pro Gruppe je eine Faktorenmatrix $\underline{F}$ und eine Darstellungsmatrix $\underline{Z}$ gebildet werden, deren Werte wie in Abschn. 15.3.1 zu ermitteln sind. In Abb. 15.8 beinhaltet die Matrix $\underline{F}_1$ Faktoren zur Abbildung der ersten Datenmenge (grau gekennzeichnete Menge) im Y-Raum auf Kreis 1 im Z-Raum bzw. beinhaltet die Matrix $\underline{F}_2$ Faktoren zur Abbildung des zweiten Datenbereichs im Y-Raum auf Kreis 2 im Z-Raum. Die jeweilige Klassifizierungsgrenze wird mit dem zugehörigen Toleranzkreis gebildet. Der Ort der Abbildung im zwei-

[4] Wenn $r_a < r_T$, dann $r_{gespiegelt} = 2r - r_a$.

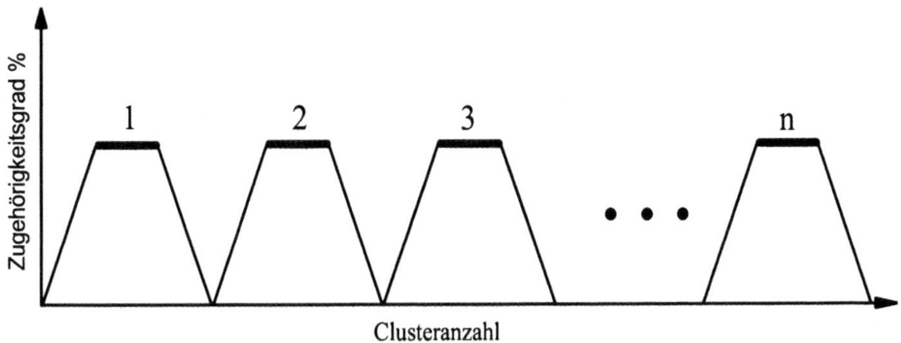

Abb. 15.9 Darstellung der Zuordnung als Trapezformat

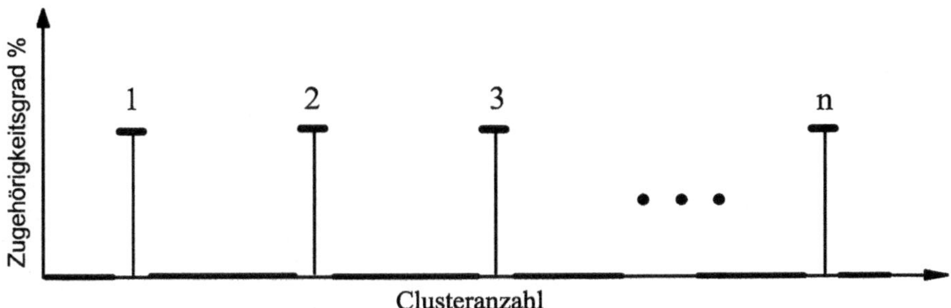

Abb. 15.10 Darstellung der Zuordnung als Balkenformat

dimensionalen Raum ist durch die Kalibrierpunkte in Matrix $\underline{Z}_1$ für Kreis 1 bzw. Matrix $\underline{Z}_2$ für Kreis 2 usw. bestimmbar. Außerhalb der Mengen bzw. der Toleranzkreise liegende Punkte gehören zu keiner Klasse und werden in der Trainingsphase als Ausreißer interpretiert. In der Arbeitsphase wird für Punkte, die außerhalb des Toleranzbereiches liegen, ein Zugehörigkeitsgrad 0 …1 angegeben.

Toleranzbereich Der Toleranzbereich berechnet sich nach der Varianz der jeweiligen Gruppe und legt den Randbereich bzw. den rezeptiven Bereich der Häufung fest. Innerhalb dieses rezeptiven Bereiches ist der Zugehörigkeitsgrad gleich eins. Außerhalb nimmt er mit dem euklidischen Abstand zur Gruppe ab. In der Mitte der Strecke zwischen zwei Gruppen ist der Zugehörigkeitswert −0 z. B. in Richtung der links gelegenen Gruppe und dann +0 in Richtung der rechts gelegenen Gruppe auf der Strecke. Die Toleranzbereiche in den Abb. 15.7 und 15.8 bzw. die mit Gruppennummern und fett gezeichneten Linien gekennzeichneten Bereiche in Abb. 15.9 stellen den rezeptiven Bereich dar. Der Abstand eines DPs von der fett gezeichneten Linie (liegt auf der Linie,

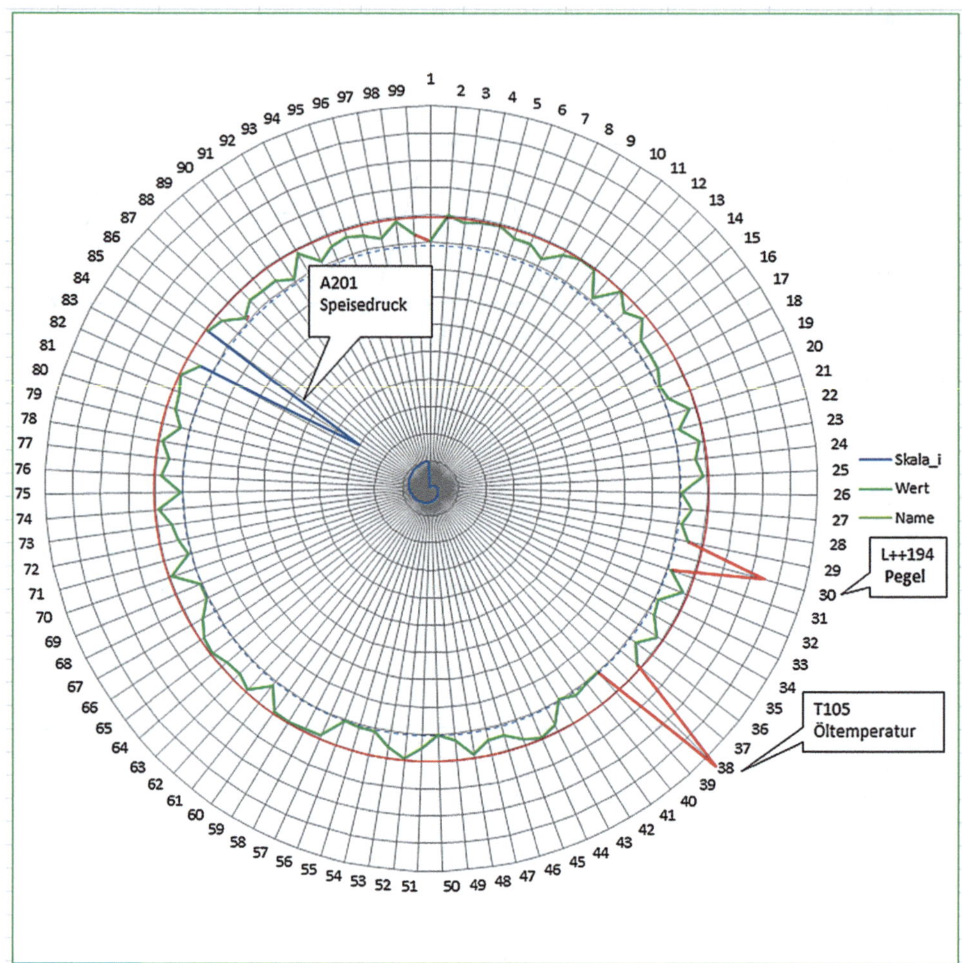

Abb. 15.11 Darstellung der Zuordnung als Polardiagramm

ZG = 1) bis zur Nulllinie (liegt auf der Nulllinie ZG = 0) wie in den Abb. 15.9 und 15.10 gibt den Zugehörigkeitsgrad zur jeweiligen Gruppe und damit den Übereinstimmungsgrad an. Auf diese Weise ist es möglich, Punkte, die keine volle Übereinstimmung aufweisen, ihrer Ähnlichkeit entsprechend zuzuordnen. Die Nulllinien der Gruppen in Abb. 15.8 können Kreislinien um die jeweilige Gruppe sein. Die Radien sind so gewählt, dass diese Kreislinien sich exakt zwischen zwei benachbarten Gruppen berühren.

15.4 Visualisierung der Messdaten

Wie in den Abb. 15.4 und 15.8 dargestellt, ist es möglich, Eingangsinformationen verschiedensten Kalibrierkurven bzw. Gruppen in gemeinsamen Diagrammen zuzuordnen und mit den Eingangsinformationen in Beziehung zu setzen. Mögliche Darstellungen sind in den Abb. 15.9, 15.10 und 15.11 aufgezeigt. In Abb. 15.9 ist jede Gruppe in Form eines Trapezes oder eines Zeigers abgebildet. Bei 100 % Zugehörigkeit (100 % = Zugehörigkeitsgrad 1) zur Gruppe bildet das System die APs auf der 1-Linie des Trapezes (Plateau) oder des Zeigers ab, in allen anderen Fällen weiter unten oder seitlich davon. Die y-Achse gibt den Grad der Zugehörigkeit an. In Abb. 15.10 ist zu beachten, dass die Ausdehnung über dem Strich nicht null ist. Damit die Generalisierung im Z-Raum durchgeführt werden kann, muss der Strich eine definierte Länge zur Aufnahme der Trainingspunkte, wie in Abb. 15.2 dargestellt, aufweisen. Abb. 15.11 ist ein Polardiagramm und bietet die Möglichkeit, eine sehr große Anzahl von Zuständen in einem Diagramm zu visualisieren. Wenn alle Zustände im Sollbereich (grüner Bereich) liegen, bilden die dargestellten Datenpunkte dieser Zustände einen Kreis. Je mehr Zustände abweichen, desto deformierter erscheint der Kreis. Solche Diagramme werden zur Anlagenüberwachung genutzt. Irreguläre Zustände können mit einem Blick erkannt und durch entsprechende Anzeigen im Diagramm lokalisiert werden. Am Ende von Abschn. 5.4 wird ein Polardiagramm für die Überwachung von Maschinen und Anlagen vorgeschlagen.

Zuordnung von Ursache und Wirkung Weiterhin besteht die Möglichkeit, für Bereiche der Kalibrierkurve, z. B. von Wert Z_i nach Z_{i+1}, die korrespondierenden Positionen X_i und X_{i+1} der Eingangsvektoren im X-Raum und damit auch die korrespondierenden Änderungen von Punkt zu Punkt der Kalibrierfunktion anzugeben.

Jeder Trainingspunkt i ist im X-, Y- und Z-Raum genau definiert. Generalisierte Anfragepunkte X_a stehen mit den Anteilen der Gewichtskomponenten W_{aj} und $\widetilde{W}_{aj}$ in jedem Raum über die NN-Punkte in Beziehung. Mit diesen Beziehungen kann die Wirksamkeit bestimmter Eingangskomponenten auf den Ausgang und umgekehrt untersucht werden (Isometrie). Eine zweite Möglichkeit bietet die Liste der TP_i, geordnet mit Index i der Skala-i, die die Zuordnung der TPs im X-, Y- und Z-Raum ermöglicht. Diese besonders einfache Variante wird beim MAE-Verfahren genutzt.

Besonderheit bei der Dimensionsreduktion, Ursache und Wirkung Um die Rücktransformation ausführen zu können, müssen jedoch alle Eigenvektoren der Verbindungsmatrix $\underline{M}$ bekannt sein. Dann liegt auch isometrisches Verhalten bezüglich des X- und Y-Raums vor. Für die Hintransformation bzw. die Bildung der Transformationsmatrix V werden bei NOP nur die ersten beiden linken Eigenwerte (Mode 1 und 2) genutzt. Die vollständige Ermittlung bzw. Speicherung aller Eigenwerte ist für die Dimensionsreduktion nicht erforderlich [1].

Zusammenfassung Mit der Verarbeitungseinheit Skalierung und Anpassung, die ein überwacht trainierbares konnektionistisches System darstellt, wurden in der Trainingsphase die im Y-Raum eingebetteten Trainingsdaten zu einer Kalibrierkurve im Z-Raum in Beziehung gesetzt. Dazu wurden diesem KNN als Eingangswerte die den Eingangsvektoren $\mathbf{x}_i$ zugeordneten Trainingsdaten des Y-Raums und als Ausgangswerte die zugehörigen Daten der gewünschten Kalibrierkurve im Z-Raum präsentiert, die Transformationswerte, die aus Faktoren bestehen, ermittelt und in der Faktorenmatrix $\underline{F}$ für jede Kalibrierkurve gespeichert. In der Arbeitsphase erfolgte für neue, nicht trainierte Anfragepunkte Y_a im Y-Raum die NN-Suche der NN-Punkte Y_j und die Ermittlung der zugehörigen Gewichte $\widetilde{W}_{aj}$. Mithilfe einer Linearkombination, bei der ausschließlich Wichtungen der TPs des TDS zum Einsatz kommen, werden die neuen Messwerte auf der Kalibrierkurve im Z-Raum generalisiert. Um festzustellen, ob diese neuen Punkte im rezeptiven Bereich liegen, wurden verschiedene Wege zur Darstellung von Ausgangsfunktionen vorgestellt. Diese sind so abgestimmt, dass einerseits die Arbeitseinheit bezüglich ihrer Rechenkapazität wenig belastet wird und andererseits aussagekräftige Visualisierungsmöglichkeiten geschaffen werden.

Literatur

1. Sartorius G (2009) Multivariate Adaption mit modularisierten künstlichen neuronalen Netzen: Zugl.: Hagen, Fernuniv., Fachbereich Elektrotechnik, Diss., 2009, Fortschritt-Berichte VDI Reihe 10, Informatik/Kommunikation, Bd 799, als ms. gedr edn. VDI-Verl., Düsseldorf

16 Diversitäre Messmethoden

Bei Klassifizierungsverfahren möchte man ein Objekt nicht nur mit einer Art Messsystem, sondern charakteristische Muster auf der Basis verschiedener physikalischer Effekte messen und verarbeiten können, um durch Kombination der gewonnenen Klassifizierungsergebnisse schnell und sicher Aussagen zu erhalten. Während der Trainingsphase wird durch Optimierung diejenige NN-Anzahl zur Einstellung der Komplexität bzw. der Feinstruktur des Modells für jede Gruppe von Messdaten festgelegt, mit der die größte Klassifizierungsleistung erreicht wird. Der TDS bleibt bei diesem Vorgang unverändert erhalten. Dabei ist anzumerken, dass jeder Trainingsdatenpunkt X_i durch seine NN mit Gewichtskombinationen rekonstruiert und in gleicher Weise auch ein neuer Anfragepunkt X_a in die Struktur der MF oder deren Umgebung abgebildet wird.

Der Vorteil liegt zum einen in der vollständig automatischen Erzeugung der optimalen Gewichtsparameter, wodurch die oft auf Heuristiken basierende manuelle Einstellung von Modellparametern nicht erforderlich ist. Weiterhin ist durch die auf statistischen Kennwerten basierende eingeprägte maximale Distanz von DP zu DP die Möglichkeit gegeben, den TDS ausreißerfrei zu erstellen. Es wurde die Möglichkeit geschaffen, komplexe Gruppen mit verschiedenen Arten von Messungen zu erstellen und verschiedene Arten von Messungen nebeneinander auszuwerten. Die Ergebnisse dieser Klassifizierungen stehen als Daten zur Verfügung und können miteinander kombiniert werden, sodass mit dem Verknüpfungsergebnis (VKE) eine Gesamtaussage angegeben wird. Die Einzelergebnisse sind rückverfolgbar, und es ist dadurch möglich, die Entstehung des VKE nach dem Ursache-Wirkungs-Prinzip zu untersuchen.[1]

[1] Voll transparentes Modell in Abschn. 1.6.

G. Sartorius, *Erfassen, Verarbeiten und Zuordnen multivariater Messgrößen*,
https://doi.org/10.1007/978-3-658-41451-1_16

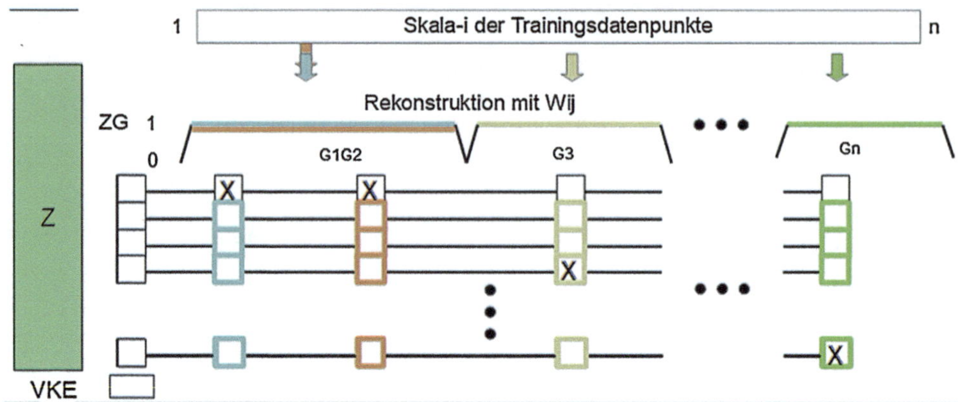

Abb. 16.1 Klassifizierungsergebnisse der Messkanäle und das Verknüpfungsergebnis VKE

16.1 Hybride Messstrukturen

Bei Klassifizierungsaufgaben müssen oft Tausende von Messungen pro Sekunde durchgeführt werden, um festzustellen, ob Treffer für ein zu suchendes Objekt in einem bestimmten Bereich des Objektes vorliegen. Dazu ist es notwendig, schnelle Messverfahren mit hochgenauen langsameren zu kombinieren, um Effektivität und Genauigkeit in Form einer gestaffelten Messung praxisgerecht ausbalancieren zu können [1]. Eine gestaffelte Messung umfasst beispielsweise ein schnelles Messverfahren für die Schnellabtastung (z. B. NIR-Spektroskop) in Verbindung mit einer Präzisionsabtastung (z. B. Raman-Spektroskopie). Mit der Schnellabtastung wird geprüft, bei welchen Koordinaten die länger andauernde Präzisionsabtastung durchgeführt werden kann, um die erste Messung zu bestätigen oder als nicht zutreffend zurückzuweisen. Auf diese Weise werden niedrigere Gesamtmesszeiten erreicht, die ein zeiteffizientes Messen z. B. bei der Untersuchung größerer Flächen ermöglicht [3]. In anderen Fällen, wie etwa bei der Mustererkennung, können für ein und dasselbe Objekt verschiedene Trainingsmengen vorliegen. Beispielsweise existieren für die Zahl *Fünf* auditiv und visuell erfasste Daten wie in Abb. 11.8. Liegt ein Wert Xa im rezeptiven Bereich des komplexen Modells, so liegt Übereinstimmung vor. Diese und andere Kombinationen können übersichtlich und effizient mit der in Abb. 16.1 abgebildeten Auswertestruktur in Verbindung mit den in Abschn. 16.2 vorgestellten Interpreteranweisungen zur Realisierung eines Kommandoprogramms, das die Steuerung der Module des adaptiven Systems ausführt, realisiert werden.

16.2 Interpreteranweisungen zur Gestaltung der Auswertung

Interpreteranweisungen, die in Form einer Liste mit dem jeweiligen Klassifizierungsobjekt bzw. jeder Klassifizierungsaufgabe verwaltet und angewendet werden können, sind hilfreich für den Anwender, um in komplexeren Klassifizierungssystemen Auswerteszenarien gestalten zu können, ohne die Programmierung des Klassifizierungssystems zu kennen oder verändern zu müssen. Eine Beispielliste mit Interpreteranweisungen befindet sich in Abschn. F.6 in den Tab. F.6 und F.7. Der Kommandointerpreter zur Umsetzung der Anweisungen ist im Zielsystem implementiert. Informationen zum Kommandointerpreter, Interpreteranweisungen und ein Anwendungsbeispiel befinden sich in Anhang F.6. Durch die kanalorientierte und modulare Gestaltung des adaptiven Systems können mit diesen Anweisungen Module ausgewählt, verknüpft und die Klassifizierungsergebnisse in verschiedenen Darstellungen angezeigt werden. Für eine Anwendung kann die Liste mit den Anweisungen so lange verändert werden, bis das Auswerteszenario festliegt. Mit dieser letzten Einstellung wird dann gearbeitet.

16.3 Verwaltung der Klassifizierungsergebnisse

Die Daten der unterschiedlichen Messverfahren stehen am Eingang an. Durch die Auswahl des entsprechenden Kanals wird die jeweilige Auswertung gestartet. Die Ergebnisse werden dann mit Interpreteranweisungen ausgewertet. Dies können logische Verknüpfungen zur Bestimmung des Verknüpfungsergebnisses oder Anweisungen für Messabläufe sein. Im Beispiel *Schnellabtastung* (Fast-Scan) mit Kanal 2: Wenn Treffer, dann *Präzisionsabtastung* (Precision-Scan) mit Kanal 4, sonst Abbruch. Die Verknüpfungen für das VKE und die Abfolge der Scans sind im Bereich Verwaltung der Messdaten *VMD* in Form von Interpreteranweisungen hinterlegt und Teil des Modells M. Dessen Elemente sind in Tab. 18.3 aufgeführt. Ein Vorschlag für die Verwendung einer Datenbank zur Verwaltung der Modelle M der Messobjekte befindet sich in Patent DE 10 2008 054 345 B4 [2] und im folgenden Abschnitt.

16.4 Adaptives System zur Klassifizierung

Ein adaptives System zur Detektion biologischer Stoffe und anderer Substanzen, das aus einer lernfähigen, als zentraler Einheit ausgeprägten Vorrichtung besteht, die mit multiplen transportablen Einheiten in Verbindung steht, kann mit den im Folgenden unter den Punkten 1–6 beschriebenen Realisierungsaspekten erstellt werden.

1. Verfahren und Vorrichtung zur Detektion biologischer Stoffe und anderer Substanzen, wobei die Vorrichtung aus ständig oder temporär mit einer zentralen Einheit in Verbindung stehenden Einheiten und das Verfahren aus den Schritten
   (a) Messung charakteristischer Merkmale und Konzentration der Substanzen mit einer Messeinheit und Bereitstellung der Messergebnisse in Form parametrisierter Kurven, wie z. B. Spektren,
   (b) Ausreißerentfernung und Datenaufbereitung,
   (c) Training der zentralen Einheit mit den vorliegenden Messdaten, die verschiedene zu detektierende Substanzen repräsentieren,
   (d) Erstellung von Modellen für diese Substanzen,
   (e) Übertragung der Modelle in die transportablen Einheiten,
   (f) Erfassung und Verarbeitung neuer Messdaten in den transportablen Einheiten, sodass diese neuen Daten den trainierten Klassen visuell und graduell zugeordnet werden können,
   (g) Sammlung neuer Messdaten in den transportablen Einheiten und Übertragung zur zentralen Einheit zum Zwecke späterer Verarbeitungen sowie
   (h) Anpassung des Modells mit neu vorliegenden Daten und anschließende Übertragung in die transportablen Einheiten

   besteht und mit dieser Anordnung die Modelle adaptiert und die Substanzen detektiert werden.
2. Verwendung einer Klassifizierungsmethode für das Verfahren, die dem Konzept *Ensemble von Erwartungswerten*[2] folgt und die im Teil 1 des Buches beschriebenen Anforderungen erfüllt, wobei die Zugehörigkeit zu jeder trainierten Gruppe wie in Abb. 15.9 dargestellt in Form eines Trapezes so abgebildet wird, dass bei einhundertprozentiger Zugehörigkeit die Arbeitspunkte (AP) auf der 1-Linie des Trapezes mit dem Zugehörigkeitsgrad eins, in allen anderen Fällen aber weiter unten oder seitlich davon abgebildet werden und die y-Achse den Grad der Zugehörigkeit mit Gl. (8.4) angibt.
3. Verwendung verschiedener Messverfahren für das adaptive System, wobei jede Messeinheit ME der Anordnung in Abb. 5.1 entspricht und für verschiedene Einsatzfälle mit unterschiedlichen Messverfahren ausgerüstet werden kann, um die Detektionseinheiten optimal auszustatten und die Vorteile der unter Abschn. 16.1 beschriebenen hybriden Messstrukturen nutzen zu können.
4. Verwendung der in Abschn. 4.4 beschriebenen und in Abb. 4.2 dargestellten Organisationsstruktur und des unter den Abschn. 16.2 und F.6 beschriebenen Kommando-Interpreters, um das adaptive System applikationsspezifisch gestalten zu können.

[2] Nach dem Konzept *Ensemble von Erwartungswerten* in Abschn. 7.6 besteht die Datengruppe zur Repräsentation eines Objektes oder Zustandes aus mehreren Messreihen oder Untergruppen.

5. Verwendung der in Kap. 12 beschriebenen Datenaufbereitung und Ausreißererkennung, um Ausreißer auszuschließen, damit die Voraussetzungen für die nachfolgenden Verarbeitungen im X-,Y- und Z-Raum (Teil 2 des Buches) bezüglich numerischer Stabilität und Präzision bei der Generalisierung gegeben sind.
6. Verwendung einer Datenbank für das Verfahren, das alle Modelle der trainierten Objekte lexikalisch verwaltet, wobei die Datensätze für die stoffspezifischen Eigenschaften aus den ermittelten Wavelet-, anderen Koeffizienten und Messwerten, Kennungen für die verwendeten Messverfahren und zugehörigen Kalibrierdaten bestehen (Modell M).

16.5 Anwendungen

Ein Beispiel für die Kombination von Spektralwerten und Messwerten wäre ein Eiswarner: Bilddaten der Oberfläche zur Bestimmung der Emissionskonstante k in Kombination mit dem Messwert eines Pyrometers. Weitere Realisierungsbeispiele sind in Abschn. 20.4 aufgeführt.

Literatur

1. Ahlers H, Waldmann J (1997) Mikroelektronische Sensoren. Springer-Verlag, Berlin, Heidelberg
2. Halang W, Gerhard,Sartorius, Dipl-Ing, Talbot S (2013)
3. Mandal O (1999) Erstellung und Validierung einer kombinierten NIR/Raman-Bibliothek zur Identitätskontrolle organischer und anorganischer Substanzen. (https://mediatum.ub.tum.de/doc/1356861/1356861.pdf)

Simulation und Test

17

Dieses Kapitel stellt den Test des Entwurfs und seine Optimierung mit synthetischen Daten vor. Die Abbildungstreue der Dimensionsreduktion und der Z-Transition in Abhängigkeit unterschiedlich verrauschter Datensätze wird für das NOP-Verfahren zur Dimensionsreduktion (unüberwacht trainierbares KNN) in Verbindung mit der Einheit SA (überwacht trainierbares KNN), der Z-Transition (d) und für die Z-Transition (D) bezüglich Stabilität und Genauigkeit untersucht. Diese Anordnung entspricht der kombinierten KNN-Methode (Kombination aus einem unüberwacht (DR) und einem überwacht (SA) trainierten KNN) und stellt die maximale Anforderung bezüglich der Abbildungstreue dar. Dazu sind als Eingangsdaten alle in Tab. 8.3 angegebenen Messwertarten möglich. Zur Simulation der Trainingsphase werden der Lernmaschine mit einem Funktionsgenerator erzeugte synthetische Daten als Trainingsdatenpunkte zur Verfügung gestellt. Zum Test der Arbeitsphase wird ihr ein ebenso erzeugter Testdatensatz, der aus neuen untrainierten Datenpunkten besteht, präsentiert. Generalisierungsfähigkeit, Genauigkeit der Abbildung und damit des Verfahrens sind aus den erzielten Abbildungsergebnissen deduzierbar. In der Arbeitsphase kommen dabei zwei verschiedene Methoden zur Bestimmung der Rekonstruktionsgewichte zum Einsatz, die sich hinsichtlich des Aufwandes unterscheiden und verschiedene Vorteile bezüglich möglicher Anwendungen bieten.

G. Sartorius, *Erfassen, Verarbeiten und Zuordnen multivariater Messgrößen*,
https://doi.org/10.1007/978-3-658-41451-1_17

17.1 Codierung

Die in Pseudocodefragmenten dargestellten Prozeduren zur Realisierung der Lernmaschine sind im Folgenden in zwei Tabellen zusammengestellt.[1] Die Kapitel der ausführlichen Beschreibung der Pseudocodefragmente Simulation und Test, sind in den Tabellen angegeben. In diesen Kapiteln sind auch die mathematischen Zusammenhänge beschrieben. Der Programmcode der nachstehend erläuterten Softwaremodule zur Simulation wurde wie die angegebenen Codefragmente strukturiert.

17.1.1 Pseudocode des Moduls Trainingsphase

Der angegebene Pseudocode ist in der Programmiersprache *Matlab* programmiert. Das Programm zur Simulation der Trainingsphase mit synthetischen Daten befindet sich vollständig in einem Personal Computer (PC) und wird dort ausgeführt. Dieser bildet damit die Lerneinheit, in der das Softwaremodul Trainingsphase während der Simulation läuft.

17.1.2 Pseudocode des Moduls Arbeitsphase

Die Simulation der Arbeitsphase mit synthetischen Daten geschieht im gleichen PC wie die Trainingsphase. Dieser bildet damit auch die Arbeitseinheit, in der das Softwaremodul Trainingsphase während der Simulation läuft.

17.2 Simulation

Abbildung von Messdaten, die einer Messsituation $X_i^D = f(x^D)$ entsprechen. Dabei repräsentiert x^D eine veränderliche Größe, die mit D multivariaten Sensorwerten einen Trend eines sich kontinuierlich verändernden Vorgangs repräsentiert. Bei den folgenden Simulationen der Eingangsdaten ist D = 7. Diese kontinuierlich veränderten multivariaten Eingangsdaten werden im Z-Raum auf verschiedenen Ausgangskurven abgebildet, um die Abbildungstreue mit synthetischen Eingangsdaten zu demonstrieren. Dabei wird auch untersucht, wie sich verrauschte Daten auf die Abbildungstreue auswirken. Dieser Vorgang entspricht einer Fusion von Sensordaten. Bei der Klassifizierung handelt es sich um Eingangsdaten, die einem bestimmten Messereignis zu

[1] Im Pseudocode dargestellte Softwaremodule sind unabhängig von Programmiersprachen und ermöglichen es dem Leser, auch ohne spezielle Programmiersprachenkenntnisse die Programmabläufe zu verstehen.

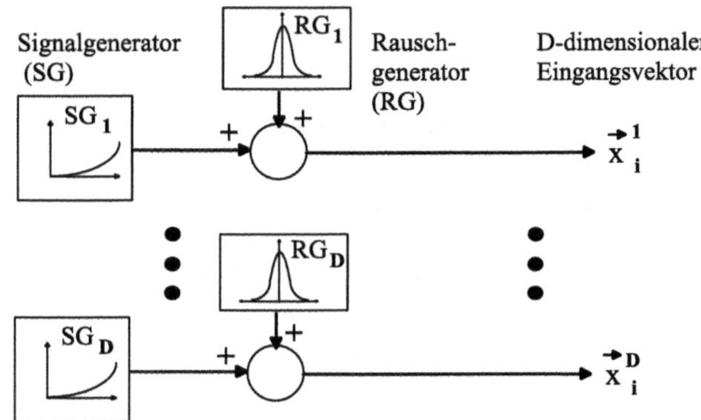

Abb. 17.1 Testaufbau zur Simulation von Eingangssignalen $\mathbf{x}_i$

einem Zeitpunkt vorgegeben sind. Diese Messdaten sind nach einem Distanzkriterium auf der eindimensionalen Skala-i angeordnet und variieren minimal im Falle verschiedener Messereignisse. Ein solcher Fall liegt vor, wenn beim Messen mit einem Spektrometer sich aufgrund systembedingter Einflüsse wie beispielsweise einer Veränderung der Bestrahlungsstärke oder aufgrund biologischer Einflüsse die Spektralwerte um einen Mittelwert schwanken. Solche Messereignisse werden, wie in Abschn. K.4.1 beschrieben und in den Abb. 12.15 und 12.16b dargestellt, als sogenanntes *Ensemble von Erwartungswerten* verarbeitet. Die Punkte X_i werden korrespondierend zur Skala-i im Z-Raum auf die Ausgangskurve, z. B. auf eine Trapezform, abgebildet.

Um den Test des Entwurfs mit synthetischen Daten durchzuführen und um die Abbildungsgenauigkeit bei verschiedenen Szenarien untersuchen zu können, wurde die in Abb. 17.1 dargestellte Teststruktur realisiert. Die Signalgeneratoren 1, …, D liefern beliebige Eingangssignale, die so gestaltet werden können, dass ein bestimmter Krümmungswert der Kurvenzüge *(WMaxAbWei)*[2] in keinem der Signalgeneratoren überschritten wird. Da keine Lücken existieren und die Kurven glatt sind, genügen die so erzeugten Daten den Vorgaben zur Glättung in Abschn. 7.3. Die in Abschn. 7.5 beschriebene Spline-Interpolation zur Glättung von Kurvenzügen ist somit für die hier durchgeführte Simulation nicht erforderlich. Um die Stabilität des NOP-Verfahrens und die mittelnde Eigenschaft im Bereich der NN zu testen, kann an den jeweiligen Summationspunkten ein Rauschsignal R_G addiert und die Krümmung stärker als der Wert *WMaxAbWei* eingestellt werden. Die Einzelsignale $x_i^1, \ldots, x_i^D$ bilden den Eingangsvektor $\mathbf{x}_i$, wobei m die Dimensionen des X-Raumes angibt. Das Rauschsignal wurde dazu mit einem Zufallszahlengenerator erzeugt. Dabei entsteht ein additives weißes Rauschsignal mit normalverteilten Rauschamplituden. Mit diesen Signalen konnten die

[2] Maximaler Gradient von Punkt X_i^m zu Punkt X_{i+1}^m, Definition von *WMaxAbWei* in Abschn. 7.5.

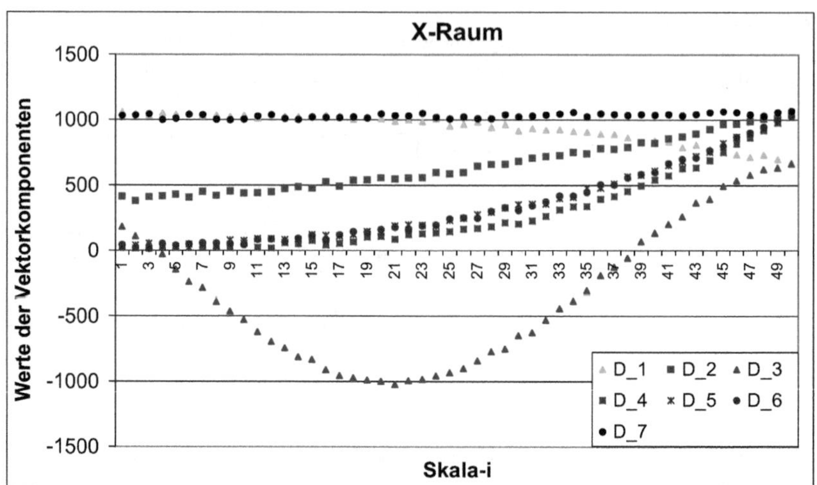

Abb. 17.2 Eingangssignale $\mathbf{x}_i$ mit einem additiven Rauschanteil mit dem Wert 5

Approximationseigenschaften der Dimensionsreduktion im Bereich der NN und die dazu erforderliche Anzahl von NN untersucht werden [1].[3]

17.2.1 Trainingsphase mit synthetischen Daten

Um die Leistungsfähigkeit des Verfahrens zu testen und um die Abbildungsgenauigkeit bei verschiedenen Szenarien untersuchen zu können, wurden fünfzig siebendimensionale Trainingsvektoren mit dem in Abb. 17.1 gezeigten Signalgenerator erzeugt. Zu jedem dieser Kurvenzüge (SG_1, …, SG_7) wurde ein gaußverteiltes Rauschen (RG_1, …, RG_7) von maximal 5 Einheiten addiert, um festzustellen, bis zu welchem Rauschanteil eine sinnvolle Verarbeitung möglich ist und bei welchem kritischen Rauschpegel der Abbildungsfehler stark ansteigt. Die Kurvenzüge dieser 50 Trainingsvektoren sind in Abb. 17.2 dargestellt.

Zur Einbettung der Trainingsdaten mit dem Modul *Trainingsphase* (Tab. 17.1) in den Y-Raum wurden $K=4$ NN gewählt. Abb. 17.3 zeigt die Lage der Trainingspunkte im Y-Raum.

Zu große Gradienten von TP zu TP führen zu geringer Präzision bei der Einbettung in den Y-Raum und können zu Instabilitäten bei der Eigenwertanalyse führen. Um die maximal zulässigen Gradienten von Trainingspunkt zu Trainingspunkt zu bestimmen, wurde die Kurvenschar in Abb. 17.4 mit zunehmender Krümmung im X-Raum gebildet und die Trainingsphase mit $K=4$ NN ohne Addition eines Rauschanteils durchgeführt.

[3] Die NN-Anzahl wird mit der Prozedur in Abschn. 7.5.2 automatisch bestimmt.

Tab. 17.1 Pseudocode, Gesamtübersicht Trainingsphase der Simulation

Modul	Trainingsphase
Tab. 9.1	Abschn. 9.7, Trainingsvektoren $\mathbf{x}_i^m$ bilden
Fragment 2	Daten des Eingangsvektors $\mathbf{x}_i$ einlesen
Fragment 3	Wavelet-Transformation
Fragment 4	Koeffizientenauswahl
Fragment 5	Eingangsvektor $\mathbf{x}_i^m$ der Trainingsdaten bilden
Tab. 14.3	Abschn. 11.7, Trainingsdaten den Kalibrierdaten zuordnen
Fragment 1	Ordnen der Trainingsdaten, Ergänzung von Randwertpunkten,
	wenn Gruppierung beabsichtigt
Fragment 2	Zuordnung zur Position auf der Ausgangskurve $\underline{Z}$ bilden
Tab. 7.1	Abschn. 7.5, Glättung, Bildung einer zusammenhängenden MF
Fragment	Parametrische Spline-Interpolation
Tab. 10.5	Abschn. 10.7.3, Dimensionsreduktion Optimierung I,
	Bildung der Gram-Matrix $\underline{M}$
Fragment	Optimierung I, Bildung der Gewichtsmatrix $\underline{\mathrm{M}}$ aller Trainingspunkte
Tab. 10.6	Abschn. 10.7.6, Dimensionsreduktion Optimierung II,
	Bildung der Transformationsmatrix $\underline{V}$ und der Einbettungsmatrix $\underline{Y}$
Fragment	Optimierung II, Einbettung in den Y-Raum mit dem NOP-Verfahren
Tab. 14.4	Abschn. 14.3.3.2, Skalierung und Anpassung mit Modul SA
Fragment	Berechnung der Faktorenmatrix $\underline{F}$

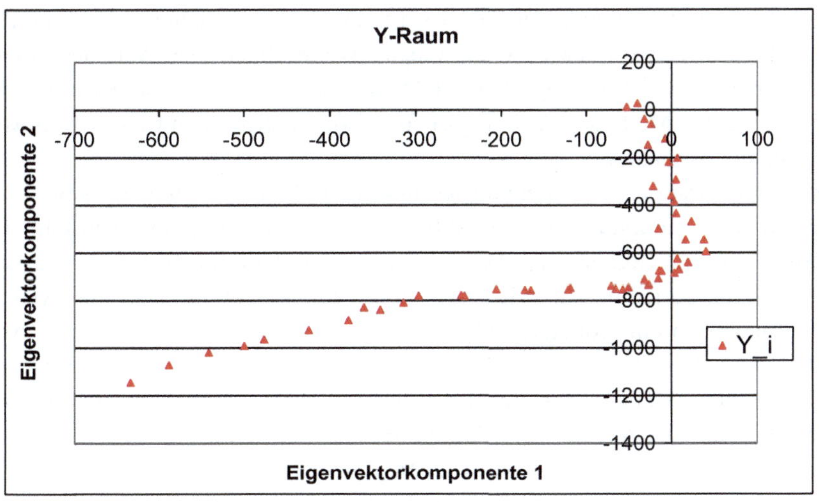

Abb. 17.3 Trainingspunkte im Einbettungsraum

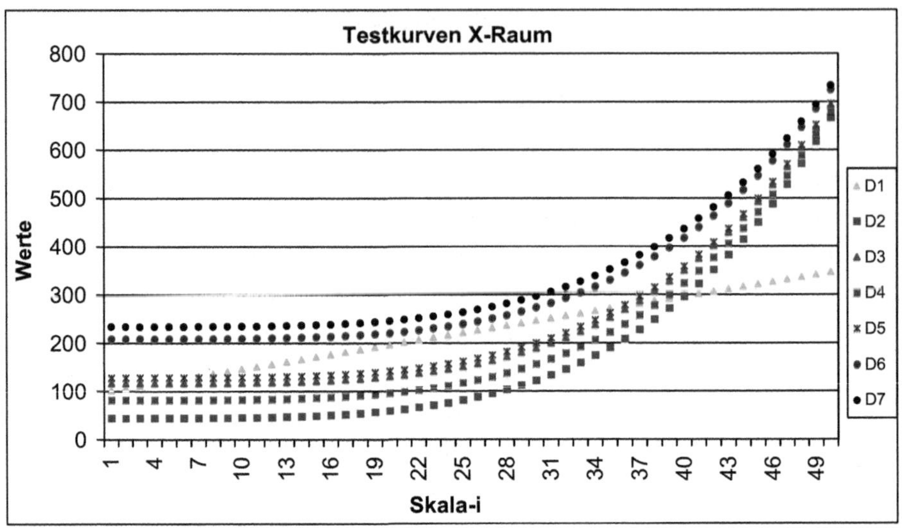

Abb. 17.4 Kurvenschar mit zunehmender Krümmung

Es fand keine Limitierung der Krümmung statt, um die Abweichung als Funktion der Krümmung bilden zu können. Um in der Arbeitsphase nach der Trainingsphase 10 Zwischenwerte im Bereich i = 5, …, 45 im X-Raum zu bilden, erzeugte der Simulator in jeder Dimension linear interpolierte Zwischenwerte $X_a = X_i^m + \frac{X_{i+1}^m - X_i^m}{2}$ für $m = 1, \ldots, D$.

Anschließend wurden diese Zwischenwerte in der Arbeitsphase mit der Z-Transition bei voller und dimensionsreduzierter Dimensionalität abgebildet und die Abweichungen als Differenz zu den theoretischen Werten der Kurve im Z-Raum aufgezeichnet. Ab einem bestimmten Punkt stieg der Fehler stark an. Dieses Verhalten ist in Abb. 17.5 dargestellt. Die Wertetabelle dazu ist im Anhang B einsehbar. Der Wert des Gradienten, bei dem der Fehler stark ansteigt, beträgt 15 und ist unabhängig von der in der Arbeitsphase verwendeten Methode. Die Tab. B.1 für Werte im kritischen Bereich von Abb. 17.5 befindet sich im Anhang B.

Zur Demonstration der Generalisierungseigenschaften wurde in Abb. 17.6 eine Gerade als Kalibrierkurve und in Abb. 17.7 eine Sinusfunktion gewählt. Bei der Abbildung auf die Gerade sind keine zusätzlichen Krümmungen zu beachten. Bei gekrümmten Kalibrierkurven, wie z. B. einer Sinusfunktion, sind die Verhältnisse kritischer und es ist ein größerer Fehler zu erwarten. Dieser Sachverhalt ist in Abb. 14.9 dargestellt. Mit der Abbildung auf die Sinusfunktion wird gezeigt, ob und wie sich der Abbildungsfehler erhöht, wenn bei der Einheit SA gekrümmte Strukturen verwendet werden. Die Zahl der NN bei der Abbildung in den Z-Raum beträgt $K = 4$. Um in der Arbeitsphase nach der Trainingsphase zehn Zwischenwerte im Bereich i = 5, …, 45 im X-Raum zu bilden, erzeugte der Simulator in jeder Dimension linear interpolierte Zwischenwerte $X_a = X_i^m + \frac{X_{i+1}^m - X_i^m}{2}$ für $m = 1, \ldots, D$. Diese untrainierten Anfragepunkte

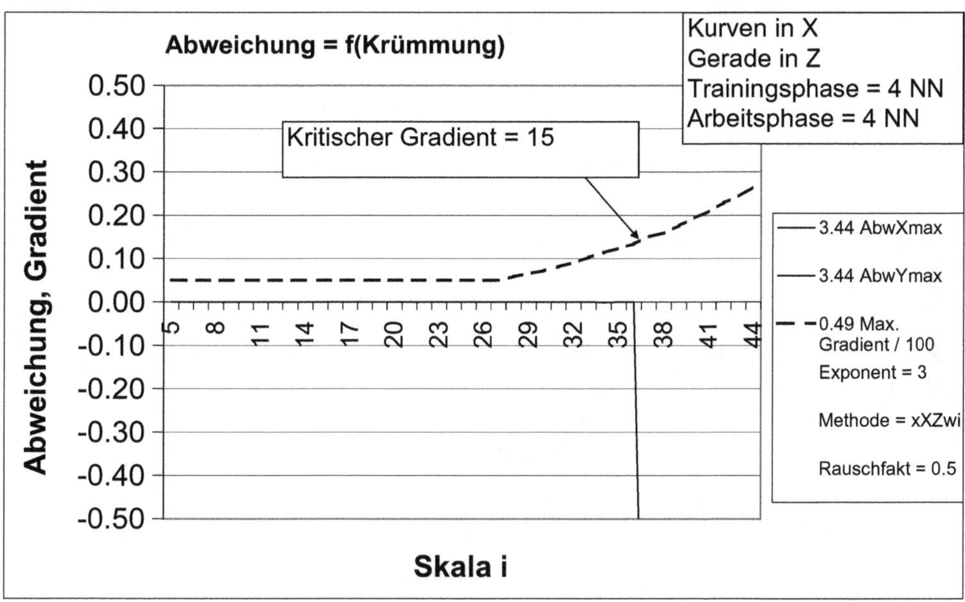

Abb. 17.5 Messung der kritischen Krümmung

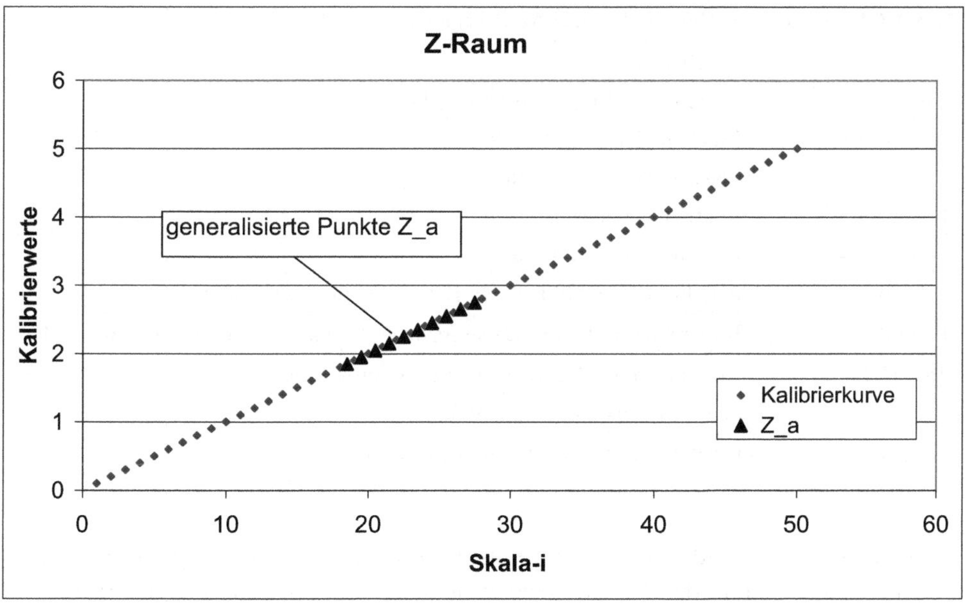

Abb. 17.6 Lineare Funktion als Kalibrierkurve im Darstellungsraum

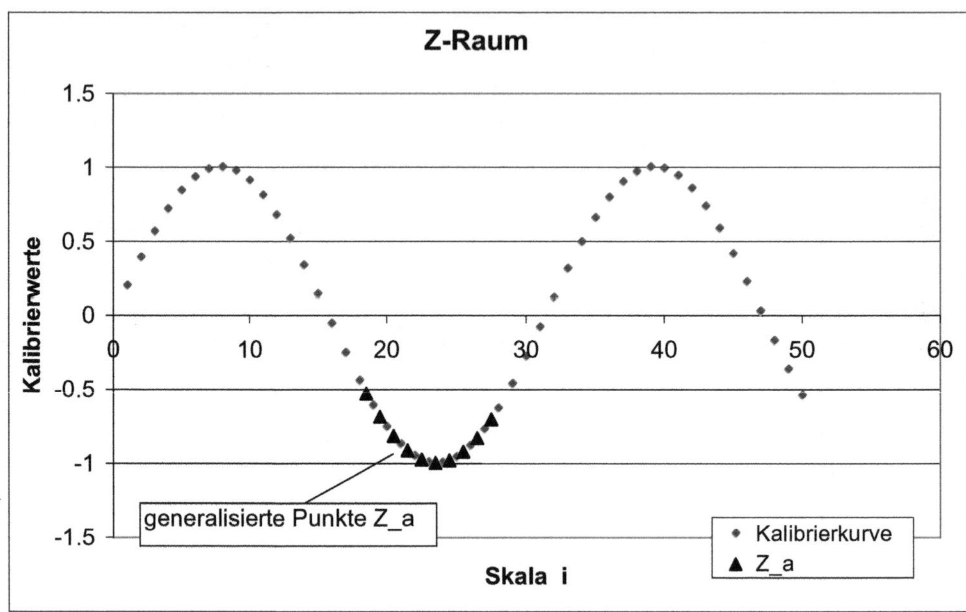

Abb. 17.7 Sinusfunktion als Kalibrierkurve im Darstellungsraum

Tab. 17.2 Pseudocode, Gesamtübersicht Arbeitsphase der Simulation

Modul	Arbeitsphase
Tab. 9.2	Abschn. 9.7, Eingangsvektor $\mathbf{x}_a$ bilden
Fragment 1	Daten des Eingangsvektors $\mathbf{x}_a$ einlesen
Fragment 2	Wavelet-Transformation
Fragment 3	Koeffizientenauswahl
Fragment 4	Eingangsvektor $\mathbf{x}_a$ bilden
Tab. 10.4	Abschn. 10.7.3, Bildung der Rekonstruktionsgewichte von X_a
Fragment	Bildung der Rekonstruktionsgewichte W_{aj} und Normierung $\Sigma_{j=1}^{K} W_{aj} = 1$
Tab. 15.1	Abschn. 14.3.3.2, Einbettung von X_a im Y-Raum
	und Generalisierung im Z-Raum
Fragment	Generalisierung von X_a mit der Z-Transition

X_a wurden anschließend in der Arbeitseinheit mit dem Modul *Arbeitsphase* (Tab. 17.2) verarbeitet und sind in Abb. 17.7 als generalisierte Punkte Z_a gekennzeichnet. In Tab. B.6 im Anhang B sind die Abweichungen dieser Punkte vom Idealwert, der durch die Gerade vorgegeben ist, eingetragen. Der Generalisierungsfehler ist bei voller und dimensionsreduzierter Dimensionalität und anschließender Z-Transition für alle generalisierten Zwischenwerte kleiner als 0,01.

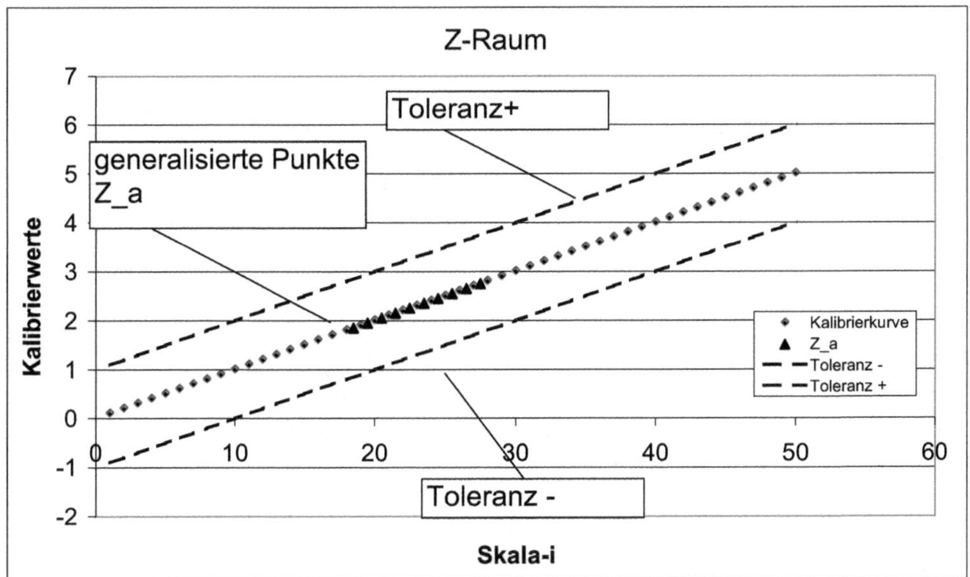

Abb. 17.8 Lineare Toleranzgrenzen

Auf die gleiche Weise wurden die in Abb. 17.6 als generalisierte Punkte Z_a dargestellten untrainierten Anfragepunkte ermittelt, hier jedoch mit dem Unterschied, dass die Kalibrierkurve im Z-Raum eine Sinusfunktion ist. In Tab. B.7 im Anhang sind die Abweichungen dieser Punkte vom Idealwert, der durch die Sinuskurve vorgegeben ist, eingetragen. Der Generalisierungsfehler ist für alle generalisierten Zwischenwerte kleiner als 0,01.

Ebenfalls mit dieser Vorgehensweise wurden zur Demonstration der Klassifizierungseigenschaften die in den Abb. 17.8 und 17.9 dargestellten generalisierten Punkte Z_a ermittelt. Diese Art der Ausreißererkennung ist in Abschn. 15.3.1 in *Toleranztest linear* und *Toleranztest zirkular* beschrieben. Die Abweichungen der Punkte vom Idealwert (der durch den berechneten Kurvenverlauf und den Klassifizierungsbereich vorgegeben ist) für die in den Abb. 17.8 und 17.9 dargestellten Arten der Toleranztests sind ähnlich denen bei der Abbildung auf die Sinusfunktion. Auch hier ergibt sich ein Generalisierungsfehler kleiner als 0,01.

17.2.2 Störeinflüsse

Um die Lernmaschine auch bei der Simulation mit möglichst realistischen Gegebenheiten zu konfrontieren, wurde zu den mit den Signalgeneratoren erzeugten Kurvenzügen ein Rauschsignal addiert.

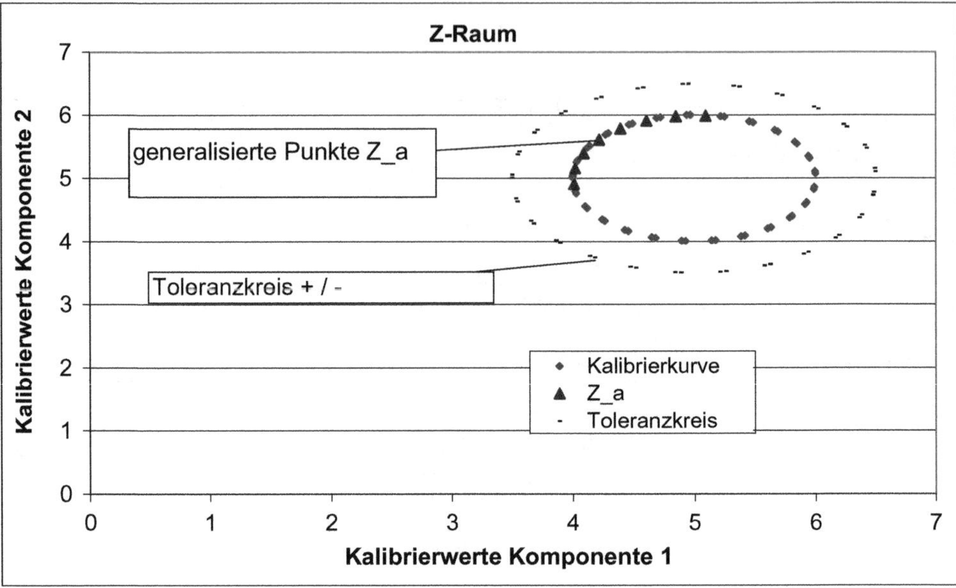

Abb. 17.9 Zirkulare Toleranzgrenze

Erst ab einem bestimmten Grenzwert, der für die normale Darstellung und die dimensionsreduzierte Darstellung der Messdaten in der Arbeitsphase unterschiedlich groß ist, werden die Werte ungenau. In Abb. 17.10 wird der jeweils zugehörige Grenzwert der beiden verschiedenen Methoden, deren Test in Abschn. 15.1 beschrieben ist, gegenübergestellt. Um die in den Abschn. 10.5 und 10.6 geforderten Bedingungen bezüglich Punktedichte einer MF und numerischer Stabilität erfüllen zu können, müssen die in Kap. 7 und speziell unter *Besonderheiten bei spektralen Methoden* beschriebenen Maßnahmen angewendet werden, um Fehler der Lernmaschine ausschließen zu können.

17.2.3 Hohe Rauschpegel

In (10.16) geht die Struktur der Eingangsdaten mit $\underline{X}$ ein. Mit $\underline{X}$ wird zusätzlich gegenüber der LLE-Methode, bei der nur Differenzen in die Gram-Matrix eingehen, die globale Struktur der MF in die Optimierung eingebracht. Simulationen haben gezeigt, dass eine Verbesserung der Genauigkeit bei verrauschten Eingangssignalen erreicht werden kann, wenn in der Randbedingung anstelle von Matrix $\underline{X}$ eine Ersatzmatrix $\underline{XZ}$ mit einer Optimierung verwendet wird. In dieser Ersatzmatrix $\underline{XZ}$ entspricht jedes XZ_i dem Zentroiden der NN von X_i. Die globale Struktur der MF wird so mit weniger Rauschen bei der Optimierung berücksichtigt. Eine weitere Mittelung dieser Zentroiden brachte keine Verbesserung der Genauigkeit. Die kritischen Rauschpegel bei nicht reduzierter (normaler) und dimensionsreduzierter Darstellung der Daten sind in Tab. 17.3

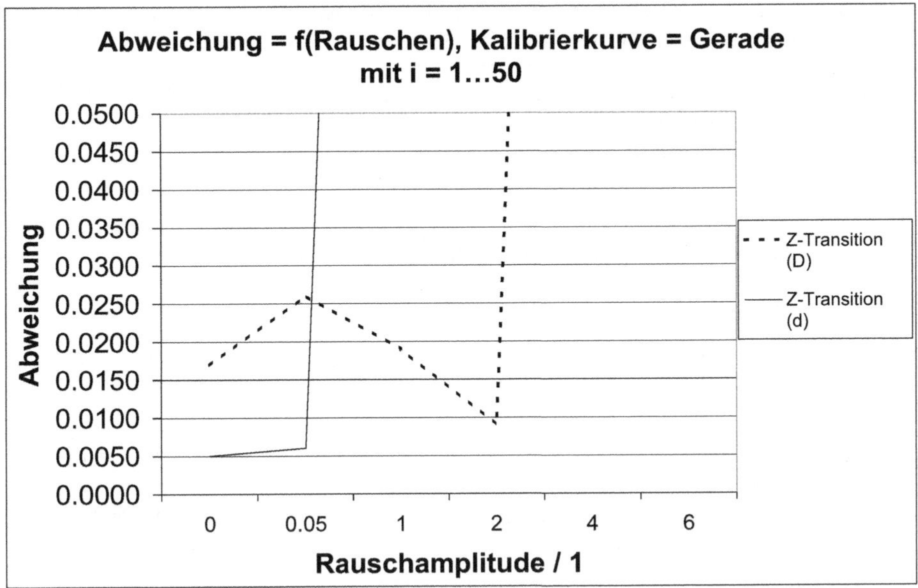

Abb. 17.10 Einfluss des Rauschens auf die Genauigkeit

aufgeführt. In Bezug auf Abb. 17.10 ist der steile Anstieg der Abweichung bei großen Rauschpegeln in Abb. 17.11 explizit dargestellt.

Der Generalisierungsfehler der Lernmaschine konnte für die linear interpolierten Testdaten im X-Raum durch diese Vorgehensweise bei Signalen mit addiertem Rauschpegel von z. B. 0,05 von 0,01 auf 0,0001 minimiert werden. In Tab. 17.4 ist die Genauigkeit der Z-Transition bei voller (D) und dimensionsreduzierter Dimensionalität (d) in Abhängigkeit des Rauschpegels bei Verwendung der Ersatzmatrix $\underline{XZ}$ dargestellt.

Die Anzahl $K = 8$ der NN ist bei der vorgegebenen Krümmung von maximal 10 am besten geeignet. Die Abweichung wird durch eine höhere Anzahl NN zunächst durch deren mittelnde Eigenschaft verbessert, steigt dann jedoch bei weiterer Erhöhung wegen des schlechteren Strukturerhalts der MF[4] infolge zu starker Mittelung wieder an oder verbessert die Werte nicht. Tab. 17.5 zeigt diesen Zusammenhang.

17.2.4 Ungleiche Anzahl der nächsten Nachbarn in Trainings- und Arbeitsphase

Einerseits bewirkt die mittelnde Eigenschaft einer höheren Anzahl NN bei verrauschten Signalen eine Genauigkeitsverbesserung, andererseits entstehen dadurch im Bereich

[4] In Abb. 7.4 ist diese mittelnde Eigenschaft einer höheren NN-Anzahl K dargestellt.

Tab. 17.3 Genauigkeit der Generalisierung mit der Z-Transition für Daten mit voller (D) und dimensionsreduzierter Dimensionalität (d) in Abhängigkeit des Rauschpegels

Arbeitsphase	Kritischer Rauschpegel
Normale Darstellung der Messdaten	2
Dimensionsreduzierte Darstellung der Messdaten	0,05

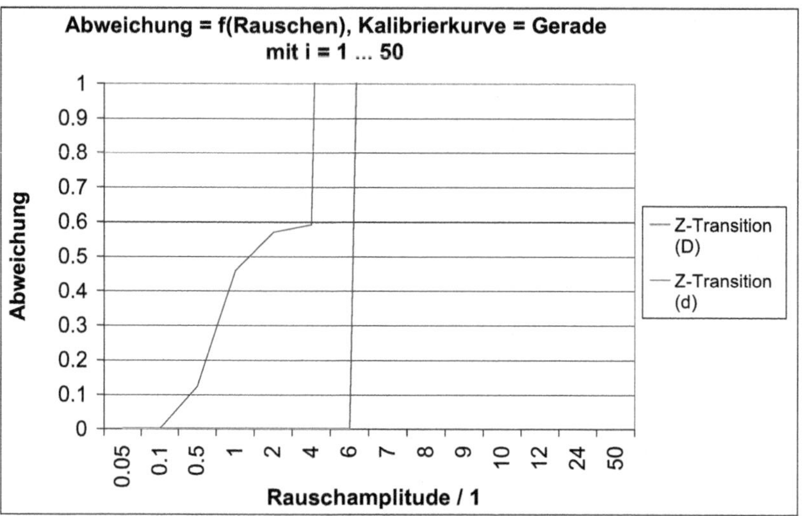

Abb. 17.11 Einfluss des Rauschens auf die Genauigkeit, große Rauschpegel

von Krümmungen der Kalibrierkurve im Z-Raum Generalisierungsfehler, die durch die Linearkombination (15.1) hervorgerufen werden, mit der ein neuer unbekannter Punkt generalisiert wird. Einen Ausweg bietet die Möglichkeit, das KNN zwar mit einer hohen Anzahl NN zu trainieren, jedoch in der Arbeitsphase mit einer geringeren zu generalisieren. Dazu wurde das KNN mit den auch in den vorhergehenden Simulationen verwendeten synthetischen Daten bei einem Rauschpegel von 1, 3, 10 und 100 mit 4, 8, 16, und 20 NN für jede Kombination trainiert. In der Arbeitsphase ist für jede Kombination die Anzahl der NN von zwei bis zur Anzahl NN der Trainingssituation erhöht und die zugehörigen maximalen Abweichungen der generalisierten Werte zu den Idealwerten der Kurve im Z-Raum registriert worden. Der typische Verlauf dieser als Kurven dargestellten Abweichungen ist in Abb. 17.12 dargestellt. Ab einer bestimmten Anzahl von NN hängt bei hohen Rauschpegeln die Genauigkeit nicht mehr davon ab, ob die Z-Transition bei voller Dimensionalität (D) oder die Z-Transition bei reduzierter Dimensionalität (d) verwendet wird.

Tab. 17.4 Genauigkeit der Z-Transition (D) und der Z-Transition (d) in Abhängigkeit des Rauschpegels bei Verwendung der Ersatzmatrix $\underline{XZ}$

Rauschpegel	Z-Transition (D)	Z-Transition (d)
	4 NN	4 NN
0,05	0,000032	0,000061
0,1	0,000049	0,00002
0,5	0,000004	0,1209
1	0,000002	0,4570
2	0,000003	0,5674
4	0,000004	0,5889
6	0,000004	1,4120
8	1,316	1,7213
10	10,2	1,94
12	20,6494	2,0560
24	25,2170	3,410
50	311,0526	18,222

Tab. 17.5 Genauigkeit in Abhängigkeit von der NN-Anzahl K bei Verwendung der Ersatzmatrix $\underline{XZ}$

NN	Rauschpegel	Z-Transition (D)	Z-Transition (d)
		4 NN	4 NN
4	12	20,6494	2,0560
8	12	1,8	4,9
12	12	1,8	5,4

17.2.5 Abweichungen und Fehlertoleranzen

Mit dem Signalgenerator in Abb. 17.1 werden Signalverläufe erzeugt, die eine maximale Krümmung aufweisen. Diese Kurven hat man mit verschiedenen Rauschpegeln überlagert, um deren Auswirkungen auf die Abbildungstreue zu untersuchen. Bei den folgenden Betrachtungen bezüglich der Fehlertoleranzen geht man davon aus, dass die Anforderungen bezüglich der Feinstruktur des Modells nach Abschn. 7.5.3 eingehalten sind.

Quantisierungsunsicherheit und Rauschen Für eine Genauigkeit von 0,02 muss bei einer Quantisierungsunsicherheit von ± 1 Bit ein 10-Bit Analog-Digital-Wandler (1024 Stufen) zur Quantisierung der Eingangssignale verwendet werden. Das Quantisierungsrauschen bleibt dann mit $2/1024 = 0{,}00195$ unter dem geforderten Wert von 0,02. Bei

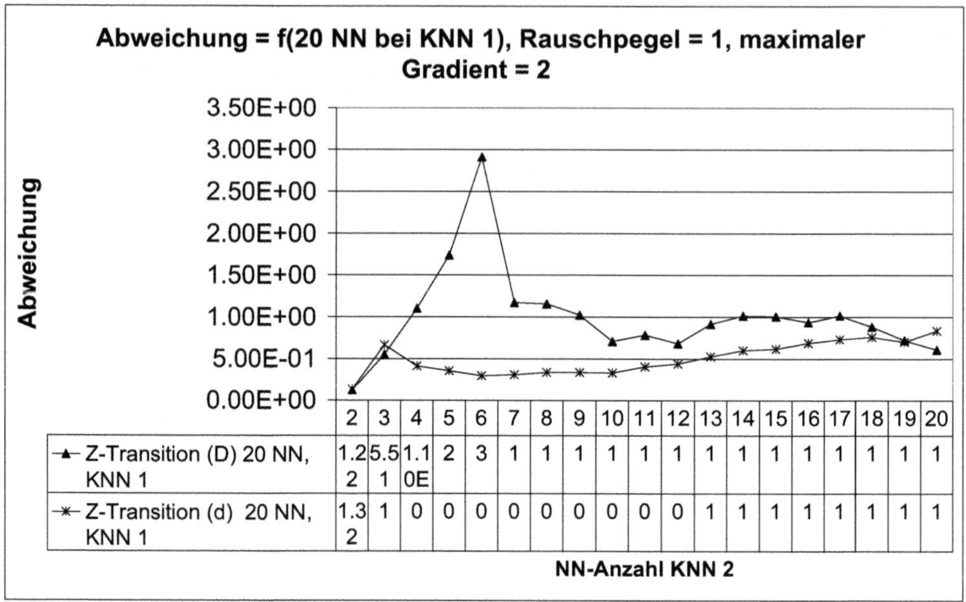

	2	3	4	5	6	7	8	9	10	11	12	13	14	15	16	17	18	19	20
Z-Transition (D) 20 NN, KNN 1	1.22	5.51	1.10E	2	3	1	1	1	1	1	1	1	1	1	1	1	1	1	
Z-Transition (d) 20 NN, KNN 1	1.32	1	0	0	0	0	0	0	0	0	0	1	1	1	1	1	1	1	1

Abb. 17.12 Abweichung der generalisierten Werte in Abhängigkeit von der NN-Anzahl in der Arbeitsphase, Training mit 20 NN, Rauschpegel = 1

Tab. 17.6 Verwendetes Zahlenformat bei den Berechnungen

Programm	Zahlenformat	Bitanzahl	Wertebereich	Genauigkeit
Excel	DOUBLE	64	−5,0E-324, …, 1,7E308	15–16 Stellen
Matlab	DOUBLE	64	−5,0E-324, …, 1,7E308	15–16 Stellen

Wavelet-transformierten Daten können die Rauschanteile eingeschränkt werden, indem man bezüglich des Rauschens relevante Koeffizienten weglässt.

Berechnungsfehler Die Berechnungsfehler sind zum einen abhängig vom verwendeten Zahlenformat und zum anderen von der verwendeten Software zur Eigenwertbestimmung in Optimierung II der Trainingsphase (Abschn. 10.7.5). Das Zahlenformat und die verwendeten Rechenprogramme sind in Tab. 17.6 aufgelistet.

Systematischer Fehler Bei kleinen Rauschpegeln bis 0,1 wird mit der Z-Transition (d) bei reduzierter Dimensionalität (d) mit einer Abweichung von 0,0002 die höchste Genauigkeit erreicht. Für einen Rauschpegel von 0,5 bis 6 beträgt die Abweichung weniger als 0,00005. Diese Werte aus Tab. 17.4 beziehen sich auf 4 NN. Bei einer höheren Anzahl NN wurden ähnliche Werte ermittelt. Der typische Verlauf der Abweichungen entspricht dem in Diagramm 17.12. Das Diagramm B.1 mit zugehöriger Wertetabelle B.4 für einen Rauschpegel von 10 befindet sich im Anhang B. Ein

Diagramm B.2 für die Zusammenstellung verschiedener Rauschpegel zwischen 1,..,100 und die zugehörige Wertetabelle B.5 sind ebenfalls im Anhang B.

17.3 Interne Validierung

Die in Abschn. 11.5.1.1 beschriebene interne Validierung entspricht dem Zuordnungstest.

Zuordnungstest Nach der Festlegung des rezeptiven Bereichs (2 σ, *MaxDist2NN*) den Test TP-Zuordnung durchführen, um festzustellen, ob alle TPs der Gruppen korrekt zugeordnet worden sind. Test TP-Zuordnung: Prüfen, ob alle TPs (z. B. 50 % der Datenmenge) korrekt klassifiziert worden sind. Alle TPs werden in das Verzeichnis *AnfrageDaten* kopiert und somit der Arbeitsphase als APs zur Verfügung gestellt.

Test TP-Zuordnung, GUI Arbeitsphase in Tab. K.1:

1. InitArbeitsphase
2. X-Werte (Einlesen der Trainingsdaten)
3. Xa_Transform (Transformation in den Darstellungsraum)
4. Xa_Zuordnen (Zuordnung im Darstellungsraum)

Nach dieser Prozedur müssen alle TPs auf die zugehörigen Cluster abgebildet worden sein. Wenn der Zuordnungstest erfolgreich war, kann der Generalisierungstest durchgeführt werden.

17.4 Externe Validierung

Die in Abschn. 11.5.1.2 beschriebene externe Validierung entspricht dem Generalisierungstest.

Generalisierungstest Prüfen, ob alle zurückgelegten TPs (die restlichen 50 % der Datenmenge) korrekt klassifiziert werden. Bei gleichem rezeptiven Bereich den Test Generalisierungsfähigkeit starten. Zwischenwerte der TPs werden gebildet, in das Verzeichnis *AnfrageDaten* kopiert und somit der Arbeitsphase als APs zur Verfügung gestellt.

Test Generalisierungsfähigkeit, GUI Arbeitsphase in Tab. K.1:

1. InitArbeitsphase
2. Xa_Laden (Einlesen der zu klassifizierenden Daten)
3. Xa_Transform
4. Xa_Zuordnen

Nach dieser Prozedur müssen alle TPs auf die zugehörigen Cluster abgebildet worden sein. Wenn der Generalisierungstest für den eingestellten Fangbereich erfolgreich war, ist das System bereit für neue Anfragedaten AP, die sich im Verzeichnis *RohdatenXa* befinden müssen. Dieser Test ist auch mit dem aus der Literatur bekannten Leave-One-Out-Test vergleichbar.

Zusammenfassung Die Zusammenstellung der in den vorangegangenen Kapiteln besprochenen und als Pseudocodefragmente dargestellten Prozeduren der Trainings- und Arbeitsphase zeigt deren Berechnungsaufwand und ihre strukturelle Interaktion. Zur Untersuchung der Genauigkeit der Lernmaschine wurde eine Simulation mit synthetischen Daten eines Signalgenerators (Abb. 17.1) durchgeführt, im Abschn. 17.2 beschrieben und die Auswirkung von Quantisierungs- und Rechenungenauigkeiten sowie weiterer Einflüsse in Abschn. 17.2.5 aufgeführt. Diese Untersuchungen wurden bezüglich der *Fusion von Sensorsignalen*, deren innere Aussagekraft auf verschiedene Ausgangskurven abgebildet wurde, durchgeführt. Gleiches gilt hinsichtlich der Klassifizierung und deren unterschiedlicher Darstellungsarten. Aufgrund dieser Ergebnisse konnte für die beiden unterschiedlichen Methoden zur Generalisierung im Z-Raum, der *Z-Transition (D)* und der *Z-Transition (d)*, angegeben werden, welche Anzahl NN bei der Ermittlung der Rekonstruktionsgewichte im jeweiligen Fall erforderlich ist, um optimale Ergebnisse zu erzielen. Weiterhin wurde bei der Simulation ermittelt, dass bei der Verwendung des Zentroiden der NN der Trainingspunkte X_i anstatt von $\underline{X}$ beim Optimierungsvorgang in der Trainingsphase eine Unempfindlichkeit gegenüber verrauschten Eingangssignalen besteht, höhere Gradienten zulässig sind und trotzdem gute Generalisierungsfähigkeiten vorliegen. Diese Erkenntnisse zeigen die Verbesserung der Genauigkeit bei mittelwertbildendem Verhalten der angewendeten Verfahren und bilden die Grundlage für das im nächsten Kapitel realisierte Beispiel mit Spektralwerten. Ein Überblick bezüglich der Ergebnisse der Simulationen für die Trainings- und Arbeitsphase mit der *Z-Transition (D)* und *Z-Transition (d)* in tabellarischer Form ist im Anhang B aufgelistet.

Literatur

1. Sartorius G (2009) Multivariate Adaption mit modularisierten künstlichen neuronalen Netzen: Zugl.: Hagen, Fernuniv., Fachbereich Elektrotechnik, Diss., 2009, Fortschritt-Berichte VDI Reihe 10, Informatik/Kommunikation, Bd 799, als ms. gedr edn. VDI-Verl., Düsseldorf

Hardware und Realisierung 18

Zur Realisierung des Klassifizierungssystems gibt es verschiedene Bausteine und Komponenten, deren Charakteristika und Zusammenstellungen im Folgenden anhand unterschiedlicher Anwendungen erläutert sind. Diese Anwendungen wurden passend gewählt, um die Einsatzmöglichkeiten von Mikroprozessoren, speicherprogrammierbaren Steuerungen und komplexen Bausteinen zur Realisierung des Klassifizierungsverfahrens für diese Anwendungen aufzuzeigen. Für die verschiedenen Module der Trainings- und Arbeitsphase wird detailliert der Hard- und Softwareaufwand angegeben.

18.1 Bausteine und Steuerungsstrukturen

Der Entwurf einer Steuerung richtet sich nach den Eigenschaften, die für den jeweiligen Zweck im Vordergrund stehen. Dazu zählen:

1. Modularität
2. Transparenz
3. Schnelligkeit
4. Sicherheit
5. Niedriger Preis
6. Verfügbarkeit …

Prozessor Einheit, die so organisiert ist, dass sie Daten schnell und effektiv verarbeiten kann. Die Kommunikation mit Speicher und EA-Einheiten wird bei jeder Neuentwicklung so optimiert, dass die leistungsfähigsten Komponenten anschließbar und nutzbar sind. Die Speichertechnologie wird kontinuierlich verbessert, um dem wachsenden

G. Sartorius, *Erfassen, Verarbeiten und Zuordnen multivariater Messgrößen*,
https://doi.org/10.1007/978-3-658-41451-1_18

Datenumfang und der ständig steigenden Geschwindigkeitsanforderung gerecht zu werden. Deshalb wächst auch die Wortbreite der Register und Speicher von Design zu Design. Bei den Prozessoren, die in PCs genutzt werden, ist die Wortbreite zurzeit 64 Bit.

Superskalarität Fähigkeit eines Prozessors, mehrere Befehle gleichzeitig mit parallel arbeitenden Funktionseinheiten zu verarbeiten. Dabei bleibt der Befehlssatz nach außen unverändert. Die gleichzeitige Abarbeitung der Instruktionen ist innerhalb des Prozessors organisiert und die parallele Verarbeitung wird durch eine Erweiterung des CPU-Pipelinings unterstützt. Sie kommt in modernen Prozessoren vor. Bei Standardprozessoren der IT-Branche und im Bereich der Mikrocontroller ist diese Technik jedoch nicht sehr verbreitet.

Mikrocontroller Mikrocontroller verfügen im Unterschied zu Prozessoren auch über programmierbare digitale und/oder analoge bzw. hybride Funktionsblöcke, bestehen aus dem Prozessor und den peripheren Einheiten, die die direkte Interkonnektivität mit den Signalen zum Realisieren von Steuerungsaufgaben zur Verfügung stellen. Das Design eines Mikrocontrollers ist an die beabsichtigte Steuerungsaufgabe angepasst. Die Wortbreite liegt im Bereich von 8–32 Bit. Wird ein neuer Mikrocontroller entworfen, entstehen Entwicklungs- und Herstellungskosten, die sich auf den Stückpreis auswirken. Folglich muss eine hohe Stückzahl produziert werden, damit die Kosten im Rahmen bleiben. Zurzeit existieren Prozessoren mit Wortbreiten von 8–32 Bit mit Taktfrequenzen unter 100 MHz, meist für allgemeine Anwendungen im Umfeld derzeit üblicher Steuerungs- und Datenübertragungsanforderungen.

SPS Der Unterschied zu den Mikrocontrollern besteht darin, dass eine SPS aus spezialisierten Hard- und Softwaremodulen zur Steuerung von Aktoren und zum Einlesen genormter Signale zusammengestellt werden kann. Eine solche mit Modulen für eine Steuerungsaufgabe zusammengestellte Steuerung verfügt über Schnittstellen zur Kommunikation mit Bedieneinheiten und ist in der Regel netzwerkfähig. Sie kann unmittelbar an genormte Sensoren und Aktoren angeschlossen werden, ist mit einem Betriebssystem ausgestattet, welches die Module mit Organisationsbausteinen (OB) verwaltet und die Software mit Funktionsbausteinen (FB). Die Datenbausteine (DB) sind so organisiert, dass vorgefertigte Software mit Funktionen (FC, SFC) für die vorgesehenen Standardzwecke einsetzbar ist. Zur Programmierung ist kein spezielles Detailwissen über die Hardware der Steuerungsmodule erforderlich. Weitergehende Funktionen können mit einer vom SPS-System unterstützten Programmiersprache realisiert werden.

Field Programmable Gate Arrays (FPGAs) Ein FPGA ist ein Logikbaustein, der durch den Anwender frei konfiguriert werden kann. Er besteht aus einem programmierbaren Logik Array (PLA), das mit UND- und ODER-Matrizen aufgebaut ist. Die

Tab. 18.1 Vergleich FPGA und ASIC

Pos	Eigenschaften FPGA	Eigenschaften ASIC
1	Geringe Entwicklungskosten	Hohe Entwicklungskosten
1	Höhere Stückzahlkosten als beim ASIC	Geringe Stückzahlkosten
2	Geringe Änderungskosten	Änderung nicht möglich
3	Programmierung jederzeit änderbar	Austausch
4	Geringere Sicherheit als beim ASIC	Hohe Sicherheit, da eine festgelegte und getestete
		Anordnung eingebaut wird

Taktfrequenz von FPGAs ist größer als 500 MHz, und es ist mittlerweile möglich, zusätzlich zu den FPGA-Matrizen Prozessoren mit DSP-Blöcken und anderen Funktionen mit auf dem Chip zu integrieren.

Application Specific Integrated Circuits (ASICs) Ein ASIC wird für eine bestimmte spezifische Applikation erstellt, ist fest eingestellt und kann nach der Herstellung nicht geändert werden. Er benötigt wenig Chipfläche und ist sehr kostengünstig produzierbar. Gängige Praxis ist, die Aufgabenstellung zunächst mit FPGAs zu entwickeln und später die getestete Anordnung und Funktionalität mit einem ASIC bei hohen Stückzahlen zu realisieren.

Hypervisor Das Ultrascale MPSoC Zynq von Xilinx ist eine sehr leistungsfähige Plattform für den *Xen*-Hypervisor. Der Baustein enthält einen Quad-Core-Cortex-A53 mit einer Erweiterung zur Hardwarevirtualisierung. Dieser CPU-Kern ist 64-Bit-fähig und versteht den ARMv8-Befehlssatz. Xilinx verwendet den Open-Source-Hypervisor *Xen*. Die wesentlichen Unterschiede zwischen Asic und FPGA sind in Tab. 18.1 aufgeführt.

18.2 Realisierung

Für die in Abschn. 3.2 beschriebene und in Abb. 1.1 dargestellte Aufteilung in Arbeits- und Lerneinheit wird in den Spalten 3 bis 6 in Tab. 18.3 die mit der Trainingseinheit erstellte Information im Modell M des Trainingsobjektes für die Arbeitsphase gespeichert und kann nach der Trainingsphase an die Arbeitseinheit übertragen werden. Ebenso wird der erforderliche Informationsfluss zwischen Verarbeitungseinheiten und Aufgabenbereichen, die in den Einheiten als Module bezeichnet werden, aufgezeigt. Es folgt eine Darstellung der Arbeitsteilung bei möglichen Anwendungen und des dazu erforderlichen Aufwandes.

18.2.1 Angabe von Rechenaufwand und Speicherplatzbedarf

Der numerische Aufwand der Trainings- und Arbeitsphase ist modulweise in den Tab. 18.2 und 18.6 anhand von *Landau*-Symbolen aufgelistet. Der Speicherplatzbedarf ist in der Spalte Speicherbedarf angegeben. Das Format zur Speicherung der Daten im hochdimensionalen Raum ist beim MAE-Verfahren ein 32-Bit-Integerformat. Die maximale Anzahl der Dimensionen ist 10^9. Die Distanzbestimmung wird mit der L^1-Norm durchgeführt.[1]

Die Operationen sind in den Tab. 18.2, 18.4 und in Abb. 18.3, Module und der Ablauf der Trainings- und Arbeitsphase mit Verweisen zu Pseudocode- und Funktionsbeschreibungen sind in den Tab. 18.3, 18.5 und 18.6 und als Blockdiagramme in den Abb. 18.1, 18.2 und 18.4 zusammengestellt. In der Liste sind für jeden Kanal bzw. jede Gruppe die Trainingsdaten anwendungsbezogen, wie in Struktur und Organisation der Verarbeitungsschrittkette in Abb. 4.2 als Beispiel vorgeschlagen, aufgeführt.

18.2.2 Arbeitsteilung und Modularisierung bei Anwendungen

Prinzipiell kann die Abbildung im Darstellungsraum (Z-Raum), wie in Abschn. 17.2.1 in den Abb. 17.8 und 17.8 aufgezeigt, für Klassifizierungen in Form von verschiedenen Klassen oder kontinuierlich in Form von Kalibrierkurven durchgeführt werden. Um den vollen Umfang der Leistungsfähigkeit des adaptiven Systems zu demonstrieren, wird im Folgenden die *Klassifizierung* favorisiert. Es kommen dabei alle Komponenten *(Wavelet-Transformation, Dimensionsreduktion und Skalierung und Anpassung)* zum Einsatz. Der Rechenaufwand wird in der Form $O(DN)$ angegeben, wobei der Ausdruck in der Klammer die Anzahl der benötigten Operationen angibt ($D=7$ und $N=50$ ergeben 350 Operationen). Eine Anordnung zur multivariaten Auswertung von Sensorsignalen *(Fusion von Sensorsignalen)* wurde nicht realisiert, aber angesprochen. Der Entwurf eines adaptiven Systems bietet auch hier Vorteile bezüglich der Methodik und des Aufwandes (z. B. viele Arbeitseinheiten können mit einer einzigen Trainingseinheit zusammenarbeiten).

18.2.3 Aufwand in der Trainingsphase

In Abb. 18.1 ist die Anordnung der Verarbeitungsmodule als Verarbeitungskette der Trainingseinheit dargestellt. Der *Trainingsdatensatz* (TDS) wird an das Modul *Datenvorverarbeitung der Trainingseinheit* (DVT) übermittelt. Dieses bereitet ihn so auf,

[1] Die Genauigkeit bei der Bestimmung von Distanzwerten in hochdimensionalen Räumen ist in Kap. 6 und speziell in Abschn. 6.3, Tab. 6.7 ausführlich beschrieben.

Tab. 18.2 Operationen in der Trainingsphase, Berechnungsaufwand bei verschiedenen Datendarstellungen und Generalisierung mit der Z-Transition (D) bei voller Dimensionalität für eine Gruppe oder eine komplexe Gruppe

Bereich	Nr	Modul, Bezeichnung	Operation	Rechenaufwand	Speicherbedarf
E	1	KNr	Kanalnummern 1 …n		
	2	TDS	Verwaltung der Eingangsdaten für den Trainingsdatensatz	$O(DN)$	DN
DAV	3	DPn	Trainingsdatenpunkt		D
	4	ARE	Datenvorverarbeitung, Ausreißerentfernung	$O(DN^2)$	DN
	5	BSK	Bestimmung der statistischen Kennwerte	$O(N)$	DN
	6	EVA	Zusammenstellung der Messereignisse,	$O(N)$	DN
			Ensemble von Erwartungswerten		
	7	DGL	Datenglättung mit der Füllwertmethode,	$O(D \cdot 4)$	DN
			Einfügung von Füllwerten (FW)	pro FW	
X	8	DPi	Trainingsdatenpunkt		D
	9	DirW	Daten unverändert weiterleiten, Daten => Y-Raum	$O(N)$	DN
	10	NORW	Daten normieren, z. B. auf den Maximalwert	$O(DN \cdot 2)$	DN
	11	WT	Wavelet-Transformation, Koeffizienten => Y-Raum	$O(D^2N)$	DN
	12	FT	Fourier-Transformation	$O(D^2N)$	DN^2
	13	DR	Dimensionsreduktion und	$O(DN^2)$	DN^2

(Fortsetzung)

Tab. 18.2 (Fortsetzung)

Bereich	Nr	Modul, Bezeichnung	Operation	Rechenaufwand	Speicherbedarf
	14		Eigenwerte bestimmen, Bestimmung von Matrix $\underline{V}$,	$O(DNK^3)$	dN
	15		Einbettung im Einbettungsraumraum (hier Y-Raum)	$O(dN^2)$	dN
Y	16	$\mathbf{X}_i$	Trainingsdaten aus dem X-Raum		
	17	KGB	Komplexe Gruppen bilden	$O(DN)$	DN
	18	WKA	Auswahl wesentlicher Koeffizienten zur Bildung der MF	$O(DN)$	DN
	19	WEA	Auswahl wesentlicher Eigenwerte zur Bildung der MF	$O(DN)$	DN
	20	NNS	NN-Suche, Suche der NN-Punkte Y_{ij}	$O(DN^2)$	DN
	21	Wij	Bestimmung der Rekonstruktionsgewichte W_{ij}	$O(DNK^3)$	DK
	22	SA	Skalierung und Anpassung (SA) und	$O(DN)$	$dN \cdot 2$
	23		Bestimmung der Faktorenmatrix F	$O(DN)$	DN
	24		Daten weiterleiten, Daten => Eingang Z-Raum	$O(N)$	DN
Z	25	$\mathbf{Y}_i$	Trainingsdaten aus dem Y-Raum		DN
	26	RKi	Rekonstruktion der Y_i mit der Faktorenmatrix F	$O(dN)$	Kd + KD
	27	AFZ	Abbildung der Ausgangsfunktion im Z-Raum	$O(dN)$	Kd
	28	$\mathbf{Z}_i$	Ergebnisdaten aus dem Z-Raum für die Anzeige der		d

(Fortsetzung)

Tab. 18.2 (Fortsetzung)

Bereich	Nr	Modul, Bezeichnung	Operation	Rechenaufwand	Speicherbedarf
	29	Trapez	Ausgangsfunktion im Z-Raum als Punktegerüst TP_i		dK
			korrespondierend zur Skala-i		dK
	30	VMD	Verwaltung der Ergebnisdaten der Messkanäle		n

dass daraus eine stetige MF und die Werte zur Bildung des rezeptiven Bereiches im NN-Bereich der TPs entstehen. Das Modul *Nachbarschaftserhaltende Beziehungen* (NB) ermittelt die NN-Gewichte der TPs X_i. Die *Dimensionsreduktion* (DR) bildet die Transformationsmatrix $\underline{V}$ und bettet die TPs in den Y-Raum ein (unüberwachtes KNN). Das Modul *Skalierung und Anpassung* (SA) bildet für die eingebetteten Datenpunkte Y_i die Faktorenmatrix $\underline{F}$ (überwachtes KNN) zur Abbildung der TPs Y_i des Y-Raumes in den Z-Raum als TPs Z_i. Das Modell M, das die Charakteristika des TDS repräsentiert (Abb. 3.1), beinhaltet die Werte zur Bildung des rezeptiven Bereichs, die Matrix $\underline{V}$ und die Matrix $\underline{F}$.

Ergänzende Hinweise zur Tab. 18.3 ÜT-KNN: Überwacht trainiertes künstliches neuronales Netz. Die Datenpunkte des TDS werden mit der Matrix $\underline{F}$ (Schur-Produkt) auf die Ausgangsfunktion im Z-Raum abgebildet. Für jede Kurvenform sind die Faktoren und Offset-Werte in der zugehörigen Matrix $\underline{F}$ gespeichert.

Skala-i: Jeder DP_i hat einen Index auf dieser Skala.

18.2.3.1 Klassifizierungsbeispiel für die Trainingsphase

In Tab. 18.3 sind für das Beispiel vier verschiedene Messwertarten in vier Eingangskanälen mit Kanalnummer (KNr) 1 bis 4 organisiert.[2] In der Trainingsphase wird für jeden Kanal ein TDS gebildet und als Teil M.1 bis M.4 im Modell M, das die charakteristischen Merkmale des Trainingsobjektes beinhaltet, gespeichert.

Im folgenden Beispiel sind die Verarbeitungsschritte in der Trainingseinheit (Abschn. 3.3, Abb. 3.1) zur Bildung des TDS des Modells M.4 beschrieben. Die Datenpunkte werden für die Berechnungen auf eine univariate Verteilung reduziert (Abschn. 12.3.1) und erhalten eine Position auf der eindimensionalen Skala-i (Abschn. 12.6).

[2] Unterschiedliche Messarten als Beispiel zur Bildung komplexer Modelle sind in Abb. 11.8 und in Abschn. 11.6 aufgeführt und die Darstellung der Eingangsdaten in Abschn. 8.7.

Tab. 18.3 Beispiel zum Ablauf der Trainingsphase mit Referenzen zum Pseudocode im Text und Angabe wesentlicher Matrizen und Parameter des Modells M. Kanal 1 enthält diverse Daten von Sensoren und anderen Messquellen, Kanal 2 Spektren eines NIR-Spektrometers, Kanal 3 Bilddaten, Kanal 4 Spektren eines Raman-Spektrometers. Der Berechnungsablauf beginnt im Bereich E und endet im Bereich Z

Legende: *WTKL*: Liste der verwendeten Filterkoeffizienten der WT. *FKL*: Liste der verwendeten Filterkoeffizienten der FT. *EWL*: Liste der verwendeten Eigenwerte der DR. *Ix*: Index des Kanals zur Verarbeitung der Messwerte. X: Verknüpfungsliste mit Interpreteranweisungen zur Bildung des Verknüpfungsergebnisses (VKE) für die Arbeitsphase

Bereich	Nr	Modul, Bezeichnung	Kanal 1	Kanal 2	Kanal 3	Kanal 4	Pseudocode in Tabelle	Kapitel	Formel	Hinweise
		Datenart	Diverse	NIR	Bild	Raman				
		Operation	DirW	FT	DR	WT				
		Modell	M1	M2	M3	M4				
		NN-Anzahl	K	K	K	K				
E	1	KNr	1	2	3	4		5.2.3.1		Abb. 12.2
	2	TDS D=	54	1000	4096	512		6.1.1		Abb. 6.1
DAV	3	DPn						8.5.2		Abb. 8.6
	4	ARE					12.4.3,	12.4	(5.17)	Abb. 5.7
	5	BSK	σ, μ	σ, μ	σ, μ	σ, μ	12.4.3, 2	12.4.9	(5.15)	Abb. 5.5
	6	EVA				G1-G4		12.1.1		Abb. 12.15
	7	DGL	N	N	N	N	7.1	7.5.1	(7.1)	Abb. 7.4
X	8	DPi								Abb. 14.1
	9	DirW	$\underline{X}$					13.2		
	10	NORW						13.2		
	11	WT				$\underline{X}$	9.1	9.7		Tab. E.2
	12	FT		$\underline{X}$				9.1.3		
	13	DR			$\underline{M}$		10.5	10.7.3	(10.11)	10.7.6.1
	14				$\underline{V}$		10.6	10.7.5		

(Fortsetzung)

Tab. 18.3 (Fortsetzung)

Bereich	Nr	Modul, Bezeichnung	Kanal 1	Kanal 2	Kanal 3	Kanal 4	Pseudocode in Tabelle	Kapitel	Formel	Hinweise
	15				$\underline{Y}$		10.6	10.7.6	(10.17)	
Y	16	$\mathbf{X}_i$								Abb. 14.1
	17	KGB						16.1		Abb. 16.1
	18	WKA		*WTKL*		*WTKL*	12.4.3, 3	12.5.2		Abb. 14.2
	19	WEA			*EWL*		12.4.3, 3	12.5.2		Abb. 12.16
	20	NNS					10.4	10.7.1		Abb. 10.6
	21	Wij	$\underline{W}$	$\underline{W}$	$\underline{W}$	$\underline{W}$	10.4	10.7.2	(10.9)	$W_j = \frac{\sum_r G_{jr}^{-1}}{\sum_{lm} G_{lm}^{-1}}$
	22	SA	$\underline{F}$	$\underline{F}$	$\underline{F}$	$\underline{F}$	14.3	14.3.3	(14.1)	ÜT-KNN
	23		$\underline{Z}$	$\underline{Z}$	$\underline{Z}$	$\underline{Z}$	14.4	14.3.3.2	(14.1)	$F_i^m = \frac{Z_i^m}{Y_i^m}$
	24		$\underline{Y}$	$\underline{Y}$	$\underline{Y}$	$\underline{Y}$				
Z	25	$\mathbf{Y}_i$								Abb. 15.1
	26	RKi								$Z_i^m = F_i^m \cdot Y_i^m$
	27	AFZ						15.1.2		Abb. 15.4
	28	$\mathbf{Z}_i$								Abb. 16.1
	29	Trapez						15.4		Abb. 15.9
	30	VMD	X	X	X	X		16.3		

Tab. 18.4 Operationen in der Arbeitsphase und Berechnungsaufwand bei verschiedenen Datendarstellungen und Generalisierung mit der Z-Transition und voller Dimensionalität für eine Gruppe oder eine komplexe Gruppe

Bereich	Nr	Modul, Bezeichnung	Operation	Rechenaufwand	Speicherbedarf
E	1	KNr	Kanalnummern 1…n		
	2	AD	Verwaltung der Eingangsdaten für die Arbeitsdaten	$O(D)$	D
DAV	3	DP	Datenpunkt repräsentiert den Messwert		D
	4	DCHK	Datencheck (Prüfung, ob Messanordnung ohne Fehler)	$O(D)$	D
X	5	DPa	Arbeitsdatenpunkt bzw. Anfragedatenpunkt		
	6	DirW	Daten unverändert weiterleiten, Daten => Eing. Y-Raum	$O(D)$	D
	7	NORW	Daten normieren, z. B. auf den Maximalwert	$O(D)$	D
	8	WT	Wavelet-Transformation (DWT)	$O(D^2)$	D^2
	9	FT	Fourier-Transformation (DFT)	$O(D^2)$	D^2
	10	MVM	Matrix-Vektor-Multiplikation	$O(d^2)$	D^2
			$\mathbf{x}' = \underline{V}^T \cdot \mathbf{x}$	$O(D^2)$	d^2K
			Einbettung in den Einbettungsraumraum (hier Y-Raum)		dK
Y	11	$\mathbf{X}_\mathbf{a}$	Anfragedatenpunkt aus dem X-Raum		
	12	KGB	Komplexe Gruppe bilden	$O(D)$	DN
	13	WKA	Auswahl wesentlicher Koeffizienten zur Bildung der MF	$O(D)$	DN

(Fortsetzung)

Tab. 18.4 (Fortsetzung)

Bereich	Nr	Modul, Bezeichnung	Operation	Rechenaufwand	Speicherbedarf
	14	WEA	Auswahl wesentlicher Eigenwerte zur Bildung der MF	$O(D)$	DN
	15	NNS	NN-Suche, Suche der NN-Punkte $Y_a j$	$O(DN^2)$	DN
	16	Waj	Bestimmung der Rekonstruktionsgewichte W_{aj}	$O(DK^3)$	DN
Z	17	$\mathbf{Y}_\mathrm{a}$	Anfragedatenpunkt aus dem Y-Raum		Kd
	18	RKa	Rekonstruktion von Z_a mit den NN-Wichtungen W_{aj}	$O(dK)$	Kd + KD
	19	AFZ	Abbildung der Ausgangsfunktion im Z-Raum	$O(dK)$	Kd
	20	ZG	Klassifizierungsergebnis mit Zugehörigkeitsgrad *ZG*		Kd
	21	$\mathbf{Z}_\mathrm{a}$	Ergebnisvektor bzw. Ergebnisdatenpunkt im Z-Raum		d
	22	VKE	Verknüpfungsergebnis der Messkanäle		n

1. **KNr:** Die Messdaten sind im Eingang abgelegt. Die Überwachungseinheit ÜW meldete keine Übertragungsfehler und der Bereitschaftscode BC = *Bereitschaft* der Messeinheit lag vor. Somit sind die Messdaten verwendbar. Kanal 4 entspricht Kanal n in der Übersicht zur Organisation der Verarbeitungsschritte in Abb. 4.2.
2. **TDS:** Repräsentation der Daten im multidimensionalen Raum: Zur Darstellung im Eingangsraum bzw. Merkmalsraum (X-Raum) der Trainingseinheit ist pro Messinformation eine Dimension zur Bildung des TDS erforderlich. Bei Spektren wird für jeden Spektralwert eine Dimension zur Bildung der Eingangsinformation im X-Raum benötigt (Abschn. 6.1, Kap. 13).
3. **DPn:** Die Werte aller Dimensionen bilden einen Trainingsvektor $\overrightarrow{X_i}$ im multidimensionalen Eingangsraum (X-Raum). Ein Trainingsdatenpunkt X_i repräsentiert die Spitze des Trainingsvektors.
4. **ARE:** Das Entfernen unbrauchbarer Werte ist in Abschn. 12.4.5 erläutert; die notwendigen Schritte dazu sind in Teil 1 der Anweisungsliste in den Abschn. 12.4.2 und 12.4.3 aufgeführt.

Tab. 18.5 Ablauf der Arbeitsphase mit Referenzen zum Pseudocode im Text und Angabe wesentlicher Matrizen und Parameter des Modells M. Kanal 1 enthält diverse Daten von Sensoren und anderen Messquellen, Kanal 2 Spektren eines NIR-Spektrometers, Kanal 3 Bilddaten, Kanal 4 Spektren eines Raman-Spektrometers. Der Berechnungsablauf beginnt im Bereich E und endet im Bereich Z
Legende: *WTKL*: Liste der verwendeten Filterkoeffizienten der WT. *FKL*: Liste der verwendeten Filterkoeffizienten der FT. *EWL*: Liste der verwendeten Eigenwerte der DR. *Ix*: Index des Kanals zur Verarbeitung der Messwerte
ZG1 …ZG4: Zugehörigkeitsgrad, Klassifizierungsergebnisse von Kanal 1 …4

Bereich	Nr	Modul, Bezeichnung	Kanal 1	Kanal 2	Kanal 3	Kanal 4	Pseudocode in Tabelle	Kapitel	Formel	Hinweise
		Datenart	Diverse	NIR	Bild	Raman				
		Operation	DirW	FT	DR	WT				
		Modell	M1	M2	M3	M4				
		NN-Anzahl	K	K	K	K				
E	1	KNr	1	2	3	4		5.2.3.1		Abb. 12.2
	2	AD	54	1000	4096	512		K.7		5.3.1
DAV	3	DP								
	4	DCHK						5.2.3.1		
X	5	DPa								
	6	DirW	X_a					13.2		
	7	NORW						13.2		
	8	WT				X_a	9.1	9.7		Tab. E.2
	9	FT		X_a				9.1.3		
	10	MVM			X_a		10.5	10.7.3	(10.11)	$\mathbf{x}' = \underline{V}^T \cdot \mathbf{x}$
Y	11	$\mathbf{X_a}$								
	12	KGB						16.1		Abb. 16.1
	13	WKA		*WTKL*		*WTKL*	12.4.3, 3	12.5.2		Abb. 14.2
	14	WEA			*EWL*		12.4.3, 3	12.5.2		Abb. 12.16

(Fortsetzung)

Tab. 18.5 (Fortsetzung)

Bereich	Nr	Modul, Bezeichnung	Kanal 1	Kanal 2	Kanal 3	Kanal 4	Pseudocode in Tabelle	Kapitel	Formel	Hinweise
	15	NNS					10.4	10.7.1		Abb. 10.6
	16	Waj					10.4	10.7.2	(10.9)	$Y_a^m = \Sigma Y_{aj}^m \cdot W_{aj}$
Z	17	$\mathbf{Y_a}$								
	18	RKA					15.1	15.1.1	(15.1)	
	19	AFZ	Z_a	Z_a	Z_a	Z_a		15.4		Abb. 14.4
	20	ZG						15.3	(15.2)	
	21	$\mathbf{Z_a}$						15.4		Abb. 15.9
	22	VKE	ZG1	ZG2	ZG3	ZG4		16.1	(15.2)	

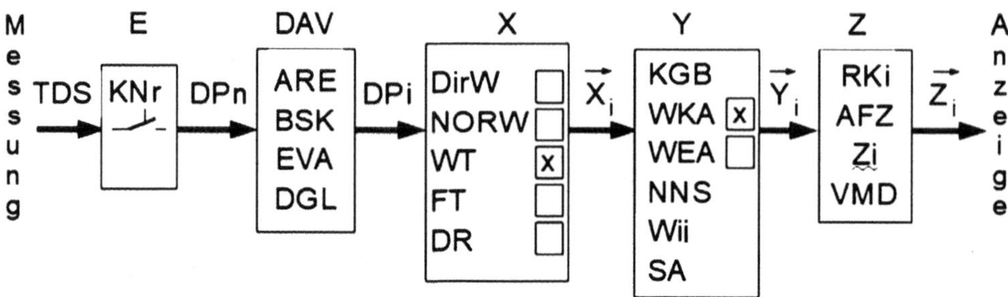

Abb. 18.1 Verarbeitungskette der Trainingsphase. Die Auswahlkästchen sind für normale Darstellung der Daten ohne Dimensionsreduktion mit den Kurzbezeichnungen aus Tab. 18.2 konfiguriert

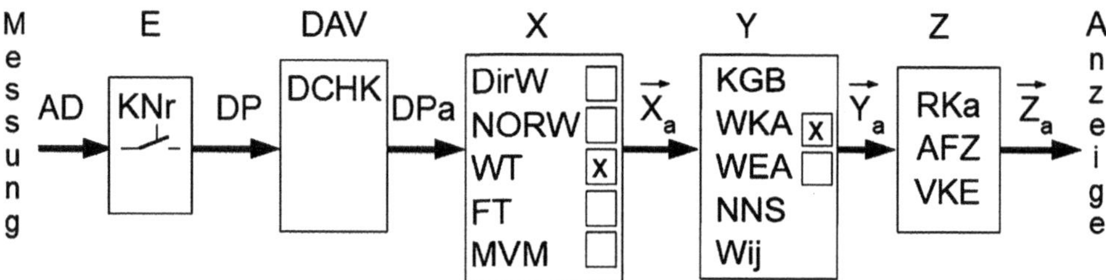

Abb. 18.2 Verarbeitungskette der Arbeitsphase. Die Auswahlkästchen sind für volle Dimensionalität der Daten mit den Kurzbezeichnungen aus Tab. 18.4 konfiguriert

5. **BSK:** Nachdem alle Ausreißer beseitigt sind, können die statistischen Kennwerte des TDS und die Füllwerte zur Datenglättung mit Teil 2 der Anweisungsliste Abschn. 12.4.3 bestimmt und *MaxDist2NN*, der Wert für die maximale Distanz von DP zu DP im TDS, gebildet werden.
6. **EVA:** Bei der Suche nach Zugehörigkeiten werden jedoch nicht nur einzelne Messwerte um einen Erwartungswert gespeichert, sondern oft auch ähnliche Werte für verschiedene Messsituationen, die als Ensemble von Erwartungswerten ein Datenfeld im Raum bilden. Ein Fall für vier Messereignisse (Abb. 12.15), die für das gleiche Objekt gemessen wurden, ist in Abb. 12.16 dargestellt. Die Datenmenge ist aus Daten ohne Ausreißer der Messereignisse G1-G4 zusammengestellt.
7. **DGL:** Die Glättung wird mit der Füllwertmethode in Abschn. 7.5 in Verbindung mit *MaxDist2NN* als Abbruchkriterium durchgeführt. Die Anweisungen dazu sind in Tab. 7.1 aufgeführt. Mit Füllwerten hat die Datengruppe die Anzahl N Datenpunkte.
8. **DPi:** Trainingsdatenpunkte DP_i liegen am Eingang des X-Raums vor.
9. **DirW:** *Direkte Messwerte* (Rohwerte) werden für dieses Beispiel nicht verwendet.
10. **NORW:** *Normierte Messwerte* sind zur Weiterverarbeitung bei Spektren möglich, beispielsweise: Normierung auf Maximalwert = 100 %.

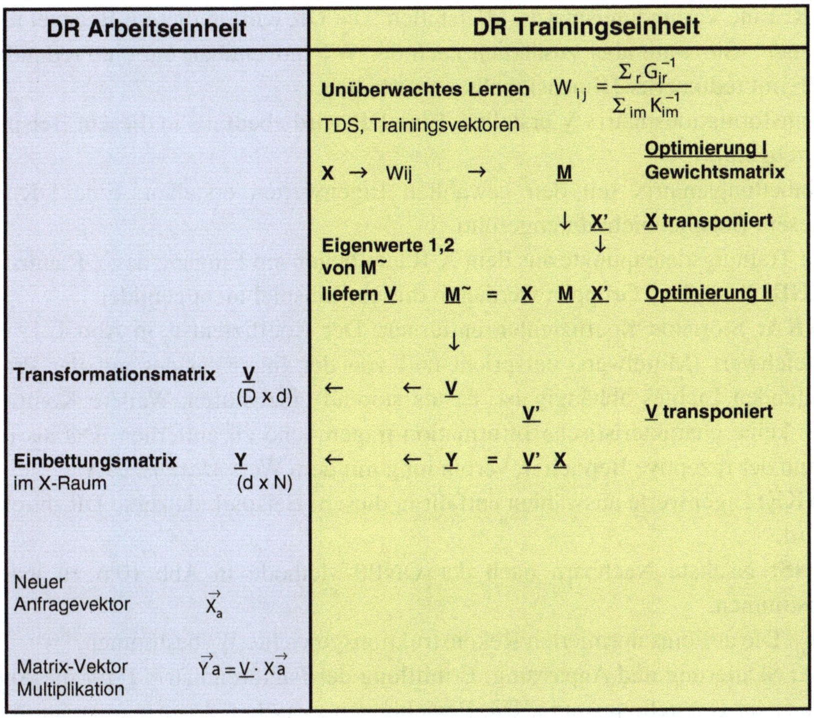

DR Arbeitseinheit	DR Trainingseinheit
	Unüberwachtes Lernen $W_{ij} = \frac{\Sigma_r G_{jr}^{-1}}{\Sigma_{im} K_{im}^{-1}}$
	TDS, Trainingsvektoren
	X → Wij → **M** **Optimierung I** **Gewichtsmatrix**
	↓ **X'** **X transponiert**
	Eigenwerte 1,2 von M˜ liefern V ↓ **M˜ = X M X'** **Optimierung II**
	↓
Transformationsmatrix V (D x d)	← ← **V**
	V' **V transponiert**
Einbettungsmatrix Y im X-Raum (d x N)	← ← **Y = V' X**
Neuer Anfragevektor $\vec{X}_a$	
Matrix-Vektor Multiplikation $\vec{Y}a = \underline{V} \cdot \vec{X}a$	

Abb. 18.3 Aufwand bei dimensionsreduzierter Darstellung für Trainings- und Arbeitsphase

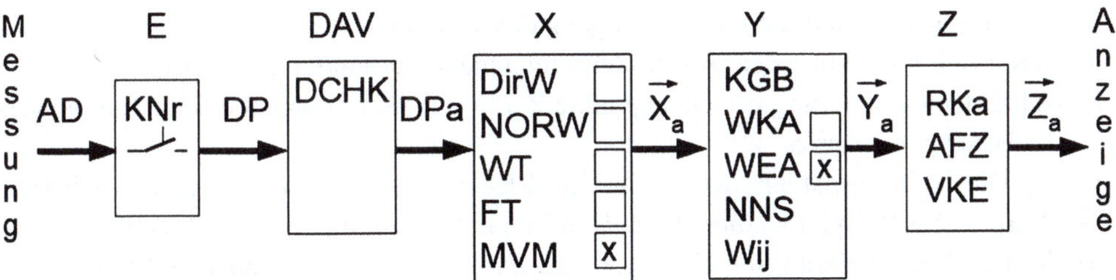

Abb. 18.4 Verarbeitungskette der Arbeitsphase bei dimensionsreduzierten Daten. Die Auswahlkästchen sind für eine dimensionsreduzierte Darstellung der Daten mit den Kurzbezeichnungen aus Tab. 18.6 konfiguriert

11. **WT:** Die Trainingsdatenpunkte liegen nun am Eingang des Merkmalsraums vor und werden mittels einer WT in eine Koeffizientendarstellung überführt, um gezielt störende oder unwesentliche Signalanteile, die nichts zur Charakteristik beitragen, entfernen zu können.
12. **FT:** Eine FT wird in diesem Beispiel nicht angewendet.

13. **DR:** Eine Verbindungsmatrix $\underline{M}$ erstellen. Die DR wird in diesem Beispiel nicht verwendet. Sie wäre aber zusätzlich nach der WT anwendbar, um eine redundanzfreie MF mit reduzierter Dimensionalität zu erhalten.
14. Transformationsmatrix $\underline{V}$ erstellen. Eine DR wird ebenfalls in diesem Beispiel nicht durchgeführt.
15. Einbettungsmatrix mit den gewählten Eigenwerten erstellen. Eine DR wird in diesem Beispiel nicht durchgeführt.
16. $\mathbf{X_i}$: Trainingsdatenpunkte aus dem X-Raum liegen am Eingang des Y-Raums vor.
17. **KGB:** Komplexe Gruppen werden in diesem Beispiel nicht gebildet.
18. **WKA:** Störende Koeffizienten entfernen. Der Koeffizient v_j in Abb. E.1, der dem Gleichwert (Mittelwert) entspricht und von der Intensität des auf der Probe auftretenden Lichtes abhängig ist, ist als störend einzustufen. Weitere Komponenten, die keine charakteristische Information tragen, sind zu entfernen. Daraus resultiert dann der rezeptive Bereich in Verbindung mit dem Wert *MaxDist2NN*.
19. **WKE:** Eigenwerte auswählen entfällt in diesem Beispiel, da keine DR durchgeführt wird.
20. **NNS:** Nächste Nachbarn nach der ONPP-Methode in Abb. 10.6 zu jedem DPi bestimmen.
21. $\mathbf{W_{ij}}$: Die auf eins normierten Rekonstruktionsgewichte W_{ij} bestimmen.
22. **SA:** Skalierung und Anpassung: Ermittlung der Faktorenmatrix $\underline{F}$ für die Ausgangskurve im Darstellungsraum. Die Beziehungen zwischen Assoziationsraum und Darstellungsraum sind in Abb. 14.8 dargestellt.
23. Matrix $\underline{Z}$ beinhaltet die DPs im Darstellungsraum, indiziert mit der Skala-i.
24. Matrix $\underline{Y}$ beinhaltet die DPs im Assoziationsraum, indiziert mit der Skala-i.
25. $\mathbf{Y_i}$: In Matrix $\underline{Z}$ sind die DPs im Eingang des Z-Raums.
26. **RKi:** Rekonstruktion der DPs im Z-Raum anhand der Faktorenmatrix $\underline{F}$.
27. **AFZ:** Generalisierung der Datenpunkte Z_i mit den Beziehungen der Faktorenmatrix $\underline{F}$ als Ausgangskurve.
28. $\mathbf{Z_i}$: Die Trainingsdatenpunkte Z_i sind im Z-Raum auf der Ausgangskurve abgebildet.
29. **Trapez:** Im Beispiel werden die DPs in Trapezform (Abb. 15.9) dargestellt.
30. **VMD:** Klassifizierungsergebnisse in der Arbeitsphase. Sie sind den Messkanälen zugeordnet und können verknüpft werden. Beispielsweise muss, um ein besonders sicheres Ergebnis zu erhalten, das Verknüpfungsergebnis aus zwei bestimmten Kanälen positiv ausfallen.

Die Interpreteranweisungen (Abschn. 16.2) zur Auswertung des VKE sind Teil des Modells M.

Kommunikation zwischen Lern- und Arbeitseinheit In Abb. 18.3 ist die Kommunikation zwischen Lern- und Arbeitseinheit grafisch und textlich dargestellt. Der Schritt *NN-Suche und Gewichte* W_{aj} *bestimmen* ist dort allgemein bezeichnet. Dieser ist für die Darstellung der Daten bei voller Dimensionalität und die dimensionsreduzierte

Darstellung der Daten bei Anwendung der Z-Transition (Modul und Pseudocode in Abb. 18.3) unterschiedlich. Der Informationsfluss ist durch entsprechende Richtungspfeile gekennzeichnet. Die Größe der Matrizen und spezielle Hinweise zu diesen sowie zu den Verarbeitungsstufen sind rechts und oben im grau unterlegten Bereich der Tabelle aufgeführt.

18.2.4 Rechenkapazität und Software

Bei der Verwendung eines Windows-Rechners wird eine Taktrate größer als 2 GHz empfohlen, damit die Rechenzeiten für die Trainingsphase kurz bleiben. Als Betriebssystem empfiehlt sich Windows 10. Zur Berechnung von ca. 300 Trainingsvektoren der Dimensionen $D = 50$ beträgt die Rechenzeit dann weniger als 10 min.

Zur Darstellung verschiedener Diagramme und zur Durchführung von Simulationen (Signalgenerator, Ergebnisanzeige und Darstellung der Ergebnisse in Kap. 17) wurde Excel-VBA verwendet. Mit dem Programmpaket Matlab einschließlich des Softwarepaketes *Neural Network Toolbox* wurde das MAE-Verfahren einschließlich Bedienoberfläche für Windows-Rechner realisiert und die Unterprogramme zur Simulation der NOP-Methode in Verbindung mit Excel-VBA programmiert.

18.2.5 Aufwand in der Arbeitsphase

Die Prozeduren und der Aufwand der Z-Transition bei voller Dimensionalität und dimensionsreduzierter Darstellung der Daten sind in Abschn. 15.1 erörtert. Der Rechenzeit- und Speicherplatzbedarf für eine typische Anwendung ist in Tab. 18.2 und nachfolgend in den Tab. 18.5 und 18.6 aufgeführt. Der numerische Aufwand der Trainingsphase ist modulweise in Tab. 18.2 anhand der Landau-Symbole aufgelistet. Für jeden Trainingsdatenpunkt der Dimension D wird etwa ein Speicherplatz von ca. $D^2 \cdot N$ Speicherstellen (Real-Format) pro Trainingspunkt benötigt.

Die folgenden Operationen in der Liste werden für jeden Kanal bzw. jede Gruppe von Trainingsdaten anwendungsbezogen zusammengestellt.

Bestimmung der Rekonstruktionsgewichte Die Rekonstruktionsgewichte W_{aj} für einen neuen untrainierten Anfragepunkt X_a werden im Y-Raum ermittelt. Bei normaler Darstellung des charakteristischen Datensatzes ohne Dimensionsreduktion ist die Bestimmung für jeden NN-Punkt exakt und frei von Verzerrungsfehlern. Die Generalisierung eines neuen Punktes Z_a mittels Linearkombination $Z_a^m = \sum Y_a^m \cdot W_{aj}^m$ erfolgt bei optimal eingestellter Modellkomplexität. Bei der zweiten Variante mit dimensionsreduzierter Darstellung des charakteristischen Datensatzes sind Rechen- und Speicheraufwand geringer. Aufwand und Speicherbedarf für die Arbeitsphase sind in Tab. 18.5 modulbezogen aufgelistet.

18.2.5.1 Klassifizierungsbeispiel für die Arbeitsphase

In Tab. 18.3 sind für das Beispiel vier verschiedene Messwertarten in vier Eingangskanälen KNr 1–4 organisiert. In der Arbeitsphase liegen neue Messwerte X_a über Kanal 4 am Eingang der Arbeitseinheit an. Im folgenden Beispiel werden die Verarbeitungsschritte der Arbeitsphase in der Arbeitseinheit (Abschn. 3.3, Abb. 3.1) zur Klassifizierung beschrieben. Die NN-Punkte zum neuen DP X_a werden bestimmt, die Rekonstruktionsgewichte $W_a j$ und das Maß *MaxDistXa2NN* berechnet. Anschließend wird festgestellt, welchen Zugehörigkeitsgrad (ZG) der neue DP X_a hat. ZG = 1 bedeutet, dass der DP im rezeptiven Bereich des Messobjektes liegt. Ein ZG < 1 sagt aus, wie weit der DP von dem rezeptiven Bereich entfernt ist. Dabei erhalten die NN-Punkte eine Position auf der Skala-i. Mit diesen Positionen und den Rekonstruktionsgewichten wird die Generalisierung im Darstellungsraum durchgeführt.

1. **KNr:** Ein neuer Messwert eines Spektrums liegt in Kanal 4 vor.
2. **AD:** 512 Spektralwerte des Spektrums sind im Eingang der Arbeitseinheit abgelegt.
3. **DP:** Die Werte aller Dimensionen bilden einen D-dimensionalen Vektor. Er repräsentiert das Spektrum mit 512 Spektralwerten (D = 512).
4. **DCHK:** Es traten keine Übertragungsfehler auf und von der Überwachungseinheit ÜW in der Messeinheit (Abb. 5.1) wurde Bereitschaft gemeldet (Bereitschaftscode BC = *Bereitschaft*). Somit sind die am Eingang anliegenden Daten verwendbar.
5. **DPa:** Der Anfragevektor $\vec{X_a}$ bzw. der Anfragedatenpunkt $\mathbf{X_a}$ liegt am Eingang des X-Raums vor.
6. **DirW:** Direkte Messwerte zur Weiterverarbeitung sind für dieses Beispiel nicht zutreffend.
7. **NORW:** Normierung der Messwerte zur Weiterverarbeitung bei Spektren möglich, beispielsweise Normierung auf den maximalen Spektralwert (Messbereich 100 %).
8. **WT:** Der Anfragedatenpunkt liegt nun am Eingang des Merkmalsraums vor und wird mittels einer WT in eine Koeffizientendarstellung überführt, um gezielt störende oder unwesentliche Signalanteile, die nichts zur Charakteristik beitragen, entfernen zu können. Es wird die gleiche Filterung wie in der Trainingsphase angewendet.
9. **FT:** Fourier-Transformation wird nicht durchgeführt.
10. **MVM:** Matrix-Vektor-Multiplikation wird nicht durchgeführt.
11. $\mathbf{X_a}$: Anfragedatenpunkt X_a aus dem X-Raum liegt am Eingang des Y-Raums vor.
12. **KGB:** Komplexe Gruppen werden in diesem Beispiel nicht gebildet.
13. **WKA:** Störende WT-Koeffizienten entfernen: Der Koeffizient v_j in Abb. E.1, der dem Gleichwert (Mittelwert) entspricht, ist von der Intensität des auf die Probe auftreffenden Lichtes abhängig und als störend einzustufen. Weitere Komponenten, die keine charakteristische Information tragen, müssen entfernt werden. Daraus resultiert der rezeptive Bereich in Verbindung mit dem Wert *MaxDist2NN*. Es wird die gleiche Filterung wie in der Trainingsphase durchgeführt.
14. **WEA:** Eigenwerte auswählen entfällt in diesem Beispiel.

15. **NNS:** Nächste Nachbarn zum Anfragedatenpunkt (DPa) suchen.
16. $\mathbf{W_{aj}}$: Die auf eins normierten Rekonstruktionsgewichte W_{aj} bestimmen.
17. $\mathbf{Y_a}$: Y_a ist der Anfragepunkt DPa im Eingang des Z-Raums.
18. **RKA:** Rekonstruktion des DPa im Z-Raum anhand der auf eins normierten Gewichte $W_a j$ und der Skala-i mittels Linearkombination.
19. **AFZ:** Ermittlung des Zugehörigkeitsgrades des DPa in Kanal 4.
20. **ZG:** Generalisierung des DPa mittels der Abstandsinformation *MaxDistNN2Xa*.
21. $\mathbf{Z_a}$**:** Ergebnisvektor $\overrightarrow{Z_a}$ bzw. Ergebnisdatenpunkt $\mathbf{Z_a}$ im Z-Raum.
22. **VKE:** Klassifizierungsergebnis mit ZG1-ZG4 als Information für das Verknüpfungsergebnis der Messkanäle. Die Klassifizierungsergebnisse der Daten in der Arbeitsphase sind den Kanälen zugeordnet und können verknüpft werden. Beispielsweise muss, um ein besonders sicheres Ergebnis zu erhalten, das Verknüpfungsergebnis VKE der beteiligten Kanäle positiv ausfallen.

18.2.6 Arbeitsphase bei voller Dimensionalität

In Abb. 18.2 ist die Anordnung der Verarbeitungsmodule als Verarbeitungskette der Arbeitseinheit für die Darstellung der Daten bei voller Dimensionalität und die Verarbeitung mit der Z-Transition (D) dargestellt. Die *Messeinheit* (ME) übermittelt Messwerte an das Modul *Datenvorverarbeitung der Arbeitseinheit* (DAV). Dieses bereitet die Messwerte auf und jeder Messpunkt wird als Datenpunkt X_a des Eingangsraums (X-Raum) dem Modul *Nachbarschaftserhaltende Beziehungen* (NB) präsentiert. Letzteres ermittelt dann die NN-Gewichte des Anfragepunktes X_a und generalisiert ihn mit dem Modul *Linearkombination* (LK) direkt im Darstellungsraum (Z-Raum) als Z_a. Der numerische Aufwand zur Darstellung der Daten bei voller Dimensionalität und Anwendung der Z-Transition (D) ist für jedes Modul in Tab. 18.6 aufgelistet. Für jeden Trainingsdatenpunkt wird ein Speicherplatz in Abb. 18.2 von ca. 30 Bytes benötigt. Der numerische Aufwand skaliert linear mit N und d, jedoch für D nichtlinear in Modul DR.

18.2.7 Arbeitsphase bei reduzierter Dimensionalität

In Tab. 18.6 ist der Aufwand bei dimensionsreduzierter Darstellung für die Arbeitsphase aufgelistet. Mit der Dimensionsreduktion DR kann, wie in Abschn. 18.2.5 und in Tab. 18.6 erläutert, die Überführung in eine Eigenwertdarstellung durchgeführt werden. Dies bietet die in Abschn. 10.2 genannten Vorteile und kann zu geringerem Aufwand bei der Auswertung der Daten in der Arbeitsphase führen. Die Nächste-Nachbarn-Suche in der Arbeitsphase wird dabei nicht im Merkmalsraum, sondern im Einbettungsraum durchgeführt. Bei Anwendung der DR im X-Raum befindet sich der Einbettungsraum im Y-Raum und bei Anwendung der DR im Y-Raum vor dem Modul WEA. Im Einbettungs-

Tab. 18.6 Berechnungsaufwand der Z-Transition (d)

Bereich	Nr	Modul, Bezeichnung	Operation	Rechenaufwand	Speicherbedarf
Y	1	X_a	Datenpunkt X_a		d
	2	MVM	Einbettung $Y_a = V' \cdot X_a$	$O(D^2)$	d^2K
	3	NNS	NN-Suche im Y-Raum	$O(dN^2)$	dK
	4	W_{ij}	Bestimmung der Rekonstruktions-gewichte im Y-Raum	$O(dNK^3)$	d^2K
	5	RKA	Generalisierung mittels Linear-kombination im Z-Raum	$O(dN)$	dK

raum wird die Auswahl der Eigenwerte durchgeführt. Letztere Anordnung gestattet es, nach einer Transformation der Eingangsdaten in eine Koeffizientendarstellung und nach Auswahl der relevanten Koeffizienten die Darstellung der Daten zusätzlich in eine dimensionsreduzierte Form zu überführen. Dies kann hilfreich sein, um die niedrigdimensionale Darstellung zu nutzen, um beispielsweise zusätzlich zur Klassifizierung im zweidimensionalen Raum eine Übersicht der Daten als Anordnung im Darstellungsraum mit einer Z-Transition (d) zu ermöglichen. Für die Klassifizierung kann die Z-Transition (D) genutzt werden.

18.2.7.1 Matrix-Vektor-Multiplikation

Die Dimensionsreduktion in der Arbeitsphase kann als Matrix-Vektor-Multiplikation des Eingangsvektors $\overrightarrow{X_a}$ und der Transformationsmatrix $\underline{V}$ in Modul MVM durchgeführt werden. Der Eingangsvektor wird als Datenpunkt X_a des Eingangsraums (X-Raum) mit dem Modul *Matrix-Vektor-Multiplikation* (MVM) in den Einbettungsraum (Y-Raum) als Punkt Y_a projiziert (Abschn. 10.7.6, Abb. 10.8).

18.2.7.2 Eigenschaften von Z-Transition (D) und Z-Transition (d)

Als Z-Transition wird die Generalisierung der Datenpunkte im Darstellungsraum (Z-Raum) mit den Rekonstruktionsgewichten der NN und dem Zugehörigkeitsgrad ZG bezeichnet. Dieser wird mit Formel (15.2) in der Arbeitsphase mit Modul ZG bestimmt. Die maximale Distanz *MaxDistXa2NN* von X_a zum rezeptiven Bereich mit Modul NNS und der Kennwert *MaxDist2NN* des TDS werden bei der Bildung des Modells M in der Trainingsphase mit Modul BSK bestimmt. Bei der Ermittlung der Rekonstruktionsgewichte W_{aj} bedeutet volle Dimensionalität, dass alle Dimensionen nach der Filterung in Modul WKA verwendet werden, und reduzierte Dimensionalität, dass eine Dimensionsreduktion DR durchgeführt worden ist und nur die verbleibenden Dimensionen nach Modul WEA genutzt werden.

Z-Transition (D) Die Generalisierung des Datenpunktes X_a im Darstellungsraum (Z-Raum) mit den Rekonstruktionsgewichten W_{aj}, die bei voller Dimensionalität ermittelt wurden, ist mit dem Zusatz (D) gekennzeichnet. Die Generalisierung wird durch Linearkombination in Modul RKA durchgeführt.

Z-Transition (d) Die Generalisierung des Datenpunktes X_a im Darstellungsraum (Z-Raum) mit den Rekonstruktionsgewichten W_{aj}, die bei reduzierter Dimensionalität ermittelt wurden, ist mit dem Zusatz (d) gekennzeichnet. Die Generalisierung wird durch Linearkombination in Modul RKA durchgeführt.[3]

18.2.7.3 Aufwand bei dimensionsreduzierter Darstellung

Mit den Modulen Nächste-Nachbarn-Suche (NNS) und Bestimmung der Rekonstruktionsgewichte (Waj) werden die nachbarschaftserhaltenden Beziehungen für den eingebetteten DP Y_a im Einbettungsraum (Y-Raum) ermittelt. Dann wird der DP mit dem Modul *Linearkombination* (LK) im Merkmalsraum (Z-Raum) als Z_a verarbeitet. Der numerische Aufwand der Z-Transition bei voller Dimensionalität der Daten ist für jedes Modul in Tab. 18.6 aufgelistet. Für jeden Trainingsdatenpunkt wird ein Speicherplatz in Abb. 18.4 von ca. 20 Byte pro Trainingspunkt benötigt. Der numerische Aufwand skaliert linear mit N und d, jedoch für D nichtlinear in Modul DR.

18.2.8 Klassifizierung

Die Klassifizierung ist für Anwendungen geeignet, bei denen das Lernen bekannter Gruppen von Beobachtungsdaten gefordert wird, die bestimmte Eigenschaften eines Stoffes z. B. in Form von Spektren repräsentieren, und wenn nach dem Lernvorgang untrainierte Daten des gleichen Typs den trainierten Gruppen zugeordnet werden sollen. Der rezeptive Bereich bezieht sich dabei auf einen Zustand des Messobjektes bzw. auf die Erkennung eines bestimmten Stoffes oder Objektes. In der Trainingsphase wird für die TP-Mengen ein möglichst einfaches Modell erstellt. In der Arbeitsphase werden neue untrainierte Muster präsentiert und den trainierten Gruppen in einem einzigen Schritt zugeordnet. Eignung und besondere Merkmale:

1. Nutzung der Vorteile der WT,
2. Reduktion der Datenmenge,

[3] Eine Gegenüberstellung der Eigenschaften von Z-Transition (D) und Z-Transition (d) befindet sich in Abschn. 17.2.2, Tab. B.6 und B.7.

3. Rauschunterdrückung,
4. Fusion von Wavelet-transformierten Signalen und quantisierten Messwerten wie in Abb. 12.1,
5. Hervorhebung oder Unterdrückung spezieller Spektralkomponenten.

Das multivariate adaptive Einbettungsverfahren zur Darstellung verschiedener Repräsentanten im Z-Raum ist als MAE-Verfahren bezeichnet. Als Hardware der Lern- und der Arbeitseinheit wird zur Realisierung ein Personal Computer (PC) genutzt. Die Software der Module Lern- und Arbeitseinheit laufen im gleichen PC. Die Interaktion zwischen Lern- und Arbeitseinheit wird über Dateien durchgeführt.

Software Die Software ist mit dem Programmpaket *Matlab* erstellt und wie die in Abschn. 17.1.2 angegebenen Codefragmente strukturiert.

Rekonstruktionsgewichte Im Modul Arbeitsphase werden im X-Raum ermittelte Rekonstruktionsgewichte W_{aj} verwendet, da hier höchste Präzision auch bei verrauschten Daten erforderlich ist.

18.2.9 Fusion von Sensorsignalen

Für Anwendungen, bei denen das Lernen von unbekannten Abhängigkeiten aus Beobachtungsdaten gefordert wird, hat sich eine Auswertung von mehreren robusten kommerziellen Sensorelementen in Verbindung mit künstlichen neuronalen Netzen bewährt. Ein unbekannter innerer Zusammenhang, dessen Ausprägung beispielsweise eine interessante Messgröße ist, kann durch multivariate Auswertung, wie sie in solchen Netzen bewerkstelligt wird, isoliert werden [8]. Der rezeptive Bereich bezieht sich dabei auf viele Zustände des Messobjektes, die auf die Kalibrierkurve im Darstellungsraum abgebildet werden. Eignung und besondere Merkmale:

- multivariate Auswertung von Sensorsignalen,
- geringer Aufwand, wenn die Trainingsphase in ein übergeordnetes System ausgelagert wird.

Als Hardware kann für die Lerneinheit ein PC und für die Arbeitseinheit ein Mikrocontroller verwendet werden. Die Software der Lerneinheit läuft im PC, die der Arbeitsphase im Mikrocontroller. Die Kommunikation zwischen Lern- und Arbeitseinheit ist über eine serielle Schnittstelle realisierbar.

Software Programmiersprache C zur Codierung der Codefragmente des Moduls Arbeitsphase in Abschn. 17.1.2.

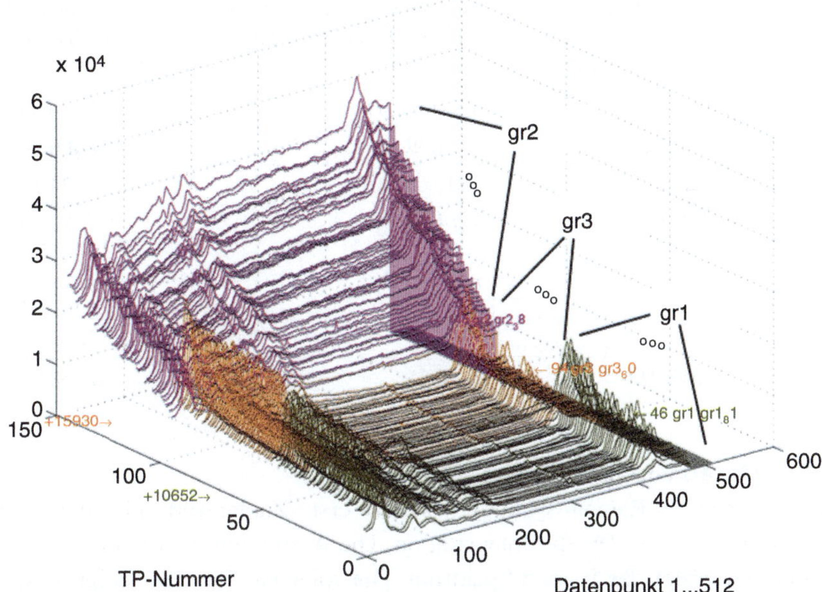

Abb. 18.5 Spektren dreier verschiedener Gruppen nach aufsteigender Distanz geordnet

Rekonstruktionsgewichte Die Ermittlung der Rekonstruktionsgewichte kann im X-Raum nach Methode 1 oder im Y-Raum nach Methode 2 durchgeführt werden. Der technische Aufwand der Arbeitsphase ist für die Z-Transition (D) für die Darstellung der Daten bei voller Dimensionalität in Tab. 18.4 und Abb. 18.2 und der Zusatzaufwand für die dimensionsreduzierte Darstellung der Daten für die Z-Transition (d) in Tab. 18.6 und Abb. 18.4 gegenübergestellt.

18.2.10 Realisierung mit Einzelplatzrechner

18.2.10.1 Klassifizierung von Spektren

Die Softwaremodule Lern- und Arbeitseinheit laufen im gleichen PC und interagieren über Dateien. Aus Gründen der Übersichtlichkeit wird die Vorgehensweise bei der Klassifizierung zunächst für drei Gruppen von Spektren, Gruppe 1 (gr1), Gruppe 2 (gr2) und Gruppe 3 (gr3) dargestellt. Die Spektren der Gruppen 1 und 3 sind sehr ähnlich, das Spektrum der Gruppe 2 weist gegenüber den beiden anderen eine hohe Varianz auf (siehe Abb. 18.5). Die im Anhang K.5 aufgeführte Klassifizierung von Spektren wurde mit einer KNN-gestützten Klassifizierung sowie der SVM mit insgesamt drei verschiedenen Messdatenmengen und einer größeren Anzahl von Trainings- und Testdaten durchgeführt und verglichen [11].

Tab. 18.7 Daten eines Raman-Spektrums. Vor der Weiterverarbeitung werden die 479 Messpunkte mit Nullen auf 512 Messpunkte ergänzt, da für die vorgesehene Wavelet-Transformation $n = 2^9 = 512$ Messpunkte vorliegen müssen

Pos	Wellenzahl	Intensität TP1	…	Intensität TPn
1	690.000	9789.39	…	8080.94
2	695.251	9601.60	…	7824.55
3	700.502	9714.08	…	7982.63
			…	
			…	
			…	
479	3200.000	2234.65	…	2368.95

18.2.10.2 Daten von Raman-Spektren

Die Daten liegen als Raman-Spektren vor. Der erste Zahlenwert zeigt die Wellenzahl (cm^{-1}) und der zweite Wert die Intensität an. Die Auftragung von Intensität gegenüber der Wellenzahl ergibt das Raman-Spektrum. Die folgende Tab. 18.7 zeigt diesen Sachverhalt. Da die Wellenzahl für alle Trainingspunkte (TPs) gleich ist, wird als Skala der Messpunkte des Spektrums die Positionsnummer verwendet. Das Spektrum besteht aus 479 Messpunkten und wird, um die WT anwenden zu können, mit Nullen ergänzt, sodass sich $2^9 = 512$ Messpunkte ergeben. Jeder TP repräsentiert ein Spektrum. Die TPs verschiedener Stämme sind zu Gruppen zusammengefasst. In der Trainingsphase wird ein Modell M für die Charakteristik jeder Gruppe bzw. jedes Stammes aus den vorliegenden Daten erstellt. Bei der Sichtung der vorhandenen Messdaten der Spektren, die gruppenweise in Abb. 18.5 dargestellt sind, fiel auf, dass sie mitunter eine sehr hohe Varianz innerhalb der Gruppen aufweisen. Die Bezeichnungen und der Umfang der Spektralwerte für die drei Gruppen sind in Tab. 18.8 aufgeführt. So zeigt z. B. die Gruppe *gr2* einen sehr großen Streubereich im Vergleich zu den Gruppen *gr1* und *gr3*. Im Wesentlichen wird diese große Varianz durch unterschiedliche Fluoreszenzeffekte bei der Ermittlung der Raman-Spektren biologischer Substanzen hervorgerufen, die sich in Form unterschiedlich großer Nullpunktverschiebungen zeigen. Zur Minimierung dieses Einflusses wird bei der Erstellung des Modells der WT-Koeffizient, der den Mittelwert des Spektrums repräsentiert, nicht verwendet. Um eine gut arbeitende Klassifizierung zu erhalten, die einerseits Falschzuweisungen vermeidet und andererseits zugehörige Punkte auch wirklich erkennt, wurde die Modellkomplexität durch optimale Einstellung der NN-Anzahl angewendet (Abschn. 11.4.3). Je kleiner die Gruppenvarianz, desto besser wird die Trennschärfe (Selektivität). Es ist wesentlich, dass auch sehr ähnliche Stämme unterscheidbar sind. Nach der Wavelet-Transformation liegt die Charakteristik der Gruppen in Form von Koeffizienten vor. Es wird gleichsam ein Fingerabdruck jedes TP erstellt. Um eine gute Generalisierungsfähigkeit zu erhalten, ist für die Daten ein

Tab. 18.8 Liste von Trainingsgruppen

Gruppe/Stamm	TP-Namen	Bemerkungen
gr1	gr1_1	512 Punkte
	gr1_10	pro Spektrum
	…	
	gr1_99	
gr2	gr2_101	512 Punkte
	gr2_102	pro Spektrum
	…	
	gr2_99	
gr3	gr3_10	512 Punkte
	gr3_100	pro Spektrum
	…	
	gr3_98	

möglichst einfaches Modell erforderlich, das jedoch die wesentlichen topologischen Eigenschaften berücksichtigen muss (Abb. 11.1).

18.2.10.3 Raman-Spektren

Charakteristische Merkmale von Bakterien und Sporen wurden mit der Raman-Spektroskopie erfasst. Für die vorliegenden Stämme liegen typische Spektren vor. Sie sind in Abb. 18.5 dreidimensional veranschaulicht, um die Charakteristika der Trainingsdaten der Gruppen relativ zueinander besser erfassen zu können. In Abb. 18.5 befinden sich im ersten Drittel die Spektren der Gruppe *gr1*, im zweiten Drittel die der Gruppe *gr3* und im letzten Drittel die Spektren der Gruppe *gr2*, die, bedingt durch die Fluoreszenzeffekte bei der Messwertbildung, eine große Varianz aufweist.

18.3 Arbeitsteilung und Entwicklungsumgebung

Für die in Abschn. 3.2 beschriebene und in Abb. 1.1 dargestellte Aufteilung in Arbeits- und Lerneinheit wurde in den Tab. 18.3, 18.5 und in Abb. 18.3 der erforderliche Informationsfluss zwischen den Einheiten und den in ihnen als Module bezeichneten Aufgabenbereichen aufgezeigt. Die Realisierung der Bedienoberfläche, die Lern- und Arbeitsphase des modularisierten KNN sowie die benötigten Diagnosemöglichkeiten zur Analyse der zu trainierenden Datengruppen und die Visualisierung der Ergebnisse wurden mit dem Programmpaket Matlab der Firma *The MathWorks Inc.* in Verbindung mit der *Neural Network Toolbox* durchgeführt [1–3, 5]. Diese Software ist aufgrund ihrer hohen numerischen Genauigkeit und flexiblen Einsetzbarkeit, die durch zahlreiche

Tab. 18.9 Liste der verwendeten Geräte und Werkzeuge

Werkzeug	Hersteller	Bemerkungen
Raman-Spektrometer	Fa. Horiba Jobin Yvon	479 Spektralwerte,
	Typ: LabRam HR 800 invers	mathematisch ergänzt auf
	Typ: LabRam Aramis	512 Werte
Notebook	Fa. Dell	P4 Prozessor
	Typ: Inspirion 9100	3,4 GHz
Softwarepaket	Fa. The MathWorks Inc	Realisierung des
Matlab 6.5.1		MAE-Verfahrens,
+Neural Network Toolbox	Fa. The MathWorks Inc	Programmumfang 3,2 MB
Microsoft Excel	Fa. Microsoft Inc	Spezielle Grafiken
		zur WT und
		Spektrendarstellung

Erweiterungspakete für verschiedene Spezialgebiete unterstützt wird, für mathematisch-naturwissenschaftliche Untersuchungen bestens geeignet. Dies zeigt sich auch in der hohen Präzision und Geschwindigkeit bei der Berechnung von Eigenwerten.[4] Weiterhin werden die Anbindung an verschiedene Schnittstellen und die Interaktionen mit anderen Programmen (wie z. B. Microsoft Excel) unterstützt. Die Portierbarkeit des Matlab-Programmcodes in C-Code zur Programmierung von Mikrocontrollern ist gegeben.

Personal Computer (PC): Die Ermittlung der Wavelet-Koeffizienten, der Modelle und der Skalierungswerte erfolgt im PC mit Standardsoftware. Dazu wird das Programmpaket Matlab in Verbindung mit Excel-VBA[5] zur Berechnung der Modelle für Modul TM und der Skalierungswerte für Modul SA verwendet. In Tab. 18.9 sind die bei der Klassifizierung von Raman-Spektren verwendeten Werkzeuge aufgelistet.

18.3.1 Kommunikation zwischen Lern- und Arbeitseinheit

In den Tab. 18.3, 18.5 und in Abb. 18.3 ist die erforderliche Kommunikation zwischen Lern- und Arbeitseinheit grafisch und in Textform dargestellt und der Informationsfluss durch entsprechende Richtungspfeile gekennzeichnet. Die Größe der Matrizen sowie spezielle Hinweise zu diesen und den Verarbeitungsstufen sind rechts bzw. oben im grau hinterlegten Feld aufgeführt.

---

[4] Ein Vergleich von Matlab und anderen Programmpaketen zu diesem Thema findet sich in [10] unter Dok-2 Zusatzanalysen: Faktorenanalyse Positivbeispiel.

[5] Teil des Programmpaketes *Office* der Fa. Microsoft [7].

18.3.2 Grafische Bedienoberfläche

Für das MAE-Verfahren wurde eine grafische Bedienoberfläche in Matlab realisiert. Sie besteht aus drei *graphical user interfaces* (GUIs). Mit ihnen werden die Parameter eingegeben, die Datenvorverarbeitung (Gruppenanalyse) durchgeführt sowie Trainings- und Arbeitsphase der Lernmaschine bedient. Ein weiteres GUI *Dateninformation* dient zum Untersuchen der Daten und Zwischenergebnisse.

Eine Auflistung aller Funktionen der GUIs befindet sich im Anhang K.1. Für die eigentliche Anwendung sind die GUIs *Trainingsphase* und *Arbeitsphase* entwickelt worden. Die zusätzlich realisierten GUIs *Dateninformation* und *Datenverwaltung* dienen dazu, den sogenannten *Fingerabdruck* der Spektren, die Wavelet-Koeffizienten, grafisch darzustellen, Abstände und Überlappungen zu den anderen Gruppen visuell und tabellarisch aufzuzeigen sowie die vorliegenden Daten für Trainings- und Arbeitsphase zu verteilen.

18.3.3 Trainings- und Arbeitsdatensatz

Im Fenster Datenverwaltung wird der Trainingsdatensatz aus den vorliegenden Daten (Verzeichnis *RohDatenQuelle*) zufallsgesteuert ausgewählt und in das Trainingsdatenverzeichnis transferiert (Verzeichnis *RohDaten*). Weiterhin können zufallsgesteuert Testdatensätze für die Arbeitsphase aus den vorliegenden Daten in das Arbeitsdatenverzeichnis (Verzeichnis *RohDatenXa*) kopiert werden. Diese Arbeitsdaten enthalten dann keine Trainingsdaten. Für die Auswertung des Datensatzes *gr1-3* wurde auf diese Weise ein Trainingsdatensatz von 50 % der vorliegenden Daten erzeugt.

18.3.4 Trainingsphase

Erstellung eines Modells M für die Datensätze jedes Stammes.

18.3.5 Schritte in der Arbeitsphase

Die mit Matlab erstellte Software ist wie die in Abschn. 17.1.2 angegebenen Codefragmente strukturiert. Die einzelnen Schritte der Arbeitsphase sind:

- **Modell einlesen, Voreinstellungen:** Einlesen des in der Trainingsphase erstellten Modells für das zu suchende Spektrum und die Initialisierung der Arbeitsphase.
- **Einlesen der Trainingsdaten:** Die Spektren der TPi werden aus dem Verzeichnis *RohDaten* eingelesen und für den Zuordnungstest vorbereitet.

Tab. 18.10 Signalgeber zur Erfassung des Maschinenzustandes

Pos	Signalgeber	Bedeutung	Signal/Genauigkeit
1	HDA440	Drucksensor 0 ...400 bar	4.20 mA/0,5 %
2	DME3000-1	Positionssensor 0,1 m...5,00 m	SSI Signal/0,125 mm
3	PT-100	Temperatur −50 °C ...150 °C	4.20 mA/0,15 °C
4	Sollwert	Weg 0 ...5,00 m	SPS-Intern
5	Zeitgeber	Zeitmessung ab Start 0 ...32,767 s	SPS-Intern

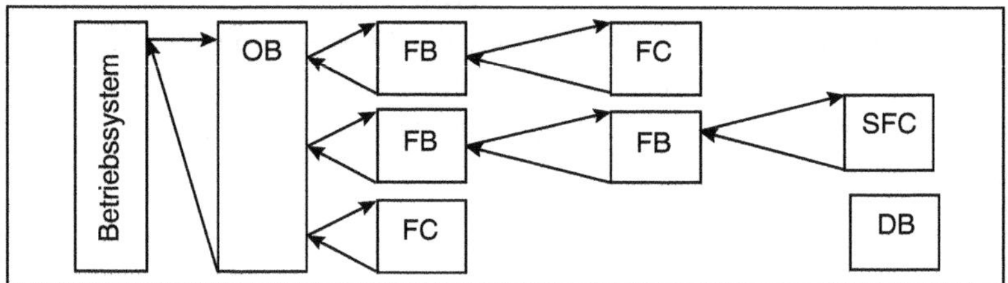

Abb. 18.6 Bausteine eines SPS-Programms, Organisationsbaustein (OB), Funktionsbaustein (FB), Funktion (FC, SFC), Datenbaustein (DB)

- **Einlesen von Testwerten:** Die zurückgelegten nicht trainierten 50 % der Daten werden für den Generalisierungstest gespeichert.
- **Einlesen zu klassifizierender Daten:** Neue Messwerte des Objektes werden klassifiziert (Praxistest).
- **Transformation in den Darstellungsraum:** Einlesen der zu transformierenden Daten X_a aus dem Verzeichnis *RohDatenXa*, Wavelet-Transformation der X_a-Daten, Bildung der X_a-Vektoren, Ermittlung der NN, Ermittlung der Rekonstruktionsgewichte W_{aj}, Zuordnung im Z-Raum.

18.3.6 Speicherprogrammierbare Steuerungen

Eine speicherprogrammierbare Steuerung (SPS) besteht aus einem Betriebssystem, das die Funktionen der SPS steuert und verwaltet, aus Ein-/Ausgabeeinheiten zum Einlesen von Sensorsignalen und zur Ausgabe der Steuersignale und aus einer Bedieneinheit als Mensch-Maschine-Interface (HMI). Der Umfang der angeschlossenen Komponenten ist der Steuerungsaufgabe angepasst. Nach dem Einschalten einer SPS prüft das Betriebssystem die angeschlossene Hardware. Anschließend werden verschiedene Initialisierungen ausgeführt, damit alle Komponenten dem Steuerungszweck entsprechend eingestellt sind. Zur Demonstration der Realisierung des MAE-Verfahrens mit einer SPS wurde das MAE-Verfahren zur Ansteuerung der Steuerzylinder einer Schrott-

Tab. 18.11 Notwendige Schaltzustände der Ausgangsventile zur Steuerung des Schubzylinders

Ventile	Y1.20	Y1.21	Y1.1	Y1.3	Y6.1	Y6.2	Y6.3	Y6.4
Muster G1		x						
Muster G2	x	x	x		x			x
Muster G3	x	x	x	x	x			x
Muster G4	x	x			x			x
Muster G5	x	x						x
Muster G6	x	x				x	x	

presse eingesetzt. Die Gruppe der Eingangsdaten besteht aus den in Tab. 18.10 aufgeführten Sensoren, die den Maschinenzustand repräsentieren und somit als multivariate Daten im Eingangsraum (X-Raum) vorliegen. Die Bausteine eines SPS-Programms sind in Abb. 18.6 dargestellt.

Der Ausgangsraum bzw. Darstellungsraum (Z-Raum) besteht aus den Gruppen G1,…, Gn, die Ventilzustände zur Ansteuerung des Schubzylinders repräsentieren. Alle Ventile können nur ein- oder ausgeschaltet werden (sogenannte Schwarz-Weiß-Ventile). Mehrere Ventile zusammen bilden jeweils einen Schaltzustand des Zylinders. Jeder Schaltzustand stellt einen Ausgangszustand im Darstellungsraum (Z-Raum) dar. Somit lässt sich das Schalten der Ventile zur Steuerung des Schubzylinders in Abhängigkeit von den Eingangsgrößen als Klassifizierungsproblem beschreiben. In Tab. 18.11 sind die Schaltzustände aufgeführt. Sie wurden in der Trainingsphase den entsprechenden Eingangszuständen zugeordnet und die ermittelten Daten der Eingangszustände im Modell M für jedes Muster G1 …G4 gespeichert.

Da beim MAE-Verfahren Trainings- und Arbeitsphase getrennt sind, muss die SPS nur als Arbeitseinheit für die Ausführung der Arbeitsphase ausgelegt sein. In der Arbeitseinheit wird die Steuerungsaufgabe ausgeführt.

Folgende Operationen wurden mit der Programmiersprache SCL realisiert:

1. Multiplikation von Matrizen,
2. Invertierung von Matrizen,
3. NN-Suche,
4. Bestimmung der Rekonstruktionsgewichte W_{aj},
5. Generalisierung W_{aj} mittels Linearkombination im Z-Raum.

SCL ist eine geeignete Sprache in der SPS-Welt, um indiziert auf Felder zugreifen zu können. Viele andere Sprachen nach IEC 61.131–3 bieten diese Möglichkeit zurzeit nicht.

Mit den genannten Operationen wurde eine Schrittkette realisiert, deren Transitionsbedingungen von den Signalen des Maschinenzustandes in Tab. 18.11 abhängig sind. Dabei bestehen Schritte aus Ausgabezuständen und Übergangsbedingungen

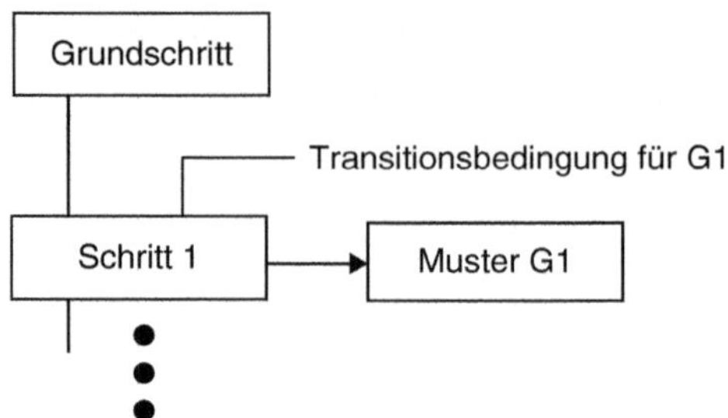

Abb. 18.7 Teil einer Schrittkette. Die Transitionsbedingungen wurden in der Trainingsphase erstellt und sind Teil des Modells M für jede Gruppe G1, …, Gn. Hier ist eine Transitionsbedingung für Gruppe G1 zur Auslösung der Transition nach Schritt 1 dargestellt. In Schritt 1 wird das Muster G1 (Einschaltkonfiguration zur Steuerung der Ventile) aktiviert

(Transitionen). Der Wechsel zu einem anderen Schritt (Transition) wird durch die Übergangsbedingungen bestimmt. Jedem Schritt ist ein Zustand zugeordnet, der in einem Instanzdatenbaustein, z. B. Muster G1 in Abb. 18.7, gespeichert ist und an die Schaltausgänge zum Einschalten der dem Muster entsprechenden Ventile weitergeleitet wird. Die maximale Laufzeit für einen Programmdurchlauf in der Arbeitsphase erreichte bei verschiedenen SPS-Steuerungen eine Dauer von 8–62 ms. Untersuchungen haben ergeben, dass die Laufzeiten bei dieser Anwendung (ca. 150 TPs, Dimensionalität $D=6$, NN-Anzahl $K=4$) wegen der rechenintensiven Operationen für die Art der Anlage relativ hoch sind. Die Laufzeit sollte 100 ms nicht überschreiten, um die Anforderungen im Fall einer Sicherheitsabschaltung gewährleisten zu können. Mit einer kompakten Siemens SIMATIC S7-Steuerung mit *ProfiNet-* und *Profibus*-Schnittstelle vom Typ S. 7–317-2 PN/DP wurde mit 150 TPs eine Laufzeit von 31 ms gemessen, bei 270 TPs waren es 62 ms.

18.3.7 Realisierung mit Mikrocontroller

Nachdem den Anforderungen entsprechende Einstellungen durch die Berechnungsergebnisse der Simulation gefunden sind, wird das künstliche neuronale Netz mit der auf dem PC vorliegenden Matlab-Software trainiert. Die resultierenden Trainingsdaten können über die serielle Schnittstelle an die Hardware-Plattform, auf der die Arbeitsphase ausgeführt wird, übertragen werden. Mit dieser eingebetteten Umgebung kann das System kostengünstig hergestellt werden und ist bequem mobil einsetzbar. Alle Einstellungen wurden bereits in der Trainingsphase vorgenommen, für die Anwendung in der Arbeitsphase ist keine weitere Konfiguration notwendig.

Im weiteren Kapitel ist die Umgebung detaillierter beschrieben, in der die Arbeitsphase realisiert wurde. Es wird gezeigt, welche Laufzeiten sich für die NOP-Methode ergeben und welcher Speicherbedarf vorzusehen ist. Die verwendete C-Software wurde

Tab. 18.12 Laufzeit der Arbeitsphase ohne Dimensionsreduktion ca. 712 ms

Pos	Berechnungsschritt	Laufzeit [ms]	Aufwand
1	Distanzen berechnen	424	$O(ND)$
2	NN-Suche	212	$O(N^2)$
3	Zugehörigkeitsgrad (ZG) berechnen	1	$O(K)$
4	Gram-Matrix G berechnen	52	$O(K^2D^2)$
5	Gram-Matrix G invertieren	22	$O(K^3)$
6	Rekonstruktionsgewichte W_{aj} berechnen	3	$O(K^2)$
7	Generalisierung mit Linearkombination	2	$O(dK)$

Tab. 18.13 Laufzeit der Arbeitsphase mit Dimensionsreduktion ca. 632 ms

Pos	Berechnungsschritt	Laufzeit [ms]	Aufwand
1	Distanzen berechnen	366	$O(ND)$
2	NN-Suche	216	$O(N^2)$
3	Zugehörigkeitsgrad (ZG) berechnen	1	$O(K)$
4	Gram-Matrix G berechnen	22	$O(K^2D^2)$
5	Gram-Matrix G invertieren	22	$O(K^3)$
6	Rekonstruktionsgewichte W_{aj} berechnen	3	$O(K^2)$
7	Generalisierung mit Linearkombination	2	$O(dK)$

aus [6] übernommen. Ebenso entstammt ein Großteil der folgenden Erkenntnisse dieser Arbeit.

Für die Umsetzung der Arbeitsphase wurde ein Entwicklungssystem der Firma AV Elektronik eingesetzt. Auf dem Testaufbau befindet sich eine Entwicklungsplatine mit dem 8-Bit-AVR®-RISC15-Mikrocontroller *ATmega664P* der Firma Atmel®, mit 64 KByte Programmspeicher, 4 KByte Hauptspeicher und einem 2 KByte Datenspeicher. Der Mikrocontroller verfügt außerdem über Analog-Digital-Umsetzer (ADU), insgesamt acht 10-Bit-ADUs. Weiterhin sind Schieberegler, die über Spannungsteilung die Sensorsignale nachbilden, vorhanden. Die Software wurde in der Programmiersprache C mit der Entwicklungsumgebung CodeVisionAVR der Firma HP InfoTech erstellt. Als Analysewerkzeug kam das Programmanalysewerkzeug (debugger) AVR Studio® der Firma Atmel zum Einsatz.

Die Software für den Mikrocontroller *ATMega644P* wurde in der Programmiersprache C geschrieben. Mit dieser Software ist die Arbeitsphase realisiert, die schon im Grundlagenkapitel 2 und in der Matlab-Simulation (Kap. 3) vorgestellt wurde. Als Entwicklungsumgebung wird der C-Code-Editor CodeVision AVR der Firma HP Infotech verwendet. Zum Testen der programmierten Software wird der Debugger AVR Studio der Firma Atmel eingesetzt. Mithilfe dieses Werkzeugs kann direkt auf die Register, den Speicher und auch auf andere Ressourcen des Mikrocontrollers zugegriffen werden.

Da es in der Programmiersprache C keine fertigen Funktionen und Module für Matrixberechnungen wie beispielsweise Multiplikation, Transposition, Inversion von Matrizen, … gibt, werden diese Elemente mithilfe von Vektorfeldern (sogenannten Arrays) programmiert. Prinzipiell besteht die Software aus einem zyklischen Hauptprogramm, das in einem festgelegten Zeitraster die Werte der Sensoren (Schieberegler) einliest und danach den Algorithmus für die Arbeitsphase startet. Der Aufwand der Realisierung in Bezug auf die Laufzeit ist für die Arbeitsphase ohne Dimensionsreduktion in Tab. 18.12 und für die Arbeitsphase mit Dimensionsreduktion in Tab. 18.13 aufgeführt.

Bei der Speicherplatzbetrachtung sind zwei Aspekte zu unterscheiden

1. Für den Arbeitsspeicher konnte ein kleiner Vorteil für die Z-Transition (D) bei voller Dimensionalität ermittelt werden. Dies lässt sich auf die nicht benötigten Berechnungsschritte im Y-Raum zurückführen. Ein Vorteil für die Z-Transition (d) ergibt sich aber, sobald höhere Dimensionen im Eingangsraum betrachtet werden. Hier wirken sich die Vorteile der Dimensionsreduktion sehr stark aus.
2. Der Bedarf an nichtflüchtigem Speicher (Flash) wird bis auf wenige Bytes überhaupt nicht von der eingesetzten Methode beeinflusst. Dieser Sachverhalt beruht auf der Optimierung, die Compiler und Linker durchführen. Teile des Programms werden bei der Realisierung mit der *Z-Transition (D)* vom Prozessor nur häufiger aufgerufen, wodurch der Bedarf an Speicherplatz im nichtflüchtigen Speicher ungefähr gleich bleibt.

Bewertung der Z-Transition (d)

- **Vorteil:** Durch die Nächste-Nachbarn-Suche im niedrigdimensionalen Einbettungsraum ergibt sich ein geringerer Rechenaufwand und dadurch bedingt eine kürzere Laufzeit der Berechnung in Tab. 18.10. Dieser Vorteil wirkt sich allerdings bei $D=5$ und $d=3$ noch nicht so stark aus.
- **Nachteil 1:** Bei einer ungünstigen Verteilung der Trainingspunkte, besonders bei einer Anhäufung von TP in einem kleinen Bereich des Y-Raumes, kann die NN-Suche erschwert werden. Das hat eine geringere Genauigkeit als bei der mit der *Z-Transition (D)* zur Folge. Es stellte sich anfangs als Problem dar, im Y-Raum stetige Verhältnisse zu erzeugen. Dadurch wird der Übergang vom zweidimensionalen zum dreidimensionalen Y-Raum nötig. Bei der Z-Transition (d) ist auch eine größere Anzahl TPs nötig, wodurch der Vorteil der geringeren Laufzeit und des geringeren Speicherplatzbedarfs bei den Ausführungen in Abschn. 3.3 wieder aufgehoben wird.
- **Nachteil 2:** Bei den Untersuchungen der Z-Transition (d) mit einem zweidimensionalen Y-Raum stellte es sich als schwierig dar, einen Trend zur Erreichung einer optimalen Konfiguration zu erkennen, da keine stabilen und stetigen Verhält-

nisse vorliegen. Nach der Umstellung auf einen dreidimensionalen Y-Raum konnten ein geeigneter Datensatz und für die Arbeitsphase feste Einstellungen ermittelt werden.

18.3.8 Realisierung mit komplexen Bausteinen

Ein komplexer Baustein wie z. B. ein *field programmable gate array* (FPGA) bietet Vorteile bezüglich Änderbarkeit, Kompaktheit und Geschwindigkeit. Aufgrund der Kompaktheit entstehen kurze Signalwege. In FPGAs sind zahlreiche Gatter untergebracht, mit denen fast alle Steuerungsstrukturen nachgebildet werden können. In den letzten Jahren bieten diese Bausteine zusätzlich die Möglichkeit, Prozessoren mit auf dem Chip zu integrieren, um zyklische Programme, beispielsweise für Suchoperationen oder Datenübertragungen, mit unterzubringen [9]. Dies ermöglicht es, Realisierungen applikationsorientiert und mit hoher Verarbeitungsgeschwindigkeit umzusetzen. Wenn die Entwicklungsphase abgeschlossen ist, kann die Applikation in einem *application-specific integrated circuit* (ASIC) untergebracht werden, der kostengünstig, jedoch nicht änderbar ist [4, 12].

Die Organisation für ein Gerät mit gestaffelter Messung (Abschn. 20.3) und positionierbarem Sensorsystem ist in Anhang I.2 aufgeführt.

18.3.8.1 Übersicht

Das Messsystem ist in zwei wesentliche Funktionsgruppen aufgeteilt (Anhang I.1):

1. Erfassungs- und Detektoreinheit (DE),
2. Bedien-, Verwaltungs- und Anzeigeeinheit (BVA).

- Die Erfassungseinheit (DE) in Abb. I.1 beinhaltet ein parametrierbares Spektrometer bezüglich Abstand und Laserstärke. Der hier generierte Datenstrom wird wahlweise direkt gekoppelt oder auch drahtlos zur Arbeitseinheit (Datenverarbeitung) übertragen. Das Datenaufkommen zur Arbeitseinheit beläuft sich auf ca. 24 Mbit/s (1000×1024 Frames à 24 bit). Die Weiterverarbeitung beinhaltet z. B. Filterung, Analyse der Signalform im X-Raum und Distanzermittlung zum Objekt. Sowohl das Spektrometer als auch die Datenverarbeitung der DE ist von der BVA parametrierbar. Auf der anderen Seite werden die verarbeiteten Daten der DE zur Auswertung an die BVA übertragen, vorzugsweise drahtlos. Das Datenaufkommen beläuft sich auf ca. 640 Kbit/s, kalkuliert für diese Anwendung in Tab. I.2.4 im Anhang.
- Die Bedien-, Verwaltungs- und Anzeigeeinheit (BVA) in Abb. I.1 beinhaltet eine Steuer- und Verwaltungseinheit zur Parametrierung der angeschlossenen Einheiten oder bei umfangreicheren Anwendungen einen Kommandointerpreter (siehe Abschn. 16.2). Die Datenrate der Parametrierung wird mit etwa 10 Kbit/s

angenommen. Hier befinden sich die Lexika der Modelle der zu findenden Charakteristika. Weiterhin erfolgt in der BVA die Verarbeitung der Ergebnisse im Y-Raum, dem Assoziationsraum sowie die W_{aj}-Bildung. Die Anzeigeeinheit verarbeitet die Daten zur Darstellung der gewünschten Ergebnisformate. Die Datenrate am Eingang ergibt sich zu ungefähr 640 Kbit/s.

18.3.8.2 Datenverarbeitung in der Bedien- und Verwaltungseinheit

Die Hard- und die Softwarestruktur zum Betrieb der Einheiten BVA und DE und zur Realisierung einer Datenübertragung zwischen diesen Einheiten wird im Folgenden erörtert.

18.3.8.3 Aufgabenstellung

Aufzeigen von Realisierungsmöglichkeiten bezüglich:

- Datenübertragung vom Spektrometer zur Arbeitseinheit.
- Datenverarbeitung in der DE, Hardware oder Software.
- Datenübertragung von der DE zur BVA und umgekehrt.
- Datenverarbeitung in der BVA, Hardware oder Software.

18.3.9 Realisierungsaspekte

18.3.9.1 Datenübertragung vom Spektrometer zur Arbeitseinheit

- Spektrometer und Arbeitseinheit sind gekoppelt (im gleichen Gehäuse).
  Der Datenstrom wird hier direkt in die Arbeitseinheit eingespeist. Als Schnittstelle kann sowohl eine parallele Verbindung als auch ein serieller Link (der FPGA der Arbeitseinheit stellt dies zur Verfügung) genutzt werden, vorausgesetzt das Spektrometer verfügt über eine geeignete Schnittstelle. Allerdings kann es gegebenenfalls auch möglich sein, diese Schnittstelle am Spektrometer zu ergänzen. Die Geschwindigkeit stellt bei den zurzeit verfügbaren Komponenten keinerlei Problem dar.
- Spektrometer und Arbeitseinheit sind räumlich getrennt.
  Eine Kabelverbindung, auch proprietär ohne standardisierten physical layer,[6] erfüllt alle Zwecke: Datentransfer, Parametrierung und Stromversorgung.
  Vorteil: preiswerte Realisierung.
  Nachteil: eventuell ungünstige Handhabung durch Kabel, Störanfälligkeit der Kabelverbindung.

[6] Layer 1 des OSI-Modells, Open Systems Interconnection Model (OSI).

Drahtlosverbindung, proprietär oder standardisiertes Protokoll Eine proprietäre Übertragung hat den Vorteil, dass sie speziell an die Bedürfnisse angepasst werden kann; im Prinzip wird der physical layer (die niedrigste Ebene, Schicht 1) implementiert. Dies ist ohne großen Aufwand im FPGA realisierbar. Allerdings sind am Markt kaum einfache, geeignete drahtlose Module verfügbar. Eine Übertragung mit standardisiertem Protokoll (Bluetooth 4.x, verwendet Standard-Hard- und Software) ist bei solchen Anwendungen einfacher zu realisieren. Allerdings muss das Protokoll und somit die Funktionalität sowohl im Spektrometer (hier nicht weiter betrachtet) als auch im FPGA zur Verfügung stehen. Nun verfügen aktuelle FPGAs (hier z. B. ALTERA) über genügend Ressourcen bezüglich der Hardware und dediziert eingebauter CPU. Der Versuch einer Realisierung in reiner Hardware wird ausdrücklich nicht empfohlen. Selbst unter Zuhilfenahme des integrierten Prozessorkerns ergeben sich mannigfaltige Schwierigkeiten bei der Implementierung. Ein gangbarer Weg ist die Verwendung eines Betriebssystems, beispielsweise LINUX, das die gewünschten Schnittstellen schon mitbringt. Die Portierung des OS auf die im FPGA integrierte CPU (kaum Beratung und Unterstützung durch den Hersteller) kann jedoch aus Erfahrung sehr aufwendig, wenn nicht unmöglich, sein (einige Mitarbeiter-Monate).

18.3.9.2 Vorteilhafte Strukturierung

Verwendung eines FPGA als Berechnungseinheit und Anbindung der Peripherie durch Bluetooth z. B. mithilfe eines Arduino-Boards (o. Ä.). Hier sind diese Protokolle i. A. bereits implementiert. Diese Boards sind sehr preiswert und von geringer Baugröße. Die Unterstützung durch den Hersteller ist gut.

- einfache Handhabung, wenig störanfällig im Feldeinsatz
- aufwendigere Realisierung, autarke Stromversorgung notwendig (Batterie, Akku)

18.3.9.3 Datenverarbeitung in der Detektoreinheit

Die Datenverarbeitung kann in 2 Schritten erfolgen. Die relativ hohe Eingangsdatenrate von etwa 24 Mbit/s kann mit einem FPGA (beispielsweise ALTERA) bewältigt und je nach den Erfordernissen kann ein passender Baustein mit oder ohne interne CPU nach der Anzahl der Pins, Gatteranzahl (interne Komplexität und natürlich Kosten) und Taktfrequenz ausgewählt werden. Komplexere Berechnungen wie Fourier- oder Wavelet-Transformation sind so in kurzer Zeit (auch mit parametrierbarer Hardware) problemlos durchführbar. Die weniger komplexen Berechnungen und die Ausführung von Suchalgorithmen kann die interne CPU übernehmen. Da die Verwendung einer FPGA-internen CPU aufwendiger und teurer ist, kann als Alternative ein CPU-Modul verwendet werden, z. B. ein Arduino-Modul oder ein Raspberry Pie. Diese Module sind in den unterschiedlichsten Konfigurationen erhältlich.

18.3.9.4 Datenübertragung zwischen Erfassungs- und Anzeigeeinheit

Hier soll nur die drahtlose Übertragung betrachtet werden. Vorzugsweise wird die Datenübertragung per Bluetooth, in der aktuellen Version, erfolgen. Dies ist eine Standardschnittstelle, die nahezu alle CPU-Implementierungen beherrschen. Ein proprietäres Protokoll wird hier aus Kostengründen nicht empfohlen, da dies keinerlei Vorteile bringt und zudem erst kostenintensiv implementiert werden muss.

18.3.9.5 Datenverarbeitung in der Anzeigeeinheit

Die Anzeigeeinheit BVA kann realisiert werden durch z. B.:

- Notebook (Windows)
- Tablet (Windows, iOS oder Android)
- Smartphone (Windows, iOS oder Android)
- Es ist keinerlei spezielle Hardware erforderlich, die benötigten Schnittstellen sind bereits vorhanden und die Rechenleistung der oben angegebenen Geräte ist mehr als ausreichend. So können die Datenverarbeitung, Verwaltung, Parametrierung, Anzeige und Auswertung leicht wart- und portierbar, komplett und kostengünstig in Software realisiert werden.

18.3.9.6 Weiterführende Informationen zur Realisierung

ALTERA FPGA,

- https://www.altera.com/products/fpga/overview.html,
- https://www.altera.com/products/soc/overview.html, dem Assoziationsraum und

Arduino,

- https://www.arduino.cc/,

Raspberry Pie,

- https://www.raspberrypi.org/.

Zusammenfassung Die Zusammenstellung der in den vorangegangenen Kapiteln besprochenen und als Pseudocodefragmente dargestellten Prozeduren der Trainings- und Arbeitsphase zu Beginn dieses Kapitels zeigt deren Berechnungsaufwand und ihre strukturelle Interaktion. Zur Untersuchung der Genauigkeit des adaptiven Systems wurde ein Testaufbau erstellt, im Abschn. 17.2 beschrieben und die Auswirkungen von Quantisierungs- und Rechenungenauigkeiten sowie weiterer Einflüsse in Abschn. 17.2.5 aufgeführt. Diese Untersuchungen sind bezüglich der *Fusion von Sensorsignalen*, deren innere Aussagekraft auf verschiedene Kalibrierkurven abgebildet wurde, durchgeführt worden. Gleiches gilt hinsichtlich der Klassifizierung und deren unterschiedlicher Darstellungsarten. Aufgrund dieser Ergebnisse konnte für die beiden unterschiedlichen Methoden zur Ermittlung der Rekonstruktionsgewichte angegeben werden, welche Anzahl NN im jeweiligen Fall erforderlich ist, um optimale Ergebnisse zu erzielen.

Literatur

1. Angermann A, Beuschel M, Rau M, Wohlfarth U (2002) Matlab – Simulink – Stateflow. Oldenbourg Verlag, München and Wien
2. Beucher O (2002) Matlab und Simulink, 2nd edn. Pearson Studium, München
3. Demuth H, Beale M (2001) Neural Network Toolbox, For use with MATLAB. The MathWorks, Inc, Natick
4. Fischer T (1999) Optimierte Implementierung neuronaler Strukturen in Hardware. Dissertation, Forschungszentrum Karlsruhe Technik und Umwelt, Karlsruhe
5. Gramlich G, Werner W (2000) Numerische Mathematik mit Matlab. dpunkt.verlag GmbH, Heidelberg
6. Griener W (2009) Fusion von Sensorsignalen nach der Y-Z-Methode. Masterarbeit, FernUniversität in Hagen, Hagen
7. Held B (2002) Excel-VBA Programmierung, Kompendium. Markt+Technik Verlag, München
8. Hug B (2011) Sensorfusion mittels der Z-Raum-Methode. Masterarbeit, FernUni Hagen, Hagen
9. Ludewig A (2016) Ausführung künstlicher neuronaler Netze auf einem FPGA. Masterarbeit, FernUni Hagen, Hagen
10. Sponsel R (2000) Standard-(Korrelations)-Matrix-Analysen (SMA). URL http://www.sgipt.org/wisms/nis/sma/kpd_12.htm
11. Talbot SR (2009) Identifizierung von potenziellen bakteriologischen Kampfstoffen mit Ramanspektrometrie unter Nutzung von multivariater Statistik. Dissertation, Gottfried Wilhelm Leibnitz Universität Hannover, Hannover
12. Wakerly JF (2001) Digital Design Principles and Practices. Prentice Hall, Upper Saddl River, New Jersey

19 Datenanalyse

Bei der Datenanalyse werden sogenannte ROC-Kurven (ROC steht für *receiver operating curve*) verwendet. Sie bieten Vorteile bezüglich der Anschaulichkeit bei der Darstellung der Klassifizierungsgüte von Klassifikatoren und Klarheit bei der Auswertung der Gruppenzugehörigkeit durch entsprechende Fehlerzuordnungen.

19.1 Grafik zur Darstellung von Klassifizierungsergebnissen

Mit einer ROC-Kurve können Klassifizierungsergebnisse grafisch dargestellt werden, und es kann bestimmt werden, bei welchem optimalen Schwellenwert (SW) ein Merkmal zutrifft oder nicht [1, 2]. Für jede Datengruppe, die die Charakteristika eines Objektes repräsentiert (TDS für ein Objekt) kann eine ROC-Analyse durchgeführt werden (Datengruppe und ROC-Kurve in Abb. 19.1). In Tab. 19.1 sind die Ergebnisse einer ROC-Analyse für 8 Datengruppen aufgeführt. Die ROC-Kurven zu diesen Datengruppen befinden sich in Abb. 19.2a.

19.2 Bedeutung der Abkürzungen bei der ROC-Analyse

Die Bedeutung der in Tab. 19.1 aufgeführten Abkürzungen zur Fehlerzuordnung:

TP:	positiv zugeordnet, richtige Gruppenzugehörigkeit (true positive)
FP:	positiv zugeordnet, falsche Gruppenzugehörigkeit (false positive)
FN:	negativ zugeordnet, falsche Gruppenzugehörigkeit (false negative)
TN:	negativ zugeordnet, richtige Gruppenzugehörigkeit (true negative)
P:	positiv, alle Werte oberhalb von oder gleich SW

G. Sartorius, *Erfassen, Verarbeiten und Zuordnen multivariater Messgrößen*,
https://doi.org/10.1007/978-3-658-41451-1_19

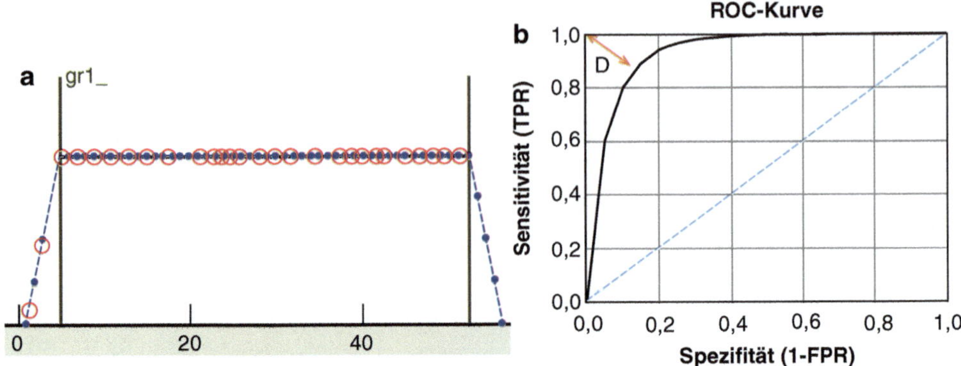

Abb. 19.1 Optimierung durch Variation von Schwellenwert SW bzw. der NN-Anzahl K. Variation des Schwellenwertes SW zur Durchführung der ROC-Analyse eines Trainingsdatensatzes. An der Stelle mit dem geringsten Abstand D ist die Klassifizierungsgüte am höchsten und der Schwellenwert SW optimal eingestellt. **a**) Trapezkurve im Darstellungsraum zur Anzeige der Zugehörigkeit klassifizierter Daten. Wenn ZG > SW wird der Wert als voll zugehörig auf der Trapezlinie dargestellt. **b**) Variation des Schwellenwertes SW bei der ROC-Analyse. Bei optimalem Schwellenwert SW ist die Distanz D zur ROC-Kurve minimal

Tab. 19.1 Ergebnisse eines Datensatzes mit 8 Gruppen

Gruppe	TP	FP	FN	TN	P	N	TPR	FPR	SPC	SWopt	YI	Dist
gr8	54	7	7	0	478	77	0,9	0,1	0,9	0,7	1,0	0,2
gr1	36	15	15	0	478	77	0,7	0,2	0,8	0,7	0,9	0,2
gr7	23	15	20	0	478	77	0,5	0,2	0,8	0,7	0,7	0,2
gr6	50	26	6	0	478	77	0,9	0,3	0,7	0,8	0,8	0,3
gr3	37	25	14	0	478	77	0,7	0,3	0,9	0,7	0,9	0,3
gr2	38	12	7	0	478	77	0,8	0,1	0,9	0,7	0,9	0,2
gr5	71	4	1	0	478	77	1,0	0,1	0,9	0,7	0,9	0,2
gr4	61	4	7	0	478	77	0,9	0,1	0,9	0,7	0,9	0,2
SumGrup	370	108	77	0	478	77	0,8	0,2	0,8	0,7	1,0	0,2

N:	negativ, alle Werte unterhalb von SW
TPR:	Richtig-Positiv-Rate (true positive rate), $TPR = TP/(TP + FN)$
FPR:	Falsch-Positiv-Rate (false positive rate), $FPR = FP/(FP + TN)$
SPC:	Spezifizität (specificity), $SPC = 1 - FPR$
SW:	Schwellenwert, wird von 0 …1 variiert, um die ROC-Kurvenwerte zu ermitteln
YI:	Youden-Index, $YI = TPR + FPR = TPR + SPC - 1$
Dist:	minimale Distanz zum Optimalpunkt ($TPR = 1$, $FPR = 1$)

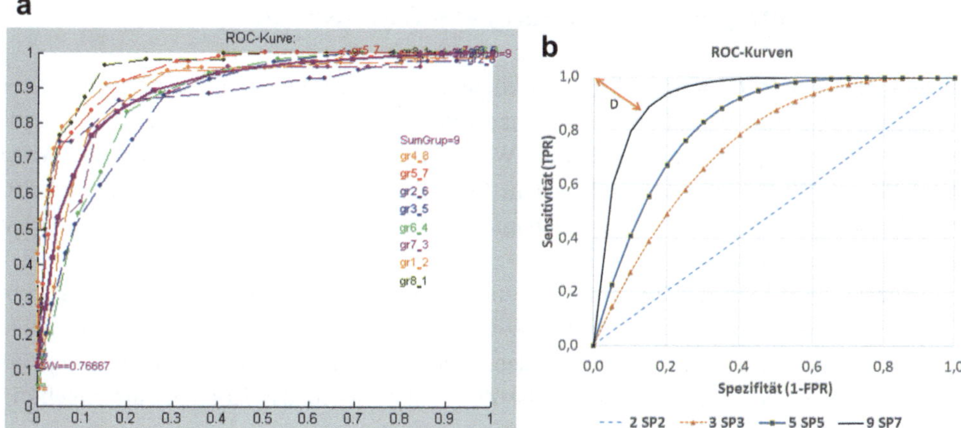

Abb. 19.2 Variation des Schwellenwertes SW zur Durchführung der ROC-Analyse für Trainingsdatensätze einiger Objekte bzw. Zustände. Die dargestellten Beispiele charakterisieren Klassifikatoren mit hoher und geringerer Klassifizierungsgüte (AUC-Wert). **a**) ROC-Kurven der Klassifizierung eines Datensatzes mit acht Gruppen (Ordinate = Sensitivität (TPR), Abszisse = Spezifität (1-FPR)). **b**) Variation des Schwellenwertes SW bei der ROC-Analyse. Die Klassifizierungsgüte ist umso besser, je größer die Fläche unterhalb einer ROC-Kurve ist

19.3 Monoklassenklassifizierung

Bei der Monoklassenklassifizierung wird jede Klasse n dem Rest der Datenmenge gegenübergestellt. Die jeweilige ROC-Kurve bezieht sich dann immer nur auf die untersuchte Klasse n.

19.4 Multiklassenklassifizierung

AUC-Wert Die Fläche unterhalb der ROC-Kurve ist ein Maß für die Klassifizierungsgüte des Modells bzw. für die Qualität des Klassifikators. Der Kennwert AUC (area under the curve) entspricht der Fläche unter der ROC-Kurve im Verhältnis zur Gesamtfläche des Diagramms. Er entspricht der Wahrscheinlichkeit, mit der ein Wert klassifiziert wird, wobei der beste Wert eins (TPR = 1, FPR = 0) und der schlechteste Wert 0,5 (TPR = 0,5, FPR = 0,5) beträgt. Ein AUC-Wert von 0,5 entspricht einem Zufallsexperiment. Bei Letzterem entspricht die ROC-Kurve dem Verlauf der strichlierten Linie in Abb. 19.2b.

19.5 Erstellung und Anwendung von ROC-Kurven

Erzeugen einer ROC-Kurve Ein Schwellenwert SW wird in einem Bereich mit unterer Grenze (hier Min = 0) und oberer Grenze (hier Max = 1) von Min, …, Max schrittweise erhöht, für jede Stufe werden die Werte TP, FP, FN und TN registriert, die Werte für TPR und FRP berechnet und in dem ROC-Diagramm dargestellt (y-Achse = TPR, x-Achse = 1 – FPR). Dies wurde in Diagramm 19.2a für 8 verschiedene ROC-Kurven mit SW durchgeführt.

Getestet wird hier die Zugehörigkeit zum TDS gegenüber keiner Zugehörigkeit zum TDS. Bei Überlappungen zweier TDS bzw. zweier Häufungen könnte ein AP für beide Häufungen als zugehörig erkannt werden. Der Zugehörigkeitsgrad (ZG) gibt an, wie wahrscheinlich die Zugehörigkeit ist. Ist ZG ≥ $SW_o pt$, wird das Ergebnis als zugehörig gewertet und G < $SW_o pt$ als nicht zugehörig.

Beurteilung mehrere ROC-Kurven Um die mittlere Qualität der 8 Klassifizierungen anzuzeigen, wurden die Summen der Messwerte TP, FP, FN aller Gruppen auf die Gesamtanzahl aller Daten bezogen und in einer gemeinsamen ROC-Kurve (dicke Linie) in Abb. K.7 dargestellt.

Optimierung durch Variation des Schwellenwertes SW Zur Bestimmung des optimalen Schwellenwertes SW_{opt}, bei welchem Zugehörigkeitsgrad ein Merkmal zur Gruppe gezählt wird oder nicht, geht man folgendermaßen vor: Nach der Zusammenstellung des Testdatensatzes wird festgelegt, in welchen Grenzen $SW_{min} - SW_{max}$ der Schwellenwert (SW) – beispielsweise der Schwellenwert für den Zugehörigkeitsgrad (ZG) – variiert werden soll, um SW_{opt} zu bestimmen. Dann wird SW von SW_{min} mit einer passenden Schrittweite erhöht, die jeweiligen Werte für FPR und SPR als ROC-Kurve aufgetragen, bis SW_{max} erreicht ist. An der Stelle, an der die kürzeste Distanz der ROC-Kurve zum Punkt (TPR = 1, FPR = 0) vorliegt, befindet sich der optimale Schwellenwert SW_{opt}. Diese Distanz ist in Abb. 19.2b für ROC-Kurve *9 SP7* mit D gekennzeichnet.

Anfragedaten für eine ROC-Kurve Zur Klassifizierung sind die Anfragedatenpunkte X_a der jeweiligen Gruppe, für die eine ROC-Kurve erstellt werden soll, in einem Verzeichnis (z. B. *RohDatenXa*) gespeichert. Formel 8.4 gibt den Zugehörigkeitsgrad (ZG) bei festem Grenzwert (Distanz zum ersten NN) und Formel 8.5 den Zugehörigkeitsgrad bei variablem Grenzwert (Distanz zum Zentroid der NN) an. Ob ein Anfragepunkt X_a im rezeptiven Bereich einer Gruppe liegt, wird entschieden, wenn ZG ≥ $SW_o pt$ ist. Bei ZG < $SW_o pt$ wird X_a als nicht zugehörig registriert. Der Schwellenwert für die Zugehörigkeit kann aus der ROC-Kurve des entsprechenden TDS abgelesen und im Modell M gespeichert werden.

Klassifizierungsergebnisse Die optimalen Klassifizierungsbedingungen für eine Gruppe sind bei der kürzesten Distanz der Kurve zum Optimalpunkt (TPR = 1,

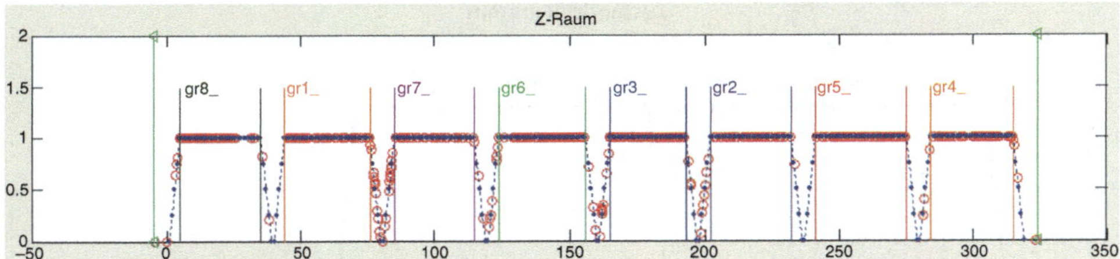

Abb. 19.3 Klassifizierungsergebnis eines Datensatzes mit 8 Gruppen. Es gibt einige Datenpunkte, die nicht mit ZG = 1 klassifiziert sind. Die Richtung, zu welchem Datensatz diese Punkte tendieren, ist erkennbar

1 − FPR = 0) erreicht. Ein weiteres Beispiel zur Erstellung und Auswertung von ROC-Kurven befindet sich im Anhang H.

19.6 Auswertung und Darstellung

Für anwendungsorientierte Darstellungen der Klassifizierungsergebnisse wurden in Abschn. 15.3 verschiedene Darstellungsarten in den Abb. 15.7 (als Gerade), 15.8 (als Kreis), 15.9 (als Trapez), 15.10 (im Balkenformat) und 15.11 (als Polardiagramm) vorgeschlagen. Anzumerken ist, dass mit dem in Abschn. 14.3.3 erläuterten Modul *Skalierung und Anpassung* (SA) beliebige Darstellungen erzeugt werden können. Der Zuordnungsgrad für ein Messobjekt wird mit Formel 15.2 bestimmt. Entsprechende Alarm und Meldeschwellen sind für jedes Messobjekt definierbar. Entsprechende Signale und Meldungen (Warnungen, wichtige Hinweise …) können somit bei Kenntnis des aktuellen Zugehörigkeitsgrades erzeugt und registriert werden. Die Zuordnung bzw. Generalisierung neuer Messwerte mit dem NN-Verfahren und die Verwaltung der TPs mit dem Index i in Verbindung mit der Skala-i ermöglichen dies. Es sei angemerkt, dass die Multiklassenklassifizierung nur für wenige Klassen, die in besonderem Zusammenhang stehen, genutzt wurde. Im Folgenden ist in Abschn.19.6.2 ein Beispiel für eine solche Klassifizierung vorgestellt. Die maximale Anzahl bei dieser Art Klassifizierung war 8.[1] Die zahlreichen Modelle für Objekte, die in einem Klassifizierungssystem für die Arbeitsphase in einem elektronischen Katalog zur Verfügung stehen, sind in einer Trainingseinheit mit der Monoklassenklassifizierung erstellt und gespeichert worden und können den Arbeitseinheiten zur Verfügung gestellt werden.[2]

[1] Das Maß *MaxDist2NN*, das aus den Kennwerten der Verteilung der Messwerte bestimmt wird, sollte für jede beteiligte Gruppe etwa gleich sein, damit die Generalisierung präzise und genau durchgeführt werden kann.

[2] Das Maß *MaxDist2NN* wird für jedes Objekt aus den Kennwerten der Verteilung der Messwerte bestimmt.

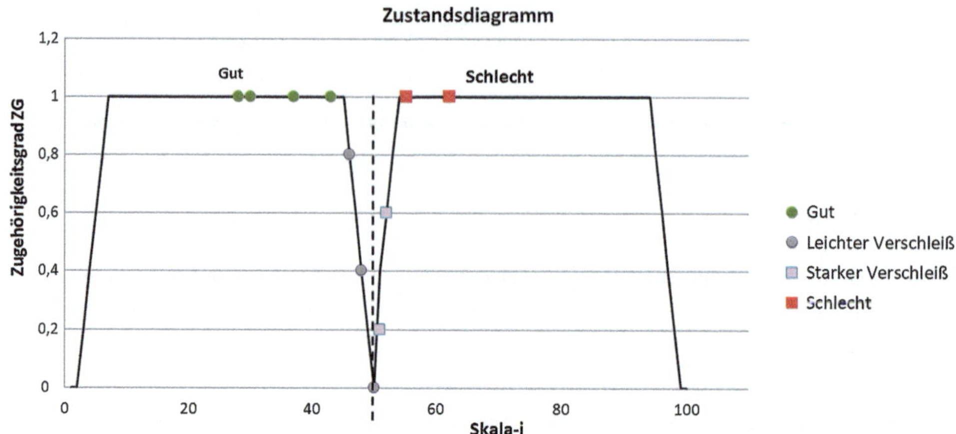

Abb. 19.4 Zustandsdiagramm zur Erkennung der Verschleißgrenze

19.6.1 Mono- und Multiklassen im Darstellungsraum

In Abschn. 19.3 wurde mit Abb. 19.1a eine Monoklassenklassifizierung und in Abschn. 19.4 mit Abb. 19.3 eine Multiklassenklassifizierung zur Anzeige der Ergebnisse im Darstellungsraum (Z-Raum) in Trapezform abgebildet. Diese Form der Darstellung von Ergebnissen ist auch nutzbar, wenn mehrere Monoklassenklassifizierungen abzubilden sind (Trapez 1 für Klassifizierung 1, Trapez 2 für Klassifizierung 2 … Trapez n für Klassifizierung n).

19.6.2 Multiklassenklassifizierung zur Auswertung von Zuständen

In Abb. 19.4 ist eine Multiklassenklassifizierung als Beispiel für zwei Zustände einer Maschinenüberwachung dargestellt. Gut- und Schlecht-Messwerte wurden mit der Trainingseinheit in einen TDS aufgenommen (Modell M) und werden mit der Arbeitseinheit in Form zweier Trapeze im Darstellungsraum abgebildet. Die generalisierten X_a-Datenpunkte während des Überwachungsbetriebs sind im Diagramm eingetragen. Diese Art der Verarbeitung wäre für eine Verschleißüberwachung eines Maschinenteils nutzbar. Wenn die Xa-Datenpunkte nach rechts unterhalb des Plateaus des Gut-Zustand-Trapezes abgebildet werden (grau) und sich zum Schlecht-Zustand-Trapez hinbewegen, könnte ein Service eingeplant werden, bevor die Verschleißgrenze (gestrichelte Linie) erreicht wird.

Literatur

1. Fawcett T (2004) ROC Graphs: Notes and Practical Considerations for Researchers: Technical report. URL http://www.hpl.hp.com/techreports/2003/HPL-2003-4.pdf
2. Merkl R, Waack S (2009) Bioinformatik interaktiv, 2nd edn. WILEY-VCH Verlag GmbH & Co KGaA, Weinheim

20 Einsatzgebiete

Eine Auswahl möglicher Anwendungen:

1. Klassifizierung von Spektren,
2. Fusion von Sensorsignalen,
3. Klassifizierung analoger Messdaten,
4. Überwachung von Gebäuden, Räumen, Maschinen etc.,
5. flächendeckende Untersuchung einer Oberfläche bezüglich Sporen, Keimen usw.,
6. Verschleißerkennung bei Maschinen,
7. Suche markanter Merkmale in Bildern, Objekterkennung u. a.

Die Modellbildung wird dem Konzept **Ensemble von Erwartungswerten** folgend durchgeführt. Verschiedene Messereignisse, die bestimmte Eigenschaften eines Objektes aufnehmen, können zu einem Ensemble von Erwartungswerten (Abschn. 12.1.1) zur Bildung des rezeptiven Bereichs kombiniert werden.

Eine Auswahl möglicher Anwendungen:

1. Klassifizierung von Spektren,
2. Fusion von Sensorsignalen,
3. Klassifizierung analoger Messdaten, um digitale Signale für Steuerungsaufgaben zu erzeugen [2],
4. Überwachung von Gebäuden, Räumen, Maschinen etc.,
5. flächendeckende Untersuchung einer Oberfläche bezüglich Sporen, Keimen usw.,
6. Verschleißerkennung bei Maschinen,
7. Suche markanter Merkmale in Bildern, Objekterkennung u. a.

G. Sartorius, *Erfassen, Verarbeiten und Zuordnen multivariater Messgrößen*,
https://doi.org/10.1007/978-3-658-41451-1_20

20.1 Verschiedene Einsatzgebiete

Klassifizierung Effekte, die vom Messobjekt selbst verursacht werden, müssen mit in die Trainingsmenge aufgenommen werden, da sie zur Charakteristik des Messobjektes gehören und nach der Trainingsphase auch in der Arbeitsphase auftreten. Diese Art der Nutzung ist mit der in Abschn. 12.1.1 beschriebenen Generalisierung um ein Ensemble von Erwartungswerten umsetzbar. Die einzelnen Messereignisse sind gaußverteilt; der aus mehreren Messereignissen gebildete rezeptive Bereich kann eine beliebige Verteilung aufweisen (Abb. 12.16).

Fusion von Sensorsignalen Bei der Suche nach Zugehörigkeiten werden jedoch nicht nur einzelne Messwerte um einen Erwartungswert gespeichert, sondern oft auch viele ähnliche Werte für verschiedene Situationen, die als *Ensemble von Erwartungswerten* eine Spur von aneinandergereihten Messereignissen im Raum (wie in Abb. 10.6) darstellen. Wenn beispielsweise aus verschiedenen Messwerten, die nicht unabhängig voneinander sind, ein Anzeigewert abgeleitet werden soll, beschreiben diese im multidimensionalen Raum ein solches Gebilde. Die MF dieser Datenpunkte beinhaltet dann alle Messsituationen. Letztere können mittels der Z-Transition (d) auf einer Kalibrierkurve abgebildet werden (18.2.9, Abb. 10.5).

Ergänzend kann gesagt werden, dass die Standardisierung der Messdaten auf eine homogene Struktur skalierbare Messunsicherheit garantiert. Sie kann weiter verringert werden, indem das Maß *MaxDist2NN* z. B. von 2 σ auf σ reduziert wird. Der Rechenaufwand in der Trainingsphase verdoppelt sich dementsprechend.

20.2 Eigenständige Systeme

Ein eigenständiges System (stand-alone-system) ist in der Lage, eine Klassifizierung vorzunehmen. Es beinhaltet die Trainings- und die Arbeitsphase zur Klassifizierung. Die Modelle M zur Erkennung eines Zustandes oder Objektes sind in ihm gespeichert. Sie können erweitert und neu erstellt werden. Durch die binäre Struktur der Klassifikation wird entschieden, ob die Charakteristik des gesuchten Objektes im rezeptiven Bereich der gesuchten Klasse liegt oder nicht. Zur Klassifizierung von Spektren wurde die Software der Trainings- und Arbeitseinheit für einen PC entwickelt und eingesetzt [1, 5].

20.3 Gestaffelte Prozedur bei der Suche nach Zugehörigkeiten

Ein Gerät mit positionierbarem Sensorsystem wird auf das Testobjekt, das beispielsweise auf bestimmte Bakterien untersucht werden soll, aufgebracht. Mit einer Betriebsart *Schnellabtastung* (fast-scan), z. B. zusammen mit einem besonders schnellen Messverfahren in Kanal 2 (Schnelltest), wird in Verbindung mit einem gestaffelten Prüfalgorithmus der Prüfvorgang beendet, wenn dominierende Koeffizienten nicht übereinstimmen, um danach sofort mit der nächsten Abtastung zu beginnen.[1] Das Suchfeld des Scanners ist dabei so eingestellt, dass sich die Scanfelder aufeinanderfolgender Scans überlappen, um eine flächendeckende Überprüfung zu erreichen. Sobald mit der *Schnellabtastung* ein Treffer festgestellt wird, kann mit einer Betriebsart *Präzisionsabtastung* (precision-scan) – z. B. Gruppe 4 Kanal 4 in Abb.4.2 – der Treffer überprüft und mit den Anweisungen zur Bildung des Verknüpfungsergebnisses VKE (diversitäre Messmethoden in Kap. 16, Abb.16.1) bestätigt oder ausgeschlossen werden. Die Organisation der Messung ist im Anhang I.2 aufgeführt.

Durch die Kombination unterschiedlicher Messverfahren, die in verschiedenen Kanälen organisiert sind, ist es möglich, auch noch weitere Tests auszuführen, um Fehlklassifizierungen zu vermeiden bzw. eine hohe Klassifizierungsgüte bei hoher Klassifizierungsleistung im Sinne bearbeiteter Messpunkte pro Zeit zu erreichen, damit möglichst schnell viel Fläche überprüft werden kann. Die Abfrageoperationen zur Bildung des VKE sind konjunktiv verknüpft.

Unterschiedliche Quellen bzw. Messarten visuell und auditiv für ein Trainingsobjekt: Handschrift, gescannntes Bild, gescannter Druck, gesprochene Zahl Fünf (wie in Abb. 11.8). Die Abfrageoperationen zur Bildung des VKE sind disjunktiv verknüpft.

Durch die Multiklassenstruktur in Verbindung mit der DR kann die Lage der Datengruppen zur Repräsentation der Objekte eines Lexikons der Charakteristika ähnlich wie bei einer Landkarte visuell zugänglich gemacht werden. Nach der Trainingsphase: unüberwacht trainiertes Netz im Y-Raum, zwei Eigenwerte zur Darstellung der DPs. Nach der Arbeitsphase: Anzeige der Tendenz von Klassifizierungsergebnissen, deren Zugehörigkeitsgrad kleiner eins ist.

Eine Multiklassendarstellung bietet z. B. Vorteile bei einer Anwendung zur Verschleißerkennung in Maschinen. Es ist bekannt, dass der Pegel der Ultraschallsignale um 100 kHz ansteigt, wenn die Reibung in einem Getriebe zunimmt. Im Ölstrahl kann eine Ultraschallsonde positioniert werden, um diese Signale zu messen. Eine Gruppe von Messdatenpunkten repräsentiert den *Gut-Zustand* für wenig Reibung im Getriebe und eine andere Datengruppe den *Schlecht-Zustand.* Wenn die Geräusche im Getriebe durch Verschleiß zunehmen, wandert der Messdatenpunkt X_a in Richtung der Gruppe *Schlecht-Zustand.* Damit kann angezeigt werden, wann ein Service einzuplanen ist, bevor es zum *Schlecht-Zustand* des Messobjektes kommt.

[1] Es kann keine Gesamtübereinstimmung geben, wenn die größten Komponenten nicht übereinstimmen. Dominanz der größten Komponenten in Abschn. 8.6.

20.4 Verbundsysteme

Mehrere Arbeitseinheiten nutzen die Modelle, die in der gemeinsamen Trainingseinheit erstellt wurden [4].

1. Eiswarner, die auf Basis pyroelektrischer Signale eine kurze Reaktionszeit aufweisen [3],
2. Rauchmelder,
3. Kompensierte PIR-Sensorik [3],
4. Maschinenüberwachung (Abb. 19.4),
5. Bakterienscanner, …

Literatur

1. Halang W, Gerhard, Sartorius, Dipl-Ing, Talbot S (2013)
2. Martin K (2010) Klassifizierung mit auf speicherprogrammierbaren Steuerungen implementierter multivariater adaptiver Einbettung. Masterarbeit, FernUni Hagen, Hagen
3. Rehrmann F (2009) Einsatzmöglichkeiten von Thermopilesensoren. Masterarbeit, FernUni Hagen, Hagen
4. Sartorius G (2009) Multivariate Adaption mit modularisierten künstlichen neuronalen Netzen: Zugl.: Hagen, Fernuniv., Fachbereich Elektrotechnik, Diss., 2009, Fortschritt-Berichte VDI Reihe 10, Informatik/Kommunikation, vol 799, als ms. gedr edn. VDI-Verl., Düsseldorf
5. Talbot SR (2009) Identifizierung von potenziellen bakteriologischen Kampfstoffen mit Ramanspektrometrie unter Nutzung von multivariater Statistik. Dissertation, Gottfried Wilhelm Leibnitz Universität Hannover, Hannover

21 Zusammenfassung der Ergebnisse

Das MAE-Verfahren wurde mit verschiedenen Betriebssystemen und unterschiedlicher Hardware in folgenden Projekten angewendet:

1. Klassifizierung von Spektren (Trainings- und Arbeitseinheit: PC).
2. Beschreibung der Prozesskontrolle zur Ansteuerung von Aktoren und eines Schubzylinders in Abhängigkeit verschiedener Analogsignale als Klassifizierungsproblem (Trainingseinheit: PC, Arbeitseinheit: SPS).
3. Positionsbestimmung von Objekten in einem Raum (Trainingseinheit: PC, Arbeitseinheit: Mikrocontroller).
4. Fusion von artgleichen Sensorsignalen zur Verbesserung der Anzeigegenauigkeit (Trainingseinheit: PC, Arbeitseinheit: Mikrocontroller).

Weiterhin wurde in einer Studie zur Klassifizierung von Spektren die Möglichkeit untersucht, Oberflächen auf bestimmte Substanzen zu testen. Dabei soll ein PC als Trainingseinheit genutzt werden. Ein Tablet-Computer zur Anzeige der Ergebnisse und Bedienung der Messabläufe fungiert in Verbindung mit einer Messeinheit, die auf Basis eines FPGA die Messungen vornimmt und Teile der Arbeitsphase ausführt, als Arbeitseinheit.

21.1 Anwendererfahrungen bei der Klassifizierung von Spektren

Mit dem MAE-Verfahren konnte in einer Studie die Klassifizierbarkeit von biologischen Kampfstoffen und Similisubstanzen untersucht werden. Wichtig war dabei eine Grundlage zu haben, deren Anwendung eine wirklichkeitsgetreue, anwenderfreundliche und statistisch auswertbare Funktionalität im Rahmen der Kampfstoffanalyse bietet. Einflüsse von Inaktivierungen, Medien und Inkubationszeiten haben z. T. massiven Einfluss auf Proben

G. Sartorius, *Erfassen, Verarbeiten und Zuordnen multivariater Messgrößen*,
https://doi.org/10.1007/978-3-658-41451-1_21

und konnten klassifiziert und differenziert werden. Eine entsprechende Risikoanalyse im Rahmen einer Machbarkeitsstudie für die B-Detektion rundet den Schwerpunkt dieser Studie ab. Hinsichtlich einer Eignung konnten andere Verfahren wie das MALDI-TOF und kommerzielle Klassifikationsverfahren herangezogen werden. Es konnte geklärt werden, welche Messeinheiten für eine feldmäßige Nutzung aussichtsreich sind, welchen Anteil und potenziellen Einfluss optimierte Verfahren wie das MAE zur Auswertung der Daten dieser Messeinheiten auf die zukünftige Entwicklung und Analyse bei der Kampfstoffdetektion haben kann [11].

21.2 Ergebnisse und Vergleich

Die in den Tab. K.4, K.5 und K.6 aufgeführten Ergebnisse der drei verschiedenen Klassifizierungsmethoden zeigen nahezu das gleiche Resultat. Die Verarbeitungsprozeduren der drei gegenübergestellten Verfahren sind jedoch grundlegend verschieden.

Die zum Testen verwendeten Gruppendaten des gr1-3-Datensatzes sind gut unterscheidbar. Es liegen nahezu keine Überlappungen der Gruppen vor; lediglich gr3 weist eine große Varianz auf, die durch eine Basislinienkorrektur minimiert wurde. Minimale Überlappungen mit den beiden anderen Gruppen sind jedoch wahrscheinlich noch vorhanden. In Abschn. K.1.2 ist dieser Aspekt erwähnt und in und in Abb. K.1 werden werden die Wavelet-Koeffizienten dazu gezeigt. Beim MAE-Verfahren wird die wahrscheinlichste Gruppenzugehörigkeit mit den im Eingangsraum mit hoher Präzision ermittelten Wichtungen im Merkmalsraum als Zugehörigkeitsgrad angezeigt. Beim KNN-Verfahren werden im Falle einer Anzeige unterhalb eines Schwellenwertes die betreffenden Testpunkte als nicht klassifizierbar eingestuft. Beim SVM-Verfahren erfolgt die Angabe einer Zugehörigkeit zu einer Gruppe mit einer definierten Mindestwahrscheinlichkeit; ansonsten erscheint der Hinweis *falsch klassifiziert*. Die Höhe der Wahrscheinlichkeit oder der Zugehörigkeitsgrad werden dort nicht angegeben.

Die grundsätzlichen Verarbeitungsschritte Datenvorverarbeitung, Training des Netzes oder Ermittlung eines Datenmodells sowie Prüfprozeduren (interne Validierung) und die Anwendung der Klassifizierung neuer Daten (externe Validierung) finden sich bei allen drei Systemen. Das MAE-Verfahren bietet bezüglich visueller Darstellung Anpassungsmöglichkeiten, um auf die speziellen Erfordernisse von Anwendern einzugehen; es ist streng deterministisch orientiert und modular aufgebaut. Die zur Klassifizierung oft genutzten Stützvektormaschinen (SVM) sind besonders zur Verarbeitung großer Datenmengen geeignet, da zur Klassifizierung in der Arbeitsphase nur die sogenannten Stützvektoren (SV) herangezogen werden müssen. Sie weisen ein globales Optimum und gute Generalisierungseigenschaften auf, jedoch hat diese Methode keine mittelwertbildenden Eigenschaften und ist somit empfindlich für spektrale Spitzen und elektrische Störsignale. Weiterhin ist mit einem Satz von SVs nur die Bearbeitung einer Klasse möglich. Parametersuche und Bestimmung der Kernfunktionen sind kompliziert und erweisen sich bei der praktischen Anwendung als sehr zeitaufwendig, insbesondere dann, wenn neue Messdaten verschiedenen Klassen zugeordnet werden sollen.

21.2.1 Künstliches neuronales Netz

Bei der Klassifizierung mit dem überwachten KNN wurden Ausreißer zunächst durch Sichtung der Daten nach einer Basislinienkorrektur und einer Vektornormierung (Summe aller Abweichungsquadrate gleich eins) entfernt und anschließend aus der restlichen Datenmenge die Trainings- und Testdatenmenge gebildet, deren jeweiliger Anteil nahezu gleich groß war. Vor dem Training muss der Bediener pro Eingangsneuron die Anzahl der Neuronen der verdeckten Schicht (hidden layer) und das Abbruchkriterium für das Iterationsverfahren (Fehlerrückführungsverfahren, backpropagation) vorgeben. Anschließend führt er die Iteration aus und beurteilt die Qualität dieses Trainingsvorgangs mit einer internen Validierung (Generalisierungstest). Genügt sie den Anforderungen, wird die Klassifizierung der Testdaten durchgeführt. Die Ergebnisse sind in Tab. K.5 aufgelistet.

21.2.2 Stütz-Vektor-Methode

Bei der Klassifizierung mit der SVM wurden die Eingangsdaten zunächst einer Basislinienkorrektur und dann einer Normierung unterzogen, um die Amplituden der Spektralanteile bei allen drei Gruppen mit gleicher Präzision verarbeiten zu können. Danach müssen zunächst die Kernfunktion und deren Parameter bestimmt werden, die zum besten Klassifizierungsergebnis führen. Dieser Vorgang ist der zeitaufwendigste Teil des SVM-Verfahrens. Bei einer solchen Optimierung hängt es von der Struktur der Daten ab, welche der vielen in der Literatur angeführten Methoden und welche Kernfunktion zur Bestimmung der Stützvektoren am günstigsten sind. Solche empirischen Parameter-Suchmethoden existieren in verschiedenen Varianten, die auf die jeweilige Anwendung zugeschnitten sind. Am effektivsten erwies sich bisher das Kreuzvalidierungsverfahren, welches in Verbindung mit einer logarithmischen Rastersuche beschleunigt werden kann und auch für den Testdatensatz verwendet wurde. Letztendlich ist hier dennoch die Parametersuche nicht effizient gelöst und stellt ein offenes Problem dar. Für jede Klasse wird ein Satz Stützvektoren ermittelt. Er ermöglicht die Klassifizierung, die für jede Klasse mit dem zugehörigen Satz von Stützvektoren gesondert durchzuführen ist. Die Ergebnisse stehen in Tab. K.6.

21.2.3 Multivariate adaptive Einbettung

Die Arbeitsweise des MAE-Verfahrens ist in Abschn. 18.2 als Beispiel mit Kanal 4 erläutert.

Die Ergebnisse sind in Tab. K.4 dargestellt.

Das Verfahren bietet folgende Möglichkeiten:

- Möglichkeit zur Kombination verschiedener Messverfahren durch Management der verschiedenen Messvorgänge mit entsprechenden Anweisungen im Modul *Metadaten* und die Organisation in Messkanälen.
- Die Messwerte der Messereignisse sind wie Zufallsstichproben gaußverteilt als Voraussetzung für die Ermittlung der statistischen Kenngrößen und die Ausreißererkennung in der Datenvorverarbeitung.
- Die multidimensionale Struktur wird durch die Messung der Distanzen von DP zu DP auf eine univariate Verteilung reduziert und zur Ermittlung dieser Distanzen die Manhattan-Distanz (L^1-Norm) verwendet. Dies stellt sicher, dass bei größerer Dimensionalität (>100) keine Ungenauigkeiten bei der Distanzbestimmung auftreten.
- Die Datenvorverarbeitung sorgt dafür, dass sich selbst bei 40 % Ausreißern in den Daten (Sicherheitsabstand von 10 % zum 50 %-Limit des SDLM-Bereichs) keine Ausreißer im TDS befanden. Der Bruchpunkt liegt theoretisch bei 50 % der Werteanzahl.
- Überführung von Messwerten in eine Koeffizientendarstellung, die es ermöglicht, die Messsignale in Bereiche aufzuteilen, die zusammen alle Signalanteile, z. B. nach Frequenzanteilen geordnet, beinhalten. Koeffizienten, die nichts zur Charakteristik beitragen oder stören, werden nicht in den TDS aufgenommen.
- Ohne die Originaldatenpunkte und ohne die Eigenwerte der Verbindungsmatrix $\underline{M}$ zu verändern, erzeugt die Füllwertmethode, die auf einer Spline-Interpolation basiert, eine glatte MF als Voraussetzung für eine numerisch stabile Weiterverarbeitung.
- Die Modellkomplexität wird für jede Trainingsmenge durch die Wahl der NN-Anzahl K optimiert, ohne den TDS im Modell M zu verändern.
- Nach der Trainingsphase erfolgt die Klassifizierung in der Arbeitsphase.
- Mit der Dominanz der größten Koeffizienten steht neben der Vektorlänge ein weiteres Kriterium zur Prüfung der Ähnlichkeit zur Verfügung, um festzustellen, ob der Prüfvorgang frühzeitig abgebrochen werden kann oder nicht. Dies ermöglicht es, schnell und effizient eine Vielzahl von Messungen bzw. Klassifizierungen durchzuführen.
- Aufgrund der mittelnden Eigenschaften der Wavelet-Transformation ist das Verfahren unempfindlich gegen spektrale Spitzen.

Die Messung der maximalen Distanz *MaxDist2NN* zu den NN wird im Y-Raum durchgeführt, nachdem die Filterung unerwünschter Komponenten abgeschlossen ist und die Dimensionalität des TDS festliegt. Dies gilt für die Trainingspunkte X_i in der Trainingsphase und für die Arbeitspunkte X_a in der Arbeitsphase. Mit den Verhältnissen dieser Distanzen werden der Zugehörigkeitsgrad mit den auf eins normierten Wichtungen W_{aj} und die Position im Merkmalsraum errechnet und anschließend die Abbildung von X_a direkt im Darstellungsraum schnell und präzise durchgeführt. Daraus ergeben sich weitere folgende Vorteile:

- Es kann nicht nur die eindeutige Zuordnung zu einer Klasse, sondern auch der Zugehörigkeitsgrad bestimmt (Gl. (8.4)) und bei Ähnlichkeiten abgelesen werden.

- Es fällt wenig Rechenaufwand bei der Klassifizierung neuer unbekannter Eingangsdaten an, da in der Arbeitsphase die Einbettung der APs X_a in den Y-Raum entfällt und mit der Z-Transition (D) die Rekonstruktion mit den NN-Punkten direkt im Z-Raum durchgeführt werden kann. Diese Art der Klassifizierung wurde bei dem Beispiel in Abschn. 18.2 angewendet.
- Es entsteht eine übersichtliche Darstellung der Ergebnisse im Merkmalsraum und es gilt ein Modell M für alle Messereignisse einer Gruppe.

Klassifikationsverfahren sind meist so gestaltet, dass Zuordnungen zwischen zwei Klassen oder einer Klasse gegen den Rest entschieden werden. Um Zugehörigkeiten bei mehreren Klassen zu bestimmen, sind aus diesem Grund mehrere Klassifizierungsdurchläufe erforderlich. Dies erfordert Rechenzeit und zusätzlichen Aufwand, da für jede Klasse ein einzelnes Modell zu erstellen ist.

Durch Anwendung einer DR nach der WT ist eine Multiklassenzuordnung in Verbindung mit den Charakteristika aller trainierten Objekte möglich. Dazu werden die Charakteristika mittels der Füllwertmethode zu einer gemeinsamen MF fusioniert. Dabei ist zu beachten, dass die Anzahl der Füllwerte zum Verbinden der Datengruppen *MaxFWAnz* nicht überschreitet. Diese MF wird anschließend mit einer DR in eine niedrigdimensionale Darstellung (z. B. zweidimensional) überführt und die Abbildungsvorschrift zur Darstellung mit einer geeigneten Funktion im Z-Raum mit der SA erstellt. In der Arbeitsphase kann die Zugehörigkeit ZG zu den trainierten Gruppen oder eine Tendenz zu diesen zweidimensional angezeigt werden.

Bisher ebenfalls noch nicht bekannt ist ein Verfahren, das mittels eines unüberwachten Lernvorgangs Eingangsdaten in einen niedrigdimensionalen Raum so überführt, dass diese Anordnung sowohl im Nah- als auch im Fernbereich über topologieerhaltende Eigenschaften verfügt und mit einem daran anschließenden überwachten Lernvorgang die Daten direkt an Ausgangskurven für Anzeige-, Registrier- oder Steuerungszwecke anpasst.

Verfahren, die auf iterativem Wege ein KNN optimieren, wie das Fehlerrückführungsverfahren leiden unter lokalen Minima und weisen keine minimale Anzahl von Verbindungsknoten auf. Bei der KNN-Variante *Simulierte Abkühlung (Simulated Annealing)* wird zwar das globale Optimum gefunden, sie weist jedoch ebenfalls keine minimale Anzahl von Verbindungsknoten auf. Bei diesem Verfahren wird durch das Hinzuaddieren eines Rauschpegels dafür gesorgt, dass die Optimierung nicht in einem lokalen Minimum endet.

Andere Verfahren zur Dimensionsreduktion benötigen glatte, gut abgetastete Eingangsdaten, haben nur lokale (LLE) oder globale Topologieerhaltung (ISOMAP) und ihre Ausgangskonfigurationen sind nicht direkt für Anzeige-, Registrier- oder Steuerungs- und Klassifizierungszwecke brauchbar. Es gibt zwar Verfahren zur Dimensionsreduktion, die ebenfalls einen rezeptiven Bereich definieren, sie sind aber nicht in Verbindung mit der Glättung einer MF und nicht mit der Verarbeitungsweise des MAE-Verfahrens, bei der die wesentlichen Parameter zur Modellbildung und Glättung aus den statischen Kennwerten der Messdaten abgeleitet werden, vergleichbar und somit für Daten ungeeignet, die raue Bereiche oder Lücken und Sprünge in der MF aufweisen.

Verglichen mit der Klassifizierung des Datensatzes gr1-3 in Abschn. K.6, Abb. K.5 ist die Klassifizierung des Datensatzes gr1-8 im Anhang K.7 in Abb. K.7 aufgrund der sehr ähnlichen Spektren mit dadurch bedingten Überlappungsbereichen nur mit einer geringeren Trefferquote möglich und die gewählte Komplexität nicht weiter optimierbar. Dies zeigten auch anschließende Tests mit reduzierten Schwellenwerten bei der Auswahl der Koeffizienten.

Bei Klassifizierungen hilft auch die grafische Darstellung der Klassifizierungsqualität in Form einer ROC-Kurve wie in Abb. 19.2, um kritische Bereiche in einer Gesamtdarstellung aller Gruppen leicht erkennen zu können. Je weiter sich eine Kurve dem Optimalitätspunkt (0,1) nähert, desto höher ist die Trefferquote für eine korrekte Klassifizierung (TPR). Die dickere Linie *SumGrup* (grün) zeigt die mittlere Qualität der Klassifizierung des Modells für alle Gruppen.

21.3 Erreichte Funktionalität

Die in Abschn. 3.2 genannten konzeptionellen Anforderungen wurden beim MAE-Verfahren zur Klassifizierung von Spektren in Abschn. 18.2 mit den im Folgenden genannten Realisierungsanteilen erfüllt. Mit der räumlich getrennt und auf verschiedener Hardware ausführbaren Trainings- und Arbeitsphase wird die *Entkopplung* und mit der NOP-Methode die *Vermeidung von lokalen Minima* sowie die *Erzeugung redundanzfreier Daten* erreicht. Die Wavelet-Transformation in Verbindung mit der Entfernung störender und unwesentlicher Koeffizienten bei der Bildung des TDS ermöglicht es, nur solche Bereiche, die charakteristische Informationen tragen, aufzunehmen. Die Feinstruktur des Modells wird durch die Wahl der NN-Anzahl K für die Arbeitsphase eingestellt. Durch diese Maßnahme entfällt eine Optimierung des Modells M. Der TDS wird mit maximaler Feinstruktur, die die Messdaten liefern, in das Modell M aufgenommen. Die mittelbildenden Eigenschaften zur Reduzierung der Modellkomplexität werden durch die Wahl der NN-Anzahl K eingestellt, damit die optimale Feinstruktur des Modells bei der Klassifizierung zur Verfügung steht.

Mithilfe folgender Maßnahmen wurden die in Abschn. 10.4.4 als Punkte 1 bis 4 aufgeführten Schwierigkeiten mit der LLE-, der ONPP- und damit auch mit der NOP-Methode eliminiert (letztere baut auf den beiden ersteren auf). Damit war die Einsetzbarkeit unabhängig von der Struktur des Trainingsdatensatzes für Klassifizierungsaufgaben und kontinuierliche Anwendungen (Sensorfusion) als Basis für das MAE-Verfahren gegeben.

- Die in Abschn. 7.5 vorgestellte Füllwertmethode beseitigt Lücken und Sprünge in einer MF und prägt eine maximal zulässige Krümmung ein.

- Aufgrund der eingeprägten maximalen Krümmung kann die gleiche Anzahl der NN-Punkte jede Stelle einer MF ausreichend genau rekonstruieren und ermöglicht die hohe Präzision bei der Generalisierung neuer Anfragepunkte X_a.
- Durch die in Abschn. 17.2.3 vorgestellte Maßnahme zur Bildung des Zentroiden der NN bei der Modellbildung konnte der kritische Rauschpegel (Tab. 17.3) um den Faktor 4 (Tab. 17.4) erhöht werden.
- Mit der Methode des rezeptiven Bereichs (Abschn. K.3 und K.4.1) wurden Verzerrungen – weit entfernte Punkte im Originalraum erscheinen als nahe Punkte im Merkmalsraum – vermieden. Darüber hinaus konnten Ähnlichkeiten und Trends in Form eines Zugehörigkeitsgrades angegeben werden.

Die in Abschn. 18.2 vorgestellten Umsetzungen mit PC, SPS und Mikrocontroller demonstrieren die Vielseitigkeit und Flexibilität des Verfahrens. Das mit einem PC in Verbindung mit der Programmiersprache *Matlab* erstellte MAE-Verfahren demonstriert die Realisierbarkeit mit *Standardkomponenten* und wurde mit gemessenen Daten beim Einsatz zur Klassifizierung von biologischen Substanzen getestet.[1] Mit den getrennten Modulen Lern- und Arbeitseinheit wird die *Arbeitsteilung*, mit der Modellbildung und Übertragung dieses Modells der Trainingsdaten in die Arbeitseinheit die *Eigenständigkeit von Arbeitseinheit und Arbeitsphase* dargelegt. Durch die besondere Struktur des MAE-Verfahrens entsteht keine Einschränkung der *Freiheitsgrade* bezüglich der Eingangs- und Ausgangsstruktur und es sind keine speziellen Eingaben hinsichtlich des Ablaufs der Trainings- und Arbeitsphase notwendig *(parameterfreie Trainings- und Arbeitsphase).* Die interne Validierung im Modul Arbeitsphase gestattet die *Klassifizierung und Überwachung der Systemgrenzen.* Die Verarbeitung der Trainingsdaten nach einem Ordnungskriterium und die daraus erstellten redundanzfreien Modelle ermöglichen die *Erweiterbarkeit* und *Nachvollziehbarkeit.* Aufgrund der isometrischen Abbildungseigenschaften des MAE-Verfahrens können kausale Zusammenhänge beurteilt werden. Das Modul *Skalierung und Anpassung* der NOP-Methode generiert die *visuelle Darstellung der Zusammenhänge* bei der Abbildung im Darstellungsraum, die verschiedenste Arten der Gestaltung bietet, um die Ergebnisse anwendungsbezogen und aussagekräftig zu präsentieren.

21.4 Beiträge zu aktuellen Entwicklungen

- Beim MAE-Verfahren werden Eingangsdaten grundsätzlich nicht verändert, Iterationen und Parametereinstellungen vermieden.

[1] Anwendererfahrungen in Abschn. 21.1 [11], das MAE-Verfahren wurde auszugsweise mit der Patentanmeldung *Verfahren und Vorrichtung zur Detektion von Kampfstoffen* [1] veröffentlicht.

- Die Kombination eines unüberwachten Lernvorganges (DR) und eines überwachten Lernvorganges (SA) erspart den bei KNN erforderlichen Optimierungsvorgang und gestattet die Anwendung von Standardsoftware zur Bestimmung der Eigenvektoren.
- Die Entkopplung von Lern- und Arbeitsphase ermöglicht eine zweckorientierte, zentral verwaltete Einsatzstruktur. Eine zentral agierende Trainingseinheit ermittelt das Modell und überträgt es in multiple eigenständige Arbeitseinheiten.
- Die Kombination mit einer Wavelet-Transformation gestattet die Entfernung unwesentlicher oder störender Koeffizienten und führt zu einer kompakteren Darstellung der Daten. Die Wavelet-Transformation ist distanzerhaltend und verändert somit nicht die MF im multidimensionalen Eingangsraum.
- Die nach einem Abstandskriterium (Distanz zu einem Fixpunkt) geordnete Liste der Trainingspunkte X_i ermöglicht die Glättung einer MF, definiert die Lage der NN-Punkte der X_i und ermöglicht somit Kausalität.
- Die maximale Distanz jedes TP_i zu seinen NN ist von der Standardabweichung der jeweiligen Datengruppe der Messereignisse abgeleitet und definiert den rezeptiven Bereich als überlagerte n-dimensionale Bereiche um die TP_i.
- Topologieerhaltung: Die aus Koeffizienten und/oder diskreten Sensordaten gebildete MF wird mit einem Interpolationsverfahren *(Füllwertmethode)* so vorbereitet, dass eine vordefinierte maximale Krümmung eingeprägt wird, Lücken und Sprünge in der MF beseitigt werden und Stetigkeit in allen Bereichen der MF vorliegt, ohne die Lage der Trainingspunkte zu verändern. Dies ist die Voraussetzung für die Anwendung spektraler Methoden zur Dimensionsreduktion der MF, um eine numerisch stabile und präzise Abbildung in den niedrigdimensionalen Raum zu erreichen.
- Kompakte Darstellung der Daten: In der Koeffizientendarstellung können irrelevante Koeffizienten, die kleiner als ein vordefinierter Schwellenwert sind, oder solche, die stören, weggefiltert werden. Durch diese Maßnahme und die Anzahl der NN bei der anschließenden Dimensionsreduktion wird eine Überanpassung an die Trainingsdaten vermieden.
- Die mit den Trainingspunkten erstellte MF, die alle beteiligten Strukturen bzw. Gruppen umfasst, wird als Gesamtdatensatz trainiert.
- Der unüberwachte Lernvorgang (DR) ist auf ein quadratisches Problem deduzierbar, bildet die MF in Form einer Dimensionsreduktion in den niedrigdimensionalen Raum ab (Einbettung) und erstellt einen Teil des Modells (Transformationsmatrix $\underline{V}$). Die eingebetteten Daten sind frei von Redundanzen und stellen ein globales Optimum dar. Für neue Eingangsdaten reduziert sich die Einbettung auf eine Matrix-Vektor-Operation (Z-Transition (d)).
- Der überwachte Lernvorgang (SA) bildet die eingebetteten Datenpunkte in den Merkmalsraum ab und erstellt einen weiteren Teil des Modells (Transformationsmatrix $\underline{F}$).
- Ein einziges Modell ist für einige oder viele Trainingsgruppen möglich. Die Klassifizierung neuer Daten ist in einem Schritt durchführbar. Die Abbildung kann mittels Linearkombination direkt im Merkmalsraum stattfinden (Z-Transition (d)).

- Die mittelnden Eigenschaften der Wavelet-Transformation und der NOP-Methode machen das MAE-Verfahren unempfindlich gegenüber spektralen Spikes und Rauscheinflüssen.
- Das Verfahren ist an den nachstehend aufgeführten Stellen auszugsweise veröffentlicht worden [2, 4–10, 12].

21.5 Vorteile

- Durch die Kombination unterschiedlicher Messverfahren, die in verschiedenen Kanälen organisiert sind, ist es möglich, auch noch weitere Tests auszuführen, um Fehlklassifizierungen zu vermeiden bzw. eine hohe Klassifizierungsleistung zu erreichen.
- Ein wichtiger Aspekt dabei ist die Bestimmung der Koeffizienten, die zur Bildung der charakteristischen Information beitragen. Dabei muss entschieden werden, ob es sich um störende Komponenten, die meist im Bereich der tiefen Frequenzanteile liegen oder ob es um Komponenten im oberen Frequenzbereich, die durch Rauscheinflüsse generiert werden, handelt. Diese Bestimmung ist systemabhängig und muss bis dato noch von einem Experten durchgeführt werden.
- Die Daten der unterschiedlichen Messverfahren liegen am Eingang an. Durch die Auswahl des entsprechenden Kanals wird die jeweilige Auswertung gestartet. Die Einzelergebnisse werden dann mit Interpreteranweisungen ausgewertet. Dies können logische Verknüpfungen zur Bestimmung des Verknüpfungsergebnisses oder Anweisungen für Messabläufe sein. Im Beispiel *Fast-Scan* mit Kanal 2, wenn Treffer, dann *Precision-Scan* mit Kanal 4. Die Verknüpfungen für das VKE und die Abfolge der Abtastungen sind im Kommandoprogramm in Form von Anweisungen hinterlegt und Teil des Modells M.
- Gestaffelte Auswertung, damit die Prüfprozedur einerseits schnell, wenn wahrscheinlich nicht zutreffend, und andererseits präzise, wenn wahrscheinlich zutreffend zur Auswertung ansteht, ausgeführt werden kann, um eine hohe Klassifizierungsgüte bei hoher Klassifizierungsleistung im Sinne bearbeiteter Messpunkte pro Zeit zu erreichen.

21.6 Ergebnisse

- Verschiedene Messverfahren und Module zur Vorbereitung und Ausführung der Zuordnung der Charakteristika von Messobjekten in einem gemeinsamen Interaktionsrahmen, sodass jetzt bekannte und zukünftige, für Klassifikationszwecke infrage kommende Verfahren diesem Kontext zugeordnet bzw. in den Realisierungsrahmen des adaptiven Systems aufgenommen werden können. Dies könnten Transformationen für spezielle Koeffizienten (z. B. SIFT-Transformation) oder auch spezielle Hardwarekomponenten zur Realisierung der Klassifizierung sein.

- Die Realisierung der Verfahren ist weder von einer speziellen Entwicklungsumgebung noch von dem Betriebssystem der Trainings- und Arbeitseinheit abhängig und jederzeit mit der modernsten zur Verfügung stehenden Technologie möglich. Der Aufwand richtet sich nach der Anwendung.
- Der Ausreißertest sorgt dafür, dass selbst bei 40 % Ausreißern in den Daten (Sicherheitsabstand von 10 % zum 50 %-Limit des SDLM-Bereichs) Ausreißer im TDS erkannt und entfernt werden. Der Bruchpunkt liegt theoretisch bei 50 % der Werteanzahl.
- Überführung von Messwerten in eine Koeffizientendarstellung, die es ermöglicht, die Messsignale in Bereiche aufzuteilen, die zusammen alle Signalanteile, z. B. nach Frequenzanteilen geordnet, beinhalten. Koeffizienten, die nichts zur Charakteristik beitragen oder stören, werden nicht in den TDS aufgenommen.
- Damit eine vordefinierte Genauigkeit bei der Abbildung bzw. Rekonstruktion im multidimensionalen Raum erreicht werden kann, dürfen die Trainingsvektoren zu ihren Nachbarvektoren nur eine bestimmte maximale Distanz aufweisen. Die Datenvorverarbeitung stellt dies mit den ermittelten statistischen Kennwerten des Trainingsdatensatzes in Verbindung mit der Füllwertmethode sicher.
- Kombination verschiedener Messverfahren.
- Rückführung eines KNN auf ein unüberwacht trainiertes und ein überwacht trainiertes Netz.
- Überführung von Messwerten in eine Koeffizientendarstellung. Koeffizienten, die nichts zur charakteristischen Information beitragen oder stören, werden nicht in den TDS aufgenommen, ebenso Komponenten, die nur durch Rauschen entstanden sind.
- Messdaten, die die volle Dimensionalität D aufweisen, können mit einer DR auf eine Dimensionalität d reduziert werden. Der Vorgang kann in der Koeffizientendarstellung oder direkt mit Messwerten durchgeführt werden. Dies ermöglicht es, mit der Koeffizientendarstellung unerwünschte Komponenten auszublenden und anschließend mit der DR redundanzfrei die MF zu gestalten.
- Die Generalisierung dimensionsreduzierter Daten kann in der Arbeitsphase mit einer Matrix-Vektor-Multiplikation oder einer Linearkombination erfolgen.
- Die zur Klassifizierung der Objekte ausgewählten Koeffizienten sind im Modell M als Liste gespeichert.
- Gleiches gilt für die zur Abbildung/Klassifizierung der Objekte ausgewählten Eigenwerte.
- Mit dem Lexikon: Modelle M, Charakteristika der trainierten Objekte, sind alle Modelle M für die Trainingseinheit und alle am System beteiligten Arbeitseinheiten zugänglich.

21.7 Zukünftige Entwicklungen

Sensorfusion Für Anwendungen, bei denen das Lernen von unbekannten Abhängigkeiten aus Beobachtungsdaten gefordert wird, hat sich eine Auswertung mit mehreren robusten kommerziellen Sensorelementen in Verbindung mit KNNs bewährt. Ein unbekannter innerer Zusammenhang, dessen Ausprägung beispielsweise eine interessante Messgröße ist, kann durch multivariate Auswertung, die derartige Netze bewerkstelligen, isoliert werden.

Die Anwendung der Z-Transition (D) und der Z-Transition (d) auf reale Daten zur Realisierung einer solchen Sensorfusion und die Auswertung der Ergebnisse (Kontrastierung mit anderen Methoden zur Sensorfusion bezüglich Realisierungsaufwand, Reaktionsgeschwindigkeit und Zuverlässigkeit) stehen noch an. Die Zuverlässigkeit ist dabei von besonderem Interesse, weil gerade in Bezug auf diesen Aspekt die Sensorfusion z. B. für Sicherheitseinrichtungen bei Maschinen Funktionen ermöglicht, die mit einzelsensorisch realisierten Sicherheitseinrichtungen so nicht erstellbar sind.

Koeffizienten und Einzelsignale Die gemischte Verarbeitung von parametrisiert dargestellten Kurven (z. B. Spektren) und Sensorsignalen wurde bislang nicht mit realen Daten getestet. Diese Konfiguration ermöglicht Abhängigkeiten verschiedener Art z. B. beim Einsetzen der Klassifizierung von Spektren oder anderen parametrisierten Kurven so miteinander zu kombinieren, dass wenige Messpunkte ausreichen, um neu präsentierte Daten bei guter Generalisierungsfähigkeit des so erstellten Modells in der Arbeitsphase anzuwenden.

Alternative zur Dimensionsreduktion mit NOP Die Anwendung von *Maximum Variance Unfolding* (MVU) (als Alternative zur Dimensionsreduktion) bei der DR bringt für das MAE-Verfahren keine Genauigkeitsvorteile. Dies haben Versuche gezeigt. Durch die voll besetzte Verbindungsmatrix $\underline{M}$ gegenüber einer dünn besetzten bei der NOP-Methode ist der Rechenaufwand höher. MVU wurde deshalb nicht zur Realisierung des MAE-Verfahrens gewählt, wäre jedoch durchaus als Ersatz zur Dimensionsreduktion geeignet und dann in Stufe 1 der DR einsetzbar. Eine explizite Untersuchung darüber, ob es Anwendungen gibt, bei denen MVU vorteilhafter ist, könnte in einer zukünftigen Entwicklung anstehen, in der die Transformation der Struktur einer MF ins Niedrigdimensionale anders durchgeführt werden muss, um bestimmte Ziele zu erreichen.

Modellvereinfachung Die Vorgehensweise, bei der für jede Gruppe bzw. jede Häufung nach der Wavelet-Transformation nur die oberen und unteren Maximalwerte sowie der Mittelwert der relevanten Koeffizienten genutzt werden, liefert ein einfaches Modell. Diese markanten Merkmale der Gruppen sollen es zusammen mit den durch die Füllwertmethode ergänzten Punkten so gestalten, dass die rezeptiven Bereiche der Gruppen tatsächlichen Verhältnissen weitestgehend entsprechen. Untersuchungen mit der Software des MAE-Verfahrens, bei der diese Art der Modellbildung realisiert wurde, waren bei Datengruppen mit kleiner Varianz, deren Charakteristika nicht zu ähnlich waren, erfolgreich. Die Trainingsphase für dieses Modell benötigt wegen der geringen Anzahl von TPs wenig Rechenzeit. Auch wäre es denkbar, den Häufungsbereich mittels einer nichtlinearen Regression zu nähern und die dazwischen liegenden Lücken mit der Füllwertmethode zu einer zusammenhängenden MF zu ergänzen. Diese Vorgehensweise generiert ebenfalls ein einfaches Modell dieser MF und könnte bei stark verrauschten Signalen Vorteile für Stabilität und Genauigkeit der Dimensionsreduktion bieten, um somit die Funktionalität des MAE-Verfahrens bezüglich der genannten Aspekte zu erweitern. Die Eingangsdaten werden hierbei entgegen der Forderung beim MAE-Verfahren, die Struktur der Eingangsdaten nicht zu verändern, mit der nichtlinearen Regression modifiziert. Mit einer derartigen Maßnahme würde sich die Anwendbarkeit eines solchen einfachen Modells auf stark verrauschte und sehr einfach strukturierte Daten beschränken, jedoch mit dem Vorteil einer relativ geringen Datenmenge in der Arbeitsphase und einem dementsprechend geringeren Rechenaufwand bezogen auf ein Datenmodell, das sich auf unveränderte Trainingsdaten stützt.

Modellerweiterung Bei Anwendung der Z-Transition (d), die in Abschn. 18.2.5 vorgestellt wurde, werden die NN zur Rekonstruktion von X_i im Y-Raum bestimmt. Die Einbettung neuer Anfragepunkte X_a in den Y-Raum mittels einer Matrix-Vektor-Operation mit der Transformationsmatrix $\underline{V}$ arbeitet effizient, schnell und präzise. Handelt es sich dabei um Punkte, die außerhalb des rezeptiven Bereiches liegen, aber notwendigerweise in das vorhandene Modell eingebunden werden müssen, so könnte man solche Punkte in den Y-Raum projizieren, ohne die numerisch aufwendige Dimensionsreduktion zur Modellerweiterung neu durchrechnen zu müssen. Die Aufnahme des neuen Punktes in die Trainingspunkteliste und die Erweiterung der Matrix $\underline{F}$ wären erforderlich. Auf diese Weise wäre das Modell zumindest im Umfeld des rezeptiven Bereiches erweiterbar. Untersuchungen zur Modellerweiterung bei Dimensionsreduktionsverfahren am Beispiel des LLE-Verfahrens wurden in [3] durchgeführt.

21.8 Abschließende Bemerkungen

Die Ergebnisse des MAE-Verfahrens bei der Realisierung einer Klassifizierungsaufgabe wurden den Ergebnissen zweier anderer Verfahren zur Klassifizierung von Raman-Spektren gegenübergestellt. Bei ersterem, einem überwachten KNN, ist es erforderlich, Klassifizierungsparameter (z. B. Wahl der Anzahl der Neuronen der verdeckten Schicht, ...) einzugeben und zu beurteilen, ob der Trainingsvorgang ausreichend genau durchgeführt wurde. Es kommt bei solchen Verarbeitungsprozeduren vor, dass das globale Optimum nicht erreicht wird. Beim zweiten gegenübergestellten Verfahren, der SVM, werden nichtlineare Daten in einen hochdimensionalen Raum transformiert, um lineare Methoden anwenden zu können. Auch hier sind besondere Maßnahmen (Normierung der Eingangsdaten, Suche nach der optimalen Kernfunktion, ...) erforderlich, um die Klassifizierung durchführen zu können. Die Ränder der Trainingsdatenbereiche, die die rezeptiven Bereiche der Gruppen darstellen, werden von der Oberfläche überlagerter n-dimensionaler Bereiche gebildet, deren Ausdehnung von der Standardabweichung der Datengruppe abgeleitet ist. Das MAE-Verfahren findet das Datenmodell grundsätzlich auf deterministische Weise, im ersten Teil die Transformationsmatrix $\underline{V}$ zum Einbetten in den niedrigdimensionalen Raum und im zweiten Teil die Matrix $\underline{F}$ zum Skalieren und Anpassen der so erstellten redundanzfreien Anordnung an die Erfordernisse der Anwendung. Somit wird eine daten- und rechenzeitoptimierte Struktur geschaffen, die es ermöglicht, effizient einsetzbare Datenmodelle mit global optimalen Eigenschaften zu erstellen und für verschiedenste Zwecke bei hoher Generalisierungsfähigkeit einzusetzen. Das MAE-Verfahren war bei den Anwendungen zur Klassifizierung von Raman-Spektren aufgrund der mittelnden Eigenschaften unempfindlich gegenüber spektralen Spikes und zeichnete sich durch eine unmissverständliche und klare Präsentation der Ergebnisse aus. Diese stehen nicht nur visuell in Form von Trefferanzeigen zur Verfügung, sondern es werden auch graduelle Ähnlichkeiten und Tendenzen zu trainierten Gruppen schnell und aussagekräftig angezeigt. Zusätzlich erlauben die als Tabelle und Diagramm zur Verfügung stehenden Resultate einer ROC-Analyse eine Beurteilung der Qualität der Klassifizierung.

Literatur

1. Halang W, Gerhard, Sartorius, Dipl-Ing, Talbot S (2008) DE102008054345B4 – Verfahren und Vorrichtung zur Detektion von Kampfstoffen. URL https://patents.google.com/patent/DE102008054345B4/de
2. Halang W, Gerhard,Sartorius, Dipl-Ing, Talbot S (2013)
3. Kouropteva Oea (2002) Beyond Locally Linear Embedding Algorithm. Technical Report MVG-01–2002, University of Oulu Finland, Oulu
4. Sartorius G (2009) Multivariate Adaption mit modularisierten künstlichen neuronalen Netzen: Zugl.: Hagen, Fernuniv., Fachbereich Elektrotechnik, Diss., 2009, Fortschritt-Berichte VDI Reihe 10, Informatik/Kommunikation, vol 799, als ms. gedr edn. VDI-Verl., Düsseldorf
5. Sartorius G (2011) Multivariate Adaptive Embedding, MAE-Process. In: Herwig Unger, Kyandoghere Kyamakya, Janusz Kacprzyk (ed) Autonomous Systems: Developments and Trends, Springer Verlag, Düsseldorf, pp 109–117
6. Sartorius G (2012) Multivariate Adaptive Embedding, MAE-Process. In: Unger H, Kyamaky K, Kacprzyk J (eds) Autonomous Systems: Developments and Trends, Studies in Computational Intelligence, vol 391, Springer Berlin Heidelberg, Berlin, Heidelberg, pp 109–117, https://doi.org/10.1007/978-3-642-24806-1_9
7. Sartorius G (2013) Classification of Inactivated Pathogens Using Multivariate Adaptive Embedding. In: Unger H, Halang WA (eds) Autonomous systems 2013, Schriften zur Informations- und Kommunikationstechnik, VDI-Verl., Düsseldorf, pp 31–47
8. Sartorius G (2017) Data Preprocessing and Outlier Detection in Multivariate Data. In: Herwig Unger, Wolgang A Halang (ed) Autonomous Systems, VDI-Verlag GmbH, Düsseldorf, Reihe 10, Informatik/Kommunikation, vol 857, pp 105–140

9. Sartorius G (2017) Metrologie and Machine Learning. In: Herwig Unger, Wolgang A Halang (ed) Autonomous Systems, VDI-Verlag GmbH, Düsseldorf, Reihe 10, Informatik/ Kommunikation, pp 88–104
10. Sartorius G, Talbot S (2011) Multivariate adaptation and classification method for characteristic sample properties. Engineering in Life Sciences Volume 11, Issue 5, October 2011: Pages 463–467;
11. Talbot S (2008) Klassifizierung mit dem MAE-Verfahren: Anwendererfahrungen
12. Talbot S, Sartorius G (2011) Multivariate adaptative embedding (MAE) for the identification of bacterial pathogens in the field. Engineering in Life Sciences Volume 11, Issue 5, October 2011:Pages 468–475

Anhang A: Datensatztabellen

A.1 Kennwerte eines Trainingsdatensatzes mit 200 Werten

Siehe Tab. A.1 und A.2.

G. Sartorius, *Erfassen, Verarbeiten und Zuordnen multivariater Messgrößen*,
https://doi.org/10.1007/978-3-658-41451-1

Tab. A.1 Anfang der Tabelle des TDS mit 200 Werten für Abb. 12.11 bis 12.11

Teil 1 Werte 1–18

Daten-quelle	Nur zur Berechnung	Position in der Distanz-liste	Distanz zu Null	s	Distanz zu NN	Wert > $\mu+2\,\sigma$	Wert < $\mu-2\,\sigma$	Werte	Füllwerte	Skalai	Werte + Füll-werte
180	2000	1	−78	−78			−78			1	20
79	2000	2	−61	−61	17		−61			2	29
218	2000	3	−39	−39	23		−39			3	36
252	2000	4	−27	−27	12		−27			4	43
197	2000	5	−2	−2	25		−2			5	45
232	2000	6	7	7	9		7			6	47
243	2000	7	20	20	13			20		7	48
127	2000	8	29	29	8			29		8	56
237	2000	9	36	36	7			36		9	58
217	2000	10	43	43	7			43		10	61
369	2000	11	45	45	2			45		11	62
320	2000	12	47	47	2			47		12	65
270	2000	13	48	48	0			48		13	68
332	2000	14	56	56	8			56		14	71
74	2000	15	58	58	2			58		15	73
277	2000	16	61	61	3			61		16	74
149	2000	17	62	62	1			62		17	78
219	2000	18	65	65	3			65		18	79

Tab. A.2 Ende der Tabelle des TDS mit 200 Werten für Abb. 12.11 bis 12.11

Teil 2 Werte 184–200

Datenquelle	Nur zur Berechnung	Position in der Distanzliste	Distanz zu Null	s	Distanz zu NN	Wert > $\mu+2\,\sigma$	Wert < $\mu-2\,\sigma$	Werte	Füllwerte	Skalai	Werte + Füllwerte
237	2000	184	332	332	1,11401			332		184	352
254	2000	185	334	334	2			334		185	358
176	2000	186	338	338	4			338		186	358
175	2000	187	341	341	3			341		187	363
199	2000	188	343	343	2			343		188	368
397	2000	189	348	348	5			348		189	369
−39	2000	190	352	352	4			352		190	374
36	2000	191	358	358	6			358		191	399
143	2000	192	358	358	0			358		192	409
203	2000	193	363	363	5			363		193	424
−61	2000	194	368	368	5			368		194	437
368	2000	195	369	369	1			369		195	480
84	2000	196	374	374	5			374		196	482
394	2000	197	383	383	9			399		197	484
318	2000	198	394	394	11			409		198	485
62	2000	199	397	397	3			424		199	512
138	2000	200	407	407	9	407		437		200	756

Anhang B: Untersuchungsergebnisse

Siehe Tab. B.1, B.2, B.3, B.4, B.5, B.6 und B.7.
Siehe Abb. B.1 und B.2.

Tab. B.1 Kritischer Gradient, Wertetabelle zu Diagramm 17.5

	Abweichung	Abweichung	Maximaler
Skala i	X_{max}	Y_{max}	Gradient/100
23	−3,5768E-09	−3,5768E-09	0,050
24	−8,5154E-10	−8,5154E-10	0,050
25	1,5238E-09	1,5238E-09	0,050
26	−2,4643E-09	−2,4643E-09	0,050
27	3,8626E-09	3,8626E-09	0,050
28	4,8724E-09	4,8724E-09	0,058
29	5,6877E-10	5,6877E-10	0,065
30	−1,2926E-10	−1,2926E-10	0,072
31	1,0751E-09	1,0751E-09	0,081
32	−1,7328E-10	−1,7327E-10	0,091
33	0,00029846	0,00029846	0,103
34	−0,00131953	−0,00131953	0,114
35	7,876E-05	7,876E-05	0,124

Tab. B.2 Kritischer Rauschanteil, Wertetabelle zu Diagramm 17.10

Rauschamplitude im XRaum	Max. Gradient im XRaum	Abweichung Soll-Ist, NN-Suche und Waj- Gewichte im X-Raum	Abweichung Soll-Ist, NN-Suche und Waj- Gewichte im Y-Raum
0	10	0,0170	0,0050
0,05	10	0,026	0,006
1	11	0,019	0,346
2	12	0,009	0,424
4	13,2	1,49	1,35
6	15,6	0,735	2,64

G. Sartorius, *Erfassen, Verarbeiten und Zuordnen multivariater Messgrößen*,
https://doi.org/10.1007/978-3-658-41451-1

Tab. B.3 Abweichungen bei unterschiedlicher NN-Anzahl in Trainings- und Arbeitsphase, kleiner Rauschanteil, Wertetabelle zu Diagramm 17.12

NN-KNN2	Z-Transition (D)					Z-Transition (D)				
Rauschen = 1	4 NN, KNN 1	8 NN, KNN 1	12 NN, KNN 1	16 NN, KNN 1	20 NN, KNN 1	4 NN, KNN 1	8 NN, KNN 1	12 NN, KNN 1	16 NN, KNN 1	20 NN, KNN 1
2	1.31E-01	0.13126	0.13061	0.13178	1.32E-01	1.22E-01	1.22E-01	1.22E-01	1.22E-01	1.22E-01
3	2.59E+00	6.47E-01	6.58E-01	0.69189	0.66566	5.51E-01	5.51E-01	5.51E-01	5.51E-01	5.51E-01
4	0.4025	0.38348	0.42875	0.43592	0.41291	1.10E+00	1.10E+00	1.10E+00	1.10E+00	1.10E+00
5		0.34723	0.35333	0.36599	0.35554		1.7347	1.7347	1.7347	1.7347
6		0.29332	0.30682	0.293	0.2967		2.914	2.914	2.914	2.914
7		0.30544	0.31594	0.30779	0.30905		1.1719	1.1719	1.1719	1.1719
8		0.33343	0.34435	0.33634	0.33735		1.1564	1.1564	1.1564	1.1564
9			0.34209	0.34131	0.33853			1.0227	1.0227	1.0227
10			0.33538	0.33876	0.33284			0.7092	0.7092	0.7092
11			0.40929	0.41443	0.40706			0.7857	0.7857	0.7857
12			0.44303	0.44752	0.44167			0.68261	0.68261	0.68261
13				0.53361	0.52814				0.9161	0.9161
14				0.6075	0.60055				1.014	1.014
15				0.62663	0.61892				1.0075	1.0075
16				0.69439	0.68934				0.93664	0.93664
17					0.73264					1.0175
18					0.76062					0.88291
19					0.7025					0.72188
20					0.83563					0.61006

Tab. B.4 Abweichungen bei unterschiedlicher NN-Anzahl in Trainings- und Arbeitsphase, großer Rauschanteil, Wertetabelle zu Diagramm B.1

NN-KNN2	Z-Transition (d)					Z-Transition (D)				
Rauschen = 10	4 NN, KNN 1	8 NN, KNN 1	12 NN, KNN 1	16 NN, KNN 1	20 NN, KNN 1	4 NN, KNN 1	8 NN, KNN 1	12 NN, KNN 1	16 NN, KNN 1	20 NN, KNN 1
2	2.39E+00	4.8413	2.391	2.5603	9.20E+00	2.54E+00	2.54E+00	2.54E+00	2.54E+00	2.54E+00
3	1.79E+01	1.98E+01	3.74E+01	39.8882	26.6871	2.31E+00	2.31E+00	2.31E+00	2.31E+00	2.31E+00
4	3.2975	11.4532	4.35	3.4268	3.3573	3.75E+00	3.75E+00	3.75E+00	3.75E+00	3.75E+00
5		3.3272	3.0346	2.2553	2.1122		4.5423	4.5423	4.5423	4.5423
6		3.7532	1.2825	1.2336	1.1554		15.451	15.451	15.451	15.451
7		1.745	1.1245	1.1986	1.2079		4.1047	4.1047	4.1047	4.1047
8		1.6406	1.2495	1.2352	1.1919		3.5368	3.5368	3.5368	3.5368
9			1.0425	1.0397	1.0245			3.5195	3.5195	3.5195
10			1.0209	1.0275	1.0124			3.4893	3.4893	3.4893
11			1.1509	1.1567	1.1404			3.1016	3.1016	3.1016
12			1.2244	1.2307	1.2143			2.3657	2.3657	2.3657
13				1.1571	1.1092				2.692	2.692
14				1.2615	1.1908				2.6962	2.6962
15				1.2038	1.1741				2.4742	2.4742
16				1.2928	1.2495				2.6019	2.6019
17					1.2866					2.5976
18					1.4059					2.8965
19					1.4932					3.0973
20					1.576					2.6829

Tab. B.5 Abweichungen bei unterschiedlicher NN-Anzahl in der Arbeitsphase, Anzahl der NN in der Trainingsphase = 16, Wertetabelle zu Diagramm B.2

NN-KNN2	Z-Transition(d)				Z-Transition(D)			
	16 NN,	16 NN,	16 NN,	16 NN,	16 NN,	16 NN,	16 NN,	16 NN,
	KNN 1	KNN 1	KNN 1	KNN 1	KNN 1	KNN 1	KNN 1	KNN 1
Rauschen	Rauschen	Rauschen	Rauschen	Rauschen	Rauschen	Rauschen	Rauschen	Rauschen
n = 1	n = 1	n = 3	n = 10	n = 100	n = 1	n = 3	n = 10	n = 100
2	0,13178	0,5284	2,5603	21,5804	0,12226	0,87625	2,5371	21,5134
3	0,69189	1,949	39,8882	190,422	0,551	0,62847	2,3057	21,0515
4	0,43592	1,5172	3,4268	25,4372	1,1007	0,81979	3,7477	20,5977
5	0,36599	1,1635	2,2553	14,2809	1,7347	1,35	4,5423	32,1031
6	0,293	0,50082	1,2336	13,5489	2,914	8,6378	15,451	69,2101
7	0,30779	0,45869	1,1986	13,1224	1,1719	2,6731	4,1047	35,6673
8	0,33634	0,29043	1,2352	13,219	1,1564	1,1519	3,5368	32,6761
9	0,34131	0,3136	1,0397	12,6647	1,0227	1,0836	3,5195	26,6392
10	0,33876	0,23498	1,0275	13,2175	0,7092	1,1174	3,4893	31,4
11	0,41443	0,37607	1,1567	12,4931	0,7857	1,3851	3,1016	30,412
12	0,44752	0,38729	1,2307	12,7066	0,68261	1,4547	2,3657	26,9257
13	0,53361	0,37064	1,1571	12,8533	0,9161	1,7123	2,692	26,9864
14	0,6075	0,48652	1,2615	12,6804	1,014	1,4157	2,6962	23,2688
15	0,62663	0,53562	1,2038	12,7749	1,0075	1,7339	2,4742	21,2019
16	0,69439	0,54202	1,2928	12,0648	0,93664	1,4873	2,6019	20,121

Tab. B.6 Darstellung der Abweichung vom Idealwert der Geraden ohne Rauschen, bei Nutzung von *Z-Transition (D)* und *Z-Transition (d)* im Vergleich, Wertetabelle zu Diagramm 17.6

Abweichung vom Idealwert der Geraden						
Exponent = 2 Methode = Z-Transition (D) Rauschfakt = 0 AbwXmax = 0,01010706 AbwYmax = 0,01010706 Maximaler Gradient = 10,8 Kalibrierkurve = Gerade				Exponent = 2 Methode = Z-Transition (d) Rauschfakt = 0 AbwXmax = 0,0045 AbwYmax = 0,0045 Maximaler Gradient = 10,8 Kalibrierkurve = Gerade		
Skala i	Abw.X	Abw.Y	Gradient	Abw.X	Abw.Y	Gradient
5	0,0000	0,0000	1,0000	−0,0006	−0,0006	1,0000
6	0,0000	0,0000	1,0000	−0,0005	−0,0005	1,0000
7	0,0000	0,0000	1,0000	−0,0004	−0,0004	1,0000

(Fortsetzung)

Tab. B.6 (Fortsetzung)

Abweichung vom Idealwert der Geraden						
Exponent = 2 Methode = Z-Transition (D) Rauschfakt = 0 AbwXmax = 0,01010706 AbwYmax = 0,01010706 Maximaler Gradient = 10,8 Kalibrierkurve = Gerade				Exponent = 2 Methode = Z-Transition (d) Rauschfakt = 0 AbwXmax = 0,0045 AbwYmax = 0,0045 Maximaler Gradient = 10,8 Kalibrierkurve = Gerade		
Skala i	Abw.X	Abw.Y	Gradient	Abw.X	Abw.Y	Gradient
8	0,0000	0,0000	1,0000	−0,0004	−0,0004	1,0000
9	0,0000	0,0000	1,0000	−0,0003	−0,0003	1,0000
10	0,0000	0,0000	1,0000	−0,0003	−0,0003	1,0000
11	0,0000	0,0000	1,0000	−0,0002	−0,0002	1,0000
12	0,0000	0,0000	1,0000	−0,0002	−0,0002	1,0000
13	0,0000	0,0000	1,0000	−0,0002	−0,0002	1,0000
14	0,0000	0,0000	1,0000	−0,0001	−0,0001	1,0000
15	0,0000	0,0000	1,0000	−0,0001	−0,0001	1,0000
16	0,0000	0,0000	1,0580	−0,0001	−0,0001	1,0580
17	0,0000	0,0000	1,1520	0,0000	0,0000	1,1520
18	0,0000	0,0000	1,2500	0,0000	0,0000	1,2500
19	0,0000	0,0000	1,3520	0,0000	0,0000	1,3520
20	0,0000	0,0000	1,4580	0,0001	0,0001	1,4580
21	0,0000	0,0000	1,5680	0,0001	0,0001	1,5680
22	0,0001	0,0001	1,6820	0,0001	0,0001	1,6820
23	0,0003	0,0003	1,8000	0,0002	0,0002	1,8000
24	0,0005	0,0005	1,9220	0,0002	0,0002	1,9220
25	0,0007	0,0007	2,0480	0,0002	0,0002	2,0480
26	0,0009	0,0009	2,1780	0,0003	0,0003	2,1780
27	0,0012	0,0012	2,3120	0,0004	0,0004	2,3120
28	0,0016	0,0016	2,4500	0,0005	0,0005	2,4500
29	0,0020	0,0020	2,5920	0,0006	0,0006	2,5920
30	0,0025	0,0025	2,7380	0,0008	0,0008	2,7380
31	0,0031	0,0031	2,8880	0,0013	0,0013	2,8880
32	0,0037	0,0037	3,0420	0,0029	0,0029	3,0420
33	0,0045	0,0045	3,2000	−0,0045	−0,0045	3,2000
34	0,0055	0,0055	3,3620	−0,0018	−0,0018	3,3620
35	0,0065	0,0065	3,5280	−0,0010	−0,0010	3,5280

(Fortsetzung)

Tab. B.6 (Fortsetzung)

Abweichung vom Idealwert der Geraden						
Exponent = 2 Methode = Z-Transition (D) Rauschfakt = 0 AbwXmax = 0,01010706 AbwYmax = 0,01010706 Maximaler Gradient = 10,8 Kalibrierkurve = Gerade				Exponent = 2 Methode = Z-Transition (d) Rauschfakt = 0 AbwXmax = 0,0045 AbwYmax = 0,0045 Maximaler Gradient = 10,8 Kalibrierkurve = Gerade		
Skala i	Abw.X	Abw.Y	Gradient	Abw.X	Abw.Y	Gradient
36	0,0076	0,0076	3,6980	−0,0007	−0,0007	3,6980
37	0,0087	0,0087	3,8720	−0,0005	−0,0005	3,8720
38	0,0096	0,0096	4,0500	−0,0004	−0,0004	4,0500
39	0,0101	0,0101	4,2320	−0,0003	−0,0003	4,2320
40	0,0101	0,0101	4,4180	−0,0003	−0,0003	4,4180
41	0,0095	0,0095	4,6080	−0,0002	−0,0002	4,6080
42	0,0084	0,0084	4,8020	−0,0002	−0,0002	4,8020
43	0,0071	0,0071	5,0000	−0,0002	−0,0002	5,0000
44	0,0058	0,0058	5,2020	−0,0001	−0,0001	5,2020

Tab. B.7 Darstellung der Abweichung vom Idealwert der Sinusfunktion ohne Rauschen, bei Nutzung von *Z-Transition (D)* und *Z-Transition (d)* im Vergleich, Wertetabelle zu Diagramm fig:z-raumsinus

Abweichung vom Idealwert der Sinusfunktion						
Exponent = 2 Methode = Z-Transition (D) Rauschfakt = 0 AbwXmax = 0,0101 AbwYmax = 0,0074 Maximaler Gradient = 10,8 Kalibrierkurve = Sinus				Exponent = 2 Methode = Z-Transition (d) Rauschfakt = 0 AbwXmax = 0,0045 AbwYmax = 0,0051 Maximaler Gradient = 10,8 Kalibrierkurve = Sinus		
Skala i	Abw.X	Abw.Y	Gradient	Abw.X	Abw.Y	Gradient
5	0,0000	0,0045	1,0000	−0,0006	0,0044	1,0000
6	0,0000	0,0048	1,0000	−0,0005	0,0047	1,0000
7	0,0000	0,0050	1,0000	−0,0004	0,0048	1,0000
8	0,0000	0,0050	1,0000	−0,0004	0,0047	1,0000
9	0,0000	0,0047	1,0000	−0,0003	0,0045	1,0000
10	0,0000	0,0043	1,0000	−0,0003	0,0040	1,0000
11	0,0000	0,0037	1,0000	−0,0002	0,0034	1,0000

(Fortsetzung)

Tab. B.7 (Fortsetzung)

Abweichung vom Idealwert der Sinusfunktion						
Exponent = 2 Methode = Z-Transition (D) Rauschfakt = 0 AbwXmax = 0,0101 AbwYmax = 0,0074 Maximaler Gradient = 10,8 Kalibrierkurve = Sinus				Exponent = 2 Methode = Z-Transition (d) Rauschfakt = 0 AbwXmax = 0,0045 AbwYmax = 0,0051 Maximaler Gradient = 10,8 Kalibrierkurve = Sinus		
Skala i	Abw.X	Abw.Y	Gradient	Abw.X	Abw.Y	Gradient
12	0,0000	0,0030	1,0000	−0,0002	0,0026	1,0000
13	0,0000	0,0021	1,0000	−0,0002	0,0017	1,0000
14	0,0000	0,0012	1,0000	−0,0001	0,0008	1,0000
15	0,0000	0,0002	1,0000	−0,0001	−0,0002	1,0000
16	0,0000	−0,0008	1,0580	−0,0001	−0,0012	1,0580
17	0,0000	−0,0017	1,1520	0,0000	−0,0021	1,1520
18	0,0000	−0,0026	1,2500	0,0000	−0,0030	1,2500
19	0,0000	−0,0034	1,3520	0,0000	−0,0038	1,3520
20	0,0000	−0,0041	1,4580	0,0001	−0,0044	1,4580
21	0,0000	−0,0046	1,5680	0,0001	−0,0048	1,5680
22	0,0001	−0,0051	1,6820	0,0001	−0,0051	1,6820
23	0,0003	−0,0053	1,8000	0,0002	−0,0051	1,8000
24	0,0005	−0,0053	1,9220	0,0002	−0,0050	1,9220
25	0,0007	−0,0050	2,0480	0,0002	−0,0047	2,0480
26	0,0009	−0,0045	2,1780	0,0003	−0,0041	2,1780
27	0,0012	−0,0038	2,3120	0,0004	−0,0034	2,3120
28	0,0016	−0,0029	2,4500	0,0005	−0,0026	2,4500
29	0,0020	−0,0018	2,5920	0,0006	−0,0017	2,5920
30	0,0025	−0,0006	2,7380	0,0008	−0,0006	2,7380
31	0,0031	0,0006	2,8880	0,0013	0,0005	2,8880
32	0,0037	0,0019	3,0420	0,0029	0,0021	3,0420
33	0,0045	0,0032	3,2000	−0,0045	0,0005	3,2000
34	0,0055	0,0044	3,3620	−0,0018	0,0023	3,3620
35	0,0065	0,0055	3,5280	−0,0010	0,0033	3,5280
36	0,0076	0,0064	3,6980	−0,0007	0,0039	3,6980
37	0,0087	0,0071	3,8720	−0,0005	0,0044	3,8720
38	0,0096	0,0074	4,0500	−0,0004	0,0046	4,0500
39	0,0101	0,0074	4,2320	−0,0003	0,0047	4,2320

(Fortsetzung)

Tab. B.7 (Fortsetzung)

Abweichung vom Idealwert der Sinusfunktion						
Exponent = 2 Methode = Z-Transition (D) Rauschfakt = 0 AbwXmax = 0,0101 AbwYmax = 0,0074 Maximaler Gradient = 10,8 Kalibrierkurve = Sinus				Exponent = 2 Methode = Z-Transition (d) Rauschfakt = 0 AbwXmax = 0,0045 AbwYmax = 0,0051 Maximaler Gradient = 10,8 Kalibrierkurve = Sinus		
Skala i	Abw.X	Abw.Y	Gradient	Abw.X	Abw.Y	Gradient
40	0,0101	0,0070	4,4180	−0,0003	0,0045	4,4180
41	0,0095	0,0063	4,6080	−0,0002	0,0042	4,6080
42	0,0084	0,0053	4,8020	−0,0002	0,0036	4,8020
43	0,0071	0,0042	5,0000	−0,0002	0,0029	5,0000
44	0,0058	0,0031	5,2020	−0,0001	0,0021	5,2020

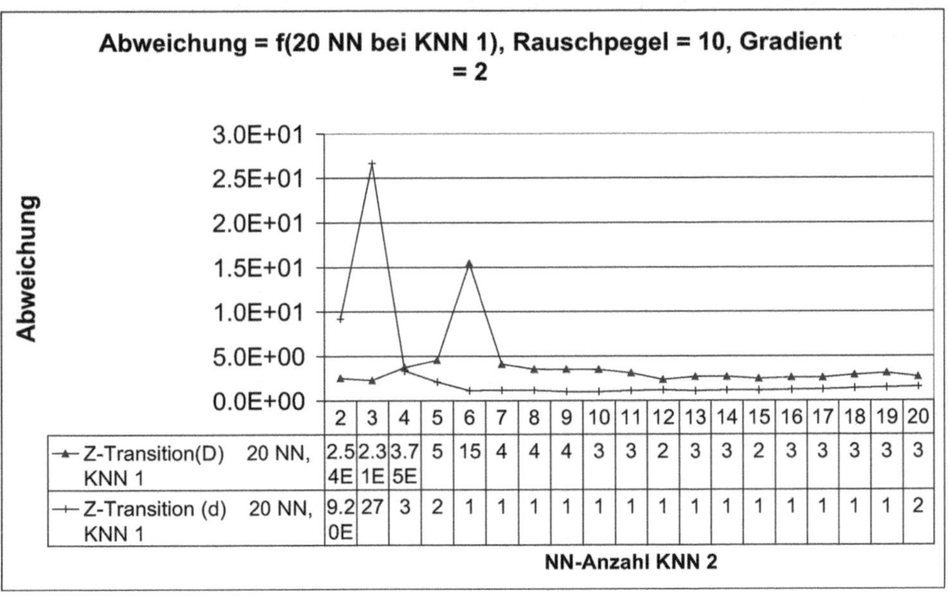

Abb. B.1 Abweichungen bei unterschiedlicher NN-Anzahl in Trainings- und Arbeitsphase

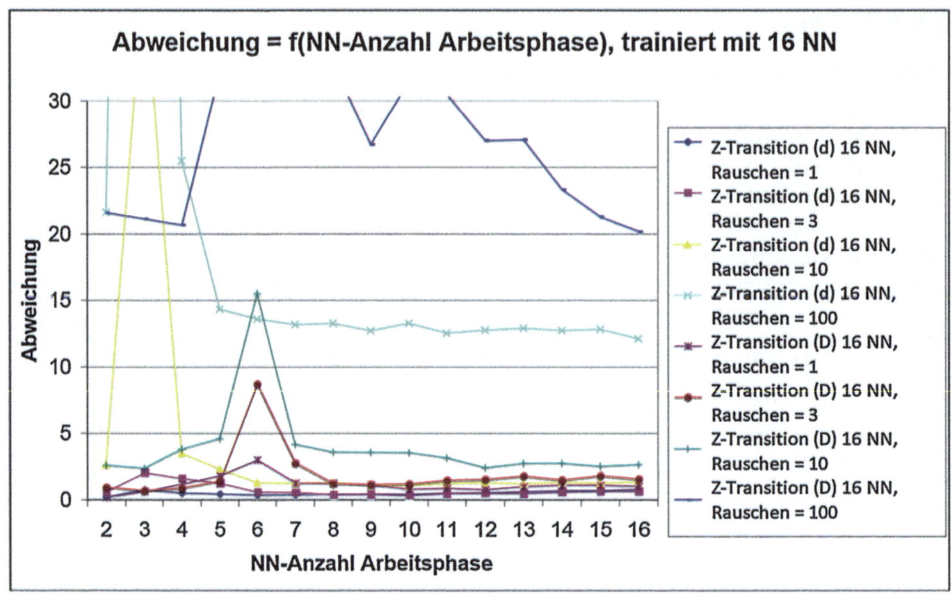

Abb. B.2 Abweichungen bei unterschiedlicher NN-Anzahl in der Arbeitsphase, Anzahl der NN in der Trainingsphase = 16

Anhang C: Mathematische Zusammenhänge

Die mathematischen Zusammenhänge sind in Anlehnung an die Ausführungen in [8] dargestellt und wurden für die Erfordernisse des MAE-Verfahrens ergänzt bzw. angepasst.

C.1 Quadratisches Problem

Gegeben ist das quadratische Problem mit:

$$E(W) = \sum_{i=1}^{N} |\mathbf{X}_i - \sum_{j=1}^{K} W_{ij}\mathbf{X}_j|^2. \tag{C.1}$$

$E\,(W)$ soll mit folgenden Nebenbedingungen minimiert werden:
NB 1

Bestimmung von K optimalen Gewichten $\underline{W}_j$
mit $j = 1, \ldots, K$
für jedes $\mathbf{X}_i$ mit $i = 1, \ldots, n$

NB 2

$$\sum_{j=1}^{K} W_j = 1.$$

Aus NB 1 folgt:

G. Sartorius, *Erfassen, Verarbeiten und Zuordnen multivariater Messgrößen*,
https://doi.org/10.1007/978-3-658-41451-1

$$
\begin{aligned}
\varepsilon &= |\mathbf{X} - \sum_{j=1}^{K} W_j \boldsymbol{\eta}_j|^2 = |\sum_{j=1}^{K} W_j(\mathbf{X} - \boldsymbol{\eta}_\mathbf{j})|^2 \\
&= \sum_{j=1}^{K} (W_j(\mathbf{X} - \boldsymbol{\eta}_\mathbf{j}))^T \cdot \sum_{k=1}^{K} (W_k(\mathbf{X} - \boldsymbol{\eta}_\mathbf{K})) \text{ mit : } \underline{G}_{jk} = (\mathbf{X} - \boldsymbol{\eta}_\mathbf{j})^T \cdot (\mathbf{X} - \boldsymbol{\eta}_\mathbf{k}) \\
&= \sum_{j=1}^{K} \sum_{k=1}^{K} W_j W_k \underline{G}_{jk} = \underline{W}^T \cdot \underline{G} \cdot \underline{W}.
\end{aligned}
\tag{C.2}
$$

Einführung des Lagrange-Multiplikators $\lambda \cdot g\,(x) = 0$ mit NB 2:

$$
\begin{array}{lll}
L(\underline{W}) & = \underline{W}^T \cdot \underline{G} \cdot \underline{W} + \lambda(\underline{W} \cdot \underline{I} - 1) & \text{mit : } \sum_{j=1}^{K} W_j = \underline{W} \cdot \underline{I} \\
\underline{W} & = -\lambda/2 \cdot \underline{I} \cdot \underline{G}^{-1} & \\
\underline{W} & = c \cdot \underline{I} \cdot \underline{G}^{-1} & \text{mit : } -\lambda/2 = c \\
1 & = c \cdot \sum_{jk} \underline{G}_{jk}^{-1} & \text{mit : } \sum \underline{W} = 1 c = \frac{1}{\sum_{jk} \underline{R}_{jk}} \\
 & & \text{mit : } \underline{G}^{-1} = \underline{R}
\end{array}
\tag{C.3}
$$

Damit lautet das Gleichungssystem für die optimalen Gewichte:

$$
\underline{W} = c \cdot \underline{RW}_j = c \cdot \sum_{j=1}^{K} \underline{R}.
$$

Einsetzen von c ergibt die einzelnen Gewichte der nächsten Nachbarpunkte für ein $\mathbf{X}_i$:

$$
W_j = \frac{\sum_{j=1}^{K} \underline{R}}{\sum_{j=1}^{K} \sum_{k=1}^{K} \underline{R}}.
\tag{C.4}
$$

Invariant gegenüber Rotationen und Skalierungen:

Rotationsmatrix $\underline{R}$
Gewichtsmatrix $\underline{W}$
Gewichtsmatrix $\underline{\xi}$
Punkte im Eingangsraum $\underline{X}_i$

Jeder Punkt im Eingangsraum wird mit der Rotationsmatrix $\underline{\mathrm{R}}$ multipliziert. Die mit den Originaldaten $\underline{W}$ verknüpften Gewichte gleichen den Gewichten $\underline{\xi}$, die mit den reskalierten und rotierten Punkten $\underline{X}_j$ verknüpft sind. Im Folgenden die Normalisierung der Gewichte auf eins [8].

$$\underline{RX}_i = \sum_{j=1}^{K} \xi_j \underline{R}X_j = \xi_1 \underline{R}X_1 + \xi_2 \underline{R}X_2 +, \ldots, \xi_K \underline{R}X_K$$

$$\begin{aligned} \underline{R}^{-1}\underline{RX}_i &= \sum_{j=1}^{K} \xi_j \underline{R}^{-1}\underline{R}X_j \\ \underline{X}_i &= \sum_{j=1}^{K} \xi_j \underline{X}_j \\ \sum_{j=1}^{K} W_j \underline{X}_j &= \sum_{j=1}^{K} \xi_j \underline{X}_j \\ \underline{W} &= \underline{\xi} \end{aligned} \tag{C.5}$$

Invariant gegenüber Translation mit $\underline{W} = \underline{\xi}$:

$$\begin{aligned} X_i + \underline{T} &= \sum_{j=1}^{K} \xi_j (\underline{X}_j + \underline{T}) \\ \sum_{j=1}^{K} W_j \underline{X}_j + \underline{T} &= \sum_{j=1}^{K} \xi_j \underline{X}_j + \sum_{j=1}^{K} \xi_j \underline{T} \end{aligned} \tag{C.6}$$

$$\underline{T}_i = \begin{pmatrix} 1 & \frac{t_i}{n_i} \\ 0 & 1 \end{pmatrix}$$

C.2 Dimensionsreduktion

C.2.1 Normalisierung der Nächste-Nachbarn-Gewichte auf eins

Aus NB 1 folgt mit $\mathbf{x_i} = \mathbf{x}_i \sum_{j=1}^{K} W_j = \sum_{j=1}^{K} W_j \mathbf{x}_i$ mit $\sum_{j=1}^{K} W_j = 1$ (IN):

$$\varepsilon = |\mathbf{x}_i \sum_{j=1}^{K} W_j \boldsymbol{\eta}_j|^2 = |\sum_{j=1}^{K} W_j \mathbf{x}_i - \sum_{j=1}^{K} W_j \boldsymbol{\eta}_j|^2 = |\sum_{j=1}^{K} W_j (\mathbf{x}_i - \boldsymbol{\eta}_\mathbf{j})|^2$$

$$= \sum_{j=1}^{K} W_j (\mathbf{x}_i - \boldsymbol{\eta}_\mathbf{j})^T \cdot \sum_{k=1}^{K} W_k (\mathbf{x}_i - \boldsymbol{\eta}_\mathbf{K}) \text{ mit: } G_{jk} = (\mathbf{x}_i - \boldsymbol{\eta}_\mathbf{j}) \cdot (\mathbf{x}_i - \boldsymbol{\eta}_\mathbf{k})$$

$$= \sum_{j=1}^{K}\sum_{k=1}^{K} W_j \quad W_k \quad G_{jk} = \underline{W}^T \cdot \underline{G} \cdot \underline{W}$$

Einführung des Lagrange-Multiplikators $\lambda \cdot g\,(x) = 0$ mit NB 2 und $\underline{1} = (1_1, \ldots, 1_K)$:

$$L(\underline{W}) = \underline{W}^T \cdot \underline{G} \cdot \underline{W} + \lambda(\underline{W} \cdot \underline{1} - 1) \quad \text{mit :} \quad \sum_{j=1}^{K} W_j = \underline{W}^T \cdot \underline{1}$$

Wegen Symmetrie um die Hauptachse von $\underline{G}$ gilt:[1]

$$(\underline{W}^T \cdot \underline{G} \cdot \underline{W})' = 2 \cdot \underline{G} \cdot \underline{W}$$

Damit lautet die Ableitung von L($\underline{\mathrm{W}}$) nach $\underline{\mathrm{W}}$:

$$\frac{\partial L}{\partial \underline{W}} = 0 = 2 \cdot \underline{G} \cdot \underline{W} + \lambda \cdot \underline{1}$$

Umstellung nach $\underline{\mathrm{W}}$ ergibt:

$$\underline{W} = \underline{G}^{-1} \cdot (-\lambda/2 \cdot \underline{1})$$

$$\underline{W} = \underline{G}^{-1} \cdot \underline{c} \text{ mit : } -\lambda/2 \cdot \underline{1} = \underline{c}$$

$$1 = c_j \cdot \sum_{k=1}^{K} G_{jk}^{-1} \text{ mit : } \sum_{j=1}^{K} W_j = 1$$

$$c_j = \frac{1}{\sum_{k=1}^{K} R_{jk}} \text{ mit : } \underline{G}^{-1} = \underline{R}$$

Damit lautet das Gleichungssystem für die optimalen Gewichte:

$$\underline{W} = \underline{R} \cdot \underline{c}$$

$$W_j = \cdot \sum_{k=1}^{K} R_{jk} \cdot c_k$$

Einsetzen von c ergibt die einzelnen Gewichte der NN-Punkte für ein $\mathbf{X}_i$:

$$E(W) = \sum_{i=1}^{N} |\mathbf{x}_i - \sum_{j=1}^{K} W_{ij}\mathbf{x}_j|^2. \tag{C.7}$$

---

[1]Beweis für diese Beziehung im Anhang C.3

$$W_j = \frac{\sum_{r=1}^{k} R_{jr}}{\sum_{l=1}^{k}\sum_{m=1}^{k} R_{lm}} = \frac{\sum_{r} G_{jr}^{-1}}{\sum_{lm} G_{lm}^{-1}} \tag{C.8}$$

C.2.2 Invarianz gegenüber Rotation

$$\underline{R}\mathbf{x}_i = \underline{W}^T \cdot \underline{1} \cdot \underline{\eta} = \sum_{j=1}^{K} \xi_j \underline{R}\boldsymbol{\eta}_j = \xi_1 \underline{R}\boldsymbol{\eta}_1 + \xi_2 \underline{R}\boldsymbol{\eta}_2 +, \ldots, \xi_K \underline{R}\boldsymbol{\eta}_K$$

$$\underline{R}^{-1}\underline{R}\mathbf{x}_i = \sum_{j=1}^{K} \xi_j \underline{R}^{-1}\underline{R}\boldsymbol{\eta}_j$$

$$\mathbf{x}_i = \sum_{j=1}^{K} \xi_j \boldsymbol{\eta}_j$$

$$\sum_{j=1}^{K} W_j \boldsymbol{\eta}_j = \sum_{j=1}^{K} \xi_j \boldsymbol{\eta}_j \Rightarrow \underline{W} = \underline{\xi}$$

C.2.3 Invarianz gegenüber Translation

$$\mathbf{x}_i + \underline{T} = \sum_{j=1}^{K} \xi_j (\boldsymbol{\eta}_j + \underline{T}) \Rightarrow \sum_{j=1}^{K} W_j \boldsymbol{\eta}_j + \underline{T} = \sum_{j=1}^{K} \xi_j \underline{X}_j + \sum_{j=1}^{K} \xi_j \underline{T}$$

C.3 Ableitung der Gewichtsmatrix

Beweis $(\underline{W}^T \cdot \underline{G} \cdot \underline{W})' = 2 \cdot \underline{G} \cdot \underline{W}$ (beispielhafte Ausführung für den zweidimensionalen Fall, damit auch für n-dimensionale Fälle gültig):

$$\underline{W} = \begin{pmatrix} W_1 \\ W_2 \end{pmatrix} \underline{G} = \begin{pmatrix} G_{11} & G_{12} \\ G_{21} & G_{22} \end{pmatrix}$$

$$\begin{aligned} f = \underline{W}^T \cdot \underline{G} \cdot \underline{W} &= \begin{pmatrix} W_1 & W_2 \end{pmatrix} \cdot \begin{pmatrix} G_{11} & G_{12} \\ G_{21} & G_{22} \end{pmatrix} \cdot \begin{pmatrix} W_1 \\ W_2 \end{pmatrix} \\ &= W_1 W_1 G_{11} + W_1 W_2 G_{21} + W_2 W_1 G_{12} + W_2 W_2 G_{22} \end{aligned}$$

Wegen Symmetrie um die Hauptachse in $\underline{G}$ mit $G_{12} = G_{21} = G$:

$$\Rightarrow W_1^2 G_{11} + 2 W_1 W_2 G + W_2^2 G_{22},$$

Ableiten von f nach W_1 und W_2, d. h. Multiplikation mit der Funktionalmatrix J,

$$f' = J * f = \frac{\partial(f_1, \ldots, f_n)}{\partial(W_1, \ldots, W_n)} \text{ergibt:}$$

$$\begin{array}{l}\frac{\partial}{\partial \underline{W_1}} = 2W_1G_{11} + 2W_2G \\ \frac{\partial}{\partial \underline{W_2}} = 2W_1G + 2W_2G_{22}\end{array} \Rightarrow \begin{pmatrix} 2W_1G_{11} + 2W_2G \\ 2W_1G + 2W_2G_{22} \end{pmatrix}.$$

Wegen Symmetrie um die Hauptachse in $\underline{G}$ mit $G_{12}=G_{21}=G$ ergibt $2 \cdot \underline{G} \cdot \underline{W}$ ebenfalls:

$$2 \cdot \begin{pmatrix} G_{11} & G \\ G & G_{22} \end{pmatrix} \cdot \begin{pmatrix} W_1 \\ W_2 \end{pmatrix} \Rightarrow \begin{pmatrix} 2W_1G_{11} + 2W_2G \\ 2W_1G + 2W_2G_{22} \end{pmatrix}.$$

Damit gilt: $(\underline{W}^T \cdot \underline{G} \cdot \underline{W})' = 2 \cdot \underline{G} \cdot \underline{W}$.

C.4 Künstliche neuronale Netze und Dimensionsreduktionsverfahren

Siehe Tab. C.1 und C.2.

Tab. C.1 Übersicht über Eigenschaften einiger KNN

Modell	Erfinder	Schichten	Impulsausbreitung	Lernalgorithmus	Problemstellung
Perceptron [7, 6]	Rosenblatt	2	Feed-forward	Überwacht	Trivial
Backpropagation	Rumelhart	>=3	Feed-forward	Überwacht	Komplex
Boltzmann-Maschine	Boltzmann	>=3	Feed-forward	Boltzmann-Verfahren	Stochastisch
Kohonen-Netzwerk	Kohonen	2	Rückgekoppelt	Selbst-klassifizierend	Unbekannte Muster
Hopfield-Netzwerk [3]	Hopfield	1	Rückgekoppelt	Unüberwacht	Muster-Assoziierer

Tab. C.2 Kostenfunktionen und Nebenbedingungen der wichtigsten Dimensionsreduktionsmethoden

Modell	Nebenbedingungen	Kostenfunktion
MDS [10]	$V^T V = I$	$\varepsilon = \sum(X_i X_j - \psi_i \psi_j)^2$ $G_{ij} = X_i X_j$ $tr[V^X(-I + ee^T)(X^T V)]$
Kernel -PCA [9,5]	$V^T V = I$	$\varepsilon = \sum \lVert X_i - PX_i \rVert^2$ $tr[V^X(-I + ee^T)(X^T V)]$
ISOMAP [2]	$\lvert\pi\rvert = l \geq 2$ $\lvert\pi\rvert = l$ frei bei Minimierung	$d(X_i, X_j) = min \sum_{i=1}^{\lvert\pi\rvert} d(\pi_i, \pi_{i+1})$
LLE [8]	$\frac{1}{N} \sum_{i,j=1}^{N} \mathbf{y}_i \mathbf{y}_j^T = \underline{I}$ $YY^T = I$	$\varepsilon = \lVert X_i - \sum_j W_j \eta_j \rVert^2$ $tr[Y(I - W^T)(I - W)Y^T$
Laplacian	$YY^T = I$	$\varepsilon_{\mathscr{L}} = \sum_{ij} \frac{W_{ij} \lVert \psi_i - \psi_j \rVert^2}{\sqrt{D_{ii} - D_{jj}}}$ $W_{ij} = \frac{1}{n}, W_{ij} = exp(-\lVert X_i - X_j \rVert^2 / \sigma^2)$ $tr[Y(I - W)Y^T$
MVU [11]	$K > 0$ $\sum_{ij} = 0$ $K_{ii} - 2K_{ij} + K_{jj} = \lVert X_i - X_j \rVert$ sodass $\eta_{ij} = 1$	maximiere $trace(K)$
ONPP [4,4]	$\frac{1}{N} \sum_{i,j=1}^{N} \mathbf{y}_i \mathbf{y}_j^T = \underline{I}$	$tr[V^T X(I - W^T)(I - W)X^T V]$

Literatur

1. Belkin M, Niyogi P (2002) Laplacian Eigenmaps and Spectral Techniques for Embedding and Clustering. In Neural Information Processing Systems vol. 14: S. 585–591
2. Bengio Yea (2003) Out-of-Sample Extensions for LLE, ISOMAP, MDS, Eigenmaps and Spectral Clustering. URL (https://papers.nips.cc/paper/2461-out-of-sample-extensions-for-lle-isomap-mds-eigenmaps-and-spectral-clustering.pdf)
3. Hopfield JJ, Tank DW (1985) Neural Computation of Decisions in Optimization Problems. In Biological Cybernetics vol. 52: S. 141–152
4. Kokiopoulu E, Saad Y (2005) Orthogonal Neighborhood Preserving Projections. URL (https://infoscience.epfl.ch/record/87294/files/Kokiopoulou2005_1351.pdf?version=1)
5. Mac Kay, David, JC (2003) Information Theorie, Inference and Learning Algorithms. Cambridge University Press, Cambridge
6. Minsky M, Papert SA (1972) Perceptrons: An introduction to computational geometry, 2nd edn. The MIT Press, Cambridge/Mass.
7. Rosenblatt F (1958) The perceptron: a probabilisitic model for information storage and organization in the brain. In Psychological Review vol. 65: S. 386–408
8. Roweis ST, Saul L (2000) Nonlinear dimensionality Reduction by locally linear embedding. In SCIENCE vol. 290: S. 2323–2326

9. Schölkopf B (1997) Support Vector Learning. Dissertation, Fachbereich Informatik der Universität Berlin
10. Torgerson W (1952) Multidimensional scaling, 1: Theory and Method. In Psychometrica vol. 17:S. 401–419
11. Weinberger, Kilian Q and Saul, Lawrence K (2006) An introduction to nonlinear dimensionality reduction by maximum variance unfolding. In: Cohn Anthony (ed) Proceedings/The Twenty-First National Conference on Artificial Intelligence (AAAI-06), Eighteenth Innovative Applications Artificial Intelligence (IAAI-06), AAAI Press, Menlo Park, Calif.

Anhang D: Übersicht Künstliche Neuronale Netze und Dimensionsreduktionsverfahren

Siehe Tab. D.1 und D.2.

Tab. D.1 Übersicht über Eigenschaften einiger KNN

Modell	Erfinder	Schichten	Impuls-ausbreitung	Lern-algorithmus	Problem-stellung
Perceptron	Rosenblatt	2	Feed-forward	Überwacht	Trivial
Back-Propagation	Rumelhart	>=3	Feed-forward	Überwacht	Komplex
Boltzmann-Maschine	Boltzmann	>=3	Feed-forward	Boltzmann-Verfahren	Stochastisch
Kohonen-Netzwerk	Kohonen	2	Rückgekoppelt	Selbst-klassifizierend	Unbekannte Muster
Hopfield-Netzwerk	Hopfield	1	Rückgekoppelt	Unüberwacht	Muster-Assoziierer

G. Sartorius, *Erfassen, Verarbeiten und Zuordnen multivariater Messgrößen*,
https://doi.org/10.1007/978-3-658-41451-1

Tab. D.2 Kostenfunktionen und Nebenbedingungen der wichtigsten Dimensionsreduktionsmethoden

Modell	Nebenbedingungen	Kostenfunktion
MDS [7]	$V^T V = I$	$\varepsilon = \sum(X_i X_j - \psi_i \psi_j)^2$ $G_{ij} = X_i X_j$ $tr[V^X(-I + ee^T)X^T V)]$
Kernel -PCA [6,4]	$V^T V = I$	$\varepsilon = \sum \|X_i - PX_i\|^2$ $tr[V^X(-I + ee^T)X^T V)]$
ISOMAP [2]	$\|\pi\| = l \geq 2$ $\|\pi\| = l$ frei bei Minimierung	$d(X_i, X_j) = min \sum_{i=1}^{\|\pi\|} d(\pi_i, \pi_{i+1})$
LLE [5]	$\frac{1}{N} \sum_{i,j=1}^{N} \mathbf{y}_i \mathbf{y}_j^T = \underline{I}$ $YY^T = I$	$\varepsilon = \|X_i - \sum_j W_j \eta_j\|^2$ $tr[Y(I - W^T)(I - W)Y^T$
Laplacian		$\varepsilon_{\mathscr{L}} = \sum_{ij} \frac{W_{ij} \|\psi_i - \psi_j\|^2}{\sqrt{D_{ii} - D_{jj}}}$
Eigenmaps [1]	$YY^T = I$	$\mathscr{L} = I - D^{-\frac{1}{2}} W D^{-\frac{1}{2}}$ $W_{ij} = \frac{1}{n}, W_{ij} = exp(-\|X_i - X_j\|^2/\sigma^2)$ $tr[Y(I - W)Y^T$
MVU [8]	$K > 0$ $\sum_{ij} = 0$ $K_{ii} - 2K_{ij} + K_{jj} = \|X_i - X_j\|$ sodass $\eta_{ij} = 1$	maximiere $trace(K)$
ONPP [3]	$\frac{1}{N} \sum_{i,j=1}^{N} \mathbf{y}_i \mathbf{y}_j^T = \underline{I}$	$tr[V^T X(I - W^T)(I - W)X^T V]$

Literatur

1. Belkin M, Niyogi P (2002) Laplacian Eigenmaps and Spectral Techniques for Embedding and Clustering. In Neural Information Processing Systems vol. 14: S. 585–591
2. Bengio Yea (2003) Out-of-Sample Extensions for LLE, ISOMAP, MDS, Eigenmaps and Spectral Clustering. URL (https://papers.nips.cc/paper/2461-out-of-sample-extensions-for-lle-isomap-mds-eigenmaps-and-spectral-clustering.pdf)
3. Kokiopoulu E, Saad Y (2005) Orthogonal Neighborhood Preserving Projections. URL (https://infoscience.epfl.ch/record/87294/files/Kokiopoulou2005_1351.pdf?version=1)
4. Mac Kay, David, JC (2003) Information Theorie, Inference and Learning Algorithms. Cambridge University Press, Cambridge
5. Roweis ST, Saul L (2000) Nonlinear dimensionality Reduction by locally linear embedding. In SCIENCE vol. 290: S. 2323–2326
6. Schölkopf B (1997) Support Vector Learning. Dissertation, Fachbereich Informatik der Universität Berlin
7. Torgerson W (1952) Multidimensional scaling, 1: Theory and Method. In Psychometrica vol. 17: S. 401–419

8. Weinberger, Kilian Q and Saul, Lawrence K (2006) An introduction to nonlinear dimensionality reduction by maximum variance unfolding. In: Cohn Anthony (ed) Proceedings/ The Twenty-First National Conference on Artificial Intelligence (AAAI-06), Eighteenth Innovative Applications Artificial Intelligence (IAAI-06), AAAI Press, Menlo Park, Calif.

Anhang E: Multiskalenanalyse

E.1 Diskrete Wavelet-Transformation

Ein Signal wird in mehrere Approximationen verschiedener Auflösungen überführt. Dabei hat jede nächsthöhere Approximation nur noch die halbe Auflösung, bis im letzten Schritt lediglich der Mittelwert des Signals übrig bleibt. Um das Prinzip anschaulich darzustellen, wird eine Zerlegung von diskreten Werten [1;3;5;3] vorgenommen.[2]

Benachbarte Werte werden in

$\left[\frac{1+3}{2}; \frac{5+3}{2}\right] = \underbrace{[2; 4]}_{|c_{1,1}; c_{1,2}|}$ für die Approximationen und

$\left[\frac{1-3}{2}; \frac{5-3}{2}\right] = \underbrace{[-1; 1]}_{|d_{1,1}; d_{1,2}|}$ für die Details

überführt. Das Signal kann anschließend verlustfrei mit

$$[2 + (-1); 2 - (-1); 4 + 1; 4 - 1] = [1; 3; 5; 3]$$

rekonstruiert werden. Die entstandenen Werte werden auf die gleiche Art in

$\left[\frac{2+4}{2}\right] = \underbrace{[3]}_{|c_{2,1}|}$ für die Approximation und

$\left[\frac{2-4}{2}\right] = \underbrace{[-1]}_{|d_{2,1}|}$ für die Details

umgerechnet.

Die Ausgangswerte werden durch eine Approximation und zwei Detailstufen ($|-1|$ und $|-1;1|$) gebildet. Die Anzahl der Rechenschritte ist proportional zu der Anzahl der Datenpunkte minus zwei, im obigen Beispiel 2N – 2 Rechenschritte (N = Anzahl der Datenpunkte). Um die Abbildung des Signals von einem Approximationsraum V_j zum nächsten V_{j+1} zu überführen (auch als Approximationsschritt bezeichnet), muss das Signal im Raum V_j mit der Skalierungsfunktion der entsprechenden Skala gefaltet

[2]Beispiel entnommen aus [1, S. 54].

G. Sartorius, *Erfassen, Verarbeiten und Zuordnen multivariater Messgrößen*,
https://doi.org/10.1007/978-3-658-41451-1

werden. Die dabei entfernten Informationen werden vorher im Detailraum W_j erfasst und durch Faltung mit dem entsprechenden Wavelet codiert. Dabei ist W_j der zu V_j komplementäre Raum. In Tab. E.1 ist dieser Vorgang prinzipiell dargestellt.[3] Abb. E.1

Tab. E.1 WT-Stützstellen, WT-Koeffizienten, Rekonstruktion

Funktion	Rekonstruktion	W_1	W_2	W_3	W_4	W_5	V_5
3,296	3,296	1,633	−1,447	−2,305	−0,217	−4,074	9,705
0,029	0,029	−1,633	−1,447	−2,305	−0,217	−4,074	9,705
5,133	5,133	0,578	1,447	−2,305	−0,217	−4,074	9,705
3,978	3,978	−0,578	1,447	−2,305	−0,217	−4,074	9,705
7,426	7,426	−0,240	−0,053	2,305	−0,217	−4,074	9,705
7,907	7,907	0,240	−0,053	2,305	−0,217	−4,074	9,705
8,806	8,806	1,034	0,053	2,305	−0,217	−4,074	9,705
6,739	6,739	−1,034	0,053	2,305	−0,217	−4,074	9,705
2,567	2,567	0,691	−2,422	−1,550	0,217	−4,074	9,705
1,185	1,185	−0,691	−2,422	−1,550	0,217	−4,074	9,705
2,682	2,682	−4,039	2,422	−1,550	0,217	−4,074	9,705
10,760	10,760	4,039	2,422	−1,550	0,217	−4,074	9,705
5,486	5,486	−3,058	1,145	1,550	0,217	−4,074	9,705
11,602	11,602	3,058	1,145	1,550	0,217	−4,074	9,705
5,030	5,030	−1,224	−1,145	1,550	0,217	−4,074	9,705
7,477	7,477	1,224	−1,145	1,550	0,217	−4,074	9,705
12,174	12,174	0,082	0,009	0,001	−1,697	4,074	9,705
12,010	12,010	−0,082	0,009	0,001	−1,697	4,074	9,705
9,528	9,528	−2,545	−0,009	0,001	−1,697	4,074	9,705
14,618	14,618	2,545	−0,009	0,001	−1,697	4,074	9,705
14,381	14,381	−0,156	2,455	−0,001	−1,697	4,074	9,705
14,692	14,692	0,156	2,455	−0,001	−1,697	4,074	9,705
11,006	11,006	1,379	−2,455	−0,001	−1,697	4,074	9,705
8,247	8,247	−1,379	−2,455	−0,001	−1,697	4,074	9,705
17,014	17,014	2,136	0,435	−1,032	1,697	4,074	9,705
12,741	12,741	−2,136	0,435	−1,032	1,697	4,074	9,705
15,170	15,170	1,161	−0,435	−1,032	1,697	4,074	9,705
12,847	12,847	−1,161	−0,435	−1,032	1,697	4,074	9,705
13,485	13,485	−3,333	0,310	1,032	1,697	4,074	9,705
20,151	20,151	3,333	0,310	1,032	1,697	4,074	9,705
14,126	14,126	−2,071	−0,310	1,032	1,697	4,074	9,705
18,269	18,269	2,071	−0,310	1,032	1,697	4,074	9,705

[3] Bild entnommen aus [1, S. 56].

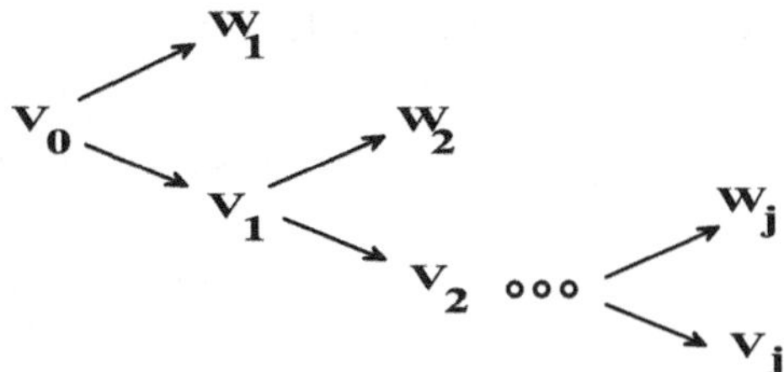

Abb. E.1 Prinzipielle Vorgehensweise bei der Multiskalenanalyse

zeigt die Koeffizienten für einen Kurvenzug mit 32 Stützstellen, die nach obigem Muster errechnet wurden. Als Mutter-Wavelet kam bei dem Beispiel das Haar-Wavelet zum Einsatz. Die Funktion und deren Rekonstruktion mit den errechneten Koeffizienten sind in Abb. E.2 dargestellt [1, S. 56] (Tab. E.2, E.3 und E.4).

E.2 Rekonstruktion

E.3 Rauschunterdrückung

Rauschunterdrückung durch Transformation in die Koeffizientendarstellung und Entfernung der hohen Frequenzanteile.

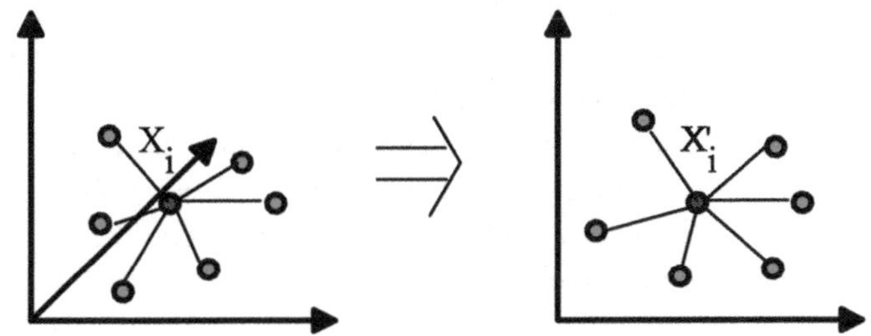

Abb. E.2 Stammfunktion, Wavelet-Komponenten und Rekonstruktion

Tab. E.2 Matlab-Code der Haar-WT

```
%WDX=[1,2,3,4,5,6,7,8] %———— Aufruf ————
WKY = hana(WDX);
%EL=0
%for i = 1:length(WDX)
%EL=EL + WDX(i)· WDX(i)
%end
%ELX =sqrt(EL)
%EL=0
%for i = 1:length(WKY)
%EL=EL + WKY(i)· WKY(i)
%end
%ELY =sqrt(EL)
function y = hana(x); %———— Diskrete WT (FWT) ———
% Haar-Transformation eines Zeilenvektors x,
% wobei length(x) eine Potenz von 2 ist.
% Input: x (Zeilenvektor)
% Output: y (Zeilenvektor derselben Lnge wie x)
y = x; %——— Dimensionierung
if length(x)>1,
[u,v] = hanastep(x); % Transformationsschritt
y= [hana(u),v]; % u rekursiv transformieren
end;
function [u,v] = hanastep(x);
% Ein Schritt der Haar-Transf. des Vektors x
% Input: x (Zeilenvektor mit gerader Lnge)
% Output: u (Zeilenvektor, D̈urchschnitẗ)
% v (Zeilenvektor, D̈etails̈)
n = length(x); %———Komponenten
ug = x(1:2:n-1); % Komponenten mit geradem Index
uu = x(2:2:n); % Komponenten mit ungeradem Index
u = (ug+uu)/sqrt(2);
v = (ug-uu)/sqrt(2);
%———— Rekonstruktion des Signals (inverse FWT) ————
function x = hsyn(y);
% Haar-Synthes (Rcktransformation) eines Zeilenvektors y,
% Input: y (Zeilenvektor), length(y) sei eine Potenz von 2.
% Output: x (Zeilenvektor, derselben Lnge wie y)
x = y; n = length(y);
if n>1,
```

Tab. E.2 (continued)

```
u = hsyn(y(1:n/2)); % hsyn rekursiv anwenden
v = y(n/2+1:n);
x = hsynstep(u,v); % Einzelschritt
end;
function x = hsynstep(u,v); %—–Haar-Rcktransformation——
% Ein Schritt der Haar-Rcktransformation
% Input: u,v (gleichlange Zeilenvektoren)
% Output: x (Zeilenvektor, doppelt so lang wie u und v)
n = length(u);
u = [u; zeros(1,n)]; u = u(:)'; % Upsampling von u
u = (u+[0,u(1:2 · n-1)])/sqrt(2); % Filter A
v = [v; zeros(1,n)]; v = v(:)'; % Upsampling von v
v = (v-[0,v(1:2 · n-1)])/sqrt(2); % Filter D
x = u+v;
```

Tab. E.3 Beispielwerte einer Haar-WT, Auszug

Haar-WT eines Raman-Spektrums

Legende: strg + c create coeffiziebnts

strg + a ausfüllen Rest (Formeln für Rehkonstruktion einfügen)

Skala	Data	W1		W2		W3		W4		W5		W6	
3372,41	3816	3118	-6,5		-13,8		-8,13		-0,94		14,9		126
3369,87	3829	3822.5	6.5		-13,8		-8,13		-0,94		14,9		126
3367,34	3808		-42		13,8		-8,13		-0,94		14,9		126
3364,81	3892	3850	42	3836.3	13.8		-8,13		-0,94		14,9		126
3362,27	3890		42		-4,5		8,13		-0,94		14,9		126
3359,74	3806	3848	-42		-4,5		8,13		-0,94		14,9		126
3357,21	3858		1		4,5		8,13		-0,94		14,9		126
3354,67	3856	3857	-1	3852.5	4.5	3844	8,13		-0,94		14,9		126
3352,13	3799		-40,5		-20		13,3		0,94		14,9		126
3349,59	3880	3839.5	40.5		-20		13,3		0,94		14,9		126
3347,05	3925		45,5		20		13,3		0,94		14,9		126
3344,51	3834	3879.5	-45.5	3859.5	20		13,3		0,94		14,9		126
3341,96	3802		-52,5		21,5		-13,3		0,94		14,9		126
3339,42	3907	3854.5	52.5		21,5		-13,3		0,94		14,9		126
3336,88	3825		13,5		-21,5		-13,3		0,94		14,9		126
3334,34	3798	3811.5	-13.5	3833	-21.5	3846	-13,3	3845	0.94		14,9		126
3331,79	3829		-24,5		4		13,6		20,4		-14,9		126
3329,25	3878	3853.5	24.5		4		13,6		20,4		-14,9		126
3326,70	3835		-10,5		-4		13,6		20,4		-14,9		126
3324,16	3856	3845.5	10.5	3849.5	-4		13,6		20,4		-14,9		126
3321,60	3834		9,5		2,25		-13,6		20,4		-14,9		126
3319,05	3815	3824.5	-9.5		2,25		-13,6		20,4		-14,9		126
3316,51	3850		30		-2,25		-13,6		20,4		-14,9		126
3313,96	3790	3820	-30	3822.3	-2.25	3836	-13,6		20,4		-14,9		126
3311,40	3794		-51		45,8		4,25		-20,4		-14,9		126
3308,85	3896	3845	51		45,8		4,25		-20,4		-14,9		126
3306,29	3765		11,5		-45,8		4,25		-20,4		-14,9		126
3303,74	3742	3753.5	-11.5	3798.3	-45.8		4,25		-20,4		-14,9		126

Tab. E.4 Vorteil einer orthogonalen WT bei der Rauschunterdrückung

Nur zum Vergleich:	Fast Wavelet Transform (FWT)		Fas Fourier Transform (FFT)	
	FWT	O(N)	FFT	O(N $\log_2$ N)

Anmerkung:

Donoho[1] und Johnstone[2] konnten nachweisen, dass eine Orthogonalbasis, wie sie die diskrete WT zur Grundlage hat, di beste Möglichkeit bietet, eine Rauschunterdrückung durchzuführen. Ein orthogonale WT hat den Vorteil, dass die einzelnen Wavelet-Koeffizienten unabhängig voneinander sind. Bedeutet, dass sich die Veränderung eines Koeffizienten nur auf den Teil des Siganls auswirkt, welcher durch ihn, sowohl zeitlich als auch spektral, repräsentiert wird.

[1] David Donoho, Professor für Statistik am Statistics Department der Stanford University in Kalifornien USA

[2] Iain Johnston, Professor für Statistik und Biostatistik am Statistik Department der Stanford University in Kalifornien USA

Literatur

1. Schlagner S, Strehlau U (2004) Fourier-Analyse versus Wavelet-Analyse: Ein Vergleich von Fourier- und Wavelet-Transformation bei der Signalanalyse von stationären und instationären Zeitfunktionen: Zugl.: Berlin, Techn. Univ., Diplomarbeit, 2004. Shaker, Aachen

Anhang F: Architekturen

F.1 Verarbeitungseinheiten

Sogenannte *Neurocomputer(-chips)* bestehen im Wesentlichen aus spezialisierten Rechenschaltungen für Matrix-Vektor-Operationen und können somit problemangepasste neuronale Netzwerke vorteilhafter berechnen als Standardrechner. Solche Systeme sind jedoch aufgrund ihrer kleinen Stückzahlen teuer und nur von Spezialisten einsetzbar. Gesucht wird hier nach Lösungen, die immer besser gewordenen Integrationsmöglichkeiten bei Standardbausteinen für die in KNNs vorkommenden uniformen Strukturen zu nutzen und in Verbindung mit theoretisch besser durchdringbaren Netzstrukturen die Möglichkeit zu schaffen, dass Netzwerkdimensionen abschätzbarer, Netzwerkparameter aus einer vorhandenen realen Datenmenge berechenbarer werden, um aus diesen Informationen die Klassifikatoren adaptiver Systeme zu generieren bzw. deterministisch gestalten zu können.

F.1.1 Architekturen für die mehrdimensionale Signalverarbeitung

Es ist nicht zwingend notwendig, ein System in reiner Software oder ausschließlich in Form von Hardware zu realisieren. So befinden sich digitale neuronale Hardwarekomponenten auf der Basis paralleler Strukturen in Konkurrenz zu Standardprozessoren. Zahlreiche digitale Neuroprozessoren erreichen zwar beachtlich höhere Rechenleistungen bezüglich der speziellen Berechnungsaufgaben, für die sie konstruiert sind, gegenüber Standardprozessoren sind sie jedoch um ein Vielfaches teurer, der Entwicklungsaufwand ist größer und die Handhabung sehr komplex. Wenn es gelingt, die Handhabung einer parallelen Rechnerarchitektur so zu vereinfachen, dass auch ein Anwender ohne spezielle Kenntnisse einer parallelen Hardware in die Lage versetzt wird, eine Anwendung zu entwickeln, kann mit einer hohen Akzeptanz solcher Systeme gerechnet werden. Die Erkenntnis, mit der Leistungsfähigkeit der Parallelverarbeitung den Von-Neumann-Engpass konventioneller Computer überwinden zu können, hat zu den in Abschn. F.2, …, Abschn. F.2.2 dargestellten Aspekten geführt.

G. Sartorius, *Erfassen, Verarbeiten und Zuordnen multivariater Messgrößen*,
https://doi.org/10.1007/978-3-658-41451-1

F.2 Parallel verteiltes Prozessmodell

Ein parallel verteiltes Prozessmodell (Parallel Distributed Processing-Model, PDP-Model) besteht aus acht wesentlichen Komponenten:[4] 1. einem Set von Prozessoreinheiten, 2. einem Aktivierungszustand, 3. einer Output-Funktion, 4. einem Konnektivitätsmuster, 5. einer Propagationsregel, 6. einer Aktivierungsregel, 7. einer Lernregel, 8. einer Systemumgebung.

Bei der Ausführung unterscheidet man fünf Ebenen der Parallelität: 1. Programmebene (oder Jobebene), 2. Prozessebene (oder Taskebene), 3. Blockebene, 4. Anweisungsebene (elementare Anweisungen, nicht weiter zerlegbare Datenoperationen), 5. Suboperationsebene (eine elementare Anweisung wird durch den Compiler aufgegliedert).

F.2.1 Klassifizierung von Parallelrechnern

In der Literatur findet man mehrere Möglichkeiten zur Klassifizierung von Parallelrechnern mit unterschiedlicher Vorgehensweise. So liegt dem *Erlanger Klassifikationsschema* [2] die Anzahl der Kontroll- und Funktionseinheiten der Klassifizierung zugrunde, während bei der *Klassifizierung nach Flynn* [3] Instruktions- und Datenströme gegenübergestellt werden und bei einem weiteren Ansatz die Art und Weise, wie der Arbeitsspeicher mit den Prozessoren verbunden ist, zum Unterscheidungskriterium wird.

Klassifizierung nach Flynn

Sie ist die gebräuchlichste Unterteilung von Rechnerstrukturen. Die Charakterisierung erfolgt hier durch eine zweidimensionale Klassifizierung, deren Hauptkriterien die Zahl der Befehlsströme und der Datenströme sind.[5]

Sie beruht auf den folgenden Merkmalen:

- Ein Rechner bearbeitet zu einem gegebenen Zeitpunkt einen oder mehr als einen Befehl.
- Ein Rechner bearbeitet zu einem gegebenen Zeitpunkt einen oder mehr als einen Datenwert.

Damit lassen sich vier Klassen von Rechnerarchitekturen bilden:

- Single instruction – single data (SISD), alle Uniprozessorrechner.
- Single instruction – multiple data (SIMD), Feldrechner und Vektorrechner.
- Multiple instruction – single data (MISD).
- Multiple instruction – multiple data (MIMD), alle Arten von Mikroprozessorsystemen.

[4] „A general framework for parallel distributed processing“ [11, Chap. 2].

[5] Flynn entwickelte 1966 ein System zur Klassifizierung aller Computer.

Erlanger Klassifikationsschema
Nebenläufigkeit und Parallelverarbeitung bestimmen die Kategorie von Parallelrechnern, indem die Anzahl der Kontrolleinheiten *k*, die Anzahl der Prozessoren *d* und die Anzahl der Bits pro Einheit *w* des einzuordnenden Rechners in einem Tripel (*k*, *d*, *w*) zusammengefasst und auf diese Weise klassifiziert werden. Bei Systemen, die sowohl Nebenläufigkeit als auch Pipelining unterstützen, nutzt man ein zusätzliches Tripel (*k'*, *d'*, *w'*). Die Gesamtnotation besteht dann aus Tripelpaaren. Ein fiktiver Rechner hat z. B. 8192 Knoten, jeder Knoten besteht aus 2 Prozessoren, jeder Prozessor kann 2 Instruktionen gleichzeitig verarbeiten, die Wortbreite beträgt 128 bit und durchläuft eine 4-stufige Pipeline. Dies ergibt die ECS-Notation ECS = (8192,2;1,2;128,4) [2].

Speicherorganisation
Die letzte hier erwähnte Möglichkeit ist die Klassifizierung von Rechnern bezüglich ihrer Speicherstruktur. Dabei unterscheidet man zwischen gemeinsamem Speicher, verteiltem Speicher und verteiltem gemeinsamen Speicher. Die verschiedenen Speicherformen erfordern unterschiedliche Kontrollstrukturen für den Speicherzugriff. Bei gemeinsamem Speicher benötigt man z. B. Sperrmechanismen, um einen gleichzeitigen Zugriff auf die gleiche Zelle zu unterbinden [14].

F.2.2 Arten der Parallelität bei künstlichen neuronalen Netzen

Folgende Arten der Parallelität von Berechnungsabläufen werden im Zusammenhang mit KNNs unterschieden:

1. Knotenparallelität,
2. Kantenparallelität,
3. Trainingsmusterparallelität,
4. Ebenenparallelität,
5. Phasenparallelität,
6. Netztopologieparallelität,
7. Lernverfahrenparallelität,
8. Teilnetzparallelität.

Die Varianten 1,…, 5 kommen meist nicht einzeln vor und die Varianten 6,…, 8 sind mit SIMD nicht durchführbar. Zusammenfassend kann festgehalten werden, dass ein paralleles Programm durch eine halbgeordnete Menge von Befehlen darstellbar ist, wobei die Ordnung durch die Abhängigkeiten der Befehle untereinander gegeben ist. Befehle, die unabhängig voneinander sind (wenn Nebenläufigkeit vorliegt), können parallel ausgeführt werden. Dabei unterscheidet man zwischen Körnigkeit und Parallelität. Erstere ergibt sich aus dem Verhältnis von Rechenaufwand zu Kommunikationsaufwand, was bei Realisierungen abzuschätzen ist, um festzustellen, welcher

Parallelisierungsgrad für eine Anwendung Vorteile bringt. Die mathematische Beziehung $S \leq \frac{1}{f+\frac{1-f}{p}}$ beschreibt den sogenannten *Amdahl-Effekt*: Bei wachsender Problemgröße sinkt der sequenzielle Anteil in einem Programm und der Einsatz zusätzlicher Prozessoren verkürzt die Berechnungszeit (Parallelisierung). Jedoch wächst bei einem festen Anteil sequenzieller Codes der Geschwindigkeitsvorteil durch Parallelisierung kaum noch. Dabei steht f für den Anteil der sequenziell zu bearbeitenden Codes und liegt im Bereich $0 \leq f \leq 1$ und p für die Anzahl der Prozessoren im Parallelrechner [8, 9, 14].

F.3 Stützvektormethode

Die statistische Lerntheorie sagt u. a. aus, dass sich Komplexität nur mit relativ einfachen Lernmaschinen auswerten lässt, die jedoch oft komplexen Datensätzen nicht gewachsen sind. Die SVM bietet dazu eine Lösung an und stellt eine elegante und effektive Methode dar, um verschiedenartige Lernmaschinen mit kontrollierbarer Komplexität zu realisieren. Sie können als neuronale Netze interpretiert werden. Die Neuronen der Eingabeschicht sind vollständig mit den Neuronen der verdeckten Schicht verknüpft, wobei die Anzahl ersterer der Dimension der Eingabemuster entspricht (für jedes Signal eine Dimension). Die Anzahl der Neuronen der verdeckten Schicht wird mit der Dimension des Merkmalsraums oder auch Bildraums bestimmt, welcher bei der nichtlinearen SVM (NLSVM) höherdimensional als der Eingangsraum ist [12]. Die NLSVM leiten sich aus den linearen SVM (LSVM) ab, indem die Trainingsdaten in einen höherdimensionalen Raum (Merkmalsraum) transformiert werden, sodass die Daten in diesem Merkmalsraum linear separierbar werden und auf diese Weise das LSVM-Verfahren wiederum anwendbar wird. Schölkopf schreibt:

> Nach dem curse of dimensionality wächst die Schwierigkeit eines Schätzproblems mit der Dimension des Raums. Die statistische Lerntheorie zeigt jedoch, dass dies auf Kernalgorithmen so nicht zutrifft. In manchen Fällen, bei sehr einfachen Klassen, ist das Lernen in *F (Funktionsraum) einfacher. Die notwendige Reichhaltigkeit steckt in der Transformationsfunktion (Kernfunktion)* Φ. [13, S. 157].

In der Trainings- und der Arbeitsphase liegen die Eingabedaten als Skalarprodukte vor (Gram-Matrix) und es ist unerheblich, mit welcher Dimensionalität diese gebildet werden. Wegen $K(\mathbf{x}_i, \mathbf{x}_j) \equiv \Phi(\mathbf{x}_i)^T \Phi(\mathbf{x}_j)^T$ können alle Berechnungen vorteilhaft im Eingangsraum durchgeführt werden, indem die Skalarprodukte im Eingangsraum durch die gefundene Funktion K ersetzt werden. Das zu lösende Optimierungsproblem für eine LSVM im euklidischen Raum, mit den Nebenbedingungen $\mathbf{y}_i(\underline{w}^T \Phi(\mathbf{x}_i) + b) \geq 1 - \xi_i$, Schlupfvariable $\xi_i \geq 0$ und $i = 1, \ldots, l$, lautet:

$$\min_{\underline{w},b,\xi} \frac{1}{2}\underline{w}^T \underline{w} + C \sum_{i=1}^{l} \xi_i \,. \tag{F.1}$$

Die duale Darstellung (Darstellung mit Skalarprodukten) von Gl. (F.1) und Optimierung von (F.2) mit den Nebenbedingungen $\sum_{i=1} y_i\alpha_i = 0, C \geq \alpha_i$ lautet:

$$\max_{\alpha} \sum_{i=1}^{l} \alpha_i - \frac{1}{2} \sum_{i=1,j=1}^{l} y_i y_j \alpha_i \alpha_j \langle \mathbf{x}_i, \mathbf{x}_j \rangle. \tag{F.2}$$

Für die Klassifizierung mit den SVs gilt:

$$f(\mathbf{x}) = \sum_{i \in SV} \langle \mathbf{x}_i, \mathbf{x}_j \rangle + b \tag{F.3}$$

mit Bias b und $f(x) \in \{0, 1\}$ für das in Abb. F.1 dargestellte Klassifizierungsbeispiel, bei dem die Zugehörigkeit zur $+-$ *Gruppe* mit 1 und der Rest der Datenmenge mit 0 dargestellt ist. Um die Transformation der nichtlinearen MF in einen höherdimensionalen Raum zum Zwecke der linearen räumlichen Trennung der Daten in den Merkmalsraum vorzunehmen, können die folgenden, in zahlreichen Artikeln vorgeschlagenen Basiskernfunktionen,

- lineare Funktion: $K(\mathbf{x}_i, \mathbf{x}_j) = \mathbf{x}_i^T \mathbf{x}_j$,
- polynomielle Funktion: $K(\mathbf{x}_i, \mathbf{x}_j) = (\gamma \mathbf{x}_i^T \mathbf{x}_j + r)^d$, $\gamma > 0$,
- radiale Basisfunktion (RBF): $K(\mathbf{x}_i, \mathbf{x}_j) = exp(-\gamma \| \mathbf{x}_i - \mathbf{x}_j \|^2$, $\gamma > 0$,
- und Sigmoid-Funktion: $K(\mathbf{x}_i, \mathbf{x}_j) = \tanh(\gamma \mathbf{x}_i^T \mathbf{x}_j + r)$

mit den Kernparametern γ, r und d angewendet werden. Der RBF-Kern ist numerisch unproblematisch, für gaußverteilte Daten geeignet und damit für viele Problemlösungen die erste Wahl.

Die im Folgenden aufgezeigte Prozedur und deren Schritte, die anschließend erläutert werden, zeigen den Aufwand zur Bestimmung der Stützvektoren (SV):

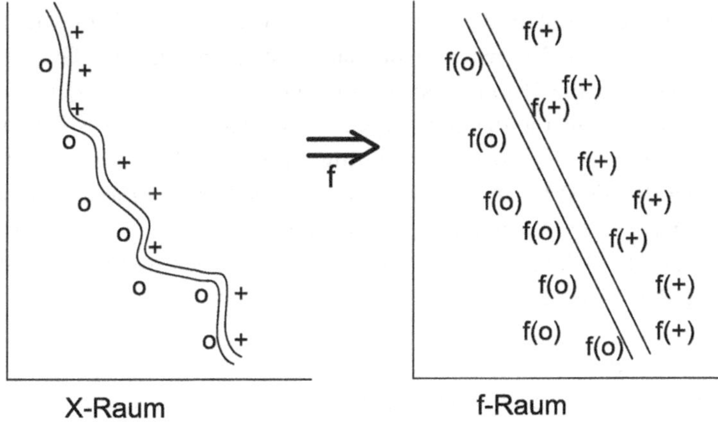

Abb. F.1 Linearisierung einer MF mit f = Φ, + = Klassifizierungsmerkmal, 0 = Restmenge

1. Daten in die Form X_i bringen,
2. möglichst einfache Skalierung,
3. möglichst RBF-Kern verwenden, wie z. B. $K(\mathbf{x}_i, \mathbf{x}_j) = e^{-\gamma \|\mathbf{x}_i - \mathbf{x}_j\|^2}, \gamma > 0$,
4. Cross-Validierung, um das beste C und γ zu finden.

Datenvorverarbeitung

Die Eingangsdaten müssen möglichst in eine der Formen X_i mit der Skalierung $\{-1,1\}$ oder $\{0,1\}$ gebracht werden, um für alle X_i die gleiche Größenordnung zu erhalten.

Trainingsphase

Zuerst muss man aus der zur Verfügung stehenden Gesamtdatenmenge, die alle Attribute und Charakteristika des zur Aufgabe stehenden Klassifizierungsproblems enthält, einen Trainings- und einen Testdatensatz z. B. im Verhältnis 1:1 festlegen. Die Trainingsdatenmenge besteht aus dem Trainingsdatensatz der Eingangsdaten und der Zielvorgabe, d. h. der Menge, die klassifiziert werden soll. Anschließend muss die optimale C- γ -Kombination gesucht werden. Dies kann durch Kreuzvalidierung in Verbindung mit einer Rastermethode, mit der man iterativ die optimale globale Lösung bestimmt, indem z. B. C im Bereich 2^{-5}, 2^{-3}, ..., 2^{-15} und γ im Bereich 2^{-15}, 2^{-13}, ..., 2^{3} variiert wird, geschehen [6]. Dabei sprechen zwei Gründe für eine solche einfache Rastermethode: Die Rechenzeit liegt in der gleichen Größenordnung wie bei ausgefeilteren Methoden, und es herrscht Klarheit darüber, dass die optimale Lösung gefunden wird, da dieser Vorgang das gesamte Spektrum der Möglichkeiten erfasst. Bei der Optimierung hängt es von der Struktur der Daten ab, welche der vielen in der Literatur angeführten Methoden und welche Kernfunktion zur Bestimmung der Stützvektoren am günstigsten sind. Solche empirischen Parameter-Suchmethoden existieren in verschiedenen Varianten, die auf die jeweilige Anwendung zugeschnitten sind. Am effektivsten erwies sich bisher das Kreuzvalidierungsverfahren, welches in Verbindung mit einer logarithmischen Rastersuche beschleunigt werden kann. Letztendlich ist die Parametersuche nicht effizient gelöst und stellt ein offenes Problem dar. Die hohe Rechenzeit bei der Parametersuche ist ein großer Nachteil der NLSVM, insbesondere dann, wenn verschiedene Gruppen zu klassifizieren sind, da dann die Parametersuche für jede Gruppe extra durchgeführt werden muss. Die Grenze der Bearbeitbarkeit mit einem Standard-PC mit 1 MB Arbeitsspeicher ist bei etwa 5000 Mustern erreicht. Die Anwendbarkeit der Kernmethode geht weit über das Gebiet der SVM hinaus und wird auch bei anderen Methoden wie z. B. Hauptkomponentenanalyse (PCA) und der linearen Diskriminanzanalyse (LDA) eingesetzt, bei denen es darauf ankommt, eine nichtlineare MF für einen bestimmten Zweck in eine linear zugängliche Form zu überführen [15].

Multi-Klassen-SVM

Vergleichende Studien zu diesem Thema für verschiedene Ansätze befinden sich in [1, 6, 5]. Zur Klassifizierung unterschiedlicher Datengruppen, bei denen jede Gruppe eine bestimmte Eigenschaft repräsentiert, muss für jede Gruppe die Kernfunktion *K* zwischen den Datenelementen errechnet und die zugehörigen Stützvektoren bestimmt werden (Tab. F.1).

In [4] wird vorgeschlagen, die Lösung der SVM-Parameter direkt in die Optimierung mit einzubeziehen. Dies führt jedoch zu einem enormen Rechenaufwand gegenüber der empirischen Parametersuche. Bei der Fehlerbetrachtung mit der Leave-One-Out-Error-Methode kommt es nur dann zur Falschaussage, wenn ein SV vorliegt. Deshalb ist bei dieser Methode der Fehler $L_{00} = AnzahlderSV / N$, wobei N die Anzahl der TPs darstellt. Je kleiner die Anzahl der SVs relativ zur Anzahl der TPs ist, desto kleiner wird der Fehler, und die Anzahl der SVs nimmt mit steigendem Grad der Nichtlinearität zu.

F.4 Evolutionäre Algorithmen

Ab einer gewissen Komplexität sind komplexe Optimierungsprobleme nicht algorithmisch lösbar. Aus einem Satz zufällig generierter Anfangswerte werden mit multidimensionalen Bewertungsfunktionen zunächst suboptimale Lösungen ausgewählt, mutiert und miteinander rekombiniert. Die besten Lösungen erhalten eine zu ihrer Fitness proportionale Wahrscheinlichkeit zu überleben. Nach hinreichend vielen Generationen werden auf diese Weise annähernd optimale Lösungen gefunden. Die Hauptausprägungen der evolutionären Algorithmen (EAs) sind: genetische Algorithmen, evolutionäre Strategien, evolutionäre Programmierung und genetische Programmierung. Dem Ganzen liegt die darwinistische Idee des *Survival of the Fittest* zugrunde.

Die genetischen Operatoren des Prozesses sind die *Reproduktion*, bei der genetisches Material der Eltern zu einem Nachkommen zusammengesetzt wird, die *Mutation*, die als stochastischer Operator die genetische Information eines Individuums modifiziert, und die *Selektion*, die bestimmt, welche Individuen in der nächsten Generation zur Fortpflanzung zugelassen werden. Im iterativen Prozess entstehen dabei neue Lösungen, deren Erfüllungsgrad des Optimums mit anderen Individuen verglichen wird. Nur diejenigen überleben, deren Fitness ausreichend hoch ist, sodass im Laufe der Iteration immer bessere Lösungen entstehen. EAs konvergieren mit jedem Iterationsschritt gegen das Optimum. Da Konvergenzbeweise nur eingeschränkt vorliegen, sind EAs als Heuristiken anzusehen, die bei gegebenen Ressourcen nur suboptimale Lösungen finden [10].

Tab. F.1 Nachteile der NLSVM gewichtet geordnet mit - - - -, ..., – für den Bereich sehr ungünstig ...ungünstig

Kernfunktion muss empirisch ermittelt werden	- - - -
Dauer der Trainingsphase steigt überproportional mit der Anzahl der TPs	- -
Bei neuen TPs ist die Trainingsphase erneut durchzuführen	-

F.5 Kopplung von evolutionären Algorithmen und künstlichen neuronalen Netzen

Ansätze, EAs und KNNs zu koppeln, werden mit dem Projekt ENZO (Evolutionärer Netzwerkoptimierer) realisiert. Das Projekt wird an der Universität Karlsruhe bearbeitet. Ziel dabei ist, sowohl die Topologie als auch die Parameter eines neuronalen Netzes zu optimieren, mit den Vorgaben, den Anwender beim Suchen plausibler Netzwerktopologien zu entlasten und Synergieeffekte von Evolution und Lernen bei begrenzter Rechenzeit zu nutzen. Dabei gilt die Erkenntnis, dass sich durch Austesten verschiedener Topologien mit der üblichen Zufallsinitialisierung neuronale Netze mit vergleichbarer Fitness nicht finden lassen.

Es handelt sich um ein zweistufiges Optimierungsverfahren wie in Abb. F.2, welches die folgenden Schritte umfasst:

- Selektion (Auswahl der Eltern aus der Population, Stufe 1),
- Generierung von Nachkommen (Rekombination, Mutation, Stufe 1),
- Lernen (beim neuen Individuum, Stufe 2),
- Fitnessbewertung (Stufe 2).

Nach **Stufe 2** folgt wieder **Stufe 1**, so lange, bis die Abbruchkriterien (5.) bei Stufe 2 in Abb. F.2 erreicht sind.

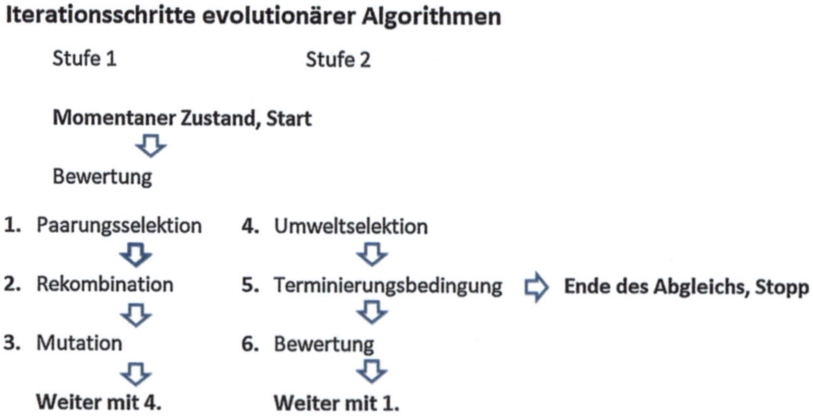

Iterationsschritte evolutionärer Algorithmen

Stufe 1 | Stufe 2

Momentaner Zustand, Start
⇩
Bewertung

1. Paarungsselektion ⇩
2. Rekombination ⇩
3. Mutation ⇩

Weiter mit 4.

4. Umweltselektion ⇩
5. Terminierungsbedingung ⇨ **Ende des Abgleichs, Stopp** ⇩
6. Bewertung ⇩

Weiter mit 1.

Abb. F.2 Allgemeine Struktur evolutionärer Algorithmen. (In Anlehnung an [10]: Universität Dortmund, Lehrstuhl für Systemanalyse, 2004)

F.6 Kommandointerpreter zur Auswertung der Interpreteranweisungen

Mit den im Folgenden tabellarisch aufgeführten Interpreteranweisungen und zugehörigen Informationen können die Module des adaptiven Systems für die Auswertung eingestellt und die Auswerteergebnisse in einem Auswertefenster oder einer Datei angezeigt bzw. gespeichert und verknüpft werden, um ein Verknüpfungsergebnis (VKE) bilden zu können, das zum Beispiel aussagt, ob eine Übereinstimmung neuer Messdaten mit der im Modell hinterlegten Referenzcharakteristik vorliegt oder nicht. Es sei angemerkt, dass beispielsweise die Ergebnisse verschiedener Messkanäle *TRUE* sein müssen (z. B. VKE: = xV.K1 AND xVK2 AND xVK3, Syntaxbeschreibung in Tab. F.4 und F.5), um eine sichere Aussage zu erhalten.

Prinzipiell ist der Umfang der Anweisungen bzw. der Befehlssatz bewusst eingeschränkt, damit für den Anwender ein effizientes und leicht verständliches Werkzeug zur Verfügung steht. Dazu wurden als Beispiel – um das Prinzip deutlich zu machen – Operanden und Operatoren für die in Abb. 4.2 dargestellte Organisationsstruktur zusammengestellt. Der Kommandointerpreter muss im Zielsystem implementiert sein. Das Kommandoprogramm besteht aus einer Reihe von Anweisungen, die im ersten, dem einfachsten Fall, in der Kommandozeile eines geeigneten Terminals oder PC-Programms stehen. Die Anweisungen sind durch Leerzeichen getrennt, die Eingabe mit der Enter-Taste bewirkt das Abschicken in das Zielsystem und das Abarbeiten dieser Anweisungen mit dem dort implementierten Kommandointerpreter.[6] Im zweiten Fall sind die Anweisungen in einem .txt-file (Anweisungsdatei) gespeichert. Diese Dateien können mit der Kommandozeile in das Zielsystem übertragen und aktiviert oder von einer anderen Anweisungsdatei aus aufgerufen und mit dem Kommandointerpreter abgearbeitet werden.

Zur Umsetzung der Anweisungen eines Auswerteszenarios wird das Kommandoprogramm in Form einer Anweisungsliste als .txt-Datei in das Zielsystem des Auswertesystems geladen (WRITE <*file*>) und anschließend ausgeführt (START <*file*>). Diese Gestaltung ermöglicht eine schnelle Anpassung von Anforderungen bei der Auswertung bzw. beim Test des Systems. Nachdem die Anweisungen des Kommandoprogramms feststehen, ist diese Anweisungsliste dann Teil des Modells für ein Objekt. Mit den Adressnummern der Operanden (Index) zur Einstellung der Modulparameter des adaptiven Systems in Tab. F.3 sind automatisch die Richtung der Daten und eine

[6]Die Liste der Interpreteranweisungen ist auf die für das adaptive System notwendigen Kommandos eingeschränkt. Die Art und Weise der Verarbeitung ist an den CANopen-Standard angelehnt. CANopen wird hauptsächlich als eingebettetes Netzwerk in Maschinen, aber auch als generelles industrielles Kommunikationssystem verwendet. Es basiert auf den internationalen Normen ISO 11898-1 (CAN-Protokoll) und ISO 11898-2 (Schnelle physikalische Übertragungsschicht). Die CANopen Anwendungsschicht ist als EN 50325-4 von der CENELEC genormt [7].

bestimmte Funktionalität festgelegt. Das Gleiche gilt auch für Operanden zum Einlesen von Prozesswerten in Tab. F.4. Deklarierte Merker, die im Kommandoprogramm verwendet werden können, sind in Tab. F.4 gelistet. Wenn weitere Funktionalitäten erforderlich sind, sind die Listen der Operanden um das entsprechende Kommando im Zielsystem zu ergänzen. Jedes SDO- oder PDO-Kommando wird zum Zielsystem als 8-Byte-String gesendet oder kann in einem Kommandoprogramm untergebracht sein, um von dort aus aufgerufen zu werden. Aufrufbeispiele sind im Folgenden an den entsprechenden Stellen aufgeführt. Die Codierungen der Hauptanweisungen entsprechen den Nummern in Spalte 2 der Listen für die Operationen in Trainings- (Tab. 18.2) und Arbeitsphase (18.6).

F.6.1 Anweisungsstrukturen

Konzept Hauptanweisung-Unteranweisung: Mit den Hauptanweisungen zur Angabe des Moduls und den Unteranweisungen zur Feineinstellung der Verarbeitung in diesem Modul existieren theoretisch 65536 Einstellmöglichkeiten für jeden Verarbeitungsbereich (DAV, X-Raum, Y-Raum, Z-Raum).

Hauptanweisung Trainingsphase: in Tab. 18.2, Codierungsnummer in Spalte 2, Funktion in Spalte 3.

Hauptanweisung Arbeitsphase: in Tab. 18.6 Codierungsnummer in Spalte 2, Funktion in Spalte 3.

Unteranweisung Trainingsphase: in Tab. K.2, Codierungsnummer in Spalte 1, Funktion in den Spalten 2–4.

Unteranweisung Arbeitsphase: in Tab. K.3, Codierungsnummer in Spalte 1, Funktion in den Spalten 2–3.

Operanden: Implizierte Typendeklaration für Prozesswerte, Parameter und Konstanten. Deklaration von Merkern (Platzhalter für Empfangs- und andere Werte) zur Aufnahme von Empfangswerten, zum Senden von Parametern und Auslesen von Ergebniswerten und Meldungen.

Return-Taste: Abschicken einer Kommandozeile, Darstellung mit <CRLF>.

F.6.2 Modulparameter zum Einstellen der Funktionalität

Siehe Tab. F.2.

[7]xy steht für eine auf die Hauptfunktion bezogene Einstellung, deren Funktion im Zielsystem hinterlegt ist. Ein Beispiel befindet sich in Tab. K.2.

---

[7]REAL ist eine 32 Bit Gleitkommazahl nach IEEE 754.

Tab. F.2 Deklaration der Variablen des Kommandoprogramms. Implizite Variablendeklaration für die Operanden, nach dem Punkt muss für SDO- und PDO-Operanden der Index in Tab. F.3 und F.5 und für Merker-Operanden die Bezeichnung in Tab. F.4 angegeben werden. Datentyp binär (BOOL), ganzzahlig (INTEGER), Gleitkommazahl (REAL)

Nr	Darstellung	Datentyp	Anwendung	Syntax
1	xV.KEK1	BOOL	Prozesswert	
2	iV.FNK1	INT (32 Bit)	Prozesswert	
3	ulV.3001	QINT (64 Bit)	Prozesswert empfangen	ulV.3001 <CRLF>
4	rV.ZGK1	REAL (32 Bit)	Prozesswert	
5	xP.12	BOOL	Parameter	
6	iP.3	DINT (32 Bit)	Parameter	
7	ulP.4001	QINT (64 Bit)	Modulparameter senden	ulP.4001 4 8 10 1 16 1 30 1 <CRLF>
7	ulP.2001	QINT (64 Bit)	Modulparameter lesen	ulP.2001 4 8 10 1 16 1 30 1 <CRLF>
8	rP.254	REAL (32 Bit)	Parameter	
9	TRUE	BOOL	Konstante	
10	−5439	INT (32 Bit)	Konstante	
11	−89,76	REAL (32 Bit)	Konstante	

Index Mit dem *Index* ist die entsprechende Anweisung definiert und kann vom Zielsystem interpretiert werden. Mit dem Index ist auch die Richtung des Datenverkehrs festgelegt. Diese Parameter sind im System in einer hinterlegten Liste voreingestellt. Sie können per Kommandozeile oder als Anweisung verändert werden. Der Operand mit Kanal 0 setzt den entsprechenden Block wieder zurück auf die Voreinstellung der hinterlegten Liste.

Senden Die Operanden zum Einstellen der Modulparameter des adaptiven Systems sind in Tab. F.3 angegeben.

Beispiel Senden, Parametereinstellung ulP.5000 0 0 0 0 0 0 0 0 <CRLF>
Rücksetzen der Module der Arbeitsphase auf die Grundeinstellung.

F.6.3 Operanden

Empfangen Um verschiedene Formate empfangen zu können, sind die letzten vier Byte der PDO-Telegramme in Tab. F.5 beim Einlesen reserviert. Mit dem Index (Identifier) steht fest, wohin die Daten geschickt werden (Producer-, Consumer Prinzip) [7]. Für das xV-Format sind 8 Bit und für das ulV-Format 32 Bit notwendig. Die 4 Byte sind nach

Tab. F.3 Operanden zum Einstellen der Modulparameter des adaptiven Systems, Service-Daten-Objekte (SDO), Prozess-Daten-Objekte (PDO) für Trainings- und Arbeitsphase, Datenwort D1 (D 1) …Datenwort D8 (D 8), Hauptanweisung Datenvorverarbeitung (DAV), Unteranweisung Datenvorverarbeitung (dav), Hauptanweisung X-Raum (X.HAnw), Unteranweisung X-Raum (x.UAnw) …bis Unteranweisung Z-Raum (z.UAnw)

Trainings-phase (SDO) senden	Index		D 1	D 2	D 3	D 4	D 5	D 6	D 7	D 8
Operand	Index	Kanal	DAV	dav	X. HAnw	x. UAnw	Y. HAnw	y. UAnw	Z. HAnw	z. UAnw
uIP.4000	4000	0	0	0	0	0	0	0	0	0
uIP.4001	4001	1	4	1	10	1	16	1	30	1
uIP.4002	4002	2	4	1	12	1	18	1	30	1
uIP.4003	4003	3	4	1	13	1	19	1	30	1
uIP.4004	4004	4	4	1	11	1	18	1	30	1
Arbeits-phase										
(SDO) senden	Index		D 1	D 2	D 3	D 4	D 5	D 6	D 7	D 8
Operand	Index	Kanal	DAV	dav	X	x	Y	y	Z	z
uIP.5000	5000	0	0	0	0	0	0	0	0	0
uIP.5001	5001	1	4	1	6	1	16	1	29	1
uIP.5002	5002	2	4	1	9	1	18	1	29	1
uIP.5003	5003	3	4	1	10	1	19	1	29	1
uIP.5004	5004	4	4	1	8	1	18	1	29	1

der Big Endian Reihenfolge HH, HL, LH, LL im String abgelegt. Nach dem Einlesen des Telegramms transferiert der Kommandointerpreter die Daten automatisch in den entsprechenden Merker, der im Operanden angegeben ist.

Beispiele für das Empfangen von Prozess- und Parameterwerten Prozesswert Arbeitsphase: uIV.3001 <CRLF>

Empfang des Klassifizierungsergebnisses von Kanal 1. Die Daten werden zyklisch an das Zielsystem übermittelt und im zugehörigen Merker xV.KEK1 abgelegt. Mit diesem Merker können sie dann weiterverarbeitet werden.

Tab. F.4 Merker für die Empfangswerte in Tab. F.5

Nr.	Darstellung	Typ	Anwendung
1	KEK1	BOOL	Prozesswert BOOL, Klassifizierungsergebnis von Messkanal 1
	...	...	...
4	KEK4	BOOL	Prozesswert BOOL, Klassifizierungsergebnis von Messkanal 4
5	FNK1	DINT	Prozesswert INT, Fehlernummer Messkanal 1
	...	...	...
8	FNK4	DINT	Prozesswert INT, Fehlernummer Messkanal 4
9	ZGK1	REAL	Prozesswert REAL, Zugehörigkeitsgrad Messkanal 1
	...	...	...
12	ZGK4	REAL	Prozesswert REAL, Zugehörigkeitsgrad Messkanal 4
13	1	BOOL	Konstante,
13	1	BOOL	Zahlenbereich: (0,1)
14	−15	DINT	INT Konstante,
			Zahlenbereich: (−2.147.483.648 ...2.147.483.647)
15	−89,76	REAL	Konstante REAL,
			Zahlenbereich: ($1 \cdot 10^{-45} \ldots 3 \cdot 10^{38}$)
16	VKE	BOOL	Verknüpfungsergebnis BOOL, INT, REAL

Parameterwerte Trainingsphase: ulP.2001 4 8 10 1 16 1 30 1 <CRLF>
Empfang der Moduleinstellungen von Kanal 1.

F.6.4 Operatoren

Siehe Tab. F.6.

F.6.5 Anweisungen für Kommandoprogramme und Unterprogramme

Weitere Interpreteranweisungen zum Schreiben von Programmen, die in das Zielsystem als .txt-Datei transferiert, ausgelesen und vom Kommandointerpreter ausgewertet werden können (Tab. F.7).

Tab. F.5 Operanden zum Einlesen von Prozesswerten aus dem adaptiven System

Trainings-phase (SDO) empfangen	Index		D 1	D 2	D 3	D 4	D 5	D 6	D 7	D 8
Operand	Index	Kanal	DAV	Dav	X	x	Y	y	Z	z
ulV.2001	2001	1	x	X	x	x	x	x	x	x
ulV.2002	2002	2	x	X	x	x	x	x	x	x
ulV.2003	2003	3	x	X	x	x	x	x	x	x
ulV.2004	2004	4	x	X	x	x	x	x	x	x
Arbeits-phase (PDO) empfangen	Index		D 1	D 2	D 3	D 4	D 5	D 6	D 7	D 8
Operand	Index	Kanal	DAV	Dav	X	x	Y	y	Z	KEKi.LL
ulV.3001	3001	1	x	X	x	x	x	x	x	KEK1.LL
ulV.3002	3002	2	x	X	x	x	x	x	x	KEK2.LL
ulV.3003	3003	3	x	X	x	x	x	x	x	KEK3.LL
ulV.3004	3004	4	x	X	x	x	x	x	x	KEK4.LL
Operand	Index	Kanal	DAV	Dav	X	x	FNKi.HH	FNKi.HL	FNKi.LH	FNKi.LL
ulV.3101	3101	1	x	X	x	x	FNK1.HH	FNK1.HL	FNK1.LH	FNK1.LL
ulV.3102	3102	2	x	X	x	x	FNK2.HH	FNK2.HL	FNK2.LH	FNK2.LL
ulV.3103	3103	3	x	X	x	x	FNK3.HH	FNK3.HL	FNK3.LH	FNK3.LL
ulV.3104	3104	4	x	X	x	x	FNK4.HH	FNK4.HL	FNK4.LH	FNK4.LL
Operand	Index	Kanal	DAV	Dav	X	x	ZGKi.HH	ZGKi.HL	ZGKi.LH	ZGKi.LL
ulV.3201	3201	1	x	X	x	x	ZGK1.HH	ZGK1.HH	ZGK1.LH	ZGK1.LL
ulV.3202	3202	2	x	X	x	x	ZGK2.HH	ZGK2.HH	ZGK2.LH	ZGK2.LL
ulV.3203	3203	3	x	X	x	x	ZGK3.HH	ZGK3.HH	ZGK3.LH	ZGK3.LL

(Fortsetzung)

Tab. F.5 (Fortsetzung)

Trainingsphase (SDO) empfangen	Index		D 1	D 2	D 3	D 4	D 5	D 6	D 7	D 8
ulV.3204	3204	4	x	X	x	x	ZGK4. HH	ZGK4. HH	ZGK4. LH	ZGK4. LL

Tab. F.6 Liste der Operatoren

Nr	Operator	Funktion	BOOL	INT	REAL
1	OR	Logisches ODER	x		
2	AND	Logisches UND	x		
3	XOR	Logisches EXKLUSIV ODER	x		
4	NOT	Logische > Negierung	x	x	x
5	+	Addition		x	x
6	–	Subtraktion		x	x
7	·	Multiplikation		x	x
8	/	Division		x	x
9	<	Kleiner als		x	x
10	<=	Kleiner gleich		x	x
11	>=	Größer gleich		x	x
12	>	Größer als		x	x
13	=	Gleich	x	x	x
14	<>	Ungleich	x	x	x

Tab. F.7 Interpreteranweisungen

Syntax	Funktionalität
%	Kommentarzeichen, nach % wird die Kommandozeile nicht weiter interpretiert. Platz für Kommentare
A:=	Variablen-Zuweisung: Variable A: = Wert Variable A: = K1 (Ergebnis von Kanal 1)
#Marke:	Marke ist der Platzhalter für den Text des Sprungziels # = Beginn Textmarke,: = Ende der Textmarke Beispiel: Sprung mit Anweisung goto *Ende* nach #Ende:
repeat	Anfang der Wiederholschleife
…	Platz für Anweisungen
until <Bedingung>	Sprung zum vorhergehenden repeat, wenn <Bedingung> == 0
…	Platz für Anweisungen
goto <Marke>	Setzt die Programmausführung an der Stelle #Marke: fort
goto <Marke>	Setzt die Programmausführung an der Stelle #Marke: fort
gosub <Marke>	Setzt Programmausführung an der Stelle #Marke: fort (Beginn des Unterprogramms)
return	Muss als letzter Befehl in einem Unterprogramm stehen Setzt die Programmausführung an der Stelle nach dem zuletzt ausgeführten gosub-Befehl fort
print(<Position>, <Operand>)	Druckt Texte und Zahlen ins Meldungsfenster oder in eine Datei. Nach print wird ein Zeilenvorschub ausgelöst Position: Zeilennummer im Anzeigefeld oder einer .txt-Datei
print(<Position>, <Operand>;)	Das nachfolgende Semikolon unterdrückt den Zeilenvorschub
WRITE< *file* >	Textfile xy.txt wird in das Zielsystem geschrieben
READ< *file* >	Textfile xy.txt wird aus dem Zielsystem gelesen
START< *file* >	Textfile xy.txt wird in dem Zielsystem gestartet
STOPP< *file* >	Textfile xy.txt wird in dem Zielsystem gestoppt

Beispiel einer Anweisungsliste in einer .txt-Datei

%Name; ReadKlassifikation.txt
%Funktion: Klassifizierungsergebnisse der Kanäle einlesen
und Verknüpfungsergebnis bilden
ulV.3001 <CRLF> % Einschalten des zyklischen Messbetriebs für Kanal 1
und Ablage des Wertes in xV.KEK1
ulV.3002 <CRLF> % Einschalten des zyklischen Messbetriebs für Kanal 2
und Ablage des Wertes in xV.KEK2
ulV.3003 <CRLF> % Einschalten des zyklischen Messbetriebs für Kanal 3

und Ablage des Wertes in xV.KEK3
ulV.3004 <CRLF> % Einschalten des zyklischen Messbetriebs für Kanal 4
und Ablage des Wertes in xV.KEK4
VKE := xV.KEK1 AND xV.KEK2 AND xV.KEK3 AND xV.KEK4
% Wenn alle vier Kanäle = TRUE
Übereinstimmung

Literatur

1. Bernal-Chaves Jea (2004) Multiclass SVM-Based Isolated-Digit Recognition using a HMM-Guided Segmentation. URL (www.eurasip.org/Proceedings/Ext/NOLISP05/papers/N34.pdf)
2. Bode A (1993) Rechnerarchitektur II – Strukturen. Springer Verlag, Berlin
3. Flynn M (1966) Very high-speed computing systems. In Proceedings of the IEEE vol. 54:S. 1901–1909
4. Gold C, Sollich P (2003) Model Selection for Support Vector Machine Classification. In Neurocomputing p 55:221
5. Hsu CW, Lin CJ (2008) A Comparison of Methods for Multi-class Support Vector Machines. URL https://www.csie.ntu.edu.tw/~cjlin/papers/multisvm.pdf
6. Hsu CW, Chang CC, Lin CJ (2008) A Practical Guide to Support Vector Classification. URL https://www.csie.ntu.edu.tw/~cjlin/papers/guide/guide.pdf
7. Koppe U (2018) AN1201 Einführung in CANopen. URL http://www.microcontrol.net/download/appnotes/canopen_intro.pdf
8. Rauber T, Rünger G (2000) Parallele und verteilte Programmierung. Springer-Lehrbuch, Springer Berlin Heidelberg, Berlin, Heidelberg and s.l., https://doi.org/10.1007/978-3-662-09196-8, URL http://dx.doi.org/10.1007/978-3-662-09196-8
9. Riemschneider KR (1996) Parallele Hardware für Backpropagation-Netze auf der Basis stochastischer Rechenwerke. Dissertation, Fachbereich Elektrotechnik der Universität der Bundeswehr Hamburg, Hamburg
10. Rudolf G (2016) Evolutionäre Algorithmen – Lehrstuhl 11 Algorithm Engineering: Evolutionäre Algorithmen, Genetische Algorithmen, Genetisches Programmieren. URL https://ls11-www.cs.tu-dortmund.de/de/rudolph/ea
11. Rumelhart DE, McClelland JL, the PDP Research Group (1986) Parallel Distributed Processing. The MIT Press, Cambridge, Massachussets, London, England
12. Schölkopf B, Müller K, Smola A (1998) Lernen mit Kernen. In Informatik Forsch Entw H. 14: S. 154–163
13. Schölkopf B, Burges, Christopher, J C, Smola AJ (1999) Advances in Kernel Methods. The MIT Press, Cambridge, Massachusetts, London, England
14. Schröder H, Blume H (2000) Mehrdimensionale Verarbeitung. B. G. Teubner Stuttgart, Stuttgart and Leipzig
15. Shawe-Taylor J, Christiani N (2004) Kernel Methods for Pattern Analysis. Cambridge University Press, Cambridge

Anhang G: Komplexität

G.1 Komplexität einer Mannigfaltigkeit

Ein Modell soll die Realität für einen bestimmten Zweck möglichst präzise repräsentieren. Für die Anwendung zur Klassifizierung bedeutet dies: Das Modell muss alle Ausprägungen enthalten, die zur korrekten Erkennung der Klasse erforderlich sind. Die Methoden, mit denen ein zur Klassifizierung geeignetes Modell erstellt wird, hängen von folgenden Ausgangssituationen ab:

1. Daten liegen schon als Menge vor.
2. Daten wurden aus vorhandenen Messdaten extrahiert.
3. Daten werden zur Erstellung des Modells gemessen.

Fall 1 und 2

Analytische Verfahren: Die Modellkomplexität bestimmt den Aufwand bei der Klassifizierung. Zur Messung der Modellkomplexität und zur Bestimmung der Fehlerschranken gibt es verschiedene Komplexitätsmaße.

Vapnik-Chernovenkis-Komplexität

VC-Dimensionen zur Bestimmung der Anzahl der Stützvektoren bei der Bildung der Trennebene zur Unterscheidung von Klassen.

Rademacher-Komplexität

Funktionen mit geringerer Rademacher-Komplexität sind leichter zu lernen. Diese Komplexität spielt eine Rolle bei SVM-Methoden mit multiplen Kernen [1].

Gauss-Komplexität

kann aus der Rademacher-Komplexität abgeleitet werden.

Kolmogorow-Komplexität: Maß für die Strukturiertheit einer Zeichenkette bei der Klassifizierung von Texten.

Beim MAE-Verfahren liegt **Fall 3** vor.

G. Sartorius, *Erfassen, Verarbeiten und Zuordnen multivariater Messgrößen*,
https://doi.org/10.1007/978-3-658-41451-1

Synthetisches Verfahren

Die Daten eines Messereignisses werden mit der Anordnung in Abschn. 5.3.1 Abb. 5.1 gemessen, dem Verarbeitungssystem zugeführt und für den entsprechenden Zweck, eine Mono- oder Multiklassenverarbeitung zur Klassifizierung oder Sensorfusion (Abschn. 7.6.3), zur Modellbildung genutzt. Dem Konzept *Ensemble von Erwartungswerten* folgend wird das Modell M mit den Möglichkeiten und Anforderungen in den Kap. 5 bis 15 für das Messobjekt, den Zustand zur Klassifizierung oder eine Kalibrierkurve (Sensorfusion) gebildet. Die Modellkomplexität ergibt sich bei der Synthese. Die optimale Komplexität wird durch die Anzahl der NN eingestellt (Abschn. 7.5.2, 7.6). Das Modell selbst enthält alle Merkmale die beim Trainingsvorgang ins Modell aufgenommen wurden. Die Fehlertoleranz bei der Klassifizierung wird für jede Gruppe durch das Maß *MaxDist* 2 *NN* mit einer 2 σ- oder 3 σ-Grenze wie in Abb. 12.12 gebildet. Die Ausprägung der Grenzen sind auch in den Abb. 14.4, 15.5 und 15.6 dargestellt. Der Zugehörigkeitsgrad wird in der Arbeitsphase mit Formel (8.5) berechnet.

G.2 Kreuzungspunkte

Durch geeignete Abfragen können Kreuzungspunkte auf der Skala-i als NN zurückgewiesen werden. Der nächste NN im NN-Bereich, der als Umgebung auf der Skala-i erkennbar ist, wird dann verwendet. Indizes, die weiter als die NN-Anzahl K relativ vom Zentrum entfernt sind, können keine NN sein. Es wäre damit möglich, grundsätzlich mit d = 2 einzubetten und trotzdem sinnvolle NN im Y-Raum zu finden (Abb. G.1).

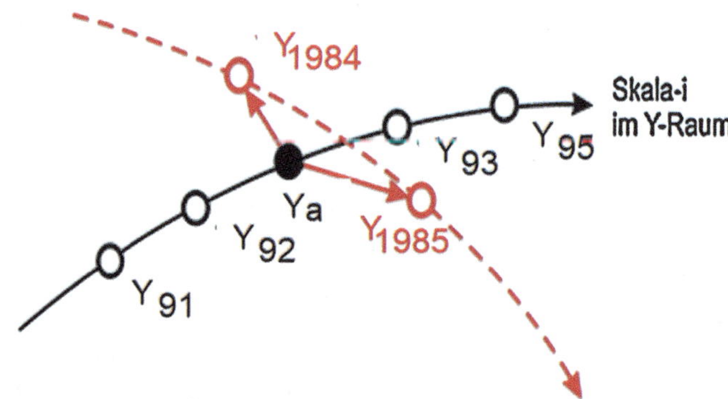

Abb. G.1 Darstellung von Kreuzungspunkten bei der NN-Suche

Literatur

1. Bartlett PL, Mendelson S (2002) Rademacher and Gaussiona Complexities: Risk Bounds and Structural Results. Australian National University, Canberra 0200 Australia

Anhang H: Darstellung der Klassifizierungsergebnisse

Tab. H.1 ROC-Daten des gr1-3-Datensatzes

Gruppe	TP	FP	FN	TN	P	N	TPR	FPR	SPC	SWopt	YI	Dist
gr1	43	0	2	0	139	2	1,0	0,0	1,0	0,4	0,9	0,0
gr3	46	0	0	0	139	2	1,0	0,0	1,0	0,4	1,0	0,0
gr2	50	0	0	0	139	2	1,0	0,0	1,0	0,6	0,9	0,1
SumGrup	139	0	2	0	139	2	1,0	0,0	1,0	0,4	1,0	0,0

Im Folgenden wird die Bestimmung der ROC-Kurve dazu genutzt, um die Ergebnisse des Klassifizierungsbeispiels mit PC in Abschn. K in Liste K.1 anzuzeigen. Die Messwerte dazu stehen in Tab. H.1. Es handelt sich bei der Darstellung um eine Multiklassenklassifizierung. Die statistischen Kennwerte der Gruppen sind fast identisch. Am Ende der Prozedur *ROC-gruppenorientiert* wird der optimale Schwellenwert SW_{opt} im Bereich von 0,1 …1 angezeigt und mit diesem Wert SW bestimmt (Abb. H.1).

Bei der in Abb. 19.2 dargestellten ROC-Kurve ist der Optimalpunkt 1 für die Spezifität fast erreicht. Dies ist ein Zeichen dafür, dass sich die zugrunde liegenden Trainingsdaten kaum überlappen und somit eine hohe Trefferquote zu erwarten ist. Wenn eine höhere Sicherheit notwendig ist, muss *SW_opt* in Richtung steigender Spezifität verschoben werden. Somit wird der rezeptive Bereich reduziert. Die allgemein üblichen Maßzahlen der Validität eines Tests sind die Sensitivität (TPR) und die Spezifität (1-FPR). Diese sind unabhängig davon, wie oft die untersuchte Eigenschaft in der untersuchten Menge vorkommt. Um die Qualität der Vorhersage beurteilen zu können, ist die Kenntnis der prädiktiven Werte notwendig. Diese Voraussetzung ist hier gegeben, da alle DPs in den drei Gruppen als wahre Werte einer Eigenschaft bekannt sind.[8]

[8]Die Bedeutungen der Abkürzungen sind in Abschn. 19.2 aufgelistet.

G. Sartorius, *Erfassen, Verarbeiten und Zuordnen multivariater Messgrößen*,
https://doi.org/10.1007/978-3-658-41451-1

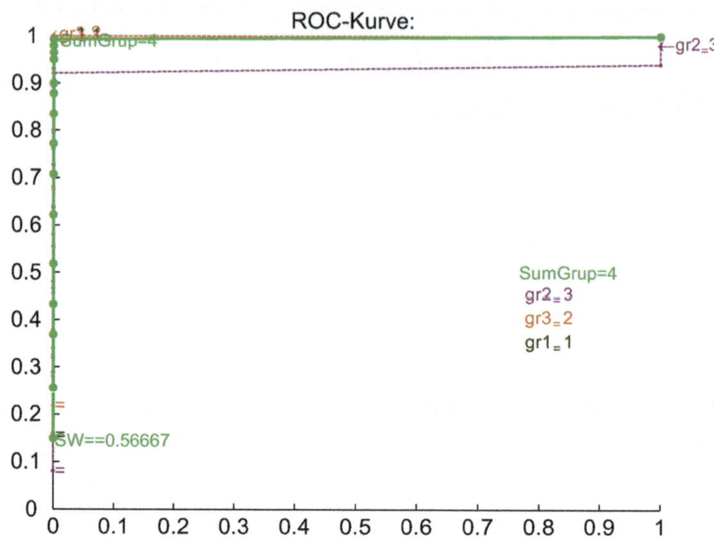

Abb. H.1 ROC-Kurve der Klassifizierung des gr1-3-Datensatzes

Anhang I: Anwendungen

Das MAE-Verfahren agiert in der Adaptionsphase als universeller Approximator weitestgehend ohne Iterationen und Parametereinstellungen und deduziert ein redundanzfreies Modell, mit dem in der Anwendungsphase nicht trainierte Eingangsinformationen bei ausgezeichneten Generalisierungseigenschaften im Sinne einer Anwendung störunempfindlich verarbeitet und multivariate Messdaten (z. B. Raman-Spektren) effizient, präzise und sicher in aussagekräftige Anzeigen und Signale umgesetzt werden können.

I.1. Anwendungsbeispiele

- Detektion biologischer Stoffe und anderer Substanzen.
- Detektion von Mineralien. Als Messgrößen können u. a. NIR-Spektren genutzt werden.
- Viele verrauschte Sensorsignale, die die gleiche Größe messen, werden zu einem rauschfreieren Signal zusammengeführt.
- Multisensorsystem misst verschiedene Ausprägungen eines Prozesses. Mit diesen Ausprägungen werden Merkmale des Prozesses gelernt, ein Modell bestimmt und mithilfe dieses Modells später gemessene Werte generalisiert und aussagekräftig abgebildet.
- Beurteilung von Oberflächeneigenschaften durch Auswertung der Reflexionseigenschaften bei n Testpunkten z. B. durch Auswertung der Grauwerte der Pixel eines Kamerabildes.
- Maschinenüberwachung: Typische, mit verschiedenen Sensoren erstellte zyklische Betriebswerte werden nach bestimmten Zuständen klassifiziert und als Signale zur Verfügung gestellt. Unzulässige Zustände führen zu Meldungen bzw. zur Abschaltung des Systems.

Bei der Klassifikation werden verschiedenste Signalausprägungen (Spektren und quantisierte Analogsignale) zur Identifikation von Klassen genutzt, um ein Modell dieser

G. Sartorius, *Erfassen, Verarbeiten und Zuordnen multivariater Messgrößen*,
https://doi.org/10.1007/978-3-658-41451-1

Klassen in der Trainingsphase zu erstellen (Adaption) und anschließend in der Arbeitsphase neue nicht trainierte Signale den entsprechenden Klassen zuzuordnen oder als nicht zuordbar anzuzeigen.

Bei der Sensorfusion werden verschiedenste Sensoren, die die gleiche Messgröße oder das gleiche Messobjekt mit unterschiedlichen Messverfahren erfassen, dazu genutzt, um eine Messinformation zu erstellen, die mit einem Sensor allein weniger Informationsgehalt bezüglich der gewünschten Aussage enthalten würde. Zielsetzung dabei ist es, sicherere Aussagen, genauere Messungen usw. zu erhalten [5, 1].

Durch die besondere modulare Gestaltung des MAE-Verfahrens kann die Trainingseinheit zentral verwaltet werden und überträgt mit einer Datenverbindung die Trainingsdaten an die Arbeitseinheiten. Diese sind mobil und mehrfach vorhanden. Die Organisation in dieser Struktur führt zu optimaler Einsatzeffizienz und stützt den Gedanken einer zweckgebundenen, zentral verwalteten und für den rauen Einsatz vor Ort geeigneten Struktur.

I.2 Realisierungsbeispiel mit einem komplexen Baustein

Ein komplexer Baustein ist ein *field programmable gate array* (FPGA) oder ein *application-specific integrated circuit* (ASIC) [3, 4].

Gestaffelte Prozedur bei der Suche nach Zugehörigkeiten
Ein Gerät mit positionierbarem Sensorsystem wird auf das Testobjekt, das beispielsweise auf bestimmte Bakterien untersucht werden soll, aufgebracht.

I.2.1. Kommunizierende Steuer- und Messeinheit

Die Erfassungseinheit kann für die Messaufgabe optimal gestaltet werden. Sie beinhaltet nur die zur Abtastung einer bestimmten quadratischen Fläche notwendigen Einrichtungen. Die Koordination des Messvorgangs und der Positioniereinheit wird von der Arbeitseinheit durchgeführt. Die Ergebnisse werden in der Verwaltungs- und Anzeigeeinheit registriert und angezeigt. Welches Objekt gesucht werden soll, wird in der Bedieneinheit in Verbindung mit der Verwaltungseinheit, in der die Modelle der zu klassifizierenden Objekte gespeichert sind, eingestellt (Abb. I.1).

I.2.3 Sensoranforderung und Messfeldabmessung

Mit einer Positioniereinheit werden Messungen so durchgeführt, dass ein definierter Oberflächenbereich vollautomatisch geprüft werden kann. Nach der Abtastung wird neben dem ersten Bereich ein zweiter Bereich mit Überlappung zum ersten Bereich

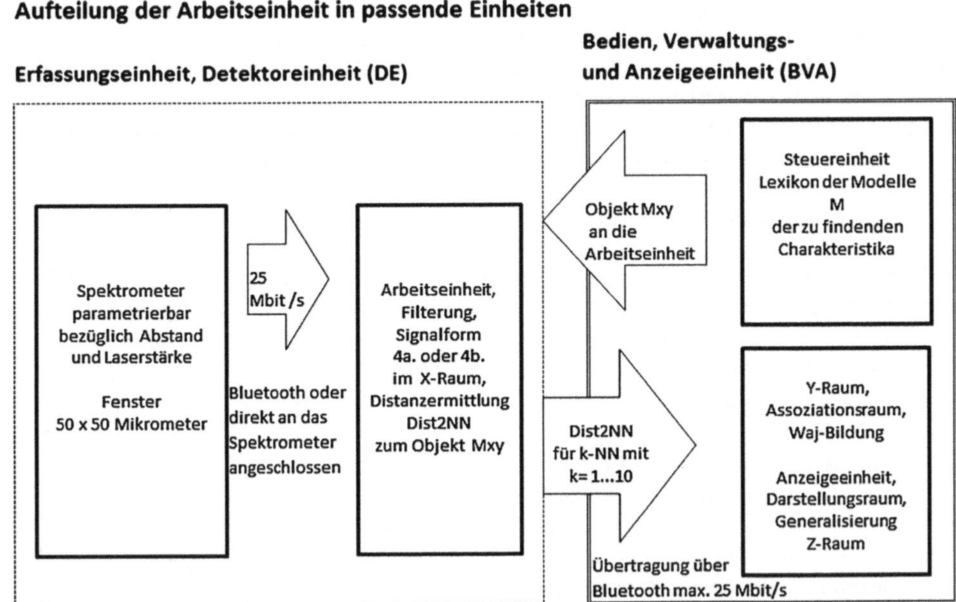

Abb. I.1 Steuerungsübersicht für eine automatisierte Messung innerhalb eines Messfensters

geprüft. Dieses Prinzip wird fortgeführt, bis die zu untersuchende Oberfläche vollständig bearbeitet ist. Mit einer Schnellabtastung (Fast-Scan) wird zunächst untersucht, welche Orte für die zu findende Klasse infrage kommen. Wenn solche Orte gefunden werden, wird dort eine Präzisionsabtastung (Precision-Scan) durchgeführt, um die erste Messung zu bestätigen oder zurückzuweisen. Die Anzahl der Treffer und die zugehörigen Orte werden registriert. In [6] ist eine methodenübergreifende Darstellung verschiedener spektroskopischer Verfahren zusammengestellt. In [2] wird die Kombination von NIR-Spektroskopie und Raman-Spektroskopie beschrieben.

I.2.4 Sensorteil

Der oder die Sensoren werden mit der Positioniereinheit auf die zu untersuchende Oberfläche aufgebracht. Die beim Abtastvorgang entstehende Datenmenge wird an die Auswerteeinheit im Integerformat übertragen. Die Abfolge der Messungen und die Steuerung der Positioniereinheit werden von der Auswerteeinheit durchgeführt. Dabei werden Kontroll- und Kalibrierinformationen zwischen der Auswerteeinheit und dem Sensor übertragen, um die korrekte Funktion des Sensorteils und der Positioniereinheit sicherzustellen (Tab. I.1 und I.2).

Tab. I.1 Steuerungsorganisation für eine automatisierte Messung. Bei B wird das Messfenster mit einer Schnellmessung (Fast-Scan), die auf einer NIR-Spektrospopie basiert ausgemessen. Wird eine Identität mit der gesuchten Charakteristik festgestellt, folgt eine Präzisionsabtastung an dieser Stelle. Siehe dazu auch gestaffelte Messung in Abschn. 16.1

A Bisherige Messung im Jahr 2007 viel zu langsam, Messung nur bei voreingestellter Optik möglich:

Raman-Spektrometer Fa. Horiba 10 ms Integrationszeit bei Einstellung Raman
Messfeld: 50 µm x 50 µm

x-y-Tisch Fa. Horiba funktionierte nicht, Laser verbrannte die Probe

B In Zukunft: Scanfeld, Mono-Gruppen-Klassifizierung und automatisierte Scanfeld-Abtasteinheit:

Bei: Bakterien, z.B. Listerien 1,5 Mikrometer Stäbchenlänge

Fast-Scan mit NIR liefert 1 Messwert | 1 µs

Gescannter Bereich pro ms 33,33 μm^2

Pro Sekunde wird 1 mm^2 gescannt

Scanfeld: 1 μm^2 Messfenster 1 mm^2

1. Das Messfenster des Sensors wird auf das Messfeld aufgestzt
2. Nach Fast-Scan wird der nächste mm^2 abgetastet.
   Scanfeld (rot, NIR) = 1 μm^2
   Es interesiert nicht wo genau,
   sondern ob sich ein Objekt im Scanfeld befindet.
3. Wird mit Fastscan etwas entdeckt,
   wird mit *Precision-Scan* überprüft.
4. Position der Treffer wird registriert.
   Dauer eines Precision-Scans (Messfeld 50 µm x 50 µm),
   Erfassung eines Messwertes in 10 ms Accumulative Messung
   Bakterienlänge 0,9 0,9 µm

Tab. I.2 Sensorteil für eine automatisierte Messung. Metrik, Zahlenformate, und Datendurchsatz

Sensorteil bzw. Spektrometer

Messwerte:	24 bit	Datenlänge Integer organisiert in Datenrahmen (Frames) zu je 1024 Messwerten vom Spektrometer
Bluetooth 4.x	25 Mbit/s	steht als Eingangskanal zur Verfügung
	⇓	
1 Frame pro ms		
1000 Frames pro Sekunde	25 kbit pro Frame	Pro Frame 1024 Messwerte, 2^n wegen der dyadischen Eingangsstruktur
	⇓	25000 / 1024 => 24,4140625 24-bit-Werte passen somit in den Frame
	24 bit	pro Messwert bzw. Spektralwert

I.2.4. Organisation des Messablaufs

Siehe Tab. I.3.

Tab. I.3 Automatisierte Messung mit FPGA. Ablauf der Verarbeitung und senden der Ergebnisse zur BVA

Sensorteil bzw. Spektrometer

Messwerte:	24 bit	Integer Datenlänge organisiert in Datenrahmen (Frames) zu je 1024 Messwerten vom Spektrometer	
Bluetooth 4.x	25 Mbit/s	steht als Eingangskanal zur Verfügung	
	⇓		
1 Frame pro ms			
1000 Frames pro Sekunc	25 kbit pro Frame		Pro Frame 1024 Messwerte, 2^n wegen der dyadischen Eingangsstruktur
	⇓		25000 / 1024 => 24,414063 24-bit-Werte passen somit in den Frame
	24 bit	pro Messwert bzw. Spektralwert	

Literatur

1. Ahlers H (1990) Multisensorikpraxis. Hüthig Buch Verlag GmbH, Heidelberg
2. Mandal O (1999) Erstellung und Validierung einer kombinierten NIR/Raman-Bibliothek zur Identitätskontrolle organischer und anorganischer Substanzen. URL (https://mediatum.ub.tum.de/doc/1356861/1356861.pdf)
3. Meyer-Bäse U (2015) Digital Signal Processing with Field Programmable Gate Arrays, 4th edn. Springer, Heidelberg
4. Omondi AR, Rajapakse JC (2006) FPGA Implementation of Neural Networks. Springer, P.O. Box 17, 3300 AA Dordrecht, The Netherlands.
5. Sartorius G (2009) Multivariate Adaption mit modularisierten künstlichen neuronalen Netzen: Zugl.: Hagen, Fernuniv., Fachbereich Elektrotechnik, Diss., 2009, Fortschritt-Berichte VDI Reihe 10, Informatik/Kommunikation, vol 799, als ms. gedr edn. VDI-Verl., Düsseldorf
6. Skrabal, Peter, M (2009) Spektroskopie, Eine methodenübergreifende Darstellung vom UV- bis zum NMR-Bereich. VDF Hochschulverlag AG an der ETH-Zürich, Zürich

Anhang J: Spektroskopie

Um eine Übersicht zur Vielfalt der verschiedenen Arten von Spektrometern zu geben, sind die in Tab. J.1 zur Spektroskopie genutzten Wellenbereiche aufgezeigt. Weiterführende Informationen zur Spektroskopie, Spektroskopiearten und Messmethoden in der Analytik findet man in [1, 2].

Raman-Spektroskopie:

- Schwingungen und Rotationen werden angeregt
- Bandenintensität hängt von der Polarisierbarkeit der Bindung ab
- Wechselwirkung mit ungefähr einem Prozent des eingestrahlten Lichtes
- Dies führt zu Streuung unter Abgabe oder Aufnahme von Energie
- Dieses Streulicht besitzt größere oder kleinere Wellenlängen als das eingestrahlte Licht (Raman-Effekt)
- Die Differenzwellenlängen treten im Bereich der Infrarotstrahlung auf und werden zur Messung genutzt

Messspektrum für die Differenzwellenlängen: Wellenzahl ν $[cm^{-1}] = 690$ bis 3200 Raman-Spektrometer (Firma Horiba, Typ Aramis 14). Ein Teil der Spektralwerte für drei verschiedene Messungen von Bakterien und Sporen sind in Tab. J.2 aufgelistet (Abb. J.1).

Die Abb. J.3, J.4 und J.2 zeigen Messwerte der Messreihen BS_33, CH_17 und YP_21, die teilweise in Tab. J.2 aufgelistet sind. Die Verläufe der beiden letzten Abbildungen ähneln sich. Um die Spezies unterscheiden zu können, müssen die spezifischen Feinstrukturen im Modell erfasst sein. Um eine hohe Klassifizierungsleistung zu erreichen ist eine optimal eingestellte Modellkomplexität erforderlich.

Die Charakteristika von Spektrum 1 und 3 (Bakterien) unterscheidet sich sehr deutlich von Spektrum 2 (Sporen). Schwierig dagegen ist die Unterscheidung der 2 Bakterienstämme Spektrum 1 (CH ..., gr1) und Spektrum 3 (YP ...,gr2), die nur in der Feinstruktur unterscheidbar sind. Bei diesen beiden Beispielen wird die erforderliche Auflösung bei der Klassifizierung deutlich. Klassifizierungsergebnisse solch ähnlicher Spektren sind in Abschn. K.6 aufgelistet.

G. Sartorius, *Erfassen, Verarbeiten und Zuordnen multivariater Messgrößen*,
https://doi.org/10.1007/978-3-658-41451-1

Tab. J.1 Spektroskopische Methoden und zugehörige Wellenlängenbereiche der elektromagnetischen Strahlung [1]

Elektromagnetische Strahlungsart	Frequenzbereich	Wellenzahl in *cm* $^{-1}$	Spektroskopische Methode
Radiowellen	3 MHz – 300 MHz	10^{-4}–0,01	Kernresonanzspektroskopie (NMR), Hochfrequenzspektroskopie
Mikrowellen	300 MHz – 30 GHz	0,01–1 0,01–1	Elektronenspinresonanz (ESR/EPR) Elektronenspinresonanz (ESR/EPR)
Mikrowellen	30 GHz – $3 \cdot 10^{12}$ Hz	1–100	Mikrowellenspektroskopie
Infrarotstrahlung	$3 \cdot 10^{12}$ Hz – $3 \cdot 10^{14}$ Hz	100–10^4	Schwingungsspektroskopie, Infrarotspektroskopie (IR) und Raman-Spektroskopie
Sichtbares Licht, UV-Strahlung	$3 \cdot 10^{14}$ Hz – $3 \cdot 10^{16}$ Hz	10^4–10^6	Fluoreszenzspektroskopie, UV/VIS-Spektroskopie, Ultrakurzzeit-Spektroskopie, Atomspektroskopie
Röntgenstrahlung	$3 \cdot 10^{16}$ Hz – $3 \cdot 10^{18}$ Hz	10^6–10^8	Schwingungsspektroskopie (XRS), Elektronenspektroskopie, Mößbauer-Spektroskopie, Auger-Elektronen-Spektroskopie(AES)
Gammastrahlung	$3 \cdot 10^{18}$ Hz – $3 \cdot 10^{20}$ Hz	10^8–10^{10}	Gammaspektroskopie

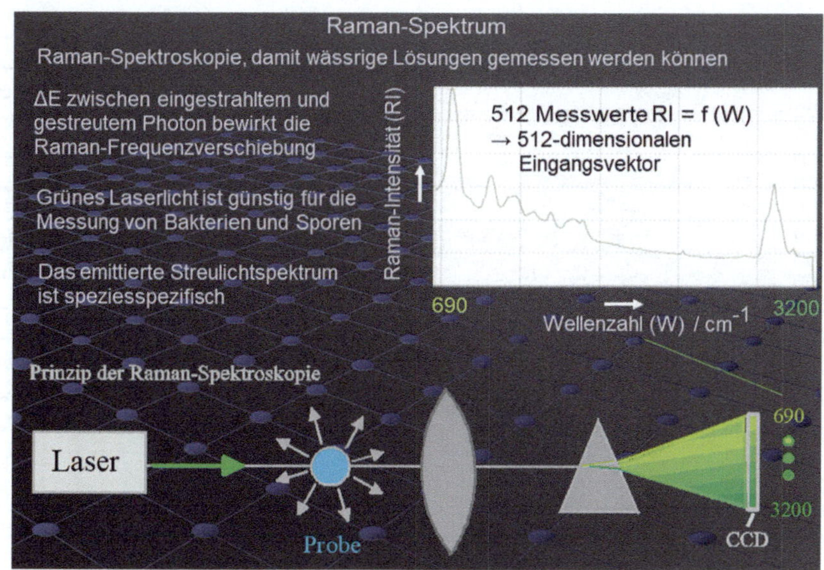

Abb. J.1 Prinzip der Raman-Spektroskopie (stark vereinfacht)

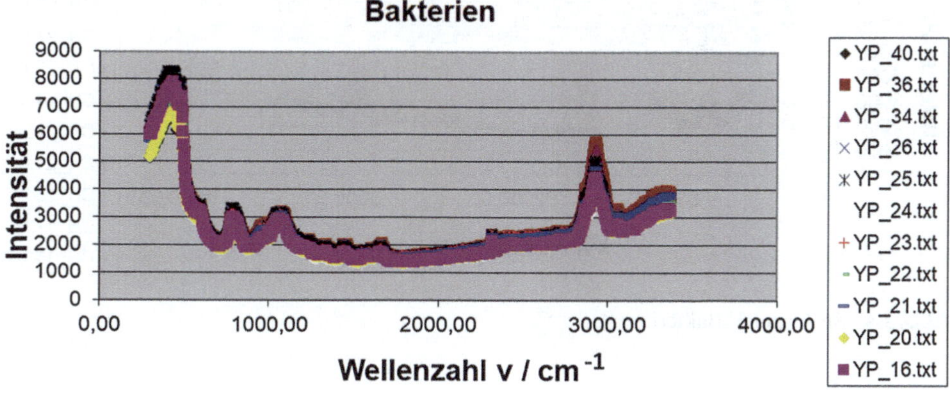

Abb. J.2 Spektrum 1, Bakterien

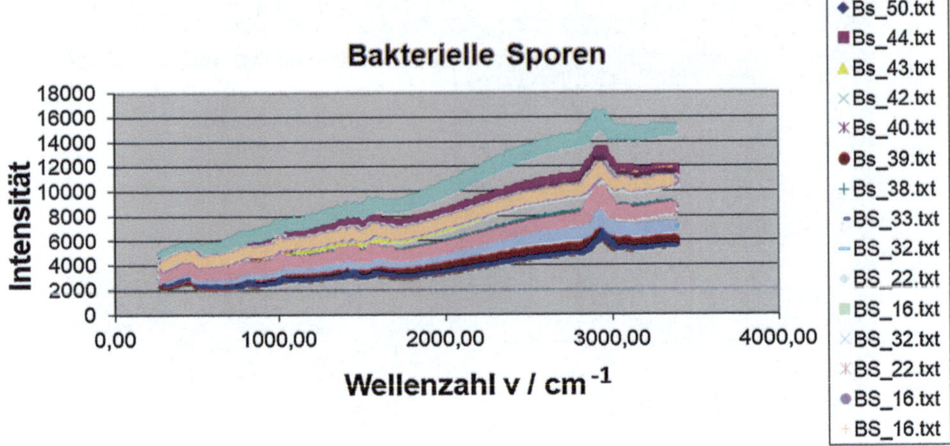

Abb. J.3 Spektrum 2, Sporen

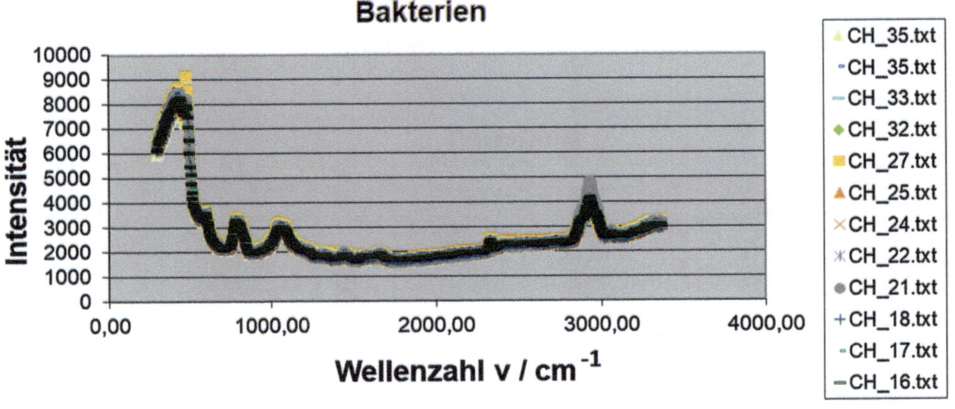

Abb. J.4 Spektrum 3, Bakterien

Tab. J.2 Messwerte der Spektren von Sporen und Bakterien

Raman-Spektrometer:		Horiba	Aramisl4		
	BS_33		CH_17		YP_21
Wellenzahl	Intensität	Wellenzahl	Intensität	Wellenzahl	Intensität
3372,41	5491	3372,41	2926	3372,41	3783
3369,87	5447	3369,87	2983	3369,87	3765
3367,34	5451	3367,34	2951	3367,34	3790
3364,81	5478	3364,81	3002	3364,81	3815
3362,27	5422	3362,27	2948	3362,27	3658
3359,74	5507	3359,74	2990	3359,74	3723
3357,21	5444	3357,21	2933	3357,21	3710
3354,67	5534	3354,67	2991	3354,67	3740
3352,13	5491	3352,13	2967	3352,13	3815
3349,59	5525	3349,59	2894	3349,59	3677
3347,05	5475	3347,05	2936	3347,05	3759
3344,51	5478	3344,51	2894	3344,51	3632
3341,96	5420	3341,96	2953	3341,96	3695
3339,42	5492	3339,42	2956	3339,42	3729
3336,88	5500	3336,88	2951	3336,88	3707
3334,34	5461	3334,34	2981	3334,34	3603
3331,79	5496	3331,79	2982	3331,79	3779
3329,25	5518	3329,25	2913	3329,25	3729
3326,7	5474	3326,7	2898	3326,7	3609
3324,16	5455	3324,16	2876	3324,16	3653
3321,6	5371	3321,6	2962	3321,6	3678
3319,05	5533	3319,05	2869	3319,05	3641
3316,51	5484	3316,51	2958	3316,51	3681
3313,96	5454	3313,96	2899	3313,96	3688
3311,4	5479	3311,4	2918	3311,4	3626
3308,85	5503	3308,85	2870	3308,85	3624
3306,29	5416	3306,29	2960	3306,29	3614
3303,74	5412	3303,74	2873	3303,74	3700
3301,19	5538	3301,19	2871	3301,19	3645

Literatur

1. Chemie de, Fachportale von LUMITOS (2018) Spektroskopie, Spektroskopiearten nach Wellenlängen. URL http://www.chemie.de/lexikon/Spektroskopie.html
2. Skrabal, Peter, M (2009) Spektroskopie, Eine methodenübergreifende Darstellung vom UV- bis zum NMR-Bereich. VDF Hochschulverlag AG an der ETH-Zürich, Zürich

Anhang K: Klassifizierungsbeispiele

Bei der Entwicklung der GUIs wurde einerseits darauf geachtet, dass die Lernmaschine durch sogenannte Prozedurtasten für die Trainings- bzw. Arbeitsprozedur leicht zu bedienen ist, andererseits ist die Bedienoberfläche so ausgelegt, dass einzelne Schritte auch getrennt gestartet werden können, um eine flexible Arbeitsweise beim Umgang mit der Software zu ermöglichen. Für spezielle Untersuchungen müssen somit nicht bei jedem Parameterwechsel z. B. alle Daten neu eingelesen werden, da alle Ergebnisse zwischen den einzelnen Schritten auf Festplatte im csv-Format gespeichert sind. Dies erspart Zeit und bietet vielfältige Diagnosemöglichkeiten, auch im Hinblick auf die Untersuchung von Zwischenergebnissen (z. B. mit MS Excel). Für die eigentliche Anwendung sind die GUIs *Trainingsphase* und *Arbeitsphase* entwickelt worden. Die zusätzlich realisierten GUIs *Dateninformation* und *Datenverwaltung* dienen dazu, den Fingerabdruck der Spektren, die Wavelet-Koeffizienten, grafisch darzustellen, Abstände und Überlappungen zu den anderen Gruppen visuell und in Form einer Tabelle aufzuzeigen sowie die vorliegenden Daten für Trainingsphase und Arbeitsphase zu verteilen.

K.1 Klassifizierung von Spektren

Trainings- und Arbeitsdatensatz In dem Fenster Datenverwaltung wird der Trainingsdatensatz aus den vorliegenden Daten (Verzeichnis *RohDatenQuelle*) zufallsgesteuert ausgewählt und in das Trainingsdatenverzeichnis transferiert (Verzeichnis *RohDaten*). Weiterhin können zufallsgesteuert Testdatensätze für die Arbeitsphase aus den vorliegenden Daten in das Arbeitsdatenverzeichnis (Verzeichnis *RohDatenXa*) kopiert werden. Diese Arbeitsdaten enthalten dann keine Trainingsdaten. Für die Auswertung des Datensatzes *gr1-3* wurde auf diese Weise ein Trainingsdatensatz von 50 % der vorliegenden Daten erzeugt.

G. Sartorius, *Erfassen, Verarbeiten und Zuordnen multivariater Messgrößen*,
https://doi.org/10.1007/978-3-658-41451-1

K.1.1 Wavelet-Koeffizienten

Die Wavelet-Transformation liefert 512 Koeffizienten. Diese repräsentieren als Vektor jeden TP mit der gleichen euklidischen Distanz wie die Originaldaten.[9] Die Auswahl beschränkt sich auf die Koeffizienten, die einen relevanten Beitrag zum Informationsgehalt liefern.

Dazu existieren im Fenster *Trainingsphase* die in Tab. 14.1 aufgeführten Einstellmöglichkeiten. Versuche haben gezeigt, dass Koeffizienten > 5 % für die meisten Klassifizierungen von Raman-Spektren ausreichend sind. Außerdem wird bei der in diesem Kapitel vorgestellten Klassifizierung der Koeffizient, der den Mittelwert darstellt, nicht zum Training verwendet, um auf diese Weise den Einfluss der durch Fluoreszenzeffekte hervorgerufenen Nullpunktverschiebungen zu minimieren. Die große Varianz in Gruppe *gr2*, die hauptsächlich durch diese Nullpunktverschiebungen verursacht ist, konnte somit vermindert werden. Ein Übertrainieren lässt sich vermeiden, wenn der Schwellenwert so groß wie möglich eingestellt wird. Welcher Schwellenwert passend ist, muss mit einem Generalisierungstest bestimmt werden.[10] Bei dem vorliegenden Datensatz *gr1-3* ermittelte man auf diese Weise 25 Koeffizienten, um die Charakteristika der Spektren ausreichend zu erfassen. Dabei kam dem Generalisierungstest (interne Validierung) eine Kontrollfunktion zu. Die 25 WT-Koeffizienten, die mit der Auswahlprozedur (*4 XVektorBilden* in Tab. K.1) ermittelt wurden, sind in Abbildung Diagramm K.1 dargestellt.

K.1.2 Komplexität von Gruppen

TPs der Gruppen liegen oft gruppenweise ineinander verschachtelt vor, besonders dann, wenn Untergruppen einer Gruppe gebildet werden sollen. Diese Verschachtelung stellt für das MAE-Verfahren bei der Klassifizierung kein Problem dar. Liegen Überlappungen vor, wird die wahrscheinlichste Zugehörigkeit, die am nächsten liegende Gruppe bei der Klassifizierung, angezeigt.

K.2 Trainingsablauf

Software

Die mit *Matlab* erstellte Software ist wie die in Abschn. 17.1.1 angegebenen Codefragmente strukturiert. Im Folgenden werden die einzelnen Trainingsschritte erläutert.

---

[9]Siehe Kap. 9, Distanzerhaltung.

[10]Siehe Abschn. K.4.3, Generalisierungstest.

Tab. K.1 Liste der GUIs zum Bedienen der Lernmaschine. Die nicht nummerierten Schritte sind Prozeduren, die eine Sequenz von Schritten auslösen

Nr	GUI	Schritt/Funktion	Bemerkungen
1	Trai–	1 Initialisieren	Parameter einlesen, Voreinstellungen
	nings-	2 ClusterSort	Trainingsdaten einlesen und sortieren
	phase	3 WaveTrans	Wavelet-Transformation
		4 XVektorBilden	Bildung der Trainingsvektoren
		5 MFErzeugen	Erzeugung der MF
		6 Gltten	Gltten der MF
		7 DimRedukt	Dimensionsreduktion
		8 SkalierAnpass	Skalierung und Anpassung
		Clusteranalyse	Schritte 1, ..., 6
		Trainingsprozedur	Schritte 1, ..., 8
2	Ar-	1 Initialisieren	Parameter einlesen, Voreinstellungen
	beits-	2 X_Werte	Einlesen der Trainingsdaten
	phase	3 X_ZwiWerte	Einlesen von Zwischenwerten
		4 Xa_Laden	Einlesen der zu klassifizierenden Daten
		5 Xa_Transform	Transformation in den Darstellungsraum
		6 Xa_Zuordnen	Zuordnung im Darstellungsraum
		Zuordnungstest	Schritte 1, 2, 5, 6
		Generalisierungstest	Schritte 1, 3, 5, 6
		Arbeitsprozedur	Schritte 1, 4, 5, 6
3	Daten-	TP-Info einlesen	Trainingsphase-Informationen einlesen
	infor-	AP-Info einlesen	Arbeitsphase-Informationen einlesen
	mation	Min	Koeffizienten Minimalwerte der Gruppen
		MW	Koeffizienten Mittelwerte der Gruppen
		Max	Koeffizienten Maximalwerte der Gruppen
		Diff2Min_MW_Max	Diff.TP-, AP-Koeff. zu markanten Werten
		Diff2Next	Abstand zur nchsten Gruppe
		overlap	zeigt berlappungen mit anderen Gruppen
4	Daten-verwal-tung	Parameter	Zur Einstellung der Anteile der im Verzeichnis *RohDatenQuelle* vorliegenden Daten *TrainAnteil*: Anteil der Trainingsdaten, *TestAnteilVomRest*: Anteil der Arbeitsdaten,
		Testdaten aufteilen	Verteilung der Daten zur Cross-Validierung
		Ausreier lschen	Lscht die Daten des Verzeichnisses *-Ausreier*
		Ausreier anzeigen	Zeigt die Daten des Verzeichnisses *Ausreier* an
		ROC-Kurve anzeigen	Zeigt die ROC-Kurve und die Klassifizierungstabelle der Gruppe an

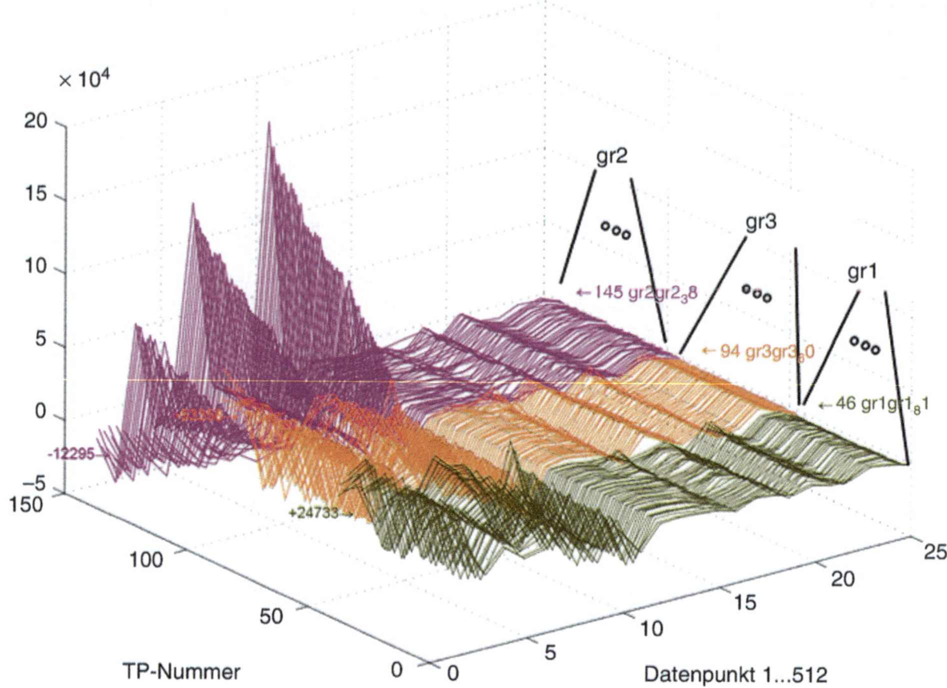

Abb. K.1 Verteilung der wesentlichen WT-Koeffizienten des gr1-3-Datensatzes, deren Wertigkeit einen vorgegebenen Mindestwert überschreitet. Die Anordnung der Gruppen von TP-Nummer 0, ..., 150: gr1, gr3, gr2

Parameter einlesen, Voreinstellungen

Einlesen der im Fenster *Parameter* voreingestellten Parameterwerte. Diese wurden durch Versuche mit Testdaten ermittelt und ermöglichen auch ungeübten Nutzern einen problemlosen Einsatz des MAE-Verfahrens. Für den vorliegenden Datensatz *gr1-3* wurden die in Tab. K.2 angegebenen Parameterwerte verwendet.

Trainingsdaten einlesen und sortieren

In einem ersten Schritt werden die Gruppen nach euklidischer Distanz sortiert und anschließend in der gleichen Weise die TPs innerhalb der Gruppen angeordnet. Die Messpunkte der Raman-Spektren werden vor der Weiterverarbeitung von 479 Messpunkten mit Nullen auf 512 Messpunkte ergänzt, da für die Wavelet-Transformation $n = 2^9 = 512$ Messpunkte vorliegen müssen.

Wavelet-Transformation

Die Raman-Spektren werden mit der in Kap. 9 beschriebenen Wavelet-Transformation in die Koeffizientendarstellung überführt. Für die 512 Punkte des Raman-Spektrums

Tab. K.2 Liste der Parameter und der eingestellten Werte zum Training des Datensatzes *gr1-3*. Eingeklammerte Werte wurden beim Training automatisch bestimmt

Nr	Parameter	Wert	Bemerkungen
1	Dimension	25	Dimension D der MF
2	NN-Anzahl	8	Anzahl der NN
3	MinFWAnz	0	Minimale Füllwertanzahl beim Glätten der
			MF(0, …, n)
4	MaxFWAnz	3	Maximale Füllwertanzahl beim Glätten der MF
4	WMaxAbwei	1000	Maximale Abweichung von TP zu TP im X-Raum,
			Abbruchkriterium beim Glätten
5	SplineMode	1	Abbruchkriterien beim Einfügen von Füllwerten
			1 = *MaxDist* 2 *NN*
			2 = *Krü mmungInX*
6	ClusterMode	2	Spline-Interpolation für
			1 = alle TPs
			2 = alle TPs + Min und Max jeder Gruppe
7	Signifikanzniveau	2	Rezeptiver Bereich = 2 σ
8	SigmaFaktor	3,29	Grenzwert bei der Ausreißererkennung
9	SW_ROC_Anz	30	Schrittanzahl bei der Ermittlung
			der Werte für die ROC-Kurve

ergeben sich 512 WT-Koeffizienten. Die euklidische Distanz ist dabei transformationsinvariant.

Bildung der Trainingsvektoren

Das Fenster *Wavelet-Koeffizientenwahl* dient der Auswahl einer geeigneten Methode zur Bestimmung signifikanter WT-Koeffizienten des Wavelet-Spektrums. Die Einstellung *ohne MW* bedeutet, dass der Mittelwert, den die erste Wavelet-Komponente darstellt, nicht in die Auswahl aufgenommen wird.

Erzeugung der MF

Jedes Wavelet-transformierte Spektrum wird durch ausgewählte WT-Koeffizienten angenähert, deren Wertigkeit einen fest gelegten Mindestwert überschreitet. Nur solche Koeffizienten werden zur Bildung der Eingangsvektoren genutzt. Bei den beteiligten Gruppen/Häufungen können jedoch verschiedene Koeffizienten relevant sein. Deshalb muss zur Bildung der Eingangsvektoren $\mathbf{x}\ (i)$ die Vereinigungsmenge $\mathbf{x}(i) := \bigcup_{l=1}^{n} WK(l)$ der relevanten Koeffizienten $WK\ (l)$ aller n Gruppen (Index l) herangezogen werden. Sind beispielsweise in Gruppe 1 die WT-Koeffizienten 1, 3, 5, 7 und in Gruppe 2 die

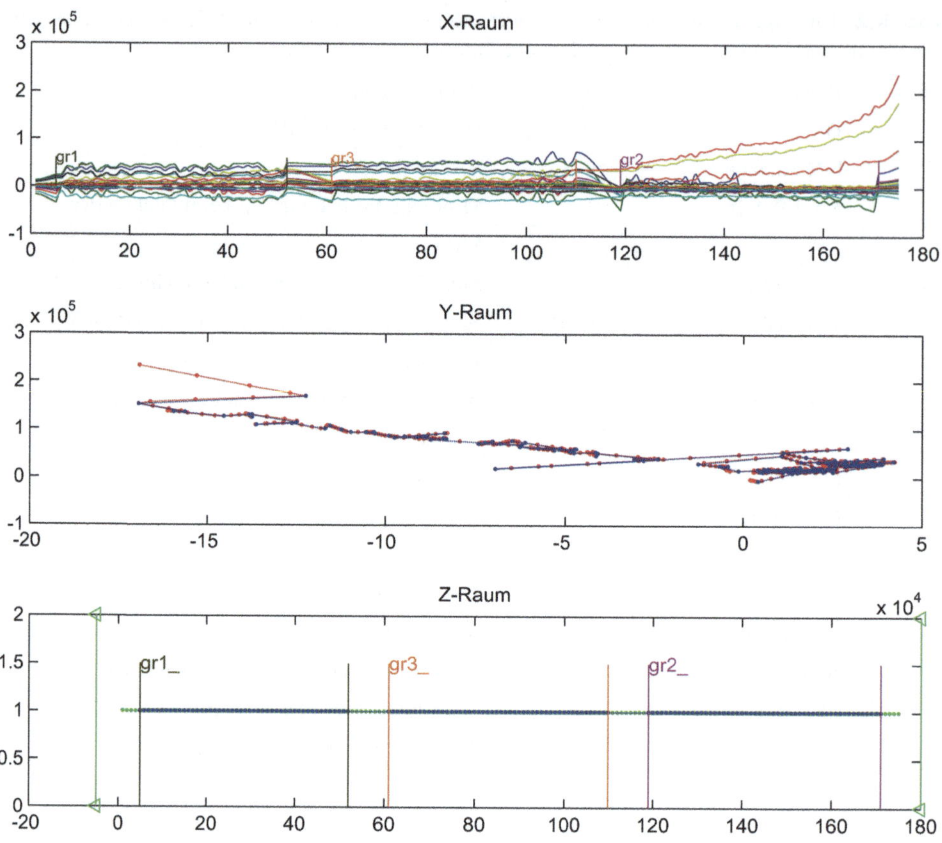

Abb. K.2 Trainingsdaten im X-Y-Z-Raum; X-Raum: Typischer Verlauf der einzelnen MF-Dimensionen nach der Glättung, Y-Raum: Verlauf der MF im Einbettungsraum, Z-Raum: Verlauf der MF im Merkmalsraum, für Trainingspunkte und Füllwerte

Koeffizienten 1, 4, 5, 7, 16 relevant, so muss die Dimension des Eingangsvektors $D = 6$ sein, damit die Koeffizienten 1, 3, 4, 5, 7 und 16 zur Bildung der MF nutzbar sind.

Glätten der MF

Wie in Abb. K.2 im oberen Diagramm *X-Raum* ersichtlich, werden durch die bei der Glättung mittels einer Spline-Interpolation eingefügten Füllwerte (FW) Sprünge in der MF vermieden und harmonische Übergänge von TP zu TP geschaffen. Die Glättung schließt auch die Lücken zwischen den Gruppen, jedoch benötigt man hierbei weniger Zwischenwerte, da an diesen Stellen geringere Anforderungen an die Genauigkeit der Abbildung im Merkmalsraum gestellt werden können. Die Anzahl der Füllwerte am linken bzw. rechten Rand jeder Gruppe ist gleich K/2. Das obere Diagramm zeigt die ersten Dimensionen der MF im X-Raum nach der Glättung.

Dimensionsreduktion

Nach der Glättung ist die MF für die Dimensionsreduktion aufbereitet und kann in den Y-Raum eingebettet werden. Das mittlere Diagramm in Abb. K.2 zeigt die dimensionsreduzierte Darstellung (DR) der MF, das Ergebnis des unüberwachten Trainings.[11] Die in den Y-Raum eingebetteten TPs sind als dunkle Punkte und die Füllwerte (FW) als hellere Punkte dargestellt. Bei der Dimensionsreduktion wurden 8 NN verwendet. Der Regularisierungsterm[12] hat den Wert $\Delta = 0{,}0001$. Diesen relativ kleinen Wert ermöglichte die Glättung der MF. Ist der Regularisierungsterm zu klein oder die MF zu rau, erscheint die Fehlermeldung *Matrix instabil, negative Eigenwerte oder Eigenwerte nahezu 0*.

Skalierung und Anpassung

Im unteren Diagramm in Abb. K.2 ist die Lage der TPs (dunkle Punkte) im Merkmalsraum dargestellt. Das Ergebnis des überwachten Trainings wird mit dem Modul *Skalierung und Anpassung* (SA) als skalierte Darstellung erzeugt. Die Bereichsgrenzen der Merkmale gr1, gr3, und gr2 sind durch senkrechte Linien in den jeweiligen Gruppenfarben markiert. Die linke und rechte Begrenzungslinie (grün) bildet Anfang und Ende des Abbildungsbereiches. Werte, die diese Grenzen überschreiten, werden limitiert und auf den Begrenzungslinien abgebildet.

Darstellung der trainierten Gruppen

Jede Gruppe ist in Form eines Trapezes abgebildet. Bei 100%iger Zugehörigkeit (100 % = Zugehörigkeitsgrad 1) zur Gruppe bildet das System die APs auf der 1-Linie des Trapezes, in allen anderen Fällen weiter unten oder seitlich davon ab. Die y-Achse gibt den Grad der Zugehörigkeit an.

K.3 Vorbereitung des rezeptiven Bereichs

Während der Trainingsphase werden Daten für die GUIs *Arbeitsphase* und *Dateninformation* zur Bildung der rezeptiven Bereiche ermittelt. So wird bei der NN-Suche z. B. die maximale euklidische Distanz *MaxDist 2 NN* zu den NN für jede Gruppe gemessen, zugeordnet und abgespeichert. Aus diesen Werten wird der rezeptive Bereich für jede Gruppe bzw. Häufung gebildet. Beim Klassifizieren (Arbeitsphase) werden Punkte im rezeptiven Bereich einer Gruppe als Treffer mit dem Zugehörigkeitsgrad eins registriert.

[11]Fall 2 in Abb. 2.1.

[12]Siehe Abschn. 10.7.1, Eindeutige Lösung.

K.4 Arbeitsphase

Die Rekonstruktionsgewichte W_{aj} für einen neuen untrainierten Anfragepunkt X_a können einerseits im X-Raum bei höchster Genauigkeit oder andererseits mit niedrigerem Speicher- und Rechenaufwand, aber reduzierter Genauigkeit im Y-Raum ermittelt werden. Die Daten der Spektren werden mit der in Tab. 17.1 als Pseudocode beschriebenen Vorgehensweise verarbeitet. Die dort genannte Datenvorverarbeitung ermöglicht mithilfe der Wavelet-Transformation und der Begrenzung der Gradienten durch die Anwendung der Füllwertmethode (Abschn. 7.5) den Einsatz der Z-Transition (D)[13] in der Arbeitsphase.

K.4.1 Rezeptiver Bereich

Der maximale Abstand jedes TP zu seinen NN ist mit *MaxDist* 2 *NN* im X- und Y-Raum bezeichnet. Der Einzugsbereich der NN um jeden TP beim Training entspricht einem n-dimensionalen Würfel, dessen Kantenlänge durch den maximalen Abstand *MaxDist* 2 *NN* bestimmt ist. Von TP zu TP überlagern sich diese Einzugsbereiche. Im 3-D-Raum veranschaulicht wäre dies ein eckiges schlauchartiges Gebilde, dessen Ausdehnung bei den jeweiligen TPs dem zugehörigen Wert *MaxDist* 2 *NN* entspräche.[14] Die Distanz *MaxDist* 2 *NN*, die den rezeptiven Bereich bestimmt, ist mit der Varianz der TPs im entsprechenden Häufungsbereich verknüpft. Trennschärfe bedeutet dabei die Fähigkeit, nur wahre positiv (true positive) klassifizierte Werte im rezeptiven Bereich der jeweiligen Gruppe als Treffer zu registrieren.[15] Außerhalb des rezeptiven Bereichs wird der Zugehörigkeitsgrad reduziert. Bedingt durch die Normierung der Distanzsumme auf eins, die bei der Bestimmung der Rekonstruktionsgewichte mit Gl. (10.9) in der Trainingsphase für jedes X_i durchgeführt worden ist, geht die Information der absoluten Distanz verloren. Aus diesem Grund muss die Nähe, der Zugehörigkeitsgrad zum zentralen Bereich einer Häufung, in der Arbeitsphase für jeden Anfragepunkt X_a mit Gl. (8.4) bestimmt werden, wenn *MaxDistXa2NN* größer wird; andernfalls ist der Zugehörigkeitsgrad gleich eins. APs, die mit ihren Wichtungen zu einer Gruppe passen, jedoch weiter entfernt sind, werden auf diese Weise im Zugehörigkeitsgrad reduziert, und es wird ermöglicht zu erkennen, mit welcher Gruppe ein AP die größte Ähnlichkeit aufweist, auch wenn kein hoher Zugehörigkeitsgrad nahe eins erreicht wird [2].

[13]Siehe Abschn. 18.2.5, Aufwand für die Arbeitsphase mit der Z-Transition (D).

[14]Der optimale Schwellenwert kann aus der ROC-Kurve bzw. aus der Tabelle *Trefferanzeige* bei der Bildung der ROC-Kurve im Fenster Arbeitsphase abgelesen werden. Siehe dazu Einstellung der Modellkomplexität in Abschn. 14.2.4.

[15]Abkürzungen zur ROC-Kurve erläutert in Abschn. K.6 und [1].

K.4.2 Schritte in der Arbeitsphase

Software: Die mit *Matlab* erstellte Software ist so wie die in Abschn. 17.1.2 angegebenen Codefragmente strukturiert. Im Folgenden werden die einzelnen Schritte der Arbeitsphase erläutert.

Parameter einlesen, Voreinstellungen: Einlesen der im Fenster *Parameter* voreingestellten Parameterwerte.

Einlesen der Trainingsdaten: Die Spektren der TPs werden aus dem Verzeichnis *RohDaten* eingelesen und für den Zuordnungstest vorbereitet.

Einlesen von Zwischenwerten: Die Spektren der TPs werden aus dem Verzeichnis *RohDaten* eingelesen, Zwischenwerte in jeder Dimension gebildet und für den Generalisierungstest vorbereitet.

Einlesen der zu klassifizierenden Daten: Die zu klassifizierenden Spektren werden aus dem Verzeichnis *RohDatenXa* eingelesen und für die Wavelet-Transformation vorbereitet.

Transformation in den Merkmalsraum: Einlesen der zu transformierenden Daten X_a aus dem Verzeichnis *RohDatenXa*, Wavelet-Transformation der Xa-Daten, Bildung der Xa-Vektoren, Ermittlung der NN, Ermittlung der Rekonstruktionsgewichte W_{aj}, Zuordnung im Z-Raum.

Erstellung einer ROC-Kurve: Um die ROC-Kurve in Abb. 19.2 zu ermitteln, erhöht man den Schwellenwert SW schrittweise von 0 …1. Mit dem optimalen Schwellenwert *SW_opt* wird dann gearbeitet. Siehe dazu Abschn. 19.1, ROC-Kurve.

Zuordnung im Merkmalsraum: Anzeige der Klassifizierung im Merkmalsraum (Z-Raum) nach Zugehörigkeitsgrad und Gruppe wie in Abb. K.3.

K.4.3 Überprüfung des Modells eines Trainingsdatensatzes

Das Modell eines TDS für ein trainiertes Objekt oder einen Zustand besteht aus den maximalen NN-Distanzen der Trainingspunkte X_i (NN-Radien), der zugehörigen Transformationsmatrix $\underline{VV}$ und der Faktorenmatrix $\underline{FF}$ zur Skalierung und Anpassung der Y_i im Einbettungsraum an die Anordnung der Z_i im Darstellungsraum. Die beiden folgenden Tests stellen eine interne Validierung (Zuordnungstest) und eine externe Validierung (Generalisierungstest) des Modells dar. Sie müssen erfolgreich abgeschlossen werden, um weitere Schritte problemfrei durchführen zu können.

Zuordnungstest

Die TPs werden eingelesen, Wavelet-transformiert, eingebettet und im Darstellungsraum mit der *Z-Transition (D)* zugeordnet. Alle APs müssen mit den zugehörigen TPs deckungsgleich sein. Wenn diese Forderung nicht erfüllt ist, liegt ein Problem vor: Die MF ist zu rau, die Gradienten zwischen den TPs sind zu groß. Die Anzahl der FW

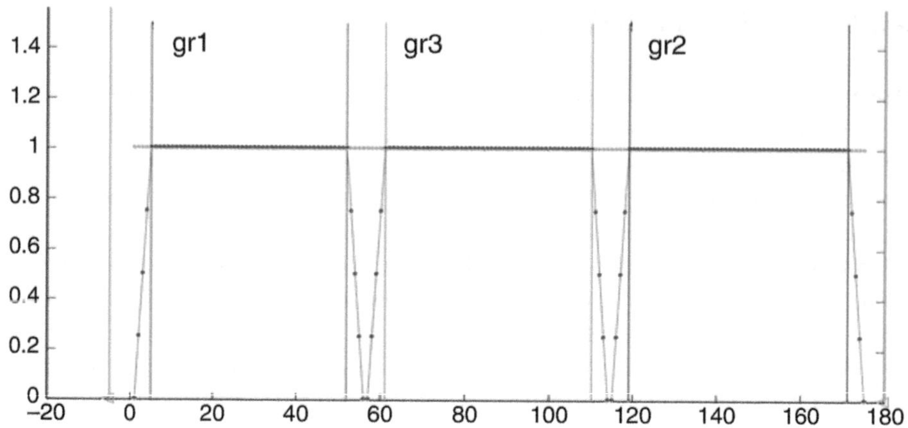

Abb. K.3 Z-Raum: Gruppenorientierte Darstellung für die interne Validierung, visuelle Darstellung der trainierten Gruppen, Anzeige des Zugehörigkeitsgrades (0 …1) für Trainingspunkte. Die Darstellung zeigt alle Punkte korrekt an. Dies zeigt, dass die Zuordnung in der Arbeitsphase korrekt arbeitet

Tab. K.3 Liste zur WT-Koeffizientenauswahlmethode

Pos	Koeffizientenkriterium	Bemerkungen
1	Koeff. 1, …, D	= erste D Komponenten
2	Koeff. 1, …, D ohne MW	= erste D Komponenten ohne Mittelwert, ohne Mittelwert
3	Koeff. > 1 %	= Komp. größer 1 % vom Höchstwert
4	Koeff. > 1 %, ohne MW	= Komp. größer 1 % vom Höchstwert, ohne Mittelwert
5	Koeff. > 2,5 %	= Komp. größer 2,5 % vom Höchstwert
6	Koeff. > 2,5 %, ohne MW	= Komp. größer 2,5 % vom Höchstwert, ohne Mittelwert
7	Koeff. > 5 %	= Komp. größer 5 % vom Höchstwert
8	Koeff. > 5 %, ohne MW	= Komp. größer 5 % vom Höchstwert, ohne Mittelwert
9	Koeff. > 10 %	= Komp. größer 10 % vom Höchstwert
10	Koeff. > 10 %, ohne MW	= Komp. größer 10 % vom Höchstwert, ohne Mittelwert
11	Koeff. > 20 %	= Komp. größer 20 % vom Höchstwert
12	Koeff. > 20 %, ohne MW	= Komp. größer 20 % vom Höchstwert, ohne Mittelwert

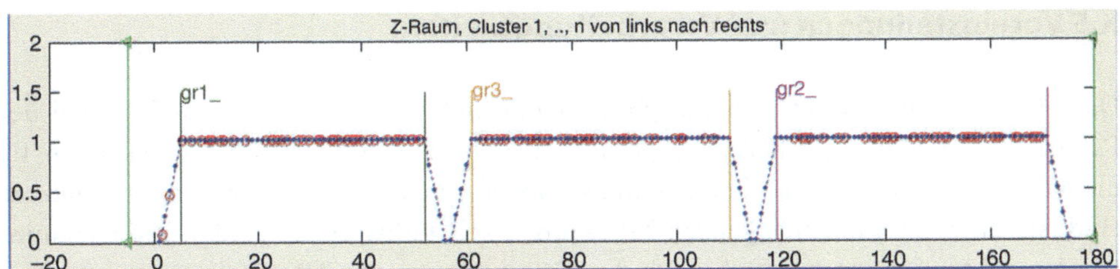

Abb. K.4 Klassifizierungsdiagramm des gr1-3-Datensatzes für die interne Validierung

MaxFWAnz muss erhöht, der vorgegebene maximale Gradient *WMaxAbWei* verkleinert werden (Abb. K.4).

Generalisierungstest
Die TPs werden eingelesen, Zwischenwerte von TP zu TP gebildet, Wavelet-transformiert, mit der *Z-Transition (D)* und im Darstellungsraum zugeordnet. Alle APs müssen exakt zwischen dem linken und rechten TP liegen, aus deren Werten die Zwischenwerte gebildet wurden. Ist dies nicht der Fall, ist die Anzahl der NN zu niedrig und muss erhöht werden. Als Wert für diesen Datensatz wurden 8 NN verwendet.[16]

K.4.4 Klassifizierung von Raman-Spektren

Neue Raman-Spektren, die klassifiziert werden sollen (Arbeitsdaten), sind im Verzeichnis *RohDatenXa* abgespeichert. Der angehängte Bezeichner Xa (Anfragepunkt) verdeutlicht den Inhalt des Verzeichnisses. Nachdem Zuordnungs- und Generalisierungstest den Anforderungen genügen, kann mit der Arbeitsprozedur die Klassifizierung vorgenommen werden, deren Ergebnisse in sogenannten ROC-Kurven dargestellt sind.

Arbeitsprozedur
Sie klassifiziert die unbekannten Spektren, ordnet diese bekannten Gruppen/Häufungen zu und zeigt im Falle keiner eindeutigen Zugehörigkeit Ähnlichkeiten mit diesen durch einen verminderten oder keinen Zugehörigkeitsgrad an. Die APs werden eingelesen, Zwischenwerte von TP zu TP gebildet, Wavelet-transformiert, mit der *Z-Transition (D)* eingebettet und im Darstellungsraum zugeordnet.

[16]Siehe dazu Abschn. 7.4, Krümmung und Komplexität.

K.5 Voreinstellungen und Verarbeitungszeiten

Die Modellbildung in der Trainingsphase wurde mit WT-Koeffizienten > 5 % und den Parameterwerten in Tab. K.2 durchgeführt. Daraus ergaben sich 25 Dimensionen für die MF, deren Vektoren die drei Trainingsgruppen repräsentieren. Zur Glättung und zur Bildung einer zusammenhängenden MF wurden 463 Füllwerte eingefügt. Zum Training wurden 50 % der Daten zufällig aus der Gesamtmenge der TPs gezogen und ins Verzeichnis *RohDaten* transferiert. In Tab. K.3 sind einige Werte zur Voreinstellung für die Koeffizientenauswahl für Trainings- und Arbeitsphase aufgelistet.

K.6 Auswertung der Klassifizierung

Klassifizierung mit dem MAE-Verfahren

Die Klassifizierungsergebnisse des gr1-3-Datensatzes im Z-Raum sind in Abb. K.5 dargestellt. Jede Gruppe ist in Form eines Trapezes abgebildet. Bei 100%iger Zugehörigkeit (100 % = Zugehörigkeitsgrad 1) zur Gruppe bildet das System die APs auf der 1-Linie des Trapezes, in allen anderen Fällen weiter unten oder seitlich davon ab. Die y-Achse gibt den Grad der Zugehörigkeit mit Gl. (8.4) an und die senkrechten Linien begrenzen den rezeptiven Bereich der Gruppen. Der Gruppenname steht an der linken Begrenzungslinie einer Gruppe. Auf der x-Achse wird die Position der TPs angezeigt (Abb. K.6 und K.7).

Im Folgenden sind die Ergebnisse der ROC-Analyse zur Bestimmung des optimalen Schwellenwertes SW_{opt} und die Ergebnisse der Klassifizierung aufgeführt. Tab. H.1 zeigt die ROC-Daten der Auswertung der in Abb. K.5 dargestellten Klassifizierung des gr1-3-Datensatzes. Die Tabellenwerte werden nach der Arbeitsprozedur und nach dem Starten der Funktion *Auswertung* im Fenster *Arbeitsphase* angezeigt. Die prinzipielle Vorgehensweise bei der Variation des Schwellenwertes SW zur Ermittlung der ROC-Daten ist in Abschn. 19.5.

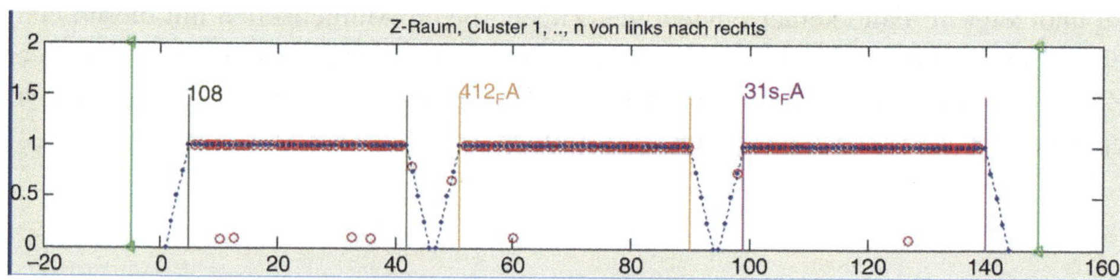

Abb. K.5 Klassifizierungsdiagramm des gr1-3-Datensatzes

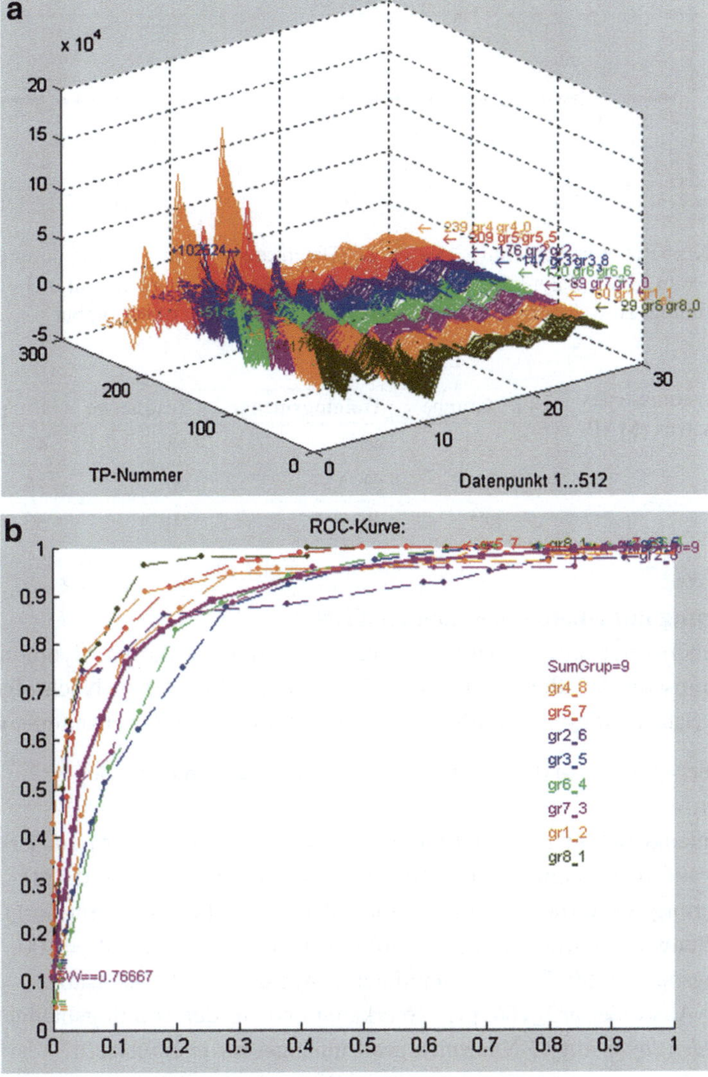

Abb. K.6 Verteilung der wesentlichen WT-Koeffizienten des gr1-8-Datensatzes, deren Wertigkeit einen vorgegebenen Mindestwert überschreitet. Die Anordnung der Gruppen von TP-Nummer 0, …, 300: gr8, gr1, gr7, gr6, gr3, gr2, gr5, gr4

Klassifizierungsergebnisse

Siehe Tab. K.4.

Zur Klassifizierung wurden 139 Datenpunkte (DPs) im Verzeichnis RohDatenXa für 3 Gruppen gespeichert. Davon gehörten 45 zur Gruppe *gr1*, 46 zur Gruppe *gr2* und 53 zur Gruppe *gr3*. In Gruppe *gr1* liegen 43 DPs im rezeptiven Bereich und 2 DPs außerhalb, aber dennoch in der Nähe der Gruppe *gr1* in Abb. K.5.

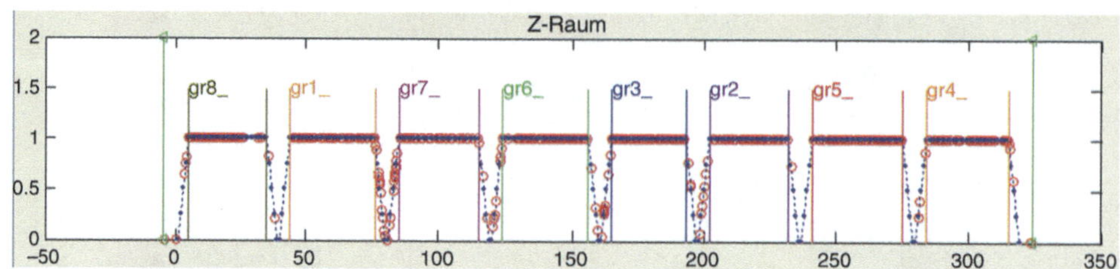

Abb. K.7 Klassifizierungsergebnis des gr1-8-Datensatzes. Die Klassifizierungsleistung ist geringer als beim gr1-3-Datensatz. Es gibt viele Datenpunkte, die nicht mit ZG = 1 klassifiziert sind. Die Richtung, zu welchem Datensatz diese Punkte tendieren, ist erkennbar

Tab. K.4 Ergebnisse des gr1-3-Datensatzes (MAE-Verfahren)

Gruppe	Trainingsmenge	Testmenge	Richtig	Falsch
gr1	46	45	43	2
gr2	51	46	46	0
gr3	49	50	50	0

Klassifizierung mit einem überwachten KNN

Softwarehersteller dieses Klassifizierungsprogramms ist die Fa. Synthon. Der Name des Programms für das überwachte KNN lautet *Neuro Developer*. Nachfolgend sind die wichtigsten Schritte dieser Klassifizierung des Datensatzes *gr1-3* zusammengefasst:

1. Ausreißer gr1_32 und gr3_48 aus der Gesamtdatenmenge des gr1-3-Datensatzes entfernt.
2. Basislinienkorrektur mit der Ableitungsmethode (1. Ableitung) zur Entfernung des Offsets auf die Gesamtdatenmenge angewendet (Gleichanteil entfernt).
3. Normierung, Vektornormierung (Summe der Abweichungsquadrate = 1).
4. Schwellenwert für die minimale Amplitude eines Spektralanteils = 100.
5. Trainingsdaten = 50 % der Gesamtdatenmenge des gr1-3-Datensatzes.
6. Weitere Ausreißer gr2_166, gr2_96 erkannt und aus der Trainingsmenge entfernt.
7. Ein *hidden layer* mit 45 Neuronen pro Eingangsneuron eingestellt.
8. Trainingsvorgang des überwachten KNN nach 20 Schritten beendet (Abbruchkriterium erreicht, Ausgänge hinreichend genau).
9. Interne Validierung.
10. Externe Validierung, Klassifizierung der Testdaten des gr1-3-Datensatzes.

KNN-Klassifizierungsergebnisse

Siehe Tab. K.5.

Klassifizierung mit der Stützvektormethode

Es wurden keine Hinweise zum Softwarehersteller und dem Programmnamen gegeben.

1. Basislinienkorrektur mit der Ableitungsmethode zur Entfernung des Offsets auf die Gesamtdatenmenge angewendet (Gleichanteil entfernt).
2. Normierung der Daten so, dass alle Spektralwerte in den Gruppen im Bereich {-1,1} oder {0,1} liegen.
3. Bestimmung der Kernparameter mittels Cross-Validierung (kernel = linear, cross = 10).
4. Kernfunktion anwenden, Stützvektoren bestimmen.
5. Klassifizierung jeder Gruppe gegen den Rest in drei Schritten.

SVM-Klassifizierungsergebnisse
Siehe Tab. K.6.

K.7 Multiklassenklassifizierung mit 8 Gruppen

Die Koeffizienten des WT-transformierten gr1-8-Datensatzes, die kleiner als 5 % sind und der Gleichwert, wurden entfernt. Die resultierenden Daten des gr1-8-Datensatzes sind in Abb. K.5 dargestellt (Tab. K.7).

MAE-Klassifizierungsergebnisse
Zur Klassifizierung wurden 139 Datenpunkte (DPs) im Verzeichnis RohDatenXa für 3 Gruppen gespeichert. Davon gehörten 45 zur Gruppe *gr1*, 46 zur Gruppe *gr2* und 53 zur Gruppe *gr3*. In Gruppe *gr1* liegen 43 DPs im rezeptiven Bereich und 2 DPs außerhalb, aber dennoch in der Nähe der Gruppe *gr1* in Abb. K.5.

Dazu wird dieser von 0, …, 1 schrittweise erhöht, bei jedem Schritt die Richtig-positiv-Rate (TPR) und die Falsch-positiv-Rate (FPR) ermittelt. Die Messwerte dazu stehen (wie in Tab. H.1 dargestellt) im Fenster *Arbeitsphase* in der Trefferliste und werden für jeden Schwellenwert registriert. Am Ende der Prozedur *ROC-gruppenorientiert* wird der optimale Schwellenwert SW_{opt} im Bereich von 0,1 …1

Tab. K.5 Ergebnisse des gr1-3-Datensatzes (Robert Koch-Institut)

Gruppe	Trainingsmenge	Testmenge	Richtig	Falsch
gr1	17	5	5	0
gr2	49	33	32	1
gr3	49	33	32	1

Tab. K.6 Ergebnisse des gr1-3-Datensatzes (Universität Jena)

Gruppe	Trainingsmenge	Testmenge	Richtig	Falsch
gr1	29	75	73	2
gr2	34	71	32	0
gr3	28	73	32	0

Tab. K.7 Ergebnisse des gr1-8-Datensatzes

Gruppe	TP	FP	FN	TN	P	N	TPR	FPR	SPC	SWopt	YI	Dist
gr8	54	7	7	0	478	77	0,9	0,1	0,9	0,7	1,0	0,2
gr1	36	15	15	0	478	77	0,7	0,2	0,8	0,7	0,9	0,2
gr7	23	15	20	0	478	77	0,5	0,2	0,8	0,7	0,7	0,2
gr6	50	26	6	0	478	77	0,9	0,3	0,7	0,8	0,8	0,3
gr3	37	25	14	0	478	77	0,7	0,3	0,9	0,7	0,9	0,3
gr2	38	12	7	0	478	77	0,8	0,1	0,9	0,7	0,9	0,2
gr5	71	4	1	0	478	77	1,0	0,1	0,9	0,7	0,9	0,2
gr4	61	4	7	0	478	77	0,9	0,1	0,9	0,7	0,9	0,2
SumGrup	370	108	77	0	478	77	0,8	0,2	0,8	0,7	1,0	0,2

angezeigt. Die aus den registrierten Werten ermittelte TPR wird auf der Y-Achse und die SPC auf der X-Achse des ROC-Diagramms in Abb. 19.2 aufgetragen. Der optimale Schwellenwert ist dann erreicht, wenn die kürzeste Distanz der Kurve zum Optimalpunkt (TPR = 1, FPR = 0) vorliegt. Bei der in Abb. 19.2 dargestellten ROC-Kurve ist dieser Optimalpunkt fast erreicht. Dies ist ein Zeichen dafür, dass sich die zugrunde liegenden Trainingsdaten kaum überlappen und somit eine hohe Trefferquote zu erwarten ist. Wenn eine höhere Sicherheit notwendig ist, muss *SW_opt* in Richtung steigender Spezifität verschoben werden. Somit wird der rezeptive Bereich reduziert. Die allgemein üblichen Maßzahlen der Validität eines Tests sind die Sensitivität (TPR) und die Spezifität (1-FPR). Diese sind unabhängig davon, wie oft die untersuchte Eigenschaft in der untersuchten Menge vorkommt. Um die Qualität der Vorhersage beurteilen zu können, ist die Kenntnis der prädiktiven Werte notwendig. Diese Voraussetzung ist hier gegeben, da alle DPs in den drei Gruppen als wahre Werte einer Eigenschaft bekannt sind.

Die Zuordnung aller Daten des gr1-8 Datensatzes ist im Z-Raum als Ausgangskurve in Trapezform in Abb. K.5 visualisiert. Daten aller Daten des gr1-8-Datensatzes wurden zugeordnet.

Literatur

1. Fawcett T (2004) ROC Graphs: Notes and Practical Considerations for Researchers: Technical report. URL (http://www.hpl.hp.com/techreports/2003/HPL-2003-4.pdf)
2. Sartorius G (2009) Multivariate Adaption mit modularisierten künstlichen neuronalen Netzen: Zugl.: Hagen, Fernuniv., Fachbereich Elektrotechnik, Diss., 2009, Fortschritt-Berichte VDI Reihe 10, Informatik/Kommunikation, vol 799, als ms. gedr edn. VDI-Verl., Düsseldorf

Anhang L: Glossar

L.1. Begriffe und Methoden künstlicher neuronaler Netze

Analog-Digital-Umsetzer

Die wichtigsten Analog-Digital-Umsetzer(ADU)-Typen sind: Sukzessive Approximation (SAR-Wandler, mittlere Schnelligkeit), Zählverfahren in Verbindung mit Torschaltungen (langsam), Parallelwandler (schnell), Dual-Slope-Verfahren (mittelwertbildend, langsam), $\Sigma - \Delta$ -Wandler (sehr genau, mittlere Schnelligkeit). Es gibt auch Mischformen der angegeben Wandlertypen [6].

Ähnlichkeitstransformation

Bei der Ähnlichkeitstransformation einer quadratischen Matrix $\underline{A}$ bleiben die Eigenwerte erhalten. Sie ist eine numerische Methode zur Berechnung der Eigenwerte. Prinzip: Matrix in geeignete Form bringen, um Eigenwerte leicht berechnen zu können. Ziel: Beliebige Matrix durch Ähnlichkeitstransformation in die Diagonalform bringen, um die Eigenwerte zu erhalten. Dies funktioniert jedoch nicht immer. Transformation in eine Jordan-Form kommt einer Diagonalform nahe, ist jedoch ein numerisch instabiler Prozess. Abhilfe: Die Matrix durch Ähnlichkeitstransformation auf die Dreiecksform bringen. Die Eigenwerte sind dann die Diagonalwerte. Vorgehensweise bei der Bestimmung der Eigenwerte: Matrix $\underline{B}$ ist ähnlich zu $\underline{\mathrm{A}}$, wenn es eine reguläre Matrix $\underline{\mathrm{T}}$ gibt, sodass $\underline{B} = \underline{T}^{-1} \cdot \underline{A} \cdot \underline{T}$ gilt. Wenn λ ein Eigenwert von $\underline{A}$ ist, dann ist er auch ein Eigenwert von $\underline{B}$. $By = \lambda y \Rightarrow \underline{T}^{-1} \cdot \underline{A} \cdot \underline{T}y = \lambda y \Rightarrow A(Ty) = \lambda(Ty)$. Ist $\underline{y}$ ein Eigenvektor von $\underline{B}$, dann ist $x = Ty$ ein Eigenvektor von $\underline{A}$. Die Eigenvektoren bleiben zwar nicht erhalten, sie sind aber leicht wiederzugewinnen.

Fehlerrückführungsverfahren

Gewichte eines KNN durch Fehlerrückführung so anpassen, dass ein vordefiniertes Fehlermaß minimiert wird. Es handelt sich dabei um ein Gradientenabstiegsverfahren [8].

G. Sartorius, *Erfassen, Verarbeiten und Zuordnen multivariater Messgrößen*,
https://doi.org/10.1007/978-3-658-41451-1

Fluch der Dimensionen

Dieser Begriff wurde 1961 von Bellmann geprägt, siehe [Bel61], und beschreibt die bei vielen Problemen auftretende exponentielle Abhängigkeit des Rechenaufwands von der Dimension. Die Grenzen heutiger Computer werden so bereits bei einer mittleren Dimensionsanzahl schnell erreicht. Allgemein für alle Anwendungen ist das Problem nicht lösbar. Die Lösbarkeit wäre dann auf eine bestimmte Anzahl von Dimensionen beschränkt. Durch das Aufsplitten und Modularisieren, was eine Einschränkung der Problemklassen bewirkt, sind Verfahren mit einer günstigeren Laufzeitkomplexität möglich. Um dies beim MAE-Verfahren zu erreichen, wird die Distanzbestimmung mit der Manhattan-Distanz durchgeführt, wodurch die meisten Folgerechnungen bezüglich der Gewichte mit einfachen Rechenoperationen ausgeführt werden können (siehe dazu Kapitel 6.4).

Gram-Matrix

Für ein Set $\underline{X}$ von n Vektoren (Punkte in $\mathbb{R}^D$) ist die Gram-Matrix $\underline{G}$ die Matrix aller möglichen inneren Produkte von: $\underline{V}$ z. B. $g_{ij} = v_1^T \cdot X_j$, weiterhin gilt: $\underline{G}^T = \underline{G}$.

Hauptkomponentenanalyse

auch Karhunen-Loeve-Transformation (KLT), im Englischen Principal Component Analysis (PCA), genannt. Ein effektiver Weg, D-dimensionale Datenpunkte in d Dimensionen abzubilden, ist die KLT. Mit der KLT werden die Eigenwerte der Kovarianz-Matrix berechnet und in abfallender Reihenfolge sortiert [2, 11].

Hauptkomponentenanalyse durch neuronale Netze

Hauptkomponenten lassen sich durch Verschaltung mehrerer Neuronen finden. Gestartet wird mit einem Perceptron mit mehreren Ausgängen.

Singulärwerte

Quadratwurzeln aus den Eigenwerten von z. B. $|\underline{A}|$. Werden diese Singulärwerte nach ihrem Betrag geordnet, liefern schon wenige Terme mit großem Betrag eine gute Approximation an die anzunähernde Matrix in entsprechenden Normen [4].

Hyperebene

Unterraum mit der Dimension n-1 [10].

Kovarianzmatrix

Gibt die Ähnlichkeit, den nicht normierten Zusammenhang von Attribut zu Attribut, an. [2, S. 124]. Die Kovarianzmatrix ist symmetrisch und positiv definit und nicht normiert.

Korrelationsmatrix

Gibt die Ähnlichkeit, den auf eins normierten Zusammenhang von Attribut zu Attribut, an.

KNN und Statistik, Wörterbuch

> ‚Was bei neuronalen Netzen Eingabe genannt wird, heißt in der Statistik unabhängige Variable, eine Ausgabe heißt abhängige Variable, ein Beispiel heißt Beobachtung, die Trainingsdaten heißen Stichprobe, Fehler heißen Residuen, Lernen heißt Schätzen, die Fehlerfunktion heißt Schätzkriterium, das (angenäherte) Lösen eines Approximationsproblems heißt Regression, das Lösen eines Klassifikationsproblems heißt Diskriminanzanalyse, die Gewichte der Verbindungen heißen Parameter und die Werte dieser Gewichte heißen Parameterschätzungen. Mit Ausnahme des Begriffs Parameter wird diese statistische Terminologie in der Literatur der neuronalen Netze kaum verwendet. Diese unterschiedliche Terminologie führt dazu, dass der Zusammenhang zur Statistik nicht augenfällig wird. Ein weiterer Grund … liegt im großen Umfang und der Komplexität der statistischen Literatur, aufgrund derer vielen Forschern … die relevanten Teile nicht ausreichend bekannt sind.“ [7, Abschn. 2.3].

Laplace-Matrix

Die Laplace-Matrix eines Graphen $G = (V, E)$ ist wie folgt definiert:L

$$\mathcal{L}(u,v) = \int \begin{matrix} \text{Grad des Knotens } u & \text{falls } u = v \\ -1 & \text{falls es eine Kante von } u \text{ nach } v \text{ gibt} \\ 0 & \text{sonst} \end{matrix}$$

quadratisch, symmetrisch und semi-positiv definit, reelle Eigenwerte, trivialer Eigenvektor 1 mit Eigenwert 0. Unnormierte Laplace-Matrix: $\mathcal{L}_n = D_{n-}K_n, D_n, D_n =$ Grad des Knotens, $K_n =$ Kantengewicht. Normierte Laplace-Matrix:.$\mathcal{L} = D^{-\frac{1}{2}}\ L\ D^{-\frac{1}{2}}$.

Markov-Modelle

Die Übergänge zwischen Zuständen sind nur vom aktuellen Zustand abhängig. Erfüllt ein Prozess diese Markov-Eigenschaft, ohne dass seine tatsächlichen Zustände bekannt sind, so muss das Modell eine Approximation mithilfe beobachtbarer Symbole leisten, die vom Prozess emittiert werden [12, S. 14, …, 16].

MICMAC-Methode

> Transformationsprozesse lassen sich in Form von Matrizen angeben. Eine solche Matrizendarstellung nutzt auch die Szenario-Methode von Godet (MICMAC-Methode). Die unsichtbare Dynamik des Systems entsteht in Form von Rückkopplungen, die durch die sogenannte MICMAC-Methode sichtbar gemacht werden kann. MICMAC-Matrizen haben keinen prognostischen Charakter, sondern dienen der Veranschaulichung der Wechselwirkungen komplexer Systeme [9, Abschn. 2.1.1].

Dazu wird eine quadratische Matrix mit n Spalten und Zeilen für die gegenseitigen Wechselwirkungen gebildet, mit Zahlen von 0 …1 gewichtet und mehrfach mit sich selbst multipliziert. Die Vernetzungswirkungen lassen sich von Multiplikationsschritt zu Multiplikationsschritt beurteilen und sichtbar machen. Interessant ist, dass sich ab der siebten Potenz eine stabile Rangfolge zeigt. Diese Stabilität tritt auch auf, wenn die Division einer beliebigen Matrixspalte oder -zeile mit einer anderen zu konstanten Zahlen führt.

Riemannsche MF: Matrix symmetrisch, positiv definit, differenzierbar und invertierbar.
Spektrum von A: Die Menge aller Eigenwerte heißt das Spektrum von $\underline{A}$.
Spektralradius von A: Der Betrag des größten Eigenwertes von $\underline{A}$.
Verbindungsmatrix: Gibt die Verknüpfungen der Eingangsdatenpunkte zu lokalen ausgewählten Punkten an. Vorstufe für die KLT. Gegebene Daten als ungerichteten Graphen darstellen. Knotenpunkt = Datenpunkt. Punkt zu Punkt = Kante, wenn $i \div j$ (Grad des Knotens = Summe aller Gewichte zu den NN).

L.2. Begriffe des maschinellen Lernens

Berechnungsreihenfolge
KNN sind unempfindlich gegen eine parallele und asynchrone Abarbeitungsreihenfolge. Es ist zum Teil notwendig, letztere festzulegen. Das menschliche Gehirn arbeitet beispielsweise hochgradig parallel und asynchron. KNN sollten diese Eigenschaft möglichst auch aufweisen. Derart ausgestattet, ist das Lernen von unbekannten Abhängigkeiten aus Beobachtungsdaten eine der wichtigsten Anwendungen von KNN. Der Einsatz als überwacht lernende KNN bietet sich immer dann an, wenn Datensätze über die Ein- und Ausgangsgrößen eines Prozesses vorhanden sind, die Abbildung der Prozesszusammenhänge jedoch mit analytischen Methoden (mathematische oder physikalische Modellbildung) nicht gelingt. Mit KNNs wird eine Modellierung des Prozesses in vielen Fällen möglich. Der Einsatzbereich von KNN in Bezug zu statistischen Verfahren in Abhängigkeit von Variablenanzahl und dem Grad der Nichtlinearität von Signalen ist in Abb. 1 dargestellt.

Bestärkendes Lernen
Zu jedem Lernmuster erfolgt eine Angabe, ob richtig oder falsch klassifiziert wurde. Eventuell wird noch der Grad der Richtigkeit mit angegeben. Die Aufgabe, die korrekte Ausgabe zu finden, übernimmt das Netz. Da weniger an Information zum Abgleich der Gewichte vorliegt, dauert der Abgleich länger als beim überwachten Lernen.

Überwachtes Lernen
In der Trainingsphase der KNN findet meist die Anpassung von Verbindungsgewichten statt, um die erwünschte Ausgabe des Netzes zu erhalten. Beim überwachten Lernen werden dem Netz Eingangsmuster $X_i \in \mathbb{R}^n$ und zugehörige Ausgangsmuster $y_i \in \mathbb{R}^m$ präsentiert, so wie ein Lehrer Fragen und Antworten $(\widetilde{x}_1, \widetilde{y}_1), \ldots, (\widetilde{x}_m, \widetilde{y}_m) \in \mathbb{R}^N$ zur Verfügung stellt. Das Netz lernt dann die zugrunde liegende Relation $y_i = f(X_i)$ zwischen den Ein- und Ausgangsdaten.

Generalisierung
Anstelle von gelernten Mustern werden einem KNN in der Verarbeitungsphase ungelernte Muster vorgelegt. Das KNN ordnet die Muster nach den gelernten funktionalen Zusammenhängen einem möglichst passenden Ausgabemuster zu. Die Definition des Zielkriteriums ist dabei von der Aufgabenstellung abhängig. Bei kontinuierlichen Signalen versteht man unter Generalisierung die Fähigkeit, Eingangswerte, die trainiert wurden und dem Netz in der Verarbeitungsphase präsentiert werden, zu interpolieren. Wie gut dies ein KNN kann, wird in Werten von 0 ...1 ausgedrückt (1 entspricht dabei dem Idealwert).

Klassifizierung
Einem Eingabemuster wird eine als Ausgabemuster codierte Klasse zugeordnet. Die Anzahl der Klassen ist klein. Im einfachsten Fall existieren zwei Klassen. Das Eingabemuster ist statisch und unabhängig von anderen Eingabemustern. Die Codierung der Ausgabe erfolgt über die Aktivierung von Ausgabeeinheiten (geringe Anzahl, mindestens eine Ausgabeeinheit). Für die Klassifizierung reichen bereits wenige Mustermerkmale aus. Es können verrauschte und unvollständige Eingabedaten vorliegen. Überwacht lernende KNN arbeiten als Klasseneinteiler, während unüberwacht lernende KNN Klassenentdecker sind. Die Klassifizierung kann als Spezialfall der Generalisierung betrachtet werden, da die Zuordnung zu Klassen der Zuordnung von Eingabemustern zu Ausgabemustern entspricht.

Kreuzvalidierung
Möglichkeit, die Gültigkeit multivariater Modelle zu überprüfen. Es gibt verschiedene Arten der Kreuzvalidierung, die jedoch alle nach dem gleichen Prinzip arbeiten. Die Modelldaten werden in gegenseitig ausschließende Mengen aufgeteilt, z. B. in eine Trainingsmenge und eine Testmenge. Die Trainingsmenge, die in der Regel größer als die Testmenge ist, wird dazu verwendet, ein Modell aufzustellen. Die Testmenge wird zum Überprüfen des Modells verwendet, um das Modell zu bestätigen. Der Prozess wird so lange wiederholt, bis jedes Objekt der Datenmenge als Testmenge verwendet wurde. Dabei kann die Größe der Testmenge den Anforderungen der Aufgabenstellung angepasst werden. Je höher die Übereinstimmung des Tests mit der Prädiktion, desto besser ist das gefundene Modell.

Überanpassung
Liegt vor, wenn beim Training eines KNN die zunächst schlechte Generalisierungsfähigkeit sich bis zu einem gewissen Grad verbessert, dann aber wieder abnimmt, obwohl der Fehler der Trainingsmuster weiterhin kleiner wird. Das Netz lernt die Stellen an den Trainingspunkten auswendig. Die Generalisierungsfähigkeit wird dabei durch *Cross-Validierung* [5, S. 182] geprüft. Um Erstere nicht zu verschlechtern, muss der Lernvorgang abgebrochen werden, wenn ein bestimmtes Gütekriterium erfüllt ist. Dies kann z.

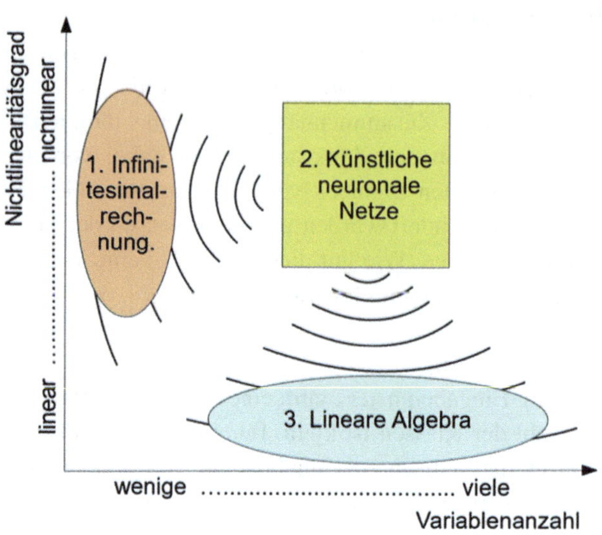

Abb. L.1 Zuordnung von KNN- und statistischen Verfahren, 1. Infinitesimalrechnung: nichtlineare Zeitreihenanalyse, 2. Künstliche neuronale Netze: Zwischenbereich, 3. Lineare Algebra: Lineare Diskriminanz- und Regressionsanalyse

B. der maximal zulässige Restfehler nach einer bestimmten Anzahl von Lernschritten sein.

Unüberwachtes Lernen
Als Trainingsmenge liegen nur Eingabemuster vor. Der Lernalgorithmus versucht selbstständig Gruppen, in diesem Zusammenhang auch *Häufungen* genannt, ähnlicher Eingabemuster zu finden. Vom mathematischen Standpunkt aus betrachtet, filtert der Trainingsprozess die statistischen Eigenschaften der Trainingsmuster und realisiert eine Abbildung der Eingabemuster auf Neuronen, die der Wahrscheinlichkeitsdichtefunktion der Verteilung der Eingabemuster am nächsten kommt. Ähnliche Vektoren werden in ähnlichen Klassen abgebildet, und so besteht die Möglichkeit, diese Methode auch für Klassifizierungsaufgaben zu verwenden.

Skalierungsverhalten und Adaption
KNN stellen durch ihre Nichtlinearität universelle Approximatoren dar und sind hinsichtlich Generalisierungsfähigkeit und Skalierungsverhalten in höherdimensionalen Räumen herkömmlichen Funktionsapproximationsansätzen überlegen. In [1] wird gezeigt, dass der Approximationsfehler für KNN mit sigmoiden Basisfunktionen unabhängig von der Dimension des Merkmalsraums im Allgemeinen mit $\frac{1}{N}$ abnimmt (N bezeichnet die Anzahl der Neuronen). Bei der Verwendung herkömmlicher Verfahren (z. B. Polynomapproximation) nimmt dieser nur mit $\frac{1}{N^{2/d}}$ ab (d bezeichnet hier die Dimension des Eingaberaumes) und erfordert daher eine exponentiell mit der Dimension wachsende Anzahl von Basisfunktionen. Dieses vorteilhafte Skalierungsverhalten und das aus einer kleineren Anzahl von Basisfunktionen resultierende

bessere Generalisierungsverhalten verdanken KNN der datenabhängigen Adaption. Die Funktionsweise ist dabei nicht von der Dimension des Eingangsvektors abhängig.

Vorverarbeitung
Wavelet-Transformation oder andere Transformationen, um Signale in eine Koeffizientendarstellung zu überführen. Filterung bzw. Auswahl der informationstragenden Komponenten, Rauschunterdrückung und Signalanpassung sowie Ausreißerentfernung. Für die Anwendung von KNN sind Rohdaten in der Regel kaum geeignet. Bevor man der Eingangsschicht eines KNN Signale präsentiert – Signale stehen in der Regel als Rohdaten zur Verfügung –, müssen diese so skaliert sein, dass der Messbereich der Rohdaten (min …max) auf den normierten Eingangsbereich (z. B. −1 … +1) des Netzes passt und anschließend in ein für die Weiterverarbeitung im Netz passendes Dateiformat konvertiert wird. Für die Funktionsfähigkeit der Gesamtanordnung und die erfolgreiche Ausführung nachfolgender Verarbeitungsschritte im Netz ist die Vorverarbeitung von großer Bedeutung und muss nach der Präsentation der Trainingsdaten in ihrer Funktionalität konstant gehalten werden. Hier entstandene Fehler sind später nicht mehr korrigierbar. Nur in Ausnahmefällen kann auf eine Vorverarbeitung verzichtet werden [3, S. 19].

Z-Transition (D)
Als Z-Transition wird in diesem Buch der Übergang der Darstellung des Datenpunktes X_a bzw. dessen Generalisierung im Darstellungsraum (Z-Raum) bezeichnet. Der Zusatz (D) sagt aus, dass die NN-Suche und die Bestimmung der Rekonstruktionsgewichte W_{aj} bei voller Dimensionalität durchgeführt wurden.

Z-Transition (d)
Als Z-Transition wird in diesem Buch der Übergang der Darstellung des Datenpunktes X_a bzw. dessen Generalisierung im Darstellungsraum (Z-Raum) bezeichnet. Der Zusatz (d) sagt aus, dass die NN-Suche und die Bestimmung der Rekonstruktionsgewichte W_{aj} bei reduzierter Dimensionalität durchgeführt wurden. Voraussetzung dazu ist eine vorher durchgeführte Dimensionsreduktion.

Literatur

1. Baron A (1993) Universal approximation bounds for superpositions of a sigmoidal function. In IEEE Trans Inf Theory vol. 39: S. 930–92.45
2. Faloutsos C (1996) Searching Multimedia Databases by Content. Kluwer Academic Publishers, Dordrecht
3. Fritzke B (1998) Vektorbasierte Neuronale Netze. Shaker Verlag, Aachen
4. Gramlich G, Werner W (2000) Numerische Mathematik mit Matlab. dpunkt.verlag GmbH, Heidelberg

5. Masters T (1995) Advanced algorithms for neural networks: A C++ Sourcebook. John Wiley & Sons, Inc, New York, Chichester, Brisbane, Toronto, Singapore
6. Pfeifer T, Profos P (2008) Handbuch der industriellen Messtechnik. Oldenbourg Industrieverlag
7. Prechelt L (1995) Konstruktive neuronale Lernverfahren auf Parallelrechnern. Dissertation, Fakultät für Informatik der Universität Karlsruhe, Karlsruhe
8. Rumelhart DE, McClelland JL, the PDP Research Group (1986) Parallel Distributed Processing. The MIT Press, Cambridge, Massachussets, London, England
9. Schölkopf B, Warmuth, Manfred, K (2003) Learning Theorie and Kernel Machines. Springer, Berlin, Heidelberg, New York u.a
10. Schölkopf B, Burges, Christopher, J C, Smola AJ (1999) Advances in Kernel Methods. The MIT Press, Cambridge, Massachusetts, London, England
11. Shawe-Taylor J, Christiani N (2004) Kernel Methods for Pattern Analysis. Cambridge University Press, Cambridge
12. Willet D (2000) Beiträg zur statistischen Modellierung und effizienten Kodierung in der automatischen Spracherkennung. Dissertation, Fachbereich Elektrotechnik der Gerhard-Mercator-Universität – Gesamthochschule Duisburg, Duisburg

Anhang M: Hinweise

M.1. Klassifizierungsmethoden

KNN

Neuronale Netze sind universelle Approximatoren und arbeiten iterativ. Ob beim Iterationsvorgang (Trainingsphase) das globale Optimum gefunden wird, hängt davon ab, welche Startbedingung gewählt wurde. Wenn der Lösungsraum mehrere Minima aufweist, kann nicht erkannt werden, ob ein globales Optimum nach dem Ende des Iterationsvorgangs gefunden worden ist. Folglich müssten mehrere KNNs mit unterschiedlichen Startbedingungen parallel betrieben werden, um das globale Optimum zuverlässiger zu finden. Allgemein nimmt das Risiko lokaler Minima mit der Komplexität der Lösungsräume zu. Es gibt Lösungsansätze für KNNs, in denen Zufallsprozesse integriert sind, um lokale Minima zu vermeiden (simulated annealing, Abschn. 2.1). Inwieweit dies gelingt, hängt wiederum von der Komplexität des Lösungsraums ab.

Evolutionäre Algorithmen

Genetische Algorithmen leiden ebenfalls wie KNNs unter der Gefahr, dass das globale Optimum nicht gefunden wird. Diesem Nachteil wurde durch die zufällige Auswahl von Lösungen (random walk) und Speicherung der besten Ergebnisse begegnet. In den meisten Fällen ist die Laufzeit nicht kürzer als bei der linearen Suche nach der besten Lösung. Durch die zielgerichtete Auswahl von Lösungen (Abschn. F.4) mit Fitnessfunktionen und die Verwendung statistischer Regeln bei der Iteration sind evolutionäre Algorithmen weniger anfällig für lokale Minima und robuster einzustufen als KNNs. Sie werden hauptsächlich zum Lösen komplexer Optimierungsvorgänge genutzt.

Stützvektormethode

Sie hat kein Problem mit lokalen Minima und großen Datenmengen und arbeitet als Monoklassenklassifizierung (Testdatensatz gegen den Rest). Sie ist aufwendig bei nichtlinearen Bereichsgrenzen und als Modul im allgemeinen Realisierungsschema (Abschn. 2.6 und F.3) einsetzbar.

G. Sartorius, *Erfassen, Verarbeiten und Zuordnen multivariater Messgrößen*,
https://doi.org/10.1007/978-3-658-41451-1

Nächste-Nachbarn-Verfahren

Sie arbeiten mit Vektoren bzw. Datenpunkten in multidimensionalen Räumen. Jede Dimension trägt eine Eigenschaft. Beim MAE-Verfahren sind die Datenpunkte distanzorientiert auf einer Skala angeordnet (Skala-i). Die einzelnen Datenpunkte werden durch die Anzahl K nächster Nachbarn nachgebildet (Abschn. 10.7.2), wodurch eine Struktur entsteht, die sehr gute Generalisierungsfähigkeiten aufweist. Durch die Einführung der maximalen Distanz zu den nächsten Nachbarn (*MaxDist2NN*, Abschn. 7.5.1, 10.1 und 12.4.7) ist der maximale Fehler bekannt. *MaxDist2NN* wird von den statistischen Kennwerten der Verteilung (Gauß-Verteilung) abgeleitet. Die Wahl der Manhattan-Distanz als Metrik erlaubt es, auch mit hochdimensionalen Datensätzen die für das Verfahren notwendigen Distanzen von Datenpunkt zu Datenpunkt hochgenau zu messen (6.4). Dies ist die Voraussetzung, damit die nachfolgenden Verarbeitungsschritte und die Generalisierung hochgenau und präzise durchgeführt werden können. Die Berücksichtigung der statistischen Kennwerte bei der Glättung der Mannigfaltigkeit zur Gewährleistung einer zusammenhängenden Struktur, damit bei der Ausbildung der Komplexität des rezeptiven Bereichs eine definierte Fehlerschranke bei der Klassifizierung nicht überschritten wird, ist von entscheidender Bedeutung für die Genauigkeit des K-Nächste-Nachbarn-Verfahrens und dessen Leistungsfähigkeit im Vergleich zu anderen Verfahren.

M.2. Verteilung der Daten

Die Erstellung einer Messreihe, um die Charakteristik eines Messobjektes zu erfassen, entspricht dem Ziehen einer Stichprobe aus einer Grundgesamtheit. Die Verteilungen solcher Datengruppen sind gaußverteilt und somit gelten bei der Weiterverarbeitung der Daten die mit dieser Verteilung verbundenen statistischen Kennwerte. Dies gilt auch für die Koeffizienten der Messwertdaten, wenn sie mit einer Transformation oder Dimensionsreduktion in eine andere Darstellung (Koeffizienten- oder Eigenwertdarstellung) überführt worden sind.

M.3. Messung und Vorbereitung der Daten

Es wurden Maßnahmen eingeführt, um Messwerte nur mit bestimmungsgemäß arbeitenden Messanordnungen zu erfassen und diese der Verarbeitungseinheit zuzuführen (Bereitschaftscode *Bxxx*, Abb. 5.1). Die in der Verarbeitungseinheit vorliegenden Messwerte werden so aufbereitet, dass der Trainingsdatensatz keine Ausreißer, keine Doppelwerte und keine Lücken enthält (Datenvorverarbeitung 12). In einem weiteren Schritt können die Daten normiert, in eine Koeffizientendarstellung überführt (Wavelet-, Fourier-, …) und einer Dimensionsreduktion unterzogen werden (Eigenwertdarstellung). Normierung, Entfernung von unwesentlichen oder störenden Signalanteilen, die nichts zur Charakterisierung des Messobjektes beitragen oder stören und die Berücksichtigung der statistischen Kennwerte der gemessenen Datengruppen sind die Voraussetzung für verlässliche Ergebnisse. Aus den verschiedenen Verfahren, die zur Bildung von Klassifikatoren zur Verfügung stehen, wurde eine KNN-Methode ausgewählt. Das Verfahren arbeitet parameterfrei, ohne Iterationen und vermeidet somit lokale Minima. Zur Erzeugung redundanzfreier Daten kommt das NOP-Verfahren (Abschn. 10.1.2) zum Einsatz. Die Module für die Arbeitsschritte sind mit Angabe der Anforderungen an die Verarbeitungseinheit in Kapitel (Hardware und Realisierung 18) angegeben. Sie werden je nach Applikation im allgemeinen Realisierungsschema (Abb. 4.2) eingeordnet. Trainings- und Arbeitsphase können in verschiedenen Ausprägungen je nach Anforderung der Applikation ausgelegt werden (Kap. 18, I und K).

M.4. Bildung der Klassifikatoren

Klassifikatoren für Mono- und Multiklassenverarbeitung (Abschn. 7.6.3). Monoklassenverarbeitung: Zuordnung des rezeptiven Bereichs für eine oder einzelne Gruppen (Abschn. 14.1) (Anzeigebeispiel dazu in Abb. 19.2). Multiklassenverarbeitung: Zuordnung des rezeptiven Bereichs für mehrere Gruppen (Abschn. 14.6). Mehrere Merkmale werden in einem Klassifikator trainiert. Die Generalisierung wird so gesteuert, dass die einzelnen Merkmale im Darstellungsraum anzeigbar sind (Anzeigebeispiel dazu in Abb. 19.2).

Die Bereitstellung neuer Rahmenbedingungen ermöglicht es, mit dem Nächste-Nachbarn-Verfahren Klassifizierungen multivariater Messgrößen hochpräzise und ohne Eingabe von Parametern durchzuführen. Es wird ein System vorgestellt, in dem alle Messkanäle und Verarbeitungsschritte der Applikation entsprechend eingeordnet werden können, um die Module des Klassifizierungsverfahrens hinsichtlich der Verarbeitungsgeschwindigkeit der Lern- und der Arbeitsphase optimal einzusetzen. Dabei steht die Überwachung der Messkette bezüglich der Funktion bei der automatischen Messwerterfassung im Vordergrund, um zuverlässige Daten zu gewährleisten. Die statistischen Kennwerte der Messdatenmengen werden bei der Modellbildung, der Systemeinstellung und der Gewährleistung ausreißerfreier Datenmengen genutzt. Das Nächste-Nachbarn-Verfahren wird mit den in diesem Buch vorgestellten Methoden zu einem leistungsfähigen Werkzeug bei der Modellbildung. Es gewährleistet eine hohe Zuverlässigkeit bei der Klassifizierung und ermöglicht die Zuordnung von Ursache und Wirkung.

Aus dem Inhalt:

Teil 1: Konnektionistische Systeme, MAE-Verfahren im Kontext anderer Klassifizierungsverfahren, Messtechnik und maschinelles Lernen, Grundbegriffe der Statistik, Arbeits- und Trainingsphase der Lernmaschine, Wavelet- und andere Transformationen zur Koeffizientendarstellung von Messwerten, Entfernung unerwünschter Komponenten bei der Modellbildung, Dimensionsreduktion zur Erzeugung redundanzfreier Trainingsdaten und Darstellung der Positionen von Datenmengen als Landkarte, Methoden zur Modellbildung, Komplexität von Modellen, Kombination von Messverfahren und Optimierung der Verarbeitungsgeschwindigkeit bei der Klassifizierung.

Teil 2: Organisation des Klassifizierungsverfahrens als X-Y-Z-Raum-Struktur. Simulationen und deren Auswertung mit verschiedenen Signalen bezüglich der Abbildungstreue.

Teil 3: Realisierung des Klassifizierungsverfahrens in verschiedenen Ausprägungen.

Dr.-Ing. Gerhard Sartorius hat in Gießen Nachrichtentechnik, später an der FernUniversität in Hagen Elektro- und Informationstechnik studiert und in Informationstechnik promoviert. Er ist seit vielen Jahren in leitender Position in der Industrie in den Bereichen Entwicklung und Bau von Messgeräten und Steuerungssystemen tätig. Zusätzlich übt er seit 2010 an der FernUniversität Hagen eine Lehrtätigkeit, vorwiegend in der Betreuung und Beurteilung von Masterarbeiten, im Bereich Informationstechnik aus. Weiterhin befasst er sich mit dem Schutz von Steuerungssystemen gegen Reverse-Engineering und mit Echtzeit-Betriebssystemen für Antriebe in der Industrie. Im Zuge der Entwicklung des MAE-Verfahrens wurden bei der Wehrwissenschaftlichen Dienststelle der Bundeswehr in Munster Klassifizierungen von Kampfstoffen durchgeführt. Die Erfahrungen, die in den Jahren 2010 bis 2018 gesammelt wurden, sind in dieses Buch eingeflossen.

Stichwortverzeichnis

G. Sartorius, *Erfassen, Verarbeiten und Zuordnen multivariater Messgrößen*,
https://doi.org/10.1007/978-3-658-41451-1

B

C

D

E

F

L

T

Z

Printed by Printforce, the Netherlands